国家科学技术学术著作出版基金

光纤陀螺工程与技术
Fiber Optic Gyroscope:Engineering and Technology

张桂才　杨晔　编著

国防工业出版社
·北京·

图书在版编目（CIP）数据

光纤陀螺工程与技术/张桂才,杨晔编著. —北京：
国防工业出版社,2023.2
ISBN 978 – 7 – 118 – 12794 – 2

Ⅰ.①光… Ⅱ.①张… ②杨… Ⅲ.①光学陀螺仪 -
研究 Ⅳ.①TN965

中国国家版本馆 CIP 数据核字(2023)第 028249 号

※

国防工业出版社 出版发行
（北京市海淀区紫竹院南路23号　邮政编码100048）
北京龙世杰印刷有限公司印刷
新华书店经售
*
开本 710×1000　1/16　印张 26½　字数 485 千字
2023 年 2 月第 1 版第 1 次印刷　印数 1—1500 册　定价 148.00 元

（本书如有印装错误,我社负责调换）

国防书店：(010)88540777　　书店传真：(010)88540776
发行业务：(010)88540717　　发行传真：(010)88540762

序

陀螺是一种角速率传感器,是制导、导航与控制(GNC)系统中最关键和最核心的惯性敏感器件,在构建海、陆、空、天、电(磁)五位一体信息化体系中,具有不可替代的重要支撑作用。GNC 是一门建立在牛顿力学定律($F=ma$)和爱因斯坦光速不变原理($E=mc^2$)基础之上的信息科学。从几何意义上说,GNC 系统包括两部分:指示当地地垂线方向和保持惯性空间基准。前者依靠加速度计,实际应称为比力传感器;后者依靠陀螺指示地球自转轴方向,陀螺也称为精密测角传感器。早期陀螺的定义取自 1852 年法国人傅科(Foucault)在巴黎制成的、能证明地球自转且能找到当地纬度和当地真北的装置。到目前为止,人们发现自然界具有陀螺效应的物理现象近百种,其中得到工程应用的有三类不同机理的陀螺:①基于转子角动量守恒的机械陀螺(mechanical gyro);②基于振动质量哥氏效应的机械陀螺;③基于萨格纳克(Sagnac)效应的光学陀螺(optical gyro)。由于陀螺是构成海、陆、空、天和深空间运动载体以及各类武器控制系统的重要部件,所以国内、外有成千上万名科学家和工程师从事研制和生产各种陀螺的工作。

与传统的基于质量体动力学效应的机械陀螺相比,光学陀螺的重要优势是采用非力学方法测量角运动,因而无须运动和磨损部件,精度、可靠性、动态性能和环境适应性大大提高。自 1913 年 G·Sagnac 演示用光学环形干涉仪敏感地球转速至今,光学陀螺已历经一个多世纪。20 世纪 60 年代激光器的发明,为激光陀螺(RLG)诞生创造了条件;而 20 世纪 70 年代光通信领域低损耗光纤的突破以及之后光电子技术的进步,又奠定了光纤陀螺(FOG)的基础。虽然早期受光学元件性能和工程方法不成熟的制约,人们一度认为光纤陀螺只适合中低精度,但通过 20~30 年的研发活动,尤其是最近十年来的技术进步,光纤陀螺已经展示出高精度和甚高精度的应用潜力。国际上,高精度光纤陀螺技术也呈现迅速发展的态势。法国 iXblue 公司研制出了 1n mile/15 昼夜的潜艇应用 MARINS 光纤陀螺惯性导航系统,实验室精度更是优于 1n mile/30 昼夜。同时,美国海军正在采用光纤陀螺加速升级潜射洲际战略导弹"三叉戟 – Ⅱ"的制导系统,以延长导弹寿命和提高精确打击能力。在民用方面,具有极低噪声的光纤陀螺被用于高灵敏度地震监测。可以说，作为近代科学技术与当代工程应用需求紧密互动的产物，光纤陀螺的精度覆盖范围越来越广，其低成本、长寿命和高可靠性优势，使之有可能取代当今世界公认具有最高工程精度的静电陀螺（ESG），在战略应用中处于主导地位。

张桂才、杨晔两位同志将自己长期从事中、高精度光纤陀螺研究的研制经验和技术成果进行认真总结，并结合国外大量文献资料和最新技术发展动向，撰成《光纤陀螺工程与技术》一书。作者在该书中特别关注光纤陀螺各种误差因素在 GNC 系统中所起的作用。简而言之，光纤陀螺通过角速率积分可看作一个精密测角装置，能够测量相对于惯性空间的精确角位移，其输出的最小可辨识角度值表征了光纤陀螺的角位移分辨率。为了使惯性系统起到航姿基准保持的作用，需要严格限制光纤陀螺角速率输出值随时间的漂移。陀螺角位移分辨率和角速率漂移是两个不同的物理概念，但由于同受陀螺闭环性能支配，两者必然存在机理性关联。GNC 系统短时间工作时，衡量精度的指标是角分辨率，主要与光纤陀螺中的随机噪声有关；而长期工作中，角速率漂移成为影响系统性能的主要指标，在一般意义上它代表了光纤陀螺的精度。光纤陀螺的角速率漂移包含随机漂移（random drift）和系统漂移（systematic drift）两部分。随机漂移主要由光纤陀螺的光学噪声和电噪声以及其他误差引起，通常以 Allan 方差分量的形式表征，包括：①角度随机游走（速率白噪声）系数；②零偏不稳定性；③角速率随机游走系数；④速率斜坡系数；等等。对于某些应用来说，可以把随机漂移定义为输出的标准偏差，但应规定或给出积分时间。光纤陀螺的随机漂移是 GNC 系统中最难处理的误差，是无法补偿的，直接影响 GNC 系统的精度。而系统漂移包括零偏、环境（包括温度、磁场、振动）变化引起的角速率漂移等，是有规律的，理论上可补偿。因此，随机漂移是光纤陀螺最重要的性能指标。

光纤陀螺随机漂移和系统漂移的机理分析以及对惯性系统性能的影响在该书中均有充分的论述，它是该书最重要的研究成果之一。该书还对中、高精度光纤陀螺的传递模型、误差抑制技术、环圈制造工艺等进行了深入探讨，并给出了独到的见解，丰富和发展了该领域的相关理论和技术，具有较强的工程实用性。这表明两位作者具有扎实深入的理论功底和系统全面的工程经验。该书的出版将成为光纤陀螺以及制导、导航与控制系统研究领域的工程技术人员的良师益友，也会为高等学校就读相关专业的本、硕、博的学生们提供一本优质的参考书。

2022 年 12 月 25 日

前　言

　　光纤陀螺是一种新型全固态光电惯性仪表,具有无运动部件、高可靠、长寿命、低成本、快速启动、动态范围大、精度覆盖面广等优点。光纤陀螺的出现是惯性技术由机电式向光电式换代发展的重要标志之一。光纤陀螺的概念最早可追溯到美国犹他州立大学 Vali 和 Shorthill 两位教授于 1976 年提出的光纤环形干涉仪,当干涉仪旋转时,由于 Sagnac 效应,环形干涉仪闭合光路中两束反向传播光波之间产生一个与旋转角速率成正比的相位差。这一相对论性物理效应实际上构成了现代一切光学陀螺仪的基础。国内光纤陀螺的研制始于 20 世纪 80 年代中期,在科技人员的持续创新和不懈努力下,中等精度以内的光纤陀螺产品已广泛应用于陆、海、空、天、电各领域,展现了惯性仪表从原理样机经由工程研制走向产品应用的典型技术进化过程。而面向高稳定、长航时等精密测量和战略应用领域的产品研发和综合性能提升已成为现阶段国内光纤陀螺技术发展的重点。

　　《光纤陀螺工程与技术》一书基于作者长期从事光纤陀螺技术研究和产品研制的科研成果和实践经验编撰而成,是一部侧重于中、高精度光纤陀螺工程理论和技术的专著。全书共有 10 章。第 1 章阐述光纤陀螺的传递模型,首次揭示了振动零偏效应的物理机制,并提出采用约束回路增益或回路校正方法可有效抑制振动误差;第 2 章讨论光纤陀螺的输出统计模型和评估噪声性能的阿仑(Allan)方差分析方法,推导了典型噪声系数引起的光纤陀螺漂移公式;第 3~8 章分析中、高精度光纤陀螺的主要误差及其抑制措施(包括死区、相对强度噪声、光谱不理想、集成光学器件误差因素、热相位噪声、二阶相干背向散射误差等),并对噪声机理和影响程度给出了较完整的描述;第 9 章介绍光纤陀螺核心敏感元件光纤环圈的绕制和固化工艺,重点研究环圈固化胶体的应力松弛效应对高精度陀螺标度因数长期稳定性的影响;第 10 章对激光器驱动干涉型光纤陀螺的背向散射和偏振交叉耦合引起的相干误差进行建模分析,并评述了采用带隙(空芯)光子晶体光纤的干涉型光纤陀螺前沿技术的研制进展和应用前景。

　　在内容编排方面,本书试图较完整和较系统地体现该领域相关理论和技术的最新研究成果;同时,作者以光纤陀螺在惯性系统的应用为出发点,通过阐述中、高精度光纤陀螺的物理过程、误差机制、工程措施和性能评测方法，以期加深惯性系统技术人员对光纤陀螺动态响应、噪声特征、长期性能等应用特性的认识，进而在陀螺研制和系统应用中将科研人员不同的技术关注有机地联系起来。

在本书编撰过程中，北京航空航天大学杨远洪教授、北京航天控制仪器研究所杨清生研究员、上海航天控制技术研究所傅长松研究员等专家对书稿提出了宝贵的修改意见，并给予了热心帮助。天津航海仪器研究所于浩研究员、罗巍研究员、赵小明研究员、颜苗研究员等对本书的编著出版自始至终予以大力支持。尤其是马林研究员，在某型光纤陀螺工程应用面临种种挑战之际，支持作者组建攻关团队，克服重重困难，突破制约光纤陀螺系统应用的振动零偏效应、定温极差、标度因数长期漂移、Allan 意义的零偏不稳定性和死区抑制等工程难题，并协助作者对故障原因和误差机理进行详实验证，奠定了光纤陀螺工程化的基础，为本书的理论和技术创新发挥了特殊的作用。作者攻关团队还有许多同志参与了本书部分章节的技术研讨、公式推导、理论仿真及实验验证工作，他（她）们是：林毅（第 1、2、4、9 章）、马骏（第 1、2、5、10 章）、陈馨（第 1、4、5 章）、陈桂红（第 9 章）、吴晓乐（第 9 章）、张书颖（第 1、9 章）、王钥泽（第 9 章）、王晓丹（第 9 章）、冯菁（第 1 章），以及皮燕燕（第 2、3 章）、杨志怀（第 8 章）等。可以说，本书记载的许多技术细节真实还原了这段工程化攻关的历史。另外，就光纤陀螺的噪声评估和测试方法等问题，作者曾多次请教于惯性技术专家——哈尔滨工程大学张树侠教授，获益匪浅；此次承蒙张树侠教授欣然为本书作序，深感荣幸！在这里，作者谨向关心和支持本书编著工作的所有专家、单位领导以及诸位同事表示衷心感谢！

本书得到科技部国家科学技术学术著作出版基金的资助，感谢国防工业出版社牛旭东编辑的诚挚关心和支持！

最后，由于作者水平有限，书中疏失错误和不当之处在所难免，恳请读者批评指正。

张桂才　杨　晔
2022 年 11 月 22 日

目 录

第1章 光纤陀螺的传递模型 ... 1

1.1 闭环光纤陀螺的传递模型 ... 1
- 1.1.1 前向通道的传递函数 ... 4
- 1.1.2 后向通道的传递函数 ... 12
- 1.1.3 输出滤波 ... 15
- 1.1.4 闭环光纤陀螺的传递函数 ... 16

1.2 闭环光纤陀螺的频率特性 ... 17
- 1.2.1 闭环反馈回路简化为一阶惯性环节 ... 17
- 1.2.2 存在延迟的闭环回路的稳定性条件和频率特性 ... 21
- 1.2.3 含输出滤波的闭环光纤陀螺频率特性和输出响应 ... 24

1.3 光纤陀螺传递函数的应用和讨论 ... 27
- 1.3.1 光纤陀螺的振动零偏效应 ... 27
- 1.3.2 光纤陀螺标度因数的理论估算 ... 34
- 1.3.3 给定阶跃输入和斜坡输入时的稳态角速率误差 ... 35
- 1.3.4 光纤陀螺抗角加速度能力的评估 ... 35
- 1.3.5 闭环光纤陀螺的校正回路设计 ... 38

1.4 光纤陀螺频率特性的测试 ... 40
- 1.4.1 采用角振动台测量光纤陀螺的频率特性 ... 41
- 1.4.2 采用阶跃输入法测量光纤陀螺带宽 ... 45
- 1.4.3 采用正弦电激励法测量光纤陀螺带宽 ... 47

参考文献 ... 50

第2章 光纤陀螺的统计模型和阿仑(Allan)方差分析 ... 51

2.1 光纤陀螺的增益分布和噪声模型 ... 51
- 2.1.1 光纤陀螺的增益分布和主要噪声 ... 51

2.1.2　角随机游走模型的仿真和应用 ················· 54
　　2.1.3　光纤陀螺的角误差特性 ····················· 57
　　2.1.4　光纤陀螺的统计模型 ······················· 63
2.2　光纤陀螺输出数据的 Allan 方差分析 ·················· 64
　　2.2.1　Allan 方差与角速率功率谱密度的关系 ············· 64
　　2.2.2　Allan 方差分析中各噪声项的解析表示 ············· 68
　　2.2.3　群有限数量引起的 Allan 方差估计值的不确定性 ········ 79
2.3　光纤陀螺各噪声项的物理含义 ····················· 83
　　2.3.1　角速率量化噪声（角白噪声）的特征 ··············· 83
　　2.3.2　角速率白噪声与角随机游走过程 ················· 85
　　2.3.3　零偏不稳定性与 1/f 噪声过程 ·················· 89
　　2.3.4　角速率随机游走的特征 ······················· 96
2.4　Allan 方差噪声系数对陀螺随机漂移的影响 ··············· 97
　　2.4.1　随机漂移的基本公式 ························ 97
　　2.4.2　角速率量化噪声对随机漂移的贡献 ················ 99
　　2.4.3　角随机游走对随机漂移的贡献 ·················· 100
　　2.4.4　零偏不稳定性对随机漂移的贡献 ················ 101
　　2.4.5　角速率随机游走对随机漂移的贡献 ··············· 103
　　2.4.6　角速率漂移斜坡对随机漂移的贡献 ··············· 106
　　2.4.7　陀螺输出总的随机漂移 ····················· 106
参考文献 ·· 107

第 3 章　光纤陀螺的死区机理及其抑制技术 ················ 109
3.1　光纤陀螺死区的产生机理 ························ 109
　　3.1.1　闭环光纤陀螺的基本工作原理 ·················· 109
　　3.1.2　闭环光纤陀螺死区产生机理及死区范围的估计 ········· 111
　　3.1.3　电路交叉耦合对小角速率标度因数非线性（相对误差）的
　　　　　影响 ································ 116
　　3.1.4　调制频率偏离本征频率对死区的影响 ·············· 118
3.2　光纤陀螺死区误差的抑制技术 ···················· 121
　　3.2.1　采用周期性调制波形抑制死区 ················· 124
　　3.2.2　采用随机调制技术抑制死区 ·················· 130
参考文献 ·· 143

第4章 光源相对强度噪声及其抑制技术 ·············· 145
4.1 相对强度噪声描述 ······························ 145
4.2 正弦调制光纤陀螺的相对强度噪声及抑制 ·············· 148
4.2.1 开环光纤陀螺的解调输出 ···················· 148
4.2.2 相对强度噪声在开环非本征解调中的形态 ·········· 149
4.2.3 相对强度噪声的部分抵消 ···················· 153
4.2.4 相对强度噪声完全抵消的可行性 ················ 156
4.2.5 对解调函数 $f(t)$ 的认识 ······················ 156
4.2.6 陀螺探测器与光源耦合器空端的强度噪声的直接相减 ······ 157
4.2.7 采用电学延迟抑制正弦调制的相对强度噪声 ·········· 158
4.3 方波调制光纤陀螺的相对强度噪声及抑制 ·············· 160
4.3.1 方波调制本征解调光纤陀螺中的相对强度噪声形态 ······ 160
4.3.2 方波调制本征解调光纤陀螺中的强度噪声抑制原理 ······ 163
4.3.3 方波调制本征解调模拟电学相减强度噪声抑制技术 ······ 163
4.3.4 方波调制本征解调全光平行相减强度噪声抑制技术 ······ 166
4.3.5 方波调制本征解调全光正交相减强度噪声抑制技术 ······ 168
4.3.6 方波调制本征解调数字电学相减强度噪声抑制技术 ······ 169
4.4 相对强度噪声抑制效果的评价 ······················ 170
4.4.1 光源相对强度噪声的基本识别 ·················· 170
4.4.2 光源相对强度噪声的抑制效果 ·················· 172
4.5 采用直接光功率反馈抑制光源相对强度噪声 ············ 173
4.5.1 内调制法 ·································· 174
4.5.2 外调制法 ·································· 175
4.6 采用增益饱和半导体光学放大器抑制相对强度噪声 ········ 177
4.6.1 半导体光学放大器的基本原理和输入/输出特性 ········ 178
4.6.2 增益饱和 SOA 的噪声描述和理论仿真 ············ 185
4.6.3 增益饱和 SOA 抑制 RIN 的测量结果 ············ 195
4.7 采用干涉滤波器抑制相对强度噪声 ·················· 197
4.7.1 采用马赫-泽德光纤干涉仪 ···················· 198
4.7.2 采用环形光纤谐振腔 ······················ 200

参考文献 ·· 202

第 5 章　宽带光源的光谱特性及其对光纤陀螺性能的影响 ········ 203

5.1　光波的相干性 ········ 203
5.1.1　光扰动的数学表示 ········ 204
5.1.2　光波的相干干涉 ········ 204

5.2　高斯型光谱 ········ 207
5.2.1　频域高斯型谱的归一化功率谱密度 ········ 207
5.2.2　频域高斯型光谱对应着空间域高斯型光谱 ········ 208
5.2.3　高斯型光谱的相干函数 ········ 209
5.2.4　高斯型光谱相干时间两种定义的区别 ········ 210

5.3　其他对称性光谱 ········ 211
5.3.1　洛仑兹型光谱及其相干函数 ········ 211
5.3.2　矩形光谱及其相干函数 ········ 213

5.4　对称性光谱的相干性及对光纤陀螺性能的影响 ········ 214
5.4.1　几种对称性光谱的相干性比较 ········ 214
5.4.2　对称性光谱的相干函数对光纤陀螺性能的影响 ········ 216

5.5　光谱调制度（纹波）引起的二阶相干性 ········ 218
5.5.1　高斯型光谱的残余谱调制引起的一阶相干峰 ········ 218
5.5.2　矩形光谱的光谱调制度引起的二阶相干峰 ········ 220
5.5.3　二阶相干性对光纤陀螺相位误差的影响 ········ 221

5.6　光谱不对称性 ········ 223
5.6.1　不对称性光谱的一般分析 ········ 223
5.6.2　光谱不对称性对光纤陀螺标度因数的影响 ········ 225
5.6.3　几种不对称光谱及其特性 ········ 226
5.6.4　光谱不对称性的量化指标 ········ 231

参考文献 ········ 233

第 6 章　光纤陀螺中铌酸锂集成光学器件及其误差分析 ········ 235

6.1　铌酸锂集成光学概述 ········ 235
6.1.1　铌酸锂集成光学的制作工艺及器件分类 ········ 235
6.1.2　铌酸锂集成光学器件的技术指标 ········ 237
6.1.3　国内外光纤陀螺用铌酸锂集成光学器件的研制现状 ········ 246

6.2 铌酸锂集成光学器件的误差分析 ………………………………………… 247
　　6.2.1 锯齿波调制闭环检测原理及边带的产生 ………………………… 247
　　6.2.2 理想情况下的铌酸锂集成光学相位调制器 ……………………… 250
　　6.2.3 影响边带振幅的误差因素 ………………………………………… 252
6.3 光纤陀螺中应用的几种铌酸锂集成光学器件 …………………………… 261
　　6.3.1 条波导相位调制器 ………………………………………………… 262
　　6.3.2 Y 分支多功能集成光路 …………………………………………… 262
　　6.3.3 双 Y 型无源全集成光路 …………………………………………… 263
　　6.3.4 数字电极 Y 分支集成光路 ………………………………………… 263
6.4 集成光学在光纤陀螺领域的发展趋势 …………………………………… 264
参考文献 …………………………………………………………………………… 265

第7章 光纤陀螺中的热相位噪声 ……………………………………………… 266
7.1 热相位噪声的产生及其特点 ……………………………………………… 266
7.2 方波偏置调制光纤陀螺中的热相位噪声分析 …………………………… 270
　　7.2.1 方波调制干涉式光纤陀螺的时域输出响应 ……………………… 270
　　7.2.2 热相位噪声的谱分析和最小可检测相移 ………………………… 272
　　7.2.3 仿真计算和讨论 …………………………………………………… 272
7.3 正弦偏置调制光纤陀螺中的热相位噪声分析 …………………………… 275
参考文献 …………………………………………………………………………… 277

第8章 光纤陀螺中的二阶背向散射误差及其抑制技术 …………………… 279
8.1 未加偏置调制时光纤陀螺的二阶瑞利背向散射误差 …………………… 280
8.2 正弦偏置调制光纤陀螺中的相干背向散射误差 ………………………… 283
　　8.2.1 正弦偏置调制光纤陀螺中相干背向散射误差的等效
　　　　　旋转速率 …………………………………………………………… 283
　　8.2.2 采用低频正弦调制抑制正弦偏置调制光纤陀螺中的背向
　　　　　散射误差 …………………………………………………………… 287
　　8.2.3 采用高频正弦相位调制抑制背向散射误差的原理 ……………… 293
8.3 集成光学调制器内背向散射的影响 ……………………………………… 297
　　8.3.1 正弦偏置调制光纤陀螺中 Y 波导内背向散射误差的等效
　　　　　旋转速率 …………………………………………………………… 297

  8.3.2 采用正弦调制抑制 Y 波导内背向散射误差的原理 ·········· 299
 8.4 方波偏置调制光纤陀螺中的相干背向散射误差 ··············· 305
  8.4.1 方波偏置调制光纤陀螺中 Y 波导内背向散射误差的等效旋转速率 ············· 305
  8.4.2 方波偏置调制光纤陀螺中高频正弦调制引起的附加速率误差信号 ············· 307
 参考文献 ·········· 312

第9章 光纤陀螺的舒普(Shupe)效应与环圈技术 ·········· 314

 9.1 光纤陀螺中 Shupe 效应的几种类型 ·········· 314
  9.1.1 环圈平均温度引起的 Shupe 偏置误差 ·········· 315
  9.1.2 纤芯温度变化率引起的 Shupe 偏置误差 ·········· 316
  9.1.3 外界应力变化率引起的 Shupe 偏置误差 ·········· 320
  9.1.4 温度二阶导数引起的 Shupe 偏置误差 ·········· 321
 9.2 光纤陀螺环圈的骨架设计 ·········· 322
  9.2.1 骨架材料的选择 ·········· 322
  9.2.2 骨架结构的设计 ·········· 323
  9.2.3 骨架/光纤环圈的径向和轴向热膨胀 ·········· 325
  9.2.4 对骨架线轴、法兰与光纤环圈之间缓冲层的要求 ·········· 326
 9.3 光纤环圈的对称绕制技术 ·········· 327
  9.3.1 光纤陀螺对环圈的绕制要求 ·········· 327
  9.3.2 四极、八极和十六极对称绕制环圈 ·········· 329
  9.3.3 采用十六极对称环圈抑制轴向温度梯度灵敏度 ·········· 330
 9.4 光纤陀螺环圈的固化胶体 ·········· 333
  9.4.1 环圈固化的基本要求和实现工艺 ·········· 333
  9.4.2 固化胶体玻璃化温度引起的偏置效应 ·········· 335
  9.4.3 固化胶体热应力和应力松弛效应对标度因数的影响 ·········· 338
  9.4.4 光纤陀螺的偏置振动灵敏度 ·········· 343
 9.5 探测器输出的尖峰脉冲信号对光纤陀螺温度漂移的影响 ·········· 347
  9.5.1 尖峰脉冲信号的不对称性对光纤陀螺定温极差的影响 ·········· 347
  9.5.2 抑制尖峰脉冲不对称性的技术措施 ·········· 351
 参考文献 ·········· 353

第 10 章　激光器驱动干涉型光纤陀螺技术 ······ 354

10.1　激光器驱动干涉型光纤陀螺的原理和组成 ······ 354
10.2　激光器驱动干涉型光纤陀螺的瑞利背向散射误差模型 ······ 356
10.2.1　干涉型光纤陀螺中的背向散射效应概述 ······ 356
10.2.2　背向散射光波的 $\pi/2$ 相移 ······ 358
10.2.3　含背向散射误差的光纤陀螺干涉输出 ······ 361
10.2.4　耦合器分光比误差和推挽调制的影响 ······ 364
10.2.5　激光器相位噪声的统计性质 ······ 368
10.2.6　背向散射误差的自相关函数和功率谱密度 ······ 370
10.2.7　背向瑞利散射引起的噪声和漂移的仿真 ······ 376
10.3　激光器驱动干涉型光纤陀螺的偏振交叉耦合误差模型 ······ 379
10.3.1　含偏振交叉耦合的光纤陀螺干涉输出 ······ 380
10.3.2　偏振交叉耦合的自相关函数和功率谱密度 ······ 383
10.3.3　偏振交叉耦合引起的噪声和漂移的解析解 ······ 388
10.4　激光器驱动干涉型光纤陀螺外相位调制线宽加宽技术 ······ 391
10.4.1　采用外相位调制技术加宽激光器线宽的原理 ······ 393
10.4.2　激光器线宽加宽的几种相位调制技术 ······ 394
10.4.3　加宽激光器线宽抑制光纤陀螺噪声的效果评估 ······ 401
10.5　激光器驱动干涉型光纤陀螺的发展现状 ······ 402
10.5.1　采用传统保偏光纤的激光器驱动干涉型光纤陀螺 ······ 402
10.5.2　采用带隙光子晶体光纤的激光器驱动干涉型光纤陀螺 ······ 403

参考文献 ······ 405

第1章　光纤陀螺的传递模型

通过对光纤陀螺建模,设计人员可以更好地把握光纤陀螺的工作性能和误差产生机制,以便为惯性系统提供完成制导、导航、控制或测量任务所必需的陀螺仪表一级的关键参数,为系统仿真和性能评估提供手段。此外,利用光纤陀螺模型,设计人员可以设计出满足不同应用需求的光纤陀螺产品,也可根据光纤陀螺的参数设定和器件水平预估陀螺仪表一级的性能。同时,还能便捷地对陀螺中可能存在的故障源和噪声源进行定位、分析和解决。光纤陀螺的模型有三类:一是传递模型,包括光纤陀螺的光路,即 Sagnac 干涉仪和信号解调及处理电路的信号传递变化过程,它描述的是光纤陀螺的动态特性,可以用传递函数表示,解释光纤陀螺工作过程的物理意义;二是统计模型,涉及的是光纤陀螺性能的统计特性,它由传递模型发展而来,给出光纤陀螺输出噪声的统计描述;三是误差模型,给出光纤陀螺输出对环境干扰的灵敏度,或对构成光纤陀螺的光学或电子元件的参数漂移或变化的灵敏度,可以用来研究并采取必要的补偿措施,如温度漂移和振动误差的补偿;误差模型以构成陀螺的器件性能变化或对外部环境变化的响应灵敏度作为其激励输入,主要用于光纤陀螺的实时误差补偿。本章主要研究闭环干涉式光纤陀螺的传递模型,在传递模型基础上讨论光纤陀螺的动态性能,给出频率特性(包括幅频特性和相频特性)的测试方法。

1.1　闭环光纤陀螺的传递模型

开展光纤陀螺传递模型的研究,对于准确理解光纤陀螺的工作机理和动态特性、正确评估光纤陀螺及其在系统应用中的性能,乃至对于提高光纤陀螺的技术水平和批产能力都具有重要意义,体现在如下方面。

(1) 光纤陀螺频率特性基于其传递模型。在传递模型中,可将光纤陀螺划分成若干独立的单元,然后对其中的每一个环节进行分析,得出每个独立环节的传递函数,再依据这些单元在陀螺中的构成关系,经过一定的处理,最终推导出光纤陀螺的传递函数。传递函数可以确定光纤陀螺的幅频特性和相频特性,进而给出光纤陀螺的输出带宽和相位延迟公式。由于各个环节的传递函数与器件指标和陀螺调试参数有关,这使得陀螺输出的 3dB 带宽和相位延迟具有可设计性和可估算性。比如,在某些应用中,相位延迟比带宽更具重要性,用户关注 90°相位延迟对应的"带宽"(即相频带)甚于陀螺 3dB 带宽(幅频带)。而通过建立光纤陀螺传递函数的精确模型,可以严格推导出光纤陀螺 90°相位延迟带宽与 3dB 带宽的关系。

(2)开展光纤陀螺传递模型和传递函数研究可以指导和优化光纤陀螺的设计和调试。比如:可针对不同应用背景,对 A/D 位数、D/A 位数、反馈周期、输出速度进行优化选择;可导出陀螺最大角加速度的计算公式,进而评估光纤陀螺在苛刻动态环境下的抗角加速度能力;可根据传递函数各个环节的参数给出光纤陀螺标度因数的计算公式和估算范围,并能了解哪些环节可以改变标度因数,反过来,也可以由陀螺产品的标度因数特性推断其内部的一些设计细节等。

(3)目前国家军用标准中测量光纤陀螺 3dB 带宽和相位延迟是假定了光纤陀螺的传递函数为一阶惯性环节,并利用一阶惯性环节的增益公式拟合(矩阵运算)测试数据。如果传递函数不是或不能近似为一个一阶惯性环节,那么按照目前国家军用标准测量光纤陀螺 3dB 带宽和相位延迟就会存在较大误差。非一阶惯性环节的传递函数将使光纤陀螺频率特性的测试方法和计算方法复杂化,必须研究相应的测试和处理技术。另一方面,国外较高阶的传递函数大多与其陀螺采用了较复杂的电路技术和数据处理技术有关,如何根据传递函数判断和借鉴这些技术也是设计人员的一个重要研究任务。在实际中,由于光纤陀螺具有高带宽优势,对测量设备要求苛刻,测试方法也较为复杂,建立光纤陀螺传递函数的精确模型对于准确估算光纤陀螺的频率特性非常重要。

(4)光纤陀螺传递模型是建立光纤陀螺统计模型的基础,后者通过在传递函数的不同增益环节中施加或输入表征光纤陀螺典型统计特性的噪声或误差信号,可以给出光纤陀螺输出信号的统计描述,进而对光纤陀螺的噪声进行辨识和滤波。

(5)光纤陀螺的传递模型也是惯性测量系统一级进行理论仿真或半实物仿真、评估系统性能的重要工具。

图 1.1 是闭环光纤陀螺的结构框图。沿光纤陀螺敏感轴施加一个输入角速率 Ω,由于 Sagnac 效应,光纤线圈中的顺时针和逆时针光波之间将产生一个正比于该角速率的相位差,也称为 Sagnac 相移,两束光波干涉后形成一个余弦响应,是 Sagnac 相移的函数。干涉后的光强信号经光探测器组件转换为模拟电压信号并进行适当放大,电压信号被 A/D 转换器采样和量化,转换为数字量,此后经过数字解调和一次数字积分,就可以得到与输入角速率 Ω 成正比的输出数字量,以上所述为闭环系统的前向通道。为了实现闭环工作,将一次积分得到的数字量进行二次积分,生成用于反馈的数字斜波,该数字斜波的台阶高度正比于旋

转速率。由于数字斜波转换为模拟信号后斜波电压不可能无限上升,因此需要进行 2π 复位。角速率越大,数字台阶高度越高,单位时间内斜波复位次数(即频率)也越高。数字斜波与偏置相位调制在逻辑电路中数字叠加形成阶梯波,再经适当放大后施加到电光相位调制器上,以上为闭环系统的后向通道(反馈通道),见图 1.2。阶梯波调制在光纤线圈中产生的反馈相位,用于补偿旋转引起的 Sagnac 相移,使干涉相位回零,从而实现闭环工作。由于整个过程包含了若干非线性环节,例如干涉仪的余弦响应、光电转换的非线性、与量化有关的 A/D 误差、数字处理和 D/A 转换中的数字舍位,以及电光相位调制的非线性等,这样的传递模型是一个非线性模型。幸运的是,通过负反馈,大部分环节工作在小动态范围内,可以近似或简化为一个线性传递模型。比如,引入方波偏置调制和解调,以及阶梯波反馈后,Sagnac 干涉仪光功率与相位差的关系可由原来的非线性余弦关系近似变为线性正比关系。优化回路延迟和增益可使闭环光纤陀螺回路近似为一个一阶惯性环节。

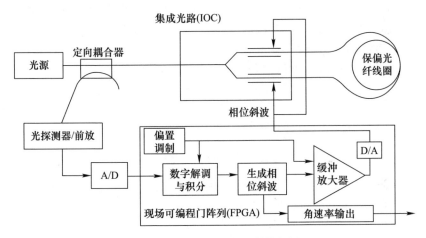

图 1.1 闭环光纤陀螺的结构框图

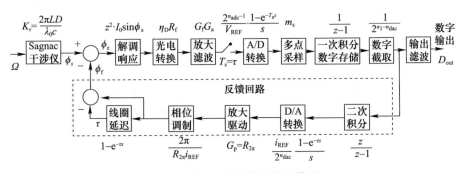

图 1.2 闭环光纤陀螺的物理模型

根据图 1.2 可知,闭环光纤陀螺的传递模型由前向通道、后向通道和输出滤波等部分组成。其中前向通道和后向通道构成了光纤陀螺的闭环反馈环节,见图 1.3。下面,对各环节的传递函数进行分析。

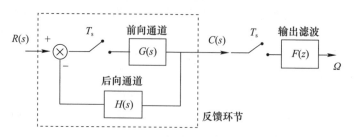

图 1.3 闭环光纤陀螺的传递函数模型

1.1.1 前向通道的传递函数

如图 1.2 所示,闭环光纤陀螺传递模型的前向通道包括 Sagnac 干涉仪的余弦响应和偏置调制/解调、光电转换、放大和滤波、A/D 转换、多点采样、一次积分和数字截取(数字滤波)等环节。

1.1.1.1 Sagnac 干涉仪的余弦响应和偏置调制

根据 Sagnac 效应,当光纤陀螺旋转时,Sagnac 干涉仪中顺时针光波(CW)和逆时针光波(CCW)之间有一个旋转引起的相对相移 ϕ_s,它与光纤线圈敏感轴方向上的输入旋转角速率 Ω 成正比:

$$\phi_s = \frac{2\pi LD}{\lambda_0 c}\Omega = K_s \Omega \tag{1.1}$$

式中:K_s 为 Sagnac 标度因数;L 为线圈长度;D 为线圈直径;λ_0 为光波长;c 为真空中的光速。Sagnac 效应的传递函数 G_0 为

$$G_0 = K_s = \frac{2\pi LD}{\lambda_0 c} \tag{1.2}$$

干涉仪的输出光强是 Sagnac 相移 ϕ_s 或输入角速率 Ω 的余弦函数,可以表示为

$$I_D = \frac{I_0}{2}(1 + \cos\phi_s) \tag{1.3}$$

式中:I_0 为 Sagnac 干涉仪的输入光强。从后面的分析可以看出,Sagnac 干涉仪的余弦输出虽是一个非线性环节,但它与方波偏置调制/解调、闭环反馈等环节结合起来,得到一个与旋转角速率 Ω 成正比的开环输出,整个过程近似是一个线性响应。

采用频率为光纤线圈的本征频率 $f_p = 1/2\tau$、振幅为 ϕ_b 的方波信号 $\phi_F(t)$ 对

光纤陀螺进行偏置相位调制,光探测器的输出光强变为

$$I_D = \frac{I_0}{2}\{1 + \cos[\phi_F(t) - \phi_F(t-\tau) + \phi_s]\} \quad (1.4)$$

式中:τ 为光通过光纤线圈的传输时间。如图 1.4 所示,此时,光纤陀螺交替地工作在线性偏置工作点 $\pm\phi_b$(如 $\pm\pi/2$)上,旋转引起的光强变化与旋转角速率成正比。余弦干涉输出对传递函数的贡献因子可简单地表示为

$$G_1 = \frac{I_0}{2} \quad (1.5)$$

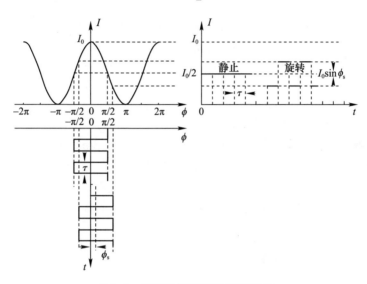

图 1.4 光纤陀螺的调制/解调输出

1.1.1.2 光电转换

光电转换是由光探测器组件完成的,该组件采用高灵敏度的 PIN 场效应二极管(PIN - FET)光接收组件,用来探测旋转引起的光强变化。光探测器组件包括一个光二极管(PD)和一个跨阻抗前置放大器。图 1.5 是光探测器组件的原理框图,光二极管将光信号转换为电流信号,而跨阻抗放大器将电流信号转换为电压信号。

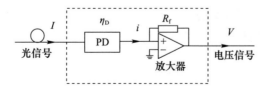

图 1.5 光探测器组件原理框图

光二极管的转换效率 η_D 定义为入射到光探测器上的单位光功率所产生的光电流:

$$\eta_D = \frac{i}{I_D} \quad (A/W) \tag{1.6}$$

一般来说,可以认为光探测器输出电压与输入光强成正比关系,因此光电转换后输出的电压信号变化与输入光强变化的关系为

$$\Delta V_D = \eta_D \cdot R_f \cdot \Delta I_D(\phi_s) \tag{1.7}$$

式中:R_f 为跨阻抗的阻值。因此,光电转换环节的传递函数 G_2 可以用光探测器的响应度 η_D 和前放跨阻抗 R_f 之积表示:

$$G_2 = \eta_D \cdot R_f \tag{1.8}$$

式中:$\eta_D \cdot R_f$ 也称为组件的线性响应度,单位为:V/W。

1.1.1.3 滤波与放大

如图 1.4 所示,在方波偏置相位调制 $\phi_F(t)$ 下,静止时,光纤陀螺的输出波形是一条直线,方波的两种调制态给出相同的信号:

$$I_D(0, -\phi_b) = I_D(0, \phi_b) = \frac{I_0}{2}(1 + \cos\phi_b) \tag{1.9}$$

但当陀螺旋转时,偏置工作点发生移动,输出变成一个与调制方波同频的方波信号。两种调制态给出的信号分别为

$$\begin{cases} I_D(\phi_s, \phi_b) = \frac{I_0}{2}[1 + \cos(\phi_s + \phi_b)] & 0 \leq t < \tau \\ I_D(\phi_s, -\phi_b) = \frac{I_0}{2}[1 + \cos(\phi_s - \phi_b)] & \tau \leq t < 2\tau \end{cases} \tag{1.10}$$

由于陀螺通常工作在线性偏置工作点 $\pm \phi_b$ 上,因此光探测器的输出信号可以认为是在一个较大的直流电平上叠加了表征旋转速率的方波输出信号,对于后续的 A/D 转换来说,有用的信号只是这种方波输出信号,而与直流偏置电平无关,因此需要采用隔直电路实现方波交流分量的选通。探测器输出信号经过一个隔直电容 C_f,隔直电容的传递函数可以表示为

$$G_f(s) = \frac{sR_aC_f}{1 + sR_aC_f} \tag{1.11}$$

式中:C_f 为隔直电容的容值;R_a 为隔直电容后放大电路的输入电阻。对于本征

调制的方波输出交流信号，假定本征频率 $f_p = 50\text{kHz}$，取 $C_f = 1\mu\text{F}$，$R_a = 10\text{k}\Omega$，很容易证明隔直电容环节的振幅增益在设计上近似为 $|G_f| \approx 1$，其引入对信号相频特性的影响可以忽略。

光纤陀螺的检测精度可达 $0.01°/h$ 以上，对应的 Sagnac 相移小于 10^{-7}rad，因此引起的干涉仪的光强变化是非常小的。这除了要求检测电路具有低的噪声外，通常还需要对输出信号进行后级放大。后级放大是一个线性环节，可以用增益 G_a 表征。隔直滤波和后级放大电路为后续 A/D 转换器的采样电压提供了较好的工作范围。

总之，滤波与放大环节的传递函数 G_3 可以表示为

$$G_3 = G_f \cdot G_a \tag{1.12}$$

1.1.1.4 A/D 转换

将经过滤波与放大后的连续信号转换为离散的数字信号是由 A/D 转换器完成的，如图 1.6 所示，它由周期为 $T_s = \tau$ 的采样开关和 A/D 转换两个环节组成。连续信号 $x(t)$ 经采样开关进行采样，变为离散时间信号 $x^*(t)$。$x^*(t)$ 为脉冲信号，其频谱中含有高频分量，需要一个信号复现滤波器。实际中，这种滤波器通常采用具有采样保持频率参数的零阶保持器模型，其传递函数为

$$G_h(s) = \frac{1 - e^{-T_s s}}{s} \tag{1.13}$$

A/D 转换器用于将滤波后的模拟电压信号线性地转换为 n_{adc} 位字长的序列数字信号（包含符号位），以便进行后续的信号解调处理。除了 A/D 转换器的采样速率要适应信号的采样频率外，A/D 转换器的前端输入信号幅度应当与转换器的模拟输入信号范围相匹配，A/D 转换器的位数 n_{adc} 应足以在光强变化的整个范围内（Sagnac 相移在 $<10^{-7}\text{rad} \sim \pi\text{rad}$ 之间）将模拟信号转换为数字信号。尤其是在存在很大的阶跃输入角速率情况下，陀螺闭环输出的瞬时误差信号可能会达到开环输出信号的极限值（最大输入角速率），此时，系统如果需要具有很短的响应时间，A/D 转换器就必须有足够的位数，以保证信号的完整性。

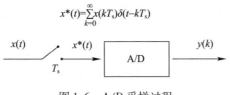

图 1.6 A/D 采样过程

事实上，对于 $0.01(°)/h$ 的光纤陀螺，最小可检测相移达 10^{-7}rad，由于干涉

仪的输出响应是Sagnac相移的余弦函数,故对应的单调测量范围为±π。这对应着约140dB的动态范围,按照通常的分析,需要采用24位的A/D转换器来避免其最低有效位(LSB)的死区,这样大位数的A/D转换器又需要很高的采样速率,在实际中是不可能的。根据信号处理理论,假定一个模拟信号,其噪声已达到LSB的几位。如果模拟信号的平均值为零,那么零以上和零以下的数字采样一样多。如果平均值略微为正,尽管变化量比LSB小很多,但仍然可以测量,因为从平均效应来看,零以上比零以下有稍多的数字采样。因此,如图1.7所示,尽管模拟信号的噪声的1σ值大于与最低有效位(LSB)对应的量化电压V_{LSB},但仍能检测出小于一个V_{LSB}的平均信号。

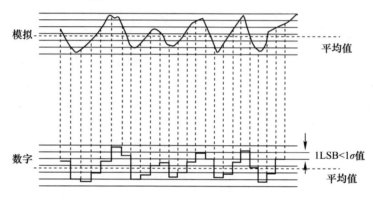

图1.7 含噪声的模拟信号的数字量化

比如,对于100s平滑零偏稳定性为0.01°/h的光纤陀螺,其噪声等效速率(角随机游走)为$0.0005°/\sqrt{h} \approx 1.5 \times 10^{-7} \text{rad}/\sqrt{s}$,取$K_s = 1.6s$(典型值$D = 100mm, L = 1000m, \lambda_0 = 1.3\mu m$),则噪声等效相位为$2.3 \times 10^{-7} \text{rad}/\sqrt{Hz}$。假定偏置相位为$\pm(\pi/2 \sim \pi)$,光功率变化的相对值可近似为$10^{-7}/\sqrt{Hz}$。当模拟信号的(检测)带宽为5MHz时,噪声的标准偏差与$\pi/2$偏置光功率之比约为2.24×10^{-4}。也就是说,A/D转换器有$n_{adc} = 15$位(含符号位)就足以在功率变化的整个动态范围内将模拟电压信号转换为数字信号。

A/D转换器的模数转换系数K_{AD}为

$$K_{AD} = \frac{2^{n_{adc}-1}}{V_{REF}} \quad (\text{LSB/V}) \tag{1.14}$$

式中:V_{REF}为A/D转换器的基准电压。这样,不考虑管线延迟,A/D转换环节的传递函数G_4可以表示为

$$G_4(s) = K_{AD} \cdot \frac{1-e^{-T_s s}}{s} = \frac{2^{n_{adc}-1}}{V_{REF}} \cdot \frac{1-e^{-T_s s}}{s} \tag{1.15}$$

1.1.1.5 解调和多点采样

由式(1.10),光纤陀螺的方波输出信号的相邻半周期上的两种调制态的采样值之差变为

$$\Delta I_\mathrm{D}(\phi_\mathrm{s}) = \frac{I_0}{2}\left[\cos(\phi_\mathrm{s} - \phi_\mathrm{b}) - \cos(\phi_\mathrm{s} + \phi_\mathrm{b})\right] = I_0 \sin\phi_\mathrm{b} \sin\phi_\mathrm{s} \quad (1.16)$$

测量 $\Delta I_\mathrm{D}(\phi_\mathrm{s})$,闭环状态下,使反馈回路产生一个反馈相移 ϕ_f,期望它与旋转引起的 Sagnac 相移 ϕ_s 大小相等、符号相反,使总的相位差伺服控制在零位上:

$$\phi_\mathrm{e} = \phi_\mathrm{s} - \phi_\mathrm{f} = 0 \quad (1.17)$$

可以看出,当 $\sin\phi_\mathrm{b} = 1$ 时有最大灵敏度,此时 $\phi_\mathrm{b} = \pi/2$,即通常所讲的 $\pi/2$ 相位偏置。这种解调方式必定存在一个 2τ 的延迟。

另一方面,在存在散粒噪声的情况下,光纤陀螺的最佳噪声性能并非完全获自于最大灵敏度,而是获自于最佳的信噪比。在给定的相位偏置 ϕ_b 上,灵敏度与斜率(即隆起的余弦函数 $(1 + \cos\phi_\mathrm{b})$ 的导数 $\sin\phi_\mathrm{b}$)成正比,而散粒噪声与偏置功率的平方根(也即 $\sqrt{(1 + \cos\phi_\mathrm{b})/2} = \cos(\phi_\mathrm{b}/2)$)成正比,因此,光纤陀螺的理论信噪比为

$$\frac{\sin\phi_\mathrm{b}}{\cos(\phi_\mathrm{b}/2)} = 2\sin(\phi_\mathrm{b}/2) \quad (1.18)$$

从理论上讲,当 $\phi_\mathrm{b} = \pm\pi$ 时,陀螺的信噪比最高,是 $\phi_\mathrm{b} = \pm\pi/2$ 时的 $\sqrt{2}$ 倍。但在实际中,由于探测器还存在热噪声和放大器噪声,以及考虑陀螺的动态要求,工作点不可能非常接近 $\pm\pi$,但可以根据光纤陀螺的实际情况在 $\pm(\pi/2 \sim \pi)$ 之间选择偏置工作点,这称为过调制技术。总之,解调环节的增益与偏置相位有关,反映的是 Sagnac 干涉仪对旋转的响应灵敏度,由式(1.16),其传递函数增益为 $2\sin\phi_\mathrm{b}$。

为了降低探测器输出噪声,通常用 A/D 转换器对探测器输出的模拟信号进行多点采样。方波前后半周期内的采样点数由 1 个增加到 m_s 个,则后续的一次积分器中每 τ 时间内累积的采样数增加了 m_s 倍,即对 m_s 个点的采样进行累加取平均,因此,考虑前面提到的 2τ 延迟,解调和多点采样整个环节的传递函数在数字域中可以表示为

$$G_5(z) = m_\mathrm{s} \cdot 2\sin\phi_\mathrm{b} \cdot z^{-2} \quad (1.19)$$

多点采样是为了在后续的数字处理中通过滤波来降低光纤陀螺噪声,但多点采样对 A/D 转换器的采样速度也提出了更高的要求。无论单点还是多点采样,方波偏置调制闭环光纤陀螺的解调实际上是方波解调,其频率分量为方波基

频的奇次谐波。多点采样的滤波效果不仅与输入噪声特性和采样点数有关,还与采样位置、采样占空比和采样率等有关。

1.1.1.6 一次积分

在闭环状态下,数字解调得到的是 2τ 内角速率的变化量,即表征陀螺角加速度的数字量,解调出的误差信号在逻辑芯片中进行数字积分就可以得到表征角速率的数字量。数字积分环节还有两个作用:一是对误差信号进行累积放大;二是数字滤波,具有与模拟低通滤波器相同的噪声衰减率。积分后的数字量一方面作为陀螺的信号输出,另一方面产生相位阶梯波的反馈相位台阶,因此这第一个积分器也称为角速率积分器。角速率积分器是一个前向积分过程,离散形式可以表示为

$$y(n) = y(n-1) + x(n-1) \tag{1.20}$$

式中:$x(n-1)$ 为离散输入信号,每隔时间 T_s 更新一次;$y(n)$ 为离散输出信号。式(1.20)进行 z 变换可得

$$Y(z) = \frac{1}{1-z^{-1}}X(z) \cdot z^{-1} \tag{1.21}$$

因此,这一环节的传递函数可表示为

$$G_6(z) = \frac{z}{z-1} \cdot z^{-1} = \frac{1}{z-1} \tag{1.22}$$

一次积分后的数据表征陀螺敏感到的角速率。

根据前向矩形积分规则(图 1.8),一次积分环节的差分方程表示为

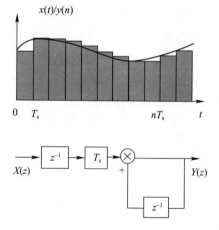

图 1.8 前向矩形积分及其框图

$$y(n) = y(n-1) + x(n-1) \cdot T_s \tag{1.23}$$

由式(1.23)导出:

$$\frac{T_s}{z-1} = \frac{1}{s} \text{ 或 } s = \frac{z-1}{T_s} \tag{1.24}$$

因此,式(1.22)对应的 s 域的传递函数简化为

$$G_6(s) = \frac{1}{T_s \cdot s} \tag{1.25}$$

1.1.1.7 数字滤波

在实际的光纤陀螺闭环电路中,一次积分在一个积分器中进行,该积分器的位数 n 与 A/D 转换器的位数、数字放大和数字滤波要求以及逻辑芯片的容量有关,通常需要一个较大的位数为滤波截取处理提供便利。滤波时,截去该积分器一定位数(舍弃部分高位或部分低位)后只取 n_1 位存储在速率寄存器中。位数 n_1 的大小与满量程($\pm \pi\text{rad}$ 或最大角速率)对应的数字量有关(考虑瞬时满量程的情况),即 $2^{n_1} \leq \Omega_{\max} \cdot K_{SF}$,$K_{SF}$ 为数字闭环光纤陀螺的标度因数。n_1 在 n 中的位置会影响光纤陀螺的综合性能,若 n_1 的位数不变,向左移动(舍低位)意味着动态范围扩大,测量分辨率降低;向右移动(舍高位)则正好相反。考虑数字截取和滤波,从 n_1 位取其高位 n_{dac} 位作为陀螺的数字输出或 D/A 转换器的数字反馈(图1.9)。数字滤波环节的传递函数为

$$G_7 = \frac{1}{2^{n_1 - n_{dac}}} \tag{1.26}$$

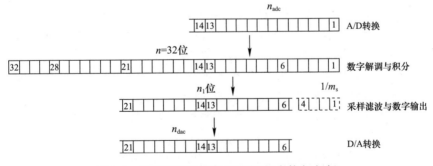

图1.9 光纤陀螺的数字处理流程(含数字滤波)

1.1.1.8 前向通道的传递函数表达式

总之,前向通道的传递函数 $G(z)$ 可以表示为

$$G(z) = G_1 \cdot G_2 \cdot G_3 \cdot Z\{G_4(s)\} \cdot G_5(z) \cdot G_6(z) \cdot G_7$$

$$= \frac{I_0}{2} \cdot \eta_D \cdot R_f \cdot G_f \cdot G_a \cdot \frac{2^{n_{adc}-1}}{V_{REF}} \cdot Z\left\{\frac{1-e^{-T_s s}}{s}\right\} \cdot m_s \cdot 2\sin\phi_b \cdot z^{-2} \cdot$$

$$\frac{1}{z-1} \cdot \frac{1}{2^{n_1-n_{dac}}}$$

$$= \frac{I_0}{2} \cdot \eta_D \cdot R_f \cdot G_f \cdot G_a \cdot \sin\phi_b \cdot \frac{2^{n_{adc}}}{V_{REF}} \cdot z^{-2} \cdot \frac{1}{z-1} \cdot \frac{m_s}{2^{n_1-n_{dac}}} \quad (1.27)$$

1.1.2 后向通道的传递函数

闭环光纤陀螺传递模型的后向通道含有二次积分(阶梯波发生器)、D/A 转换、驱动放大、相位调制、线圈延迟等环节。

1.1.2.1 二次积分(数字阶梯波的产生)

速率寄存器中的 n_1 位数据作为 D/A 转换器的数字反馈的一个相位台阶高度值,再通过二次积分就可以得到一个数字阶梯波。其过程如下:二次积分每隔 2τ 周期从速率寄存器的位数 n_1 中读取一次积分数据,得到的相位台阶数字量为 ϕ_1,在第一个 τ 时间内产生阶梯波的第一个台阶总高的数字量为 $D_1 = \phi_1$,寄存在第二个积分器的数字寄存器中,并作为第一个 τ 时间内的输出;在第二个 τ 时间内得到的相位台阶数字量为 $\phi_2 = \phi_1$,通过第二个积分器,在第二个 τ 时间内产生阶梯波的第一个台阶总高的数字量为 $D_2 = \phi_1 + \phi_2 = \phi_1 + \phi_1$,寄存在第二个积分器的数字寄存器中,并作为第二个 τ 时间内的输出;依此类推,第 $2m-1$ 个 τ 时间内产生阶梯波的第 $2m-1$ 个台阶总高的数字量 $D_{2m-1} = \phi_1 + \phi_1 + \phi_3 + \phi_3 + \cdots + \phi_{2m-1}$,在第 $2m$ 个 τ 时间内产生阶梯波的第 $2m$ 个台阶总高的数字量 $D_{2m} = \phi_1 + \phi_1 + \phi_3 + \phi_3 + \cdots + \phi_{2m-1} + \phi_{2m-1}$。从整个过程来看,第二个积分器的输出就如同一个逐级上升(或下降)的阶梯波,相邻阶梯的差分台阶高度与旋转引起的 Sagnac 相移大小相等,符号相反,台阶的持续时间等于光纤环的传输时间 τ,因此称为数字阶梯波,第二个积分器通常也称为阶梯波发生器。

一次积分后得到表征角速率的数字量,为了完成数字闭环,需要第二个积分器将角速率积分得到角度信息(即反馈相位信息),然后分时施加到相位调制器上,从而产生抵消旋转相位差的反馈相位,使闭环系统稳定在零位处。二次积分的差分方程为

$$y(n+1) = y(n) + x(n+1) \quad (1.28)$$

这一环节传递函数 $H_1(z)$ 可表示为

$$H_1(z) = \frac{Y(z)}{X(z)} = \frac{z}{z-1} \qquad (1.29)$$

1.1.2.2 D/A 转换

D/A 转换器的功能主要包括两方面:一是将数字阶梯波的数字信号转化为模拟信号,并反馈给相位调制器;二是通过 D/A 转换器数字信号的自动溢出产生 2π 复位,从而避免数字阶梯波的无限上升。

对于典型精度的闭环光纤陀螺来说,尽管从 $\pm\pi\text{rad}$ 的最大测量范围到 10^{-7}rad 的分辨率之间实际的动态范围高达 24 位,但数字阶梯波不需要位数很大的 D/A 转换器。对于一个 n_{dac} 位的 D/A 转换器,最低有效相位台阶 ϕ_{LSB} 为

$$\phi_{\text{LSB}} = \frac{2\pi}{2^{n_{\text{dac}}}} = 2\pi \frac{V'_{\text{LSB}}}{V'_{\text{REF}}} \qquad (1.30)$$

式中:V'_{REF} 为 D/A 转换器基准电压;V'_{LSB} 为 LSB 对应的电压。陀螺闭环时,假设旋转引起的 Sagnac 相移 ϕ_s 的精确值为

$$m\phi_{\text{LSB}} \leq \phi_s < (m+1)\phi_{\text{LSB}} \qquad (1.31)$$

式中:m 为小于 $2^{n_{\text{dac}}}$ 的整数。如前所述,ϕ_s 的数字值储存在位数足够大的速率寄存器中,但只需将 n_1 位数据中 n_{dac} 位最有效位数字量 D 进行 D/A 转换并施加到相位调制器上。一般来讲,D/A 转换器产生的阶梯波不是由一系列相同的台阶组成的,而是由 m' 个幅值为 $m\phi_{\text{LSB}}$ 的台阶和 m'' 个幅值为 $(m+1)\phi_{\text{LSB}}$ 的台阶组成,分别对旋转进行欠补偿和过补偿。因此,平均反馈相位为

$$\phi_f = \frac{m'm\phi_{\text{LSB}} + m''(m+1)\phi_{\text{LSB}}}{m' + m''} \qquad (1.32)$$

它应满足 $\sin(\phi_s - \phi_f) = 0$,因而有

$$\phi_s = \phi_f = \phi_{\text{LSB}}\left(m + \frac{m''}{m' + m''}\right) \qquad (1.33)$$

由式(1.33)可以看出,每次反馈的瞬时误差为 $m''\phi_{\text{LSB}}/(m'+m'')$ 或 $m'\phi_{\text{LSB}}/(m'+m'')$,最大瞬时误差不会超过一个 LSB。这放宽了对 D/A 转换器位数的要求,使 D/A 转换器位数少引起的反馈相位相对实际 Sagnac 相移的误差不仅没有累积,反而被平均化。由于 m' 个周期是欠补偿状态,在这期间,最大瞬时误差 ϕ_{LSB} 相当于使偏置工作点变为 $\pi/2 - \phi_{\text{LSB}}$;$m''$ 个周期是过补偿状态,在这期间,最大瞬时误差 ϕ_{LSB} 相当于使偏置工作点变为 $\pi/2 + \phi_{\text{LSB}}$。如果平均过程的最大瞬时误差 ϕ_{LSB} 仍在正弦响应的线性范围内,对相位台阶的平均产生同样的对施加相位偏置后实际干涉信号的平均。比如,$n_{\text{dac}} = 10$ 位时,$\phi_{\text{LSB}} = 2\pi/2^{10} = 6 \times 10^{-3}\text{rad}$,对应的速率高达几千度每小时,而正弦响应的残余非线性为

$$\frac{\phi_{\mathrm{LSB}} - \sin\phi_{\mathrm{LSB}}}{\phi_{\mathrm{LSB}}} \approx \frac{1}{6}\phi_{\mathrm{LSB}}^2 \tag{1.34}$$

仍然小于 10×10^{-6}（当然，要更小一些，需要 n_{dac} 位数更大一些）。因此，即使 $\phi_s < \phi_{\mathrm{LSB}}$，从 D/A 转换的角度来看仍然不存在转换死区。

D/A 转换包括两个过程：其一是解码过程，将离散的数字信号转换为离散的模拟信号；其二是复现过程，因为离散的模拟信号无法直接控制连续的被控对象，需要将离散的模拟信号复现为连续的模拟信号。实现这一转换的装置是信号保持器，它利用一个输出寄存器，使每个 $T_s = \tau$ 内的数字信号在寄存器内保持为常值，直至下一个 τ，然后经解码转换为连续的模拟信号。这样一种功能也称为零阶保持器，其传递函数 $G_h(s)$ 见式(1.13)。

综上所述，D/A 转换器的传递函数可以用与其位数有关的模数转换系数，即一个最低有效位（LSB）对应的电压与零阶保持器的传递函数的乘积 H_2 来表示：

$$H_2(s) = \frac{V'_{\mathrm{REF}}}{2^{n_{\mathrm{dac}}}} G_h(s) = \frac{V'_{\mathrm{REF}}}{2^{n_{\mathrm{dac}}}} \cdot \frac{1 - e^{-T_s s}}{s} \tag{1.35}$$

1.1.2.3 放大驱动

D/A 转换器可以在 $0 \sim (2^{n_{\mathrm{dac}}} - 1)V'_{\mathrm{LSB}}$ 的范围内把将 n_1 位数据中 n_{dac} 位最有效位数字量 D 转换为一个模拟电压，其中 $V'_{\mathrm{LSB}} = V'_{\mathrm{REF}}/2^{n_{\mathrm{dac}}}$ 是最低有效位（LSB）对应的电压。当 D 高于 $(2^{n_{\mathrm{dac}}} - 1)$ 时，自动溢出产生的电压等于 $[D - 2^{n_{\mathrm{dac}}}]V'_{\mathrm{LSB}}$。如果调节调制通道的增益 G_p，使满足：

$$V'_{\mathrm{LSB}} \cdot G_p = V'_{\mathrm{REF}} \cdot G_p = V_{2\pi} \tag{1.36}$$

式中：$V_{2\pi}$ 为产生 2π 相位所需要的电压，与相位调制器的电光系数、电极结构等有关。此时溢出自动地产生一个复位，不会产生任何标度因数误差。因而放大驱动环节可以用其增益 G_p 表征：

$$H_3 = G_p \tag{1.37}$$

如果 D/A 转换器是电流输出，满量程输出电流为 i_{REF}，则有：

$$i_{\mathrm{LSB}} = \frac{i_{\mathrm{REF}}}{2^{n_{\mathrm{dac}}}}, V'_{\mathrm{LSB}} = i_{\mathrm{LSB}} \cdot G_p, G_p = R_{2\pi}, V_{2\pi} = G_p \cdot i_{\mathrm{REF}} = R_{2\pi} \cdot i_{\mathrm{REF}} \tag{1.38}$$

式中：$R_{2\pi}$ 为产生 2π 相位所需要的等效调节电阻。

1.1.2.4 相位调制

相位调制是将施加到相位调制器的电压信号转换为相位，可以用调制系数 K_m 表示：

$$H_4 = K_\mathrm{m} = \frac{2\pi}{V_{2\pi}} = \frac{2\pi}{R_{2\pi} \cdot i_\mathrm{REF}} \tag{1.39}$$

1.1.2.5 线圈延迟

上述电光转换通过阶梯波调制在光纤线圈的两束反向传播光波之间产生一个反馈相移 ϕ_f，抵消旋转引起的 Sagnac 相移：

$$\phi_\mathrm{f} = \phi(t) - \phi(t-\tau) \tag{1.40}$$

因而电光相位调制器也称为陀螺的反馈元件。这样一种过程的传递函数可以描述为

$$H_5(s) = 1 - \mathrm{e}^{-\tau s} \tag{1.41}$$

1.1.2.6 后向通道的传递函数表达式

这样，后向通道的传递函数 $H(z)$ 可以表示为

$$\begin{aligned} H(z) &= H_1(z) \cdot Z\{H_2(s) \cdot H_3 \cdot H_4 \cdot H_5(s)\} \\ &= \frac{z}{z-1} \cdot Z\left\{\frac{i_\mathrm{REF}}{2^{n_\mathrm{dac}}} \cdot \frac{1-\mathrm{e}^{-\tau s}}{s} \cdot G_\mathrm{p} \cdot K_\mathrm{m} \cdot (1-\mathrm{e}^{-\tau s})\right\} \\ &= \frac{z}{z-1} \cdot Z\left\{\frac{i_\mathrm{REF}}{2^{n_\mathrm{dac}}} \cdot \frac{1-\mathrm{e}^{-\tau s}}{s} \cdot R_{2\pi} \cdot \frac{2\pi}{V_{2\pi}} \cdot (1-\mathrm{e}^{-\tau s})\right\} = \frac{2\pi}{2^{n_\mathrm{dac}}} \end{aligned} \tag{1.42}$$

1.1.3 输出滤波

陀螺闭环回路输出数据的最小更新周期为 2τ，在对陀螺输出数据更新率要求不高时，为了降低陀螺输出噪声，可对陀螺输出数据进行数字滤波，一般每隔 2τ 提取一次陀螺输出数据，在周期 $T'_\mathrm{s} = 2^{m_+} \cdot (2\tau)$ 上进行累加，将累加结果低位截去 m_- 位，作为光纤陀螺的数字输出（图 1.10），此时光纤陀螺输出的位数达到 $n_\mathrm{dac} + (m_+ - m_-) = n_\mathrm{dac} - m_\mathrm{f}$。这一环节的传递函数可以 $F(z)$ 表示，$F(z)$ 可以写为

$$F(z) = \frac{2^{m_+}}{z-1} \cdot \frac{1-z^{-1}}{2^{m_-}} = 2^{m_+ - m_-} \cdot \frac{1}{z-1}(1-z^{-1}) \tag{1.43}$$

因而

$$F(s) = \frac{2^{m_+}}{T'_\mathrm{s} s} \cdot \frac{1-\mathrm{e}^{-T'_\mathrm{s} s}}{2^{m_-}} = \frac{1}{2^{m_\mathrm{f}}} \cdot \frac{1-\mathrm{e}^{-T'_\mathrm{s} s}}{T'_\mathrm{s} s} \tag{1.44}$$

式中：2^{m_+} 为数据累加次数；m_- 为数字滤波的截去位数；$m_\mathrm{f} = m_- - m_+$。如果仅

仅是平均,可取 $m_- = m_+$,即 $m_f = 0$。后面还要讲到,增益系数 $1/2^{m_f}$ 会影响陀螺的输出标度因数。输出滤波降低了光纤陀螺的噪声,但由于输出周期通常较闭环回路内的各种时间延迟长得多,不仅对闭环光纤陀螺的相位延迟有重要贡献,在某些情况下还会影响光纤陀螺的 3dB 带宽。

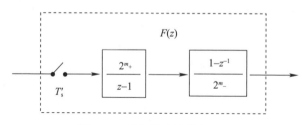

图 1.10 陀螺输出的数字滤波

值得说明的是,输出滤波环节的传递函数从 z 域变换到 s 域利用了前向矩形积分规则:

$$\frac{1}{s} = \frac{T'_s}{z-1} \quad (1.45)$$

将 $F(s)$ 变换到频域,这一滤波环节的带宽 Δf_a 为(假定 $m_f = 0$)

$$\Delta f_a = \int_0^\infty |F(2\pi f)|^2 df = \int_0^\infty \frac{\sin^2(\pi f T'_s)}{(\pi f T'_s)^2} df = \frac{1}{\pi T'_s} \int_0^\infty \frac{\sin^2 x}{x^2} dx = \frac{1}{2T'_s}$$

(1.46)

式中:$x = \pi f T'_s$,并利用了 $\int_0^\infty \frac{\sin^2 x}{x^2} dx = \frac{\pi}{2}$。(注:因定义不同,式(1.46)相当于 $2/\pi$ 带宽(2dB))。

再来计算 $F(s)$ 引起的相位延迟:

$$\varphi_a = \arg F(2\pi f) = -\arctan\left[\frac{1-\cos(2\pi f T'_s)}{\sin(2\pi f T'_s)}\right] \approx -\pi f T'_s = -\frac{\pi}{2} \cdot \frac{f}{\Delta f_a}$$

(1.47)

1.1.4 闭环光纤陀螺的传递函数

参看图 1.3,首先考虑闭环反馈环节。在 z 域,假定 $R(z)$ 表示输入角速率信号,$C(z)$ 表示输出角速率信号,$G(z)$ 表示前向通道的传递函数,$H(z)$ 表示反馈通道的传递函数。由式(1.26)和式(1.42),闭环光纤陀螺回路的传递函数 $T(z)$ 为

$$T(z) = \frac{C(z)}{R(z)} = \frac{G(z)}{1+G(z)H(z)}$$

$$= \frac{\dfrac{I_0}{2} \cdot \sin\phi_b \cdot \eta_D R_f G_f G_a \cdot \dfrac{2^{n_{adc}}}{V_{REF}} \cdot \dfrac{m_s}{2^{n_1-n_{dac}}} \cdot z^{-2}}{z-1+\dfrac{I_0}{2} \cdot \sin\phi_b \cdot \eta_D R_f G_f G_a \cdot \dfrac{2^{n_{adc}}}{V_{REF}} \cdot \dfrac{m_s}{2^{n_1-n_{dac}}} \cdot \dfrac{2\pi}{2^{n_{dac}}} \cdot z^{-2}}$$

$$= \frac{g \cdot z^{-2}}{z-1+g \cdot h \cdot z^{-2}} \tag{1.48}$$

式中:g、h 分别为前向通道增益和后向通道增益,且

$$g = \frac{I_0}{2} \cdot \sin\phi_b \cdot \eta_D R_f G_f G_a \cdot \frac{2^{n_{adc}}}{V_{REF}} \cdot \frac{m_s}{2^{n_1-n_{dac}}}$$

$$h = \frac{2\pi}{2^{n_{dac}}} \tag{1.49}$$

如果考虑到前向通道和反馈通道的其他附加延迟,则式(1.48)可以写为

$$T(z) = \frac{g \cdot z^{-(p+2)}}{z-1+g \cdot h \cdot z^{-(p+q+2)}} \tag{1.50}$$

式中:$(p+2)\tau$ 为前向通道的附加时间延迟;$q\tau$ 为反馈通道的附加时间延迟。可以证明,在实际陀螺的带宽范围内,前向通道和反馈通道的时间延迟相对后面讲到的输出滤波而言,对光纤陀螺的频率特性影响很小,但对闭环回路的稳定性和陀螺的动态特性可能会有重要影响,这一点后面还将讨论。

1.2 闭环光纤陀螺的频率特性

1.2.1 闭环反馈回路简化为一阶惯性环节

完全忽略前向通道和反馈通道的时间延迟,闭环反馈环节的离散传递函数式(1.50)简化为

$$T(z) = \frac{g}{z-1+g \cdot h} \tag{1.51}$$

这是一个纯一阶惯性环节,将传递函数从 z 域转换到 s 域,表示为

$$T(s) = \frac{g}{\tau s + g \cdot h} = \frac{1}{h} \cdot \frac{1}{\dfrac{\tau}{gh}s+1} \tag{1.52}$$

闭环光纤陀螺回路的归一化幅频特性为

$$A(\omega) = \left|\frac{T(\omega)}{T(0)}\right| = \frac{g \cdot h}{\sqrt{(\omega\tau)^2+(gh)^2}} \tag{1.53}$$

闭环光纤陀螺回路的 3dB 带宽 Δf_{3dB} 满足：

$$A(\omega)\bigg|_{\omega=\omega_{3dB}} = \frac{1}{\sqrt{2}} A(\omega)\bigg|_{\omega=0} \tag{1.54}$$

则有

$$\omega_{3dB} = \frac{gh}{\tau} \tag{1.55}$$

或

$$\Delta f_{3dB} = \frac{\omega_{3dB}}{2\pi} = \frac{I_0}{2} \cdot \sin\phi_b \cdot \eta_D R_f G_f G_a \cdot \frac{1}{\tau} \cdot \frac{2^{n_{adc}}}{V_{REF}} \cdot \frac{m_s}{2^{n_1}} \tag{1.56}$$

可以看出，光纤陀螺的 3dB 带宽 Δf_{3dB} 与整个系统的增益成正比，与系统时间常数成反比，由于光纤陀螺的系统控制周期较短，因此，即使系统增益不高，光纤陀螺的动态特性也大大优于机电陀螺。由式(1.56)可以看出，增加光纤陀螺 3dB 带宽的方法有：提高偏置光功率、增加前放增益、增加 A/D 位数、改变数字滤波或数字截取等，这些措施基本集中在闭环回路的前向通道中。值得说明的是，增加回路增益会影响闭环回路的稳定性和陀螺的其他性能，必须统筹考虑。

当闭环回路近似为一阶惯性环节时，光纤陀螺的 3dB 带宽 Δf_{3dB} 与光纤陀螺的本征频率 f_p 的关系近似为

$$\Delta f_{3dB} = \frac{gh}{\pi} f_p \tag{1.57}$$

同理，闭环光纤陀螺回路的相频特性为

$$\varphi(\omega) = \arg[T(\omega)] = -\arctan\left(\frac{\omega\tau}{gh}\right) = -\arctan\left(\frac{\omega}{\omega_{3dB}}\right) \tag{1.58}$$

或

$$\varphi(f) = -\arctan\left(\frac{f}{\Delta f_{3dB}}\right) \quad (\text{rad}) \tag{1.59}$$

可以看出，对于一阶惯性环节，光纤陀螺闭环回路内的 3dB 带宽 Δf_{3dB} 对应的相位延迟 $\varphi(\Delta f_{3dB})$ 为 $-45°$。

图 1.11 给出了一阶惯性环节近似下光纤陀螺的频率特性，从幅频特性来看，3dB 带宽 Δf_{3dB} 近似与回路增益 gh 成正比；而从相频特性来看，无论 gh 为何值，在其 3dB 带宽 Δf_{3dB} 内，相位延迟均小于 $-45°$。后面还要讲到，实际中，由于闭环回路内存在的固有延迟，幅频特性会出现超调现象，因此，回路增益 gh 较高（比如 $gh > 0.1$）时，将影响光纤陀螺的动态性能。取中等精度光纤陀螺的特征参数：$\eta_D = 0.9\text{A/W}, R_f = 30\text{k}\Omega, G_a \approx 3, G_f \approx 1, n_{adc} = 14, f_p = 70\text{kHz}(\tau = 1/2f_p = $

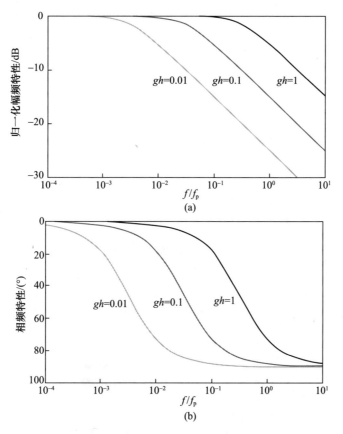

图 1.11 闭环光纤陀螺的频率特性
(a)幅频特性;(b)相频特性。

7.25×10^{-6}s),$V_{REF}=5$V,$n_1=24$,$m_s=32$,$I_0=40\mu$W,$\phi_b=3\pi/4$ 时,得到 $gh=0.044$,$\Delta f_{3dB}=987$Hz。图 1.12 是闭环光纤陀螺回路的带宽 Δf_{3dB} 与偏置相位(调制深度)ϕ_b 的关系曲线。可以看出,提高光功率并使光功率、调制深度和探测器参数满足 $\eta_D R_f I_0 (1+\cos\phi_b)/2 = 0.1$V(为优化光路),偏置调制的相位幅值越靠近 π,带宽 Δf_{3dB} 越大。另外,如前所述,光纤陀螺的带宽 Δf_{3dB} 还与 n_1 位的位置选取有关,总之是可以设计的。

输入恒定的 Sagnac 相移 ϕ_s,这相当于输入信号为一个阶跃函数,其输出信号 D_{out} 的拉普拉斯变换为

$$D_{out}(s) = \frac{\phi_s}{h} \cdot \frac{1}{s\left(\dfrac{\tau}{gh}s+1\right)} = K\phi_s \cdot \frac{1}{s\left(\dfrac{\tau}{gh}s+1\right)} \quad (1.60)$$

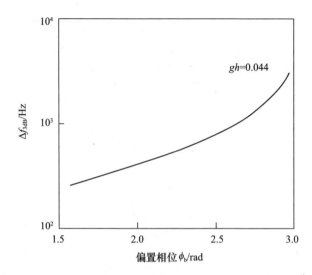

图 1.12 闭环光纤陀螺回路带宽 Δf_{3dB} 与偏置相位 ϕ_b 的关系

式中：$K = \dfrac{1}{h} = \dfrac{2^{n_{dac}}}{2\pi}$；$n_{dac}$ 为 D/A 转换器的位数。其时域响应为

$$D_{out}(t) = K\phi_s \cdot (1 - e^{-\frac{gh}{\tau}t}) \tag{1.61}$$

若输入为恒定的角速率 $\Omega_0((°)/s)$，则式(1.61)变为

$$D_{out} = \Omega_0 \cdot \frac{\pi}{180} \cdot \frac{2\pi LD}{\lambda_0 c} \cdot K \cdot (1 - e^{-\frac{gh}{\tau}t}) = \Omega_0 \cdot K_{SF}(1 - e^{-\frac{gh}{\tau}t}) \tag{1.62}$$

式中：

$$K_{SF} = \frac{2\pi LD}{\lambda_0 c} \cdot \frac{\pi}{180} \cdot \frac{2^{n_{dac}}}{2\pi} = \frac{2^{n_{dac}}LD}{\lambda_0 c} \cdot \frac{\pi}{180} \tag{1.63}$$

即闭环光纤陀螺回路的标度因数。这说明，闭环光纤陀螺回路的传递模型近似一个一阶低通频率响应。图 1.13 是闭环光纤陀螺回路的归一化阶跃响应输出曲线。在这种情况下，当响应时间恰好等于惯性环节时间常数 $T = \tau/gh$ 时，陀螺输出达到其稳态值的 $(1 - e^{-1}) = 0.632$ 倍。这个时间常数 T 可以用来确定光纤陀螺的带宽 Δf_{3dB}：

$$\Delta f_{3dB} = \frac{1}{2\pi T} = \frac{gh}{2\pi\tau} = \frac{gh}{\pi} f_p \tag{1.64}$$

这和式(1.57)的定义是一致的。

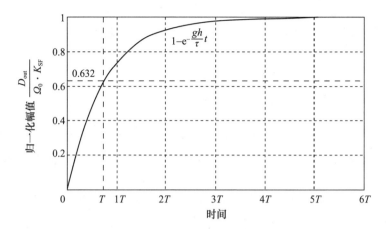

图1.13 闭环光纤陀螺回路的归一化阶跃响应输出曲线

1.2.2 存在延迟的闭环回路的稳定性条件和频率特性

1.2.2.1 闭环反馈回路的超调现象和增益约束条件

实际中,要准确描述光纤陀螺的动态特性,式(1.50)中前向和后向增益通道的延迟不能忽略。将 $z = e^{j\omega\tau}$ 代入式(1.50)中,并相对 $T(0)$ 归一化,得

$$T_N(\omega) = \frac{T(\omega)}{T(0)} = \frac{gh \cdot e^{-j(p+2)\omega\tau}}{e^{j\omega\tau} - 1 + gh \cdot e^{-j(p+q+2)\omega\tau}}$$

$$= \frac{gh \cdot \{\cos[(p+2)\omega\tau] - j\sin[(p+2)\omega\tau]\}}{\cos(\omega\tau) + j\sin(\omega\tau) - 1 + gh \cdot \{\cos[(p+q+2)\omega\tau] - j\sin[(p+q+2)\omega\tau]\}}$$

$$= \frac{\cos[(p+2)\omega\tau] - j\sin[(p+2)\omega\tau]}{\left\{\dfrac{\cos(\omega\tau)-1}{gh} + \cos[(p+q+2)\omega\tau]\right\} + j\left\{\dfrac{\sin(\omega\tau)}{gh} - \sin[(p+q+2)\omega\tau]\right\}}$$

$$= A(\omega) e^{j\varphi(\omega)} \qquad (1.65)$$

其中

$$A(\omega) = \frac{1}{\sqrt{\left\{\dfrac{\cos(\omega\tau)-1}{gh} + \cos[(p+q+2)\omega\tau]\right\}^2 + \left\{\dfrac{\sin(\omega\tau)}{gh} - \sin[(p+q+2)\omega\tau]\right\}^2}}$$

$$(1.66)$$

$$\varphi(\omega) = -(p+2)\omega\tau - \arctan\left\{\frac{\dfrac{\sin(\omega\tau)}{gh} - \sin[(p+q+2)\omega\tau]}{\dfrac{\cos(\omega\tau)-1}{gh} + \cos[(p+q+2)\omega\tau]}\right\} \qquad (1.67)$$

分别为光纤陀螺归一化传递函数的幅值（幅频特性）和相位（相频特性）。图 1.14 是闭环光纤陀螺的前向和后向增益通道存在延迟且增益较大时的归一化幅频特性曲线，其中纵、横坐标都取线性坐标。由图 1.14 可以看出，含有回路延迟时，光纤陀螺幅频特性具有下列特点：

(1) 归一化幅频特性在 $\omega=0$ 处的值为 $A(0)=1$。

(2) 在低频段，幅频特性曲线平滑，几乎没有变化。

(3) 随着 ω 增大，闭环幅频特性出现谐振峰，谐振峰对应的角频率称为谐振频率 ω_r，谐振峰值 $A_{max}=A(\omega_r)$。这与图 1.11(a) 的情形（任何时候都没有谐振峰）完全不同。相对谐振峰值可以定义为 $M_r=A_{max}/A(0)$。

(4) 角频率 ω 大于谐振频率 ω_r 后，$A(\omega)$ 迅速衰减。当归一化幅频特性降至 $0.707A(0)$ 时，对应的角频率称为 3dB 带宽 ω_{3dB}。由于幅频特性存在谐振频率时，光纤陀螺闭环系统对单位阶跃的响应存在明显的振荡倾向；如果输入角频率为 ω_r 的正弦函数，则该系统的响应是对输入正弦的放大，放大的正弦函数再通过反馈超调影响闭环反馈误差信号，产生后面将要讨论的振动零偏效应。因此，此时的 ω_{3dB} 已不是闭环光纤陀螺期望的 3dB 带宽。换句话说，光纤陀螺的闭环频率特性不应出现谐振和超调现象，必须对回路增益进行约束。

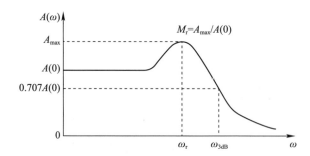

图 1.14 典型的闭环光纤陀螺幅频特性（含延迟，增益大）

由式(1.66)：

$$|A(\omega)|^2 = \cfrac{1}{\left\{\cfrac{\cos(\omega\tau)-1}{gh}+\cos[(p+q+2)\omega\tau]\right\}^2+\left\{\cfrac{\sin(\omega\tau)}{gh}-\sin[(p+q+2)\omega\tau]\right\}^2}$$

$$=\frac{1}{\mathcal{B}} \tag{1.68}$$

若陀螺闭环回路的幅频特性函数恰好不出现谐振峰，则式(1.68)应单调下降，或者说式(1.68)的分母 $\mathcal{B}$ 应单调增加。令 $p+q+2=M$ 代入式(1.68)，其分母 $\mathcal{B}$ 变为

$$\mathcal{B} = \left[\frac{\cos(\omega\tau)-1}{gh} + \cos(M\omega\tau)\right]^2 + \left[\frac{\sin(\omega\tau)}{gh} - \sin(M\omega\tau)\right]^2$$

$$= 1 + \frac{2}{(gh)^2} - \frac{2\cos(\omega\tau)}{(gh)^2} + \frac{2\cos[(M+1)\omega\tau]}{gh} - \frac{2\cos(M\omega\tau)}{gh} \quad (1.69)$$

若分母 $\mathcal{B}$ 单调增加,则

$$\frac{\partial \mathcal{B}}{\partial \omega} = \frac{\partial}{\partial \omega}\left\{-\frac{\cos(\omega\tau)}{gh} + \cos[(M+1)\omega\tau] - \cos(M\omega\tau)\right\}$$

$$= \frac{\tau \cdot \sin(\omega\tau)}{gh} - (M+1)\tau \cdot \sin[(M+1)\omega\tau] + M\tau \cdot \sin(M\omega\tau) > 0$$

$$(1.70)$$

注意,$\omega\tau = 2\pi f\tau = \pi f/f_p$,其中 $f_p = 1/2\tau$ 为光纤陀螺的本征频率,$f \ll f_p$ 时,有

$$\frac{1}{gh} - (M+1)^2 + M^2 > 0 \quad (1.71)$$

即

$$gh < \frac{1}{2M+1} \quad (1.72)$$

因此,为避免在闭环带宽范围内幅频特性出现谐振峰,人为约束闭环回路增益的安全取值范围为

$$gh \leqslant \frac{1}{2(2M+1)} \quad (1.73)$$

1.2.2.2 闭环回路稳定性分析

稳定是闭环控制回路能够正常工作的先决条件。回路不稳定,陀螺输出/输入关系(也即传递函数)将不是线性的,输出信号不再反映输入信号。一种典型情况是,对于阶跃输入,输出随时间振荡或发散,具体在光纤陀螺中,则表现为陀螺闭不上环。因此,闭环陀螺的回路稳定性分析非常重要。另一方面,即便陀螺满足回路稳定性条件,前面已提到,回路超调仍产生零偏效应。因此对于闭环光纤陀螺来说,闭环回路的总增益既要满足一般的回路稳定性条件,又要考虑幅频特性不能出现超调现象。

先讨论无延迟的理想一阶惯性环节情况,由式(1.51),其特征方程为

$$z - 1 + gh = 0 \quad (1.74)$$

根据稳定性判据:$|z| < 1$,则系统一定是稳定的。因而:

$$|1 - gh| < 1 \quad (1.75)$$

因此,得到一阶惯性环节的稳定性条件:

$$0 < gh < 2 \tag{1.76}$$

再考虑实际中前向和后向增益通道的延迟,仍令 $p+q+2=M$,由式(1.50),其 z 域的特征方程为

$$z^M \cdot (z-1) + gh = 0 \tag{1.77}$$

根据稳定性判据:$|z|<1$,针对不同的 M 值,求解式(1.77),得到满足 $|z|<1$ 的 gh 值范围,即存在回路延迟时的稳定性条件,见表1.1第二行,同时,为了比较,表中还给出了为避免超调,式(1.73)设定的 gh 值的增益约束(表1.1第三行)。

表1.1 考虑闭环光纤陀螺回路延迟时回路增益 gh 的约束条件

回路延迟 M	0	1	2	3	4	5	6	10
满足式(1.77)的稳定性条件	2	1	0.618	0.445	0.347	0.285	0.241	0.149
满足式(1.73)的避免超调条件	0.5	0.167	0.100	0.072	0.056	0.046	0.039	0.024
闭环精确模型的避免超调条件	0.5	0.133	0.078	0.056	0.044	0.036	0.032	0.019

另外,尽管式(1.77)考虑了闭环光纤陀螺前向和后向增益通道的延迟,仍是基于图1.2所示的线性闭环传递模型,而实际陀螺在偏置调制基础上对干涉输出的余弦响应进行解调,在高动态输入(如振动)条件下,闭环回路存在大的瞬态误差信号,导致解调非线性和探测器、模数转换器饱和,这些实际解调环节将产生非线性的传递函数。通过建立光纤陀螺闭环回路的精确模型,得到了不同 M 值下为避免超调对 gh 值的进一步约束,见表1.1第四行。

可以看出,为了避免超调现象,回路延迟越大,gh 的增益约束范围越小。实际中,回路增益小于稳定性条件所要求增益的 $\frac{1}{7}$。这一分析结果与光纤陀螺的试验结果是一致的:对于某型陀螺,$M=3.5\tau$(与电路元件的选型有关),由表1.1可知,gh 应小于0.05;实际中 $gh=0.032$,带宽 $\Delta f_{3dB} \approx 800 Hz$,陀螺不产生振动零偏效应;由于回路增益调节主要通过数字滤波(数字截取)实现,提高增益一倍至 $gh=0.064$ 时,确实发现幅频特性已明显出现超调。又比如,根据国外报道:陀螺光纤长度 $L=600m$,本征频率 $f_p=172kHz$,回路延迟 3.35τ,闭环带宽为 $1.47kHz$,根据式(1.57),其增益 gh 仅为0.027,与上述 $gh=0.032$ 处于同一水平。因此,存在回路延迟条件下,避免超调现象是闭环光纤陀螺数字处理电路的一个基本设计要求。

1.2.3 含输出滤波的闭环光纤陀螺频率特性和输出响应

对于存在回路延迟的闭环光纤陀螺,在满足式(1.73)和表1.1所列的避免

超调的增益约束条件下(尤其是根据表 1.1 第四行可得出, $gh = 0.032$, $M = 3.5\tau$),其频率特性曲线与一阶惯性环节($gh = 0.032$, $M = 0$)近似,见图 1.15。在这种情况下,如果考虑图 1.10 的输出滤波环节 $F(s)$,由式(1.44)和式(1.52),闭环光纤陀螺的总的传递函数 $T_{\text{total}}(s)$ 可以写为

$$T_{\text{total}}(s) = T(s) \cdot F(s) = \frac{1}{2^{m_f}} \cdot \frac{1}{h} \cdot \frac{1}{\frac{\tau}{gh}s + 1} \cdot \frac{1 - e^{-T'_s s}}{T'_s s} \quad (1.78)$$

进而得到含输出滤波的闭环光纤陀螺系统的归一化幅频特性:

$$A_{\text{total}}(\omega) = \left| \frac{T_{\text{total}}(\omega)}{T_{\text{total}}(0)} \right| = \frac{\sin(\omega T'_s/2)}{\omega T'_s/2} \cdot \frac{gh}{\sqrt{(\omega\tau)^2 + (gh)^2}} \quad (1.79)$$

或

$$A_{\text{total}}(f) = \frac{\sin(\pi f T'_s)}{\pi f T'_s} \cdot \frac{\Delta f_{3\text{dB}}}{\sqrt{f^2 + (\Delta f_{3\text{dB}})^2}} \quad (1.80)$$

同理,由式(1.47)和式(1.59),含输出滤波的整个闭环光纤陀螺系统的相频特性为

$$\varphi_{\text{total}}(\omega) = \arg[T_{\text{total}}(\omega)] = \arg[T(\omega)] + \arg[F(\omega)]$$
$$= -\arctan\left(\frac{\omega}{\omega_{3\text{dB}}}\right) - \left(\frac{\omega T'_s}{2}\right) \quad (1.81)$$

或

$$\varphi_{\text{total}}(f) = -\arctan\left(\frac{f}{\Delta f_{3\text{dB}}}\right) - \frac{\pi}{2}\left(\frac{f}{\Delta f_a}\right) \quad (\text{rad}) \quad (1.82)$$

其中, $-90°(-\pi/2)$ 相移对应的带宽 $\Delta f_{90°}$ 满足:

$$\tan\left[\frac{\pi}{2}\left(1 - \frac{\Delta f_{90°}}{\Delta f_a}\right)\right] = \frac{\Delta f_{90°}}{\Delta f_{3\text{dB}}} \quad (1.83)$$

求解式(1.83)可以得到 $\Delta f_{90°}$。图 1.16 给出了 $\Delta f_{90°}$ 与 $\Delta f_{3\text{dB}}$、Δf_a 的函数关系。比较式(1.47)、式(1.59)和式(1.67)可以看出,如果不考虑输出滤波(或 Δf_a 很大),陀螺闭环回路的 3dB 带宽对应的相位延迟为 $-45°$ 或略大,$\Delta f_{90°}$ 远高于 $\Delta f_{3\text{dB}}$(图 1.16(a));但当考虑输出滤波环节时,$-90°$ 相移对应的带宽 $\Delta f_{90°}$ 会大幅度下降,甚至低于 $\Delta f_{3\text{dB}}$(图 1.16(b))。由于输出滤波的周期通常较闭环回路内的各种时间延迟长得多,对闭环光纤陀螺的相位延迟和 3dB 带宽的贡献显著,因此,整个闭环光纤陀螺系统的带宽 Δf 由闭环光纤陀螺回路和输出滤波器的带宽及总的延迟特性共同决定,保守地讲,$\Delta f = \min(\Delta f_a, \Delta f_{3\text{dB}}, \Delta f_{90°})$。

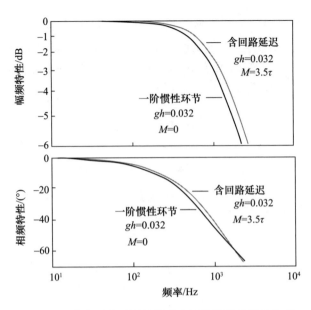

图 1.15 存在回路延迟的闭环光纤陀螺满足增益约束条件时的频率特性曲线与一阶惯性环节近似

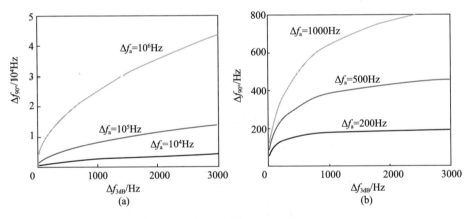

图 1.16 $\Delta f_{90°}$ 与 $\Delta f_{3(dB)}$、Δf_a 的函数关系

（a）输出滤波的带宽 Δf_a 较大时；（b）输出滤波的带宽 Δf_a 较小时。

输入一个恒定的 Sagnac 相移 ϕ_s(rad)，这相当于输入信号为阶跃函数，其输出信号 D_{out} 的拉普拉斯变换为

$$D_{out}(s) = \frac{\phi_s}{2^{m_f}h} \cdot \frac{1}{s\left(\frac{\tau}{gh}s+1\right)} \cdot \frac{1-e^{-T'_s s}}{T'_s s} = \phi_s K' \frac{1}{s\left(\frac{\tau}{gh}s+1\right)} \cdot \frac{1-e^{-T'_s s}}{T'_s s} \quad (1.84)$$

式中:$K' = 1/(2^{m_f}h) = 2^{n_1-m_f}/2\pi$。利用近似公式 $e^{T'_s s} \approx 1 + T'_s s + \frac{1}{2!}(T'_s s)^2 + \cdots$,得

$$\frac{1-e^{-T'_s s}}{T'_s s} = \frac{1}{T'_s s}\left(1 - \frac{1}{e^{T'_s s}}\right) \approx \frac{1}{T'_s s}\left(1 - \frac{1}{1+T'_s s}\right) = \frac{1}{1+T'_s s} \quad (1.85)$$

因而

$$D_{out}(s) = \phi_s \cdot K' \cdot \frac{gh}{\tau} \cdot \frac{1}{T'_s} \cdot \frac{1}{s(s+gh/\tau)(s+1/T'_s)} \quad (1.86)$$

输出信号 D_{out} 的时域响应为

$$D_{out}(t) = \phi_s \cdot K' \left[1 + \frac{1}{\frac{gh}{\tau} \cdot T'_s - 1} e^{-\frac{gh}{\tau} \cdot t} - \frac{\frac{gh}{\tau} \cdot T'_s}{\frac{gh}{\tau} \cdot T'_s - 1} e^{-\frac{1}{T'_s}t} \right] \quad (1.87)$$

若输入为恒定的角速率 $\Omega_0(°/s)$,则式(1.87)变为

$$D_{out}(t) = \Omega_0 \cdot K_{SF} \left[1 + \frac{1}{\frac{gh}{\tau} \cdot T'_s - 1} e^{-\frac{gh}{\tau} \cdot t} - \frac{\frac{gh}{\tau} \cdot T'_s}{\frac{gh}{\tau} \cdot T'_s - 1} e^{-\frac{1}{T'_s}t} \right] \quad (1.88)$$

或者

$$D_{out}(t) = \Omega_0 \cdot K_{SF} \left[1 + \frac{\Delta f_a}{\pi \Delta f_{3dB} - \Delta f_a} e^{-\frac{gh}{\tau} \cdot t} - \frac{\pi \Delta f_{3dB}}{\pi \Delta f_{3dB} - \Delta f_a} e^{-\frac{1}{T'_s}t} \right] \quad (1.89)$$

可见,$\Delta f_{3dB} \ll \Delta f_a$ 时,$D_{out} = \Omega_0 \cdot K_{SF}[1 - e^{-(gh/\tau)t}] = \Omega_0 \cdot K_{SF}(1 - e^{-2\pi\Delta f_{3dB}t})$,光纤陀螺的实际带宽由 Δf_{3dB} 决定;当 $\Delta f_{3dB} \gg \Delta f_a$ 时,$D_{out} = \Omega_0 \cdot K_{SF}[1 - e^{-(1/T'_s)t}] = \Omega_0 \cdot K_{SF}(1 - e^{-2\Delta f_a t})$,陀螺系统的实际带宽由输出滤波器带宽 Δf_a 决定。

1.3 光纤陀螺传递函数的应用和讨论

1.3.1 光纤陀螺的振动零偏效应

力学环境适应性是光纤陀螺工程实用化必须面对的重要问题。光纤陀螺与振动有关的问题包括三个层面:①结构(包括环圈、光路固化)谐振。在谐振频率上振动信号被放大,导致结构(包括环圈)周期性形变,陀螺引入大的附加角加速度,使光纤陀螺输出异常(零偏值异常大、零偏乱漂、零偏跨到其他条纹工作)。在进行陀螺结构设计(包括环圈黏接、光路固化等因素)时,应避免在陀螺应用的带宽范围内出现谐振点。②振动引起的陀螺噪声增加,即光纤陀螺的偏置振动灵敏度,由振动动态应变通过光弹效应引起光纤长度或折射率变化造成,

是陀螺对振动的一种正常响应。当然,可以采取一些技术措施降低光纤陀螺的偏置振动灵敏度,相关讨论可参见第9章内容。③振动引起的陀螺零偏效应表现在振动过程中(无论是随机还是扫频)陀螺的零偏(均值)发生微小偏移($10^{-6} \sim 10^{-7}$ rad),也称为振动零偏效应。这是由光纤陀螺闭环回路的幅频特性超调引起的振动误差,需要优化陀螺闭环回路参数或增加校正回路设计来避免超调现象。本节主要研究振动引起的陀螺零偏效应。

1.3.1.1 振动零偏效应的产生机理

振动零偏效应与闭环回路的工作原理和参数设计有关,是闭环光纤陀螺的共性问题。一般情况下,陀螺敏感角速率,通过闭环信号处理产生一个反馈信号,施加到相位调制器上,以保持偏置工作点的稳定。理想情况下,反馈相位抵消 Sagnac 相位。但由于光纤陀螺回路中存在延迟等,反馈信号总是滞后 Sagnac 相位。当角速率发生变化时,反馈相位总是试图跟踪上实际反馈相位,存在一个瞬态残余误差信号。这个残余误差信号与正弦输入同频,在高动态输入(如较高频振动)下变得很大,使探测器和模数转换器饱和。一方面,由于探测器(及前置放大器)饱和具有单向性,使光纤陀螺解调环节的增益变为与正弦输入(以及误差信号)同频的可变增益,将会导致振动零偏效应,这种情况称为狭义的探测器饱和。在实际中,未施加偏置相位时的光功率自身就在所用探测器的饱和功率水平之下,因此偏置调制过程中的光信号即使瞬态角速率很大,一般在探测器上也不会饱和。另一方面,当偏置相位工作在过调制状态和"瞬时残余误差信号"很大时,解调变为非线性,正、负周期采样值将不对称(符号相反,幅值不同),使光纤陀螺的解调环节同样变为与正弦输入同频的可变增益,导致振动零偏效应,这称为广义的探测器饱和(图1.17)。下面通过推导动态条件下闭环光纤陀螺的解调输出,分析振动零偏效应的产生机理。

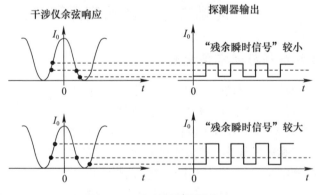

图1.17 广义的探测器饱和

闭环光纤陀螺的干涉输出光强可以表示为

$$I_D(t) = \frac{I_0}{2}\{1 + \cos[\phi_b + \phi_s(t) - \phi_f(t)]\} \tag{1.90}$$

式中：I_0 为 Sagnac 干涉仪的输入光强；ϕ_b 为偏置调制相位；$\phi_s(t)$ 为动态输入信号；$\phi_f(t)$ 为反馈信号。在理想闭环状态下，瞬时残余误差信号 $\phi_e(t) = \phi_s(t) - \phi_f(t) \to 0$。此时，正、负采样周期相减给出陀螺的输出：

$$I_{out} = I_D(t) - I_D(t-\tau) = \frac{I_0}{2}\{1 + \cos[\phi_b + \phi_s(t) - \phi_f(t)]\} -$$

$$\frac{I_0}{2}\{1 + \cos[-\phi_b + \phi_s(t) - \phi_f(t)]\}$$

$$= \frac{I_0}{2}\{1 + \cos\phi_b\cos\phi_e(t) - \sin\phi_b\sin\phi_e(t)\} -$$

$$\frac{I_0}{2}\{1 + \cos\phi_b\cos\phi_e(t) + \sin\phi_b\sin\phi_e(t)\}$$

$$= -I_0\sin\phi_b\sin\phi_e(t) = 0 \tag{1.91}$$

反馈相位完全抵消了 Sagnac 相位，工作点始终位于偏置相位附近的线性范围内。如前所述，在高动态输入（如振动）条件下，如果光纤陀螺回路超调，闭环回路容易产生大的瞬态误差信号，使探测器/前置放大器广义饱和，这些实际解调环节将产生非线性的传递函数。假定振动情况下陀螺的输入函数 $\phi_s(t)$ 具有正弦形式：

$$\phi_s(t) = \phi_{s0}\sin(\omega t + \vartheta_{s0}) \tag{1.92}$$

式中：ϕ_{s0}、ϑ_{s0} 分别为正弦输入的幅值和相位；ω 为输入角速率的圆频率，$\omega = 2\pi f$。根据 Sagnac 效应，输入角速率幅值可以表示为

$$\Omega_{s0} = \frac{180}{\pi} \cdot \frac{\lambda_0 c}{2\pi LD} \cdot \phi_{s0} \quad ((°)/s) \tag{1.93}$$

由于光纤陀螺传递函数的幅频特性和相频特性，反馈信号的幅值和相位与输入函数不同，假定反馈函数 $\phi_f(t)$ 为

$$\phi_f(t) = \phi_{f0}\sin(\omega t + \vartheta_{f0}) \tag{1.94}$$

式中：ϕ_{f0}、ϑ_{f0} 分别为正弦输入的输出响应的幅值和相位。

光纤陀螺传递函数模型中的误差信号 $\phi_e(t)$ 为

$$\phi_e(t) = \phi_s(t) - \phi_f(t) = \phi_{s0}\sin(\omega t + \vartheta_{s0}) - \phi_{f0}\sin(\omega t + \vartheta_{f0}) = \phi_{e0}\sin(\omega t + \vartheta_{e0})$$

$$= \phi_{e0}\sin\omega t\cos\vartheta_{e0} + \phi_{e0}\cos\omega t\sin\vartheta_{e0} = A\sin\omega t + B\cos\omega t \tag{1.95}$$

式中：$A = \phi_{e0}\cos\vartheta_{e0}$；$B = \phi_{e0}\sin\vartheta_{e0}$。且：

$$\vartheta_{e0} = \arctan\left(\frac{\phi_{s0}\sin\vartheta_{s0} - \phi_{f0}\sin\vartheta_{f0}}{\phi_{s0}\cos\vartheta_{s0} - \phi_{f0}\cos\vartheta_{f0}}\right) \tag{1.96}$$

$$\phi_{e0} = \sqrt{(\phi_{s0}\cos\vartheta_{s0} - \phi_{f0}\cos\vartheta_{f0})^2 + (\phi_{s0}\sin\vartheta_{s0} - \phi_{f0}\sin\vartheta_{f0})^2} \tag{1.97}$$

关注式(1.91)的干涉项：

$$\begin{aligned}\cos[\phi_b + \phi_s(t) - \phi_f(t)] &= \cos[\phi_b + \phi_e(t)] = \cos\phi_b\cos\phi_e(t) - \sin\phi_b\sin\phi_e(t) \\ &= \cos\phi_b\cos[A\sin\omega t + B\cos\omega t] - \sin\phi_b\sin[A\sin\omega t + B\cos\omega t] \\ &= P(t) - Q(t) \end{aligned} \tag{1.98}$$

其中

$$P(t) = \cos\phi_b[\cos(A\sin\omega t)\cos(B\cos\omega t) - \sin(A\sin\omega t)\sin(B\cos\omega t)] \tag{1.99}$$

$$Q(t) = \sin\phi_b[\sin(A\sin\omega t)\cos(B\cos\omega t) + \cos(A\sin\omega t)\sin(B\cos\omega t)] \tag{1.100}$$

假定是两态方波解调，解调输出为

$$\begin{aligned}&\cos[\phi_b + \phi_s(t) - \phi_f(t)] - \cos[-\phi_b + \phi_s(t-\tau) - \phi_f(t-\tau)] \\ &= \cos[\phi_b + \phi_e(t)] - \cos[\phi_b - \phi_e(t-\tau)]\end{aligned} \tag{1.101}$$

而

$$\phi_e(t-\tau) = \phi_{e0}\sin(\omega t - \omega\tau + \vartheta_{e0}) = \phi_{e0}\sin(\omega t + \vartheta'_{e0}) = A'\sin\omega t + B'\cos\omega t \tag{1.102}$$

式中：$\vartheta'_{e0} = -\omega\tau + \vartheta_{e0}$；$A' = \phi_{e0}\cos\vartheta'_{e0}$；$B' = \phi_{e0}\sin\vartheta'_{e0}$。因此：

$$\begin{aligned}\cos[\phi_b + \phi_e(t-\tau)] &= \cos[\phi_b - \phi_e(t-\tau)] \\ &= \cos\phi_b\cos\{\phi_e(t-\tau)\} - \sin\phi_b\sin\{\phi_e(t-\tau)\} \\ &= P'(t) - Q'(t)\end{aligned} \tag{1.103}$$

其中

$$P'(t) = \cos\phi_b[\cos(A'\sin\omega t)\cos(B'\cos\omega t) - \sin(A'\sin\omega t)\sin(B'\cos\omega t)] \tag{1.104}$$

$$Q'(t) = \sin\phi_b[\sin(A'\sin\omega t)\cos(B'\cos\omega t) + \cos(A'\sin\omega t)\sin(B'\cos\omega t)] \tag{1.105}$$

所以动态输入下陀螺实际输出的零偏均值为

$$\langle \cos[\phi_b + \phi_s(t) - \phi_f(t)] - \cos[-\phi_b + \phi_s(t-\tau) - \phi_f(t-\tau)]\rangle$$
$$= \langle [P(t) - Q(t)] - [P'(t) - Q'(t)]\rangle = \langle [P(t) - P'(t)] - [Q(t) - Q'(t)]\rangle \tag{1.106}$$

根据贝塞尔级数展开式：

$$\cos(x\sin\theta) = J_0(x) + 2\sum_{n=1}^{\infty} J_{2n}(x)\cos(2n\theta) \tag{1.107}$$

$$\sin(x\sin\theta) = 2\sum_{n=1}^{\infty} J_{2n-1}(x)\cos[(2n-1)\theta] \tag{1.108}$$

$$\cos(x\cos\theta) = J_0(x) + 2\sum_{n=1}^{\infty} (-1)^n J_{2n}(x)\cos(2n\theta) \tag{1.109}$$

$$\sin(x\cos\theta) = 2\sum_{n=1}^{\infty} (-1)^{n+1} J_{2n-1}(x)\cos[(2n-1)\theta] \tag{1.110}$$

可以看出，式(1.106)在振动条件下产生零偏的项为$[P(t) - P'(t)]$，即含有$\langle\cos(A\sin\omega t)\cos(B\cos\omega t)\rangle$、$\langle\cos(A'\sin\omega t)\cos(B'\cos\omega t)\rangle$的项：

$$\langle \cos[\phi_b + \phi_s(t) - \phi_f(t)] - \cos[-\phi_b + \phi_s(t) - \phi_f(t)]\rangle = \langle P(t) - P'(t)\rangle =$$
$$\cos\phi_b\{\langle\cos(A\sin\omega t)\cos(B\cos\omega t)\rangle - \langle\cos(A'\sin\omega t)\cos(B'\cos\omega t)\rangle\} =$$
$$\cos\phi_b\left\{\left[J_0(A) \cdot J_0(B) + 2\sum_{n=1}^{\infty}(-1)^n J_{2n}(A) \cdot J_{2n}(B)\right] - \right.$$
$$\left.\left[J_0(A') \cdot J_0(B') + 2\sum_{n=1}^{\infty}(-1)^n J_{2n}(A') \cdot J_{2n}(B')\right]\right\} \tag{1.111}$$

这是光纤陀螺在振动条件下解调环节产生零偏的基本原因，国外专利文献中也称为振动引起的DC(直流)偏置。当传递函数模型的跟踪误差较小时，导致$\phi_{e0}\sin(\omega t + \vartheta_{e0}) \to 0$，进而$\cos[\phi_b + \phi_e(t)] - \cos[-\phi_b + \phi_e(t)] = 0$，振动零偏效应消失。

1.3.1.2 闭环光纤陀螺的精确传递函数模型

高动态输入情况下，受回路跟踪精度限制，闭环光纤陀螺的实际输出产生一个零偏误差。传统的光纤陀螺简化传递函数模型不能反映高动态条件下的陀螺输出响应。要解释振动零偏效应，就必须还原解调环节的真实情景。考虑$\phi_e(t) \neq 0$、$\phi_e(t-\tau) \neq 0$，由式(1.91)，得

$$I_{\text{out}} = I_D(t) - I_D(t-\tau) = \frac{I_0}{2}\{1 + \cos[\phi_b + \phi_s(t) - \phi_f(t)]\} -$$

$$\frac{I_0}{2}\{1 + \cos[-\phi_b + \phi_s(t-\tau) - \phi_f(t-\tau)]\}$$

$$= \frac{I_0}{2}\{1 + \cos\phi_b \cos\phi_e(t) - \sin\phi_b \sin\phi_e(t)\} -$$

$$\frac{I_0}{2}\{1 + \cos\phi_b \cos\phi_e(t-\tau) + \sin\phi_b \sin\phi_e(t-\tau)\}$$

$$= \frac{I_0}{2}\{\cos\phi_b \cos\phi_e(t) - \sin\phi_b \sin\phi_e(t)$$

$$- \cos\phi_b \cos\phi_e(t-\tau) - \sin\phi_b \sin\phi_e(t-\tau)\} \tag{1.112}$$

用式(1.112)取代图1.2中"解调响应"环节的$z^{-2} \cdot I_0 \sin\phi_b$,得到光纤陀螺的精确传递函数模型。因此,在时域,实际解调环节可以表示为

$$\frac{1}{2}\left\{\left[\frac{\sin\phi_e(t) + \sin\phi_e(t-\tau)}{\phi_e(t)}\right] - \cot\phi_b\left[\frac{\cos\phi_e(t) - \cos\phi_e(t-\tau)}{\phi_e(t)}\right]\right\} \cdot I_0 \sin\phi_b$$

$$\tag{1.113}$$

其中,由前面的分析可知,$\phi_e(t)$很大时,式(1.113)中的第一项产生"正弦响应非线性",但不会引起振动零偏效应。振动零偏效应与第二项有关,是大的误差信号与解调环节的可变增益联合作用的结果。只有建立光纤陀螺的精确传递函数模型,才有可能从理论上预测振动零偏效应,并进一步发现振动零偏效应与闭环回路的延迟和增益及由此产生的超调现象有关。也就是说,动态输入条件下,角加速度较大导致回路跟踪误差大,固然是振动过程中陀螺产生零偏的主因,但陀螺回路参数设计不合理,造成闭环传递函数幅频特性存在超调,会对振动零偏效应起推波助澜(或放大)作用。因此,对精确模型进行仿真,评估并优化设计闭环光纤陀螺的回路参数,对于抑制和消除振动零偏效应非常重要。研究表明,当调整回路增益至一个适当水平时,可以抑制振动零偏效应,满足惯导系统应用对光纤陀螺振动性能的要求。

1.3.1.3 利用精确模型对振动零偏效应的仿真

将式(1.113)的解调环节取代图1.2中的线性解调响应$z^{-2} \cdot I_0 \sin\phi_b$,在式(1.50)的基础上得到光纤陀螺的传递函数精确模型。在正弦输入条件下,利用该精确模型对陀螺输出进行仿真,考察振动零偏效应。各个物理环节的典型参数见表1.2。仿真采用幅值固定的正弦输入信号$\phi = \phi_0 \sin(2\pi ft)$。图1.18是各种不同增益下计算的光纤陀螺输出平均值(振动零偏效应)与输入信号频率的关系曲线,其中各点均取仿真时间为5s的零偏平均值。

表 1.2　光纤陀螺传递函数的精确模型的仿真参数
全部采用实际陀螺各环节的物理参数

闭环环节	$\dfrac{2\pi LD}{\lambda_0 c}$	τ	$I_0\sin\phi_b$	$\eta_D R_f$	$G_f G_a$	$\dfrac{2^{n_{adc}}}{V_{REF}}$	增益 gh（增益约束 <0.05）	n_{dac}	前向延迟	后向延迟
单位	s	μs	W	V/W	—	1/V	—	—	τ	τ
参数取值	1.62	6.04	2.83×10^{-5}	2.7×10^4	1.8	$\dfrac{2^{12}}{5}$	0.064、0.032、0.016	14	2.5	1

由参数如表 1.2 所示某型 0.01(°)/h 光纤陀螺（光纤线圈的 $LD\approx1250\text{m}\times0.1\text{m}=125\text{m}^2$）的精确传递函数模型仿真得到，振动零偏效应满足应用要求的输入幅值 $\phi_0=5\times10^{-3}\text{rad}$，选取表 1.2 的典型参数，$\phi_0$ 对应的角速率幅值 $\Omega_0\approx0.18(°)/\text{s}$。假定在频率 $f=\Delta f_{3dB}=845\text{Hz}$ 开始产生振动零偏效应，则该型陀螺不产生显著振动零偏效应（$<0.01(°)/\text{h}$）的最大角加速度 $\alpha_{\max}=2\pi f\cdot\Omega_0=2\pi\times845\text{Hz}\times0.18(°)/\text{s}\approx956(°)/\text{s}^2$。实际上，由于光纤陀螺的检测带宽 Δf_{3dB}（3dB 带宽）所限，光纤陀螺对检测带宽之外的高频角振动是"不"响应的。但由于光纤陀螺传递函数模型中解调环节存在偏置调制和余弦响应，虽然对高频角振动不响应，但仍产生一个零偏误差，这正是振动零偏效应的特点。

依据美国 Litton 公司的 LN251 光纤陀螺惯导系统的产品说明书（光纤线圈的 LD 大致为 $1000\text{m}\times0.075\text{m}=75\text{m}^2$），其光纤陀螺角加速度的允许范围 $\alpha_{\max}=1500(°)/\text{s}^2$。LN251 陀螺的 $\alpha_{\max}/LD$ 指数与表 1.2 建模所用陀螺的指数相同（反映的是两者回路延迟和增益大致接近）。可以推断，LN251 产品的角加速度允许范围应该是针对振动零偏效应给出的。

从回路增益 gh 的取值来看，当陀螺闭环幅频特性曲线存在谐振峰（超调）时（$gh>0.05$），容易产生较大零偏，陀螺动态性能较差；当陀螺幅频特性曲线不存在谐振峰（$gh<0.05$）时（不超调），产生的零偏较小（小于 $0.01(°)/\text{h}$）在允许范围内，陀螺动态性能较好。结合图 1.18 和表 1.1，陀螺闭环增益的选择应使

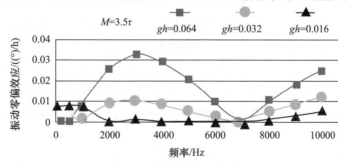

图 1.18　振动零偏效应的仿真结果

精确模型的幅频特性曲线恰好不出现谐振峰为佳。增益太高,存在谐振峰,但闭环增益也不能无限降低。要避免振动零偏效应,增益选择应选择陀螺幅频特性曲线不出现谐振峰时对应的增益水平。

1.3.2 光纤陀螺标度因数的理论估算

如前所述,一次积分后的数据存放在一个较大位数的积分器中。如果将积分器内的数据直接输出,噪声较大,因此需要截取一定位数(舍弃部分高位或部分低位)后只取 n_1 位存储在速率寄存器中。考虑数字截取和滤波,可以从 n_1 位取其高位 n_{dac} 位作为陀螺的数字输出和 D/A 转换器的数字反馈,由式(1.63),闭环光纤陀螺的标度因数 K_{SF} 为

$$K_{\text{SF}} = \frac{D_{\text{out}}}{\Omega} = \frac{2\pi LD}{\lambda_0 c} \cdot \frac{\pi}{180} \cdot \frac{2^{n_{\text{dac}}}}{2\pi} = \frac{2^{n_{\text{dac}}} LD}{\lambda_0 c} \cdot \frac{\pi}{180} \quad \text{LSB}/((°)/\text{s}) \quad (1.114)$$

如图 1.9 所示,也可以将速率寄存器的 n_1 位数据直接取出,作为陀螺输出数字量,则陀螺的标度因数增加 $2^{n_1 - n_{\text{dac}}}$ 倍,为

$$K_{\text{SF}} = \frac{2\pi LD}{\lambda_0 c} \cdot \frac{\pi}{180} \cdot \frac{2^{n_1}}{2\pi} = \frac{LD}{\lambda_0 c} \cdot \frac{\pi}{180} \cdot 2^{n_1} \quad (1.115)$$

比如,对于某型光纤陀螺产品, $L = 1500\text{m}$, $D = 105\text{mm}$, $c = 3 \times 10^8 \text{m/s}$, $\lambda_0 = 1.3\mu\text{m}$,动态范围为 $0.02(°)/\text{h} \sim 70(°)/\text{s}$,即 $n_1 \approx 23.6$ 位,取 24 位,则理论估算的标度因数为

$$K_{\text{SF}} = \frac{1500 \times 0.105}{1.3 \times 10^{-6} \times 3 \times 10^8} \cdot \frac{\pi}{180} \cdot 2^{24} \approx 118193 \quad \text{LSB}/((°)/\text{s})$$

考虑输出滤波环节,闭环光纤陀螺的标度因数还可以写为

$$K'_{\text{SF}} = \frac{K_{\text{SF}}}{2^{m_{\text{f}}}} = \frac{2\pi LD}{\lambda_0 c} \cdot \frac{\pi}{180} \cdot \frac{2^{n_1 - m_{\text{f}}}}{2\pi} = \frac{LD}{\lambda_0 c} \cdot \frac{\pi}{180} \cdot 2^{n_1 - m_{\text{f}}} \quad (1.116)$$

由于 $m_{\text{f}} = m_- - m_+$,这说明,在陀螺输出数字滤波环节中,如果截去位数 m_- 大于累加位数 m_+,舍弃位数 $m_{\text{f}} > 0$,则标度因数将相应地减小。如果舍弃位数 m_{f} 增加(或减小 n_1 的低位),光纤陀螺的动态范围将缩小,降低了陀螺小角速率下的分辨率。还应该指出的是,对于给定的陀螺结构尺寸和光电参数,增加 n_1 并不能提高陀螺的分辨率;相反,如果减小 n_1 的高位,光纤陀螺的测量范围将变小。

比如某型光纤陀螺产品, $L = 2000\text{m}$, $D = 130\text{mm}$, $n_1 = 24$, $m_{\text{f}} = 2$,实测陀螺标度因数为 41522,理论估算为

$$K'_{SF} = \frac{2000 \times 0.13}{1.55 \times 10^{-6} \times 3 \times 10^8} \cdot \frac{\pi}{180} \cdot 2^{24-2} \approx 40894 \quad \text{LSB}/((°)/\text{s})$$

估算误差源于最大测量范围, n_1 位并非恰好占满。

1.3.3 给定阶跃输入和斜坡输入时的稳态角速率误差

如前所述,对于含有回路延迟的闭环光纤陀螺,当回路增益 gh 满足避免超调的增益约束条件时,其幅频特性与纯一阶惯性环节非常接近。由式(1.62),对于纯一阶惯性环节,在输入恒定角速率 $\Omega_0((°)/\text{s})$ 的情况下(视为阶跃角速率输入),陀螺输出可以表示为

$$\Omega_{\text{out}} = \frac{D_{\text{out}}}{K_{SF}} = \Omega_0 (1 - e^{-gh\frac{t}{\tau}}) \tag{1.117}$$

当 $t \gg \tau/gh$ 时, $\Omega_{\text{out}} \to \Omega_0$, 即陀螺稳态速率误差为零。

当存在角加速度 α (且 α 小于产生振动零偏效应的最大角加速度 $\alpha_{\max}$)时,设输入 $\Omega_{\text{in}} = \alpha t$, 在 s 域, 有 $\Omega_{\text{in}}(s) = \frac{\alpha}{s^2}$, 则 s 域陀螺输出 $D_{\text{out}}(s)$ 为

$$D_{\text{out}}(s) = K_{SF} \cdot \frac{\alpha}{s^2} \cdot \frac{1}{\frac{\tau}{gh}s + 1} = K_{SF} \cdot \alpha \left[\frac{1}{s^2} - \frac{\frac{\tau}{gh}}{s} + \frac{\left(\frac{\tau}{gh}\right)^2}{\frac{\tau}{gh}s + 1} \right] \tag{1.118}$$

陀螺的时域输出可以表示为

$$D_{\text{out}}(t) = K_{SF} \alpha \left[t - \frac{\tau}{gh} + \frac{\tau}{gh} e^{-gh\frac{t}{\tau}} \right] \tag{1.119}$$

或

$$\Omega_{\text{out}} = \frac{D_{\text{out}}(t)}{K_{SF}} = \alpha \left[t - \frac{\tau}{gh} + \frac{\tau}{gh} e^{-gh\frac{t}{\tau}} \right] \tag{1.120}$$

当 $t \gg \tau/gh$ 时, $\Omega_{\text{out}} \to \alpha \left[t - \frac{\tau}{gh} \right] = \Omega_{\text{in}} - \frac{\alpha\tau}{gh}$, 即陀螺稳态速率误差为 $-\frac{\alpha\tau}{gh}$。

可以证明,静止或以恒定角速率运动的载体,通过加速或减速改变了运动状态之后又回到原状态,在这个过程中,尽管速率误差随时间变化,但积分角误差在一阶上为零。

1.3.4 光纤陀螺抗角加速度能力的评估

理论上,光纤陀螺对线加速运动不敏感。但在大冲击条件下,惯导系统减振

装置的瞬间变形通常会给光纤陀螺引入大的角加速度,使陀螺偏置工作点呈现瞬间跨干涉条纹;冲击结束后,光纤陀螺不再回到零级条纹的偏置工作点上,而是工作在其他条纹上的同一偏置工作点上。大冲击后的光纤陀螺输出存在一个大的台阶,台阶高度等于2π相位(或其整数倍)对应的角速率。抗角加速度能力是光纤陀螺的一个重要力学性能指标,也是可以"设计"的。如果能够建立精确的光纤陀螺传递函数模型,就可以准确评估光纤陀螺的抗角加速度能力。

为模拟力学冲击过程,假设冲击过程导致陀螺转速Ω_0(静态时,指的是所敏感的地球速率分量)在某一瞬间以平均角加速度α加速至转速$\Omega_0+\alpha t$,然后冲击停止,陀螺又瞬间减速至原转速Ω_0。为了评估陀螺受到冲击时被"冲飞"(冲击停止后,陀螺输出产生大的台阶)的临界输入角加速度,需要利用传递函数精确模型仿真角加速度大小和角加速度持续时间对临界输入角加速度的影响。两种情形的冲击曲线见图1.19。图(a)所示为上升时间t不变,改变角加速度α大小;图(b)所示为角加速度α不变,改变上升时间t的大小。仿真表明:陀螺出现跳台阶现象与角加速度持续时间有关。在角加速度持续时间足够的情况下,输入信号的角加速度增大到超过某一临界值,陀螺输出将跳台阶,台阶跨度一般为2π;如果角加速度过大,台阶跨度可能还会是4π、6π等。

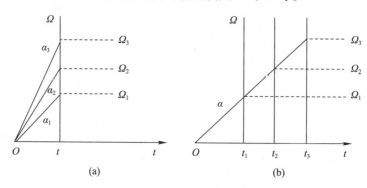

图1.19 陀螺受到冲击时与角加速度大小和持续时间的关系

利用表1.2的传递函数模型参数(回路增益$gh=0.032$),经过多次仿真探索,得到陀螺受到冲击时被"冲飞"的临界输入条件:输入函数为一个初始值为7.5×10^{-5} rad(相当于朝天地球速率9.54(°)/h),以某一恒定的角加速度上升至23rad(相当于812(°)/s),上升持续时间约4.67ms;然后下降至7.5×10^{-5} rad的冲击函数。对于一个自然的冲击过程,大的角加速度通常由输入(冲击)函数上升时间引入。图1.20是利用某型陀螺的精确传递函数模型对冲击过程引入的角加速度的仿真结果。图1.20(a)是上面描述的输入(大冲击)函数,图1.20(b)是反馈回路的误差信号,图1.20(c)是输出响应,可以看出,陀螺受到冲击后,其输出相对冲击前产生一个 2π 台阶,根据表 1.2 的参数,这个台阶相当于约 220(°)/s 的角速率(即该陀螺 Sagnac 相移为 2π 对应的旋转角速率)。由图 1.20 估算该型陀螺的抗角加速度能力(陀螺受到冲击时不被"冲飞"的临界角加速度):

$$\alpha_{\max} = 169762(°)/s^2$$

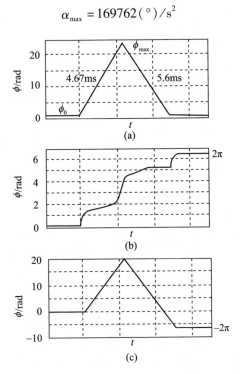

图 1.20 冲击引入的大角加速度的仿真
(a)输入函数;(b)误差函数;(c)输出函数。

另一方面,在存在很大的阶跃输入角速率情况下,陀螺闭环输出的瞬时误差信号可能会达到开环输出信号的极限值(最大输入角速率),此时系统如果需要具有很短的响应时间,则 A/D 转换器必须有足够的位数,以保证信号的完整性。这意味着,闭环系统可承受的最大角加速度保守估计为

$$\alpha_{\max} = 2\pi \Delta f_{3dB} \cdot \Omega_{\pi-\phi_b} \quad (1.121)$$

式中:ϕ_b 为调制深度;Δf_{3dB} 为闭环带宽;$\Omega_{\pi-\phi_b}$ 为 $\pi-\phi_b$ 相位对应的角速率。将 $\phi_b = 3\pi/4$、$\Delta f_{3dB} = \left(\dfrac{0.032}{\pi}\right) \times 83\mathrm{kHz} = 845\mathrm{Hz}$、$\Omega_\pi = 110(°)/s$ 代入式(1.121),得

$$\alpha_{\max} = 2\pi \times 845 \times \frac{110}{4} = 146005(°)/s^2$$

这与上面针对该型陀螺给出的临界角加速度仿真结果比较接近。理论上，给定陀螺结构尺寸(LD)，要提高陀螺的抗角加速度能力(抗"冲飞"能力)，可通过减小陀螺回路延迟时间，进而提高陀螺闭环增益和闭环带宽来实现。结构尺寸(LD)较小的光纤陀螺具有较强的抗角加速度能力。

1.3.5 闭环光纤陀螺的校正回路设计

如前所述，光纤陀螺的实际闭环控制回路由于存在固有延迟，在回路增益较大时存在超调，将不可避免地产生振动零偏效应。这是陀螺闭环反馈回路的瞬态残余误差信号较大导致解调非线性引起的振动误差。约束回路增益方法虽然可以抑制振动零偏效应，满足大部分的系统应用需求，但该方法在一定程度上限制了光纤陀螺带宽，在某些大动态和高机动性应用中，将产生较大的角速率跟踪误差和瞬态角误差，影响系统的导航精度。采用回路校正技术可以充分发挥光纤陀螺的大带宽优势，在抑制振动零偏效应的同时将陀螺角速率跟踪误差以及最大瞬态角误差降低一个数量级以上，为光纤陀螺在大动态等严苛力学环境下的工程应用提供一种技术支撑。

我们把陀螺仪的角运动测量误差定义为在某一时刻对输入角速率变化的跟踪误差的积分，即瞬态角误差。这是闭环光纤陀螺的标准控制回路固有的一种误差。闭环光纤陀螺的控制回路在载体加速和减速过程中的跟踪误差无法从陀螺的输出中直接观察到和分离出来，因而很难对其进行标定和补偿。常规的光纤陀螺性能测试和标定方法一般观察不到光纤陀螺跟踪载体运动的能力，因而控制回路引起的这类误差通常很难像其他误差(如零偏和标度因数)那样被修正和补偿。但是，通过对光纤陀螺传递函数进行建模，可以从理论上分析这类误差的产生机制，进而对系统的动态性能进行评估和预测。

对于某些含姿态基准功能的惯性测量单元(IMU)的大动态和高机动性应用，一般要求光纤陀螺在特定角速率分布下的最大瞬态角误差为几个微弧度。如图1.15所示，对于式(1.50)的存在回路延迟的实际闭环光纤陀螺的传递函数，在满足式(1.73)和表1.1所示的避免超调的增益约束条件下($gh = 0.032$，$M = 3.5\tau$)，其频率特性曲线与具有相同增益的一阶惯性环节近似，其稳态角速率跟踪误差为

$$\Delta \Omega = -\frac{\alpha \tau}{gh} \tag{1.122}$$

取光纤长度为1500m，光纤环传输时间 $\tau = 7.5 \mu s$，设输入角速率在加速和减速时的角加速度分别为 $\alpha = \pm 100(°)/s^2$，加速或减速过程的角速率跟踪误差为 $\Delta \Omega = 423 \mu rad/s \approx 87(°)/h$，持续加速2s时的瞬态角误差已达到430μrad。虽然

整个工作过程中载体通过加速改变运动状态后又减速回到原状态,累积的角误差在一阶上很小或为零,但某个时刻的瞬态角误差远大于几个微弧度,不能满足高机动性 IMU 的角运动测量的精度要求。

因此,在式(1.50)的实际闭环光纤陀螺的传递函数基础上,依据自控理论的比例 - 积分控制规律,通过在回路中增加 PI 控制器,提出了一种改进的闭环光纤陀螺回路校正方案,校正后的传递函数模型如图 1.21 所示。PI 控制器由在反馈回路前向通道中并联一个起校正作用的积分路径构成,在系统中增加了一个位于原点的开环极点和一个负实开环零点。增加的负实零点用来减小系统的阻尼程度,缓和 PI 控制器的开环极点对系统稳定性及动态过程产生的不利影响。k 为校正系数,调节 k 可以改进系统的动态性能。增加校正回路后的闭环光纤陀螺传递函数 $T_c(z)$ 为

$$T_c(z) = \frac{g \cdot z^{-(p+2)} \cdot \left(1 + \dfrac{k}{1 - z^{-1}}\right)}{z - 1 + gh \cdot z^{-(p+q+2)} \cdot \left(1 + \dfrac{k}{1 - z^{-1}}\right)} \quad (1.123)$$

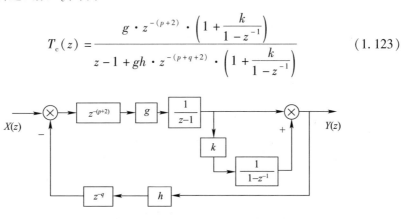

图 1.21 含校正回路的闭环光纤陀螺传递模型

优化回路参数,得到含校正回路的光纤陀螺幅频特性曲线,见图 1.22,为了比较,还给出了未增加校正回路时约束回路增益的幅频特性曲线。从图中可以看出,增加校正回路后,陀螺闭环带宽由约 800Hz 增加为约 3600Hz,且幅频特性曲线无明显谐振峰及超调现象。对增加校正回路后的闭环光纤陀螺的稳定性进行分析,得到幅值裕度和相角裕度分别为 12dB 和 65.5°,满足系统稳定性的要求。

对于某型光纤陀螺,增加校正回路后在特定动态输入下(其中角加速度为 ±100(°)/s²)的响应如图 1.23 所示,从图中可以看出,加速或减速过程的角速率跟踪误差 $\Delta\Omega = 13\mu\text{rad/s}$,对应的最大瞬态角误差为 7μrad,均比校正前减小了一个数量级以上,满足某些大动态和高机动性应用中最大瞬态角误差为几个微弧度的角运动测量精度需求。

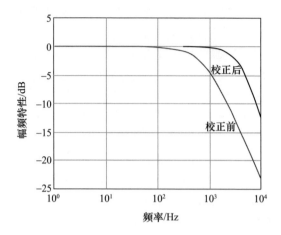

图1.22 增加校正回路前、后闭环光纤陀螺的幅频特性

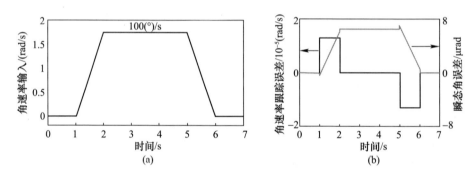

图1.23 在特定动态输入下的响应

(a)输入斜坡信号($\alpha = \pm 100(°)/s^2$);(b)增加校正回路后的角速率跟踪误差及瞬态角误差。

1.4 光纤陀螺频率特性的测试

对于光纤陀螺来说,不同的应用对光纤陀螺频率特性的要求也是不相同的。一般来说,快速反应的战术导弹要求具有较高的带宽,而对于工作时间很长的潜艇、舰船等导航系统来说,载体一般不会有非常剧烈的状态改变,因此对光纤陀螺的频率特性要求就较低。

光纤陀螺的频率特性包括幅频特性(3dB 带宽)和相频特性(相位延迟)。频率特性测试是光纤陀螺性能测试的一项重要内容。基于数字闭环光纤陀螺的特点,在陀螺装调过程中,通过电学方法人为引入等效阶跃角速率输入信号或不同频率的正弦角速率输入信号,通过考察陀螺输出信号的幅值变化,就可以得到光纤陀螺的频率特性。一旦光纤陀螺装配完毕,电学方法就很难适用,只能用突停台和角振动台等机械设备来测试光纤陀螺的频率特性。另一方面,由于光纤陀螺的带宽远大于机械陀螺,而一般突停台和角振动台的输出角振动频率范围较适用于机械陀螺,可能很难满足光纤陀螺频率特性测试的要求。下面讨论几种测量光纤陀螺频率特性的方法。

1.4.1 采用角振动台测量光纤陀螺的频率特性

角振动台可以提供不同频率、不同幅度的正弦变化的角速率运动。采用角振动台测量光纤陀螺频率特性的装置如图 1.24 所示,测试设备除角振动台外还包括激光干涉仪、角振动台正弦信号发生器、光纤陀螺数据读出系统。激光干涉仪用来测量角振动台的振动角度,通过 A/D 转换采集数据。以某型角振动台为例,角振动台的主要性能参数为:角幅值范围 ±10°;台面振动 ±2″;最大加速度 40000(°)/s²。

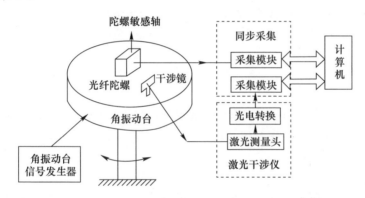

图 1.24 采用角振动台测量光纤陀螺频率特性的装置

光纤陀螺响应不同频率的正弦角速率信号输入,通过测量光纤陀螺输出信号的幅度和相位,便可获得光纤陀螺的频率特性。利用角振动台测量光纤陀螺频率特性的步骤为:

(1) 将光纤陀螺安装在角振动台上,角振动台的振动轴平行于地垂线,对准精度在规定的要求范围内,光纤陀螺的敏感轴平行于振动轴。

(2) 选择角振动台的振动频率和幅值。频率在 1Hz 至 2 倍陀螺带宽之间选取不少于 11 个点。角振动幅值要尽量大,但生成的角速率和角加速度仍在陀螺仪的允许范围内。

(3) 启动振动台并达到稳定,开启光纤陀螺。由激光干涉仪记录角振动台的角运动,同时记录陀螺仪的角速率输出,采样间隔尽可能时间短。

(4）逐次提高振动频率值,重复上述试验并采集数据。

激光干涉仪的输出反映的是角振动台的角运动,可以表示为

$$\theta_i = \theta_0 \sin(\omega_i t + \varphi_i) \tag{1.124}$$

式中:θ_0 为角振动台正弦振动的设定幅值;ω_i 为角振动台正弦振动的角频率;φ_i 为角振动台振动角频率为 ω_i 时激光干涉仪输出信号的初始相位。光纤陀螺的输入角速率信号是对式(1.124)求导:

$$\Omega_{\text{in}} = \frac{\mathrm{d}\theta_i}{\mathrm{d}t} = \omega_i \theta_0 \cos(\omega_i t + \varphi_i) \tag{1.125}$$

光纤陀螺的输出响应应与式(1.125)具有相同的形式,设为

$$\Omega_{\text{out}} = \Omega_i \cos(\omega_i t + \phi_i) \tag{1.126}$$

式中:Ω_i 为角振动台振动角频率为 ω_i 时光纤陀螺输出信号的幅值;ϕ_i 为角振动台振动角频率为 ω_i 时光纤陀螺输出信号的初始相位。

光纤陀螺在振动角频率为 ω_i 时输出信号的幅值增益为

$$G_i = \frac{\Omega_i}{\Omega_0} \tag{1.127}$$

式中:Ω_0 为测试设定的角振动台的最低振动角频率(1Hz)对应的光纤陀螺输出信号的幅值。而光纤陀螺在振动角频率为 ω_i 时输出信号的相位延迟为

$$\psi_i = \phi_i - \varphi_i \tag{1.128}$$

假设光纤陀螺的频率特性为一阶惯性环节和一个纯延迟环节的串联,则光纤陀螺的归一化传递函数可表示为

$$G(s) = \frac{K}{Ts+1} \mathrm{e}^{-\tau_d s} \tag{1.129}$$

式中:T 为一阶惯性环节的时间常数;τ_d 为延迟时间;K 为一个待定常数。由此得到幅频特性为

$$|G(\mathrm{j}\omega)| = \frac{K}{\sqrt{\omega^2 T^2 + 1}} \tag{1.130}$$

即

$$G^2 = K^2 - G^2 \omega^2 T^2 \tag{1.131}$$

把 i 个角振动频率下测试的数据写成矩阵式:

$$\begin{bmatrix} G_1^2 \\ G_2^2 \\ \vdots \\ G_i^2 \end{bmatrix} = \begin{bmatrix} 1 & -G_1^2\omega_1^2 \\ 1 & -G_2^2\omega_2^2 \\ \vdots & \vdots \\ 1 & -G_i^2\omega_i^2 \end{bmatrix} \begin{bmatrix} K^2 \\ T^2 \end{bmatrix} \tag{1.132}$$

或改写为

$$Y = X \cdot B \tag{1.133}$$

按最小二乘法拟合,得到:

$$B = (X^T X)^{-1} X^T Y = \begin{pmatrix} B_1 \\ B_2 \end{pmatrix}, \quad K = \sqrt{B_1}, T = \sqrt{B_2} \tag{1.134}$$

由此可以拟合光纤陀螺的幅频特性曲线($G_i - \omega_i$ 曲线)。当 $G_i = 0.707$ 时对应的角振动频率 ω_i 即光纤陀螺的 3dB 频率 ω_{3dB}。因而,光纤陀螺的 3dB 带宽 Δf_{3dB} 为

$$\Delta f_{3dB} = \frac{\omega_{3dB}}{2\pi} = \frac{1}{2\pi T} = \frac{1}{2\pi \sqrt{B_2}} \tag{1.135}$$

同理,光纤陀螺的相频特性为

$$\psi = -\arctan(\omega T) - \omega \tau_d \tag{1.136}$$

把 i 个角振动频率下测试的数据写成矩阵式:

$$\begin{bmatrix} \psi_1 \\ \psi_2 \\ \vdots \\ \psi_i \end{bmatrix} = \begin{bmatrix} -\arctan(\omega_1 T) & -\omega_1 \\ -\arctan(\omega_2 T) & -\omega_2 \\ \vdots & \vdots \\ -\arctan(\omega_i T) & -\omega_i \end{bmatrix} \begin{bmatrix} 1 \\ \tau_d \end{bmatrix} \tag{1.137}$$

或改写为

$$Q = P \cdot C \tag{1.138}$$

按最小二乘法拟合,得到:

$$C = (P^T P)^{-1} P^T Q = \begin{pmatrix} C_1 \\ C_2 \end{pmatrix} \tag{1.139}$$

由此可以得到光纤陀螺的相频特性曲线($\psi_i - \omega_i$ 曲线)。这个求解过程可

以得到不同频率下陀螺输出相对输入的相位延迟以及与输入频率无关的纯输出延迟时间 τ_d：

$$\tau_d = C_2 (C_1 \approx 1) \tag{1.140}$$

图 1.25 所示为采用角振动台实际测量的某型光纤陀螺的幅频特性和相频特性。

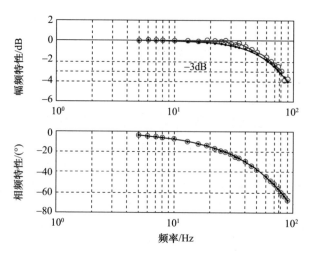

图 1.25 采用角振动台测量的光纤陀螺的幅频特性和相频特性

频带宽度大是光纤陀螺的一个重要特征。机电陀螺如动调陀螺，其带宽受章动频率限制，此频率通常是自转频率的 1.5 倍。由于章动频率也增加交义耦合和假圆锥误差，因此一般仅用此范围的 1/3，即提供 100Hz 的带宽。对于大多数应用场合，这个带宽已足够了。激光陀螺的带宽受高频抖动频率限制，其典型值为 400Hz，而数字滤波使之低于 100Hz。光纤陀螺为提高灵敏度而引入的动态偏置相位调制如方波调制，已将陀螺的调制信号频率增加到光纤线圈的本征频率（即 $1/2\tau$，其中 τ 是光在光纤线圈中的传输时间），对于中低等精度陀螺而言，其典型值约为几百千赫或几兆赫。由于是在调制信号的每一周期内对陀螺输出进行采样，该周期内已完全包含旋转引起的 Sagnac 相移，因此，干涉式光纤陀螺的最快响应时间受光纤线圈的传输时间限制，这个速率由光纤长度决定。对于 500m 长的光纤，其延迟时间为 2.4μs，理论上能获得很高的带宽。这要求探测/解调系统的采样和数字运算速率要非常快，并且需要特殊的数字电路来处理频繁的采样数据。众所周知，对 A/D 转换器来说，采样速率和分辨率是一对矛盾，因而在实际中可以根据具体需求选择带宽。由于光学陀螺噪声较大，输出的数据一般还要经过数字滤波以减少噪声，从而在一定程度上将限制带宽。

另外,数字闭环光纤陀螺中为克服死区而施加的相位抖动调制也会影响光纤陀螺的频带宽度。目前,国内闭环光纤陀螺的带宽通常约为几百赫至几千赫,国外报道的中等精度全数字闭环光纤陀螺产品带宽有的可达 1kHz 以上。

角振动台方法有其局限性:角振动台能够输出的频率上限较低,如果陀螺带宽明显高于其频率上限,这种方法无法严格测量出陀螺带宽,只能根据幅频特性测试曲线的趋势外推;随着角振动频率的增加,角振动的幅值很难保持不变,同样影响幅频特性的测量精度;角振动台方法适用于已经完成装调的陀螺,一旦得出实验结果则无法更改设计和调整参数;角振动台方法针对的是传递函数具有一阶惯性环节的光纤陀螺,如果陀螺处理电路不是一个一阶惯性环节(采用滤波电路时通常是这样),则上面推导的整个计算方法就不适用了,如何拟合其频率特性就变成一个更为复杂的问题。

1.4.2 采用阶跃输入法测量光纤陀螺带宽

产生阶跃速率信号的设备可以是突停台,但突停台的响应时间不足以测量大的带宽。对于一个装调中的数字闭环光纤陀螺,可以通过数字逻辑控制人为给光纤陀螺施加一个阶跃角速率输入信号 Ω_0。阶跃输入方法的一个缺点是,在尚未确定闭环光纤陀螺的传递函数之前,仍将其看成是一个一阶惯性环节。由式(1.61),一阶惯性环节的系统响应特性可以表示为

$$\Omega_{out} = \Omega_0(1 - e^{-gh\frac{t}{\tau}}) = \Omega_0(1 - e^{-\omega_{3dB}t}) \tag{1.141}$$

在这种情况下,当响应时间 t 恰好等于光纤陀螺的惯性环节时间常数 $T = \tau/gh$ 时,陀螺输出达到其稳态值的 $(1 - e^{-1}) = 0.632$ 倍。这一点被用于确定闭环光纤陀螺的时间常数 T。通过测量光纤陀螺的输出响应曲线,计算出陀螺输出达到稳态均值的 0.632 倍时所用的时间 T,进而得到光纤陀螺的带宽 $\Delta f_{3dB} = 1/2\pi T$。这种方法要求陀螺数据输出速率很快,否则无法精确确定陀螺输出响应到达稳态值的时间。采用数字阶跃输入法测量光纤陀螺带宽的原理如图 1.26 所示。值得说明的是,要采用上述方法精确测量陀螺的带宽,就要求陀螺输出频率足够高,这样数据量越大,当然,陀螺数据输出速率越快,输出结果的噪声也就越大,这就意味着输出结果的不确定性越高,必然会给测量准确性带来一定影响,但通过平均的方法可以尽量减小这种测量误差。

图 1.27 是采用数字阶跃输入法实际测量带宽的例子。陀螺输出数据的周期为 0.228ms,通过计算 0.632 幅值处的过渡时间 T,即得到光纤陀螺的带宽。由图 1.27 可知,在 7 个出数周期后陀螺输出达到 0.632,得出 $T = 1.6$ms,因而陀螺带宽 $1/2\pi T = 99$Hz。

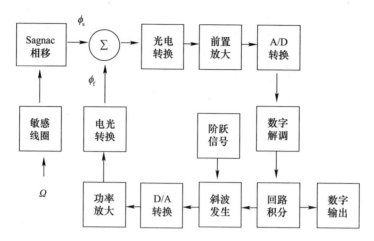

图 1.26 采用数字阶跃输入法测量光纤陀螺带宽

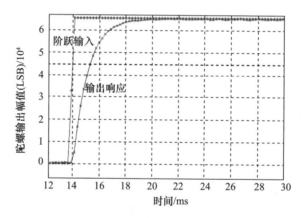

图 1.27 采用数字阶跃输入法测量光纤陀螺带宽

采用阶跃输入法测量光纤陀螺带宽的方法还有:将光纤陀螺安装在速率转台上,转台以某一恒定的角速率转动,待转台转动平稳后,给陀螺突然加电,同时采集陀螺的阶跃响应输出数据。通常情况下,阶跃响应曲线如图 1.28 所示,类似于一阶惯性环节的响应曲线。从而可以根据数据曲线计算出系统的时间常数 T、延迟时间 τ_d 等参数,进而获得光纤陀螺的带宽和闭环处理系统的传递函数。值得说明的是,由该方法得出的相位延迟严格来讲并不是纯惯性环节的时间延迟,还包括了闭环系统中数字处理产生的一定延迟。另外,该方法不能直接获得光纤陀螺在不同频率下的相位延迟。

阶跃输入法不要求角振动台那样复杂的测试设备,测试程序简单,容易操作。

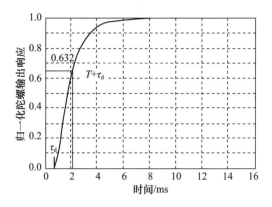

图1.28 转台以某一恒定的角速率转动,待转台转动平稳后,给陀螺突然加电,测量光纤陀螺的带宽

1.4.3 采用正弦电激励法测量光纤陀螺带宽

如前所述,角振动台方法适用于已经完成装调的陀螺产品,一旦得出测试结果,便无法更改设计和调整参数,而带宽与光纤陀螺处理电路有关,是可以"设计"的。因此,研究一种较为简单和精确的光纤陀螺带宽测试方法很有必要,尤其是在光纤陀螺的设计和装调阶段,可以根据用户的技术要求,通过对陀螺技术参数进行设计和调整,研制和生产出具有不同频率特性、满足不同用户需求的陀螺产品。

1.4.3.1 模拟正弦激励

采用角振动台测试陀螺频带宽度时,角振动台以正弦交变的角速率运动,它能提供不同频率、不同幅度的角速率。光纤陀螺承受不同频率的正弦信号输入,测量光纤陀螺输出信号的幅度和相位,便可获得光纤陀螺的频率特性。模拟正弦调制方法也是如此,其原理如图1.29所示,是在陀螺装配阶段,在光纤线圈一端插入一个压电陶瓷(PZT)相位调制器(图中的虚线框),通过给压电陶瓷施加正弦波电压信号,就会对光纤环中的光信号产生正弦相位调制:

$$\phi_m(t) = \phi_0 \sin(2\pi f_m t) \tag{1.142}$$

式中:f_m 为正弦波调制频率。由于顺时针光波和逆时针光波在不同的时刻经过PZT相位调制器,从而产生一个非互易的正弦(余弦)变化的相位差:

$$\Delta\phi_m(t) = \phi_m(t) - \phi_m(t-\tau) = 2\phi_0 \sin(\pi f_m \tau)\cos(2\pi f_m t - \pi f_m \tau) \tag{1.143}$$

可以看到,这种方法相当于给陀螺施加了一个正弦(余弦)变化的角速率。因此,通过改变正弦波的频率 f_m,就可以测出陀螺的幅频特性曲线 $\Delta\phi_m(f_m) - f_m$。

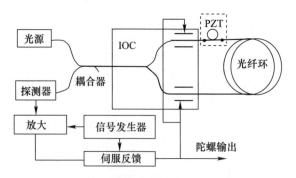

图 1.29 施加模拟正弦调制测量带宽的方法

需要指出的是:由式(1.143)可以看出,对于不同频率的正弦波调制,如果给压电陶瓷施加同样幅度 ϕ_0 的电压信号,则得到的模拟角速率 $\Delta\phi_m$ 的幅度并不相同,其幅值 $2\phi_0\sin(\pi f_m \tau)$ 还与正弦调制信号的频率 f_m 和光纤线圈的传输时间 τ 有关。因此,要测量光纤陀螺的带宽,首先需要根据光纤线圈的传输时间 τ,对不同频率点的电压信号幅值进行修正,从而获得相同幅值的模拟输入角速率。针对某型号光纤陀螺,选取的频率点及各点的补偿系数,如表 1.3 所列。测试的幅频特性曲线如图 1.30 所示。由图 1.30 可以看出,归一化幅度下降到 $-3dB$ 所对应的频率,约为 95Hz,即该陀螺的带宽为 95Hz。

表 1.3 各测试频率点补偿系数及调制电压

频率/Hz	模拟角速率幅度/rad	修正系数	调制电压/mV
2	0.0000465	75	6000
5	0.0001162	30	2400
10	0.0002325	15	1200
20	0.0004650	7.5	600
30	0.0006974	5	400
40	0.0009299	3.75	300
50	0.0011624	3	240
60	0.0013949	2.5	200
65	0.0015111	2.31	185
70	0.0016273	2.14	171
80	0.0018598	1.87	150
90	0.0020923	1.67	133
95	0.0022085	1.58	126
100	0.0023248	1.5	120

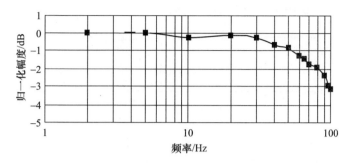

图 1.30　TG400 光纤陀螺幅频特性曲线

采用模拟正弦调制方法测量光纤陀螺带宽,压电陶瓷(PZT)的振动频率范围远大于角振动台的振动频率范围,可以真实再现光纤陀螺大带宽度的优点。另外,这种方法尤其适合于在陀螺装调阶段进行测试,便于通过调整陀螺技术参数,满足不同用户的带宽需求。

1.4.3.2　数字正弦激励

在光纤陀螺装调阶段,还可以采用数字方式在解调模块中人为引入正弦信号来测量带宽,其原理类似图 1.26,只不过将图中的数字阶跃信号换成数字正弦信号。该数字正弦信号加入到陀螺数字解调值中,相当于陀螺感受到一个正弦激励。该正弦信号幅值固定,频率可编程调节。编写 FPGA 逻辑,生成一个正弦信号发生模块,正弦信号由 2^m(比如 $m=6$)个值构成,陀螺的本征周期为 2τ,正弦信号每个点持续时间为 $2n\tau$,则该正弦波的频率为 $1/(2n\tau \cdot 2^m)$。通过改变 n 来改变正弦波频率。基于该原理,在软件中设计一个控制 n 的计数器,通过修改对应的程序参数,调节正弦波频率。数字正弦电激励方法的优点是,可以不考虑闭环光纤陀螺的传递函数模型是怎样的,通过数字逻辑控制人为给光纤陀螺施加一个 1Hz 的基准正弦角速率输入信号,观察光纤陀螺输出响应的幅值。增加正弦角速率输入信号频率,当光纤陀螺输出响应的幅值降低为 1Hz 时的 0.707 倍时,所对应的频率范围称为光纤陀螺的带宽。

更改陀螺数据输出频率(采样原理),使之能够测量预期的带宽。根据采样原理,采样频率应大于被采样频率的 2 倍,因此,原则上此方法只能测试陀螺数据输出频率 1/2 以下的带宽。但由于是多周期采样,若陀螺输出数据频率不是输入正弦波频率的整数倍,对于大于陀螺数据输出频率 1/2 的输入,可以通过测量输出信号包络的峰值测试频响幅值。对于某型光纤陀螺,其特征参数为: $\eta_D = 0.9\text{A/W}$,$R_f = 30\text{k}\Omega$,$I_0 = 35\mu\text{W}$,$G_a \approx 4$,$G_f \approx 1$,$f_p \approx 80\text{kHz}$,$V_{REF} = 5\text{V}$,$n_{adc} = 12$,$n_1 = 21$,$\phi_b = 2\pi/3$,采样点数 $m_s = 16$,由式(1.58)计算的理论带宽 $\Delta f_{3dB} = 664\text{Hz}$。图 1.31 给出了其采用数字正弦激励测量的幅频特性,表明该光纤陀螺的 3dB 带宽约为 620Hz,与理论估算一致。

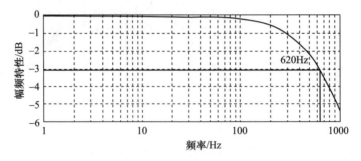

图 1.31 采用数字正弦激励测量的某型光纤陀螺的幅频特性

总之,尽管可以采用实验方法测量光纤陀螺的频率特性,但在工程应用中,利用精确的光纤陀螺传递模型理论评估频率特性并调节回路参数以满足需求,仍不失一种准确、便利的"设计"手段。

参 考 文 献

[1] LEFÈVRE H C. 光纤陀螺仪[M]. 张桂才,王巍,译. 北京:国防工业出版社,2002.
[2] HUMPHREY I. Schemes for computing performance parameters of fiber optic gyroscopes:World Intellectual Property Organization,WO 2005/078391[P]. 2005 – 08 – 25.
[3] IEEE Aerospace and Electronic Systems Society. IEEE standard specification format guide and test procedure for single – axis interferometric fiber optic gyros. IEEE Std 952 – 1997[S]. 1998.
[4] 张桂才. 光纤陀螺原理与技术[M]. 北京:国防工业出版社,2008.
[5] 光纤陀螺仪测试方法. 中华人民共和国国家军用标准 GJB 2426A – 2004[S]. 国防科工委军标出版发行部,2004.
[6] CIMINELLI C. Photonic technologies for angular velocity sensing[J]. Advances in Optics and Photonics. 2010,2(3):370 – 404.
[7] 张惟叙. 光纤陀螺及其应用[M]. 北京:国防工业出版社,2008.
[8] MARK J G,TAZATTES D A. Rate control loop for fiber optic gyroscope:US,5883716[P]. 1999 – 03 – 16.
[9] LEHMANN A. Choosing a gyro—a comparison of DTG RLG and FOG[J]. 高秀花,译. 惯导与仪表,1995(4):16 – 21.
[10] 王梓坤. 常用数学公式大全[M]. 重庆:重庆出版社,1991.
[11] 张桂才,冯菁,宋凝芳,等. 抑制闭环光纤陀螺高动态角运动测量误差的校正回路设计[J]. 中国惯性技术学报,2021,29(5):650 – 654.

第2章 光纤陀螺的统计模型和阿仑(Allan)方差分析

光纤陀螺的输出误差由确定性误差和随机性误差组成。确定性误差包括零偏、标度因数误差、敏感轴的正交性和失准角等,通过相应的修正和补偿技术可以从原始测量数据中消除。随机性误差包括不能准确测定的随机噪声,应作为统计过程进行建模,通过适当的优化设计和辅助滤波,使惯性测量系统达到所需的精度。统计模型的重要应用包括对光纤陀螺的噪声仿真、性能评估和卡尔曼滤波设计。利用光纤陀螺的统计模型,可以更好地了解和辨识陀螺中各种随机噪声的误差机理和具体量级,进而采取具有针对性的数据处理方法来减小或消除这些噪声,在现有硬件条件下获得最好的陀螺性能。

光纤陀螺的统计模型涉及的是光纤陀螺传递模型的统计特性,它由传递模型发展而来,通过在传递模型的各个增益环节引入表征光纤陀螺典型统计特性的噪声或误差信号,分析生成的输出统计特性,给出光纤陀螺输出噪声的统计描述。统计模型与传递模型的基本区别在于:在传递模型中,给定一个确定性的输入,则产生一个输出,由传递函数唯一地确立其输入/输出关系,传递模型无法评估光纤陀螺中具有统计学意义的噪声和误差性能;而在统计模型中,没有确定性的输入,通过分析实际陀螺输出的统计特性,获得表征不同噪声特性的系数,进而评估陀螺性能以及对系统应用的影响。

本章首先阐述光纤陀螺传递模型中的增益分布和噪声模型,然后介绍用于统计建模的 Allan 方差数据分析方法,并推导 Allan 方差噪声系数对光纤陀螺输出随机漂移的影响。

2.1 光纤陀螺的增益分布和噪声模型

2.1.1 光纤陀螺的增益分布和主要噪声

要建立噪声等效模型,需要确定光纤陀螺传递模型中的增益分布以及各个环节引入的噪声源。图 2.1 示出了不同增益环节的噪声等效关系,其中 $\phi_n(t)$

表示噪声,G 为增益。实际中,对于采用本征方波调制/解调的闭环光纤陀螺,在有些环节,含有归一化的本征调制函数 $M(t)$:

$$M(t) = \begin{cases} 1 \\ -1 \end{cases} \quad (频率为 f_p = 1/2\tau) \tag{2.1}$$

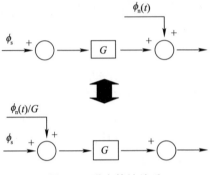

图 2.1 噪声等效关系

则在下面的推导和处理中,下列假设成立。

(1) 对于含有归一化本征调制函数 $M(t)$ 的调制/解调单元,有

$$M(t)^2 = 1 \quad 或 \quad M(t)^{-1} = M(t) \tag{2.2}$$

(2) 如果 $x(t)$ 是一个白噪声随机过程,则有

$$x(t) = M(t) \cdot x(t) \tag{2.3}$$

即两者具有完全相同的统计特性。

(3) 如果 $S_x(f)$ 是任意随机过程 $x(t)$ 的功率谱密度函数,$M(t)$ 是频率为 f_p 的本征调制函数,则 $y(t) = M(t) \cdot x(t)$ 的功率谱密度为

$$S_y(f) = \frac{4}{\pi^2} \sum_{n=1}^{\infty} \frac{1}{(2n-1)^2} S_x(f - f_p) \quad n = \pm 1, \pm 2, \cdots \tag{2.4}$$

图 2.2 是光纤陀螺传递模型中前向回路的增益分布和各个环节引入的固有噪声源,其中 Ω_{in} 是输入角速率,$K_s = (2\pi LD)/\lambda_0 c$ 是 Sagnac 标度因数,ϕ_s 是旋转引起的 Sagnac 相移,ϕ_f 是闭环反馈相移,$K_I = (I_0 \sin\phi_b)/2$ 是偏置工作点 ϕ_b 的相位增益,$I_{RIN}(t)$ 是光源相对强度噪声,η_D 是光探测器的转换效率,$i_{shot}(t)$ 是散粒噪声电流,$i_R(t)$ 是跨阻抗的热噪声电流,R_f 是探测器的跨阻抗,$G_a \approx 1$ 是后级放大器增益(AD 转换之前)。

光源相对强度噪声 $I_{RIN}(t)$ 由光谱频率分量之间的随机拍频引起,是大功率宽带光源所固有的一种噪声,其功率谱密度为

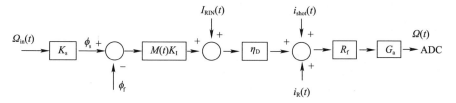

图 2.2 光纤陀螺的增益分布和固有噪声源

$$S_{RIN}(f) = I^2 \tau_c \quad (W^2/Hz) \tag{2.5}$$

式中：$I = I_0(1+\cos\phi_b)/2$ 为光纤陀螺的偏置光功率；$\tau_c = \lambda_0^2/c\Delta\lambda$ 为光源相干时间；λ_0 为光波长；$\Delta\lambda$ 为光谱宽度；$c = 3 \times 10^8 \text{m/s}$ 为真空中的光速。

散粒噪声来源于探测器的光电转换过程，其噪声电流 $i_{shot}(t)$ 的功率谱密度为

$$S_{shot}(f) = 2q_0 i_{shot} \quad (A^2/Hz) \tag{2.6}$$

式中：$i_{shot}(t) = \eta_D I_0(1+\cos\phi_b)/2$ 为施加偏置调制时的光探测器电流；$q_0 = 1.6 \times 10^{-19}\text{C}$ 是基本电荷。

探测器跨阻抗放大器的热噪声电流 $i_R(t)$ 的功率谱密度为

$$S_R(f) = \frac{4k_B T_K}{R_f} \quad (A^2/Hz) \tag{2.7}$$

式中：$k_B = 1.38 \times 10^{-23}\text{J} \cdot \text{K}^{-1}$ 为玻耳兹曼常数；T_K 为开尔文温度。

由图 2.1 和图 2.2，经过放大后供 AD 转换器采集的信号包括输入角速率及噪声：

$$\Omega(t) = \Omega_{in}(t) + \frac{I_{RIN}(t)}{K_s M(t) K_I} + \frac{i_{shot}(t)}{K_s M(t) K_I \eta_D} + \frac{i_R(t)}{K_s M(t) K_I \eta_D} \quad (rad/s) \tag{2.8}$$

考虑到上述三项噪声均为白噪声，并利用 $M(t)^{-1} = M(t)$，$M(t)I_{RIN}(t) = I_{RIN}(t)$，$M(t)i_R(t) = i_R(t)$，$M(t)i_{shot}(t) = i_{shot}(t)$，式 (2.8) 可以表示为

$$\Omega(t) = \Omega_{in}(t) + \frac{I_{RIN}(t)}{K_s K_I} + \frac{i_{shot}(t)}{K_s K_I \eta_D} + \frac{i_R(t)}{K_s K_I \eta_D} \quad (rad/s) \tag{2.9}$$

上述三种主要噪声是统计独立的，因而，输出角速率噪声的总的功率谱密度（单位 $(rad/s)^2$）可表示为

$$S_\Omega(f) = \frac{1}{(K_s K_I)^2}\left\{\frac{I_0^2 \tau_c (1+\cos\phi_b)^2}{4} + \frac{q_0 I_0(1+\cos\phi_b)}{\eta_D} + \frac{1}{\eta_D^2}\frac{4k_B T_K}{R_f}\right\} = N^2$$

$$\tag{2.10}$$

这三项主要噪声均具有白噪声特性,对光纤陀螺的角随机游走 N 有贡献（N 为何称为角随机游走,将在后面详细讨论）。

2.1.2 角随机游走模型的仿真和应用

由式(2.10),光纤陀螺的角随机游走 N 可以表示为

$$N = \frac{1}{K_s K_I}\left\{\frac{I_0^2 \tau_c (1+\cos\phi_b)^2}{4} + \frac{q_0 I_0(1+\cos\phi_b)}{\eta_D} + \frac{1}{\eta_D^2}\frac{4k_B T_K}{R_f}\right\}^{1/2} \quad (\text{rad/s}/\sqrt{\text{Hz}})$$

(2.11)

或

$$N = \frac{180}{\pi}\cdot 60 \cdot \frac{1}{K_s K_I}\left\{\frac{I_0^2 \tau_c (1+\cos\phi_b)^2}{4} + \frac{q_0 I_0(1+\cos\phi_b)}{\eta_D} + \frac{1}{\eta_D^2}\frac{4k_B T_K}{R_f}\right\}^{1/2} \quad ((\degree)/\sqrt{\text{h}})$$

(2.12)

由于 PIN-FET 探测器是一个宽带响应器件,通常还需要对其前置放大电路进行低通滤波设计。设探测器带宽为 B,采样占空比为 η_s,每个 τ 上的采样点数为 m_s,则考虑采样率和探测器滤波带宽的影响,修正后的全参数角随机游走 N 为

$$N = \sqrt{\frac{B}{\eta_s m_s/\tau}} \cdot \frac{180}{\pi}\cdot 60 \cdot$$

$$\frac{1}{K_s K_I}\left\{\frac{I_0^2 \tau_c (1+\cos\phi_b)^2}{4} + \frac{q_0 I_0(1+\cos\phi_b)}{\eta_D} + \frac{1}{\eta_D^2}\frac{4k_B T_K}{R_f}\right\}^{1/2} \quad ((\degree)/\sqrt{\text{h}})$$

(2.13)

给定光纤陀螺典型参数：光纤长度 $L=3500\text{m}$,线圈直径 $D=160\text{mm}$,平均波长 $\lambda_0=1.55\mu\text{m}$,光谱宽度 $\Delta\lambda=10\text{nm}$,探测器转换效率 $\eta_D=0.9\text{A/W}$,探测器带宽 $B=10\text{MHz}$,采样占空比 $\eta_s=0.8$,每个 τ 上的采样数量 $m_s=54$,光纤折射率 $n_F=1.45$,室温 $T_K=298\text{K}$,光路损耗 20dB,$\tau=n_F L/c=1.45\mu\text{s}$,Sagnac 标度因数 $K_s=(2\pi LD)/\lambda_0 c$,$K_I=(I_0\sin\phi_b)/2$,下面研究在实际光纤陀螺光路设计中,光功率 I_{ASE}(光源功率)或 I_0(未加偏时的探测器接收光功率)、调制深度 ϕ_b、探测器跨阻抗放大器阻值 R_f 对散粒噪声、热噪声和光源相对强度噪声以及陀螺角随机游走 N 的影响。

图 2.3 是热噪声、散粒噪声和光源相对强度噪声以及它们的综合作用引起的角随机游走 N 与光源出纤功率 I_{ASE} 的关系曲线。其中给定调制深度 $\phi_b=7\pi/8$,光源功率 I_{ASE} 的合理范围假定为 1~100mW,跨阻抗放大器阻值 R_f 随调制深度

和光功率而变,满足 $\eta_D \cdot R_f \cdot I_0(1+\cos\phi_b)/2 = 0.1V$。由图2.3可以看出:①三种主要噪声中,光源相对强度噪声对光纤陀螺角随机游走的影响最大,散粒噪声次之。尤其在大功率情况下,热噪声的影响最小,通常可以忽略。②如果维持调制深度不变(图2.3中保持调制深度 $\phi_b = 7\pi/8$ 不变),当光源输出功率较大时,则光源相对强度噪声成为影响光纤陀螺角随机游走的主要因素,此时继续提升光源输出功率则不会降低角随机游走。③如果采取有效的强度噪声抑制技术(强度噪声为零),使陀螺噪声以散粒噪声为主,在这种情况下,通过探测器参数优化(如图2.3中 R_f 满足 $\eta_D \cdot R_f \cdot I_0(1+\cos\phi_b)/2 = 0.1V$),继续提升光源输出功率仍然可以降低光纤陀螺角随机游走。总之,散粒噪声是影响光纤陀螺最终性能的基础噪声,采用大功率光源,并辅以强度噪声抑制技术、深度过调制技术和探测器参数匹配技术,可以使角随机游走仅受散粒噪声限制,大大提高光纤陀螺的精度。比如,光源输出功率为100mW时,对于本仿真给定的陀螺设计参数(结构尺寸和器件参数),角随机游走可以小于 $2 \times 10^{-5}(°)/\sqrt{h}$,即100s平滑零偏稳定性逼近 $10^{-4}(°)/h$。

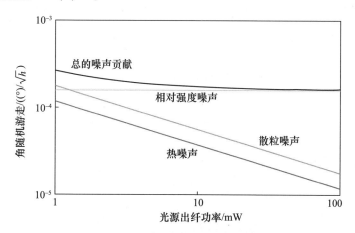

图2.3 热噪声、散粒噪声和光源相对强度噪声以及它们的综合作用引起的角随机游走与光源出纤功率的关系

图2.4是散粒噪声、热噪声和光源相对强度噪声以及它们的综合作用引起的角随机游走 N 与偏置相位(调制深度)ϕ_b 的关系曲线。其中给定 $I_{ASE} = 10mW$,调制深度的范围为 $\pi/2 \sim 24\pi/25$,跨阻抗放大器阻值 R_f 随调制深度和光功率而变,同样满足 $\eta_D R_f \cdot I_0(1+\cos\phi_b)/2 = 0.1V$。由图2.4可以看出,采用深度过调制技术减小偏置光功率,同时辅以探测器参数匹配技术,可以抑制强度噪声,有效降低角随机游走。

图2.5集中体现了采用大功率光源、施加深度过调制技术和探测器参数

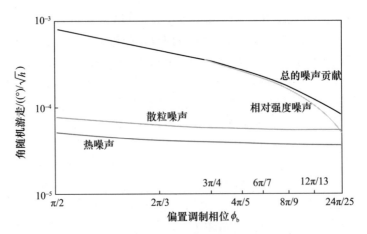

图 2.4 散粒噪声、热噪声和光源相对强度噪声以及它们的综合
作用引起的角随机游走 N 与偏置相位(调制深度)ϕ_b 的关系

(跨阻抗放大器阻值 R_f)匹配三项关键技术对降低光纤陀螺角随机游走的作用。值得说明的是,由于存在背景噪声(图 2.3、图 2.4 仿真中未予考虑),调制深度接近 π 时陀螺噪声会迅速增加,同时调制深度过深还会影响陀螺的动态性能,因此对陀螺精度和动态特性均具有较高要求的应用场合,仅仅靠提高光功率和施加过调制可能尚不足以达到预期目标时,必须考虑强度噪声抑制技术(相关内容见第 4 章)。

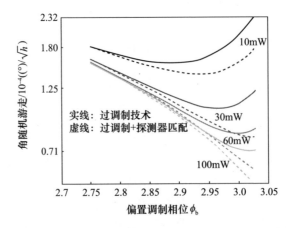

图 2.5 采用大功率光源、施加深度过调制技术时和探测器参数匹配
(跨阻抗放大器阻值 R_f)对降低光纤陀螺角随机游走的作用

由式(2.13)可知,光纤陀螺的角随机游走性能还与每个 τ 上的采样数量和

采样占空比有关。众所周知,在方波调制闭环干涉式光纤陀螺中,无论陀螺静止还是旋转,探测器信号通常都含有二倍调制频率(本征频率)的尖峰误差脉冲信号(图 2.6)。尖峰脉冲以及脉冲衰退的不稳定性会对陀螺精度产生影响,因为尽管只在尖峰脉冲衰退后的尖峰之间采样有用信号,但衰退的差分速率会引起速率测量误差。因此,陀螺采样应稍微远离尖峰脉冲畸变区域,这不可避免地导致采样占空比的下降。研究表明:角随机游走的下降与每个 τ 周期上的采样占空比的平方根成正比;给定采样占空比,角随机游走的下降还与该采样占空比上采样数量的平方根成正比。另一方面,增加采样数量意味着增加采样频率,采样频率太高可能会引入电磁兼容方面的问题,同样影响微弱的陀螺信号的检测,这在光纤陀螺设计中必须统筹考虑。

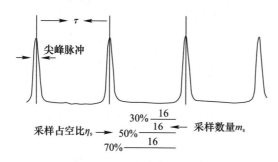

图 2.6 方波调制光纤陀螺的探测器输出信号(含二倍本征频率的尖峰脉冲)

总之,光纤陀螺的角随机游走是一个可以"设计"的技术指标,需根据不同的应用背景,统筹考虑光纤陀螺的动态特性、结构尺寸和光学器件指标要求,对调试参数优化设计,以期获得最佳的角随机游走性能。

2.1.3 光纤陀螺的角误差特性

当采用光纤陀螺仪确定载体运动的航向角时,需要对角速率 $\Omega(t)$ 进行积分,由于噪声的存在,载体运动的航向角 $\theta(t)$ 可以看成是在其理论航向角 $\theta_0(t)$ 上叠加了一种不确定性 $\theta_N(t)$,即

$$\theta(t) = \int_0^t \Omega(\xi) d\xi = \int_0^t [\Omega_0(\xi) + \Omega_N(\xi)] d\xi = \theta_0(t) + \theta_N(t) \quad (2.14)$$

式中:$\Omega_0(t)$ 为载体的旋转角速率;$\Omega_N(t)$ 为陀螺的角速率白噪声。

如图 2.7 所示,考虑角速率白噪声 $\Omega_N(t)$ 积分引起的角误差 $\theta_N(t)$。$\theta_N(t)$ 的均方差 σ_θ^2 为

$$\sigma_\theta^2 = \langle [\theta_N(t) - \langle \theta_N(t) \rangle]^2 \rangle \quad (2.15)$$

由于 $\theta_N(t) = \int_0^t \Omega_N(\xi)\mathrm{d}\xi$，则 $\langle \theta_N(t) \rangle = \left\langle \int_0^t \Omega_N(\xi)\mathrm{d}\xi \right\rangle = \int_0^t \langle \Omega_N(\xi) \rangle \mathrm{d}\xi = 0$，因而有：

$$\sigma_\theta^2 = \langle \theta_N^2(t) \rangle = \left\langle \int_0^t \int_0^t \Omega_N(\xi)\Omega_N(\zeta)\mathrm{d}\xi\mathrm{d}\zeta \right\rangle = \int_0^t \int_0^t \langle \Omega_N(\xi)\Omega_N(\zeta) \rangle \mathrm{d}\xi\mathrm{d}\zeta \tag{2.16}$$

又 $\langle \Omega_N(\xi)\Omega_N(\zeta) \rangle = R(\xi - \zeta) = \int_{-\infty}^{\infty} S_\Omega(f) \mathrm{e}^{\mathrm{j}2\pi f(\xi-\zeta)} \mathrm{d}f = N^2 \delta(\xi - \zeta)$，可以看出，$\xi \neq \zeta$ 时，$\Omega_N(\xi)$ 和 $\Omega_N(\zeta)$ 是不相关的，因而

$$\sigma_\theta^2 = \int_0^t \left[\int_0^t N^2 \delta(\xi - \zeta) \mathrm{d}\xi \right] \mathrm{d}\zeta = \int_0^t N^2 \mathrm{d}\xi = N^2 t \tag{2.17}$$

式(2.17)表明，在角速率白噪声输入的情况下，光纤陀螺积分角误差的均方差随时间成正比地增长，即角误差的均方根误差 σ_θ 与工作时间的平方根 $\sqrt{t}$ 成正比，其比例系数即角随机游走 N。N 反映了陀螺输出的角速率积分(角度)随时间的不确定性(角随机误差)。航向角的这种不确定性将削弱惯性测量系统的性能。

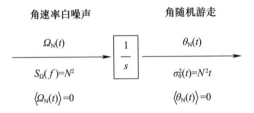

图 2.7 角速率白噪声的积分角误差

对于一个闭环光纤陀螺系统，控制回路(含输出滤波环节)提供一个低通角速率响应，在经过这种低通滤波后，对角速率白噪声进行积分产生的角误差可能具有"近似"的角随机游走特征。下面简单讨论经过几种滤波器后的角误差特性。

（1）一阶低通滤波器。首先考虑最简单的一阶低通滤波器，传递函数可以表示为

$$H_L(s) = \frac{\omega_L}{s + \omega_L} \tag{2.18}$$

滤波器的噪声等效带宽 B_L 为

$$B_{\mathrm{L}} = \int_0^\infty |H_{\mathrm{L}}(j2\pi f)|^2 \mathrm{d}f = \int_0^\infty \left|\frac{2\pi f_{\mathrm{L}}}{j2\pi f + 2\pi f_{\mathrm{L}}}\right|^2 \mathrm{d}f$$

$$= \int_0^\infty \frac{f_{\mathrm{L}}^2}{f^2 + f_{\mathrm{L}}^2} \mathrm{d}f = \frac{\pi}{2} \cdot f_{\mathrm{L}} = \frac{\omega_{\mathrm{L}}}{4} \quad (2.19)$$

其中,积分变换 $x = f/f_{\mathrm{L}}$,并利用了广义积分:$\int_0^\infty \frac{1}{1+x^2} \mathrm{d}x = \frac{\pi}{2}$。

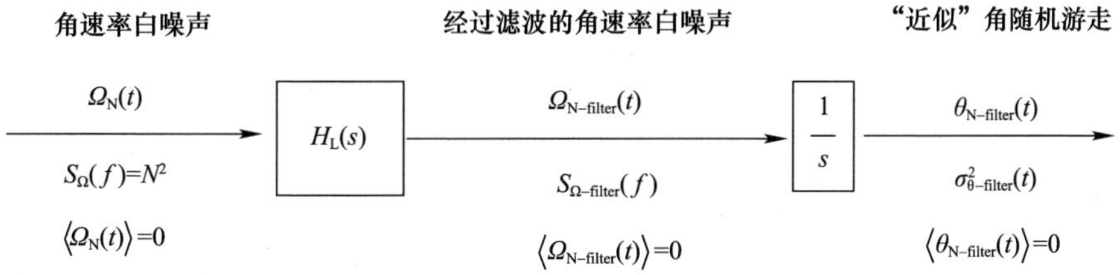

图 2.8 角速率白噪声经过滤波后的积分角误差

如图 2.8 所示,先考虑滤波环节,角速率白噪声经过滤波后的 s 域输出为

$$\Omega_{\mathrm{N-filter}}(s) = \Omega_{\mathrm{N}}(s) \cdot H_{\mathrm{L}}(s) = \Omega_{\mathrm{N}}(s) \cdot \frac{\omega_{\mathrm{L}}}{s + \omega_{\mathrm{L}}} \quad (2.20)$$

根据线性系统对随机输入的响应,有

$$S_{\Omega-\mathrm{filter}}(\omega) = |H_{\mathrm{L}}(j\omega)|^2 S_\Omega(\omega) \quad (2.21)$$

因而得到:

$$S_{\Omega-\mathrm{filter}}(\omega) = S_\Omega(\omega) \cdot \frac{\omega_{\mathrm{L}}^2}{\omega^2 + \omega_{\mathrm{L}}^2} \text{ 或 } S_{\Omega-\mathrm{filter}}(f) = S_\Omega(f) \cdot \frac{f_{\mathrm{L}}^2}{f^2 + f_{\mathrm{L}}^2} \quad (2.22)$$

再考虑积分环节,由于

$$\theta_{\mathrm{N-filter}}(t) = \int_0^t \Omega_{\mathrm{N-filter}}(\xi) \mathrm{d}\xi \quad (2.23)$$

得到

$$\sigma_{\theta-\mathrm{filter}}^2 = \langle [\theta_{\mathrm{N-filter}}(t) - \langle \theta_{\mathrm{N-filter}}(t) \rangle]^2 \rangle \quad (2.24)$$

对于一个线性系统,很容易证明 $\langle \theta_{\mathrm{N-filter}}(t) \rangle = 0$,因而:

$$\sigma_{\theta-\mathrm{filter}}^2 = \langle \theta_{\mathrm{N-filter}}^2(t) \rangle = \left\langle \int_0^t \int_0^t \Omega_{\mathrm{N-filter}}(\xi) \Omega_{\mathrm{N-filter}}(\zeta) \mathrm{d}\xi \mathrm{d}\zeta \right\rangle$$

$$= \int_0^t \int_0^t \langle \Omega_{\mathrm{N-filter}}(\xi) \Omega_{\mathrm{N-filter}}(\zeta) \rangle \mathrm{d}\xi \mathrm{d}\zeta \quad (2.25)$$

又由于自相关函数为实函数,$e^{j2\pi f(\xi-\zeta)}$ 中的虚部为奇函数,在 $(-\infty, +\infty)$ 上积分为零,因此:

$$\langle \Omega_{\text{N-filter}}(\xi)\Omega_{\text{N-filter}}(\zeta)\rangle = R(\xi-\zeta) = N^2\int_{-\infty}^{\infty}S_{\Omega}(f)\cdot\frac{f_L^2}{f^2+f_L^2}e^{j2\pi f(\xi-\zeta)}df$$

$$= N^2\int_{-\infty}^{\infty}\frac{f_L^2\cos[2\pi f(\xi-\zeta)]}{f^2+f_L^2}df = 2N^2\int_{0}^{\infty}\frac{f_L^2\cos[2\pi f(\xi-\zeta)]}{f^2+f_L^2}df$$

$$= 2N^2\cdot f_L\cdot\frac{\pi}{2}e^{-2\pi f_L|\xi-\zeta|} \tag{2.26}$$

其中,利用了积分变换 $x = f/f_L$ 及广义积分:

$$\int_{0}^{\infty}\frac{\cos ax}{1+x^2}dx = \frac{\pi}{2}e^{-|a|} \tag{2.27}$$

所以

$$\sigma_{\theta\text{-filter}}^2 = N^2\pi f_L\int_0^t\int_0^t e^{-2\pi f_L|\xi-\zeta|}d\xi d\zeta$$

$$= N^2\pi f_L\left\{\int_0^t\left[\int_0^{\xi}e^{-2\pi f_L(\xi-\zeta)}d\zeta\right]d\xi + \int_0^t\left[\int_0^{\zeta}e^{2\pi f_L(\xi-\zeta)}d\xi\right]d\zeta\right\}$$

$$= 2N^2\pi f_L\int_0^t\left[\int_0^{\xi}e^{-2\pi f_L(\xi-\zeta)}d\zeta\right]d\xi = 2N^2\pi f_L\cdot\frac{1}{2\pi f_L}\left\{t-\frac{1}{2\pi f_L}(1-e^{-2\pi f_L t})\right\}$$

$$= N^2\left\{t-\frac{1}{2\pi f_L}(1-e^{-2\pi f_L t})\right\} = N^2\left\{t-\frac{1}{\omega_L}(1-e^{-\omega_L t})\right\} \tag{2.28}$$

（2）二阶低通滤波器。二阶低通滤波器的传递函数可以表示为

$$H_L(s) = \frac{\omega_1}{s+\omega_1}\cdot\frac{\omega_2}{s+\omega_2} \tag{2.29}$$

则其噪声等效带宽为

$$B_L = \int_0^{\infty}|H_L(j2\pi f)|^2 df = \int_0^{\infty}\left|\frac{2\pi f_1}{j2\pi f+2\pi f_1}\right|^2\cdot\left|\frac{2\pi f_2}{j2\pi f+2\pi f_2}\right|^2 df$$

$$= \int_0^{\infty}\frac{f_1^2 f_2^2}{(f^2+f_1^2)(f^2+f_2^2)}df = \frac{1}{f_1^2-f_2^2}\int_0^{\infty}\left[f_1^2\frac{f_2^2}{f^2+f_2^2}-f_2^2\frac{f_1^2}{f^2+f_1^2}\right]df$$

$$= \frac{1}{f_1^2-f_2^2}\left[f_1^2\cdot\frac{\pi}{2}\cdot f_2-f_2^2\frac{\pi}{2}\cdot f_1\right]$$

$$= \frac{\pi}{2}\cdot\frac{f_1 f_2}{f_1+f_2} = \frac{\omega_1\omega_2}{4(\omega_1+\omega_2)} \tag{2.30}$$

其中,利用了积分变换 $x = f/f_L$ 及广义积分:

$$\int_0^{\infty}\frac{1}{1+x^2}dx = \frac{\pi}{2} \tag{2.31}$$

同理,先考虑滤波环节,经过滤波后的 s 域输出:

$$\Omega_{\text{N-filter}}(s) = \Omega_{\text{N}}(s) \cdot H_{\text{L}}(s) = \Omega_{\text{N}}(s) \cdot \frac{\omega_1}{s+\omega_1} \cdot \frac{\omega_2}{s+\omega_2} \qquad (2.32)$$

根据线性系统对随机输出的响应:

$$S_{\Omega-\text{filter}}(\omega) = |H_{\text{L}}(j\omega)|^2 S_{\Omega}(\omega) \qquad (2.33)$$

得到

$$S_{\Omega-\text{filter}}(\omega) = S_{\Omega}(\omega) \cdot \frac{\omega_1^2 \omega_2^2}{(\omega^2+\omega_1^2)(\omega^2+\omega_2^2)} \qquad (2.34)$$

或

$$S_{\Omega-\text{filter}}(f) = S_{\Omega}(f) \cdot \frac{f_1^2 f_2^2}{(f^2+f_1^2)(f^2+f_2^2)} \qquad (2.35)$$

式中: $f = \omega/2\pi$。

再考虑积分环节,参照式(2.23)和式(2.24),得

$$\sigma_{\theta-\text{filter}}^2 = \left\langle \int_0^t \int_0^t \Omega_{\text{N-filter}}(\xi) \Omega_{\text{N-filter}}(\zeta) \mathrm{d}\xi \mathrm{d}\zeta \right\rangle$$

$$= \int_0^t \int_0^t \langle \Omega_{\text{N-filter}}(\xi) \Omega_{\text{N-filter}}(\zeta) \rangle \mathrm{d}\xi \mathrm{d}\zeta \qquad (2.36)$$

又

$$\langle \Omega_{\text{N-filter}}(\xi) \Omega_{\text{N-filter}}(\zeta) \rangle = R(\xi-\zeta) = N^2 \int_{-\infty}^{\infty} S_{\Omega-\text{filter}}(f) e^{j2\pi f(\xi-\zeta)} \mathrm{d}f$$

$$= \int_{-\infty}^{\infty} S_{\Omega}(f) \frac{f_1^2 f_2^2}{(f^2+f_1^2)(f^2+f_2^2)} e^{j2\pi f(\xi-\zeta)} \mathrm{d}f$$

$$= N^2 \int_{-\infty}^{\infty} \frac{f_1^2 f_2^2}{(f^2+f_1^2)(f^2+f_2^2)} e^{j2\pi f(\xi-\zeta)} \mathrm{d}f \qquad (2.37)$$

由于自相关函数为实函数,式(2.37)中的虚部为奇函数,在$(-\infty, +\infty)$上积分为零,因而有

$$\langle \Omega_{\text{N-filter}}(\xi) \Omega_{\text{N-filter}}(\zeta) \rangle = R(\xi-\zeta) = N^2 \int_{-\infty}^{\infty} \frac{f_1^2 f_2^2 \cos[2\pi f(\xi-\zeta)]}{(f^2+f_1^2)(f^2+f_2^2)} \mathrm{d}f$$

$$= \frac{2N^2}{f_1^2 - f_2^2} \int_0^{\infty} \left[f_1^2 \frac{f_2^2}{f^2+f_2^2} - f_2^2 \frac{f_1^2}{f^2+f_1^2} \right] \cos[2\pi f(\xi-\zeta)] \mathrm{d}f$$

$$= \frac{2N^2}{f_1^2 - f_2^2} \left[f_1^2 \cdot f_2 \cdot \frac{\pi}{2} e^{-2\pi f_2 |\xi-\zeta|} - f_2^2 \cdot f_1 \frac{\pi}{2} e^{-2\pi f_1 |\xi-\zeta|} \right]$$

$$= \pi N^2 \frac{f_1 f_2}{f_1^2 - f_2^2} \left[f_1 e^{-2\pi f_2 |\xi-\zeta|} - f_2 e^{-2\pi f_1 |\xi-\zeta|} \right] \qquad (2.38)$$

其中利用了积分变换 $x = f/f_L$ 及式(2.27)广义积分。进而

$$\begin{aligned}
\sigma^2_{\theta\text{-filter}} &= \pi N^2 \frac{f_1 f_2}{f_1^2 - f_2^2} \left\{ f_1 \int_0^t \int_0^t e^{-2\pi f_2 |\xi-\zeta|} d\xi d\zeta - f_2 \int_0^t \int_0^t e^{-2\pi f_1 |\xi-\zeta|} d\xi d\zeta \right\} \\
&= 2\pi N^2 \frac{f_1 f_2}{f_1^2 - f_2^2} \left\{ \frac{f_1}{2\pi f_2} \left[t - \frac{1}{2\pi f_2}(1 - e^{-2\pi f_2 t}) \right] - \frac{f_2}{2\pi f_1} \left[t - \frac{1}{2\pi f_1}(1 - e^{-2\pi f_1 t}) \right] \right\} \\
&= N^2 t + \frac{N^2}{f_1^2 - f_2^2} \left\{ \frac{f_2^2}{2\pi f_1}(1 - e^{-2\pi f_1 t}) - \frac{f_1^2}{2\pi f_2}(1 - e^{-2\pi f_2 t}) \right\}
\end{aligned} \quad (2.39)$$

(3) 平滑滤波器。平滑滤波的传递函数可以表示为

$$H_L(s) = \frac{1 - e^{-sT}}{sT} \quad (2.40)$$

式中：T 为平滑时间。则其噪声等效带宽为

$$\begin{aligned}
B_L &= \int_0^\infty |H_L(j2\pi f)|^2 df = \int_0^\infty \left| \frac{1 - \cos(2\pi fT) + j\sin(2\pi fT)}{j2\pi fT} \right|^2 df \\
&= \int_0^\infty \frac{\sin^2(\pi fT)}{(\pi fT)^2} df \\
&= \frac{1}{2T}
\end{aligned} \quad (2.41)$$

其中利用了积分变换 $x = \pi fT$ 以及广义积分 $\int_0^\infty \frac{\sin^2 ax}{x} dx = \frac{\pi}{2}|a|$。

如图2.9所示，经过滤波后的 s 域输出为

$$\begin{aligned}
\sigma^2_{\theta\text{-filter}}(s) &= \sigma^2_\theta(s) H_L(s) \\
&= \frac{N^2}{s} \cdot \frac{1 - e^{-sT}}{sT} = \frac{N^2}{T} \left(\frac{1}{s^2} - \frac{e^{-sT}}{s^2} \right)
\end{aligned} \quad (2.42)$$

变换为时域输出，则为

$$\sigma^2_{\theta\text{-filter}}(t) = \frac{N^2}{T} \left[\frac{1}{2} t^2 - \frac{1}{2}(t-T)^2 \right] = N^2 \left(t - \frac{T}{2} \right) \quad (2.43)$$

由式(2.28)、式(2.39)和式(2.43)可以看出，角速率白噪声经过滤波以后，其角误差已经不完全具有角随机游走的特征，尤其是在短时间内。仅当滤波器带宽 B_L 很大时，积分角误差才比较接近角随机游走特性。由于光纤陀螺的带宽比惯性系统的带宽高得多，因此，在光纤陀螺统计建模时，可以忽略短期效应，仍认为光纤陀螺输出具有白噪声特性。

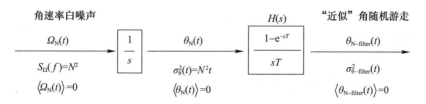

图 2.9　平滑滤波后的角误差

2.1.4　光纤陀螺的统计模型

上面仅讨论了光纤陀螺传递模型中各种滤波器对白噪声引起的角随机游走的影响。事实上，陀螺输出的不确定性可能由光纤陀螺的内部固有噪声源引起，也可能由外部环境变化或测试条件引起，甚至包括一些原因不明的噪声或误差。这些噪声或误差分别具有特定的统计性质，可以通过统计建模和数据分析来表征和辨识，并评估它们对整个噪声统计的贡献。光纤陀螺输出数据中许多噪声或随机过程的机理在实践中上还没有被完全认识，但对于大多数应用来说，这些噪声很小，并未构成限制性能的重要因素，在大部分场合不影响光纤陀螺的应用。

光纤陀螺的统计模型如图 2.10 所示，陀螺数据的随机分量一般主要包括：①量化噪声，由角速率连续信号转换有限字长的数字信号时的采样和量化引起。②角随机游走，由陀螺角速率数据的白噪声引起。角速率白噪声有许多来源，大多集中在光纤陀螺内部，并以光学白噪声为主。③零偏不稳定性（闪烁噪声），定义为在一个特定的有限采样时间和平均时间间隔上计算的零偏的随机变化。④角速率随机游走，由角加速度（角突变）白噪声引起，定义为随时间累积的角速率漂移误差。⑤角速率斜坡（趋势项），大多表现为环境温度变化引起的随时间线性增长的角速率漂移。⑥指数相关（马尔可夫（Markov））噪声，由一个具有有限相关时间的指数衰减函数表征。⑦正弦噪声，由一个或多个不同的频率表征。⑧谐波噪声，可能由温控系统引起，如加热、通风和空调系统，引入周期性误差；同样，载体悬浮和结构谐振也可能引入谐波加速度，在陀螺传感器中激发加速度敏感误差源。

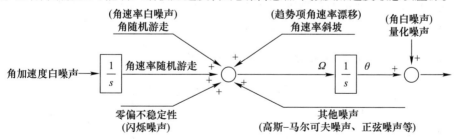

图 2.10　光纤陀螺的统计模型

通常,输出数据中可能存在这些随机过程的组合,不同的噪声项可能出现在时域或频域的不同区间,因而可以通过统计建模的方法进行噪声识别。

2.2 光纤陀螺输出数据的 Allan 方差分析

光纤陀螺统计模型的噪声系数可以通过在频域或时域中应用统计方法分析数据来确定。其中最常见和优先的分析手段是在频域计算功率谱密度(PSD)和在时域进行 Allan 方差分析。这两种计算方法都可完整描述光纤陀螺的误差源。其中功率谱密度较适合于分析周期性或非周期性信号,而随机噪声参数则较难辨识。Allan 方差方法分析和表征随机噪声较为容易,通常用来确定惯性仪表的性能指标。

Allan 方差分析法由 David Allan 于 1966 年提出,用于分析精密时钟和振荡器的相位和频率稳定性(参见 IEEE 标准 Std 1139—1988),后用其名字命名这一方法。该方法已被广泛用于惯性传感器尤其是陀螺仪的数据分析,既可以确定导致数据噪声的潜在随机过程的特征,又可以识别数据中给定噪声的来源。1983 年,M. Tehrani 由环形激光陀螺的角速率噪声功率密度给出了 Allan 方差噪声项表达式的详细推导;1997 年,IEEE 标准引进了 Allan 方差方法作为单轴光纤陀螺的随机漂移表征和噪声识别(IEEE Std 952—1997);1998 年,IEEE 标准引进了 Allan 方差方法作为线性单轴非陀螺加速度计分析的噪声识别方法(IEEE Std 1293—1998);2003 年,Allan 方差方法首次应用于微机电传感器(MEMS)的噪声识别。

Allan 方差分析作为一种独立的数据分析方法,可以用于任何仪表的噪声研究。在采用 Allan 方差进行数据分析时,数据的不确定性假定由具有特定性质的噪声源引起。每个噪声源的自相关函数的幅值可以由数据来估算。这些噪声源可能是仪表固有的,也可能是测试装置或测试系统引入的。该方法的主要贡献是它使误差源的表征和辨识及它们对整个噪声统计的贡献更精确和更容易。当然,Allan 方差分析的价值还依赖于对仪表噪声项的物理涵义的正确理解和描述。

2.2.1 Allan 方差与角速率功率谱密度的关系

本节将推导 Allan 方差与陀螺角速率噪声的功率谱密度之间的关系。如图 2.11所示,假定有 n 个连续的角速率数据采样,原始数据的采样间隔为 t_0。将 m 个相邻的数据点作为一组($m < n/2$),每一组称为一个群。与每个群有关的是平均时间 T,$T = mt_0$。如果陀螺的静态瞬时输出角速率为 $\Omega(t)$,则群平均

定义为

$$\bar{\Omega}_k(T) = \frac{1}{T}\int_{(k-1)mt_0}^{kmt_0} \Omega(t)\,\mathrm{d}t = \frac{1}{T}\int_{(k-1)T}^{kT} \Omega(t)\,\mathrm{d}t \quad k=1,2,\cdots \quad (2.44)$$

式中：$\bar{\Omega}_k(T)$ 为第 k 个群的群平均也即角速率平均值。给定群时间 T，群的数量为 $q=[n/m]$ 个，其中 $[n/m]$ 记为 n/m 的取整。同理，第 $k+1$ 个群的群平均为

$$\bar{\Omega}_{k+1}(T) = \frac{1}{T}\int_{kmt_0}^{(k+1)mt_0} \Omega(t)\,\mathrm{d}t = \frac{1}{T}\int_{kT}^{(k+1)T} \Omega(t)\,\mathrm{d}t \quad k=1,2,\cdots \quad (2.45)$$

相邻两个群的方差为

$$\sigma_{k,k+1}^2(T) = \left[\bar{\Omega}_k(T) - \frac{\bar{\Omega}_k(T)+\bar{\Omega}_{k+1}(T)}{2}\right]^2 + \left[\bar{\Omega}_{k+1}(T) - \frac{\bar{\Omega}_k(T)+\bar{\Omega}_{k+1}(T)}{2}\right]^2$$

$$= \frac{1}{2}\left[\bar{\Omega}_{k+1}(T) - \bar{\Omega}_k(T)\right]^2 \quad (2.46)$$

对于给定的群时间 T，Allan 方差定义为

$$\sigma^2(T) = \langle \sigma_{k,k+1}^2(T) \rangle = \frac{1}{2}\langle [\bar{\Omega}_{k+1}(T) - \bar{\Omega}_k(T)]^2 \rangle \quad (2.47)$$

式中：符号 $\langle\cdots\rangle$ 表示对群集求平均。式(2.47)也可以表示为

$$\sigma^2(T) = \frac{1}{2(q-1)}\sum_{k=1}^{q-1}\{[\bar{\Omega}_{k+1}(T) - \bar{\Omega}_k(T)]^2\} \quad (2.48)$$

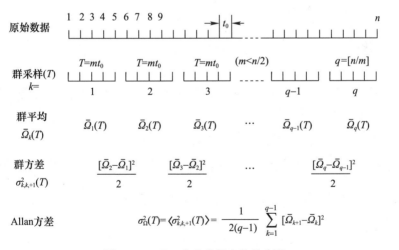

图 2.11 Allan 方差分析方法的步骤

式(2.47)或式(2.48)代表了对参量 $\sigma^2(T)$ 的估算，估算的质量依赖于给定群时

间 T 的独立群的数量 q。

考虑角速率随机过程的双边功率谱密度 $S_\Omega(f)$ 通常为偶函数,且仅正频率有意义,则 $\sigma^2(T)$ 和固有角速率随机过程的双边功率谱密度 $S_\Omega(f)$ 之间存在唯一的关系,这一关系为

$$\sigma^2(T) = 4\int_0^\infty S_\Omega(f) \cdot \frac{\sin^4(\pi f T)}{(\pi f T)^2} df \quad (2.49)$$

下面给出上述关系式的推导。由式(2.47)展开为

$$\sigma^2(T) = \frac{1}{2}\langle \bar{\Omega}_{k+1}^2(T) \rangle + \frac{1}{2}\langle \bar{\Omega}_k^2(T) \rangle - \langle \bar{\Omega}_{k+1}(T)\bar{\Omega}_k(T) \rangle \quad (2.50)$$

其中:

$$\langle \bar{\Omega}_{k+1}^2(T) \rangle = \left\langle \frac{1}{T^2}\int_{kT}^{(k+1)T} dt \int_{kT}^{(k+1)T} \Omega(t)\Omega(t') dt' \right\rangle$$

$$= \frac{1}{T^2}\int_{kT}^{(k+1)T} dt \int_{kT}^{(k+1)T} \langle \Omega(t)\Omega(t') \rangle dt' \quad (2.51)$$

$$\langle \bar{\Omega}_k^2(T) \rangle = \left\langle \frac{1}{T^2}\int_{(k-1)T}^{kT} dt \int_{(k-1)T}^{kT} \Omega(t)\Omega(t') dt' \right\rangle$$

$$= \frac{1}{T^2}\int_{(k-1)T}^{kT} dt \int_{(k-1)T}^{kT} \langle \Omega(t)\Omega(t') \rangle dt' \quad (2.52)$$

$$\langle \bar{\Omega}_{k+1}(T)\bar{\Omega}_k(T) \rangle = \left\langle \frac{1}{T^2}\int_{kT}^{(k+1)T} dt \int_{(k-1)T}^{kT} \Omega(t)\Omega(t') dt' \right\rangle$$

$$= \frac{1}{T^2}\int_{kT}^{(k+1)T} dt \int_{(k-1)T}^{kT} \langle \Omega(t)\Omega(t') \rangle dt' \quad (2.53)$$

式中:$\langle \Omega(t)\Omega(t') \rangle = R_\Omega(t,t')$ 为角速率噪声的自相关函数。下面,假定随机过程 $\Omega(t)$ 是全时平稳的,因而

$$R_\Omega(t,t') = R_\Omega(t'-t) \equiv R_\Omega(\zeta) \quad (2.54)$$

式中:$\zeta = t' - t$。角速率噪声的双边功率谱密度是 $R_\Omega(\zeta)$ 的傅里叶变换,因而:

$$S_\Omega(f) = \int_{-\infty}^\infty R_\Omega(\zeta) e^{-j2\pi f \zeta} d\zeta \quad (2.55)$$

反之亦有

$$R_\Omega(\zeta) = \int_{-\infty}^\infty S_\Omega(f) e^{j2\pi f \zeta} df \quad (2.56)$$

将式(2.56)代入式(2.51),得

$$\langle \bar{\Omega}_{k+1}^2(T) \rangle = \frac{1}{T^2} \int_{-\infty}^{\infty} S_\Omega(f) \mathrm{d}f \int_{kT}^{(k+1)T} \mathrm{d}t \int_{kT}^{(k+1)T} \mathrm{e}^{\mathrm{j}2\pi f(t'-t)} \mathrm{d}t' \quad (2.57)$$

其中改变了积分次序。随时间的双重积分很容易计算,给出为

$$\int_{kT}^{(k+1)T} \int_{kT}^{(k+1)T} \mathrm{e}^{\mathrm{j}2\pi f(t'-t)} \mathrm{d}t \mathrm{d}t' = \int_0^T \mathrm{d}t \int_0^T \mathrm{e}^{\mathrm{j}2\pi f(t'-t)} \mathrm{d}t' = \frac{\sin^2(\pi f T)}{(\pi f)^2} \quad (2.58)$$

将式(2.58)代入式(2.57),得

$$\langle \bar{\Omega}_{k+1}^2(T) \rangle = \int_{-\infty}^{\infty} S_\Omega(f) \frac{\sin^2(\pi f T)}{(\pi f T)^2} \mathrm{d}f \quad (2.59)$$

由于$\langle \bar{\Omega}_{k+1}^2(T) \rangle$不依赖于$k$,对于$\langle \bar{\Omega}_k^2(T) \rangle$,同理有

$$\langle \bar{\Omega}_k^2(T) \rangle = \int_{-\infty}^{\infty} S_\Omega(f) \frac{\sin^2(\pi f T)}{(\pi f T)^2} \mathrm{d}f \quad (2.60)$$

现在计算$\langle \bar{\Omega}_{k+1}(T) \bar{\Omega}_k(T) \rangle$。由式(2.53)可以写出:

$$\langle \bar{\Omega}_{k+1}(T) \bar{\Omega}_k(T) \rangle = \frac{1}{T^2} \int_{-\infty}^{\infty} S_\Omega(f) \mathrm{d}f \int_{kT}^{(k+1)T} \mathrm{d}t \int_{(k-1)T}^{kT} \mathrm{e}^{\mathrm{j}2\pi f(t'-t)} \mathrm{d}t' \quad (2.61)$$

直接在时间上进行双重积分,得到

$$\int_{kT}^{(k+1)T} \int_{(k-1)T}^{kT} \mathrm{e}^{\mathrm{j}2\pi f(t'-t)} \mathrm{d}t \mathrm{d}t' = \int_0^T \mathrm{d}t \int_T^{2T} \mathrm{e}^{\mathrm{j}2\pi f(t'-t)} \mathrm{d}t' = \mathrm{e}^{\mathrm{j}2\pi f T} \frac{\sin^2(\pi f T)}{(\pi f)^2} \quad (2.62)$$

因而有

$$\langle \bar{\Omega}_{k+1}(T) \bar{\Omega}_k(T) \rangle = \int_{-\infty}^{\infty} S_\Omega(f) \mathrm{e}^{\mathrm{j}2\pi f T} \frac{\sin^2(\pi f T)}{(\pi f T)^2} \mathrm{d}f \quad (2.63)$$

将式(2.59)、式(2.60)和式(2.63)代入式(2.50),给出:

$$\sigma^2(T) = \int_{-\infty}^{\infty} S_\Omega(f)(1 - \mathrm{e}^{\mathrm{j}2\pi f T}) \frac{\sin^2(\pi f T)}{(\pi f T)^2} \mathrm{d}f$$

$$= 2\int_{-\infty}^{\infty} S_\Omega(f) \frac{\sin^4(\pi f T)}{(\pi f T)^2} \mathrm{d}f - \mathrm{j}\int_{-\infty}^{\infty} S_\Omega(f) \frac{\sin(2\pi f T)\sin^2(\pi f T)}{(\pi f T)^2} \mathrm{d}f \quad (2.64)$$

事实上,对于一个实函数而言,要求式(2.64)中的第二项积分为零。如果$S_\Omega(f)$是f的偶函数,则满足这一点。由于在大多数情况下陀螺输出数据的自相关函数$R_\Omega(\zeta)$具有对称性,此时双边形式的功率谱密度$S_\Omega(f)$通常认为是偶函数。因而式(2.64)可以写为

$$\sigma^2(T) = 4\int_0^\infty S_\Omega(f) \frac{\sin^4(\pi fT)}{(\pi fT)^2} df \qquad (2.65)$$

式(2.65)说明,Allan 方差正比于经过传递函数为 $\sin^4 x/x^2$ 的滤波器的随机过程的总的功率输出。对于时间序列的数据,这个滤波器具有可变的近似矩形窗口。这个特定的传递函数是 Allan 方差的群产生和群运算方法的结果。

式(2.65)是 Allan 方差方法的核心。式(2.65)用于由角速率噪声的功率谱密度计算 Allan 方差。任何具有物理意义的随机过程的功率谱密度都可以代入积分中,得到 Allan 方差 $\sigma^2(T)$ 与群长度的函数表达式。一个统计过程对应的 Allan 方差可以由其功率谱密度唯一地推导出来,当然,由于不是一一对应的关系,逆向的公式推导可能不成立。

由式(2.65)和上面的分析可以看出,滤波器带宽依赖于 T。这提示我们,不同类型的随机过程可以通过调节滤波器带宽,即改变 T 来观察。双对数 $\sigma(T)$-T 曲线给出了存在于陀螺数据中的各类随机过程的直接表示。因而,Allan 方差方法提供了识别和量化数据中的各种噪声项的手段。在 $\sigma(T)$-T 双对数曲线中,具有不同斜率的不同时域区间提示了数据中存在的各种噪声。

2.2.2 Allan 方差分析中各噪声项的解析表示

下面,根据光纤陀螺统计模型中各种特定角速率噪声项的双边功率谱密度,分别给出式(2.65)的 Allan 方差解析表达式。如前所述,这些噪声或为光纤陀螺固有,或由外界引入且对光纤陀螺输出数据有影响。同时,简要讨论了每项噪声源可能的产生原因和噪声特征。

2.2.2.1 角速率量化噪声

量化噪声是模拟信号转换为数字信号时引入的一种误差。角速率量化噪声由角速率采样的实际幅值与 A/D 转换器的分辨率之间的误差引起。角速率量化噪声最好用其积分功率谱密度表示,因为它的积分功率谱密度是采样率的函数。在采样率恒定的情况下,角速率量化噪声积分后近似为高斯型的角白噪声,这样一个过程的双边功率谱密度给出为

$$S_\theta(f) = \left[\frac{\sin^2(\pi f t_0)}{(\pi f t_0)^2}\right] \cdot t_0 Q^2 \approx t_0 Q^2 \quad \left(f < \frac{1}{2t_0}\right) \qquad (2.66)$$

式中:Q 为角速率量化噪声的系数,为角度的单位;t_0 为采样间隔。

根据控制理论,对于一个传递函数为 $H(j\omega)$ 的线性系统,如积分器 $H(j\omega) = 1/j\omega$,输入(角速率噪声)与输出(角噪声)的双边功率谱密度通过下列式子联系在一起:

$$S_\theta(\omega) = \left|\frac{1}{j\omega}\right|^2 S_\Omega(\omega) \text{ 或 } S_\Omega(f) = (2\pi f)^2 S_\theta(f) \tag{2.67}$$

将式(2.66)代入式(2.67),角速率量化噪声的功率谱密度为

$$S_\Omega(f) = \frac{4Q^2}{t_0}\sin^2(\pi f t_0) \approx (2\pi f)^2 t_0 Q^2 \quad \left(f < \frac{1}{2t_0}\right) \tag{2.68}$$

将式(2.68)代入式(2.65),进行积分,得

$$\sigma_{\Omega,Q}^2(T) = 4\int_0^\infty (2\pi f)^2 t_0 Q^2 \frac{\sin^4(\pi f T)}{(\pi f T)^2}\mathrm{d}f = \frac{16 t_0 Q^2}{T^2}\int_0^{1/2t_0}\sin^4(\pi f T)\mathrm{d}f$$

$$= \frac{16 t_0 Q^2}{T^2}\left\{\frac{1}{16\pi T}\left[\frac{3\pi T}{t_0} + 3\sin\left(\frac{\pi T}{t_0}\right) + 4\cos^3\left(\frac{\pi T}{t_0}\right)\sin\left(\frac{\pi T}{t_0}\right)\right]\right\} \tag{2.69}$$

当 $T = mt_0 \geq t_0$ 也即 $m \geq 1$ 时,式(2.69)可近似简化为

$$\sigma_{\Omega,Q}^2(T) = \frac{3Q^2}{T^2} \text{ 或 } \sigma_{\Omega,Q}(T) = \frac{\sqrt{3}Q}{T} \tag{2.70}$$

这意味着,角速率量化噪声在 $\sigma(T)-T$ 双对数曲线上由斜率 -1 表征,如图 2.12 所示。该噪声的幅值可以读取斜率线上 $T = \sqrt{3}$ 时对应的纵坐标的数值得到。应该指出的是,量化噪声具有短的相关时间,等效于宽带噪声,通常可以被滤波器有效滤掉。在许多应用中载体运动的带宽较低,量化噪声不是一个主要误差源。

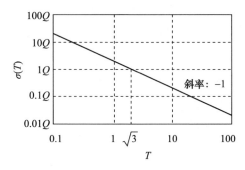

图 2.12 角速率量化噪声的 $\sigma(T)-T$ 曲线

2.2.2.2 角随机游走

光纤陀螺的输出含有宽带的随机噪声分量,这类噪声以光学噪声为主,为光纤陀螺固有,包括散粒噪声、相对强度噪声等,用陀螺角速率输出白噪声的双边功率谱密度来表征。后面还要讲到,角速率白噪声积分后的角误差具有统计学上的随机游走特征,因此,在 Allan 方差分析中,角速率白噪声被归类为角随机

游走。角随机游走可能是限制姿态控制系统性能的主要误差源。

角速率白噪声的双边功率谱密度表示为

$$S_\Omega(f) = N^2 \quad (2.71)$$

式中：N 称为角随机游走系数。

将式(2.71)代入式(2.65)，得

$$\sigma_{\Omega,N}^2(T) = 4\int_0^\infty N^2 \frac{\sin^4(\pi f T)}{(\pi f T)^2} df \quad (2.72)$$

设积分变量 $u = \pi f T$，则有

$$\sigma_{\Omega,N}^2(T) = \frac{4}{\pi T}\int_0^\infty N^2 \frac{\sin^4 u}{u^2} du \quad (2.73)$$

这可以简化为

$$\sigma_{\Omega,N}^2(T) = \frac{N^2}{T} \quad (2.74)$$

其中利用了广义积分：

$$\int_0^\infty \frac{\sin^4 u}{u^2} du = \frac{\pi}{4} \quad (2.75)$$

由式(2.74)，角随机游走的 Allan 方差的平方根变为

$$\sigma_{\Omega,N}(T) = \frac{N}{\sqrt{T}} \quad (2.76)$$

式(2.76)表明角随机游走在 $\sigma(T)$ - T 双对数曲线上用斜率为 $-1/2$ 表示，如图 2.13 所示，N 的数值可直接读取斜率线上 $T=1$ 时对应的纵坐标数值得到。

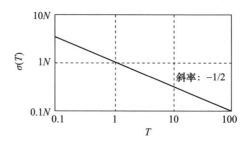

图 2.13 角随机游走的 $\sigma(T)$ - T 曲线

2.2.2.3 零偏不稳定性

一般认为，光纤陀螺的零偏不稳定性与 $1/f$ 噪声有关，起源于光纤陀螺中电路或对随机闪烁敏感的其他元件。后面还要讲到，在统计学上，$1/f$ 噪声是一种

非平稳随机过程,但在小于过程发生时间的观测周期上,数据的自相关函数和功率谱密度近似平稳。这是讨论零偏不稳定性或 $1/f$ 噪声功率谱密度的基础,在这种情况下,角速率功率谱密度表示为

$$S_\Omega(f) = \begin{cases} \left(\dfrac{B^2}{2\pi}\right)\dfrac{1}{f}, & f \geqslant f_0 \\ 0, & f < f_0 \end{cases} \tag{2.77}$$

式中:B 为零偏不稳定性系数,单位:((°)/h);f_0 为最小频率。

将式(2.77)代入式(2.65),则有:

$$\sigma_{\Omega,B}^2(T) = 4\int_0^\infty \left(\dfrac{B^2}{2\pi}\right)\dfrac{1}{f} \cdot \dfrac{\sin^4(\pi f T)}{(\pi f T)^2} df = \dfrac{2B^2}{\pi}\int_{\pi f_0 T}^\infty \dfrac{\sin^4 u}{u^3} du \tag{2.78}$$

其中积分变量 $u = \pi f T$,现在,考虑式(2.78)中的积分:

$$\mathrm{Int}(f_0) = \int_{\pi f_0 T}^\infty \dfrac{\sin^4 u}{u^3} du \tag{2.79}$$

利用分部积分法,有

$$\mathrm{Int}(f_0) = -\dfrac{\sin^3 u}{2u^2}(\sin u + 4u\cos u)\Big|_{\pi f_0 T}^\infty - 8\int_{\pi f_0 T}^\infty \dfrac{\sin^4 u}{u} du + 6\int_{\pi f_0 T}^\infty \dfrac{\sin^2 u}{u} du \tag{2.80}$$

因而可以写出:

$$\int_{\pi f_0 T}^\infty \dfrac{\sin^4 u}{u} du = \dfrac{3}{8}\int_{\pi f_0 T}^\infty \dfrac{1}{u} du - \dfrac{1}{2}\int_{2\pi f_0 T}^\infty \dfrac{\cos 2u}{2u} d(2u) + \dfrac{1}{8}\int_{4\pi f_0 T}^\infty \dfrac{\cos 4u}{4u} d(4u)$$

$$= \dfrac{3}{8}\int_{\pi f_0 T}^\infty \dfrac{1}{u} du + \dfrac{1}{2}\mathrm{Ci}(2\pi f_0 T) - \dfrac{1}{8}\mathrm{Ci}(4\pi f_0 T) \tag{2.81}$$

式中:$\mathrm{Ci}(x)$ 为余弦积分函数,定义为

$$\mathrm{Ci}(x) = -\int_x^\infty \dfrac{\cos t}{t} dt \tag{2.82}$$

又:

$$\int_{\pi f_0 T}^\infty \dfrac{\sin^2 u}{u} du = \dfrac{1}{2}\int_{\pi f_0 T}^\infty \dfrac{1}{u} du - \dfrac{1}{2}\int_{2\pi f_0 T}^\infty \dfrac{\cos 2u}{2u} d(2u)$$

$$= \dfrac{1}{2}\int_{\pi f_0 T}^\infty \dfrac{1}{u} du + \dfrac{1}{2}\mathrm{Ci}(2\pi f_0 T) \tag{2.83}$$

将式(2.81)、式(2.82)代入式(2.80),给出为

$$\text{Int}(f_0) = \frac{\sin^3(\pi f_0 T)}{2(\pi f_0 T)^2}[\sin(\pi f_0 T) + 4(\pi f_0 T)\cos(\pi f_0 T)] - [\text{Ci}(2\pi f_0 T) - \text{Ci}(4\pi f_0 T)]$$

(2.84)

为了完成推导,代入式(2.78),有:

$$\sigma_{\Omega,B}^2(T) = \frac{2B^2}{\pi}\left\{\frac{\sin^3(\pi f_0 T)}{2(\pi f_0 T)^2}[\sin(\pi f_0 T) + 4(\pi f_0 T)\cos(\pi f_0 T)]\right.$$

$$\left. - [\text{Ci}(2\pi f_0 T) - \text{Ci}(4\pi f_0 T)]\right\}$$

(2.85)

下面进行讨论。当 $T \gg 1/f_0$,即 $\pi f_0 T \to \infty$ 时,由 $\lim_{x\to\infty}\text{Ci}(x) = 0$,有:

$$\sigma_{\Omega,B}^2(T) \to 0$$

(2.86)

当 $T \ll 1/f_0$,即 $\pi f_0 T \to 0$ 时,根据展开式:

$$\text{Ci}(x) = C_E + \ln x + \sum_{k=1}^{\infty}(-1)^k\frac{x^{2k}}{2k(2k)!}$$

(2.87)

式中:C_E 是欧拉常数,得

$$\lim_{x\to 0}[\text{Ci}(2x) - \text{Ci}(4x)] = \lim_{x\to\infty}\left(\frac{2x}{4x}\right) = -\ln 2$$

(2.88)

因而:

$$\sigma_{\Omega,B}^2(T) \to \frac{2B^2}{\pi}\ln 2$$

(2.89)

图 2.14 给出了式(2.89)的平方根 Allan 方差双对数曲线。由于 $1/f$ 噪声在低频具有较大的不平稳性,当群时间 T 变得很大时,由于平均效应,平方根 Allan 方差以 -1 斜率衰减,渐趋向零;当群时间 T 较小时,平方根 Allan 方差呈现为一个恒定值,$\sqrt{(2\ln 2)/\pi}B = 0.664B$。

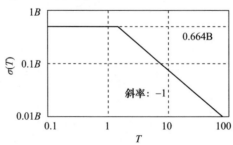

图 2.14 零偏不稳定性的 $\sigma(T) - T$ 曲线

2.2.2.4 角速率随机游走

角速率的随机游走是一种原因不明的随机过程,可能与器件的老化有关,是指数相关噪声的长相关时间极限情形。如前所述,角随机游走是角速率白噪声的积分结果。同理,角速率的随机游走是角加速度白噪声的积分结果。角加速度白噪声的功率谱密度为

$$S_\alpha(\omega) = K^2 \tag{2.90}$$

式中:K 为角速率随机游走系数,与 N 称为角随机游走系数的理由相同。角加速度白噪声产生的角速率噪声的功率谱密度为

$$S_\Omega(\omega) = \left|\frac{1}{j\omega}\right|^2 S_\alpha(\omega) = \frac{K^2}{\omega^2} \quad \text{或} \quad S_\Omega(f) = \frac{K^2}{(2\pi f)^2} \tag{2.91}$$

角速率随机游走也是一种非平稳随机过程,其功率谱密度存在一个最小频率 f_0。$f > f_0$ 时,可以看成是近似平稳的随机过程。将式(2.91)代入式(2.65),得

$$\begin{aligned}
\sigma_{\Omega,T}^2(T) &= 4\int_0^\infty \frac{K^2}{(2\pi f)^2} \cdot \frac{\sin^4(\pi fT)}{(\pi fT)^2} df = \frac{K^2 T}{\pi}\int_0^\infty \frac{\sin^4(\pi fT)}{(\pi fT)^4} d(\pi fT) \\
&= \frac{K^2 T}{\pi}\int_0^\infty \frac{\sin^4 u}{u^4} du = \frac{K^2 T}{\pi} \cdot \frac{\pi}{3} = \frac{K^2 T}{3}
\end{aligned} \tag{2.92}$$

其中利用了积分变量 $u = \pi fT$ 以及广义积分:

$$\int_0^\infty \frac{\sin^4 u}{u^4} du = \frac{\pi}{3} \tag{2.93}$$

因而

$$\sigma_{\Omega,K}(T) = K\sqrt{\frac{T}{3}} \tag{2.94}$$

这表明,在 $\sigma(T) - T$ 双对数曲线上,速率随机游走用斜率为 +1/2 表示,见图 2.15。K 的幅值可以从斜率线上 $T = 3$ 时对应的纵坐标数值得到。

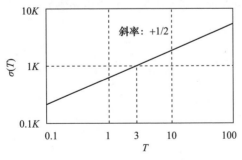

图 2.15 角速率随机游走的 $\sigma(T) - T$ 曲线

2.2.2.5 指数相关角速率噪声

指数相关噪声(马尔可夫噪声)由一个具有有限相关时间 T_c 的指数衰减函数表征,比如陀螺的偏置温度灵敏度,看起来像一个由外部环境温度变化或内部热场分布变化引起的时变加性噪声源,具有某种指数相关特征。这一过程的相关函数由下式给出:

$$R_\Omega(\zeta) \equiv \langle \Omega(t)\Omega(t') \rangle = \frac{q_M^2 T_c}{2} e^{-|\zeta|/T_c} \tag{2.95}$$

式中:$\zeta = t - t'$;q_M 为噪声振幅。与其对应的功率谱密度为

$$S_\Omega(f) = \int_{-\infty}^{\infty} R_\Omega(\zeta) e^{-j2\pi f\zeta} d\zeta = \int_{-\infty}^{\infty} \frac{q_M^2 T_c}{2} e^{-|\zeta|/T_c} e^{-j2\pi f\zeta} d\zeta$$

$$= q_M^2 T_c \int_0^{\infty} e^{-\zeta/T_c} \cos(2\pi f\zeta) d\zeta = \frac{(q_M T_c)^2}{1 + (2\pi f T_c)^2} \tag{2.96}$$

将式(2.96)用于式(2.65)中,得

$$\sigma_{\Omega,M}^2(T) = 4\int_0^{\infty} \frac{(q_M T_c)^2}{1 + (2\pi f T_c)^2} \cdot \frac{\sin^4(\pi fT)}{(\pi fT)^2} df$$

$$= \frac{4q_M^2 T}{\pi} \int_0^{\infty} \frac{1}{(T/T_c)^2 + 4u^2} \cdot \frac{\sin^4 u}{u^2} du \tag{2.97}$$

式中:积分变量 $u = \pi fT$。将恒等式:

$$\frac{1}{[(T/T_c)^2 + 4u^2]u^2} = \frac{(T_c/T)^2}{u^2} - \frac{4(T_c/T)^2}{(T/T_c)^2 + 4u^2} \tag{2.98}$$

用于式(2.97)的被积函数中,有:

$$\sigma_{\Omega,M}^2(T) = \frac{4q_M^2 T}{\pi} \left(\frac{T_c}{T}\right)^2 \left\{ \int_0^{\infty} \frac{\sin^4 u}{u^2} du - \int_0^{\infty} \frac{\sin^4 u}{(T/2T_c)^2 + u^2} du \right\} \tag{2.99}$$

由式(2.75),式(2.99)中大括弧内第一项的积分值为:$\int_0^{\infty} \frac{\sin^4 u}{u^2} du = \frac{\pi}{4}$。

为了计算第二项积分,采用下列积分:

$$\int_0^{\infty} \frac{\sin(au)\sin(bu)}{\beta^2 + u^2} du = \frac{\pi}{4\beta} [e^{-|a-b|\beta} - e^{-|a+b|\beta}] \tag{2.100}$$

又

$$\sin^4 u = \sin^2 u - \frac{1}{4}\sin^2 2u \tag{2.101}$$

这导致

$$\int_0^\infty \frac{\sin^4 u}{(T/2T_c)^2 + u^2} du = \int_0^\infty \frac{\sin^2 u}{(T/2T_c)^2 + u^2} du - \frac{1}{4}\int_0^\infty \frac{\sin^2 2u}{(T/2T_c)^2 + u^2} du \quad (2.102)$$

在式(2.102)中多次应用式(2.100),有

$$\int_0^\infty \frac{\sin^4 u}{(T/2T_c)^2 + u^2} du = \frac{3\pi}{8}\left(\frac{T_c}{T}\right) - \frac{\pi}{2}\left(\frac{T_c}{T}\right)e^{-\frac{T}{T_c}} - \frac{\pi}{8}\left(\frac{T_c}{T}\right)e^{-\frac{2T}{T_c}} \quad (2.103)$$

将式(2.103)和式(2.99)代入式(2.98)中,重新调整各项,得

$$\sigma_{\Omega,M}^2(T) = \frac{(q_M T_c)^2}{T}\left[1 - \frac{T_c}{2T}\left(3 - 4e^{-\frac{T}{T_c}} + e^{-\frac{2T}{T_c}}\right)\right] \quad (2.104)$$

这是主要的结果。

图 2.16 示出了式(2.104)的平方根双对数曲线。下面研究式(2.104)的各种极限:

(1) $T \gg T_c$。很容易看到,当群时间 T 远大于相关时间 T_c 时,式(2.104)接近于极限:

$$\sigma_{\Omega,M}^2(T) = \frac{(q_M T_c)^2}{T} \quad (2.105)$$

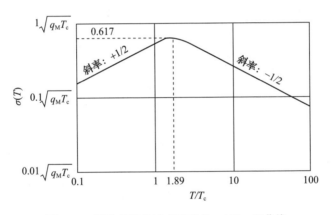

图 2.16 指数相关角速率噪声的 $\sigma(T) - T$ 曲线

换句话说,相关时间 T_c 很小时,是噪声幅值为 $N = q_M T_c$ 的角随机游走的情形。

(2) $T \ll T_c$。对于这种情形,将式(2.104)中的指数项展开到第四阶,得

$$\sigma_{\Omega,M}^2(T) = \frac{(q_M T_c)^2}{T}\left\{1 - \frac{T_c}{2T}\left[3 - 4\left(1 - \frac{T}{T_c} + \frac{1}{2}\frac{T^2}{T_c^2} - \frac{1}{6}\frac{T^3}{T_c^3}\right) + \left(1 - \frac{2T}{T_c} + \frac{2T^2}{T_c^2} - \frac{4}{3}\frac{T^3}{T_c^3}\right)\right]\right\} \quad (2.106)$$

重新安排式(2.106)中的各项,得

$$\sigma_{\Omega,M}^2(T) = \frac{1}{3}q_M^2 T \qquad (2.107)$$

令 $q_M = K$,式(2.107)描述的是角速率随机游走的情形。

2.2.2.6 角速率漂移斜坡(趋势项误差)

至今为止,前面所考虑的误差项都具有随机特性。当然,Allan 方差对分析某些非平稳过程也是有效的。其中一项这类误差是角速率漂移斜坡,定义如下:

$$\Omega = Rt \qquad (2.108)$$

式中:R 为角速率漂移斜坡系数。通常情况下,角速率漂移斜坡是陀螺偏置输出随时间缓慢变化的结果(如环境温度引起)。

根据式(2.44):

$$\bar{\Omega}_k(T) = \frac{1}{T}\int_{(k-1)T}^{kT} Rt\,dt = \frac{R}{2}(2k-1)T, \quad \bar{\Omega}_{k+1}(T)$$
$$= \frac{1}{T}\int_{kT}^{(k+1)T} Rt\,dt = \frac{R}{2}(2k+1)T \qquad (2.109)$$

由式(2.47),得到:

$$\sigma_{\Omega,R}^2(T) = \frac{1}{2}\langle[\bar{\Omega}_{k+1}(T) - \bar{\Omega}_k(T)]^2\rangle = \frac{1}{2}\langle R^2 T^2\rangle = \frac{1}{2}R^2 T^2 \qquad (2.110)$$

因而

$$\sigma_{\Omega,R}(T) = R\frac{T}{\sqrt{2}} \qquad (2.111)$$

这表明,在 $\sigma(T)-T$ 双对数曲线上,角速率漂移斜坡的斜率为 +1,如图 2.17 所示。角速率漂移斜坡系数 R 的幅值可以从斜率线上 $T=\sqrt{2}$ 时对应的纵坐标数值得到。

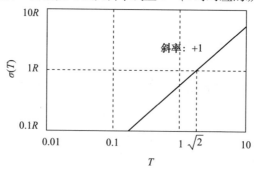

图 2.17 角速率漂移斜坡的 $\sigma(T)-T$ 曲线

2.2.2.7 正弦角速率噪声

正弦噪声是一种系统性误差,输出角速率含有由下式表征的正弦形式:

$$\Omega(t) = \Omega_0 \sin(\omega_0 t) \tag{2.112}$$

式中:Ω_0 为噪声振幅;ω_0 为频率。其相应的傅里叶变换为

$$F(\omega) = -j\Omega_0 \pi [\delta(\omega - \omega_0) + \delta(\omega + \omega_0)] \tag{2.113}$$

式中:$\delta(x)$ 为狄拉克 δ 函数,其双边功率谱密度的表达式为

$$S_\Omega(\omega) = \frac{|F(\omega)|^2}{2\pi} = \frac{1}{2}\Omega_0^2 \pi [\delta(\omega - \omega_0) + \delta(\omega + \omega_0)] \tag{2.114}$$

代入式(2.65),得

$$\begin{aligned}
\sigma^2_{\Omega,s}(T) &= 2\int_{-\infty}^{\infty} \frac{1}{2}\Omega_0^2 \pi [\delta(\omega - \omega_0) + \delta(\omega + \omega_0)] \cdot \frac{\sin^4(\pi f T)}{(\pi f T)^2} df \\
&= 2\int_{-\infty}^{\infty} \frac{1}{2}\Omega_0^2 \pi [\delta(\omega - \omega_0) + \delta(\omega + \omega_0)] \cdot \frac{\sin^4(\omega T/2)}{(\omega T/2)^2} d\left(\frac{\omega}{2\pi}\right) \\
&= 4\int_{-\infty}^{\infty} \frac{1}{2}\Omega_0^2 \pi [\delta(\omega - \omega_0)] \cdot \frac{\sin^4\left(\frac{\omega T}{2}\right)}{\left(\frac{\omega T}{2}\right)^2} d\left(\frac{\omega}{2\pi}\right) \\
&= \Omega_0^2 \frac{\sin^4(\omega_0 T/2)}{(\omega_0 T/2)^2} = \Omega_0^2 \left[\frac{\sin^2(\pi f_0 T)}{\pi f_0 T}\right]^2
\end{aligned} \tag{2.115}$$

也可以直接由式(2.47)导出 Allan 方差。群平均为

$$\bar{\Omega}_{k+1}(T) = \frac{1}{T}\int_{kT}^{(k+1)T} \Omega_0 \sin(\omega_0 t) dt = \frac{2\Omega_0}{\omega_0 T}\left\{\sin\left(\frac{\omega_0 T}{2}\right)\sin\left(\frac{k\omega_0 T}{2}\right)\right\} \tag{2.116}$$

$$\bar{\Omega}_k(T) = \frac{1}{T}\int_{(k-1)T}^{kT} \Omega_0 \sin(\omega_0 t) dt = \frac{2\Omega_0}{\omega_0 T}\left\{\sin\left(\frac{\omega_0 T}{2}\right)\sin\left[\frac{(k-2)\omega_0 T}{2}\right]\right\} \tag{2.117}$$

相邻两个群平均的差为

$$\bar{\Omega}_{k+1}(T) - \bar{\Omega}_k(T) = \frac{4\Omega_0}{\omega_0 T}\sin^2\left(\frac{\omega_0 T}{2}\right)\cos(k\omega_0 T) \tag{2.118}$$

群方差现在变为

$$\begin{aligned}
\sigma^2_{\Omega,s}(T) &= \frac{1}{2}\langle [\bar{\Omega}_{k+1}(T) - \bar{\Omega}_k(T)]^2 \rangle = \frac{1}{2}\left[\frac{4\Omega_0}{\omega_0 T}\sin^2\left(\frac{\omega_0 T}{2}\right)\right]^2 \langle \cos^2(k\omega_0 T) \rangle \\
&= \frac{1}{2}\left[\frac{4\Omega_0}{\omega_0 T}\sin^2\left(\frac{\omega_0 T}{2}\right)\right]^2 \cdot \frac{1}{2} = \Omega_0^2 \frac{\sin^4(\omega_0 T/2)}{(\omega_0 T/2)^2} = \Omega_0^2 \left[\frac{\sin^2(\pi f_0 T)}{\pi f_0 T}\right]^2
\end{aligned}$$

$$\tag{2.119}$$

式中：$\langle \cos^2(k\omega_0 T) \rangle = 1/2$。

在实际中，低频正弦噪声通常由周期性环境变化引起。图 2.18 示出了式(2.119)的 $\sigma(T) - T$ 双对数曲线。可以看出，正弦特性的角速率噪声用斜率为 -1 的连续衰减峰表征。在数据中识别和估计该噪声需要观察几个峰。数据的 Allan 分析中，相邻峰的幅值衰减很快，可能被其他频率的高阶峰淹没，使得很难观察。因此，传统的功率谱密度方法更适合于分析周期性信号。

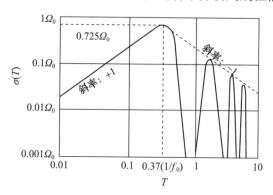

图 2.18　正弦角速率噪声的 $\sigma(T) - T$ 曲线

2.2.2.8　Allan 方差的噪声系数拟合

一般来说，光纤陀螺测试数据中可能包含着上述全部或部分的噪声类型，而且不同的噪声出现在不同的 T 域。假定上述的随机过程在统计学上都是独立的，则总的 Allan 方差应是各项噪声的 Allan 方差的和，即

$$\sigma^2_{\Omega,\text{Total}}(T) = \sigma^2_{\Omega,Q}(T) + \sigma^2_{\Omega,N}(T) + \sigma^2_{\Omega,B}(T) + \sigma^2_{\Omega,K}(T) +$$
$$\sigma^2_{\Omega,R}(T) + \sigma^2_{\Omega,M}(T) + \sigma^2_{\Omega,S}(T) + \cdots \quad (2.120)$$

图 2.19 示出了各种主要噪声源在 Allan 方差曲线中的位置和特征。

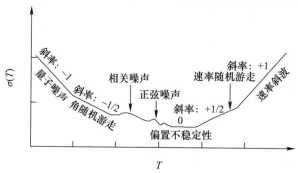

图 2.19　Allan 方差分析曲线中的各种误差源

2.2.3 群有限数量引起的 Allan 方差估计值的不确定性

在 Allan 分析中,给定样本长度的数据,群时间越大,群的数量 q 越少。由于群数量总是有限的,人们只能得到 Allan 方差的估计值,它是群数量 q 的随机函数。一般来说,根据角速率噪声的功率谱密度,可以计算 Allan 方差估计值的方差,导出 Allan 方差估计值的相对不确定性与群数量 q 的函数关系。

如前所述,Allan 方差定义为

$$\sigma_\Omega^2(T) = \frac{1}{2}\langle \alpha_k^2(T) \rangle \tag{2.121}$$

式中:$\langle \cdots \rangle$ 表示时间平均;$\alpha_k(T) = \bar{\Omega}_{k+1}(T) - \bar{\Omega}_k(T)$;$\bar{\Omega}_k$ 为角速率在群时间 T 上的平均值。方差 $\sigma_\Omega^2(T)$ 的定义涉及对无限数目的群采样求数学平均,但实际中群的数量是有限的。计算的总是 Allan 方差的估计值,为了与群数量无穷大时 Allan 方差的真值 $\sigma_\Omega^2(T)$ 比较,这里将 Allan 方差的估计值记为 $\sigma_\Omega^2(T,q)$,其置信度随群数量 q 的增加而改进。

由于实践中人们关心的是 Allan 方差估计值的平方根 $\sigma_\Omega(T,q)$,下面将计算这个量的不确定性与群数量 q 的函数关系。

2.2.3.1 Allan 方差估计值的方差

设 $\theta(t)$ 是陀螺的瞬时输出角度,于是瞬时输出角速率 $\Omega(t)$ 为

$$\Omega(t) = \frac{\mathrm{d}\theta(t)}{\mathrm{d}t} \tag{2.122}$$

$\Omega(t)$ 在群时间 T 上的平均值为

$$\bar{\Omega}_k(T) = \frac{1}{T}\int_{(k-1)T}^{kT} \Omega(t)\mathrm{d}t = \frac{1}{T}[\theta_k(T) - \theta_{k-1}(T)] \tag{2.123}$$

事实上,由于 $\bar{\Omega}_k$ 只有有限的数量 q,Allan 方差估计值 $\sigma_\Omega^2(T,q)$ 是群数量 q 的函数,是一个随机变量,即

$$\sigma_\Omega^2(T,q) = \frac{1}{2(q-1)}\sum_{k=1}^{q-1} \alpha_k^2(T) \tag{2.124}$$

因而 Allan 方差的真值 $\sigma_\Omega^2(T)$ 是 $\sigma_\Omega^2(T,q)$ 在均方意义上的渐近值:

$$\lim_{q\to\infty}\sigma_\Omega^2(T,q) = \sigma_\Omega^2(T) \tag{2.125}$$

根据方差的一般定义,Allan 方差估计值 $\sigma_\Omega^2(T,q)$ 的方差为

$$\sigma^2[\sigma_\Omega^2(T,q)] = \langle [\sigma_\Omega^2(T,q) - \langle \sigma_\Omega^2(T,q) \rangle]^2 \rangle \tag{2.126}$$

采用 $\sigma_\Omega^2(T,q)$ 的式(2.124),得

$$\sigma^2[\sigma_\Omega^2(T,q)] = \left[\frac{1}{2(q-1)}\right]^2 \langle A(T) \rangle \tag{2.127}$$

其中

$$\langle A(T) \rangle = \sum_{i=1}^{q-1}\sum_{j=1}^{q-1}[\langle \alpha_i^2(T)\alpha_j^2(T)\rangle - \langle \alpha_i^2(T)\rangle\langle \alpha_j^2(T)\rangle] \tag{2.128}$$

要对式(2.128)做进一步的计算,要求量 $\alpha_k(T)$ 是正态分布。由于角速率噪声是大量独立扰动的结果,可以假定陀螺静止时,$\Omega(t)$ 进而 $\bar{\Omega}_k$ 是一个高斯过程,这样 $\alpha_k(T)$ 是正态分布,均值为零。在这种条件下,可将四阶矩 $\langle \alpha_i^2(T)\alpha_j^2(T)\rangle$ 转换为二阶矩之和:

$$\langle A(T) \rangle = \sum_{i=1}^{q-1}\sum_{j=1}^{q-1}[\langle \alpha_i(T)\alpha_j(T)\rangle^2] \tag{2.129}$$

2.2.3.2 Allan 方差估计值的方差与角速率噪声功率谱密度的关系

对于一个平稳的噪声过程,$\theta(t)$ 的自相关函数定义为

$$R_\theta(\zeta) = \langle \theta(t) \cdot \theta(t-\zeta) \rangle \tag{2.130}$$

因而 $\langle A(T) \rangle$ 可以写为

$$\begin{aligned}\langle A(T) \rangle &= \sum_{i=1}^{q-1}\sum_{j=1}^{q-1}\{\langle [\bar{\Omega}_{i+1}(T) - \bar{\Omega}_i(T)][\bar{\Omega}_{j+1}(T) - \bar{\Omega}_j(T)]\rangle^2\} \\ &= \frac{1}{T^2}\sum_{i=1}^{q-1}\sum_{j=1}^{q-1}\{\langle [\theta_{i+1}(T) - 2\theta_i(T) + \theta_{i-1}(T)] \\ &\quad [\theta_{j+1}(T) - 2\theta_j(T) + \theta_{j-1}(T)]\rangle^2\} \\ &= \frac{1}{T^2}\sum_{i=1}^{q-1}\sum_{j=1}^{q-1}\{6R_\theta[(i-j)T] - 4R_\theta[(i-j-1)T] - 4R_\theta[(i-j+1)T] + \\ &\quad R_\theta[(i-j-2)T] + R_\theta[(i-j+2)T]\}^2 \end{aligned} \tag{2.131}$$

式中:$R_\theta(0)$ 的系数为 $(q-1)$,其他相关项的系数为

$$2\sum_{l=1}^{q-2}(q-1-l)$$

式中:$l = i - j$。

自相关函数 $R_\theta(\zeta)$ 与角速率噪声的双边功率谱密度由下式联系起来:

$$R_\theta(\zeta) = \frac{1}{2\pi}\int_{-\infty}^{\infty}\frac{1}{\omega^2}S_\Omega(\omega)\cos(\omega\zeta)\mathrm{d}\omega \tag{2.132}$$

将式(2.131)代入式(2.127),得到 Allan 方差估计值的方差的表达式满足:

$$[2\pi(q-1)T^2]\sigma^2[\sigma_\Omega^2(T,q)] = \frac{1}{4}(q-1)$$

$$\left\{\int_{-\infty}^{\infty} \frac{S_\Omega(\omega)}{\omega^2}(6 - 8\cos\omega T + 2\cos2\omega T)\mathrm{d}\omega\right\}^2 +$$

$$\frac{1}{2}\sum_{i=1}^{q-2}(q-1-l)\left\{\int_{-\infty}^{\infty} \frac{S_\Omega(\omega)}{\omega^2}[6\cos(l\omega T) - 4\cos(l-1)\omega T - \right.$$

$$\left. 4\cos(l+1)\omega T + \cos(l-2)\omega T + \cos(l+2)\omega T]\mathrm{d}\omega\right\}^2 \quad (2.133)$$

式(2.133)对非平稳过程同样有效,式中的积分对于光纤陀螺中五种独立的角速率噪声的功率谱密度都是收敛的($\omega=0$ 和 $\omega\to\infty$ 时),因而可以精确给出 Allan 方差估计值的方差。可以看出,对于不同的功率谱密度,Allan 方差估计值的不确定性是不同的。

2.2.3.3 Allan 方差估计值的相对不确定性

(1) Allan 方差估计值 $\sigma_\Omega^2(T,q)$ 的相对不确定性

引入 Δ 为 $\sigma_\Omega^2(T,q)$ 相对 $\sigma_\Omega^2(T)$ 的相对偏差:

$$\Delta = \frac{\sigma_\Omega^2(T,q) - \sigma_\Omega^2(T)}{\sigma_\Omega^2(T)} \quad (2.134)$$

相对偏差 Δ 是 q 的随机函数。标准偏差 $\sigma(\Delta)$ 定义为由于群的有限数量,Allan 方差估计值的相对不确定性。

由式(2.134),得

$$\sigma_\Omega^2(T,q) = (1+\Delta)\sigma_\Omega^2(T) \quad (2.135)$$

则 Allan 方差估计值的方差为

$$\sigma^2[\sigma_\Omega^2(T,q)] = [\sigma_\Omega^2(T)]^2\sigma^2[1+\Delta] \quad (2.136)$$

于是得到 $\sigma(\Delta)$ 与 Allan 方差估计值的方差之间的下列关系:

$$\sigma[\Delta] = \sigma[1+\Delta] = \frac{1}{\sigma_\Omega^2(T)}\{\sigma^2[\sigma_\Omega^2(T,q)]\}^{\frac{1}{2}} \quad (2.137)$$

(2) Allan 方差估计值的平方根 $\sigma_\Omega(T,q)$ 的相对不确定性

实际中,人们关心的是 Allan 方差估计值的平方根,即标准偏差 $\sigma_\Omega(T,q)$。因而,同样引入 ϵ 为 $\sigma_\Omega(T,q)$ 相对 $\sigma_\Omega(T)$ 的相对偏差:

$$\epsilon = \frac{\sigma_\Omega(T,q) - \sigma_\Omega(T)}{\sigma_\Omega(T)} \quad (2.138)$$

ϵ 同样是 q 的随机函数,无法导出 ϵ 的确切表达式,只能估算这种相对偏差的不确定性与 q 的关系。由式(2.138)得到

$$\sigma^2[\sigma_\Omega^2(T,q)] = [\sigma_\Omega^2(T)]^2 \sigma^2[(1+\epsilon)^2] \quad (2.139)$$

假定满足条件 $\epsilon \ll 1$,即测量的数目足够大以获得 Allan 方差估计值的好的置信度。于是有:

$$\sigma^2[(1+\epsilon)^2] = \langle[(1+\epsilon)^2 - \langle(1+\epsilon)^2\rangle]^2\rangle$$
$$= \langle[1+2\epsilon+\epsilon^2 - \langle1+2\epsilon+\epsilon^2\rangle]^2\rangle = \langle[2\epsilon - \langle2\epsilon\rangle]^2\rangle = 4\sigma^2(\epsilon) \quad (2.140)$$

因而获得 $\sigma(\epsilon)$ 和 Allan 方差的下列关系:

$$\sigma(\epsilon) \approx \frac{1}{2\sigma_\Omega^2(T)} \{\sigma^2[\sigma_\Omega^2(T,q)]\}^{\frac{1}{2}} \quad (\epsilon \ll 1) \quad (2.141)$$

即

$$\sigma(\epsilon) \approx \frac{1}{2}\sigma(\Delta) \quad (\epsilon \ll 1) \quad (2.142)$$

考虑一个可以涵盖光纤陀螺主要噪声源的简化的角速率噪声模型,模型含有一组五个独立的噪声过程,双边功率谱密度为

$$S_\Omega(\omega) = h_p \omega^p \quad (p = -2,-1,0,1,2) \quad (2.143)$$

式中:h_p 为噪声系数;$\omega = 2\pi f, f > 0$。针对这样一种噪声模型,P. Lesage 推导并给出了 $\sigma(\epsilon)$ 的理论结果,总结在表 2.1 中。可以看出:

表 2.1 Allan 方差估计值的平方根的相对不确定性的理论结果

	$S_\Omega(\omega) = h_p \omega^p \quad p = -2,-1,0,1,2$				
p	-2	-1	0	1	2
$\sigma(\epsilon)$	$\dfrac{\sqrt{(9q-10)/2}}{4(q-1)}$	$\dfrac{\sqrt{(2.3q-2.6)/2}}{2(q-1)}$	$\dfrac{\sqrt{(3q-4)/2}}{2(q-1)}$	$\dfrac{\sqrt{(35q-53)/2}}{6(q-1)}$	$\dfrac{\sqrt{(35q-53)/2}}{6(q-1)}$

$$\sigma_{p=-2}(\epsilon) = \frac{\sqrt{(9q-10)/2}}{4(q-1)} = \sqrt{\frac{9}{32(q-1)} - \frac{1}{32(q-1)^2}} \approx \sqrt{\frac{9}{32(q-1)}} = \frac{0.75}{\sqrt{2(q-1)}}$$

$$\sigma_{p=-1}(\epsilon) = \frac{\sqrt{(2.3q-2.6)/2}}{2(q-1)} = \sqrt{\frac{2.3}{8(q-1)} - \frac{0.3}{8(q-1)^2}} \approx \sqrt{\frac{2.3}{8(q-1)}} = \frac{0.76}{\sqrt{2(q-1)}}$$

$$\sigma_{p=0}(\epsilon) = \frac{\sqrt{(3q-4)/2}}{2(q-1)} = \sqrt{\frac{3}{8(q-1)} - \frac{1}{8(q-1)^2}} \approx \sqrt{\frac{3}{8(q-1)}} = \frac{0.87}{\sqrt{2(q-1)}}$$

$$\sigma_{p=1,2}(\epsilon) = \frac{\sqrt{(35q-53)/2}}{6(q-1)} = \sqrt{\frac{35}{72(q-1)} - \frac{18}{72(q-1)^2}} \approx \sqrt{\frac{35}{72(q-1)}} = \frac{0.99}{\sqrt{2(q-1)}}$$

如果忽略高阶误差项，用一个统一的公式写出，则有

$$\sigma(\epsilon) \approx \frac{1}{\sqrt{2(q-1)}} \quad (2.144)$$

可以看出，式(2.144)是一个保守的估计(实际误差略小于该式)，因而可以用来评估 Allan 方差的估算精度。

由于 $q = [n/m] = t/T$，采用这一关系式，可以确定以平均时间 T 在给定的精度(1σ)内观测某一噪声特性所需的测试时间 t 为

$$t = T\left(1 + \frac{1}{2\sigma^2(\epsilon)}\right) \quad (2.145)$$

平均时间在 0.01~3000s 之间，Allan 方差平方根的 1σ 精度为 1%、5%、10% 和 20%，所需的测试时间如图 2.20 所示。一般来说，24h 的测试时间是常见的，但对特征平均时间超过 3000s 的速率随机游走，其精度仅约为 20%。

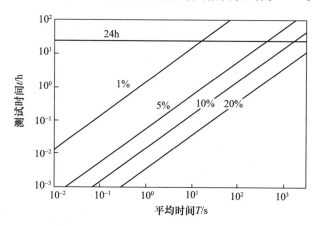

图 2.20　给定估算精度下，以平均时间 T 观察特定噪声所需的测试时间

2.3　光纤陀螺各噪声项的物理含义

2.3.1　角速率量化噪声（角白噪声）的特征

N 位模数转换器需要把连续的模拟量量程划分为 2^N 个离散的小区间。处

于给定的小区间内的被测模拟量都用相同的数字量表示,而且规定用每个小区间的标称中心值表示这个被测模拟量。因此除了实际转换误差外,还存在一个固有的峰值为 $\pm$ LSB/2 的量化不确定性(图 2.21(a)),也称为量化误差。

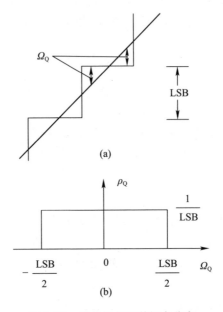

图 2.21 量化误差及其概率分布

角速率模数转换的量化特性是非线性的,但可用线性分析来估算量化的影响。假定模数转换为理想转换,此时量化误差近似为随机变量的独立采样,其统计特性假设满足下列条件:

(1) 角速率量化误差 Ω_Q 是一个平稳的随机序列;
(2) 角速率量化误差 Ω_Q 与角速率信号不相关;
(3) 角速率量化误差 Ω_Q 任意两值是独立不相关的;
(4) 角速率量化误差 Ω_Q 为均匀等概率分布。

在上述前提下,量化误差 Ω_Q 是与角速率信号序列完全不相关的白噪声序列。输入信号越不规则,越接近满足上述假设条件。实际陀螺信号常含有大量噪声,因而可以用上述统计方法来分析。下面求量化误差的统计特征。考虑舍入量化误差,其概率分布为(图 2.21(b)):

$$\rho_Q = \begin{cases} \dfrac{1}{\text{LSB}} & -\dfrac{\text{LSB}}{2} < \Omega < \dfrac{\text{LSB}}{2} \\ 0 & \text{其他} \end{cases} \tag{2.146}$$

其均值为

$$\int_{-\text{LSB}/2}^{\text{LSB}/2} \Omega \cdot \frac{1}{\text{LSB}} \mathrm{d}\Omega = 0 \qquad (2.147)$$

方差为

$$\sigma_Q^2 = \int_{-\text{LSB}/2}^{\text{LSB}/2} \Omega^2 \cdot \frac{1}{\text{LSB}} \mathrm{d}\Omega = \frac{\text{LSB}^2}{12} \qquad (2.148)$$

它代表了量化噪声的极限。

假定采样间隔为 t_0,角速率量化误差的功率谱密度为

$$S_Q(f) = \frac{\text{LSB}^2}{12} t_0 \qquad (2.149)$$

另一方面,光纤陀螺的角速率输出与对应一个角增量的计数有关:

$$\Omega = K_\theta \cdot D_{\text{counts}}/t_0 \qquad (2.150)$$

式中:K_θ 为 Sagnac 角当量,单位可以是 rad/LSB;D_{counts} 为采样间隔 t_0 内的脉冲计数输出。若每 2π 复位一次,有一个(脉冲)计数,则角变量为

$$K_\theta = \frac{n_F \lambda_0}{D} \quad (\text{rad/LSB}) \quad \text{或} \quad K_\theta = \frac{180}{\pi} \cdot \frac{n_F \lambda_0}{D} \quad ((°)/\text{LSB}) \qquad (2.151)$$

式中:n_F 为光纤折射率;λ_0 为平均波长;D 为光纤线圈直径。在这种情况下,输出信号时离散的、自然量化的,旋转速率的量化间隔(角当量乘上输出频率)代表了光纤陀螺的最小分辨率。

对于 t_0 对应的采样率,角速率量化引起的误差极限为

$$\sigma_Q^2(t_0) = \left(\frac{K_\theta}{t_0}\right)^2 \cdot \frac{\text{LSB}^2}{12} = \frac{Q_{\max}^2}{t_0^2} \qquad (2.152)$$

若 $t_0 = \tau = n_F L/c$,则 $K_\theta/t_0 = \lambda_0 c/LD$。也就是说,对于采用固定和均匀的采样时间测试,$Q_{\max}$ 的理论极限等于 $K_\theta/\sqrt{12}$,其中 K_θ 是速率积分陀螺的标定因数或角当量(一个脉冲数字输出对应的角位移)。将 $Q_{\max} = K_\theta/\sqrt{12}$ 代入式(2.70),得

$$\sigma_{\Omega,Q}^2(T) = \frac{3}{T^2} \cdot \frac{K_\theta^2}{12} = \frac{K_\theta^2}{4T^2} \quad \text{或} \quad \sigma_{\Omega,Q}(T) = \frac{K_\theta}{2T} \qquad (2.153)$$

2.3.2 角速率白噪声与角随机游走过程

光纤陀螺用来测量相对其敏感轴的旋转角速率,因而其输出是一个单位为 (°)/s 或 (°)/h 的信号。陀螺输出中的短期随机变化称为角速率噪声,通常用静止时陀螺输出的标准偏差 σ_Ω 表示,单位仍是(°)/s 或(°)/h,这种测量值与计算

标准偏差的数据平均时间 T 有关。另一方面,噪声还可以用功率谱密度 $S(f)$ 表示为频率的函数,描述的是输出噪声与检测带宽的关系。由于光纤陀螺的基础噪声源是光探测器的散粒噪声或光源相对强度噪声,在陀螺带宽范围内均为白噪声,因而静止时陀螺输出的功率谱密度通常为恒定值 $S(f)=N^2$。用来表示功率谱密度的噪声幅值 N 也称为随机游走系数或角随机游走,单位为 $(°)/(h·\sqrt{Hz})$ 或 $(°)/\sqrt{h}$,两个单位的换算关系为:$N[(°)/\sqrt{h}] = N[(°)/h·\sqrt{Hz}]/60$。

为什么用随机游走系数作为光纤陀螺的噪声指标?为什么随机游走系数也称为角随机游走?在许多应用中,需要光纤陀螺敏感角位移变化而不仅仅是角速率变化,这时需要对角速率传感器的输出进行积分以获得角位移随时间的函数。我们只需要弄清角速率噪声是如何影响角误差的,即角速率噪声积分后的角误差具有怎样的特征,上述疑问就会迎刃而解。

假定 M_i 是总个数为 M 的角速率白噪声序列中的第 i 个随机变量,每个 M_i 的扰动特性相同,平均值 $E(M_i)=E(M)=0$,方差 $Var(M_i)=Var(M)=\sigma_\Omega^2$。根据白噪声序列的定义,对于所有 $i \neq j$,协方差 $Cov(M_i, M_j)=0$。设采样时间间隔或平均时间为 T,采样矩形规则在时间跨度 $t=mT$ 上对一个角速率白噪声信号 $\Omega_N(t)$ 进行积分,得

$$\int_0^t \Omega_N(t) dt = T \cdot \sum_{i=1}^m M_i \tag{2.154}$$

式中:m 为该时间上的采样数。根据公式:

$$E(aX+bY) = aE(X) + bE(Y)$$

$$Var(aX+bY) = a^2 \cdot Var(X) + b^2 \cdot Var(Y) + 2ab \cdot Cov(X,Y) \tag{2.155}$$

得

$$E\left[\int_0^t \Omega_N(t)dt\right] = E\left[T \cdot \sum_{i=1}^m M_i\right] = mT \cdot E(M) = 0 \tag{2.156}$$

$$Var\left[\int_0^t \Omega_N(t)dt\right] = Var\left[T \cdot \sum_{i=1}^m M_i\right] = mT^2 \cdot Var(M) = T \cdot t \cdot \sigma_\Omega^2 = N^2 t \tag{2.157}$$

即角速率白噪声的积分角的标准偏差 σ_θ 满足:

$$\sigma_\theta^2 = N^2 t \quad 或 \quad \sigma_\theta = N\sqrt{t} \tag{2.158}$$

可以看出,N 描述的是对角速率信号积分时由于角速率白噪声产生的角误差,与标度因数误差等其他因素无关。

之所以称为角随机游走,是因为对角速率白噪声进行积分这一过程与统计学上的维纳过程非常相似,后者的典型模型是爱因斯坦提出的"一个人在一维空间的随机游走",也称为布朗运动模型,其过程描述如下:

一个人位于一维空间的原点,向前或向后连续运动,每一步向前或向的概率相同(图 2.22)。显然,后面任何一步的位置由这之前的最后一步的位置决定,与前面的行为无关,因而这一随机过程是一个马尔可夫过程。与角速率白噪声的积分问题对应,这里我们关注的是,在总共走了 M 步后,这个人所处位置为 $m(m=0, \pm 1, \pm 2, \cdots)$ 的概率 $p(m,M)$,并考察这个人所走步数足够多后偏离原点的情况。

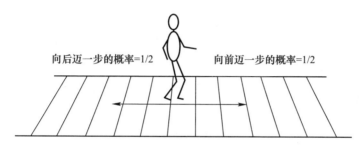

图 2.22 一个人在一维空间的随机游走

假定 m^+ 和 m^- 分别是向前和向后移动的步数,则有:

$$m^+ + m^- = M, m^+ - m^- = m \tag{2.159}$$

因而

$$m^+ = \frac{1}{2}(M+m), m^- = \frac{1}{2}(M-m) \tag{2.160}$$

由 M 和 m 的定义来看,它们显然具有相同的奇偶性,因为只有经过偶数的步数后才能到达偶数的位置。概率 $p(m,M)$ 由伯努利分布给出,向前或向后移动的概率均为 $1/2$,因而:

$$p(m,M) = p(m^+,M) = \binom{M}{m^+}\left(\frac{1}{2}\right)^{m^+}\left(1-\frac{1}{2}\right)^{m^-} = \frac{M!}{m^+! \, m^-!}\left(\frac{1}{2}\right)^M \tag{2.161}$$

将式(2.160)代入式(2.161),当 M、m^+ 和 m^- 很大时,所有的阶乘用斯特灵定理近似:$n! = (2\pi)^{1/2} \cdot n^{n+1/2} e^{-n}$,得

$$p(m,M) = \frac{M!}{\left(\frac{M+m}{2}\right)!\left(\frac{M-m}{2}\right)! \cdot 2^M} = \frac{M^{M+1/2}e^{-M}}{(2\pi)^{\frac{1}{2}}2^M\left(\frac{M+m}{2}\right)^{\frac{M+m+1}{2}}\left(\frac{M-m}{2}\right)^{\frac{M-m+1}{2}}e^{-M}}$$

$$= \frac{2}{(2\pi M)^{\frac{1}{2}}} \cdot \frac{1}{\left(1+\frac{m}{M}\right)^{\frac{M+m+1}{2}}\left(1-\frac{m}{M}\right)^{\frac{M-m+1}{2}}}$$

$$= \frac{2}{(2\pi M)^{\frac{1}{2}}} \cdot \exp\left\{-\left(\frac{M+m+1}{2}\right)\ln\left(1+\frac{m}{M}\right) - \left(\frac{M-m+1}{2}\right)\ln\left(1-\frac{m}{M}\right)\right\}$$

(2.162)

将式(2.162)中的对数用幂级数展开,并利用 m^+ 和 m^- 很大时由于对称性它们趋于相等,这样有 $m/M \ll 1$。省略指数中的高阶项,得

$$p(m,M) \approx \frac{2}{(2\pi M)^{1/2}} \cdot \exp\left(-\frac{m^2}{2M}\right) \tag{2.163}$$

将上面的离散问题转换为连续问题,引入位置坐标 x 和时间坐标 t:

$$x = ma, \quad t = MT \tag{2.164}$$

式中:a 为每一步的步幅;T 为两个连续步调的时间间隔。当 a、T 很小,而 M、m 很大时,可以认为 x 和 t 本质上是连续变量。设 $p(x,t)$ 是变量 x 的概率密度,则

$$p(x,t)\delta x = \frac{1}{2}p(m,M)\delta m \tag{2.165}$$

式中:$\delta x/\delta m = a$。式(2.165)中出现因子 $1/2$ 是对 m 的奇偶限制。将式(2.164)和式(2.165)代入式(2.163),得

$$p(x,t) = \frac{1}{(2\pi t/T)^{1/2}a} e^{-\frac{x^2 T}{2a^2 t}} \tag{2.166}$$

为使式(2.166)有意义,设 $a \to 0$、$T \to 0$ 时 $a^2/T \equiv D^2$(恒为常数),则

$$p(x,t) = \frac{1}{(2\pi D^2 t)^{1/2}} e^{-\frac{x^2}{2D^2 t}} \tag{2.167}$$

这是关于 x 的高斯概率分布,具有零平均,方差为

$$\sigma_x^2 = \int_{-\infty}^{\infty} x^2 p(x,t) \mathrm{d}t = D^2 t \tag{2.168}$$

对于几种不同的时间 $(t_1 > t_2 > t_3)$,$p(x,t)$ 的曲线如图 2.23 所示,显然,概率密度是非固定的,逐渐扩散,因而 $x(t)$ 也称为扩散过程或维纳过程。

比较式(2.158)或和式(2.168)可以看出,两者具有相同的特性。这证

明,在积分角速率信号获得角位移时,导致一个维纳过程:角速率白噪声的积分变成角度上的随机游走,表现为角度的随机漂移,其方差与时间的平方根成正比。即使陀螺静止,角速率白噪声也会使角计算附加一个不能预测和不能修正的随机误差。这种角误差是一种基础噪声,会限制角速率积分测量的精度。

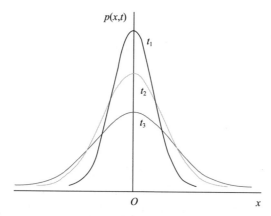

图 2.23 一维随机游走中位置 x 的概率密度

2.3.3 零偏不稳定性与 $1/f$ 噪声过程

众所周知,零偏是数据的长期平均,对单个数据点没有意义。为了测量零偏,选取的数据序列应足够长,然后求其平均值。零偏稳定性指的是零偏平均值测量的变化。平均时间短时,由于角速率白噪声的存在,会淹没零偏稳定性,也就是说,每次测量的零偏平均值变化较大。平均时间长时,一些趋势项漂移也会增加零偏测量的变数。因此,为了测量零偏稳定性,需要多次测量零偏,并考察零偏随时间如何变化。这就引来一个问题:应该多长时间平均一次数据,应该测量多少次零偏,测量的零偏稳定性才是有效的?

零偏稳定性这一概念无论在国内还是国外一直都存在不同的理解。

在国内,零偏稳定性通常指的是在某个特定的时间周期上测量陀螺偏置的变化情况,用室温静态条件下在该时间周期上测量的陀螺零偏平均值的标准偏差(1σ)表示,单位为(°)/s 或(°)/h。可以想见,如果陀螺输出仅有角速率白噪声,零偏稳定性必将随平均时间 T 的增加而变小。由于这一原因,零偏稳定性 σ_Ω 有时也用角随机游走 N 定义,两者的关系满足:

$$N = \frac{1}{60}\sigma_\Omega \cdot \sqrt{T} \qquad (2.169)$$

式中:[…]为参量的单位。这说明,零偏稳定性的这一定义与角随机游走等效,反映了陀螺短期噪声对特定时间周期内零偏变化的影响。国内零偏稳定性通常指的是 10s 或 100s 平滑时陀螺静态输出的标准偏差。

零偏稳定性的另一种定义是 Allan 方差曲线的最低点,也称为零偏不稳定性。国外惯性仪表制造商,尤其是光纤陀螺制造商给出的零偏稳定性指标通常就是这样定义的,这个指标通常在室温下测量,但需要较长的数据序列经过 Allan 方差处理得到。图 2.24 是一例陀螺输出数据的 Allan 方差曲线,可以看出,在 5~600s 范围内,平均时间越来越长时,方差减小,在平均时间超过 800s 时一个范围内,测量的零偏随平均时间的变化很小或几乎不变。当进一步增加平均时间时(>3000s),方差开始增加,Allan 方差曲线的最低点,在许多文献中称为零偏不稳定性。也就是说,Allan 方差意义上的零偏不稳定性对应着系统应用中一个最佳的平均时间。

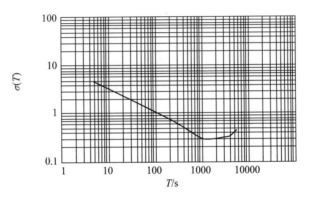

图 2.24 陀螺输出数据的 Allan 方差曲线

零偏不稳定性作为光纤陀螺的一种独立的噪声类别,反映的是恒定温度下扣除角速率白噪声影响后陀螺静止时的角速率涨落。这个指标在室温下就可以测量,但需要较长时间的数据并通过 Allan 方差处理得到。从噪声识别和分类的角度来看,零偏不稳定性在系统应用中具有重要意义,是任何一个导航系统采用卡尔曼滤波技术所能得到的"最好"精度。

一般认为,光纤陀螺的零偏不稳定性与 $1/f$ 噪声有关,起源于光纤陀螺中电路或对随机闪烁敏感的其他元件。这种看法是否准确、合理有待商榷。因为,尽管 $1/f$ 噪声最早是在真空管和半导体中注意到的,但后来发现,在许多不同领域,如经济、气候、交通等数据中,都存在具有 $1/f$ 噪声特性的涨落,其数学描述相似,但产生机理各异,因此,广义上,$1/f$ 噪声适合各种演变和生长中的系统建模。实践中观察发现,光纤陀螺的零偏不稳定性与调制/解调电路的电磁兼容性能关系密切。下面通过构造典型的 $1/f$ 噪声模型并分析这一噪声模型的自相关函数和功率谱密度,来理解 $1/f$ 噪声的特性。

用一个无限连续阻容传输线(RC 传输线)和一个白噪声电流源 $i_n(t)$ 构造 $1/f$ 噪声模型,并分析其自相关函数和功率谱密度。

如图 2.25 所示,设无限连续阻容传输线的阻抗为 Z,则

$$Z(\omega) = R + \frac{Z \cdot \frac{1}{j\omega C}}{Z + \frac{1}{j\omega C}} = R + \frac{Z}{j\omega CZ + 1} \quad (2.170)$$

式中:R 为传输线单位长度的阻抗;C 为传输线单位长度的电容。

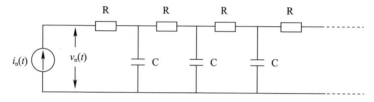

图 2.25 一个连续阻容传输线的集总表示,用白噪声电流源激励

求解方程式(2.170),得

$$Z(\omega) = \frac{R}{2} + \sqrt{\left(\frac{R}{2}\right)^2 + \frac{R}{j\omega C}} \quad (2.171)$$

当 $\omega C \ll 1$ 时,近似有:

$$Z(\omega) \approx \sqrt{\frac{R}{j\omega C}} \quad 或 \quad Z(f) \approx \sqrt{\frac{R}{j2\pi fC}} \quad (2.172)$$

噪声电流或噪声电压的均值通常为零,其瞬间值随机变化,没有意义。在实际系统中起作用的是噪声电流或噪声电压的均方值,即噪声功率,同时关注噪声的频谱特性。这里以噪声电流为例讨论噪声功率谱密度。

设噪声电流为 $i_n(t)$,则单位电阻上的噪声功率 P_n 定义为

$$P_n = \frac{1}{T}\int_{-T/2}^{T/2} i_n^2(t)\,dt \quad (2.173)$$

式中:T 为测量时间或观测时间。

噪声电流为 $i_n(t)$ 的傅里叶变换为

$$I_n(\omega) = \int_{-\infty}^{\infty} i_n(t) e^{-j\omega t}\,dt \quad (2.174)$$

$$i_n(t) = \frac{1}{2\pi}\int_{-\infty}^{\infty} I_n(\omega) e^{j\omega t} d\omega \tag{2.175}$$

假定测量时间 T 足够长,也即在区间 $[-T/2, T/2]$ 上 $i_n(t)$ 的均值为零,则式(2.175)变为

$$I_n(\omega) = \int_{-T/2}^{T/2} i_n(t) e^{-j\omega t} dt \tag{2.176}$$

这样,噪声功率 P_n 可表示为

$$P_n = \frac{1}{T}\int_{-T/2}^{T/2} i_n(t) \left[\frac{1}{2\pi}\int_{-\infty}^{\infty} I_n(\omega) e^{j\omega t} d\omega\right] dt \tag{2.177}$$

将式(2.177)交换积分次序,有

$$P_n = \frac{1}{2\pi T}\int_{-\infty}^{\infty} I_n(\omega) \left[\int_{-\frac{T}{2}}^{\frac{T}{2}} i_n(t) e^{j\omega t} dt\right] d\omega = \frac{1}{2\pi T}\int_{-\infty}^{\infty} I_n(\omega) I_n^*(\omega) d\omega$$

$$= \frac{1}{2\pi T}\int_{-\infty}^{\infty} |I_n(\omega)|^2 d\omega = \frac{1}{\pi T}\int_{0}^{\infty} |I_n(\omega)|^2 d\omega = \int_{0}^{\infty} \frac{|I_n(\omega)|^2}{\pi T} d\omega$$

$$= \int_{0}^{\infty} \frac{|I_n(f)|^2}{\pi T} d(2\pi f) = \int_{0}^{\infty} \frac{2|I_n(f)|^2}{T} df = \int_{0}^{\infty} S_i(f) df \tag{2.178}$$

所以,噪声电流的功率谱密度为

$$S_i(f) = \frac{2|I_n(f)|^2}{T} \tag{2.179}$$

图 2.25 中的白噪声电流源可以用一个随机过程来模拟:在时间间隔 T 内产生正、负单位电流脉冲的概率相同(因而具有零平均),每一电流脉冲在时间间隔 T 内任一时刻发生的概率也相同。这样,随机发生的每一电流脉冲(假定为单位电流脉冲)可以表示为

$$i_n(t) = \delta(t - t_0) \tag{2.180}$$

式中:$\delta(t-t_0)$ 记为 $t-t_0$ 时刻的电流脉冲。注:如前所述,也可能是 $i_n(t) = -\delta(t-t_0)$,两者发生的概率相同,同样适合下面的分析。式(2.180)电流脉冲的傅里叶变换为

$$I_n(\omega) = \int_{-\infty}^{\infty} \delta(t-t_0) e^{-j\omega t} dt = e^{-j\omega t_0} \tag{2.181}$$

功率谱密度为

$$S_i(f) = \frac{2|I_n(f)|^2}{T} = \frac{2}{T} \tag{2.182}$$

在时间间隔 T 上，对 m 个独立的随机电流脉冲过程求和，产生一个类似散粒噪声的白噪声电流，其功率谱密度为

$$S_i(f) = \frac{2m}{T} = i_{n0}^2 \tag{2.183}$$

式中：i_{n0} 称为噪声电流的振幅。

另外，由式(2.180)，电流脉冲发生在 t_0 位置的概率密度函数为

$$p_i(t_0) = \begin{cases} \dfrac{1}{T} & 0 < t_0 < T \\ 0 & \text{其他} \end{cases} \tag{2.184}$$

根据控制理论，在白噪声电流输入的情况下，无限连续阻容传输线输入端噪声电压的功率谱密度可以表示为

$$S_v(f) = |Z(f)|^2 S_i(f) = i_{n0}^2 \frac{R}{2\pi f C} \tag{2.185}$$

所以，白噪声电流输入的无限连续阻容传输线的输入端噪声电压是 $1/f$ 噪声的一个典型模型。

在时间 $t - t_0$，用一个电流脉冲激励图 2.25 所示的 RC 传输线，输入端电压的 s 域响应为

$$v_n(s) = \sqrt{\frac{R}{sC}} \tag{2.186}$$

利用拉普拉斯变换：$\delta(t) \leftrightarrow 1, 1/\sqrt{\pi t} \leftrightarrow \sqrt{1/s}$，变换成时域响应为

$$v_n(t) = \sqrt{\frac{R}{\pi C}} \cdot \frac{1}{\sqrt{t - t_0}} u(t - t_0) \tag{2.187}$$

其中

$$u(t - t_0) = \begin{cases} 1 & t > t_0 \\ 0 & t < t_0 \end{cases} \tag{2.188}$$

由单一电流脉冲产生的噪声电压的自相关函数为

$$R(t_1,t_2) = \langle v_n(t_1)v_n(t_2)\rangle = \frac{R}{\pi C}\left\langle \frac{1}{\sqrt{t_1-t_0}}u(t_1-t_0)\frac{1}{\sqrt{t_2-t_0}}u(t_2-t_0)\right\rangle$$

$$= \frac{R}{\pi C}\int_0^\infty \frac{1}{\sqrt{t_1-t_0}}u(t_1-t_0)\frac{1}{\sqrt{t_2-t_0}}u(t_2-t_0)p_i(t_0)\mathrm{d}t_0 \quad (2.189)$$

注意,仅当电流脉冲发生在 t_1、t_2 之前时上式中的两项都不为零,假定 $t_2 > t_1$,得

$$R(t_1,t_2) = \frac{R}{\pi C}\int_0^{t_1}\frac{1}{\sqrt{t_1-t_0}}u(t_1-t_0)\frac{1}{\sqrt{t_2-t_0}}u(t_2-t_0)\cdot\frac{1}{T}\mathrm{d}t_0$$

$$= \frac{R}{T\pi C}\{\ln(t_2-t_1) - \ln(t_2+t_1 - 2\sqrt{t_2t_1})\}$$

$$= \frac{R}{T\pi C}\ln\left(\frac{\sqrt{t_2}+\sqrt{t_1}}{\sqrt{t_2}-\sqrt{t_1}}\right) = \frac{R}{T\pi C}\mathrm{arcosh}\left(\frac{t_2+t_1}{t_2-t_1}\right) \quad (2.190)$$

对 m 个独立的随机电流脉冲过程,噪声电压的自相关函数为

$$R(t_1,t_2) = \frac{R}{\pi C}\cdot\frac{m}{T}\mathrm{arcosh}\left(\frac{t_2+t_1}{t_2-t_1}\right) = i_{n0}^2\frac{R}{2\pi C}\mathrm{arcosh}\left(\frac{1+t_1/t_2}{1-t_1/t_2}\right) \quad (2.191)$$

假定 RC 传输线已经建立很长时间,t_2 很大。观测时间段 T_obs 相对整个过程较短,即 $T_\mathrm{obs} \ll t_2$(图 2.26)。t_1、t_2 都位于观测时间段 T_obs 内,但过程起始时间 $t=0$ 不在观测时间段 T_obs 内,因而 $t_2/t_1 \approx 1$。这种情况下,式(2.191)近似为

$$R(t_1,t_2) = i_{n0}^2\frac{R}{2\pi C}\mathrm{arcosh}\left(\frac{1+\frac{t_1}{t_2}}{1-\frac{t_1}{t_2}}\right) \approx i_{n0}^2\frac{R}{2\pi C}\ln\left[2\left(\frac{1+t_1/t_2}{1-t_1/t_2}\right)\right]$$

$$\approx i_{n0}^2\frac{R}{2\pi C}\ln(4t_2) - i_{n0}^2\frac{R}{2\pi C}\ln(t_2-t_1) \quad (2.192)$$

这是一种非平稳的自相关函数。

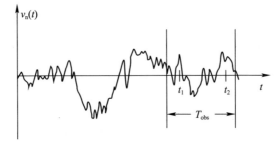

图 2.26 $1/f$ 噪声的采样,其中观测时间小于自过程开始的整个流逝的时间

可以看出，$1/f$ 噪声的自相关函数可以分为两项：一项仅依赖于 t_2，一项仅依赖于延迟时间 $\varsigma = t_2 - t_1$，可以重新写为

$$R(t_2,\varsigma) = g(t_2) + g(\varsigma) \tag{2.193}$$

$1/f$ 噪声的自相关函数的非平稳特性与 t_2 有关，平稳特性与 ς 有关。

下面根据自相关函数推导 $1/f$ 噪声的功率谱密度。由于我们不能观测比整个观测时间 T_{obs} 长的时间内的相关性，将 ς 的值仅限于下列范围：

$$0 < |\varsigma| < T_{\text{obs}} \tag{2.194}$$

因而式(2.192)可以变为

$$R(t_2,\varsigma) = \begin{cases} i_{n0}^2 \dfrac{R}{2\pi C}\left[\ln\left(\dfrac{4t_2}{T_{\text{obs}}}\right) - \ln\left(\dfrac{|\varsigma|}{T_{\text{obs}}}\right)\right] & 0 < |\varsigma| < T_{\text{obs}} \\ i_{n0}^2 \dfrac{R}{2\pi C}\left[\ln\left(\dfrac{4t_2}{T_{\text{obs}}}\right)\right] & |\varsigma| > T_{\text{obs}} \end{cases} \tag{2.195}$$

式(2.196)中与 t_2 有关的部分是一个常数，其功率谱密度为

$$S_{t_2}(f) = i_{n0}^2 \frac{R}{2\pi C}\left[\ln\left(\frac{4t_2}{T_{\text{obs}}}\right)\right]\delta(0) \tag{2.196}$$

式中：$\delta(0)$ 记为位于 $f=0$ 的单位脉冲。

式(2.196)中与 ς 有关的部分，其功率谱密度为

$$\begin{aligned} S_\varsigma(f) &= i_{n0}^2 \frac{R}{2\pi C} \cdot T_{\text{obs}} \cdot \frac{1}{2\pi|f|T_{\text{obs}}} \int_{-2\pi f T_{\text{obs}}}^{2\pi f T_{\text{obs}}} \frac{\sin\mu}{\mu}\mathrm{d}\mu \\ &= i_{n0}^2 \frac{R}{2\pi C} \cdot \frac{1}{\pi|f|} \int_0^{2\pi f T_{\text{obs}}} \frac{\sin\mu}{\mu}\mathrm{d}\mu = i_{n0}^2 \frac{R}{2\pi C} \cdot \frac{1}{\pi|f|} \cdot \mathrm{Si}(2\pi f T_{\text{obs}}) \end{aligned} \tag{2.197}$$

式中：

$$\mathrm{Si}(x) = \int_0^x \frac{\sin\mu}{\mu}\mathrm{d}\mu \tag{2.198}$$

是正弦积分函数，且有：

$$\lim_{x\to\infty}\mathrm{Si}(x) = \frac{\pi}{2}, \lim_{x\to 0}\mathrm{Si}(x) = x \tag{2.199}$$

因此，$f \gg 1/T_{\text{obs}}$ 时，与 ς 有关的功率谱密度为

$$S_\varsigma(f) = i_{n0}^2 \frac{R}{2\pi C} \cdot \frac{1}{2|f|} \tag{2.200}$$

$f \ll 1/T_{\text{obs}}$ 时，与 ς 有关的功率谱密度为

$$S_\varsigma(f) = i_{n0}^2 \frac{R}{2\pi C} \cdot 2T_{obs} \qquad (2.201)$$

总的结果可以表示为

$$S_v(f) = \begin{cases} i_{n0}^2 \dfrac{R}{2\pi C} \cdot \dfrac{1}{2|f|} & f \gg \dfrac{1}{T_{obs}} \\ i_{n0}^2 \dfrac{R}{2\pi C} \cdot \left\{ \left[\ln\left(\dfrac{4t_2}{T_{obs}}\right)\right]\delta(0) + 2T_{obs} \right\} & f \ll \dfrac{1}{T_{obs}} \end{cases} \qquad (2.202)$$

这个功率谱密度示于图 2.27。$S_v(f)$ 正比于 $1/f$，直至有限观测时间允许的最小频率。大于这个最小频率，$S_v(f)$ 与 t_2 和 T_{obs} 的值都无关，因而是平稳的。在间隔 T_{obs} 上，过程的视在稳态值为

$$-\frac{1}{T_{obs}} < f < \frac{1}{T_{obs}} \qquad (2.203)$$

对 $S_v(f)$ 积分，结果为

$$\int_{-\frac{1}{T_{obs}}}^{\frac{1}{T_{obs}}} S_v(f)\,\mathrm{d}f = i_{n0}^2 \frac{R}{2\pi C}\left[\ln\left(\frac{4t_2}{T_{obs}}\right) + 2\right] \qquad (2.204)$$

式(2.204)说明，$1/f$ 过程的方差随时间的对数增长，但在一个有限的时间间隔内观测，总是得到一个有限的方差，因而 $1/f$ 噪声的非平稳自相关函数对应的功率谱密度看起来似乎是平稳的。

这正是前面采用非平稳的 $1/f$ 过程的功率谱密度计算 Allan 方差的理论依据。

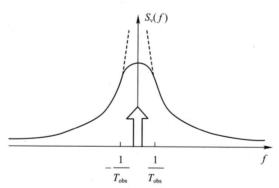

图 2.27 在测量 RC 传输线模型的噪声时观测到的功率谱密度

2.3.4 角速率随机游走的特征

角速率随机游走的产生原因很复杂，一般认为与陀螺内部器件的老化效应有关。它表征的是陀螺零偏输出的长期变化。图 2.28 给出了 10 只陀螺的角速

率随机游走特性。可以看出,零偏输出中存在周期为数月的长期随机变化,这种特定时间间隔的偏置特性归因于角速率随机游走。体现角速率随机游走特性的还有陀螺长期储存后的零偏变化,这种变化随时间可能是随机分布,也可能是趋势项变化。对于需要长期储存的应用,角速率随机游走决定了陀螺需要重新标校的周期。角速率随机游走还可能影响陀螺的长周期逐次启动零偏重复性,当然,对于工作时间较短的系统而言,该项噪声的影响可能很小,在一些测试中,实验室环境温度的缓慢变化可能会影响对角速率随机游走的辨识。

对于速率积分光纤陀螺,角速率随机游走是对角加速度白噪声的双重积分。因而它产生的角随机漂移随时间的 3/2 次方增长。后面的推导也证明了这一点。

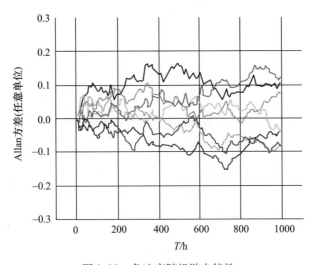

图 2.28　角速率随机游走特性

2.4　Allan 方差噪声系数对陀螺随机漂移的影响

本节主要讨论 Allan 方差分析中的各噪声项(角速率量化噪声、角随机游走、零偏不稳定性、角速率随机游走、角速率漂移斜坡)对光纤陀螺随机漂移的贡献,并推导这些噪声项引起的角速率随机漂移和角随机漂移与陀螺输出带宽和工作时间的关系。

2.4.1　随机漂移的基本公式

根据信号理论,对于一个线性系统,当输入信号为一单位脉冲函数 $\delta(t)$ 时,

系统的输出响应 $H(t)$ 称为脉冲响应函数。脉冲响应函数是系统特性的时域描述。对于闭环光纤陀螺系统,假定其静态输入角速率为 $\Omega_{\text{in}}(t)$,输出角速率为 $\Omega_{\text{out}}(t)$,则

$$\Omega_{\text{out}}(t) = \int_0^t H(t-t')\Omega_{\text{in}}(t')\,\mathrm{d}t' \tag{2.205}$$

式中:$H(t)$ 为陀螺角速率回路(含输出滤波)的脉冲响应函数。由式(2.205)可以得到输出角速率的均方值为

$$\langle \Omega_{\text{out}}^2(t)\rangle = \int_0^t \mathrm{d}t' H(t-t') \int_0^t \mathrm{d}t'' H(t-t'')\langle \Omega_{\text{in}}(t')\Omega_{\text{in}}(t'')\rangle \tag{2.206}$$

式中:$\langle \Omega_{\text{in}}(t')\Omega_{\text{in}}(t'')\rangle = R_{\Omega\text{-in}}(t',t'')$ 为输入角速率的自相关函数。

作为普适性选择,假定闭环光纤陀螺回路为一个临界阻尼速率回路,典型传递函数可以表示为

$$H(s) = \frac{\omega_{\text{b}}^2}{(s+\omega_{\text{b}})^2} \tag{2.207}$$

式(2.207)传递函数的噪声等效带宽 $B_{\text{L}} = \omega_{\text{b}}/8$ 或 $B_{\text{L}} = \pi f_{\text{b}}/4$。

基于式(2.207)的传递函数,陀螺角速率回路的脉冲响应函数为 $\omega_{\text{b}}^2 \cdot t \cdot \mathrm{e}^{-\omega_{\text{b}}t}$,单位阶跃响应函数为

$$H(t) = 1 - \mathrm{e}^{-\omega_{\text{b}}t}(1+\omega_{\text{b}}t) \quad (t\geqslant 0) \tag{2.208}$$

这表明:当 $t=0$ 时,响应过程的变化率为零;当 $t>0$ 时,响应过程的变化率为正,响应过程单调上升;当 $t\to\infty$ 时,响应过程的变化率趋于零,响应过程趋于常值 1。这是一个稳态值为 1 的无超调单调上升过程。

如果陀螺输入 $\Omega_{\text{in}}(t)$ 是一个零平均的随机过程,且其自相关函数与延迟时间 $\zeta = t''-t'$ 有关:$R_{\Omega}(t',t'') = R_{\Omega}(\zeta)$,则陀螺输出的角速率随机漂移为

$$\langle \Omega_{\text{out}}^2(t)\rangle = R_{\Omega\text{-out}}(0) = \int_{-\infty}^{\infty} S_{\Omega\text{-out}}(\omega)\frac{\mathrm{d}\omega}{2\pi} = \int_{-\infty}^{\infty} |H(\mathrm{j}\omega)|^2 S_{\Omega\text{-in}}(\omega)\frac{\mathrm{d}\omega}{2\pi}$$

$$= \int_{-\infty}^{\infty} \frac{\omega_{\text{b}}^4}{(\omega^2+\omega_{\text{b}}^2)^2} S_{\Omega\text{-in}}(\omega)\frac{\mathrm{d}\omega}{2\pi} \tag{2.209}$$

式中:$S_{\Omega\text{-in}}(\omega)$ 为 Allan 方差各噪声项的功率谱密度;$R_{\Omega\text{-out}}$ 为输出角速率的自相关函数;$S_{\Omega\text{-out}}(\omega)$ 为输出角速率的各噪声项的功率谱密度。

同理,参照式(2.206)和式(2.209),还可以得到陀螺输出的角随机漂移的公式:

$$\langle \theta_{\text{out}}^2(t)\rangle = \int_{-\infty}^{\infty} \frac{\omega_{\text{b}}^4}{(\omega^2+\omega_{\text{b}}^2)^2} S_{\theta\text{-in}}(\omega)\frac{\mathrm{d}\omega}{2\pi} \tag{2.210}$$

或

$$\langle \theta_{\text{out}}^2(t) \rangle = \int_0^t dt' \int_0^t dt'' \langle \Omega_{\text{out}}(t') \Omega_{\text{out}}(t'') \rangle$$

$$= \int_0^t dt' \int_0^t dt'' \int_{-\infty}^{\infty} e^{j\omega(t''-t')} \frac{\omega_b^4}{(\omega^2 + \omega_b^2)^2} S_{\Omega-\text{in}}(\omega) \frac{d\omega}{2\pi} \quad (2.211)$$

采用式(2.206)和式(2.209),可以估算各噪声项的 Allan 方差系数对光纤陀螺的角速率随机漂移的贡献。采用式(2.210)或式(2.211)可以估算各噪声项的 Allan 方差系数对光纤陀螺的角随机漂移的贡献。

2.4.2 角速率量化噪声对随机漂移的贡献

如前所述,角速率量化噪声的积分功率谱密度可以表示为

$$S_\theta(\omega) = t_0 Q^2 \quad (2.212)$$

式中:Q 在 Allan 方差分析方法中称为角速率量化噪声系数;t_0 为原始数据的采样率。则角速率量化噪声的功率谱密度可以表示为

$$S_{\Omega-\text{in}}(\omega) = \omega^2 S_\theta(\omega) = \omega^2 Q^2 t_0 \quad (2.213)$$

将式(2.213)代入式(2.209),得

$$\langle \Omega_{\text{out}}^2(t) \rangle_Q = \int_{-\infty}^{\infty} \frac{\omega_b^4}{(\omega^2 + \omega_b^2)^2} S_{\Omega-\text{in}}(\omega) \frac{d\omega}{2\pi} = \int_{-\infty}^{\infty} \frac{\omega_b^4}{(\omega^2 + \omega_b^2)^2} \omega^2 Q^2 t_0 \frac{d\omega}{2\pi}$$

$$(2.214)$$

设积分变量 $x = \omega/\omega_b$,式(2.214)变为

$$\langle \Omega_{\text{out}}^2(t) \rangle_Q = Q^2 t_0 \cdot \frac{\omega_b^3}{\pi} \int_0^{\infty} \frac{x^2}{(x^2 + 1)^2} dx \quad (2.215)$$

其中:

$$\int_0^{\infty} \frac{x^2}{(x^2 + 1)^2} dx = \int_0^{\infty} \frac{1}{x^2 + 1} dx - \int_0^{\infty} \frac{1}{(x^2 + 1)^2} dx = \frac{\pi}{2} - \frac{\pi}{4} = \frac{\pi}{4} \quad (2.216)$$

因而得

$$\langle \Omega_{\text{out}}^2(t) \rangle_Q = Q^2 t_0 \cdot \frac{\omega_b^3}{4} \quad \text{或} \quad \sqrt{\langle \Omega_{\text{out}}^2(t) \rangle_Q} = \pi Q \sqrt{\frac{\pi}{2} f_b^3 t_0} = 4Q \sqrt{B_L^3 t_0}$$

$$(2.217)$$

这意味着,量化噪声系数 Q 产生的陀螺角速率输出漂移与陀螺宽带 B_L 的 3/2 次方成正比,与工作时间无关。

下面分析角速率量化噪声对角随机漂移的贡献。由式(2.210)，设积分变量 $x=\omega/\omega_{\mathrm{b}}$，角随机漂移为

$$\langle \theta_{\mathrm{out}}^2(t)\rangle_Q = \int_{-\infty}^{\infty} \frac{\omega_{\mathrm{b}}^4}{(\omega^2+\omega_{\mathrm{b}}^2)^2} t_0 Q^2 \frac{\mathrm{d}\omega}{2\pi} = \frac{t_0 Q^2 \omega_{\mathrm{b}}}{\pi}\int_0^{\infty}\frac{1}{(x^2+1)^2}\mathrm{d}x = \frac{\pi}{2}f_{\mathrm{b}} t_0 Q^2$$
(2.218)

即

$$\sqrt{\langle \theta_{\mathrm{out}}^2(t)\rangle_Q} = Q\sqrt{\frac{\pi}{2}f_{\mathrm{b}} t_0} = Q\sqrt{2B_{\mathrm{L}} t_0} \quad (2.219)$$

即在陀螺带宽范围内，角速率量化噪声系数 Q 产生的陀螺输出的角随机漂移与陀螺带宽 B_{L} 的平方根成正比，与工作时间无关。

2.4.3 角随机游走对随机漂移的贡献

如前所述，在 Allan 方差分析中，角速率白噪声的功率谱密度为

$$S_{\Omega-\mathrm{in}}(\omega) = N^2 \quad (2.220)$$

式中：N 称为角随机游走系数。将式(2.230)代入式(2.219)，得

$$\langle \Omega_{\mathrm{out}}^2(t)\rangle_N = N^2\int_{-\infty}^{\infty}\frac{\omega_{\mathrm{b}}^4}{(\omega^2+\omega_{\mathrm{b}}^2)^2}\frac{\mathrm{d}\omega}{2\pi} = \frac{N^2}{\pi}\int_0^{\infty}\frac{\omega_{\mathrm{b}}^4}{(\omega^2+\omega_{\mathrm{b}}^2)^2}\mathrm{d}\omega \quad (2.221)$$

设积分变量 $x=\omega/\omega_{\mathrm{b}}$，式(2.221)可以写为

$$\langle \Omega_{\mathrm{out}}^2(t)\rangle_N = \frac{N^2 \omega_{\mathrm{b}}}{\pi}\int_0^{\infty}\frac{1}{(x^2+1)^2}\mathrm{d}x = \frac{N^2 \omega_{\mathrm{b}}}{4} = \frac{\pi}{2}f_{\mathrm{b}} N^2 \quad (2.222)$$

由角随机游走 N 产生的角速率随机漂移为

$$\sqrt{\langle \Omega_{\mathrm{out}}^2(t)\rangle_N} = N\sqrt{\frac{\pi}{2}f_{\mathrm{b}}} = N\sqrt{2B_{\mathrm{L}}} \quad (2.223)$$

这意味着，角随机游走系数 N 产生的角速率随机漂移与陀螺带宽 B_{L} 的平方根成正比，与工作时间 t 无关。

下面分析角随机游走系数对角随机漂移的贡献。由式(2.209)，经过陀螺回路后，角速率输出的功率谱密度：

$$S_{\Omega-\mathrm{out}}(\omega) = \frac{\omega_{\mathrm{b}}^4}{(\omega^2+\omega_{\mathrm{b}}^2)^2} N^2 \quad (2.224)$$

将式(2.224)代入式(2.211)，得到角随机漂移为

$$\begin{aligned}
\langle\langle\theta_{\text{out}}^2(t)\rangle\rangle_N &= \int_0^t \mathrm{d}t' \int_0^t \mathrm{d}t'' \int_{-\infty}^{\infty} \mathrm{e}^{\mathrm{j}\omega(t''-t')} \frac{\omega_b^4}{(\omega^2+\omega_b^2)^2} N^2 \frac{\mathrm{d}\omega}{2\pi} \\
&= \int_{-\infty}^{\infty} \frac{\omega_b^4}{(\omega^2+\omega_b^2)^2} N^2 \Big[\int_0^t \mathrm{e}^{-\mathrm{j}\omega t'}\mathrm{d}t' \int_0^t \mathrm{e}^{\mathrm{j}\omega t''}\mathrm{d}t''\Big] \frac{\mathrm{d}\omega}{2\pi} \\
&= \frac{\omega_b^4 N^2}{2\pi} \int_{-\infty}^{\infty} \frac{(\mathrm{e}^{-\mathrm{j}\omega t}-1)(\mathrm{e}^{\mathrm{j}\omega t}-1)}{\omega^2(\omega^2+\omega_b^2)^2}\mathrm{d}\omega = \frac{\omega_b^4 N^2}{\pi}\int_{-\infty}^{\infty}\frac{1-\cos\omega t}{\omega^2(\omega^2+\omega_b^2)^2}\mathrm{d}\omega \\
&= N^2 t\Big(1+\frac{1}{2}\mathrm{e}^{-\omega_b t}\Big) - \frac{3N^2}{2\omega_b}(1-\mathrm{e}^{-\omega_b t}) \quad\quad (2.225)
\end{aligned}$$

t 很大时,式(2.225)简化为

$$\langle\theta_{\text{out}}^2(t)\rangle_N = N^2 t \quad\text{或}\quad \sqrt{\langle\theta_{\text{out}}^2(t)\rangle_N} = N\sqrt{t} \quad\quad (2.226)$$

这就是说,工作时间 t 较长时,角随机游走系数 N 产生的角随机漂移与陀螺带宽 B_L 无关,与工作时间 t 的平方根成正比。

2.4.4 零偏不稳定性对随机漂移的贡献

如前所述,零偏不稳定性(或角速率闪烁噪声、$1/f$ 噪声)噪声过程是一个非平稳过程,但在大于一个最小频率 ω_0 或在有限的观测时间 T_{obs} 内,其非平稳自相关函数对应的功率谱密度看起来似乎是平稳的,可以表示为

$$S_{\Omega-\text{in}}(\omega) = \begin{cases} \dfrac{B^2}{\omega} & |\omega|>\omega_0 = \dfrac{2\pi}{T_{\text{obs}}} \\ 0 & |\omega|<\omega_0 = \dfrac{2\pi}{T_{\text{obs}}} \end{cases} \quad\quad (2.227)$$

将式(2.227)代入式(2.209)中并进行积分变换 $x=\omega/\omega_b$,得

$$\begin{aligned}
\langle\Omega_{\text{out}}^2(t)\rangle_B &= \int_{\omega_0}^{\infty}\frac{\omega_b^4}{(\omega^2+\omega_b^2)^2}\cdot\frac{B^2}{\omega}\frac{\mathrm{d}\omega}{\pi} = \frac{B^2}{\pi}\int_{\omega_0/\omega_b}^{\infty}\frac{1}{x(x^2+1)^2}\mathrm{d}x \\
&= \frac{B^2}{\pi}\int_{\omega_0/\omega_b}^{\infty}\Big[\frac{1}{x(x^2+1)}-\frac{x}{(x^2+1)^2}\Big]\mathrm{d}x \quad\quad (2.228)
\end{aligned}$$

式(2.228)中等号右边的第一项结果为

$$\frac{B^2}{\pi}\int_{\omega_0/\omega_b}^{\infty}\frac{1}{x(x^2+1)}\mathrm{d}x = \frac{B^2}{\pi}\ln\Big(\frac{x^2}{x^2+1}\Big)\Big|_{\omega_0/\omega_b}^{\infty} \approx -\frac{B^2}{\pi}\ln\Big(\frac{\omega_0}{\omega_b}\Big) = \frac{B^2}{\pi}\ln(f_b T_{\text{obs}})$$

$$(2.229)$$

式中:$\omega_0 = 2\pi/T_{obs}$;$\omega_b = 2\pi f_b \gg \omega_0$。

式(2.230)中等号右边的第二项结果为

$$\frac{B^2}{\pi}\int_{\omega_0/\omega_b}^{\infty}\frac{x}{(x^2+1)^2}dx = \frac{B^2}{2\pi}\int_{(\omega_0/\omega_b)^2}^{\infty}\frac{1}{(y+1)^2}dy = \frac{B^2}{2\pi}\cdot\frac{1}{1+(\omega_0/\omega_b)^2} \approx \frac{B^2}{2\pi}$$

(2.230)

式中积分变换 $y = x^2$,因而:

$$\langle \Omega_{out}^2(t) \rangle_B = \frac{B^2}{\pi}\ln\left(\frac{\omega_b}{\omega_0}\right) - \frac{B^2}{2\pi} \approx \frac{B^2}{\pi}\ln(f_b T_{obs}) \quad (2.231)$$

如前所述,若考虑更接近 $1/f$ 噪声特性实际情况的另一种定义:

$$S_{\Omega-in}(\omega) = \begin{cases} \dfrac{B^2}{\omega} & |\omega| > \dfrac{2\pi}{T_{obs}} \\ \dfrac{B^2}{\pi}\delta(0)\ln\left(\dfrac{4t_2}{T_{obs}}\right) & |\omega| < \dfrac{2\pi}{T_{obs}} \end{cases} \quad (2.232)$$

则有

$$\langle \Omega_{out}^2(t) \rangle_B = \frac{B^2}{\pi}\ln(f_b T_{obs}) + \frac{B^2}{\pi}\ln\left(\frac{4t_2}{T_{obs}}\right) = \frac{B^2}{\pi}\ln(4f_b t_2) \quad (2.233)$$

或

$$\sqrt{\langle \Omega_{out}^2(t) \rangle_B} = \frac{B}{\sqrt{\pi}}\sqrt{\ln(4f_b t)} = \frac{B}{\sqrt{\pi}}\sqrt{\ln\left(\frac{16}{\pi}B_L t\right)} \quad (2.234)$$

式中:$t \approx t_2$。

另一方面,$1/f$ 过程是一种非平稳过程,其自相关函数 $\langle \Omega_{in}(t)\Omega_{in}(t') \rangle$ 并不依赖于时间差 $t - t'$,而是独立地依赖于 t 和 t'。根据 Keshner 对 $1/f$ 过程的分析,有

$$R_\Omega(t,t') = \langle \Omega_{in}(t)\Omega_{in}(t') \rangle = \frac{B^2}{\pi}\mathrm{arcosh}\left(\frac{t+t'}{|t-t'|}\right) \quad (2.235)$$

为了采用式(2.235)计算 $\langle \Omega_{out}^2(t) \rangle$,可以写为

$$\langle \Omega_{out}^2(t) \rangle_B = \int_0^t dt' H(t-t') \int_0^t dt'' H(t-t'') \langle \Omega_{in}(t')\Omega_{in}(t'') \rangle \quad (2.236)$$

将式(2.235)的 $\langle \Omega_{in}(t)\Omega_{in}(t') \rangle$ 代入式(2.236),变为

$$\langle \Omega_{\text{out}}^2(t) \rangle_B = \frac{B^2 \omega_b^2}{\pi} \cdot \int_0^t \mathrm{d}t'(t-t')\mathrm{e}^{-\omega_b(t-t')} \int_0^t \mathrm{d}t''(t-t'')\mathrm{e}^{-\omega_b(t-t'')} \operatorname{arcosh}\left(\frac{t'+t''}{|t'-t''|}\right)$$
(2.237)

该积分在相关文献中有估算。在渐进区域 $\omega_b t \gg 1$，有效的近似结果为

$$\langle \Omega_{\text{out}}^2(t) \rangle_B \approx \frac{B^2}{\pi}\ln(2\pi f_b t) = \frac{B^2}{\pi}\ln(8B_L t) \tag{2.238}$$

这与式(2.233)的结果大致相同。式(2.233)或式(2.238)意味着，零偏不稳定性 B 产生的角速率随机漂移与陀螺带宽 B_L 的对数平方根成正比，与工作时间 t 的对数平方根成正比。

下面分析零偏不稳定性对角随机漂移的贡献。由式(2.211)，经过陀螺回路后，角随机漂移为

$$\begin{aligned}
\langle \theta_{\text{out}}^2(t) \rangle_B &= \int_0^t \mathrm{d}t' \int_0^t \mathrm{d}t'' \int_{-\infty}^{\infty} \mathrm{e}^{\mathrm{j}\omega(t''-t')} \frac{\omega_b^4}{(\omega^2+\omega_b^2)^2} \frac{B^2}{\omega} \frac{\mathrm{d}\omega}{2\pi} \\
&= \int_{\omega_0}^{\infty} \frac{\omega_b^4}{(\omega^2+\omega_b^2)^2} \frac{B^2}{\omega} \left[\int_0^t \mathrm{e}^{-\mathrm{j}\omega t'} \mathrm{d}t' \int_0^t \mathrm{e}^{\mathrm{j}\omega t''} \mathrm{d}t''\right] \frac{\mathrm{d}\omega}{\pi} \\
&= \frac{\omega_b^4 B^2}{\pi} \int_{\omega_0}^{\infty} \frac{(\mathrm{e}^{-\mathrm{j}\omega t}-1)(\mathrm{e}^{\mathrm{j}\omega t}-1)}{\omega^3(\omega^2+\omega_b^2)^2} \mathrm{d}\omega \\
&= \frac{2B^2}{\pi \omega_b^2} \int_{\omega_0/\omega_b}^{\infty} \frac{1-\cos(x \cdot \omega_b t)}{x^3(x^2+1)^2} \mathrm{d}x
\end{aligned} \tag{2.239}$$

式中：$\omega_0 = 2\pi/t$ 对应着测试记录数据长度(测试时间)的倒数，积分变换 $x = \omega/\omega_b$。由于：

$$\frac{1}{x^3(x^2+1)^2} = \frac{1}{x^3} - \frac{2}{x(x^2+1)} + \frac{x}{(x^2+1)^2} \tag{2.240}$$

式(2.241)中三项的积分都是收敛的，但起主要作用的是对 $1/x^3$ 的积分。忽略其他项，由式(2.249)得

$$\langle \theta_{\text{out}}^2(t) \rangle_B = \frac{2B^2}{\pi \omega_b^2} \cdot \frac{1}{3}\left(\frac{\omega_b}{\omega_0}\right)^2 = \frac{2B^2}{3\pi}\left(\frac{t}{2\pi}\right)^2 \quad 或 \quad \sqrt{\langle \theta_{\text{out}}^2(t) \rangle_B} = \frac{B}{2\pi}\sqrt{\frac{2}{3\pi}}t$$
(2.241)

即 t 很大时，零偏不稳定性 B 产生的角随机漂移与陀螺带宽 B_L 无关，与工作时间 t 成正比。

2.4.5 角速率随机游走对随机漂移的贡献

如前所述，角速率随机游走由角加速度白噪声引起，角加速度白噪声的功率

谱密度为 $S_\alpha(\omega) = K^2$。由于角速率是角加速度的积分，有

$$\Omega(t) = \int_0^t \alpha(t')\mathrm{d}t' \qquad (2.242)$$

因而

$$\begin{aligned}
\langle \Omega^2(t) \rangle &= \int_0^t \mathrm{d}t' \int_0^t \mathrm{d}t'' \langle \alpha(t')\alpha(t'') \rangle = \int_0^t \int_0^t R_\alpha(t''-t')\mathrm{d}t'\mathrm{d}t'' \\
&= \int_0^t \mathrm{d}t' \int_0^t \mathrm{d}t'' \int_{-\infty}^\infty \mathrm{e}^{\mathrm{j}\omega(t''-t')} S_\alpha(\omega) \frac{\mathrm{d}\omega}{2\pi} = \int_{-\infty}^\infty \left[\int_0^t \mathrm{e}^{-\mathrm{j}\omega t'}\mathrm{d}t' \int_0^t \mathrm{e}^{\mathrm{j}\omega t''}\mathrm{d}t'' \right] S_\alpha(\omega) \frac{\mathrm{d}\omega}{2\pi} \\
&= \frac{K^2 t}{\pi} \int_{-\infty}^\infty \frac{\sin^2(\omega t/2)}{(\omega t/2)^2} \mathrm{d}\left(\frac{\omega t}{2}\right) = K^2 t
\end{aligned} \qquad (2.243)$$

式中：$R_\alpha(t,t') = \langle \alpha(t)\alpha(t') \rangle$，并利用了 $\int_{-\infty}^\infty \frac{\sin^2 x}{x^2}\mathrm{d}x = \pi$。

准确地讲，角速率随机游走也是一种非平稳随机过程，其功率谱密度表示为 $S_{\Omega-\mathrm{in}}(\omega) = K^2/\omega^2$，但存在一个最小频率 ω_0，这个最小频率与测试记录数据长度（测试时间）的倒数成正比：$\omega_0 = 2\pi/t$。考虑到闭环光纤陀螺的传递函数，当测试记录的长度远小于相关时间 T_c 时，所给出的功率谱密度才是有效的，此时有

$$\begin{aligned}
\langle \Omega_{\mathrm{out}}^2(t) \rangle_K &= 2 \int_{\omega_0}^\infty \frac{\omega_b^4}{(\omega^2 + \omega_b^2)^2} \cdot \frac{K^2}{\omega^2} \frac{\mathrm{d}\omega}{2\pi} \\
&= 2K^2 \int_{\omega_0}^\infty \left[\frac{1}{\omega^2} - \frac{\omega^2}{(\omega^2 + \omega_b^2)^2} - \frac{2\omega_b^2}{(\omega^2 + \omega_b^2)^2} \right] \frac{\mathrm{d}\omega}{2\pi} \\
&= 2K^2 \left[\frac{1}{2\pi\omega_0} - \frac{1}{8\omega_b} - \frac{1}{4\omega_b} \right] \approx \frac{K^2}{\pi\omega_0} \quad (\omega_b \gg \omega_0)
\end{aligned} \qquad (2.244)$$

当 $\omega_0 = 2\pi/t$ 时，有

$$\langle \Omega_{\mathrm{out}}^2(t) \rangle_K \approx \frac{K^2}{2\pi^2}t \quad \text{或} \quad \sqrt{\langle \Omega_{\mathrm{out}}^2(t) \rangle_K} = \frac{K}{\sqrt{2}\pi}\sqrt{t} \qquad (2.245)$$

当然，测试记录长度（测试时间）远小于相关时间 T_c 时是这种情形。当测试记录长度（测试时间）远大于相关时间时，可以把角速率随机游走看成一种马尔可夫噪声：

$$S_{\Omega-\mathrm{in}}(\omega) = \frac{K^2}{\omega^2 + \left(\frac{2\pi}{T_c}\right)^2} \qquad \omega \gg 2\pi/T_c \qquad (2.246)$$

此时有

$$\langle \Omega_{\text{out}}^2(t)\rangle_K = 2\int_0^\infty \frac{\omega_b^4}{(\omega^2+\omega_b^2)^2}\cdot\frac{K^2}{\omega^2+\left(\frac{2\pi}{T_c}\right)^2}\frac{d\omega}{2\pi}$$

$$= K^2\left\{\frac{\omega_b^4}{2\left(\frac{2\pi}{T_c}\right)}\cdot\frac{1}{\left[\omega_b^2-\left(\frac{2\pi}{T_c}\right)^2\right]^2} - \frac{\omega_b^3}{4\left[\omega_b^2-\left(\frac{2\pi}{T_c}\right)^2\right]^2} - \frac{\omega_b}{4\left(\frac{2\pi}{T_c}\right)^2}\right.$$

$$\left.\left[\frac{\omega_b^4}{\left[\omega_b^2-\left(\frac{2\pi}{T_c}\right)^2\right]^2}-1\right]\right\}$$

$$\approx \frac{K^2}{2\left(\frac{2\pi}{T_c}\right)} = K^2\frac{T_c}{4\pi} \qquad \omega_b \gg 2\pi/T_c \qquad (2.247)$$

即

$$\sqrt{\langle\Omega_{\text{out}}^2(t)\rangle_K} = \frac{K}{\sqrt{4\pi}}\sqrt{T_c} \qquad \omega_b \gg 2\pi/T_c \qquad (2.248)$$

这就是说，工作时间 $t < T_c/2$ 时，$\sqrt{\langle\Omega_{\text{out}}^2(t)\rangle_K} \propto K\sqrt{t}$；工作时间 $t \geq T_c/2$ 时，$\sqrt{\langle\Omega_{\text{out}}^2(t)\rangle_K} \propto K\sqrt{T_c}$，不再随时间增长。

下面分析角速率随机漂移对角随机漂移的贡献，由式(2.211)，经过陀螺回路后，角随机漂移为

$$\langle\theta_{\text{out}}^2(t)\rangle_K = \int_0^t dt'\int_0^t dt''\int_{-\infty}^\infty e^{j\omega(t''-t')}\frac{\omega_b^4}{(\omega^2+\omega_b^2)^2}\frac{K^2}{\omega^2}\frac{d\omega}{2\pi}$$

$$= \int_{\omega_0}^\infty \frac{\omega_b^4}{(\omega^2+\omega_b^2)^2}\frac{K^2}{\omega^2}\left[\int_0^t e^{-j\omega t'}dt'\int_0^t e^{j\omega t''}dt''\right]\frac{d\omega}{2\pi}$$

$$= \frac{\omega_b^4 K^2}{\pi}\int_{\omega_0}^\infty \frac{(e^{-j\omega t}-1)(e^{j\omega t}-1)}{\omega^4(\omega^2+\omega_b^2)^2}d\omega$$

$$= \frac{2\omega_b^4 K^2}{\pi}\int_{\omega_0}^\infty \frac{1-\cos\omega t}{\omega^4(\omega^2+\omega_b^2)^2}d\omega = \frac{2K^2}{\pi\omega_b^3}\int_{\omega_0/\omega_b}^\infty \frac{1-\cos(x\cdot\omega_b t)}{x^4(x^2+1)^2}dx$$

$$(2.249)$$

式中：$x = \omega/\omega_b$。由于

$$\frac{1}{x^4(x^2+1)^2} = \frac{1}{x^4} - \frac{2}{x^2} + \frac{2}{x^2+1} + \frac{1}{(x^2+1)^2} \qquad (2.250)$$

式(2.250)中四项的积分都是收敛的，但起主要作用的是对 $1/x^4$ 的积分项，忽略

其他项，由式(2.249)得

$$\langle \theta_{\text{out}}^2(t)\rangle_K = \frac{2K^2}{\pi\omega_b^3}\cdot\frac{1}{4}\left(\frac{\omega_b}{\omega_0}\right)^3 = \frac{K^2}{16\pi^4}t^3 \quad \text{或} \quad \sqrt{\langle\theta_{\text{out}}^2(t)\rangle_K} = \frac{K}{(2\pi)^2}t^{3/2}$$

(2.251)

即当 t 很大时，角速率随机游走 K 产生的陀螺输出的角随机漂移与陀螺带宽 B_L 无关，与工作时间 t 的 3/2 次方成正比。

2.4.6 角速率漂移斜坡对随机漂移的贡献

在输入角速率为 $\Omega_{\text{in}}(t) = Rt$ 时，输出角速率 $\Omega_{\text{out}}(t)$ 为

$$\Omega_{\text{out}}(t) = \int_0^t H(t-t')\cdot Rt'\mathrm{d}t'$$

(2.252)

利用式(2.206)，角速率随机漂移为

$$\langle\Omega_{\text{out}}^2(t)\rangle_R = \left\langle\left[\int_0^t H(t-t')\cdot Rt'\mathrm{d}t'\right]^2\right\rangle$$

$$= R^2\omega_b^4\left[\int_0^t t'(t-t')\mathrm{e}^{-\omega_b(t-t')}\mathrm{d}t'\right]^2 = R^2\left[t + t\mathrm{e}^{-\omega_b t} - \frac{2}{\omega_b} + \frac{2\mathrm{e}^{-\omega_b t}}{\omega_b}\right]^2$$

(2.253)

t 很大时，有：

$$\sqrt{\langle\Omega_{\text{out}}^2(t)\rangle_R} = R\left[t + t\mathrm{e}^{-\omega_b t} - \frac{2}{\omega_b} + \frac{2\mathrm{e}^{-\omega_b t}}{\omega_b}\right] \approx Rt$$

(2.254)

这就是说，角速率漂移斜坡 R 引起的陀螺输出的角速率随机漂移与工作时间 t 成正比，与陀螺带宽无关。

同样，可以求出角速率漂移斜坡 R 引起的陀螺输出的角随机漂移为

$$\langle\theta_{\text{out}}^2(t)\rangle_R = \int_0^t\int_0^t \langle\Omega_{\text{out}}(t')\Omega_{\text{out}}(t'')\rangle\mathrm{d}t'\mathrm{d}t'' = \int_0^t\int_0^t\left[\int_0^t H(t-t''')\cdot Rt'''\mathrm{d}t'''\right]^2\mathrm{d}t'\mathrm{d}t''$$

$$= R^2\int_0^t\int_0^t\left[t + t\mathrm{e}^{-\omega_b t} - \frac{2}{\omega_b} + \frac{2\mathrm{e}^{-\omega_b t}}{\omega_b}\right]^2\mathrm{d}t'\mathrm{d}t'' \approx R^2 t^4$$

(2.255)

即

$$\sqrt{\langle\theta_{\text{out}}^2(t)\rangle_R} = Rt^2$$

(2.256)

即 t 很大时，角速率漂移斜坡 R 引起的角随机漂移与 t^2 成正比。

2.4.7 陀螺输出总的随机漂移

表 2.2 和表 2.3 分别总结了光纤陀螺输出的角速率随机漂移和角随机漂移

与陀螺输出带宽和工作时间的关系。

无论是角速率随机漂移还是角随机漂移,光纤陀螺输出的总的随机漂移是 Allan 方差各噪声项系数引起的随机漂移的均方值的和,即

$$\langle \Omega_{out}^2(t) \rangle = \langle \Omega_{out}^2(t) \rangle_Q + \langle \Omega_{out}^2(t) \rangle_N + \langle \Omega_{out}^2(t) \rangle_B + \langle \Omega_{out}^2(t) \rangle_K + \langle \Omega_{out}^2(t) \rangle_R + \cdots \tag{2.257}$$

以及

$$\langle \theta_{out}^2(t) \rangle = \langle \theta_{out}^2(t) \rangle_Q + \langle \theta_{out}^2(t) \rangle_N + \langle \theta_{out}^2(t) \rangle_B + \langle \theta_{out}^2(t) \rangle_K + \langle \theta_{out}^2(t) \rangle_R + \cdots \tag{2.258}$$

表 2.2 光纤陀螺角速率输出的随机漂移(1σ 标准偏差)与陀螺输出带宽和工作时间的关系

噪声类型	随机漂移与陀螺输出带宽的关系	随机漂移与陀螺工作时间的关系
角速率量化噪声	$B_L^{3/2}$	无关
角随机游走	$B_L^{1/2}$	无关
零偏不稳定性	$(\ln B_L)^{1/2}$	$(\ln t)^{1/2}$
角速率随机游走	无关	$t^{1/2}$
角速率漂移斜坡	无关	t

表 2.3 光纤陀螺角输出的随机漂移(1σ 标准偏差)与检测带宽和工作时间的关系

噪声类型	角随机漂移与检测带宽的关系	角随机漂移与工作时间的关系
角速率量化噪声	$B_L^{1/2}$	无关
角随机游走	无关	$t^{1/2}$
零偏不稳定性	无关	t
角速率随机游走	无关	$t^{3/2}$
角速率漂移斜坡	无关	t^2

参 考 文 献

[1] FORD J J, EVANS M E. Online estimation of Allan variance parameters[J]. Journal of Guidance Control and Dynamics, 2000, 23(6):980-987.
[2] 张树侠,何昆鹏. 陀螺仪性能参数表征与评定[J]. 导航与控制,2010,9(2):33-35.
[3] 张树侠,李东明. 角度随机游走及其应用[J]. 导航与控制,2008,7(2):1-5.
[4] 张晓峰,张桂才,巴晓艳. 闭环消偏光纤陀螺输出数据 Allan 方差分析的改进方法研究[J]. 导航与控

制,2006,5(1):54-58.
- [5] SOTAK M. Determining stochastic parameters using an unified method[J]. ACTA Electrotechnica et Informatica,2009,9(2):59-63.
- [6] MANDEL L,WOLF E. Optical Coherence and Quantum Optics[M]. Cambridge:Cambridge University Press,1995.
- [7] 张桂才. 光纤陀螺原理与技术[M]. 北京:国防工业出版社,2008.
- [8] PETKOV P,SLAVOV T. Stochastic modeling of MEMS inertial sensors[J]. Cybernetics and Information Technologies,2010,10(2):31-40.
- [9] 张桂才,阎晓琴,刘凯,等. 光纤陀螺随机游走系数模型的修正和实验研究[J]. 压电与声光,2009,31(1):18-20.
- [10] 张惟叙. 光纤陀螺及其应用[M]. 北京:国防工业出版社,2008.
- [11] ZHAO YUEMING,HOREMUZ M. Stochastic modeling and analysis of IMU errors[J]. Archives of Photogrammetry Cartography and Remote Sensing,2011,22(7):47-54
- [12] PAPOULIS A. Probability Variable and Stochastic Process[M],Third Edition. New York:McGraw-Hall Inc. ,1991.
- [13] YOSHIMURA K. Characterization of frequency stability:uncertainty due to the autocorrelation of the frequency fluctuations[J]. IEEE Trans. Instrum. Meas. ,1978,27(1):1-7.
- [14] LESAGE P,AYI T. Characterization of frequency stability:analysis of the modified Allan variance and properties of its estimate[J]. IEEE Trans. Instrum. Meas. ,1984,33(4):332-336.
- [15] GOODMAN J W. Statistical Optics[M]. Hoboken:John Wiley & Sons Inc. ,1985.
- [16] LESAGE P,AUDOIN C. Characterization of frequency stability:uncertainty due to the finite number of measurements[J]. IEEE Trans. Instrum. Meas. ,1973,22(2):157-161.
- [17] VUKMIRICA V,TRAJKOVSKI I. Two methods for the determination of inertial sensor parameters[J]. Sciencific Technical Review,2010,60(3-4):27-33.
- [18] IEEE Aerospace and Electronic Systems Society. IEEE standard specification format guide and test procedure for single-axis interferometric fiber optic gyros. IEEE Std 952-1997[S]. 1998.
- [19] CEMENSKA J. Sensor modeling and Kalman filtering applied to satellite attitude determination[D]. University of California,2004.
- [20] 阎晓琴,张桂才. 采用分段法估算 Allan 方差中的各噪声系数[J]. 压电与声光,2009,31(2):166-168.
- [21] HUMPHREY I. Schemes for computing performance parameters of fiber optic gyroscopes:World Intellectual Property Organization,WO 2005/078391[P]. 2005-08-25.

第3章　光纤陀螺的死区机理及其抑制技术

干涉式闭环光纤陀螺采用相位置零闭环工作方式,具有许多优点,如:检测灵敏度高、标度因数稳定性好、动态范围宽;易于实现数字电路处理与输出;制作工艺稳定可靠、适合批量生产、成本较低等。干涉式闭环光纤陀螺已成为实用化光纤陀螺的首选方案,并在战术级、导航级和战略级各领域获得了广泛的应用。在闭环光纤陀螺中,由于偏置相位调制信号通常采用方波信号,幅值有几伏,而探测信号可能小至微伏以下,致使光纤陀螺存在一个与调制有关的问题,即幅值较大的调制信号有可能交叉耦合进微弱的探测器信号中,从而产生一个偏置误差。尤其是存在 2π 复位第二回路的情况下,这种交叉耦合是造成闭环光纤陀螺死区和小角速率标度因数相对误差较大的主要因素。电路交叉耦合引起死区是传统方波调制闭环光纤陀螺中的一个固有问题。本章阐述了闭环光纤陀螺的死区产生机理,对死区范围和小角度标度因数相对误差进行了估算。最后,阐述了抑制死区的几种典型技术措施。

3.1　光纤陀螺死区的产生机理

3.1.1　闭环光纤陀螺的基本工作原理

闭环光纤陀螺的结构组成如图 3.1 所示。从光源发出的光经光纤定向耦合器进入 Y 分支多功能集成光路(IOC),Y 分支的输出尾纤与光纤线圈的两端熔接,光在线圈中沿相反方向传播,然后又回到 Y 分支的合光点上发生干涉,干涉光波再次经过光纤定向耦合器,并经耦合器另一输出端到达探测器进行解调。

根据 Sagnac 效应,当施加方波偏置调制时,干涉式光纤陀螺的干涉输出响应为

$$I(t) = \frac{I_0}{2}\{1 + \cos[\phi_s + \phi(t) - \phi(t-\tau)]\} \tag{3.1}$$

式中:ϕ_s 为旋转引起的 Sagnac 相移;$\phi(t)$ 为幅值等于 ϕ_b 的方波偏置调制信号,

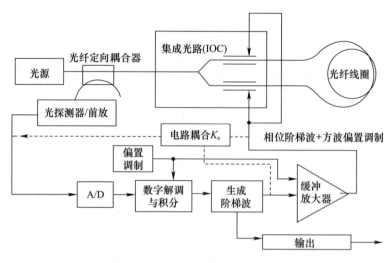

图 3.1 闭环光纤陀螺的基本组成

频率为 $f_p = 1/2\tau$(光纤线圈本征频率)。对于两态方波调制,如图 3.2 所示,陀螺静止时,输出是一条直线(非理想情况下常含有两倍本征频率的误差脉冲);当陀螺旋转时,工作点发生移动,输出变成一个与调制方波同频的方波信号。在输出信号的每个半周期上进行采样,相邻两个半周期的采样值相减给出陀螺的开环输出电压,可表示为

$$V_{out} = G \cdot \sin\phi_b \cdot \sin\phi_s \tag{3.2}$$

式中:G 为与输出光强、电路增益等有关的常值。闭环状态下,反馈回路产生一数字阶梯波与方波调制信号同步叠加,阶梯的持续时间等于光纤线圈传输时间,阶梯高度 ϕ_f 用来抵消旋转引起的萨格奈克相移 ϕ_s,此时光纤陀螺经解调的输出电压为

$$V_{out} = G \cdot \sin\phi_b \cdot \sin(\phi_s + \phi_f) \tag{3.3}$$

只要借助于反馈回路使 $V_{out}=0$,就能使陀螺工作在闭环状态。这种全数字处理技术实际上是利用可编程逻辑单元及其外围电路将数字解调与数字闭环反馈结合在一起的。由于采样是在方波信号的每个半周期内进行,相邻两个半周期的采样值相减给出陀螺的开环数字量,反馈回路根据该数字量产生适当的相位阶梯。在这种方案中,新的测量信号是与旋转速率成线性比例的反馈相位 $\phi_f = -\phi_s$,ϕ_f 与返回的光功率和检测通道的增益无关,因此大大提高了光纤陀螺的动态范围和标度因数精度。

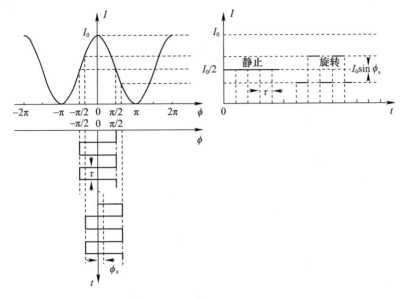

图 3.2 方波偏置调制原理

3.1.2 闭环光纤陀螺死区产生机理及死区范围的估计

闭环光纤陀螺中的死区现象已被许多研究单位观察到,其表现为在较低的旋转速率下,陀螺的输出为零,即探测不到角速率,同时在零输出左右,陀螺输出呈现为噪声增加。根据陀螺的精度不同(也与线路的设计有关),死区的范围为 $0.01\sim0.1(°)/h$ 量级,甚至更大。死区问题是典型的传递函数非线性现象,它与闭环光纤陀螺的工作模式有关,在开环光纤陀螺中不存在死区现象。产生死区的原因是光纤陀螺调制/解调电路中相位调制信号与信号检测电路之间存在电路交叉耦合(图 3.1 中的虚线)。由于调制信号频率为 $f_p = 1/2\tau$,光探测器信号也是在该频率上进行解调,在高密度布线和集成的陀螺调制/解调电路中存在着频率为 f_p 的方波信号通过电路板耦合进检测信号通道中的可能。采用频率 f_p 的带阻滤波器进行滤波是不可取的,因为所需的信号信息就存在于这个频率上。由于偏置相位调制信号的幅值有几伏,而探测信号可小至微伏以下,很难采取有效的电磁隔离措施避免这种耦合效应。不同的方波调制振幅,因电路耦合产生大小不同的零偏,它们之间的比例因子称为电路耦合系数,用 K_e 表示。

在闭环光纤陀螺中,反馈相位差 ϕ_f 是通过阶梯波生成的。阶梯波 $\phi_F(t)$ 由一系列幅值小、持续时间等于光纤线圈传输时间 τ 的相位台阶 ϕ_f 构成,如图 3.3 所示。由于阶梯波不能无限上升,必须进行 2π 复位,两束反向传播光波之间因

阶梯波 $\phi_F(t)$ 调制而产生的相位差 $\Delta\phi_F(t)$ 在阶梯波上升期间和复位期间分别为

$$\Delta\phi_F(t) = \begin{cases} \phi_f \\ \phi_f - 2\pi \end{cases} \quad (3.4)$$

通常,方波偏置调制和阶梯波反馈信号在逻辑电路内数字相加,以电压形式施加到 Y 分支多功能集成光路上。下面分析这种调制/解调方案的死区效应。

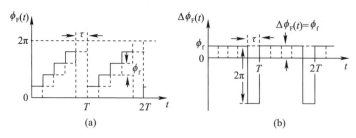

图 3.3 阶梯波及其生成的相位差
(a)数字阶梯波波形 $\phi_F(t)$;(b)反馈相位差 $\Delta\phi_F(t)$。

图 3.4(a)是不存在电路耦合时数字阶梯波的示意图(含方波偏置调制),假定为两态方波偏置调制,调制方波的幅值为 $\phi_b = \pi/2$,阶梯波的阶梯高度为 $\phi_f = -\phi_s$;由于 2π 复位,复位期间阶梯高仍为 $\phi_f = -\phi_s$,方波偏置调制的幅值却变为 $\phi_b' = \phi_b - 2\pi = -3\pi/2$。不存在电路耦合时,阶梯波上升期间和复位期间斜率相同,因而不产生任何相位误差。

图 3.4(b)是存在电路耦合时的数字阶梯波示意图(含方波偏置调制),此时受方波偏置调制信号的电路交叉耦合影响,阶梯波上升期间,阶梯高度变为 $\phi_f = -\phi_s + \phi_A$,其中 $\phi_A = K_e \cdot (\pi/2)$;阶梯波复位期间,阶梯高变为 $\phi_f = -\phi_s + \phi_B$,其中 $\phi_B = K_e \cdot (-3\pi/2) = -3\phi_A$。由于阶梯波上升期间与复位期间的阶梯高不同,斜率也将不相同,相对图 3.4(a)的理想情况而言,复位周期将发生变化,因而会产生陀螺输出误差。尽管如此,如图 3.4(b)所示,只要 $-\phi_s + \phi_A > 0$,$-\phi_s + \phi_B = -\phi_s - 3\phi_A > 0$,陀螺仍不会产生死区。

死区效应发生在一个很小的旋转速率范围内,此时旋转速率很低(ϕ_s 很小),对于阶梯波上升期间和复位期间的两种偏置调制幅值,由于 ϕ_A、ϕ_B 幅值不同且符号相反,导致 $-\phi_s + \phi_A$ 和 $-\phi_s + \phi_B$ 的符号不同。比如,如图 3.4(c)所示,方波上升时,偏置调制的幅值 $\phi_b = \pi/2$,因为 $-\phi_s + \phi_A > 0$,阶梯波的斜率为正;当在复位期间时,方波偏置调制的幅值变为 $\phi_b' = -3\pi/2$,由于 $-\phi_s + \phi_B < 0$,阶梯波下降,也即斜率变为负。当离开溢出区域时,方波偏置调制的幅值又变回

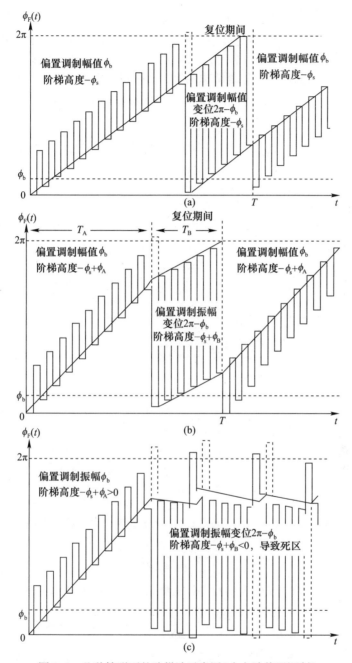

图 3.4 几种情形下的阶梯波示意图(含方波偏置调制)

(a)不存在电路耦合时的数字阶梯波示意图;(b)存在电路耦合时的数字阶梯波示意图($-\phi_s+\phi_A>0$, $-\phi_s+\phi_B>0$);(c)电路耦合导致光纤陀螺死区时($-\phi_s+\phi_B<0$)的数字阶梯波示意图。

$\phi_\mathrm{b}=\pi/2$,阶梯波斜率为正,又开始上升,直到再次到达 2π 复位点,之后阶梯波期间斜率再次变为负,正、负斜率的占空比为 $-(-\phi_\mathrm{s}+\phi_\mathrm{B})/(-\phi_\mathrm{s}+\phi_\mathrm{A})$,与输入的小角速率和方波偏置调制的电路耦合量有关。在这种情况下,陀螺控制系统保持"漂浮"状态,而光纤陀螺输出为零,呈现死区现象。

输入角速率 ϕ_s 较小接近死区时,设陀螺实际输出为 ϕ_out,则可以表示为

$$\phi_\mathrm{out}=\phi_\mathrm{s}+\phi_\mathrm{e} \tag{3.5}$$

式中:ϕ_e 为阶梯波上升期间和复位期间电路交叉耦合引起的偏置误差,为

$$\phi_\mathrm{e}=\begin{cases}\phi_\mathrm{A}=K_\mathrm{e}\cdot\phi_\mathrm{b}\\ \phi_\mathrm{B}=K_\mathrm{e}\cdot(\phi_\mathrm{b}-2\pi)\end{cases} \tag{3.6}$$

如图 3.4(b)所示,对于给定的小的 Sagnac 相移 ϕ_s,当 $-\phi_\mathrm{s}+\phi_\mathrm{A}>0$,$-\phi_\mathrm{s}+\phi_\mathrm{B}>0$ 时,阶梯波上升期间所用时间为

$$T_\mathrm{A}=\frac{2\pi-\phi_\mathrm{b}}{-\phi_\mathrm{s}+\phi_\mathrm{A}}\cdot\tau \tag{3.7}$$

阶梯波复位期间所用时间为

$$T_\mathrm{B}=\frac{\phi_\mathrm{b}}{-\phi_\mathrm{s}+\phi_\mathrm{B}}\cdot\tau \tag{3.8}$$

而一个复位周期为

$$T=T_\mathrm{A}+T_\mathrm{B} \tag{3.9}$$

因而有

$$\phi_\mathrm{out}=\frac{(-\phi_\mathrm{s}+\phi_\mathrm{A})\cdot T_\mathrm{A}+(-\phi_\mathrm{s}+\phi_\mathrm{B})\cdot T_\mathrm{B}}{T_\mathrm{A}+T_\mathrm{B}}=\frac{2\pi(-\phi_\mathrm{s}+\phi_\mathrm{A})\cdot(-\phi_\mathrm{s}+\phi_\mathrm{B})}{-2\pi\phi_\mathrm{s}+\phi_\mathrm{b}\phi_\mathrm{A}+(2\pi-\phi_\mathrm{b})\phi_\mathrm{B}} \tag{3.10}$$

比如,当 $\phi_\mathrm{b}=\pi/2$ 时,有 $\phi_\mathrm{B}=-3\phi_\mathrm{A}$,式(3.10)变为

$$\phi_\mathrm{out}=\frac{(\phi_\mathrm{s}-\phi_\mathrm{A})\cdot(\phi_\mathrm{s}+3\phi_\mathrm{A})}{\phi_\mathrm{s}+2\phi_\mathrm{A}} \tag{3.11}$$

由 Sagnac 公式,$\phi=(2\pi LD/\lambda_0 c)\Omega=K_\mathrm{s}\Omega$,将式(3.11)转换为角速率为

$$\Omega_\mathrm{out}=\frac{1}{K_\mathrm{s}}\cdot\frac{(\phi_\mathrm{s}-\phi_\mathrm{A})\cdot(\phi_\mathrm{s}+3\phi_\mathrm{A})}{\phi_\mathrm{s}+2\phi_\mathrm{A}}=\frac{N(\phi_\mathrm{s})}{K_\mathrm{s}}\cdot\phi_\mathrm{s} \tag{3.12}$$

由式(3.12)可以看出,由于电路耦合,角速率输出 Ω_out 不再与 Sagnac 相移成正比。归一化等效回路增益 $N(\phi_\mathrm{s})$ 变得与输入角速率 ϕ_s 有关。

而随着 Sagnac 相移 ϕ_s 进一步变小,$-\phi_\mathrm{s}+\phi_\mathrm{A}>0$,$-\phi_\mathrm{s}+\phi_\mathrm{B}<0$ 时,如图 3.4

(c)所示,阶梯波上升期间的占空比为 $\phi_b/(-\phi_s+\phi_A)$,复位期间的占空比为 $-\phi_b/(-\phi_s+\phi_B)$,陀螺实际输出变为

$$\phi_{out}=\frac{(-\phi_s+\phi_A)\dfrac{\phi_b}{-\phi_s+\phi_A}+(-\phi_s+\phi_B)\left(-\dfrac{\phi_b}{-\phi_s+\phi_B}\right)}{\dfrac{\phi_b}{-\phi_s+\phi_A}-\dfrac{\phi_b}{-\phi_s+\phi_B}}=0 \text{ 或 } \Omega_{out}=0$$

(3.13)

即 $\phi_B<\phi_s<\phi_A$ 时($\phi_A>0,\phi_B<0$),归一化回路等效增益 $N(\phi_s)$ 为零。图 3.5 是电路交叉耦合 ϕ_A 对应的角速率为 1(°)/h 时,由式(3.12)和式(3.13)模拟的光纤陀螺输入/输出特性及其死区情况。

上述分析表明,光纤陀螺中的死区是由闭环处理电路中阶梯波上升期间和复位期间方波偏置调制实际幅值不同,调制通道的信号耦合进检测信号通道中,导致符号不同的零位偏移 $-\phi_s+\phi_A$ 和 $-\phi_s+\phi_B$ 而引起的。由图 3.4、图 3.5 可以看出,光纤陀螺的死区具有下列特征:①陀螺处于死区状态时,数字相位阶梯波发生振荡,但台阶高度的平均为零,因此死区发生在陀螺输出为零时;②死区关于零输入角速率可能是不对称的,这种不对称与闭环处理电路中的偏置调制相位有关。图 3.6 是一例实际的光纤陀螺死区测量曲线,与图 3.5 的仿真特征完全一致。

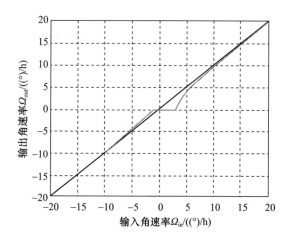

图 3.5 电路耦合 ϕ_A 对应的角速率为 1(°)/h 时引起的光纤陀螺死区

死区导致光纤陀螺的阈值增加。根据国军标,阈值定义为光纤陀螺输出相对实际输入超差达到 50% 所对应的角速率。因而正向阈值 ϕ_s^+ 应满足

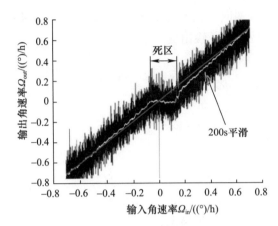

图 3.6　实际的光纤陀螺死区测量曲线

$$\left. \frac{-\phi_s-(-\phi_s+\phi_B)}{-\phi_s}\right|_{-\phi_s=\phi_s^+}=50\% \text{ 或 } \phi_s^+=-2\phi_B \tag{3.14}$$

同理,反向阈值 ϕ_s^- 应满足

$$\left. \frac{-\phi_s-(-\phi_s+\phi_A)}{-\phi_s}\right|_{-\phi_s=\phi_s^-}=50\% \text{ 或 } \phi_s^-=-2\phi_A \tag{3.15}$$

因而阈值范围为 $2(\phi_A-\phi_B)$。由于闭环光纤陀螺死区是不对称的,引起的阈值关于零输入角速率通常也是不对称的。

3.1.3　电路交叉耦合对小角速率标度因数非线性(相对误差)的影响

电路交叉耦合不仅引起闭环光纤陀螺中的死区和阈值,还会引起小角速率下标度因数的非线性。如图 3.4(b)所示,由于电路交叉耦合,阶梯波上升期间,阶梯高度为 $-\phi_s+\phi_A$,斜率较大;阶梯波复位期间,阶梯高度变为 $-\phi_s+\phi_B$,因为 $\phi_B<0$,斜率较小。与图 3.4(a)的理想情况相比(阶梯高度为 ϕ_s),阶梯波上升期间和复位期间的斜率(阶梯高度)不同,是造成死区外标度因数非线性的原因。下面,讨论电路交叉耦合引起的标度因数相对误差。

如图 3.4(b)所示,存在电路交叉耦合(但 $-\phi_s+\phi_A>0$,$-\phi_s+\phi_B>0$)时,一个复位周期为 $T'=T_A+T_B$;对于同样的旋转速率(相同的 ϕ_s),没有电路交叉耦合时,一个复位周期为

$$T=\frac{2\pi}{\phi_s}\cdot\tau \tag{3.16}$$

因而,可以得出存在电路交叉耦合时,标度因数的相对误差为

$$\frac{T-T'}{T} = 1 + \left\{ \left(1 - \frac{\phi_b}{2\pi}\right) \cdot \frac{\phi_s}{-\phi_s + \phi_A} + \frac{\phi_b}{2\pi} \cdot \frac{\phi_s}{-\phi_s + \phi_B} \right\} \qquad (3.17)$$

图 3.7 给出了 $\phi_b = 2\pi/3$ 时,电路交叉耦合引起的标度因数相对误差。可以看出,电路交叉耦合只引起小角速率下的标度因数相对误差(可以证明,这种误差与偏置工作点关系不大)。比如,未采取任何死区抑制措施,电路交叉耦合引起的死区范围为 $0.2 - (-0.4) = 0.6(°)/h$ 时,如图 3.7 所示,$0.1(°)/s$ 时的标度因数相对误差为几 ppm,$0.01(°)/s$ 时的标度因数相对误差为几百 ppm,值得欣慰的是,死区效应对远离死区的大角速率没有重要的影响,也不会影响陀螺的零偏和零偏稳定性能。国军标 GJB2426A - 2004 中光纤陀螺标度因数的测试方法,很难考察死区引起的小角速率的标度因数相对误差,在对标度因数性能要求苛刻的应用领域,通常对标度因数误差指标进行分段要求。

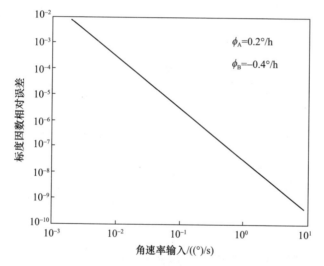

图 3.7 小角速率下的标度因数相对误差
(电路交叉耦合引起的死区范围为 $0.2 - (-0.4) = 0.6°/h$)

电路耦合系数 K_e 的值可由测得的光纤陀螺死区(阈值)来估算。对于某型 G1500 光纤陀螺,$\phi_b = 2\pi/3$,未采取任何死区抑制措施时,测得死区范围 Ω_{dead} 约为 $1°/h$,换算为等效的 Sagnac 相移,则为 $\phi_{dead} = (2\pi LD/\lambda c)\Omega_{dead}$,取陀螺参数 $D = 100mm, L = 1500m, \lambda = 1.3\mu m$,考虑到闭环处理电路的一次积分环节,得到电路耦合系数 $K_e = \phi_{dead}/(2^8 \cdot \phi_b) \approx 2 \times 10^{-7}$,换句话说,方波偏置调制信号耦合到检测通道的寄生方波信号的幅值在 $1\mu V$ 以下,这与国外文献资料公布和报道的结果是一致的。

上述理论分析假定的是方波偏置调制信号同相直接耦合进检测通道中,在实际中电路交叉耦合的情况比较复杂,与所用的电子元件、印制电路板(PCB)设计及工作频率等都有关系,除同相直接耦合,可能还存在差分、延迟或移相耦合,或者是几种耦合的混合,因而死区的产生机理也更为复杂。图 3.8 给出了一种预先确定好的简单的序列化调制波形及其可能的电路交叉耦合误差,其中调制方波(图 3.8(a))由 0、$\pi/2$、π、$3\pi/2$ 四个状态组成。

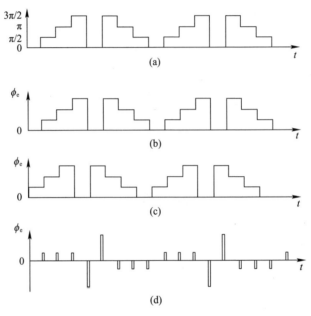

图 3.8 几种可能的电路交叉耦合(注意,$\phi_e = K_e \phi_b$)
(a)调制序列波形;(b)直接交叉耦合;(c)延迟交叉耦合;(d)差分交叉耦合。

3.1.4 调制频率偏离本征频率对死区的影响

对死区或死区抑制效果的评价依赖于光纤陀螺的噪声水平。一般来说,很难观察和区分低于噪声水平的死区。对于光纤陀螺而言,调制频率与光纤线圈的本征频率一致时,死区最小;调制频率偏离本征频率会导致死区相应增加。据国外文献报道,调制频率偏离本征频率 0.2%,测得某型光纤陀螺的死区宽度增加了 12.5 倍。国内许多研究单位也已观察到类似现象。下面分析调制频率偏离本征频率对光纤陀螺死区的影响。

如前面所述(图 3.2),在两态方波调制干涉式光纤陀螺中,方波偏置相位调制的振幅 ϕ_b 通常为 $\pm\pi/2$ 或其他值,调制频率(近似)为光纤线圈的本征频率。陀螺静止时,输出信号是一条直线;当陀螺旋转时,偏置工作点发生移动,输出变成一个与调制方波同频的方波信号。闭环情况下,无论陀螺静止还是旋转,探测器信号通常都含有二倍调制频率(本征频率)的尖峰误差脉冲信号。尖峰脉冲的不对称性会产生调制频率的奇次谐波分量,在解调时伴随 Sagnac 相移一同解调,构成陀螺输出误差。尖峰脉冲不对称性与前面讨论的电路交叉耦合具有一个共同的特征:都与方波调制波形有关,被解调出一个与旋转无关的等效旋转速率误差。这是尖峰脉冲的不对称性引起陀螺死区的必要条件。

产生尖峰脉冲不对称性的主要原因是电路的非理想,如存在方波的上升沿和下降沿时间,并导致方波的占空比不可能正好等于 50∶50。调制方波的这种不对称性可以简单表示为

$$\phi(t) = \begin{cases} \phi_{m1} & \left(\frac{1}{2}-\gamma\right)T_m < t \leqslant \frac{1}{2}T_m \\ \phi_{m2} & \frac{1}{2}T_m < t \leqslant T_m \end{cases} \tag{3.18}$$

式中:T_m 为调制方波的周期;γ 为方波相对 50∶50 占空比的误差。当 $T_m = 2\tau$ 时,$\Delta\phi(t)$ 取四个值(图 3.9):

$$\Delta\phi(t) = \phi(t) - \phi(t-\tau) = \begin{cases} \phi_b = \phi_{m1} - \phi_{m2} & 0 < t \leqslant 2\gamma\tau \\ 0 & 2\gamma\tau < t \leqslant \tau \\ -\phi_b = -(\phi_{m1} - \phi_{m2}) & \tau < t \leqslant (1+2\gamma)\tau \\ 0 & (1+2\gamma)\tau < t \leqslant 2\tau \end{cases} \tag{3.19}$$

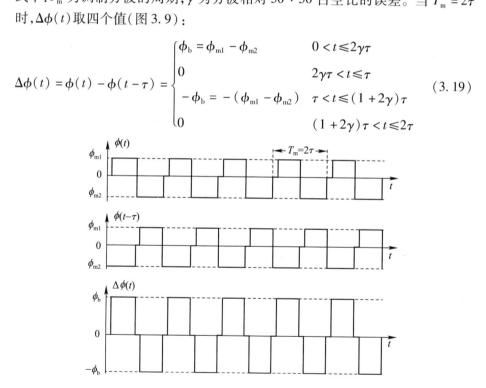

图 3.9　占空比不对称的偏置调制方波

当陀螺静止时,输出信号由宽度均为 $2\gamma\tau$ 的尖峰脉冲组成;但当调制频率不等于本征频率时,一个尖峰脉冲变窄,一个尖峰脉冲变宽(图 3.10),尖峰脉冲呈现不对称性,解调出一个等效旋转速率误差。仅当调制频率等于本征频率时,该误差为零。

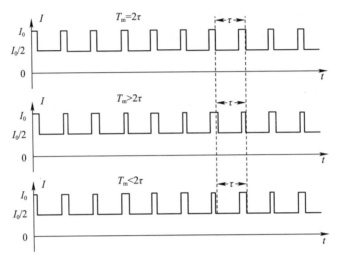

图 3.10 调制频率偏离本征频率时的尖峰脉冲不对称性

尖峰脉冲不对称性引起的等效 Sagnac 相移 ϕ_{sp} 可以表示为

$$\phi_{sp} = 2\gamma \cdot \phi_b \tag{3.20}$$

前面已经讨论过,闭环光纤陀螺的数字阶梯波上升期间和复位期间,电路交叉耦合引起的偏置误差分别为 $\phi_A = K_e \cdot \phi_b$ 和 $\phi_B = K_e \cdot (2\pi - \phi_b)$。另一方面,由图 3.11 可以看出,数字阶梯波上升期间,偏置调制工作点位于 ϕ_b 和 $-\phi_b$ ($\phi_b = \pi/2$),输出信号中的尖峰脉冲向上,尖峰脉冲不对称性引起的等效 Sagnac 相移为 $\phi_{sp-A} = 2\gamma \cdot \phi_b$;而在数字阶梯波复位期间,偏置调制工作点位于 $\phi_b - 2\pi$ 和 $-\phi_b$,输出信号中的尖峰脉冲向下,尖峰脉冲不对称性引起的等效 Sagnac 相移为 $\phi_{sp-B} = -2\gamma \cdot \phi_b$。这样,数字阶梯波上升期间和复位期间由电路交叉耦合和尖峰脉冲不对称性引起的总的偏置误差可以修正为

$$\phi_e = \begin{cases} \phi_A = K_e \cdot \phi_b + 2\gamma \cdot \phi_b \\ \phi_B = K_e \cdot (\phi_b - 2\pi) - 2\gamma \cdot \phi_b \end{cases} \tag{3.21}$$

也就是说,在数字阶梯波上升期间和复位期间,尖峰脉冲不对称性引起的偏置误差符号相反,这一点也与电路交叉耦合的特征相同,是尖峰脉冲不对称性引起陀螺死区的充分条件。而调制频率偏离本征频率造成尖峰脉冲不对称性的放大,

使陀螺输出误差增加。这解释了实验中观察到的调制频率偏离本征频率时死区增加的现象。

为了消除尖峰脉冲不对称性引起的死区,需要采用选通电路或其他技术措施消除探测器信号中的尖峰脉冲或其不对称性。有关尖峰脉冲的讨论详见第 9 章相关内容。

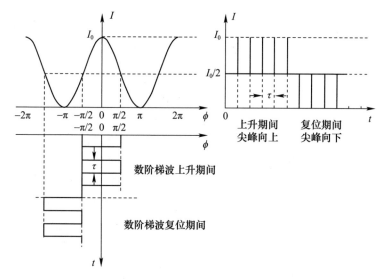

图 3.11　在数字阶梯波上升期间和复位期间尖峰脉冲不对称性的符号相反

3.2　光纤陀螺死区误差的抑制技术

由式(3.10)和式(3.13),死区特性可用归一化等效回路增益 $N(\phi_s)$ 描述,函数 $N(\phi_s)$ 定义为

$$N(\phi_s) = \frac{\phi_{out}}{\phi_s} = \begin{cases} \dfrac{\left(1 - \dfrac{\phi_A}{\phi_s}\right)\left(1 - \dfrac{\phi_B}{\phi_s}\right)}{1 + \left(1 - \dfrac{\phi_b}{2\pi}\right)\dfrac{\phi_B}{\phi_s} - \dfrac{\phi_b}{2\pi}\dfrac{\phi_A}{\phi_s}} & \phi_s > \phi_A \text{ 或 } \phi_s < \phi_B \\ 0 & \phi_A > \phi_s > \phi_B \end{cases} \quad (3.22)$$

可以看出,死区特性等效于在系统中引入了一个变增益元件,也称为死区元件。其增益系数与输入的角速率或 Sagnac 相移有关,这导致 Sagnac 相移很小时,陀螺输入/输出的非线性误差很大;但当角速率较大($\phi_s \gg \phi_A$、ϕ_B)时,描述函数 $N(\phi_s) = 1$ 为线性斜率,死区的影响可以忽略。

如图 3.12 所示,如果一个控制系统有几个元件都可能存在死区 $\Omega_{\text{dead}i}$ ($i=1,2,3,\cdots$),则系统总的死区为

$$\Omega_{\text{dead}} = \Omega_{\text{dead}1} + \frac{\Omega_{\text{dead}2}}{K_1} + \frac{\Omega_{\text{dead}3}}{K_1 K_2} + \cdots \quad (3.23)$$

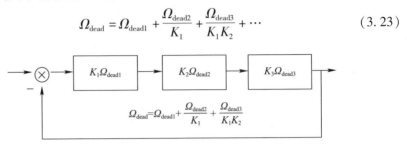

图 3.12　死区元件和死区计算

式中:K_i 为每个元件的增益。也就是说,前向通道中位置靠前的元件的死区影响最大,位置靠后的元件产生的死区,可以通过提高前级增益来减小。不幸的是,闭环光纤陀螺的死区元件恰是前向通道中最靠前的光电转换和解调环节,其增益系数由理想的 $I_0 \sin\phi_b$ 变为 $N(\phi_s) \cdot I_0 \sin\phi_b$,很难通过后续一些增益调节来降低或消除死区。但是增加光源输出光功率或光探测器的接收光功率,即提高光纤陀螺的信噪比,可有效地降低(但不能消除)电路交叉耦合引起的死区,因为这一环节作为一个增益元件来看,位于死区元件之前。国内一些学者的研究结果也证实了这一点。

避免死区的传统方法是给 ϕ_s 施加一个大的偏置 ϕ_{bias},再减掉

$$\phi_{\text{out}} = \frac{2\pi(-\phi_s + \phi_{\text{bias}} + \phi_A) \cdot (-\phi_s + \phi_{\text{bias}} + \phi_B)}{2\pi(-\phi_s + \phi_{\text{bias}}) + \phi_A \phi_b + (2\pi - \phi_b)\phi_B} - \phi_{\text{bias}} \quad (3.24)$$

图 3.13 给出了存在电路交叉耦合 $\phi_A \approx 1(°)/h$、$\phi_B \approx -2(°)/h$ 时,施加偏置 $\phi_{\text{bias}} \approx 30(°)/h$,根据式(3.24)仿真的光纤陀螺输入/输出关系。可以看出在零角速率附近不存在任何死区。必须说明的是,施加偏置的方法只是在零角速率附近"避开"了死区,并没有消除死区现象。另外,由于闭环电路的电路漂移,无论是人为施加模拟偏置信号还是数字偏置信号,这种附加的零偏都会带来附加的偏置漂移,对于陀螺的零偏长期稳定性来说并不可取。

另一方面,如果电路漂移引起的陀螺偏置线性变化,施加周期性 $\pm\phi_{\text{bias}}$ 的方波偏置,则可以消除上述的附加偏置漂移:

$$\phi_{\text{out}} = \left\langle \frac{2\pi(-\phi_s + \phi_{\text{bias}} + \phi_A) \cdot (-\phi_s + \phi_{\text{bias}} + \phi_B)}{2\pi(-\phi_s + \phi_{\text{bias}}) + \phi_A \phi_b + (2\pi - \phi_b)\phi_B} + \right.$$
$$\left. \frac{2\pi(-\phi_s - \phi_{\text{bias}} + \phi_A) \cdot (-\phi_s - \phi_{\text{bias}} + \phi_B)}{2\pi(-\phi_s - \phi_{\text{bias}}) + \phi_A \phi_b + (2\pi - \phi_b)\phi_B} \right\rangle \quad (3.25)$$

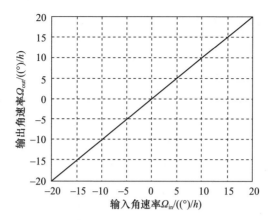

图 3.13 施加偏置 $\phi_{bias} \approx 30°/h$ 时陀螺输入/输出关系的仿真($\phi_A \approx 1(°)/h$),可以看出不存在任何死区

式中：$\langle \cdots \rangle$ 表示陀螺输出在周期性偏置的整周期上取平均。

也可以采用类似激光陀螺的"机械抖动"方法消除死区。抖动信号可以是一个高频信号也可以是一个随机白噪声信号：

$$\phi_{out} = \frac{2\pi(-\phi_s + \phi_{white} + \phi_A) \cdot (-\phi_s + \phi_{white} + \phi_B)}{2\pi(-\phi_s + \phi_{white}) + \phi_A \phi_b + (2\pi - \phi_b)\phi_B} \quad (3.26)$$

图 3.14 是存在电路交叉耦合 $\phi_A \approx 1(°)/h$、$\phi_B \approx -2(°)/h$ 时,施加白噪声,根据式(3.26)对光纤陀螺输入/输出关系的仿真结果,可以看出,平滑后在零角速率附近不存在任何死区。但测量时需要在每个速率点上选取适当平滑时间,以减小白噪声引起的测量误差对标度因数非线性的影响。这种方法无疑增加了陀螺的噪声。下面讨论实际中常用的光纤陀螺死区的抑制技术措施。

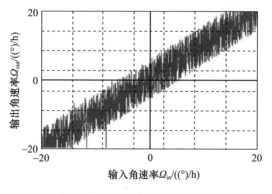

图 3.14 施加白噪声消除死区

3.2.1 采用周期性调制波形抑制死区

3.2.1.1 采用周期性三角波抑制死区

如上所述,产生死区的原因是闭环回路的数字阶梯波在 2π 复位期间 $-\phi_s + \phi_B < 0$ 引起的,那么我们自然会联想到,如果采用附加调制方法人为产生一个非互易相移 ϕ_d,使 $-\phi_s + \phi_B + \phi_d > 0$,就可以移开死区,使陀螺正常工作起来。三角波调制方法就是基于这样的原理。如图 3.15 所示,当施加一个台阶高度为 ϕ_d 的数字三角波调制信号 $\phi_{tri}(t)$ 时,在三角波的正、负两个半周期上,因采样相减而得到的非互易相移 $\Delta\phi_{tri}(t)$ 分别为 ϕ_d 和 $-\phi_d$;在三角波的整周期上,非互易相移的平均值为零,因而不影响 Sagnac 相移的检测。采用三角波调制方法来消除或减小"死区"现象时需要确定附加调制信号的插入点和调制幅值。三角波调制信号通常施加到闭环电路的第二个积分器的输出端,与反馈阶梯波信号共同作为数模转换器(DAC)输入。补偿相移 ϕ_d 需满足一定条件。

在三角波上升阶段,应有:

$$-\phi_s + \phi_A + \phi_d > 0 \tag{3.27}$$

$$-\phi_s + \phi_B + \phi_d > 0 \tag{3.28}$$

在三角波下降阶段应满足:

$$-\phi_s + \phi_A - \phi_d < 0 \tag{3.29}$$

$$-\phi_s + \phi_B - \phi_d < 0 \tag{3.30}$$

且同时要保证:

$$|\phi_d| > |\phi_A - \phi_B| \tag{3.31}$$

$$\langle \phi_{tri}(t) \rangle = 0 \tag{3.32}$$

式(3.31)表明,施加的周期性三角波调制信号的偏置相移必须大于死区对应的等效相移。式(3.32)确保陀螺输出在这种周期性调制信号的整数倍周期上被平均,因此,三角波调制对陀螺的输出没有影响。

施加周期性三角波调制时,在三角波的一个整周期上,输入 ϕ_s 对应的陀螺实际输出 ϕ_{out} 可以表示为

$$\phi_{out} = \frac{1}{2} \left\{ \frac{2\pi(-\phi_s + \phi_d + \phi_A) \cdot (-\phi_s + \phi_d + \phi_B)}{2\pi(-\phi_s + \phi_d) + \phi_A\phi_b + (2\pi - \phi_b)\phi_B} + \frac{2\pi(-\phi_s - \phi_d + \phi_A) \cdot (-\phi_s - \phi_d + \phi_B)}{2\pi(-\phi_s - \phi_d) + \phi_A\phi_b + (2\pi - \phi_b)\phi_B} \right\} \tag{3.33}$$

其仿真结果和图 3.13 完全一样,可以看出在零角速率附近已不存在任何死区。

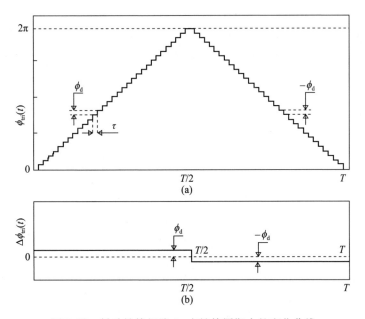

图 3.15 抖动补偿相移 ϕ_d 在补偿周期内的变化曲线

(a)三角波抖动信号 $\phi_{tri}(t)$；(b)三角波抖动信号产生的相位差 $\Delta\phi_{tri}(t) = \phi_{tri}(t) - \phi_{tri}(t-\tau)$。

图 3.16 给出的是含有三角波调制信号的光纤陀螺原理框图。为了考察三角波调制抑制死区的效果，分别在不施加三角波调制和施加三角波调制两种情形下对某型光纤陀螺的死区进行了测量。图 3.17 是没有采用三角波调制的某型

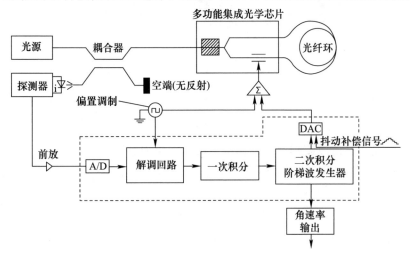

图 3.16 含有三角波附加调制信号的光纤陀螺原理框图

光纤陀螺死区测量结果,可以看出,光纤陀螺的死区约为0.9(°)/h。图3.18是采用三角波调制的光纤陀螺死区测量结果,陀螺的死区明显减小,为0.02(°)/h,这与该型陀螺的零偏稳定性指标接近,说明三角波调制达到了预期的死区抑制效果。

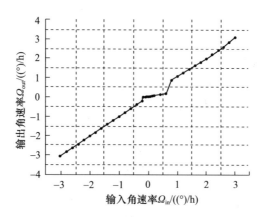

图3.17 没有采用三角波调制的光纤陀螺死区测量结果

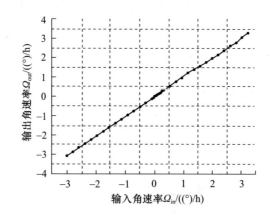

图3.18 采用三角波调制的光纤陀螺死区测量结果

下面讨论三角波调制对小角速率下标度因数相对误差的影响。在三角波上升阶段($+\phi_d$),存在电路耦合时,阶梯波上升期间所用时间为

$$T_{A1} = \frac{2\pi - \phi_b}{-\phi_s + \phi_d + \phi_A} \cdot \tau \qquad (3.34)$$

阶梯波复位所用时间为

$$T_{B1} = \frac{\phi_b}{-\phi_s + \phi_d + \phi_B} \cdot \tau \qquad (3.35)$$

则一个复位周期为

$$T_1' = T_{A1} + T_{B1} \tag{3.36}$$

对于同样的旋转速率(相同的 ϕ_s),没有电路交叉耦合时,一个复位周期为

$$T_1 = \frac{2\pi}{-\phi_s + \phi_d} \cdot \tau \tag{3.37}$$

在三角波下降阶段,阶梯波下降期间所用时间为

$$T_{A2} = \frac{2\pi - \phi_b}{-\phi_s - \phi_d + \phi_A} \cdot \tau \tag{3.38}$$

阶梯波复位所用时间为

$$T_{B2} = \frac{\phi_b}{-\phi_s - \phi_d + \phi_B} \cdot \tau \tag{3.39}$$

则一个复位周期为

$$T_2' = T_{A2} + T_{B2} \tag{3.40}$$

此时,对于同样的旋转速率(相同的 ϕ_s),没有电路交叉耦合时,一个复位周期为

$$T_1 = \frac{2\pi}{-\phi_s - \phi_d} \cdot \tau \tag{3.41}$$

因而,可以得出存在电路耦合时,标度因数的相对误差为

$$\frac{(T_1 + T_2) - (T_1' + T_2')}{T_1 + T_2} = 1 - \left(1 - \frac{\phi_b}{2\pi}\right)\left(1 + \frac{\phi_A}{\phi_s}\right)\left(1 - \frac{\phi_A}{-\phi_s + \phi_d + \phi_A}\right)$$

$$\left(1 - \frac{\phi_A}{-\phi_s - \phi_d + \phi_A}\right) - \frac{\phi_b}{2\pi}\left(1 + \frac{\phi_B}{\phi_s}\right)$$

$$\left(1 - \frac{\phi_B}{-\phi_s + \phi_d + \phi_B}\right)\left(1 - \frac{\phi_B}{-\phi_s - \phi_d + \phi_B}\right) \tag{3.42}$$

图 3.19 是根据式(3.42)估算的小角速率下的标度因数相对误差,可以看出,采用三角波调制技术改善死区的同时,减小了小角速率下标度因数的相对误差,但陀螺的死区并没有被消除,而是移至 $\phi_s = \pm \phi_d$ 附近,确切地说,死区被移到($\phi_d + \phi_A, \phi_d - \phi_B$)和($-\phi_d + \phi_B, -\phi_d - \phi_A$)区间附近,因而在该输入角速率位置,标度因数误差呈现出一个瞬态极大值。在速率转台上测试时,由于速率转台的伺服控制,一般很难精确地确定该位置,因此,实际测得的标度因数误差通常会比图 3.19 给出结果的小得多。

127

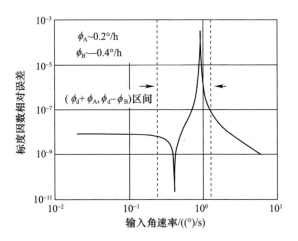

图 3.19 三角波调制对小角速率下的标度因数相对误差的影响。电路耦合引起的死区范围为 $0.2-(-0.4)=0.6(°)/h$ 三角波台阶高达 $\phi_d = \pi/64$

3.2.1.2 采用三角波抑制死区的残余误差估计

如前所述,当施加一个数字三角波调制信号时,在三角波的正、负两个半周期上,因采样相减而得到的非互易相移分别为 ϕ_d 和 $-\phi_d$(在三角波的整周期上,非互易相移的平均值为零,因而不影响 Sagnac 相移的检测)。由于数字叠加,在三角波的正半周期上,闭环反馈数字阶梯波在上升期间的阶梯高为 $-\phi_s + \phi_d + \phi_A$,在复位期间的阶梯高为 $-\phi_s + \phi_d + \phi_B$。同理,在三角波的负半周期上,闭环反馈数字阶梯波在下降期间的阶梯高为 $-\phi_s - \phi_d + \phi_A$,在复位期间的阶梯高为 $-\phi_s - \phi_d + \phi_B$。因而在三角波的正、负两个半周期上,阶梯波上升、下降与复位的占空比分别为

$$\gamma_{AB}^+ = \frac{2\pi - \phi_b}{\phi_b} \cdot \frac{-\phi_s + \phi_d + \phi_B}{-\phi_s + \phi_d + \phi_A} \tag{3.43}$$

$$\gamma_{AB}^- = \frac{2\pi - \phi_b}{\phi_b} \cdot \frac{-\phi_s - \phi_d + \phi_B}{-\phi_s - \phi_d + \phi_A} \tag{3.44}$$

由于占空比的不同,将引起一个相位误差 ϕ_e'(图 3.20):

$$\phi_e' = \left| \left(\phi_A \cdot \frac{\gamma_{AB}^+}{1+\gamma_{AB}^+} + \phi_B \cdot \frac{1}{1+\gamma_{AB}^+} \right) - \left(\phi_A \cdot \frac{\gamma_{AB}^-}{1+\gamma_{AB}^-} + \phi_B \cdot \frac{1}{1+\gamma_{AB}^-} \right) \right| \tag{3.45}$$

这个相位误差实际上构成了三角波死区抑制技术的残余死区。图 3.21 给出了某型光纤陀螺的残余相位误差 ϕ_e' 与数字三角波台阶高度 ϕ_d 的关系曲线,其中未加三角波调制时陀螺的典型死区范围达 $0.2-(-0.4)=0.6(°)/h$,约为 6×10^{-6}rad。由图中可以看出,要使陀螺检测精度达到 $0.01(°)/h$,三角波的台阶

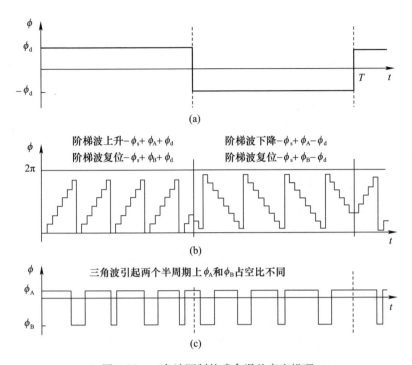

图 3.20 三角波调制的残余误差产生机理
(a)三角波调制信号产生的非互易相移；(b)施加三角波调制信号后的阶梯波；
(c)阶梯波上升(下降)期间和复位期间的电子耦合相位误差。

须高达10^{-2}rad 以上(这对应着约零点几度/秒的旋转速率)，远大于死区范围对应的相移。上述理论分析与数字处理电路中的实际处理情况一致。

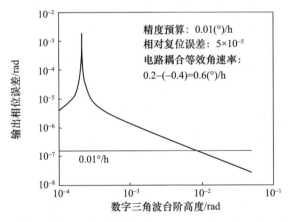

图 3.21 残余相位误差 ϕ'_e 与数字三角波台阶高度 ϕ_d 的关系曲线。其中方波偏置幅值 ϕ_b = $2\pi/3$ 假定电路交叉耦合为 $\phi_A = 2 \times 10^{-6}$ rad(约为 0.2(°)/h)，$\phi_B = -4 \times 10^{-6}$ rad(约为 0.4(°)/h)

另外,研究表明,调制通道的相对增益误差 ε(2π 复位误差)也会影响到抑制死区的三角波台阶高度 ϕ_d。当 ε 很小时,对三角波台阶 ϕ_d 的影响不大,但当 ε 较大时,要使陀螺检测精度达到 $0.01(°)/h$,三角波的台阶高度 ϕ_d 要比没有增益误差 ε 时高得多。

总之,三角波调制信号大大抑制了死区,但并没有完全消除死区。由于残余误差在三角波调制信号周期上生成,施加一个与三角波同频的方波补偿信号,通过对补偿信号的幅值进行调节,可以补偿残余死区误差。

3.2.2 采用随机调制技术抑制死区

如前所述,由于光纤陀螺属于微弱信号检测(约为 10^{-12} A 或小于 10^{-7} V),幅值很大的相位调制信号通过电路板耦合进检测通道中,并被直接解调,产生一个偏置误差,造成小角速率下闭环工作不稳定(死区效应)。采用随机相位调制技术理论上也可以达到抑制死区的目的。本质上讲,随机相位调制技术是通过一个随机产生的相位调制波形序列,使各种电路交叉耦合包括直接耦合、延迟耦合和差分耦合在正采样和负采样上的平均值均为零。随机相位调制从统计学上讲可以完全消除常见的各种电路交叉耦合。相位调制还会涉及输出信号的信噪比问题,通常采用提高调制深度的方法,使偏置工作点介于 $\pi/2 \sim \pi$ 之间,即所谓的"过调制技术",它虽然损失了一定的响应灵敏度,但提高了整体信噪比,大大降低了陀螺的角随机游走。本节首先讨论基于"过调制技术"的确定性相位调制波形,然后在此基础上阐述随机性相位调制抑制死区技术的基本原理。

3.2.2.1 确定性调制波形

用一个圆来说明确定性调制波形的产生及其特点,这个圆上每个区域的赋值相位都不大于 2π,因此也称为模为 2π 的圆。调制波形由一系列幅值不同、持续时间为 τ 的方波波形构成。对于任意的偏置调制相位 ϕ_b(ϕ_b 一般大于 $\pi/2$,称为过调制),将模为 2π 的圆分为 m 个区域,每个区域赋予一个相位值。确定性调制波形的每个持续时间为 τ 的方波幅值对应着模为 2π 的圆中沿逆时针方向和顺时针方向各扫描圆形图一周所对应的区域赋予的相位值。圆上的区域数目 m 与偏置调制相位 ϕ_b 的关系满足:

$$m\phi_b = 2n\pi \tag{3.46}$$

式中:n 为使 m 为整数的最小整数。由此构成的确定性调制波形的周期为 $2m\tau$,其中沿逆时针方向扫描圆形图一周所对应的调制波形为陀螺数字解调正采样区间,沿顺时针方向扫描圆形图一周所对应的调制波形为陀螺数字解调负采样区间。

以 $6\pi/7$ 过调制为例,说明模为 2π 的圆上每个区域的赋值方法。如图 3.22

所示,圆上共有 $2n\pi/(6\pi/7)=7$ 个区域($m=7$ 、$n=3$),第一个区域赋值为零,沿逆时针方向旋转一周,从一个区域跃迁到下一个区域赋值增加 $6\pi/7$,这样,扫过的区域赋值分别为 0、$6\pi/7$、$12\pi/7$、$4\pi/7$、$10\pi/7$、$2\pi/7$、$8\pi/7$,构成了正采样区间的调制波形。其中,由于每个区域的模被限制在 2π ,当从第 k 区域跃迁到第 $k+1$ 区域的相位赋值超过 2π 时,发生模为 2π 的翻转(图 3.22 中的粗实线),即第 $k+1$ 区域的相位赋值变为 $k\phi_b-2\pi$,$k\phi_b-2\pi$ 仍将小于 2π 。对于负采样区间的调制波形,仍从赋值为零的第一个区域开始,沿顺时针方向扫描圆形图一周,从一个区域跃迁到下一个区域赋值增加 $-6\pi/7$,扫过的区域赋值理论上分别为 0、$-6\pi/7$、$-12\pi/7$、$-4\pi/7$、$-10\pi/7$、$-2\pi/7$、$-8\pi/7$,考虑到将上述赋值等效地限定在 2π 范围,则负采样区间的调制波形为 0、$8\pi/7$、$2\pi/7$、$10\pi/7$、$4\pi/7$、$12\pi/7$、$6\pi/7$ 。这实际上与正采样区间的调制波形次序正好反向。由此产生的确定性 $6\pi/7$ 过调制波形如图 3.23 所示,周期为 14τ 。

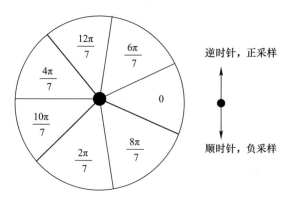

图 3.22 $6\pi/7$ 过调制的模为 2π 的圆

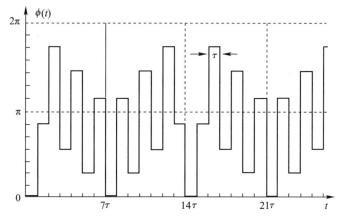

图 3.23 $6\pi/7$ 过调制的确定性调制波形

由图 3.23 可以看出,确定性调制波形的一个重要特征是,正采样区间的调制波形幅值与负采样区间的调制波形幅值有一一对应关系,当这样一种确定性调制波形与阶梯波叠加时,无论是阶梯波上升期间还是复位期间,在一个解调周期($2m\tau$)上进行解调,直接的电路交叉耦合产生的偏置误差通过正、负采样相减而变为零,因为有

$$K_e\left\{\left\langle\sum_{m\tau}\phi(t)\right\rangle_{正采样区间}-\left\langle\sum_{m\tau}\phi(t)\right\rangle_{负采样区间}\right\}=0(阶梯波上升期间) \quad (3.47)$$

$$K_e\left\{\left\langle\sum_{m\tau}[\phi(t)-2\pi]\right\rangle_{正采样区间}-\left\langle\sum_{m\tau}[\phi(t)-2\pi]\right\rangle_{负采样区间}\right\}=0(阶梯波复位期间)$$
$$(3.48)$$

由式(3.46),得到在解调周期的整数倍上,$\pm\phi_b$ 和 $\pm(2\pi-\phi_b)$ 的占空比为

$$\frac{\phi_b}{2\pi-\phi_b}=\frac{n}{m-n} \quad (3.49)$$

无论是阶梯波上升期间还是复位期间,这样一个占空比始终保持不变。从一个区域跃迁到下一个区域代表着调制电压的变化,其变化量与过调制相移或其"2π 翻转"对应,但在一个解调周期内其总的变化量应为零。对于 $6\pi/7$ 过调制,式(3.49)意味着,每四个 $6\pi/7$ 跃迁就有三个 $2\pi-6\pi/7=8\pi/7$ 跃迁,导致直接耦合和差分耦合引起的偏置净误差为零,在一个解调周期内恰好消除了直接耦合和差分耦合引起的偏置误差。图 3.24 给出了确定性调制波形的差分耦合波形,无论是在正采样区间上还是在负采样区间上,它们的平均值都为零,说明差分耦合引起的偏置误差确实为零。

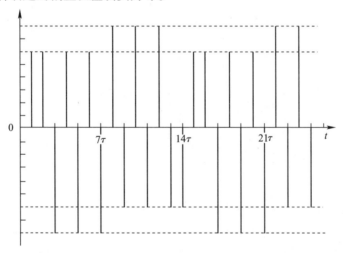

图 3.24　$6\pi/7$ 过调制的确定性调制波形的差分耦合波形

当然,确定性调制波形对一些延迟耦合引起的偏置误差是无能为力的,一般情况下,不同的延迟将产生不同的净误差。图 3.25 给出了相对确定性调制波形延迟为 τ 的延迟耦合误差。因此确定性调制波形对光纤陀螺死区只有一定的抑制效果。

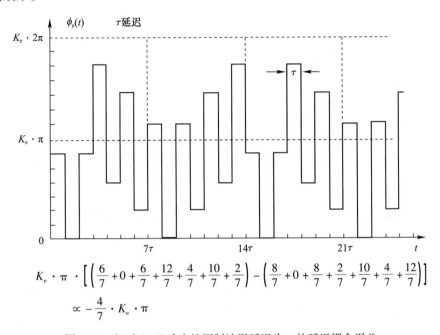

$$K_e \cdot \pi \cdot \left[\left(\frac{6}{7} + 0 + \frac{6}{7} + \frac{12}{7} + \frac{4}{7} + \frac{10}{7} + \frac{2}{7} \right) - \left(\frac{8}{7} + 0 + \frac{8}{7} + \frac{2}{7} + \frac{10}{7} + \frac{4}{7} + \frac{12}{7} \right) \right]$$

$$\propto -\frac{4}{7} \cdot K_e \cdot \pi$$

图 3.25 相对 $6\pi/7$ 确定性调制波形延迟为 τ 的延迟耦合误差

由图 3.23 的确定性调制波形产生的相位偏置如图 3.26 所示,它实际上仍是一个"四态"相位偏置调制:$\pm\phi_b$($\pm 6\pi/7$) 和 $\pm(2\pi-\phi_b)$($\pm 8\pi/7$),因而还可以提取光纤陀螺的标度因数误差信息。

下面研究与上述确定性调制波形对应的解调序列。前面已经讲过,沿逆时针方向扫描圆形图一周所对应的调制波形为陀螺数字解调正采样区间,沿顺时针方向扫描圆形图一周所对应的调制波形为陀螺数字解调负采样区间,它们共同构成了光纤陀螺的主解调序列[+1, +1, +1, +1, +1, +1, +1, -1, -1, -1, -1, -1, -1, -1],提供光纤陀螺的角速率输出。

当调制通道的增益发生变化时,$\pm\phi_b$($\pm 6\pi/7$) 两个偏置工作点的光功率变化一致,$\pm(2\pi-\phi_b)$($\pm 8\pi/7$) 两个偏置工作点的光功率变化一致,但两组之间的光功率是不同的,其差值可以给出光纤陀螺的标度因数误差信息。设 $\pm\phi_b$ 为副解调序列的正采样,$\pm(2\pi-\phi_b)$ 为副解调序列的负采样,对于 $6\pi/7$ 过调制,根据图 3.22,标度因数误差的解调序列为[+1, +1, -1, +1, -1, +1, -1,

-1,+1,-1,+1,-1,+1,+1]。在模为 2π 的圆上,这相当于每一次"2π 翻转",可以作为提取标度因数误差信息的标志。这样,在一个解调周期内,无论正、负采样区间,从一个区域跃迁到下一个区域,如果不存在"2π 翻转",则指定为"+1",如果发生"2π 翻转",则指定为"-1",由此来确定副解调序列。

为了消除电路交叉耦合对陀螺解调的影响,要求调制波形和调制波形的变化率与主、副解调序列是去相关的,这要通过两者之间的正交性来实现的。对于两个序列 X_i 和 Y_i,如果 $\sum X_i Y_i$ 在一个解调周期内恒等于零,称这两个序列 X_i 和 Y_i 在解调周期上是正交的。对于 $6\pi/7$ 过调制,很容易证明,图 3.24 和图 3.26 与主、副解调序列是正交的,主、副解调序列之间也是正交的。调制序列与主、副解调序列的正交性确保电路耦合对角速率输出和标度因数补偿不产生影响。主、副解调序列之间的正交性确保角速率误差信息不含标度因数误差信息,反之亦然。

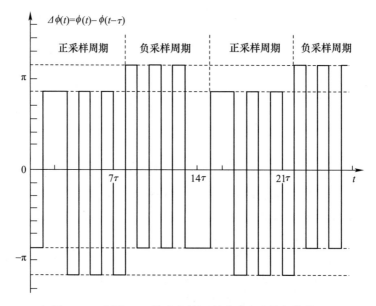

图 3.26 由图 3.23 的确定性调制波形产生的相位偏置

随机过调制技术的精髓就在于调制序列与解调序列的去相关性,进而消除调制串扰带来的偏置误差或"死区"。要保证去相关性,生成调制波形必须满足两个必要条件。

(1) 在足够长的时间周期内,顺时针跃变的数目必须等于逆时针跃变的数目。这意味着,逆时针方向中的 ϕ_b 跃变和 $-(2\pi-\phi_b)$ 跃变(即"2π 翻转")总数等于顺时针方向中的 $-\phi_b$ 跃变和 $(2\pi-\phi_b)$ 跃变(即"2π 翻转")的总数。即主解调序列的正采样点数与负采样点数要相同。如果正、负采样点数不平衡,显然要在解调输出中产生一个角速率误差。

(2) 模为 2π 的圆上每一个区域沿顺时针方向和沿逆时针方向至少各被扫描过一次,进一步说,在一个适当的时间间隔内(如 1s 量级),每一个区域沿顺时针方向和沿逆时针方向应被扫描过相同的次数。这意味着,一个解调周期可以是沿顺时针方向和沿逆时针方向各扫描一周模为 2π 的圆,也可以是各扫描多周,因而,$\pm\phi_b$ 和 $\pm(2\pi-\phi_b)$ 的数目之比仍满足式(3.42)。否则副解调序列的正、负采样点数不平衡(不一定相等),显然要引起标度因数误差信息的漂移。

下面再以 $5\pi/6$ 过调制为例,具体阐述产生确定性调制波形及其主、副解调序列的步骤:

(1) 根据(3.46)式将模为 2π 的圆分成 $m=2n\pi/(5\pi/6)=12(n=5)$ 个区域。沿顺时针方向以 $5\pi/6$ 递增分别赋值为:0、$5\pi/6$、$5\pi/3$、$\pi/2$(即 $15\pi/6-2\pi$)、$4\pi/3$(即 $20\pi/6-2\pi$)、$\pi/6$(即 $25\pi/6-4\pi$)、π(即 $30\pi/6-4\pi$)、$11\pi/6$(即 $35\pi/6-4\pi$)、$2\pi/3$(即 $40\pi/6-6\pi$)、$3\pi/2$(即 $45\pi/6-6\pi$)、$\pi/3$(即 $50\pi/6-8\pi$)和 $7\pi/6$(即 $55\pi/6-8\pi$)。沿逆时针方向以 $5\pi/6$ 递减分别赋值为:0、$7\pi/6$(即 $-5\pi/6+2\pi$)、$\pi/3$(即 $-10\pi/6+2\pi$)、$3\pi/2$(即 $-15\pi/6+4\pi$)、$2\pi/3$(即 $-20\pi/6+4\pi$)、$11\pi/6$(即 $-25\pi/6+6\pi$)、π(即 $-30\pi/6+6\pi$)、$\pi/6$(即 $-35\pi/6+6\pi$)、$4\pi/3$(即 $-40\pi/6+8\pi$)、$\pi/2$(即 $-45\pi/6+8\pi$)、$5\pi/3$(即 $-50\pi/6+10\pi$)和 $5\pi/6$(即 $-55\pi/6+10\pi$)。形成图 3.27 所示的模为 2π 的圆,同时在圆上用粗实线标出"2π 翻转"位置。

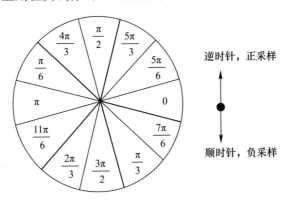

图 3.27 $5\pi/6$ 过调制的模为 2π 的圆

(2) 从任意位置(如赋值为 0 的位置)开始,依次沿逆时针方向和沿顺时针方向扫描模为 2π 的圆各一周,共经历 24 个区域。在 $\phi(t)-t$ 坐标系中,按扫描顺序依照每个位置的赋值绘制调制波形,其中每个赋值的持续时间为 τ。以上

述 24τ 为周期,构成了确定性调制波形序列,见图 3.28(a)。

(3) 从任意位置(如赋值为 0 的位置)开始,以沿逆时针方向扫描模为 2π 的圆一周作为正采样区间,每个位置赋值为 +1;以沿顺时针方向扫描模为 2π 的圆一周作为负采样区间,每个位置赋值为 -1,由此构成主解调序列的一个解调周期:[+1,+1,+1,+1,+1,+1,+1,+1,+1,+1,+1,+1,-1,-1,-1,-1,-1,-1,-1,-1,-1,-1,-1,-1],见图 3.28(b)。从任意位置(与主解调序列一致)开始,依次沿逆时针方向和沿顺时针方向扫描模为 2π 的圆各一周,共经历 24 个区域,从一个区域跃迁到下一个区域,如果不存在"2π 翻转",则指定为"+1",如果发生"2π 翻转",则指定为"-1",由此构成副解调序列的一个解调周期:[+1,+1,-1,+1,-1,+1,+1,-1,+1,-1,+1,-1,-1,+1,-1,+1,-1,+1,+1,-1,+1,-1,+1,+1],见图 3.28(c)。

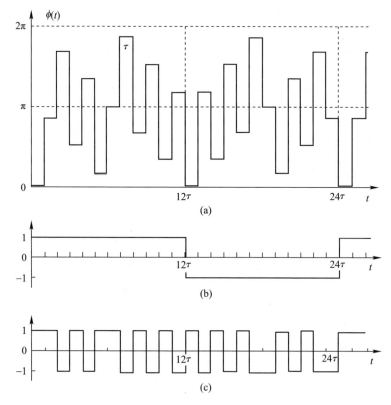

图 3.28 $5\pi/6$ 过调制的偏置相位调制以及主、副解调序列

总之,确定性调制波形是随机调制技术的基础,但是确定性调制波形只能消除直接耦合、差分耦合引起的死区效应,对延迟耦合引起的死区效应没有抑制效

果。下面将要讲到随机性调制技术,其调制序列与解调序列之间具有较完备的去相关性,从统计学上讲,可以完全消除常见的各种电路交叉耦合。

3.2.2.2 随机性调制波形

实现随机调制有两种方式:一种是基于前面讲到的确定性调制,使确定性调制波形中的不同调制幅值等概率随机化(调制波形的均值渐趋为零),相应的解调序列也将随机化,从而导致电路交叉耦合的均值为零;另一种是在闭环回路中随机性施加附加的台阶高度,使陀螺由"锁定"状态变为闭环工作状态,而附加台阶高度的均值为零,对陀螺输出不产生影响。本节重点讨论随机性调制波形的产生。

以 $3\pi/4$ 调制为例,在以 2π 为模的圆上,调制状态有 8 个不同的相位调制幅值(状态):0、$3\pi/4$、$3\pi/2$、π、$7\pi/4$、$\pi/2$、$5\pi/4$ 和 $\pi/4$。给定其中一个调制幅值作为第一个 τ 的调制波形(初始状态),则下一个 τ 的调制幅值由该初始状态随机向相邻状态等概率(1/2)跃迁决定。这样,8 个不同的相位调制幅值之间的状态转移矩阵可以写为

$$P = \begin{pmatrix} 0 & 1/2 & 0 & 0 & 0 & 0 & 0 & 1/2 \\ 1/2 & 0 & 1/2 & 0 & 0 & 0 & 0 & 0 \\ 0 & 1/2 & 0 & 1/2 & 0 & 0 & 0 & 0 \\ 0 & 0 & 1/2 & 0 & 1/2 & 0 & 0 & 0 \\ 0 & 0 & 0 & 1/2 & 0 & 1/2 & 0 & 0 \\ 0 & 0 & 0 & 0 & 1/2 & 0 & 1/2 & 0 \\ 0 & 0 & 0 & 0 & 0 & 1/2 & 0 & 1/2 \\ 1/2 & 0 & 0 & 0 & 0 & 0 & 1/2 & 0 \end{pmatrix} \quad (3.50)$$

式中:P_{ij} 为状态 i 向状态 j 的转移概率,$i,j=1,2,\cdots,8$。如图 3.29 所示,状态只能以等概率向相邻状态转移,即状态 i 向状态 $j=i-1$ 或状态 $j=i+1$ 转移的概率均为 1/2,而向其他状态转移的概率为零。也就是说,给定当前状态信息,这种随机相位调制序列的将来状态(当前以后的状态)与过去状态(当前以前的状态)无关,因而随机调制序列是一个马尔可夫链。这个随机过程确保调制信号的相位差信号 $\Delta\phi(t)=\phi(t)-\phi(t-\tau)$ 的均值为零。解调信号的取值由图 3.29 所示的状态转移方向决定。当状态沿顺时针方向跃迁时为正采样,解调信号取 $+1$;沿逆时针方向跃迁时为负采样,解调信号取 -1。调制序列的随机化同样确保了解调序列的均值为零,即其取值 ±1 的概率相等。同时,调制序列与解调序列是正交的。

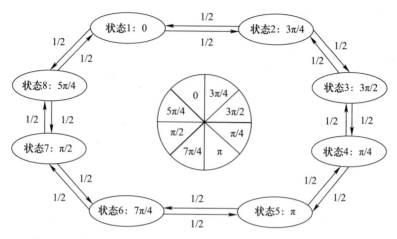

图 3.29 中心是 $3\pi/4$ 调制的以 2π 为模的圆,表明调制信号有 8 个不同的调制幅值。外围是随机调制中 8 个调制幅值的状态转移

产生调制序列和解调序列的同时,同样还可产生提取标度因数误差信号的副解调序列:当状态跃迁不发生"2π 翻转"时为正采样,副解调序列取 $+1$;发生"2π 翻转"时为负采样,副解调序列取 -1。

基于 $3\pi/4$ 调制的马尔可夫链的随机调制与解调序列、副解调序列可在 FPGA 中实现,见图 3.30。实现步骤如下:

(1) t_0 时刻,在 8 种状态的马尔可夫链中选取一种状态作为初始调制幅值。利用 FPGA 产生随机数 $+1$ 或 -1,作为马尔可夫链的调制状态变化方向,进而由这个随机数和初始调制幅值确定调制信号的第一个状态;这个随机数 $+1$ 或 -1 同时决定了解调序列和副解调序列的第一个状态。

(2) $t_0+\tau$ 时刻,以调制信号的第一个状态作为初始值。利用 FPGA 产生随机数 $+1$ 或 -1,作为马尔可夫链的调制状态变化方向,进而由这个随机数和第一个状态确定调制信号的第二个状态;这个随机数 $+1$ 或 -1 同时决定了解调序列和副解调序列的第二个状态。

(3) $t_0+2\tau$ 时刻,以调制信号的第二个状态作为初始值。利用 FPGA 产生随机数 $+1$ 或 -1,作为马尔可夫链的调制状态变化方向,进而由这个随机数和第二个状态确定调制信号的第三个状态;这个随机数 $+1$ 或 -1 同时决定了解调序列和副解调序列的第三个状态。

以此类推,确定 $t_0+(n-1)\tau$ 时刻的调制信号的第 n 个状态和解调序列的第 n 个状态,即可得到随机调制信号序列和解调序列、副解调序列。

应对 FPGA 产生的 ±1 随机数序列进行随机性检验,确定由其产生的随机

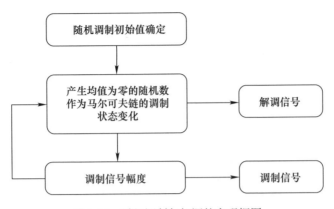

图3.30 随机调制与解调的实现框图

调制信号序列和随机解调序列是否完全满足随机性要求。下面介绍频数检验和游程检验。游程检验的前提是先通过频数检验。频数检验即直接观察 +1 和 -1 的数量在总序列中所占比例。若 +1 和 -1 的数量的比例差得过多，显然不为随机序列。设序列中"+1"（或"-1"）的个数为 p，序列中数字的总数为 q，若 $|p/q - 0.5| < 2/\sqrt{n}$，则频数检验通过，接下来进行游程检验。游程指的是一个没有间断的相同数序列，对于 +1 和 -1 的序列而言，游程可以是"+1、+1、+1、…"或者"-1、-1、-1、…"。一个长度为 l 的游程包含 l 个相同的数。设随机序列中"+1"和"-1"的游程总数为 Q，则较大的 Q 值意味着序列中"+1"和"-1"的游程转变频率太快，而较小的 Q 值意味着转变频率太慢。若该序列为随机序列，定性地讲，Q 必须满足"既不能太大也不能太小"。具体的定量判据为

$$P_{-\text{value}} = \text{erfc}\left\{\frac{\left|Q - 2p\left(1 - \frac{p}{q}\right)\right|}{2\sqrt{2q}\left(\frac{p}{q}\right)\left(1 - \frac{p}{q}\right)}\right\} \qquad (3.51)$$

其中

$$\text{erfc}(x) = 1 - \text{erf}(x) \quad \text{erf}(x) = \frac{2}{\sqrt{\pi}}\int_0^x e^{-t^2}dt \qquad (3.52)$$

式中：$P_{-\text{value}}$ 决定了序列随机化的置信度。$P_{-\text{value}}$ 越大说明序列随机性越强。比如由 Matlab 生成的 ±1 序列为 {+1, -1, -1, +1, +1, -1, -1, -1, -1, -1, -1, +1, -1, +1, +1, +1, +1, +1, -1, +1, -1, +1, +1, -1, -1, -1, +1, +1, -1, +1, +1, -1}，则有 $q = 32, p = 16, Q = 16$，计算知 $P_{-\text{value}} = 1$，满足随机性要求。图 3.31 是由该序列产生的 $3\pi/4$ 调制的随机调制波形 $\phi_m(t)$ 和 $\Delta\phi_m$

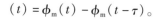$(t) = \phi_m(t) - \phi_m(t-\tau)$。

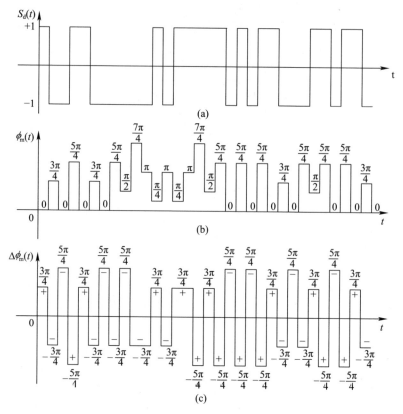

图 3.31　$3\pi/4$ 调制的随机调制波形、解调信号与波导相位调制器上的相位差信号

3.2.2.3　周期性或随机性相位台阶

前面介绍的几种死区抑制技术各自存在一些问题：在相位调制器上施加固定偏置，还需考虑剥离固定偏置的方法；采用三角波抑制死区的方法需要陀螺输出在三角波的整数倍周期上被平均，可能会影响光纤陀螺的动态特性；而随机调制技术则需要较复杂的电路设计和软件设计。

Honeywell 公司给出了一种新的随机调制方案来消除死区，如图 3.32 所示，通过给数字反馈阶梯波信号施加一个附加的随机化离散相位台阶信号来实现。该随机化离散相位台阶信号的周期远远小于反馈电压锁死为一个恒定值之前的时间。在解调处理方案中，响应附加相位台阶的光探测器信号输出只是简单地被丢弃。随机化的相位台阶避免反馈信号滞留在一个恒定值上。另外，相位台阶的幅值在 2π 范围内随机均匀分布，使得附加相位台阶引起的速率误差平均为零，光纤探测到的平均速率就是实际的旋转速率。

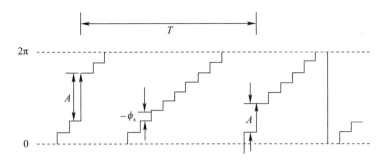

图 3.32　除 Sagnac 相位台阶外，给反馈相位随机
施加一个附加的瞬时相位台阶，以避免相位锁死

在具体的实施方案中，附加相位台阶由一个相位跳变振幅和时钟控制器电路模块以给定的频率生成。附加相位台阶的幅值和相位跳变的频率可以在很宽的参数范围内选择。附加相位台阶只需大到足以将输出信号移开死区，以避免光纤陀螺在低旋转速率下产生零输出。附加相位台阶的产生频率只需比光纤陀螺在低旋转速率下居留于死区所需的时间量更频繁些。精确的频率将依赖于给定的光纤陀螺的特定设计和工作参数，并随不同的应用而变。另外，附加相位台阶的高度和频率可以固定，也可以在一定范围内随机变化。施加附加相位台阶后，需要等待 τ 时间再对信号进行采样，以便于允许与附加相位台阶有关的信号通过调制器和光纤线圈，从而允许与附加相位台阶有关的输出信号被故意遗漏。总之，通过在给定的时间周期内产生足够数量的相位电压跳变，闭环电路将在整个反馈电压范围内对误差进行平均，这一误差平均过程有效地消除了导致死区现象，允许闭环电路敏感光纤陀螺的实际旋转速率。

对该死区抑制技术的效果进行了测量。图 3.33 为没有采用这种新的死区抑制技术的死区测量结果。通过将陀螺敏感轴与水平面平行并指向东，以耦合进地球旋转速率的小的分量进行实验。速率转台以 0.0001(°)/s 的很小的速率旋转并扫描通过东向，每小时的旋转角度为 0.36°，这对应着约 0.0785(°)/h 的角速率。将数据进行 200s 的平均以减小噪声，测得死区的宽度为 0.04(°)/h。

图 3.34 是采用新调制方案的结果。数据表明检测速率和实际速率之间是一种线性关系，没有死区，分辨率优于 0.001(°)/h。它是通过施加一个随机振幅在 ±π 之间，固定周期为 2.64s 的反馈电压来实现的，比反馈电压到达一个常值所需要的时间短得多。对速率台位置进行系列台阶扫描获得数据，每个台阶为 0.002°，对应的旋转速率为 0.0004363(°)/h。在每个位置收集 1h 的数据以提高测量的分辨率。

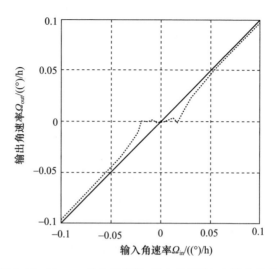

图 3.33 Honeywell 公司报道,没有采用附加相位台阶的
测量结果,死区的范围为 0.04°/h

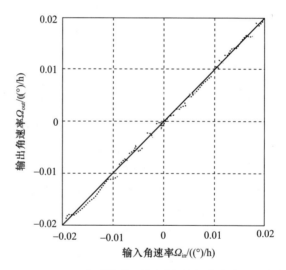

图 3.34 Honeywell 公司报道,采用随机性相位台阶的测量结果,
在 0.001°/h 的角速率没有发现死区

新的调制方案消除了死区,而噪声的增加正比于采样周期的平方根 $\sqrt{(T-\tau)/T}$(每周期 T 产生一个持续时间 τ 的随机附加相位台阶),仅为 0.0004%。新的调制方案完全是在数字处理器中进行的,无须附加的光学或电学硬件。

参考文献

[1] SPAHLINGER G. Fiber optic Sagnac interferometer with digital phase ramp resetting for measurement of rate of rotation:Canadian,2026962[P]. 1995-07-14.

[2] KOVACS R A. 低角速度下改善非线性的光纤陀螺[J]. 惯导与仪表,2001(2):16-24.

[3] TAZARTES D A,MARK J G. Pseudorandom-bit-sequence modulated fiber optic gyros:US,6115125 [P]. 2000-09-05.

[4] SANDERS G,DANKWORT R. Fiber optic gyroscope with deadband error reduction:US,5999304[P]. 1999-12-07.

[5] MARK J G. Random over-modulation for fiber optic gyros[J]. Electron. Letters,1995,29(2):135-136.

[6] EGOROV D A,OLEKHNOVICH R O. Study on dead zones of fiber-optic gyros[J]. Gyroscope and Navigation(Russian),2011,2(4):197-207.

[7] JING J,TING T H. Electrical crosstalk-coupling measurement and analysis for digital closed loop fiber optic gyro[J]. Chin. Phys. B,2010,19(3):030701.

[8] PAVLOTH G A,TAZARTES D A. Fiber optic gyroscope dead band circumvention apparatus and method: US,0147338[P]. 2008-12-25.

[9] PAVLOTH G A. Fiber optic rotation sensing system and method for basing a feedback signal outside of a legion of instability:US,5020912[P]. 1991-06-04.

[10] ROBERT R A,KOVACS R A. Fiber optic gyroscope with reduced nonlinearity at low angular rates:US, 5684591[P]. 1997-11-04.

[11] 张晓峰,张桂才. 闭环光纤陀螺中的死区抑制技术研究[J]. 压电与声光,2009,31(2):169-171.

[12] 李绪友,郝燕玲. 基于FPGA的数字闭环光纤陀螺研究[J]. 中国惯性技术学报,2002,10(2):39-43.

[13] 潘军. 闭环光纤陀螺的死区现象及克服死区实验[J]. 航空学报,2001,22(2):177-179.

[14] 金靖,张春熹,宋凝芳,等. 数字闭环光纤陀螺死区的非线性机理[J]. 北京航空航天大学学报,2007,33(9):1046-1050.

[15] 宋凝芳,李立京,金靖,等. 光纤陀螺的死区研究[J]. 弹箭与制导学报,2005,25(1):22-23,26.

[16] 付铁刚. 数字闭环光纤陀螺死区机理分析[J]. 中国惯性技术学报,2007,15(1):105-107.

[17] KALLENBERG O. Random Measures[M]. Berlin:Academic Press,1986.

[18] 余涛,卿立,吴衍记. 光纤陀螺仪死区的原因分析及误差补偿[J]. 中国惯性技术学报,2007,15(3):363-365.

[19] 宋凝芳,王夏霄,邹战军. 消除光纤陀螺死区的方法研究[J]. 中国惯性技术学报,2006,14(4):53-55,66.

[20] 张桂才. 光纤陀螺原理与技术[M]. 北京:国防工业出版社,2008.

[21] 潘雄,张春熹,金靖,等. 光纤陀螺死区测试分析与建模[J]. 光电工程,2008,35(5):61-65.

[22] 吉世涛,秦永元,尚俊云,等. 光纤陀螺仪死区抑制技术研究[J]. 计算机测量与控制,2012,20(2):497-499.

[23] LEFÈVRE H C. 光纤陀螺仪[M]. 张桂才,王巍,译. 北京:国防工业出版社,2002.

[24] 金靖,李敏,宋凝芳,等. 基于4态马尔科夫链的光纤陀螺随机调制[J]. 北京航空航天大学学报,

2008,34(7):769-772.
[25] 李洁明. 统计学原理[M]. 上海:复旦大学出版社,2007.
[26] 杨志怀,马林,张桂才. 数字闭环光纤陀螺死区机理研究与抑制[J]. 导航定位与授时,2017,4(4):97-102.
[27] 毛彩虹,王冬云,舒晓武,等. 伪随机调制在全数字闭环光纤陀螺中的应用[J]. 光电工程,2002,12(1):80-83.
[28] 张晞,潘雄,张春熹. 光纤陀螺随机调制的理论分析及实验[J]. 北京航空航天大学学报,2006,32(2):195-198.

第4章 光源相对强度噪声及其抑制技术

干涉式光纤陀螺(IFOG)是一个光路平衡干涉仪,通常采用宽带弱相干光源如掺铒光纤光源(ASE)或超辐射发光二极管(SLD),以减小陀螺中的 Kerr 效应、偏振交叉耦合和背向散射等非互易性效应。但宽带光源存在着相对强度噪声(RIN),对陀螺角随机游走(ARW)有影响。光纤陀螺的角随机游走由电噪声、散粒噪声和相对强度噪声引起。一旦探测器上的偏置光功率超过每个相干时间接收一个光子(典型值为几个微瓦以上),相对强度噪声就成为光纤陀螺噪声水平的一个主要限制因素。因此,抑制相对强度噪声是干涉式光纤陀螺的一项重要的工程任务。本章研究了相对强度噪声在光纤陀螺中的表现形态,重点探讨了各种强度噪声抑制措施的原理和特点,包括本征解调噪声相减(加)技术、半导体增益饱和放大器抑噪技术和光谱干涉滤波技术等。

4.1 相对强度噪声描述

广义上,光纤陀螺的强度噪声由各种因素引起,包括闪烁噪声或 $1/f$ 噪声、光源工作电路产生的电流噪声和载流子密度涨落。由于光源发射的是大功率的宽带热光,当陀螺工作在较高的调制频率上时,$1/f$ 噪声已足够小,其他基础噪声源开始起主要作用,即宽带光源中的相对强度噪声。该相对强度噪声源自宽带光源发射的相邻不同波长的光波彼此发生拍频,在输出光波中产生强度涨落。每个波长的光波都可以表示为一个移相器,具有单色波或近单色波扰动的振幅和相位。每个移相器的振幅和相位与另一个移相器在统计学上是彼此不相关的,但每个移相器的振幅和相位具有共同的概率分布。这些小的、独立的移相器的复数相矢相加,构成了宽带光源输出的总体表征。也就是说,在任何一个瞬间,由这种辐射光产生一种复合光波,由许多独立的 ASE(放大的自发辐射)事件的和构成。这种复合波可以看成是许多辐射光波的随机相矢的和,因为每个波长的光波都可以用一个相矢作为其复数值的表示,不同波长的光波的相对相位是不相关的。其结果,各种谱分量的相对相位也是不相关的。因而,不同波长的光波拍频产生的随时间的强度涨落是不相关的,这些强度涨落的各种低频分量之间也是不相关的。这样一种强度噪声是边发光二极管(ELED)、超发光二极管(SLD)和宽带超荧光光纤光源(SFS)等宽带光源所共有的,工作在阈值以下,因而具有比受激辐射谱要宽的激光二极管(LD)同样具有强度噪声。当这类光源的输出功率较高时,相对强度噪声将会起主要作用。在典型的宽带 ASE 光源中,相对强度噪声的噪声谱是光学谱 $a(\nu)$ 的自相关,始于零频率,噪声谱的宽度与光谱的宽度为同一量级。比如,中心波长 λ_0 为 1550nm、半最大值全宽(FWHM)$\Delta\lambda$ 为 8nm 的 ASE 光源,光频率约为 194THz,对应的频宽约为 $\Delta\nu =$ 1THz。对于频率相对较低的光纤陀螺检测电路来说,相对强度噪声可看成一个白噪声,其 RIN 功率谱密度(PSD)是光源频谱宽度的倒数:$PSD_{RIN}=1/\Delta\nu$。对于 1THz 的频宽,PSD_{RIN} 为 10^{-12}/Hz 或 -120dB/Hz,比理论散粒噪声极限可能要高两个数量级。另外,需要指出的是,由于相对强度噪声来自光谱的拍频,每个拍频都有一个随机相位,因此光谱形状的改变,或者光谱频率的随机相位的不规则性,都会导致相对强度噪声特征的改变。

图 4.1 是相对强度噪声和散粒噪声经过 Y 波导或任何 3dB 保偏光纤耦合器的噪声演变和噪声特征的比较。可以看出,散粒噪声与光功率的平方根成正比,而相对强度噪声直接与光功率成正比。因此,合光时,散粒噪声是统计相加,而相对强度噪声是线性相加。由于光纤陀螺解调的 Sagnac 信号与光强成正比,在受限于散粒噪声的光纤陀螺中,信噪比 $(S/N)_{shot} \propto \sqrt{I}$,可以通过增加光功率提高陀螺精度;随着光功率的增加,光源相对强度噪声开始起主要作用,在受限于相对强度噪声的光纤陀螺中,信号与噪声都与光功率成正比,因而进一步增加光

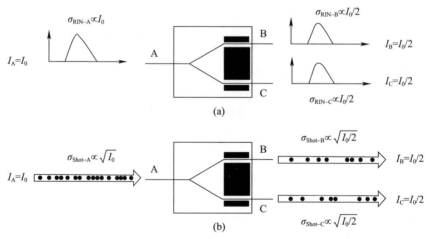

图 4.1 相对强度噪声和散粒噪声的特征
(a)相对强度噪声;(b)散粒噪声。

功率不再能够改善陀螺精度。幸运的是,相对强度噪声源于光源特征,看起来更像是一个寄生信号,可以通过过调制技术或噪声相减等措施来抑制,这也是本章重点讨论的内容,而散粒噪声产生于光电检测过程,是一种固有的基础噪声,是最终限制陀螺性能的物理性因素。

考虑到相对强度噪声,宽带光源的输出除了恒定的光强 I_0 外,还叠加了一个与该光强成正比的强度涨落 $I_N(t)$:

$$I_i(t) = I_0 + I_N(t) \tag{4.1}$$

这种强度涨落 $I_N(t)$ 呈现为一种随机变化,其方差给出为

$$\sigma_N^2 = \left(\frac{I_0^2}{\Delta \nu}\right)\Delta f = (I_0^2 \tau_c)\Delta f \tag{4.2}$$

式中:Δf 为检测带宽;τ_c 为光源的相干时间;$\Delta \nu$ 为光波的频谱宽度,它们可由下式获得:

$$\tau_c = \frac{1}{\Delta \nu}, \Delta \nu = \frac{c\Delta \lambda_{FWHM}}{\lambda_0^2} \tag{4.3}$$

式中:$\Delta \lambda_{FWHM}$ 为宽带光源的谱宽;λ_0 为平均波长;c 为真空中的光速。由式(4.2)可以看出,光源强度噪声正比于光源光强,光强越大,强度噪声也越大。

宽带光源的相对强度噪声在光纤陀螺中表现为角随机游走(ARW),它与强度噪声相对陀螺输出信号的噪信比有关,可以表示为

$$ARW_{RIN} = \frac{\lambda_0 c}{2\pi LD} \cdot \frac{180}{\pi} \cdot 3600 \cdot \frac{1}{\sqrt{3600}} \cdot \sqrt{\tau_c} \cdot \frac{1+\cos\phi_b}{\sin\phi_b} ((°)/\sqrt{h}) \tag{4.4}$$

式中:L 为光纤长度;D 为线圈直径;ϕ_b 为偏置相位。这说明,在一个光纤陀螺系统中,相对强度噪声对角随机游走的贡献由光波的相干时间决定,不随光强的变化而变化。

考虑探测器组件的带宽 B 的影响以及探测器的热噪声和散粒噪声,光纤陀螺总的角随机游走为

$$\begin{aligned}
ARW &= \sqrt{B \cdot 2\tau \cdot (ARW_{elec}^2 + ARW_{shot}^2 + ARW_{RIN}^2)} \\
&= \frac{\lambda_0 c}{2\pi LD} \cdot \frac{180}{\pi} \cdot 3600 \cdot \frac{1}{\sqrt{3600}} \cdot \frac{1+\cos\phi_b}{\sin\phi_b} \\
&\quad \sqrt{B \cdot 2\tau \cdot \left[\tau_c + \frac{2hc}{\eta_D \lambda_0 I_{bias}} + \frac{4k_B T_K}{\eta_D^2 R_f I_{bias}^2}\right]} \quad ((°)/\sqrt{h})
\end{aligned} \tag{4.5}$$

式中:τ 为光纤线圈的传输时间;2τ 为本征采样周期;$I_{bias} = I_0(1+\cos\phi_b)/2$ 为到

达探测器的偏置光功率;h 为普朗克常数;$k_B = 1.38 \times 10^{-23} \text{J} \cdot \text{K}^{-1}$ 为波尔兹曼常数;η_D 为光电转换效率;T_K 为开尔文温度;R_f 为探测器的跨阻抗。

4.2 正弦调制光纤陀螺的相对强度噪声及抑制

4.2.1 开环光纤陀螺的解调输出

如图 4.2 所示,考虑一个开环保偏光纤陀螺,光源的输入光波振幅为 E_i,则到达光探测器的顺时针和逆时针传播的光波振幅可以表示为

$$E_{cw} = \sqrt{\alpha_L} E_i(t-\tau) e^{-j\left(\omega_0 t + \phi'_m \sin\omega_m t + \frac{\phi_s}{2}\right)} \quad (4.6)$$

$$E_{ccw} = \sqrt{\alpha_L} E_i(t-\tau) e^{-j\left(\omega_0 t + \phi'_m \sin\omega_m (t-\tau) - \frac{\phi_s}{2}\right)} \quad (4.7)$$

式中:ω_0 为光频率;α_L 为与陀螺光路有关的损耗;τ 为光从光源到主光探测器的传输时间,它基本上等于光纤线圈的传输时间;ϕ_s 为旋转引起的 Sagnac 相移;ϕ'_m 为施加到相位调制器上的正弦相位调制信号的振幅。根据电磁理论,电磁波的强度等于其电场分量的平方,所以光源发射的输入光波的强度等于 $I_i = E_i^2$。顺时针和逆时针光波合光后入射到光探测器上的干涉光强 $I_D(t)$,由这些波相加得

$$I_D(t) = |E_{cw} + E_{ccw}|^2 = \alpha_L I_i(t-\tau) |e^{-j\left(\frac{\phi_s}{2} + \phi'_m \sin\omega_m t\right)} + e^{-j\left(-\frac{\phi_s}{2} + \phi'_m \sin\omega_m (t-\tau)\right)}|^2$$

$$= \alpha_L I_i(t-\tau) \{1 + \cos[\phi_s + \phi'_m \sin\omega_m t - \phi'_m \sin\omega_m (t-\tau)]\} \quad (4.8)$$

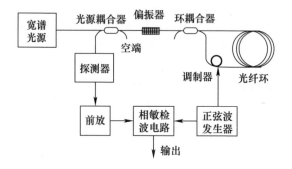

图 4.2 开环光纤陀螺结构示意图

式中:$I_i(t-\tau) = E_i^2(t-\tau)$,而

$$\sin\omega_m t - \sin\omega_m (t-\tau) = 2\sin\left(\frac{\omega_m \tau}{2}\right) \cos\omega_m \left(t - \frac{\tau}{2}\right) \quad (4.9)$$

令 $\phi_m = 2\phi'_m \sin\left(\dfrac{\omega_m \tau}{2}\right)$，称为调制深度，则

$$I_D(t) = \alpha_L I_i(t-\tau)\left\{1+\cos\left[\phi_s + \phi_m \cos\omega_m\left(t-\dfrac{\tau}{2}\right)\right]\right\} \quad (4.10)$$

其中的余弦项展成贝塞尔函数：

$$\cos\left[\phi_s + \phi_m\cos\omega_m\left(t-\dfrac{\tau}{2}\right)\right] = \cos\phi_s \cos\left[\phi_m\cos\omega_m\left(t-\dfrac{\tau}{2}\right)\right] -$$

$$\sin\phi_s \sin\left[\phi_m\cos\omega_m\left(t-\dfrac{\tau}{2}\right)\right]$$

$$= -\sin\phi_s \cdot \left\{2J_1(\phi_m)\cos\left[\omega_m\left(t-\dfrac{\tau}{2}\right)\right] - 2J_3(\phi_m)\right.$$

$$\left.\cos\left[3\omega_m\left(t-\dfrac{\tau}{2}\right)\right] + 2J_5(\phi_m)\cos\left[5\omega_m\left(t-\dfrac{\tau}{2}\right)\right] - \cdots\right\}$$

$$+ \cos\phi_s \cdot \left\{J_0(\phi_m) - 2J_2(\phi_m)\cos\left[2\omega_m\left(t-\dfrac{\tau}{2}\right)\right] +\right.$$

$$\left. 2J_4(\phi_m)\cos\left[4\omega_m\left(t-\dfrac{\tau}{2}\right)\right] - \cdots\right\} \quad (4.11)$$

该信号在光探测器中转换为电学输出信号后，要经过滤波和放大，只考虑式(4.11)中与 $\sin\phi_s$ 成正比的一次谐波频率分量，输出信号为

$$V_F = -2k_0 \alpha_L I_i(t-\tau) J_1(\phi_m)\cos\left[\omega_m\left(t-\dfrac{\tau}{2}\right)\right] \cdot \sin\phi_s \quad (4.12)$$

式中：k_0 为光纤陀螺检测系统的增益常数。这里忽略了通过放大器时进一步产生的相位延迟。

经过上述滤波和放大后的信号进一步用 $\cos[\omega_m(t-\tau/2)]$ 进行相敏解调，得到与 Sagnac 相移的正弦成正比的输出 V_{out}：

$$V_{out} = k'_0 \alpha_L I_i(t-\tau) J_1(\phi_m) \cdot \sin\phi_s \quad (4.13)$$

式中：常数 k'_0 为进一步处理后的系统增益。

4.2.2 相对强度噪声在开环非本征解调中的形态

考虑式(4.1)的光源强度噪声，则探测器干涉光强为

$$I_D(t) = \alpha_L[I_0 + I_N(t-\tau)] \cdot \left\{1+\cos\left[\phi_s + \phi_m\cos\omega_m\left(t-\dfrac{\tau}{2}\right)\right]\right\} \quad (4.14)$$

其中 $1+\cos\left[\phi_s + \phi_m\cos\omega_m\left(t-\dfrac{\tau}{2}\right)\right]$ 是光纤陀螺的光学传递函数。假定 $\phi_s = 0$，

且只考虑噪声误差项,令

$$g\left(t-\frac{\tau}{2}\right) = 1 + \cos\left[\phi_m\cos\omega_m\left(t-\frac{\tau}{2}\right)\right] \tag{4.15}$$

则干涉光强的噪声部分为

$$\begin{aligned}I_{NE} &= \alpha_L \cdot I_N(t-\tau) \cdot g\left(t-\frac{\tau}{2}\right) = \alpha_L \cdot I_N(t-\tau) \cdot \left\{1+\cos\left[\phi_m\cos\omega_m\left(t-\frac{\tau}{2}\right)\right]\right\} \\ &= \alpha_L \cdot I_N(t-\tau) \cdot \left\{1 + J_0(\phi_m) + 2\sum_{n=1}^{\infty}(-1)^n J_{2n}(\phi_m)\cos\left[2n\omega_m\left(t-\frac{\tau}{2}\right)\right]\right\}\end{aligned}$$
$$\tag{4.16}$$

可以看出,当利用信号的一次调制谐波 $\cos[\omega_m(t-\tau/2)]$ 进行相敏解调时,相对强度噪声 $I_N(t-\tau)$ 的各次谐波将与相位调制产生的各次贝塞尔调制谐波之间发生拍频,但是只有与调制谐波频率不同、频差恰好等于基频 ω_m 的噪声谐波,与相应的调制谐波混频,才对一次谐波频率信号分量有贡献。对于这些 n 次噪声谐波,可以看成是以 $n\omega_m$ 为中心的带限白噪声,其解析式用窄带随机过程表示:

$$I_N^{(n\omega_m)}(t) = I_{N-F}^{(n\omega_m)}(t)\cos\left[n\omega_m t + \phi_{N-F}^{(n\omega_m)}(t)\right] \tag{4.17}$$

式中:$I_{N-F}^{(n\omega_m)}(t)$ 为白噪声通过以 $n\omega_m$ 为中心的窄带滤波器后的噪声强度的包络函数,是一个随机变量,随时间缓慢变化;$\phi_{N-F}^{(n\omega_m)}(t)$ 为相位函数,也是一个随机变量,随时间缓慢变化。可以证明,强度包络 $I_{N-F}^{(n\omega_m)}(t)$ 的一维分布是瑞利分布:

$$p[I_{N-F}^{(n\omega_m)}] = \begin{cases} \dfrac{I_{N-F}^{(n\omega_m)}}{\sigma_{N-F}^2}\exp\left\{-\dfrac{[I_{N-F}^{(n\omega_m)}]^2}{2\sigma_{N-F}^2}\right\} & I_{N-F}^{(n\omega_m)} \geqslant 0 \\ 0 & I_{N-F}^{(n\omega_m)} \leqslant 0 \end{cases} \tag{4.18}$$

式中:$\sigma_{N-F}^2 = I_0^2 \tau_c \cdot \dfrac{\Delta\omega}{2\pi}$ 为白噪声通过以 $n\omega_m$ 为中心的窄带为 $\Delta\omega$ 滤波器后的噪声强度的方差。

相位 $\phi_{N-F}^{(n\omega_m)}(t)$ 的一维分布是均匀分布,在 $[0,2\pi]$ 内取值:

$$p[\phi_{N-F}^{(n\omega_m)}] = \frac{1}{2\pi} \tag{4.19}$$

就一维分布而言,$I_{N-F}^{(n\omega_m)}(t)$ 和 $\phi_{N-F}^{(n\omega_m)}(t)$ 是统计独立的。由于 $I_{N-F}^{(n\omega_m)}(t)$ 和 $\phi_{N-F}^{(n\omega_m)}(t)$ 的变化频率远小于 $n\omega_m$,因此在下面的一系列处理和三角运算中可以将它们看成一个恒定值来处理。

由式(4.16)和式(4.17)可以看出,噪声误差共分两部分,第一部分是相对强度噪声自身：

$$I_{\text{NE1}} = \alpha_{\text{L}} \cdot \sum I_{\text{N}}^{(n\omega_{\text{m}})}(t) = \alpha_{\text{L}} \cdot \{\sum I_{\text{N-F}}^{(n\omega_{\text{m}})}(t)\cos[n\omega_{\text{m}}(t-\tau) + \phi_{\text{N-F}}^{(n\omega_{\text{m}})}(t)]\} \quad (4.20)$$

第二部分是相对强度噪声的各次谐波与相位调制产生的各次调制谐波之间的拍频噪声：

$$I_{\text{NE2}} = \alpha_{\text{L}} \cdot \{\sum I_{\text{N-F}}^{(n\omega_{\text{m}})}(t)\cos[n\omega_{\text{m}}(t-\tau) + \phi_{\text{N-F}}^{(n\omega_{\text{m}})}(t)]\} \cdot \cos\left[\phi_{\text{m}}\cos\omega_{\text{m}}\left(t-\frac{\tau}{2}\right)\right]$$

$$= \alpha_{\text{L}} \cdot \{\sum I_{\text{N-F}}^{(n\omega_{\text{m}})}(t)\cos[n\omega_{\text{m}}(t-\tau) + \phi_{\text{N-F}}^{(n\omega_{\text{m}})}(t)]\} \cdot$$

$$\{J_0(\phi_{\text{m}}) + 2\sum_{n=1}^{\infty}(-1)^n J_{2n}(\phi_{\text{m}})\cos\left[2n\omega_{\text{m}}\left(t-\frac{\tau}{2}\right)\right]\} \quad (4.21)$$

由于解调信号是探测器输出信号中相位调制频率 ω_{m} 的一次谐波信号分量，这里只关注噪声误差中的一次谐波噪声分量。相敏解调的基准信号为 $\cos[\omega_{\text{m}}(t-\tau/2)]$ 时，相对强度噪声自身产生的一次谐波噪声幅值为

$$\left\langle I_{\text{NE1}}(\omega_{\text{m}}) \cdot \cos\omega_{\text{m}}\left(t-\frac{\tau}{2}\right)\right\rangle_{1\text{st}} = \left\langle \alpha_{\text{L}} \cdot I_{\text{N-F}}^{(\omega_{\text{m}})}(t)\cos[\omega_{\text{m}}(t-\tau) + \phi_{\text{N-F}}^{(\omega_{\text{m}})}(t)] \cdot \right.$$

$$\left. \cos\left[\omega_{\text{m}}\left(t-\frac{\tau}{2}\right)\right]\right\rangle_{1\text{st}}$$

$$= \frac{1}{2}\alpha_{\text{L}} \cdot I_{\text{N-F}}^{(\omega_{\text{m}})}(t) \cdot \cos\left[\phi_{\text{N-F}}^{(\omega_{\text{m}})}(t) - \frac{\omega_{\text{m}}\tau}{2}\right] \quad (4.22)$$

式中：$\langle\cdots\rangle_{1\text{st}}$ 为只求 ω_{m} 的一次谐波噪声幅值。

噪声误差信号的第二部分 I_{NE2}，相对强度噪声的各次谐波与相位调制产生的各次调制谐波之间发生拍频，但是只有与调制谐波频率不同、频差恰好等于基频 ω_{m} 的强度噪声谐波的混合或拍频，才对一次谐波频率信号分量有贡献。这是因为，噪声谐波与调制谐波混合过程中产生的新的谐波，其频率是两个混合谐波的频率差或和。那些混合谐波组合中只有频差等于一次谐波频率 ω_{m} 的产生的谐波才被解调，在一次谐波频率上具有显著的幅值。因而，只需考虑光学强度噪声谐波频率与式(4.22)中的调制谐波项的一部分拍频组合，即与相位调制的偶次谐波项在频率上的差值等于一次调制谐波的奇次噪声谐波。

基频上的强度噪声谐波只与式(4.22)中的调制零频项 J_0、调制二次谐波项 J_2 混合，在一次谐波频率上产生显著的输出幅值。这是因为，只有这两项调制

谐波与一次谐波频率上的光学强度噪声的频差等于一次谐波频率。基频上的噪声谐波与调制谐波拍频产生的一次谐波噪声幅值为

$$\left\langle \alpha_L \cdot I_{N-F}^{(\omega_m)}(t) \cos[\omega_m(t-\tau) + \phi_{N-F}^{(\omega_m)}(t)] \cdot \right.$$

$$\left. \left\{ J_0(\phi_m) - 2J_2(\phi_m) \cos\left[2\omega_m\left(t-\frac{\tau}{2}\right)\right] \right\} \cdot \cos\left[\omega_m\left(t-\frac{\tau}{2}\right)\right] \right\rangle_{1st}$$

$$= \frac{1}{2}\alpha_L \cdot I_{N-F}^{(\omega_m)}(t) \cdot [J_0(\phi_m) - J_2(\phi_m)] \cdot \cos\left[\phi_{N-F}^{(\omega_m)}(t) - \frac{\omega_m\tau}{2}\right] \quad (4.23)$$

类似地，三次强度噪声谐波只能与二次和四次调制谐波混合，在一次谐波频率上产生显著的输出幅值。三次强度噪声谐波与调制谐波拍频产生的一次谐波噪声幅值为

$$\left\langle \alpha_L \cdot I_{N-F}^{(3\omega_m)}(t) \cos[3\omega_m(t-\tau) + \phi_{N-F}^{(3\omega_m)}(t)] \cdot \right.$$

$$\left. \left\{ -2J_2(\phi_m)\cos\left[2\omega_m\left(t-\frac{\tau}{2}\right)\right] + 2J_4(\phi_m)\cos\left[4\omega_m\left(t-\frac{\tau}{2}\right)\right] \right\} \cdot \cos\omega_m\left(t-\frac{\tau}{2}\right) \right\rangle_{1st}$$

$$= \frac{1}{2}\alpha_L\alpha_L \cdot I_{N-F}^{(3\omega_m)}(t) \cdot [-J_2(\phi_m) + J_4(\phi_m)] \cdot \cos\left[\phi_{N-F}^{(3\omega_m)}(t) - \frac{3\omega_m\tau}{2}\right]$$

$$(4.24)$$

五次强度噪声谐波只能与四次和六次调制谐波混合，在一次谐波频率上产生显著的输出幅值。五次强度噪声谐波与调制谐波拍频产生的一次谐波噪声幅值为

$$\left\langle \alpha_L \cdot I_{N-F}^{(5\omega_m)}(t) \cos[5\omega_m(t-\tau) + \phi_{N-F}^{(5\omega_m)}(t)] \cdot \right.$$

$$\left. \left\{ 2J_4(\phi_m)\cos\left[4\omega_m\left(t-\frac{\tau}{2}\right)\right] - 2J_6(\phi_m)\cos\left[6\omega_m\left(t-\frac{\tau}{2}\right)\right] \right\} \cdot \cos\omega_m\left(t-\frac{\tau}{2}\right) \right\rangle_{1st}$$

$$= \frac{1}{2}\alpha_L \cdot I_{N-F}^{(5\omega_m)}(t) \cdot [J_4(\phi_m) - J_6(\phi_m)] \cdot \cos\left[\phi_{N-F}^{(5\omega_m)}(t) - \frac{5\omega_m\tau}{2}\right] \quad (4.25)$$

七次强度噪声谐波只能与六次和八次调制谐波混合，在一次谐波频率上产生显著的输出幅值。七次强度噪声谐波与调制谐波拍频产生的一次谐波噪声幅值为

$$\left\langle \alpha_L \cdot I_{N-F}^{(7\omega_m)}(t) \cos[7\omega_m(t-\tau) + \phi_{N-F}^{(7\omega_m)}(t)] \cdot \right.$$

$$\left. \left\{ -2J_6(\phi_m)\cos\left[6\omega_m\left(t-\frac{\tau}{2}\right)\right] + 2J_8(\phi_m)\cos\left[8\omega_m\left(t-\frac{\tau}{2}\right)\right] \right\} \cdot \cos\omega_m\left(t-\frac{\tau}{2}\right) \right\rangle_{1st}$$

$$= \frac{1}{2}\alpha_L \cdot I_{N-F}^{(7\omega_m)}(t) \cdot [-J_6(\phi_m) + J_8(\phi_m)] \cdot \cos\left[\phi_{N-F}^{(7\omega_m)}(t) - \frac{7\omega_m\tau}{2}\right]$$

$$(4.26)$$

以此类推,不一而述。

总的一次谐波噪声幅值为

$$\langle I_{\text{N-total}}\rangle_{1\text{st}} = \frac{1}{2}\alpha_L \cdot I_{\text{N-F}}^{(\omega_m)}(t) \cdot \cos\left[\phi_{\text{N-F}}^{(\omega_m)}(t) - \frac{\omega_m \tau}{2}\right] + \frac{1}{2}\alpha_L \cdot$$

$$\sum_{n=1}^{\infty}(-1)^{n-1}I_{\text{N-F}}^{(2n-1)\omega_m}(t)\left[J_{2(n-1)}(\phi_m) - J_{2n}(\phi_m)\right] \cdot$$

$$\cos\left[\phi_{\text{N-F}}^{(2n-1)\omega_m}(t) - \left(n - \frac{1}{2}\right)\omega_m \tau\right] \quad (4.27)$$

这说明,由于光纤线圈上的相位调制,在本征频率上进行解调时,陀螺探测器上的相对强度噪声的一次噪声谐波的幅值具有相当复杂的形态,它与光源耦合器空端上提取的强度噪声信号完全不同,而后者与光源自身的相对强度噪声具有几乎相同的形式,只是差一个光强因子 G_0 和一个延迟时间 τ,如果考虑同样利用 ω_m 相敏解调时,可以只关注

$$I_{\text{N-coupler}} = G_0 \cdot \{I_{\text{N-F}}^{(\omega_m)}(t) \cdot \cos[\omega_m t + \phi_{\text{N-F}}^{(\omega_m)}(t)]\} \quad (4.28)$$

4.2.3 相对强度噪声的部分抵消

在开环正弦相位调制光纤陀螺中,要抵消相对强度噪声,陀螺探测器上的相对强度噪声的一次谐波噪声幅值应与光源耦合器空端的相对强度噪声的一次谐波噪声幅值具有相同的相位变化。由于相对强度噪声的白噪声特性,在强度噪声的各次噪声谐波上,噪声功率是不相关的,即在某一时刻对某次谐波噪声的测量与在其他时刻对其他次谐波噪声的测量没有关联,陀螺探测器上相对强度噪声的总的均方噪声功率应是各次谐波噪声功率分量的平方和:

$$\sigma_{\text{N-total}}^2 = [1 + J_0(\phi_m) - J_2(\phi_m)]^2 + [J_2(\phi_m) - J_4(\phi_m)]^2 +$$

$$[J_4(\phi_m) - J_6(\phi_m)]^2 + \cdots \quad (4.29)$$

图 4.3 给出了相对强度噪声自身在解调时产生的一次谐波噪声,以及相对强度噪声的基频噪声与相位调制产生的零频和二次谐波发生拍频后产生的一次谐波噪声在总强度噪声中所占的比例。它由下式得到:

$$\eta_{\omega_m}^{(1)} = \frac{1 + J_0(\phi_m) - J_2(\phi_m)}{\sqrt{[1 + J_0(\phi_m) - J_2(\phi_m)]^2 + [J_2(\phi_m) - J_4(\phi_m)]^2 + [J_4(\phi_m) - J_6(\phi_m)]^2 + \cdots}}$$

$$(4.30)$$

在正弦调制开环光纤陀螺中,大多数情况下,强度噪声的大部分噪声功率集中在 ω_m 频率上,由图 4.3 可以看出,一种最方便的方法是选择陀螺探测器上的一

次强度噪声谐波的幅值与光源耦合器空端的一次强度噪声谐波的幅值进行噪声相减。对光源耦合器空端上的噪声信号用相敏解调基准信号 $\cos[\omega_m(t+\tau/2)]$（相当于考虑了延迟 τ）进行解调,得到

$$\left\langle G_0 \cdot \{I_{N-F}^{(\omega_m)}(t) \cdot \cos[\omega_m t + \phi_{N-F}^{(\omega_m)}(t)]\} \cdot \cos\omega_m\left(t+\frac{\tau}{2}\right)\right\rangle_{1st}$$

$$= \frac{1}{2}G_0 \cdot I_{N-F}^{(\omega_m)}(t) \cdot \cos\left[\phi_{N-F}^{(\omega_m)}(t) - \frac{\omega_m \tau}{2}\right] \qquad (4.31)$$

式中:$\langle \cdots \rangle_{1st}$ 表示只求 ω_m 的一次谐波噪声幅值。

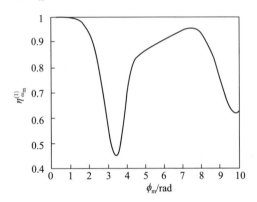

图 4.3　相对强度噪声自身在解调时产生的一次谐波噪声,以及相对强度噪声的基频噪声与相位调制的零频和二次谐波发生拍频后产生的一次谐波噪声在总强度噪声中所占的比例

考虑两个信号在解调过程中的集总增益系数,则噪声相减为

$$\left\{G_1 \cdot \frac{1}{2}\alpha_L[1+J_0(\phi_m)-J_2(\phi_m)] - \frac{1}{2}G_0\right\} \cdot I_{N-F}^{(\omega_m)}(t) \cdot \cos\left[\phi_{N-F}^{(\omega_m)}(t) - \frac{\omega_m \tau}{2}\right] = 0$$

$$(4.32)$$

即调节增益系数 G_0,使满足:

$$G_0 = G_1 \cdot \alpha_L[1+J_0(\phi_m)-J_2(\phi_m)] \qquad (4.33)$$

便可实现强度噪声的抵消。上述分析假定光纤线圈的色散很小,否则陀螺探测器和光源耦合器空端探测器的强度噪声特性将会不同。另外,为了确保两个噪声信号的强度是成比例的,光源最好采用高偏振度光源,光源耦合器采用保偏光纤耦合器。

上述陀螺探测器和光源耦合器空端探测器的噪声抵消只是强度噪声的部分相消,陀螺探测器的最终输出信号中仍有一个残余的强度噪声信号分量,由陀螺

探测器上的相对强度噪声的一次噪声谐波幅值中没有参与噪声抵消的高阶奇次谐波引起,可以表示为

$$\langle I_{\text{N-remain}} \rangle_{1\text{st}} = \frac{1}{2} G_1 \alpha_{\text{L}} \cdot$$

$$\sum_{n=2}^{\infty} \{ (-1)^{n-1} I_{\text{N-F}}^{(2n-1)\omega_{\text{m}}}(t) [J_{2(n-1)}(\phi_{\text{m}}) - J_{2n}(\phi_{\text{m}})]$$

$$\cos \left[\phi_{\text{N-F}}^{(2n-1)\omega_{\text{m}}}(t) - \left(n - \frac{1}{2} \right) \omega_{\text{m}} \tau \right] \} \tag{4.34}$$

式中:$I_{\text{N-F}}^{(2n-1)\omega_{\text{m}}}(t) \cos \left[\phi_{\text{N-F}}^{(2n-1)\omega_{\text{m}}}(t) - \frac{(2n-1)\omega_{\text{m}}\tau}{2} \right]$ 的方差为 $I_0^2 \tau_{\text{c}} \cdot \frac{\Delta \omega}{2\pi}$。

总的残余强度噪声的均方噪声功率应是各高次谐波噪声功率分量的平方和:

$$\overline{\langle I_{\text{N-remain}} \rangle_{1\text{st}}^2} = \left[\frac{1}{2} G_1 \alpha_{\text{L}} \left(I_0^2 \tau_{\text{c}} \cdot \frac{\Delta \omega}{2\pi} \right) \right]^2 \sum_{n=2}^{\infty} [J_{2(n-1)}(\phi_{\text{m}}) - J_{2n}(\phi_{\text{m}})]^2 \tag{4.35}$$

由于解调的含有旋转速率信息的信号正比于 $J_1(\phi_{\text{m}})$,不考虑其他噪声源,受残余强度噪声限制的、与相位调制 ϕ_{m} 深度有关的归一化噪信比(N/S)可以表示为(图4.4)

$$\frac{N}{S} = \frac{\sqrt{[J_2(\phi_{\text{m}}) - J_4(\phi_{\text{m}})]^2 + [J_4(\phi_{\text{m}}) - J_6(\phi_{\text{m}})]^2 + [J_6(\phi_{\text{m}}) - J_8(\phi_{\text{m}})]^2 + \cdots}}{J_1(\phi_{\text{m}})} \tag{4.36}$$

由图4.4可以看出,这种部分抵消对归一化噪信比虽有一定改善,但效果并不突出。

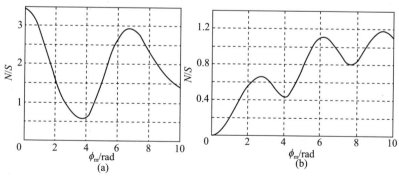

图4.4 相对强度噪声部分抵消前(a)、后(b)的归一化噪信比

4.2.4 相对强度噪声完全抵消的可行性

如上所述,在陀螺输出信号中,调制频率 ω_m 上的强度噪声的一次谐波噪声幅值只与相对强度噪声的奇次噪声谐波有关。考虑所有这些奇次噪声谐波,光源耦合器空端的噪声信号可以表示为

$$I_{\text{N-coupler}} = G_0 \cdot \{I_{\text{N-F}}^{(\omega_m)}(t) \cdot \cos[\omega_m t + \phi_{\text{N-F}}^{(\omega_m)}(t)] + I_{\text{N-F}}^{(3\omega_m)}(t) \cdot \cos[3\omega_m t + \phi_{\text{N-F}}^{(3\omega_m)}(t)]$$
$$+ I_{\text{N-F}}^{(5\omega_m)}(t) \cdot \cos[5\omega_m t + \phi_{\text{N-F}}^{(5\omega_m)}(t)] + \cdots\} \tag{4.37}$$

通过建构下列解调函数:

$$f(t) = [1 + J_0(\phi_m) - J_2(\phi_m)] \cdot \cos\left[\omega_m\left(t + \frac{\tau}{2}\right)\right] - [J_2(\phi_m) - J_4(\phi_m)] \cdot$$

$$\cos\left[3\omega_m\left(t + \frac{\tau}{2}\right)\right] + \cdots + \sum (-1)^{n-1}[J_{2(n-1)}(\phi_m) - J_{2n}(\phi_m)]$$

$$\cos\left[(2n-1)\omega_m t + \left(n - \frac{1}{2}\right)\omega_m \tau\right] \tag{4.38}$$

这个解调函数的波形将由所选的参数值 ω_m、ϕ_m 和 τ 决定。选择这些参数建构这样一个波形,对光源耦合器空端的噪声信号进行解调,即将上面最后两式相乘,只取其一次谐波的噪声幅值,则 $\langle I_{\text{N-coupler}} \cdot f(t) \rangle_{1\text{st}}$ 与 $\langle I_{\text{N-total}} \rangle_{1\text{st}}$ 形式相同,只是差一个系数。同理,考虑两个信号在解调过程中的集总增益系数,调节增益系数 G_0 即可实现所需的噪声完全抵消。$f(t)$ 虽然是一个无穷级数形式,可以近似取级数的前几项,这样形成一个周期性波形。在光纤陀螺的处理电路中则需要一个能够生成这种解调函数的信号发生器,为光源耦合器空端提供相敏解调的基准信号。

4.2.5 对解调函数 $f(t)$ 的认识

将式(4.38)的解调函数 $f(t)$ 重写如下:

$$f(t) = [1 + J_0(\phi_m)] \cdot \cos\left[\omega_m\left(t + \frac{\tau}{2}\right)\right] - J_2(\phi_m) \cdot \left\{\cos\left[\omega_m\left(t + \frac{\tau}{2}\right)\right] + \right.$$

$$\cos\left[3\omega_m\left(t + \frac{\tau}{2}\right)\right]\right\} + J_4(\phi_m) \cdot \left\{\cos\left[3\omega_m\left(t + \frac{\tau}{2}\right)\right] + \cos\left[5\omega_m\left(t + \frac{\tau}{2}\right)\right]\right\} -$$

$$J_6(\phi_m) \cdot \left\{\cos\left[5\omega_m\left(t + \frac{\tau}{2}\right)\right] + \cos\left[7\omega_m\left(t + \frac{\tau}{2}\right)\right]\right\} + \cdots$$

$$= [1+J_0(\phi_m)] \cdot \cos\left[\omega_m\left(t+\frac{\tau}{2}\right)\right] - 2J_2(\phi_m)\cos\left[\omega_m\left(t+\frac{\tau}{2}\right)\right]\cos\left[2\omega_m\left(t+\frac{\tau}{2}\right)\right] +$$

$$2J_4(\phi_m)\cos\left[\omega_m\left(t+\frac{\tau}{2}\right)\right]\cos\left[4\omega_m\left(t+\frac{\tau}{2}\right)\right] -$$

$$2J_6(\phi_m)\cos\left[\omega_m\left(t+\frac{\tau}{2}\right)\right]\cos\left[6\omega_m\left(t+\frac{\tau}{2}\right)\right] + \cdots$$

$$= \cos\left[\omega_m\left(t+\frac{\tau}{2}\right)\right] \cdot \left\{1+\cos\left[\phi_m\cos\omega_m\left(t+\frac{\tau}{2}\right)\right]\right\} = g\left(t+\frac{\tau}{2}\right)\cos\left[\omega_m\left(t+\frac{\tau}{2}\right)\right]$$

(4.39)

现在再来比较陀螺探测器和光源耦合器空端的强度噪声及各自的相敏解调过程。对于正弦调制开环光纤陀螺，陀螺探测器的相对强度噪声形式为 $I_i(t-\tau) \cdot g(t-\tau/2)\cos[\omega_m(t-\tau/2)]$。$I_i(t-\tau) \cdot g(t-\tau/2)$ 用 $\cos[\omega_m(t-\tau/2)]$ 进行相敏解调，等效于 $I_i(t-\tau)$ 用 $f(t-\tau) = g(t-\tau/2)\cos[\omega_m(t-\tau/2)]$ 相敏解调。而光源耦合器空端的相对强度噪声形式为 $I_i(t)$，与陀螺探测器的相对强度噪声相比有一个延迟时间 τ，必须用 $f(t) = g(t+\tau/2) \cdot \cos[\omega_m(t+\tau/2)]$ 进行相敏解调，两者的强度噪声才能具有相同的特征。即，如果计及正弦相位调制的作用，陀螺探测器上的强度噪声 $I_i(t-\tau)$ 的解调信号相当于 $f(t-\tau)$，而光源耦合器空端的强度噪声 $I_i(t)$ 的解调信号相当于 $f(t)$，如果解调电路设计得理想，相敏解调后两个信号相减当然会完全抵消强度噪声。上面的分析从侧面证明了在理想情况下，后面4.2.7节和4.3.3节的电学相减方案实质上是一个相对强度噪声完全抵消的方案。

4.2.6 陀螺探测器与光源耦合器空端的强度噪声的直接相减

如果不考虑相对强度噪声的各次谐波与相位调制产生的各次调制谐波之间的拍频响应，光源耦合器空端的强度噪声经过 τ 延迟后直接从陀螺探测器输出中减掉，会大大影响噪声抑制的效果，甚至会出现"矫枉过正"，进一步增加强度噪声。下式是直接相减与没有相减的强度噪声比值：

$$\eta_{\omega_m}^{(2)} = \frac{\sqrt{[J_2(\phi_m)-J_4(\phi_m)]^2 + [J_4(\phi_m)-J_6(\phi_m)]^2 + \cdots}}{\sqrt{[1+J_0(\phi_m)-J_2(\phi_m)]^2 + [J_2(\phi_m)-J_4(\phi_m)]^2 + [J_4(\phi_m)-J_6(\phi_m)]^2 + \cdots}}$$

(4.40)

由图4.5可以看出，直接相减后，在某些调制深度下，强度噪声不但没有减少，反而增加了。因而，直接相减并不能有效地抑制强度噪声。

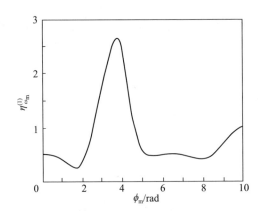

图 4.5　陀螺探测器上的强度噪声与光源耦合器
空端的强度噪声直接相减的抑制效果

4.2.7　采用电学延迟抑制正弦调制的相对强度噪声

由上面分析可以看出,光纤陀螺探测器的传感信号是一个已受到陀螺光学传递函数 $g(t-\tau/2)$ 调制的输出信号,该输出信号在后续的信号处理电路中用解调信号 $\cos[\omega_m(t-\tau/2)]$ 进行相敏解调,因而总的调制/解调信号可以表示为 $g(t-\tau/2) \cdot \cos[\omega_m(t-\tau/2)] = f(t-\tau)$。要实现强度噪声完全抵消,光源耦合器空端的噪声信号是采用 $f(t) = g(t+\tau/2) \cdot \cos[\omega_m(t+\tau/2)]$ 进行相敏解调的,这两个信号的强度噪声 $I_i(t-\tau)$ 和 $I_i(t)$ 有一个 τ 延迟,所用的解调信号 $f(t-\tau)$ 和 $f(t)$ 也有一个 τ 延迟,因此所得到的强度噪声是相关的,并具有同样的相位特性,进而可以采用相减方法完全抵消强度噪声。采用电学延迟抑制正弦调制光纤陀螺的相对强度噪声的方案见图 4.6,基于同样的机理:采用时延电路或滤波电路先对光源耦合器空端的强度噪声信号进行时延 $T=\tau$,使陀螺探测器和光源耦合器空端的强度噪声信号的延迟相同;随后将经过时延的光源耦合器空端的噪声信号乘以主探测器的传感信号,确保两个信号的强度噪声都受到陀螺光学传递函数 $g(t-\tau/2)$ 的调制,这样,两个噪声信号已具有相同的特征,完全可以进行噪声相减。

设 $I_{D1}(t)$ 和 $I_{D2}(t)$ 分别代表陀螺探测器 1 的传感器信号和与光源耦合器空端连接探测器 2 的表征强度噪声的信号:

$$I_{D1}(t) = \alpha_1 [I_0 + I_{N-F}(t-\tau)] g\left(t - \frac{\tau}{2}\right) \tag{4.41}$$

$$I_{D2}(t) = \alpha_2 [I_0 + I_{N-F}(t)] \tag{4.42}$$

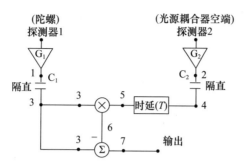

图4.6 采用电学延迟抑制正弦调制光纤陀螺的相对强度噪声

式中:α_1 和 α_2 为与各自光路损耗有关的比例常数;I_0 为光源光强;τ 为传感器光路的时间延迟;$I_{N-F}(t-\tau)$ 为 $t-\tau$ 时刻陀螺探测器1的强度噪声;$I_{N-F}(t)$ 为 t 时刻光源耦合器空端探测器2的强度噪声;$g(t-\tau/2)$ 为包含正弦相位调制的传感器信号。

$I_{D1}(t)$ 和 $I_{D2}(t)$ 分别经过光探测器1和光探测器2变为

$$V_{D1}^{(I)}(t) = \eta_{D1} R_{f1} \cdot \alpha_1 [I_0 + I_{N-F}(t-\tau)] g\left(t - \frac{\tau}{2}\right)$$

$$= G_1 \cdot \alpha_1 [I_0 + I_{N-F}(t-\tau)] g\left(t - \frac{\tau}{2}\right) \quad (4.43)$$

$$V_{D2}^{(I)}(t) = \eta_{D2} R_{f2} \cdot \alpha_2 [I_0 + I_{N-F}(t)] = G_2 \cdot \alpha_2 [I_0 + I_{N-F}(t)] \quad (4.44)$$

式中:增益 $G_1 = \eta_{D1} \cdot R_{f1}$、$G_2 = \eta_{D2} \cdot R_{f2}$,$\eta_{D1}$、$\eta_{D2}$ 分别为光探测器1和光探测器2的响应度;R_{f1}、R_{f2} 分别为光探测器1和光探测器2的跨阻抗。

$V_{D1}^{(I)}(t)$、$V_{D2}^{(I)}(t)$ 首先通过一个隔直滤波器,以消除 DC 分量,只保留交流变化的部分:

$$V_{D1}^{(II)}(t) = G_1 \alpha_1 [I_0 + I_{N-F}(t-\tau)] g\left(t - \frac{\tau}{2}\right) \quad (4.45)$$

$$V_{D2}^{(II)}(t) = G_2 \alpha_2 \cdot I_{N-F}(t) \quad (4.46)$$

$V_{D2}^{(II)}(t)$ 的强度噪声信号经过高通滤波器后,进行电学时延器(T):

$$V_{D2}^{(III)}(t) = G_2 \alpha_2 \cdot I_{N-F}(t-T) \quad (4.47)$$

$V_{D2}^{(III)}(t)$ 与 $V_{D1}^{(II)}(t)$ 在乘法器中相乘,得

$$V_{D2}^{(IV)}(t) = \frac{V_{D1}^{(II)}(t) V_{D2}^{(III)}(t)}{V_{ref}} = \frac{G_1 G_2}{V_{ref}} \cdot \alpha_1 \alpha_2 \cdot I_0 I_{N-F}(t-T) g\left(t - \frac{\tau}{2}\right) \quad (4.48)$$

式中:V_{ref} 为乘法器基准电压。从 $V_{D1}^{(II)}(t)$ 中减去 $V_{D2}^{(IV)}(t)$,整理得

$$V = G_1\alpha_1 I_0 g\left(t - \frac{\tau}{2}\right) + G_1\alpha_1\left[I_{N-F}(t-\tau) - \frac{G_2}{V_{ref}}\alpha_2 \cdot I_0 I_{N-F}(t-T)\right]g\left(t - \frac{\tau}{2}\right) \quad (4.49)$$

式中：第一项 $G_1\alpha_1 I_0 g\left(t - \frac{\tau}{2}\right)$ 为所需的信号；第二项为强度噪声项，应为零。

$$I_{N-F}(t-\tau) - \frac{G_2}{V_{ref}}\alpha_2 \cdot I_0 I_{N-F}(t-T) = 0 \quad (4.50)$$

在频域则为

$$I_{N-F}(\omega)\cdot e^{-j\omega\tau} - \frac{G_2}{V_{ref}}\alpha_2 I_0 I_{N-F}(\omega)\cdot e^{-j\omega T} = 0 \quad (4.51)$$

因而噪声完全抵消的条件为

$$G_2\alpha_2 I_0 = V_{ref}, T = \tau \quad (4.52)$$

由于两个探测器的电学输出都可能采用滤波器进行滤波，两个滤波器之间的差分时间延迟 T 必须满足 $T = \tau$，同时调节噪声信号的增益系数，使之满足 $G_2\alpha_2 I_0 = V_{ref}$，则可以实现相对强度噪声的抑制。值得说明的是，上述分析由于电学延迟电路采用了陀螺光学传递函数对噪声信号进行解调，不需要重新建构一个信号对光源耦合器空端的噪声信号进行相敏解调，也不需要考虑相对强度噪声的各次谐波与相位调制产生的各次调制谐波之间的拍频响应，因而简化了电路处理系统。

这种方法的优点是：①不需要增加任何光学元件；②不需要对调制频率进行限制；③开环光纤陀螺和闭环光纤陀螺都可以采用。

4.3 方波调制光纤陀螺的相对强度噪声及抑制

4.3.1 方波调制本征解调光纤陀螺中的相对强度噪声形态

如前所述，光纤陀螺的干涉输出可以表示为

$$I_D(t) = \alpha_1[I_0 + I_N(t-\tau)] \cdot \{1 + \cos[\phi_s + \Delta\phi(t)]\} \quad (4.53)$$

对于频率为 $f_p = 1/2\tau$、幅值为 $\pm\phi_b$ 的本征方波调制，光纤陀螺的开环输出可以看成是频率为 ω_p、幅值为 $\pm\phi_s$ 的解调方波（$\phi_s \ll 1\,\mathrm{rad}$ 时）：

$$I_D(t) = \begin{cases} \alpha_1[I_0 + I_N(t-\tau)] \cdot (1 + \cos\phi_b + \phi_s\sin\phi_b) & 0 < t \leq \tau \\ \alpha_1[I_0 + I_N(t-2\tau)] \cdot (1 + \cos\phi_b - \phi_s\sin\phi_b) & \tau < t \leq 2\tau \end{cases} \quad (4.54)$$

对上述输出进行隔直处理：

$$I_D(t) = \begin{cases} \alpha_1 I_N(t-\tau)\cdot(1+\cos\phi_b) + \alpha_1 I_0\phi_s\sin\phi_b & 0 < t \leq \tau \\ \alpha_1 I_N(t-2\tau)\cdot(1+\cos\phi_b) - \alpha_1 I_0\phi_s\sin\phi_b & \tau < t \leq 2\tau \end{cases} \quad (4.55)$$

如图4.7所示,在本征频率 $\omega_p = \pi/\tau$ 的半周期上进行采样,两个半周期的采样值相减给出陀螺的开环输出。因而方波调制光纤陀螺的解调函数仍是一个方波,与正弦调制光纤陀螺的余弦解调函数不同,方波解调函数由许多谐波组成,可以表示为

$$f(t) = \begin{cases} 1 & 0 < t \leq \tau \\ -1 & \tau < t \leq 2\tau \end{cases}$$

$$= \begin{cases} \dfrac{4}{\pi}\left(\sin\omega_p t + \dfrac{1}{3}\sin3\omega_p t + \dfrac{1}{5}\sin5\omega_p t + \cdots\right) & 0 < t \leq \tau \\ \dfrac{4}{\pi}\left[\sin\omega_p(t+\tau) + \dfrac{1}{3}\sin3\omega_p(t+\tau) + \dfrac{1}{5}\sin5\omega_p(t+\tau) + \cdots\right] & \tau < t \leq 2\tau \end{cases}$$

(4.56)

假定 $\phi_s = 0$,且只考虑噪声误差项,则

$$I_{NE} = \langle \alpha_1(1 + \cos\phi_b)[I_N(t-\tau) + I_N(t-2\tau)] \cdot f(t) \rangle_{2\tau} \quad (4.57)$$

式中:$\langle \cdots \rangle_{2\tau}$ 为在 2τ 周期上求平均。

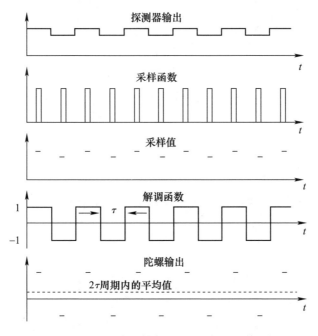

图4.7 方波调制本征解调的解调函数

可以看出,相对强度噪声的各次谐波与方波解调产生的各次谐波之间发生拍频,但是只有与方波解调产生的各奇次谐波频率相同的噪声谐波,与相应的解

调谐波混频,在2τ周期上求平均时才会产生不为零的值,对本征解调的强度噪声分量有贡献。对于这些$2n-1$次噪声谐波,可以看成是以$(2n-1)\omega_\text{p}$为中心的带限白噪声,其解析式用窄带随机过程表示:

$$I_\text{N}^{(2n-1)\omega_\text{p}}(t) = I_\text{N-F}^{(2n-1)\omega_\text{p}}(t)\cos[(2n-1)\omega_\text{p}t + \phi_\text{N-F}^{(2n-1)\omega_\text{p}}(t)] \quad (4.58)$$

因而,将式(4.56)和式(4.58)代入式(4.57),得到干涉光强的噪声部分为

$$I_\text{NE} = \frac{2\alpha_1(1+\cos\phi_\text{b})}{\pi} \cdot \sum_{n=1}^{\infty}\frac{1}{2n-1}I_\text{N-F}^{(2n-1)\omega_\text{p}}(t) \cdot$$

$$\{\sin[(2n-1)\omega_\text{p}\tau - \phi_\text{N-F}^{(2n-1)\omega_\text{p}}(t)] + \sin[3(2n-1)\omega_\text{p}\tau - \phi_\text{N-F}^{(2n-1)\omega_\text{p}}(t)]\}$$

$$= \frac{4\alpha_1(1+\cos\phi_\text{b})}{\pi}\sum_{n=1}^{\infty}\frac{1}{2n-1}I_\text{N-F}^{(2n-1)\omega_\text{p}}(t) \cdot \sin[(2n-1)\omega_\text{p}\tau - \phi_\text{N-F}^{(2n-1)\omega_\text{p}}(t)]$$

$$= \frac{4\alpha_1(1+\cos\phi_\text{b})}{\pi}\sum_{n=1}^{\infty}\frac{1}{2n-1}I_\text{N-F}^{(2n-1)\omega_\text{p}}(t) \cdot \sin[\phi_\text{N-F}^{(2n-1)\omega_\text{p}}(t)] \quad (4.59)$$

式(4.59)中利用了$2\omega_\text{p}\tau = 2\pi$。这说明,只有本征频率$\omega_\text{p}$及其奇次谐波上的噪声分量对本征解调输出噪声有贡献。相应地,总的强度噪声为各个谐波分量的强度噪声的统计平均(平方和的平方根):

$$\sigma_\text{RIN}^2 = \sigma_{\omega_\text{p}}^2 + \sigma_{3\omega_\text{p}}^2 + \sigma_{5\omega_\text{p}}^2 + \sigma_{7\omega_\text{p}}^2 + \cdots \quad (4.60)$$

相对强度噪声为白噪声,且有

$$\sigma_{(2n-1)\omega_\text{p}}^2 = \frac{\sigma_{\omega_\text{p}}^2}{(2n-1)^2} = \frac{1}{(2n-1)^2}\left(\frac{4\alpha_1(1+\cos\phi_\text{b})}{\pi}\right)^2\left(I_0^2\tau_c \cdot \frac{\Delta\omega}{2\pi}\right) \quad n=1,2,3\cdots$$

$$(4.61)$$

式中:$I_\text{N-F}^{(2n-1)\omega_\text{p}}(t)\sin[\phi_\text{N-F}^{(2n-1)\omega_\text{p}}(t)]$的方差为$I_0^2\tau_c \cdot \frac{\Delta\omega}{2\pi}$。

相对强度噪声对角随机游走的贡献因而可以表示为

$$\text{ARW}_\text{RIN} = \frac{\lambda_0 c}{2\pi LD} \cdot \frac{180}{\pi} \cdot 3600 \cdot \frac{1}{\sqrt{3600}} \cdot \sqrt{B \cdot 2\tau} \cdot$$

$$\frac{4\alpha_1(1+\cos\phi_\text{b})}{\pi \cdot \sin\phi_\text{b}}\sqrt{\tau_c} \cdot \sqrt{\sum_{n=1}^{\infty}\frac{1}{(2n-1)^2}} \quad ((°)/\sqrt{\text{h}}) \quad (4.62)$$

可以看出,在本征频率的奇次谐波上,强度噪声随着谐波阶次的上升急速下降,因此,抑制相对强度噪声只需抑制大于本征频率的几阶较低的奇次谐波频率上的相对强度噪声即可。另外,式(4.62)还表明,如果不采取强度噪声抑制措施,噪声谐波与调制(或解调)频率的谐波发生拍频,对陀螺角随机游走的贡献

要大于式(4.4)或式(4.5)对 ARW 的基本估计。

4.3.2 方波调制本征解调光纤陀螺中的强度噪声抑制原理

对光源耦合器空端的相对强度噪声信号同样进行本征解调,即在本征频率 $\omega_\mathrm{p} = \pi/\tau$ 的半周期上进行采样,两个半周期的采样值相减给出相对强度噪声的表征。因而,光源耦合器空端的相对强度噪声的解调函数仍是一个如式(4.56)所示的方波。在这种解调下,光源耦合器空端的输出光强可以表示为

$$I_\mathrm{coupler}(t) = \begin{cases} \alpha_2[I_0 + I_\mathrm{N}(t)] & 0 < t \leqslant \tau \\ \alpha_2[I_0 + I_\mathrm{N}(t-\tau)] & \tau < t \leqslant 2\tau \end{cases} \quad (4.63)$$

对上述输出进行隔直处理,得到光源耦合器空端的相对强度噪声信号:

$$I_\mathrm{N-coupler}(t) = \begin{cases} \alpha_2 I_\mathrm{N}(t) & 0 < t \leqslant \tau \\ \alpha_2 I_\mathrm{N}(t-\tau) & \tau < t \leqslant 2\tau \end{cases} \quad (4.64)$$

光源耦合器空端的相对强度噪声分量为

$$I'_\mathrm{NE} = \langle \alpha_2[I_\mathrm{N}(t) + I_\mathrm{N}(t-\tau)] \cdot f(t) \rangle_{2\tau} \quad (4.65)$$

将式(4.56)和式(4.58)代入式(4.65),可以得

$$\begin{aligned}
I'_\mathrm{NE} &= \frac{2\alpha_2}{\pi} \sum_{n=1}^{\infty} \frac{1}{2n-1} I_\mathrm{N-F}^{(2n-1)\omega_\mathrm{p}}(t) \cdot \{\sin[-\phi_\mathrm{N-F}^{(2n-1)\omega_\mathrm{p}}(t)] + \\
&\quad \sin[2(2n-1)\omega_\mathrm{p}\tau - \phi_\mathrm{N-F}^{(2n-1)\omega_\mathrm{p}}(t)]\} \\
&= -\frac{4\alpha_2}{\pi} \sum_{n=1}^{\infty} \frac{1}{2n-1} I_\mathrm{N-F}^{(2n-1)\omega_\mathrm{p}}(t) \cdot \sin[\phi_\mathrm{N-F}^{(2n-1)\omega_\mathrm{p}}(t)] \quad (4.66)
\end{aligned}$$

由上面的推导可以看出,只有强度噪声的奇次谐波能够与方波解调函数混频,在 2τ 周期上求平均时才会产生不为零的值,对本征解调的强度噪声分量有贡献。而且,在本征解调时,陀螺探测器和光源耦合器空端的相对强度噪声分量式(4.59)和式(4.66)具有相同的形式,但符号相反。通过使两者的增益匹配并进行相加,本征频率的奇次谐波上的光源强度噪声就可以被完全抵消。这种方法既适合于全光相对强度噪声抑制,也适合数字电学相对强度噪声抑制。

4.3.3 方波调制本征解调模拟电学相减强度噪声抑制技术

可以采用如图 4.8 所示的方波调制本征解调模拟电学相减强度噪声抑制技术。设 $I_\mathrm{D1}(t)$ 和 $I_\mathrm{D2}(t)$ 分别代表陀螺探测器 1 的传感器信号和与光源耦合器空端连接的表征相对强度噪声的探测器 2 的信号:

$$I_{D1}(t) = \alpha_1 [I_0 + I_{N-F}(t-\tau)] g(t) \quad (4.67)$$

$$I_{D2}(t) = \alpha_2 [I_0 + I_{N-F}(t)] \quad (4.68)$$

式中：α_1 和 α_2 为与各自光路损耗有关的比例常数；I_0 为光源光强；τ 为陀螺光路的时间延迟；$I_{N-F}(t-\tau)$ 为 $t-\tau$ 时刻陀螺探测器 1 的强度噪声；$I_{N-F}(t)$ 为 t 时刻光源耦合器空端探测器 2 的强度噪声，与开环正弦调制的情形类似；$g(t)$ 为包含方波相位调制的闭环光纤陀螺的光学传递函数。

$$g(t) = 1 + \cos[\phi_\alpha + S_{qr}(t, \phi_b)] \quad (4.69)$$

式中：$S_{qr}(t, \phi_b)$ 为幅值为 ϕ_b 本征方波偏置调制信号；ϕ_α 为角加速度引起的相位变化。因为闭环的构造，反馈回路试图控制线圈中两束反向传播光波之间的相位差，但总是基于前一个不再表示当前相位状态的调制周期，因而旋转速率变化期间存在着一个误差信号 ϕ_α。结果，角加速期间，输出强度中将产生方波分量，角加速停止后方波分量也将停止，允许回路消除该误差信号。这里 ϕ_α 将主要影响下一回合的闭环反馈相移 ϕ_f。

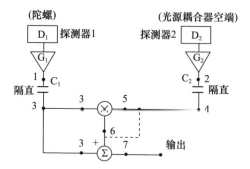

图 4.8 方波调制本征解调的抑制强度噪声信号处理电路

$I_{D1}(t)$ 和 $I_{D2}(t)$ 分别经过光探测器 1 和光探测器 2 变为电压信号：

$$V_{D1}^{(I)}(t) = \eta_{D1} R_{f1} \cdot \alpha_1 [I_0 + I_{N-F}(t-\tau)] g(t) = G_1 \cdot \alpha_1 [I_0 + I_{N-F}(t-\tau)] g(t) \quad (4.70)$$

$$V_{D2}^{(I)}(t) = \eta_{D2} R_{f2} \cdot \alpha_2 [I_0 + I_{N-F}(t)] = G_2 \cdot \alpha_2 [I_0 + I_{N-F}(t)] \quad (4.71)$$

式中：增益 $G_1 = \eta_{D1} \cdot R_{f1}$、$G_2 = \eta_{D2} \cdot R_{f2}$，$\eta_{D1}$、$\eta_{D2}$ 分别为光探测器 1 和光探测器 2 的响应度；R_{f1}、R_{f2} 分别为光探测器 1 和光探测器 2 的跨阻抗。

$V_{D1}^{(I)}(t)$、$V_{D2}^{(I)}(t)$ 首先通过一个隔直滤波器，以消除 DC 分量，只保留交流变化的部分：

$$V_{D1}^{(II)}(t) = G_1 \alpha_1 [I_0 + I_{N-F}(t-\tau)] g(t) \quad (4.72)$$

$$V_{\text{D2}}^{(\text{II})}(t) = G_2\alpha_2 \cdot I_{\text{N-F}}(t) \tag{4.73}$$

$V_{\text{D2}}^{(\text{II})}(t)$ 与 $V_{\text{D1}}^{(\text{II})}(t)$ 在乘法器中相乘,得

$$V_{\text{D2}}^{(\text{III})}(t) = \frac{V_{\text{D1}}^{(\text{II})}(t)V_{\text{D2}}^{(\text{II})}(t)}{V_{\text{ref}}} = \frac{G_1G_2}{V_{\text{ref}}} \cdot \alpha_1\alpha_2 \cdot I_0 I_{\text{N-F}}(t)g(t) \tag{4.74}$$

式中:V_{ref} 是乘法器的基准电压。$V_{\text{D1}}^{(\text{II})}(t)$ 与 $V_{\text{D2}}^{(\text{III})}(t)$ 在加法器中求和,整理得

$$V(t) = G_1\alpha_1 I_0 g(t) + G_1\alpha_1\left[I_{\text{N-F}}(t-\tau) + \frac{G_2}{V_{\text{ref}}}\alpha_2 \cdot I_0 I_{\text{N-F}}(t)\right]g(t) \tag{4.75}$$

式中:第一项 $G_1\alpha_1 I_0 g(t)$ 为所需的信号;第二项为相对强度噪声项,应为零。

$$I_{\text{N-F}}(t-\tau) + \frac{G_2}{V_{\text{ref}}}\alpha_2 \cdot I_0 I_{\text{N-F}}(t) = 0 \tag{4.76}$$

在频域则为

$$I_{\text{N-F}}(\omega) \cdot e^{-j\omega\tau} + \frac{G_2}{V_{\text{ref}}}\alpha_2 I_0 I_{\text{N-F}}(\omega) = 0 \tag{4.77}$$

本征解调($\omega = \omega_{\text{p}}$)时,$e^{-j\omega_{\text{p}}\tau} = -1$,因而只需

$$G_2\alpha_2 I_0 = V_{\text{ref}} \tag{4.78}$$

就可以完全抵消相对强度噪声。当然,考虑到上述过程中散粒噪声 $\sigma_{\text{shot}}^2 \propto \alpha_1 I_0 + \alpha_2 I_0$,最好是通过调节光学衰减 α_2 使 $\alpha_2 = \alpha_1$ 满足式(4.78)。

由于 ϕ_α 很小时,$g(t)$ 近似为常值 $1 + \cos\phi_{\text{b}}$,也可以忽略乘法器,将式(4.72)、式(4.73)中的 $V_{\text{D2}}^{(\text{II})}(t)$ 与 $V_{\text{D1}}^{(\text{II})}(t)$ 直接相加(图4.8中的虚线):

$$V(t) = G_1\alpha_1[I_0 + I_{\text{N-F}}(t-\tau)]g(t) + G_2\alpha_2 I_{\text{N-F}}(t) \tag{4.79}$$

只考虑强度噪声部分,有

$$V_{\text{RIN}}(t) = G_1\alpha_1 I_{\text{N-F}}(t-\tau)g(t) + G_2\alpha_2 I_{\text{N-F}}(t) \tag{4.80}$$

因而式(4.80)在频域可表示为

$$V_{\text{RIN}}(\omega) = G_1\alpha_1 I_{\text{N-F}}(\omega)e^{-j\omega\tau}(1 + \cos\phi_{\text{b}}) + G_2\alpha_2 I_{\text{N-F}}(\omega) \tag{4.81}$$

本征解调($\omega = \omega_{\text{p}} = 2\pi f_{\text{p}}$)时,$e^{-j\omega_{\text{p}}\tau} = -1$,因而只需:

$$G_1\alpha_1(1 + \cos\phi_{\text{b}}) = G_2\alpha_2 \tag{4.82}$$

可以通过衰减光源耦合器空端的表征强度噪声的光信号 $\alpha_2 = (1 + \cos\phi_{\text{b}})\alpha_1$(此时探测器增益 $G_2 = G_1$)来满足式(4.82)条件。

下面讨论方波调制本征解调模拟电学相减强度噪声抑制技术中散粒噪声的影响。探测器1和探测器2上的平均光强可以分别表示为

$$\overline{I}_{D1} = \alpha_1 I_0 (1+\cos\phi_b), \quad \overline{I}_{D2} = \alpha_2 I_0 \tag{4.83}$$

设探测器 1 和探测器 2 响应度分别为 η_{D1} 和 η_{D2}，带宽分别为 B_1 和 B_2，跨阻抗（放大系数）分别为 R_{f1} 和 R_{f2}，探测器 2 后面还有一个调节放大器，设其放大倍数为 G_2（假定 $G_1=1$ 即不用调节）。用光功率表示的散粒噪声为

$$\sigma_{\text{shot1}}^{(I)} = \sqrt{2(hc/\lambda_0)\alpha_1 I_0(1+\cos\phi_b) \cdot B_1} \tag{4.84}$$

$$\sigma_{\text{shot2}}^{(I)} = \sqrt{2(hc/\lambda_0)\alpha_2 I_0 \cdot B_2} \tag{4.85}$$

用电压表示的散粒噪声为

$$\sigma_{\text{shot1}}^{(V)} = \eta_{D1} R_{f1}\sqrt{2(hc/\lambda_0)\alpha_1 I_0(1+\cos\phi_b) \cdot B_1} \tag{4.86}$$

$$\sigma_{\text{shot2}}^{(V)} = \eta_{D2} R_{f2} G_2 \sqrt{2(hc/\lambda_0)\alpha_2 I_0 \cdot B_2} \tag{4.87}$$

探测器 1 的信号分量用电压表示时为

$$V_s = \eta_{D1} R_{f1} \alpha_1 I_0 \sin\phi_b \tag{4.88}$$

则角随机游走为

$$\text{ARW}_{\text{shot}} = \sqrt{B_1 \cdot 2\tau \left(\frac{\sigma_{\text{shot1}}^{(V)}}{V_s\sqrt{B_1}}\right)^2 + B_2 \cdot 2\tau \left(\frac{\sigma_{\text{shot2}}^{(V)}}{V_s\sqrt{B_2}}\right)^2}$$

$$= \frac{\sqrt{2\tau}}{\sin\phi_b}\sqrt{\frac{2(hc/\lambda_0)}{\alpha_1 I_0}} \cdot \sqrt{B_1(1+\cos\phi_b) + B_2 \frac{\alpha_2}{\alpha_1} \cdot \frac{\eta_{D2}^2 R_{f2}^2 G_2^2}{\eta_{D1}^2 R_{f1}^2}} \tag{4.89}$$

将强度噪声抵消条件式(4.82)代入式(4.89)得

$$\text{ARW}_{\text{shot}} = \sqrt{2\tau} \cdot \sqrt{\frac{2(hc/\lambda_0)}{\alpha_1 I_0}} \cdot \frac{\sqrt{1+\cos\phi_b}}{\sin\phi_b} \cdot \sqrt{B_1 + B_2 G_2^2 \cdot \frac{\eta_{D2}^2 R_{f2}^2}{\eta_{D1}^2 R_{f1}^2}} \tag{4.90}$$

假定探测器 1 和探测器 2 为同类探测器，增益带宽积为常数：$B_1 R_{f1} = B_2 R_{f2} = K_0$，响应度也相同，$\eta_{D1} = \eta_{D2} = \eta_D$，则

$$\text{ARW}_{\text{shot}} = \sqrt{2\tau} \cdot \sqrt{\frac{2(hc/\lambda_0)}{\alpha_1 I_0}} \cdot \frac{\sqrt{1+\cos\phi_b}}{\sin\phi_b} \cdot \sqrt{\frac{K_0 \eta_D}{R_{f1}}} \cdot \sqrt{1 + G_2 \cdot \frac{R_{f2}}{R_{f1}}} \tag{4.91}$$

假定两个探测器完全相同($R_{f1}=R_{f2}$)，则 $G_2=1$ 时，强度噪声抵消引起的散粒噪声是原来的 $\sqrt{2}$ 倍，这是一个最小值，由式(4.82)，此时 $\alpha_2 = (1+\cos\phi_b)\alpha_1$。

4.3.4　方波调制本征解调全光平行相减强度噪声抑制技术

方波调制本征解调全光强度噪声全光平行相减方案的两种光路结构见

图 4.9,其中利用光源耦合器(50∶50)空端的光作为相对强度噪声的参考光。在图 4.9(a)中,保偏光纤耦合器空端(分光比 50∶50)的光输出通过光衰减器和另一个保偏光纤耦合器(分光比 95∶5)与传感信号合光,入射到光探测器上。在图 4.9(b)中,两个保偏光纤耦合器串联,光源耦合器(50∶50)空端的光输出利用另一个保偏光纤耦合器返回到光探测器上。当光源为高偏(振)光时,信号光和参考光具有相同的偏振(偏振方向平行),两束光的强度噪声特征也大致相同,通过本征方波调制和本征解调,用参考光的强度噪声抵消 Sagnac 干涉仪输出光的强度噪声。如果光源为无偏光源,如宽带掺铒超荧光光源,则需要在耦合器 1 的空端输出加一个偏振器,并确保该偏振器的传输轴与耦合器 2 和耦合器 3 之间的偏振器的传输轴平行。通过微调 95∶5 保偏光纤耦合器的分光比或光衰减器来确保参考光和信号光的功率均衡。

以图 4.9(a)为例来论证这种全光抵消。到达陀螺探测器的传感器信号和光源耦合器空端的基准强度噪声信号分别为

$$I_S(t) = \alpha_1 [I_0 + I_N(t-\tau)] \cdot g(t) \tag{4.92}$$

$$I_R(t) = \alpha_2 [I_0 + I_N(t)] \tag{4.93}$$

式中:τ 为光通过光纤线圈的传输时间;α_1 和 α_2 为信号光路和基准光路的衰减系数或损耗。$g(t)$ 如式(4.69)所示,ϕ_α 很小时近似为 $1+\cos\phi_b$。两束光的总的光强 $I_{total}(t)$ 为

$$I_{total}(t) = I_S(t) + I_R(t) = \tilde{I}(t) + \tilde{I}_{RIN}(t) \tag{4.94}$$

式中:$\tilde{I}(t)$ 与强度噪声无关。

$$\tilde{I}(t) = \alpha_2 I_0 + \alpha_1 I_0 \cdot g(t) \tag{4.95}$$

而 $\tilde{I}_{RIN}(t)$ 是强度噪声项:

$$\tilde{I}_{RIN}(t) = \alpha_1 I_N(t-\tau) \cdot g(t) + \alpha_2 I_N(t) \tag{4.96}$$

陀螺采用本征方波调制和同步解调时,式(4.96)在本征频率 ω_p 的分量变为

$$\tilde{I}_{RIN}(\omega_p) = \alpha_1 I_N(\omega_p) e^{-j\omega_p\tau} \cdot (1+\cos\phi_b) + \alpha_2 I_N(\omega_p) \tag{4.97}$$

由于在本征频率,$\omega_p\tau = \pi$,因而(4.97)式变为

$$\tilde{I}_{\mathrm{RIN}}(\omega_\mathrm{p}) = -\alpha_1 I_\mathrm{N}(\omega_\mathrm{p}) \cdot (1+\cos\phi_\mathrm{b}) + \alpha_2 I_\mathrm{N}(\omega_\mathrm{p}) \tag{4.98}$$

通过光衰减器和第二个保偏光纤耦合器调节参考强度噪声信号的衰减 α_2，使满足 $\alpha_2 = (1+\cos\phi_\mathrm{b})\alpha_1$，则有

$$\tilde{I}_{\mathrm{RIN}}(\omega_\mathrm{p}) = 0 \tag{4.99}$$

因此，在本征频率上解调，可以消除强度噪声项。如果精确地控制增益系数，全光方案应是一个强度噪声完全抵消的方案。但本征解调全光强度噪声相减方案固有地增加了散粒噪声，因为探测器上总的直流光强增加了一倍，散粒噪声的均方根偏差增加了 $\sqrt{2}$ 倍。

4.3.5　方波调制本征解调全光正交相减强度噪声抑制技术

由式(4.96)和式(4.97)可知，图 4.9 所示的强度噪声全光抑制方案中，噪声在频域的分布是这样的：在本征调制频率 ω_p 的所有奇次谐波上噪声取最小值，在本征调制频率 ω_p 的所有偶次谐波上噪声取最大值，总的噪声功率仍保持不变，图 4.10 是频谱分析仪上相对强度噪声的分析结果。

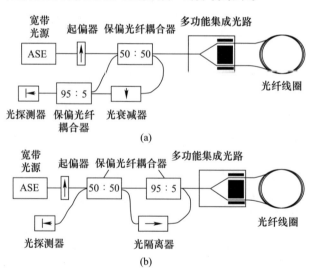

图 4.9　两种本征解调强度噪声全光平行相减方案的光路结构

值得说明的是，本征解调全光平行相加抑制强度噪声需要的是两束光的光功率相加而不应有光振幅相加。尽管宽带光源为弱相干光源，相干长度通常小于 1mm，而参考光和信号光之间存在几百米甚至上千米的光程差，仍存在极弱

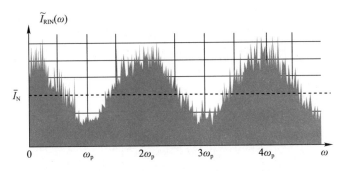

图 4.10 强度噪声全光抑制方案中的频域噪声分布

的光学干涉,这些干涉实际上不会改变平均信号功率,但合光的光谱会产生轻微的沟槽,严重地改变光谱,即使这种沟槽不能被有限分辨率的光谱分析仪探测,它仍存在,致使相对强度噪声发生改变。其最突出的特征是图 4.10 所示的频域周期性强度噪声分布中,本征调制频率 ω_p 的奇次谐波上噪声最小值变大,影响了强度噪声的抑制效果。为了实现真正的光功率相加,必须进一步破坏参考光和信号光之间的干涉能力。如图 4.11 所示,根据信号工作在保偏光纤快轴上这一事实,一种简单的做法是,通过 90°熔接点,在保偏光纤的慢轴上注入噪声参考光,使合光时参考光和信号光的偏振方向正交。90°熔接点通常在隔离器和 95∶5 保偏耦合器之间。

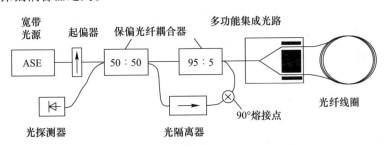

图 4.11 本征解调全光强度噪声正交相加方案的光路结构

4.3.6 方波调制本征解调数字电学相减强度噪声抑制技术

采用数字方法也可以实现光源强度噪声的抑制。噪声抑制通道与信号通道平行,通过数字电路从信号中减掉噪声。到达光源耦合器空端的探测器 D2 的信号不包括经过方波调制的陀螺信号,可以作为光源强度噪声参考。到达陀螺探测器 D1 的信号既有陀螺的旋转信号,又与探测器 D2 具有相同的光源强度噪声特征,只不过相对探测器 D2 的信号延迟了 τs。要有效地抑制光源强度噪声,必须精确地将探测器 D2 的信号延迟 τs,同时,通过选择合适的探测器并调节放大器系数,从探测器 D1 的信号中减掉探测器 D2 的信号,从而抑制光源强度噪声。采用这种方法,国外高精度光纤陀螺中的光源强度噪声抑制已达 50% 以上,有效地降低了陀螺的角随机游走。如前所述,对于本征解调,实际上不需要延迟 τs,两个信号直接相减(加),即可实现噪声相消,如图 4.12 所示。

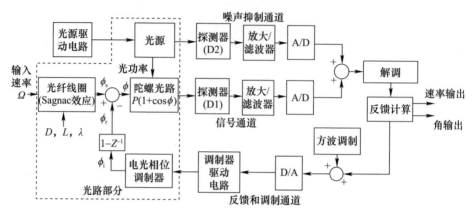

图 4.12 抑制光源强度噪声的数字电路

噪声相减(加)补偿方案的另一个缺点是,为了最大地抑制强度噪声,必须精确地调节探测器 D2 输出信号的幅值,使之与探测器 D1 的信号幅值相等。这种调节通常与许多参数有关,如光路损耗、探测器响应度和放大/滤波器增益等。这些参数随环境和时间会发生变化,使上述信号幅值的调节产生累积误差。另外,在空间应用的光纤陀螺中,由于空间辐射和使用时间较长,光纤线圈或其他光学元件老化引起光学损耗增加,对探测器 D2 的幅值调节必须实时(或定时)刷新,以跟踪和补偿参数变化引起的陀螺漂移和精度下降,这需要采用另外的比较电路和可变增益放大器,增加了系统的复杂性。

美国联信公司的高精度光纤陀螺采用的是上述数字方案。

4.4 相对强度噪声抑制效果的评价

4.4.1 光源相对强度噪声的基本识别

采用图 4.13 所示的实验装置来识别实际光纤陀螺中陀螺探测器和耦合器空端两处的相对强度噪声。探测器 1 接收的输出光信号经过了一个光纤线圈的时延,而耦合器空端探测器 2 的光信号则没有经过时延。用一个双通道快速采集与存储模块对探测器 1 和探测器 2 的信号进行同步采集并存储,然后利用计算机分别计算探测器 1 数据的自相关函数 $R_{XX}(t-t')$、探测器 2 数据的自相关函数 $R_{YY}(t-t')$ 以及两个探测器的互相关函数 $R_{XY}(t-t')$：

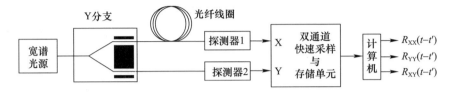

图 4.13　识别光源相对强度噪声的实验装置

$$R_{XX}(t-t') = I_D(t) \cdot I_D(t') \tag{4.100}$$

$$R_{YY}(t-t') = I_{\text{coupler}}(t) \cdot I_{\text{coupler}}(t') \tag{4.101}$$

$$R_{XY}(t-t') = I_D(t) \cdot I_{\text{coupler}}(t') \tag{4.102}$$

式中：$I_D(t)$ 为探测器 1 的输出，表征的是光纤陀螺到达主探测器的光信号；$I_{\text{coupler}}(t)$ 为探测器 2 的输出，表征是光纤陀螺中耦合器空端的光强信号。计算结果如图 4.14 所示。

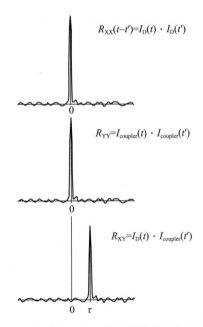

图 4.14　图 4.13 所示实验装置中两个探测器信号的自相关和互相关函数

对于一个强度噪声显著的光源，可以看出，R_{XX} 和 R_{YY} 具有相同的特征：它们在 $t=0$ 时具有最大值，在其他时间上为零平均值；而 R_{XY} 在延迟了 $t=\tau$ 处具有最大值,而在其他时间上为零平均值,其中 τ 是光在光纤线圈中的传播时间,而散粒噪声不具备这样一个特征。在散粒噪声显著的光源中,从探测器 1 和探测器 2 获得的两个信号的互相关函数的几乎处处为零。

4.4.2 光源相对强度噪声的抑制效果

参考图 4.12。信号通道(D1)的噪声方差可以表示为

$$\sigma_1^2 = \sigma_{\text{RIN1}}^2 + \sigma_{\text{shot1}}^2 + \sigma_{\text{elect1}}^2 \tag{4.103}$$

而噪声抑制通道(D2)的噪声方差为

$$\sigma_2^2 = \sigma_{\text{RIN2}}^2 + \sigma_{\text{shot2}}^2 + \sigma_{\text{elect2}}^2 \tag{4.104}$$

如前所述,采用本征解调时,噪声抑制系统不需要延迟 τs,两个通道的光信号输出光功率经过调节 ($\sigma_{\text{RIN1}}^2 = \sigma_{\text{RIN2}}^2 = \sigma_{\text{RIN}}^2$) 后直接相加。由于强度噪声的时间相关性,两个通道的强度噪声相互抵消,但散粒噪声和电噪声却是统计相加的,采用强度噪声抑制系统后的总的噪声为

$$\sigma^2 = \sigma_{\text{RIN}(残余)}^2 + \sigma_{\text{shot1}}^2 + \sigma_{\text{elect1}}^2 + \sigma_{\text{shot2}}^2 + \sigma_{\text{elect2}}^2 \tag{4.105}$$

采用强度噪声抑制系统前、后的噪声方差之比取对数后为

$$\alpha_r = 10\lg\left(\frac{\sigma_1^2}{\sigma^2}\right) = 10\lg\left(\frac{\sigma_{\text{RIN1}}^2 + \sigma_{\text{shot1}}^2 + \sigma_{\text{elect1}}^2}{\sigma_{\text{RIN}(残余)}^2 + \sigma_{\text{shot1}}^2 + \sigma_{\text{elect1}}^2 + \sigma_{\text{shot2}}^2 + \sigma_{\text{elect2}}^2}\right) \tag{4.106}$$

式中:α_r 表示采用强度噪声抑制前、后陀螺输出总的噪声方差的下降水平。两个通道的光学和电学增益调节得较理想时,$\sigma_{\text{shot1}}^2 = \sigma_{\text{shot2}}^2$, $\sigma_{\text{elect1}}^2 = \sigma_{\text{elect2}}^2$,又假定 $\sigma_{\text{RIN1}}^2 = p \cdot (\sigma_{\text{shot1}}^2 + \sigma_{\text{elect1}}^2)$,则对于完全抑制 $\sigma_{\text{RIN}(残余)}^2 = 0$ 和部分噪声抑制 $\sigma_{\text{RIN}(残余)}^2 = (\sigma_{\text{shot1}}^2 + \sigma_{\text{elect1}}^2)/q$, α_r 分别为

$$\alpha_{完全} = 10\lg\left(\frac{p+1}{2}\right) \tag{4.107}$$

$$\alpha_{部分} = 10\lg\left[\frac{q(p+1)}{1+2q}\right] \tag{4.108}$$

式中:p 与偏置工作点的光功率水平有关,可根据光路设计和偏置相位进行计算和评价;q 代表采用强度噪声抑制系统后残余强度噪声相对散粒噪声和电噪声的水平。

注意,α_r 并不是强度噪声抑制比,表征强度噪声抑制系统有效性的强度噪声抑制比 R 可以写为

$$R = 10\lg\left(\frac{\sigma_{\text{RIN}}^2}{\sigma_{\text{RIN}(残余)}^2}\right) = 10\lg(pq) \tag{4.109}$$

R 大于零就说明有抑制效果。

噪声方差之比 $\alpha_{部分}$ 与强度噪声抑制比 R 之间的关系为

$$\alpha_{部分} = 10\lg\left(\frac{p+1}{p \cdot 10^{-0.1R}+2}\right) \quad (4.110)$$

由式(4.107)知,给定了陀螺的强度噪声水平因子 p,由于还存在着其他噪声,即使强度噪声抑制得非常理想,陀螺输出的噪声方差的下降水平也是有一定限制的。表4.1给出了对于不同 p 值,采用强度噪声抑制系统后,陀螺输出总的噪声方差的下降水平极限值。由式(4.110)知,如果实际计算出 p 和测量出采用强度噪声抑制前、后陀螺输出总的噪声方差的下降水平 $\alpha_{部分}$,就可以反推强度噪声抑制系统的强度噪声抑制比 R(图4.15)。图4.15还说明,强度噪声水平因子 p 越大,强度噪声抑制系统的强度噪声抑制比 R 越明显,因此,在考察强度噪声抑制通道的有效性时,可以人为给陀螺系统施加一个较显著的噪声信号。国外已有这方面的报道。

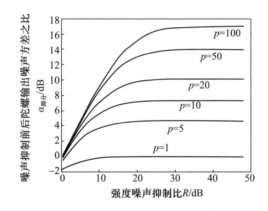

图 4.15 由采用强度噪声抑制系统前、后陀螺输出总的噪声方差的下降水平 $\alpha_{部分}$,反推强度噪声抑制系统的强度噪声抑制比 R

表 4.1 采用理想强度噪声抑制系统的 $\alpha_{完全}$

p/dB	0	1	5	10	20	50	100	200	500	1000
$\alpha_{完全}$/dB	-3.0	0	4.8	7.4	10.2	14.1	17.0	20.0	24.0	27.0

4.5 采用直接光功率反馈抑制光源相对强度噪声

直接反馈指的是利用宽带光纤光源内部的抽运激光器或外加的强度调制器作为反馈元件,通过捕获光源输出功率的噪声变化,将其转化为电流或电压信号,以负反馈形式加到反馈元件上,在光波进入干涉仪之前,抑制相对强度噪声。采用直接反馈抑制光源相对强度噪声的优点是,无须考虑前面大量分析的强度噪声分量与调制信号分量的拍频效应。

4.5.1 内调制法

内调制法是指采用伺服回路控制光源抽运电流来抑制相对强度噪声。这种光源抽运电流反馈的闭环系统,如图 4.16 所示,允许伺服电路补偿相对强度噪声的低频分量。

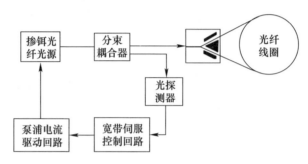

图 4.16 采用直接电流反馈抑制光源相对强度噪声

伺服回路的带宽由抽运功率变化的频率响应决定,由于宽带光源中掺铒光纤的存在,铒光纤(比如铒原子)的上能态的寿命对控制输出光强的变化速度是有限制的,这个带宽被限制在约 3kHz(图 4.17)。要使伺服回路的带宽超过 3kHz,必须增加总的增益,这样才能使 3kHz 频率之上的开环增益远大于 1,在效果上补偿了掺铒光纤的频率翻滚。当然,增益的增大量受抽运二极管的电流极限限制。如果增益太高,则抽运二极管出现噪声电流饱和,这会使陀螺的工作产生一些不需要的效应。受带宽限制,内调制法本质上只限于相对强度噪声中的低频分量的抑制,无法抑制相对强度噪声的高频分量。而高频分量对光纤陀螺输出的随机特性有影响,相应地削弱了光纤陀螺的性能。

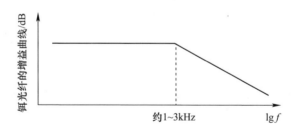

图 4.17 掺铒光纤上能态的寿命限制了内调制法伺服回路的带宽

图 4.18 是实际测量的掺铒光纤输出光功率对驱动电流调制频率的响应。证实掺铒光纤上能态的寿命限制了内调制法伺服回路的带宽。

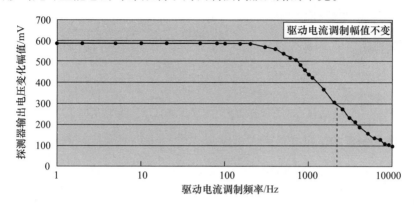

图 4.18　实际测量的掺铒光纤输出功率对驱动电流调制频率的响应

4.5.2　外调制法

外调制法是采用一个负反馈回路将相对强噪声引起的光功率波动反馈到一个高速强度调制器,以消除反映到光探测器上的光强涨落(图 4.19)。外调制法的核心器件是基于马赫－泽德干涉仪的宽带铌酸锂集成光学强度调制器(图 4.20),采用行波电极,以确保电光调制器中光波和调制电场具有相同的速度,即光波波前在调制过程中经受的调制作用是累积的。外加电信号改变两个分束光信号的相对相位,当两个信号同相位时,干涉增强,输出最强光信号,当两个信号反相时,干涉相消,没有光信号输出。通过电信号的调制可以获得从最强到完全没有光输出的不同强度的光信号。也就是说,电极电压的变化最终导致了光强的变化,即实现了强度调制。强度调制器的实物外观如图 4.20 所示,左端的同轴电缆是调制器的射频输入端,右边的三个镀金棒是直流偏置输入端。这种形式的调制器,将调制电极与偏置电极分开,减小了偏置电压对射频调制的影响。

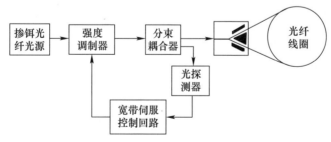

图 4.19　采用强度调制器抑制光源相对强度噪声

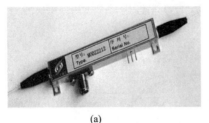
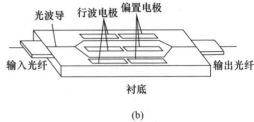

图 4.20　马赫-泽德行波电极强度调制器(a)及其行波电极结构(b)

强度调制器的输出光强表达式为

$$I_{\text{out}} = I_0 \left\{ 1 + \cos\left[\frac{\pi}{V_\pi} V_B + \frac{\pi}{V_\pi} V(t) + \phi_0 \right] \right\} = I_0 \left\{ 1 + \cos\left[\frac{\pi}{V_\pi} V(t) + \phi_B \right] \right\} \tag{4.111}$$

式中：I_0 为调制器输出的峰值光功率；V_π 为调制器直流偏置的半波电压；V_B 为调制器的直流偏置电压；$V(t)$ 为调制器射频端所加的交流调制信号；ϕ_0 为调制器的固有相位，其值与调制器结构的尺寸和参数有关，并随外界的温度和应力的变化而变化；$\phi_B = (\pi/V_\pi)V_B + \phi_0$ 为调制器的实际偏置相位。

为了增加回路的灵敏度，应用时通常将强度调制器偏置在最佳偏置点（图 4.21 中 C 点），即

$$\phi_B = (2n - 1)\frac{\pi}{2} \qquad n = \pm 1, \pm 2, \cdots \tag{4.112}$$

在这些偏置点处，强度调制器的输出功率随调制电压的变化最大，灵敏度最高。

因为铌酸锂晶体易受温度和压力等外界因素的影响，所以强度调制器有一个很大的缺点：调制器的直流漂移使最佳偏置电压不断地变化。直流漂移使强度调制器的输出光功率随之不断地变化，也就是说使系统无法在一个稳定的偏置点对光强度进行射频调制。当强度调制器的偏置点发生漂移时，探测器输出电压随之发生波动。这个电压的变化混入相对强度噪声引起的探测器输出电压的波动之中，如果偏置漂移引入的电压噪声等于或大于探测器中的相对强度噪声，那么抑噪系统的负反馈回路将无法准确地补偿输入光中的强度波动，因而也就不能抑制相对强度噪声。因此，需要为强度调制器附加偏置稳定控制电路，使器件在受到环境影响时，偏置控制器能跟踪并校正线性偏置点。这增加了该方案的难度和抑制效果。美国 Honeywell 公司采用的是这样一种相对强度噪声抑制方案（图 4.22）。

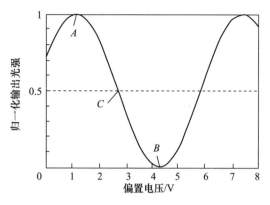

图 4.21 强度调制器输出光功率随偏置电压的变化

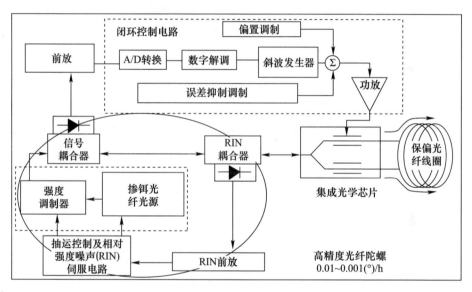

图 4.22 Honeywell 公司采用的相对强度噪声抑制方案

4.6 采用增益饱和半导体光学放大器抑制相对强度噪声

半导体光学放大器(SOA)的原理与激光器类似,都是利用受激辐射对进入增益介质的光信号进行直接放大,但半导体光学放大器无光学界面反馈,没有形成激光放大所需的谐振腔。半导体光学放大器的光学增益通过抽运电流在有源区产生载流子粒子数反转建立。目前大多数半导体放大器基于 p-n 双异质结结构(图4.23),具有体积小、结构简单、功耗低、寿命长、易于同其他光器件和电

177

路集成、频带宽、增益高等特点,主要用于现代光纤通信系统中的光开关、波长转换和在线放大器等方面。

在增益饱和的非线性工作条件下,半导体光学放大器输出噪声受到抑制。在物理上,一般解释为,由于噪声和增益的非线性耦合,不同谱分量之间的相关性增强,导致相对强度噪声(RIN)谱的修正,修正后的 RIN 谱具有较小的强度噪声。由于相对强度噪声是光学带宽内不同谱分量之间拍频的累加,输入信号经过 SOA 后谱分量之间的相关性增强,自发辐射为纯随机相位的假定不再成立,拍频效应减小,导致相对强度噪声降低。

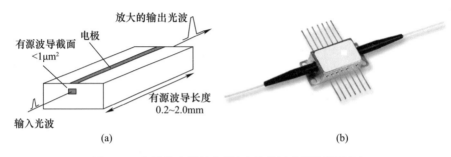

图 4.23　半导体光学放大器(a)及其标准封装外形(b)

本节简要介绍半导体光学放大器(SOA)和增益饱和 SOA 输出中的噪声压缩的工作原理,然后重点讨论增益饱和 SOA 中的噪声描述并进行理论仿真。

4.6.1　半导体光学放大器的基本原理和输入/输出特性

4.6.1.1　半导体光学放大器的光放大原理和结构类型

图 4.24 是半导体光学放大器(SOA)的结构框图。由于半导体的受激辐射,输入光场沿 SOA 的有源区被放大。光在经过 SOA 时被放大的原理基于 p-n 异质结中电子-空穴的复合。如图 4.24 所示,与掩埋在 p-n 结中的 p 型和 n 型半导体相比,中间的有源区具有较低的带隙。在前向偏置下,由于带隙差产生的势垒,电子和空穴可以自由移动到有源区但被阻挡。当导带中的自由电子数超过价带中的空穴数时,载流子的这种限制将导致集居数反转。要满足正常工作,除了载流子限制,光限制也同样重要。这要求有源层比其周围包层要有较高的折射率。当半导体材料形成有源层时,提供了瞬时低带隙和比包层高的折射率,光辐射和导波因而得以实现,这是半导体光放大的关键机制。

通过外部电抽运把电子注入半导体有源区,可能会以辐射或非辐射的方式发生复合。在辐射复合的情形中,电子-空穴对的复合伴随一个光子的发射。在半导体中有三种主要的辐射复合机制,分别称为:自发辐射、受激辐射和受激

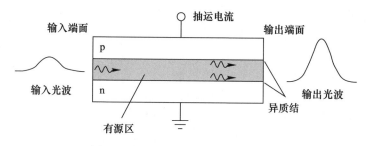

图 4.24　SOA 放大过程的结构示意图

吸收。对于后一种情形,能量大于带隙能量的光信号可能被吸收,贡献出的能量通过把一个电子从价带提升到导带,在导带中产生一个电子。相反,当受激辐射的概率大于受激吸收的概率时,入射光子可能会激发一个电子从导带跃迁到价带。这种复合伴随着与入射光子同样特性(频率、相位和方向)的光子的发射。当半导体被外部电流源电抽运时,导带中的载流子数目超过价带,产生集居数反转。在这种情形下,受激复合发生的概率大于受激吸收,半导体呈现光学增益。导带中的电子与价带中的空穴自发复合的概率也并不为零。复合伴随着光子的发射,在一个宽的频率范围内(宽带过程),而且相位和方向是随机的。这些随机产生的光子通过受激辐射进一步放大,是半导体光学放大器的主要噪声源。这个过程称为放大的自发辐射(ASE)。

　　直接带隙半导体的简化的能量—波矢能带结构示意图见图 4.25。靠近能带的边缘,它服从抛物带模型:

$$E_c(k) = E_{c,\min} + \frac{\hbar^2 k^2}{2m_c} \tag{4.113}$$

$$E_v(k) = E_{v,\max} + \frac{\hbar^2 k^2}{2m_v} \tag{4.114}$$

式中:E_c 为导带中电子的能量;E_v 为价带中电子的能量;$E_{c,\min}$、m_c 分别为导带中电子的最小能量和有效质量;$E_{v,\max}$、m_v 分别为价带中空穴的最大能量和有效质量;k 为波矢 k 的幅值,与载流子动量 p 有关,$k = p/\hbar$,$\hbar = h/2\pi$,h 为普朗克常数。当导带的最小能量与价带中的最大能量位于相同波矢上(也即具有相同动量)时,半导体称为直接带隙半导体材料。GaAs 和 InP 材料就是直接带隙半导体材料。

　　在准平衡条件下,即在一个带内的跃迁时间远远短于带间的跃迁时间时,电子和空穴的占有概率可以分成两个函数,每个都用费密 – 狄拉克统计描述。一个给定能级 E_c 或 E_v 被导带或价带中电子占有的概率 $f_c(E_c)$ 或 $f_v(E_v)$ 给出为

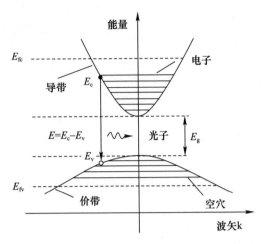

图4.25 直接带隙半导体的简化的能量—波矢能带结构示意图

$$f_c(E_c) = \frac{1}{e^{\frac{E_c - E_{fc}}{k_B T_K}} + 1} \tag{4.115}$$

$$f_v(E_v) = \frac{1}{e^{\frac{E_v - E_{fv}}{k_B T_K}} + 1} \tag{4.116}$$

式中:E_{fc}和E_{fv}分别为导带和价带的准费米能级;k_B为玻耳兹曼常数;T_K为室温(热力学温度)。

在一个带中,带隙附近的载流子浓度是带中所允许的能级的密度(态密度)与这些态中每个态被占有的概率(占有概率)的乘积。靠近带边缘的态密度为

$$\rho_c(E_c) = \frac{(2m_c)^{3/2}}{2\pi^2 \hbar^3}(E_c - E_{c,\min})^{1/2} \qquad E \geqslant E_c \tag{4.117}$$

$$\rho_v(E_v) = \frac{(2m_v)^{3/2}}{2\pi^2 \hbar^3}(E_v - E_{v,\max})^{1/2} \qquad E \leqslant E_v \tag{4.118}$$

对于导带中的电子和价带中的电子,靠近带隙的载流子浓度现在分别计算出为

$$n_c(E_c) = \rho_c(E_c) \cdot f_c(E_c), \quad n_v(E_v) = \rho_v(E_v) \cdot f_v(E_v) \tag{4.119}$$

导带中电子的浓度从现在开始称为载流子密度,通过在所有可能的能级上对载流子浓度进行积分得到

$$N = \int_{E_{c,\min}}^{\infty} n_c(E) \, dE \tag{4.120}$$

计算出净自发辐射速率和受激辐射速率分别为

$$r_{sp}(E) = A_{21}\rho_c(E_c)\rho_v(E_v)f_c(E_c)[1-f_v(E_v)] \quad (4.121)$$

$$r_{stim}(E) = A_{21}\rho_c(E_c)\rho_v(E_v)[f_c(E_c)-f_v(E_v)] \quad (4.122)$$

式中：A_{21} 为比例系数；$E = E_c - E_v = \hbar\omega_0$ 为光子能量，ω_0 为光波的圆频率。很方便地定义集居数因子（更经常地称为反转因子）为在能量 E_{max} 上自发辐射速率与净受激辐射速率的比值，其中 r_{stim} 有一个最大值。这个比值 n_{sp} 为

$$n_{sp} = \frac{r_{sp}(E_{max})}{r_{stim}(E_{max})} = \frac{f_c(E_c)[1-f_v(E_v)]}{f_c(E_c)-f_v(E_v)} = \frac{1}{1-e^{\frac{(E_{fc}-E_{fv})-E_{max}}{k_B T_K}}} \quad (4.123)$$

当对半导体光学放大器的 ASE 噪声建模时，反转因子是一个重要参数。

非辐射复合发生时没有光子发射。它的主要贡献来自俄歇复合、表面复合和在陷阱和缺陷处的复合，其中俄歇复合在半导体激光器和放大器中是主要的非辐射复合过程。它涉及 4 种粒子的复合，这里不做详细描述。

有两种主要的波导结构用于 SOA 的制作。结构示意图见图 4.26。脊形波导（RW）属于弱折射率导波波导型，要求至少一层的尺寸是横向不均匀的。在弱折射率导波波导中，其结构制作中沿结平面产生轻微折射率变化，大于载流子折射率的下降。这种方法显著改进了光学限制。由图 4.26(a)可以看到，脊形材料用来引起折射率导波。在 SOA 中，脊形材料通常倾斜几度，以减小界面反射。另外，一层电介质围绕脊形材料以避免电流扩散到 p – InP 层。脊形波导的制作工艺远比结构更复杂的图 4.26(b)掩埋式异质结（BH）的工艺简单。

在掩埋式异质结中，导波由强折射率有源区来实现，周围是高带隙层。由于高的光学限制，BH 结构比 RW 结构更紧凑，并可在较低的电流下提供光学增益。相应地，制作掩埋式异质结的工艺难度也更大。

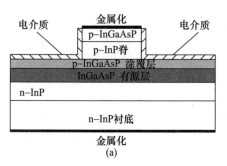
(a)

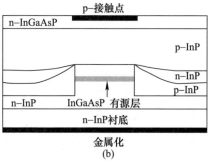
(b)

图 4.26 SOA 结构类型
(a)脊形波导；(b)掩埋型异质结。

4.6.1.2 采用增益饱和SOA抑制宽带光源的相对强度噪声

半导体光学放大器(SOA)通过受激发射对输入光进行放大。当增加输入光功率时,由于输入光的受激发射的消耗,SOA 中的载流子密度下降,导致 SOA 的增益下降。这种增益下降也就是 SOA 的增益饱和,它引起放大特性的非线性。图 4.27 是采用增益饱和 SOA 抑制强度噪声的原理。在增益饱和区域放大输入光时,强度噪声被压缩。

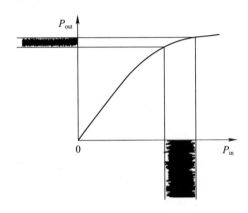

图 4.27 采用增益饱和 SOA 抑制光源相对强度噪声的原理

可对采用增益饱和 SOA 抑制强度噪声进行简单的理论计算。根据载流子速率方程和波传播方程,对于连续波(CW)输入光,SOA 中的光功率 P 满足下式:

$$\frac{\mathrm{d}P}{\mathrm{d}z} = \left(\frac{\varGamma g_0}{1 + P/P_{\mathrm{sat}}} - \gamma_{\mathrm{sc}}\right)P \tag{4.124}$$

式中:z 为在 SOA 中的位置;$\varGamma$ 为光学限制因子;γ_{sc} 为(散射)损耗系数;P_{sat} 为饱和功率;g_0 为单位长度的小信号增益(单位:cm^{-1}),其理论值可以表示为

$$g_0 = a\left(\frac{J\tau_{\mathrm{ca}}}{qd} - N_{\mathrm{t}}\right) \tag{4.125}$$

式中:a 为微分增益系数;τ_{ca} 为载流子寿命;J 为电流密度;q 为电子电荷;d 为有源层厚度;N_{t} 为透明载流子密度。

光学限制因子 $\varGamma$ 是光场的横向分量在 SOA 有源区内分布的一个参数,是有源区内传导的光功率占总光功率的比例。半导体光学放大器中的横向光场会延伸到有源区周围的区域内,但只有分布在有源区内的光子才能与载流子相互作用而被放大。因此,光通过 SOA 的增益应是材料增益与光学限制因子的乘积。引入导波模式的有效截面积 A_{m},光学限制因子 $\varGamma$ 为

$$\Gamma = \frac{V_{ac}}{A_m L} = \frac{A_{ac}}{A_m} \qquad (4.126)$$

式中:L 为有源区长度;V_{ac} 为有源区体积;$A_{ac}=w\times d$ 为有源区的截面积;w、d 分别为有源区的宽度和厚度。

理论上,饱和光功率 P_{sat} 可以表示为

$$P_{sat} = \frac{\hbar \omega_0 A}{a\tau_{ca}\Gamma} = \frac{\hbar \omega_0 A_m}{a\tau_{ca}} \qquad (4.127)$$

式中:$\hbar = h/2\pi$,h 为普朗克常数。

如图 4.28 所示,实际中的饱和输出光功率 P'_{sat} 定义为放大器增益降至小信号增益为一半时的输出功率。忽略 γ_{sc},由式(4.125),得

$$\frac{dP}{dz} = gP = \left(\frac{g_0 \Gamma}{1 + \dfrac{P}{P_{sat}}}\right) P \qquad (4.128)$$

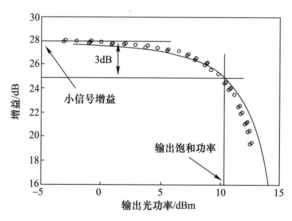

图 4.28 半导体光学放大器的小信号增益和饱和输出功率

利用初始条件 $P(0)=P_{in}$,$P(L)=P_{out}=GP_{in}$,则放大器增益 G 满足:

$$G = G_0 \cdot e^{-\left(\frac{G-1}{G}\cdot\frac{P_{out}}{P_{sat}}\right)} \qquad (4.129)$$

其中:

$$G_0 = e^{g_0 \Gamma L} \qquad (4.130)$$

为小信号的峰值增益。$G = G_0/2$ 时,有:

$$P'_{sat} = \frac{G_0 \cdot \ln 2}{G_0 - 2} P_{sat} \approx 0.69 P_{sat} \qquad (4.131)$$

即实际中的 3dB 饱和输出光功率 P'_{sat} 比式(4.127)定义的理论饱和光功率 P_{sat} 低

大约30%。

设SOA的输入光功率为P_{in}，对式(4.124)在放大器长度L上积分，可以得出输出光功率为P_{out}，并由此得到该输入下放大器的实际增益$G = P_{out}/P_{in}$。SOA的输入/输出光功率的关系曲线见图4.29。仿真计算所用的参数见表4.2，由此计算出单位小信号增益$g_0 \Gamma = 1.125 \times 10^4 /cm$，饱和光功率$P_{sat} \approx 8.5mW$。采用这些数据，可以解释抑制强度噪声的原理。比如由图4.29可以看出，0.5mW的输入光功率注入SOA中，其输出光功率与输入/输出曲线上的A点对应，约为11.5mW。信号放大的实际增益用从原点连接到A点的直线B的斜率表示，约为23倍(13.6dB)。另一方面，噪声放大的增益由输入/输出曲线上的A点的切线C的斜率表示，约为7.1倍(8.5dB)。显然，噪声放大的增益小于信号放大的增益，导致输出光噪声减小约5dB。之所以这样，是因为A点已经处于增益饱和状态，其增益远小于放大器的小信号增益。实际上，仅仅增益饱和对抑制强度噪声是比较有限的，4.6.2节将详细描述增益饱和半导体光学放大器的噪声特性。

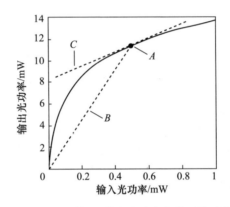

图4.29　SOA的输入/输出光功率的典型关系曲线

表4.2　SOA的典型参数

参数	符号	数值	单位
光波长	λ	1.53	μm
单位长度小信号增益	g_0	30	dB/cm
线宽增强因子	α	5	—
饱和光功率	P_{sat}	8.5	mW
载流子寿命	τ_{ca}	200	ps
有源区长度	L	5×10^{-4}	m
微分增益系数	a	5×10^{-20}	m^2

续表

参数	符号	数值	单位
透明载流子浓度	N_t	10^{24}	m^{-3}
散射损耗与小信号增益之比	r	0.2	—
光学限制因子	Γ	0.15	—
(散射)损耗系数	γ_{sc}	25	cm^{-1}
有源区宽度	w	1	μm
有源区厚度	d	0.1	μm

4.6.2 增益饱和SOA的噪声描述和理论仿真

增益饱和非线性半导体光学放大器的噪声性质由传播信号引起的增益饱和、放大器自发辐射噪声,以及它们在放大器传播时的分布式非线性相互作用决定。在半经典的处理方法中,半导体光学放大器的噪声被看成白高斯噪声过程,通常称为"Langevin力",施加到波方程和载流子动力学方程的信号中。在量子力学处理中,"Langevin力"被看成是量子算符。这两种处理方法都假定噪声对输入信号来说是一种微扰,并把主要的噪声贡献归因于放大的自发辐射(ASE)噪声。因此,ASE噪声作为一个基本过程,在半导体光学放大器的噪声仿真中具有重要意义。这一点,在下面的分析中将会看到。

4.6.2.1 存在噪声时半导体光学放大器的基本方程

半导体光学放大器内的光场传播的波方程和增益分布可以用下列耦合方程描述:

$$\frac{\partial E(z,t)}{\partial z} = \frac{1}{2}\left[g(z,t)(1-j\alpha) - \gamma_{sc}\right]E(z,t) \quad (4.132)$$

$$\frac{\partial g(z,t)}{\partial z} = \frac{g_0 - g(z,t)}{\tau_{ca}} - \frac{g(z,t)|E(z,t)|^2}{\tau_{ca}} \quad (4.133)$$

式中:$E(z,t)$ 为归一化光场的包络;α 为线宽增强因子;γ_{sc} 为波导的散射损耗系数;τ_{ca} 为自发辐射载流子寿命;$g(z,t)$ 为 SOA 增益系数;g_0 为其小信号增益,可以表示为

$$g_0 = a(J\tau_{ca} - N_t) \quad (4.134)$$

式中:$J = i/qV_{ac}$ 为抽运速率,i 为注入电流,q 为电子电荷,V_{ac} 为有源区的体积;a 为微分增益系数;N_t 为 SOA 受激辐射速率,等于受激吸收速率时的载流子浓度,也称透明载流子浓度。

半导体光学增益介质中光场的主要噪声是电子-空穴复合产生的光子自发

辐射,这是一种量子现象,假定存在大量光子数,其噪声特性仍符合白高斯噪声统计。因此,在半经典框架内处理光子器件的噪声时,各类噪声贡献一般均用白高斯噪声过程描述,称为"Langevin 力",该噪声力可以施加到光场和增益分布的方程中。由这些方程和 Langevin 噪声函数之间的相关关系,可以确定输出光场的噪声谱。因此,存在噪声时半导体光学放大器的光场和增益分布方程可以表示为

$$\frac{\partial E(z,t)}{\partial z} = \frac{1}{2}[g(z,t)(1-j\alpha) - \gamma_{sc}]E(z,t) + f(z,t) \qquad (4.135)$$

$$\frac{\partial g(z,t)}{\partial t} = \frac{g_0 - g(z,t)}{\tau_{ca}} - \frac{g(z,t)|E(z,t)|^2}{\tau_{ca}} + F_g(z,t) \qquad (4.136)$$

式中:Langevin 力 $f(z,t)$ 描述自发辐射过程的噪声贡献;$F_g(z,t)$ 描述载流子噪声的贡献。

对于增益饱和的非线性放大情形,输入信号很强,噪声对总的输出光场影响很小,可看成一种微扰。这意味着光场 $E(z,t)$ 可以写为

$$\begin{aligned}
E(z,t) &= [\rho_s(z) + \delta\rho(z,t)]e^{j[\varphi_s(z)+\delta\varphi(z,t)]} \\
&= \rho_s(z)e^{j\varphi_s(z)}\left[1 + \frac{\delta\rho(z,t)}{\rho_s(z)}\right] \cdot \{\cos[\delta\varphi(z,t)] + j\cdot\sin[\delta\varphi(z,t)]\} \\
&\approx \rho_s(z)e^{j\varphi_s(z)}\left[1 + \frac{\delta\rho(z,t)}{\rho_s(z)}\right] \cdot [1 + j\cdot\delta\varphi(z,t)] \\
&\approx \rho_s(z)e^{j\varphi_s(z)}\left[1 + \frac{\delta\rho(z,t)}{\rho_s(z)} + j\cdot\delta\varphi(z,t)\right] \\
&\approx E_s(z)\left[1 + \frac{\delta\rho(z,t)}{\rho_s(z)} + j\cdot\delta\varphi(z,t)\right] \qquad (4.137)
\end{aligned}$$

式中:$E_s(z) = \rho_s(z)e^{j\varphi_s(z)}$ 为没有放大器噪声时光场 $E(z,t)$ 的值;$\rho_s(z)$、$\varphi_s(z)$ 分别为 $E_s(z)$ 的振幅和相位;$\delta\rho(z,t)$、$\delta\varphi(z,t)$ 为实际值相对 $\rho_s(z)$、$\varphi_s(z)$ 的偏差。

将式(4.137)代入式(4.135),得

$$\begin{aligned}
\frac{\partial E(z,t)}{\partial z} &= \frac{1}{2}[g(z,t)(1-j\alpha) - \gamma_{sc}]\left[1 + \frac{\delta\rho(z,t)}{\rho_s(z)} + j\delta\varphi(z,t)\right]E_s(z) + f(z,t) \\
&= E_s(z)\left\{\frac{1}{2}[g(z,t) - \gamma_{sc}]\left[1 + \frac{\delta\rho(z,t)}{\rho_s(z)}\right] + \frac{1}{2}\alpha g(z,t)\delta\varphi(z,t) + \left[\frac{f(z,t)}{E_s(z)}\right]_R\right\} + \\
&\quad jE_s(z)\left\{-\frac{1}{2}\alpha g(z,t)\left[1 + \frac{\delta\rho(z,t)}{\rho_s(z)}\right] + \frac{1}{2}[g(z,t) - \gamma_{sc}]\delta\varphi(z,t) + \left[\frac{f(z,t)}{E_s(z)}\right]_I\right\}
\end{aligned}$$

$$(4.138)$$

式中：$[f(z,t)/E_s(z)]_R$、$[f(z,t)/E_s(z)]_I$ 分别为 $f(z,t)/E_s(z)$ 的实部和虚部。

又由式(4.137)，得

$$\frac{\partial E(z,t)}{\partial z} = E_s(z)\left\{\frac{\partial}{\partial z}\left[\frac{\delta\rho(z,t)}{\rho_s(z)}\right] + j\frac{\partial[\delta\varphi(z,t)]}{\partial z}\right\} + \left[1 + \frac{\delta\rho(z,t)}{\rho_s(z)} + j\delta\varphi(z,t)\right]\frac{\partial E_s(z)}{\partial z}$$

(4.139)

将式(4.138)和式(4.139)转换到频域，并忽略二阶小量和直流分量，则

$$\frac{\partial}{\partial z}\left[\frac{\delta\rho(\omega,z)}{\rho_s(z)}\right] = F\left\{\frac{1}{2}[g(z,t) - \gamma_{sc}]\left[1 + \frac{\delta\rho(z,t)}{\rho_s(z)}\right] + \frac{1}{2}\alpha g(z,t)\delta\varphi(z,t) + \left[\frac{f(z,t)}{E_s(z)}\right]_R\right\}$$

$$= \frac{1}{2}G(\omega) + \frac{1}{2}\left[\frac{f(\omega,z)}{E_s(z)} + \frac{f^*(-\omega,z)}{E_s^*(z)}\right]$$

(4.140)

$$\frac{\partial[\delta\varphi(\omega,z)]}{\partial z} = F\left\{-\frac{1}{2}\alpha g(z,t)\left[1 + \frac{\delta\rho(z,t)}{\rho_s(z)}\right] + \frac{1}{2}[g(z,t) - \gamma_{sc}]\delta\varphi(z,t) + \left[\frac{f(z,t)}{E_s(z)}\right]_I\right\}$$

$$= -\frac{1}{2}\alpha G(\omega) + \frac{1}{2j}\left[\frac{f(\omega,z)}{E_s(z)} - \frac{f^*(-\omega,z)}{E_s^*(z)}\right]$$

(4.141)

式中：$F\{\cdots\}$ 表示傅里叶变换。

将式(4.136)转换到频域并忽略直流分量，则

$$j\omega G(\omega) = -\frac{G(\omega)}{\tau_{ca}} - \frac{\rho_s^2(z)}{\tau_{ca}}G(\omega) - \frac{2\rho_s^2(z)g_s(z)}{\tau_{ca}}\cdot\frac{\delta\rho(\omega,z)}{\rho_s(z)} + F_g(\omega,z) \quad (4.142)$$

因而得

$$G(\omega) = -\frac{2\rho_s^2(z)g_s(z)}{1 + \rho_s^2(z) + j\omega\tau_{ca}}\cdot\frac{\delta\rho(\omega,z)}{\rho_s(z)} + \frac{\tau_{ca}F_g(\omega,z)}{1 + \rho_s^2(z) + j\omega\tau_{ca}} \quad (4.143)$$

式(4.142)在推导中利用了 $g(z,t) = g_s(z) + \delta g(z,t) \approx g_s(z)$，以及：

$$F\left\{\frac{g(z,t)|E(z,t)|^2}{\tau_{ca}}\right\} = \int_{-\infty}^{\infty}\frac{g(z,t)[\rho_s(z) + \delta\rho(z,t)]^2}{\tau_{ca}}e^{-j\omega t}dt$$

$$\approx \int_{-\infty}^{\infty}\frac{g(z,t)[\rho_s^2(z) + 2\rho_s(z)\delta\rho(z,t)]}{\tau_{ca}}e^{-j\omega t}dt$$

$$= \frac{\rho_s^2(z)}{\tau_{ca}}G(\omega) + \frac{2\rho_s(z)}{\tau_{ca}}\int_{-\infty}^{\infty}g(z,t)\delta\rho(z,t)e^{-j\omega t}dt$$

$$\approx \frac{\rho_s^2(z)}{\tau_{ca}}G(\omega) + \frac{2\rho_s^2(z)g_s(z)}{\tau_{ca}}\int_{-\infty}^{\infty}\frac{\delta\rho(z,t)}{\rho_s(z)}e^{-j\omega t}dt$$

$$= \frac{\rho_s^2(z)}{\tau_{ca}}G(\omega) + \frac{2\rho_s^2(z)g_s(z)}{\tau_{ca}}\cdot\frac{\delta\rho(\omega,z)}{\rho_s(z)} \quad (4.144)$$

将式(4.143)代入式(4.140)和式(4.141),有:

$$\frac{\partial}{\partial z}\left[\frac{\delta\rho(\omega,z)}{\rho_s(z)}\right] = \frac{1}{2}\left[-\frac{2\rho_s^2(z)g_s(z)}{1+\rho_s^2(z)+j\omega\tau_{ca}} \cdot \frac{\delta\rho(\omega,z)}{\rho_s(z)} + \frac{\tau_{ca}F_g(\omega,z)}{1+\rho_s^2(z)+j\omega\tau_{ca}}\right] +$$

$$\frac{1}{2}\left[\frac{f(\omega,z)}{E_s(z)} + \frac{f^*(-\omega,z)}{E_s^*(z)}\right]$$

$$= -\frac{\rho_s^2(z)g_s(z)}{1+\rho_s^2(z)+j\omega\tau_{ca}} \cdot \frac{\delta\rho(\omega,z)}{\rho_s(z)} + N_\rho(\omega,z) \qquad (4.145)$$

$$\frac{\partial[\delta\varphi(\omega,z)]}{\partial z} = -\frac{1}{2}\alpha\left[-\frac{2\rho_s^2(z)g_s(z)}{1+\rho_s^2(z)+j\omega\tau_{ca}} \cdot \frac{\delta\rho(\omega,z)}{\rho_s(z)} + \frac{\tau_{ca}F_g(\omega,z)}{1+\rho_s^2(z)+j\omega\tau_{ca}}\right] +$$

$$\frac{1}{2j}\left[\frac{f(\omega,z)}{E_s(z)} - \frac{f^*(-\omega,z)}{E_s^*(z)}\right]$$

$$= \frac{\alpha\rho_s^2(z)g_s(z)}{1+\rho_s^2(z)+j\omega\tau_{ca}} \cdot \frac{\delta\rho(\omega,z)}{\rho_s(z)} + N_\varphi(\omega,z) \qquad (4.146)$$

其中:

$$N_\rho(\omega,z) = \frac{1}{2} \cdot \frac{\tau_{ca}F_g(\omega,z)}{1+\rho_s^2(z)+j\omega\tau_{ca}} + \frac{1}{2}\left[\frac{f(\omega,z)}{E_s(z)} + \frac{f^*(-\omega,z)}{E_s^*(z)}\right] \qquad (4.147)$$

$$N_\varphi(\omega,z) = -\frac{\alpha}{2} \cdot \frac{\tau_{ca}F_g(\omega,z)}{1+\rho_s^2(z)+j\omega\tau_{ca}} + \frac{1}{2j}\left[\frac{f(\omega,z)}{E_s(z)} - \frac{f^*(-\omega,z)}{E_s^*(z)}\right] \qquad (4.148)$$

式中:$f(\omega,z)$ 和 $F_g(\omega,z)$ 分别为 Langevin 力 $f(z,t)$ 和 $F_g(z,t)$ 的傅里叶变换。

式(4.145)的解析解可以表示为

$$\frac{\delta\rho(\omega,z)}{\rho_s(z)} = e^{\int_z^L \frac{\rho_s^2(z')g_s(z')}{1+\rho_s^2(z')+j\omega\tau_{ca}}dz'}\left[\int_0^z N_\rho(\omega,z'') e^{-\int_{z'}^L \frac{\rho_s^2(z')g_s(z')}{1+\rho_s^2(z')+j\omega\tau_{ca}}dz'} dz'' + C_0\right] \qquad (4.149)$$

令 $H(z) = e^{-\int_z^L \frac{\rho_s^2(z')g_s(z')}{1+\rho_s^2(z')+j\omega\tau_{ca}}dz'}$,则

$$\frac{\delta\rho(\omega,z)}{\rho_s(z)} = H^{-1}(z)\left[\int_0^z N_\rho(\omega,z'') H(z'') dz'' + C_0\right] \qquad (4.150)$$

因为

$$\frac{\delta\rho(\omega,0)}{\rho_s(0)} = H^{-1}(0)\left[\int_0^0 N_\rho(\omega,z'') H(z'') dz'' + C_0\right] = H^{-1}(0) C_0 \qquad (4.151)$$

有

$$C_0 = \frac{\delta\rho(\omega,0)}{\rho_s(0)} H(0) \qquad (4.152)$$

所以

$$\frac{\delta\rho(\omega,z)}{\rho_s(z)} = H^{-1}(z)\left[\int_0^z N_\rho(\omega,z'')H(z'')\mathrm{d}z'' + \frac{\delta\rho(\omega,0)}{\rho_s(0)}H(0)\right] \quad (4.153)$$

将式(4.153)代入式(4.146),进行积分:

$$\delta\varphi(z) = -\alpha H^{-1}(z)\int_0^z N_\rho(\omega,z')H(z')\mathrm{d}z' - \alpha H^{-1}(z)\frac{\delta\rho(\omega,0)}{\rho_s(0)}H(0) +$$
$$\alpha\int_0^z N_\rho(\omega,z')\mathrm{d}z' + \int_0^z N_\varphi(\omega,z')\mathrm{d}z' + \delta\varphi(0) + \alpha\frac{\delta\rho(\omega,0)}{\rho_s(0)}$$
$$(4.154)$$

由式(4.154),在位置 $z=L$,很容易得

$$\delta\varphi(L) = \delta\varphi(0) - \alpha[H(0)-1]\frac{\delta\rho(\omega,0)}{\rho_s(0)} +$$
$$\int_0^L \{\alpha N_\rho(\omega,z)[1-H(z)] + N_\varphi(\omega,z)\}\mathrm{d}z \quad (4.155)$$

式中利用了 $H(L)=1$。

4.6.2.2 增益饱和 SOA 输出 RIN 谱的半经典描述

在计算半导体光学放大器的输出噪声谱之前,先推导式(4.153)中出现的几个参数 $\rho_s(z)$、$g_s(z)$ 和 $H(z)$。由式(4.136),$\partial g(z,t)/\partial t = 0$、$F_g = 0$ 时,有

$$\frac{g_0 - g(z,t)}{\tau_{ca}} - \frac{g(z,t)|E(z,t)|^2}{\tau_{ca}} = 0 \quad (4.156)$$

忽略高阶小量,将 $g(z,t) = g_s(z) + \delta g(z,t) \approx g_s(z)$、$|E| \approx |E_s| \approx \rho_s(z)$ 代入式(4.156),得

$$g_s(z) = \frac{g_0}{1+\rho_s^2(z)} \quad (4.157)$$

由式(4.135),$f(z,t) = 0$ 时:

$$\frac{\partial E(z,t)}{\partial z} = \frac{1}{2}[g(z,t)(1-\mathrm{j}\alpha) - \gamma_{sc}]E(z,t) \quad (4.158)$$

又 $E(z,t) \approx E_s(z) \approx \rho_s(z)\mathrm{e}^{\mathrm{j}\varphi_s(z)}$,则

$$\frac{\partial E(z,t)}{\partial z} = \frac{\partial \rho_s(z)}{\partial z}\mathrm{e}^{\mathrm{j}\varphi_s(z)} + \mathrm{j}\rho_s(z)\mathrm{e}^{\mathrm{j}\varphi_s(z)}\frac{\partial \varphi_s(z)}{\partial z}$$
$$= \frac{1}{2}[g(z,t)(1-\mathrm{j}\alpha) - \gamma_{sc}]\rho_s(z)\mathrm{e}^{\mathrm{j}\varphi_s(z)} \quad (4.159)$$

化简,取实部,有

$$\frac{\partial \rho_s(z)}{\partial z} = \frac{1}{2}[g(z,t) - \gamma_{sc}]\rho_s(z) = \frac{1}{2}[g_s(z) - \gamma_{sc}]\rho_s(z) \quad (4.160)$$

其解为

$$\rho_s(z) = \rho_{s0} e^{\int_0^z \frac{g_s(z') - \gamma_{sc}}{2} dz'} \quad (4.161)$$

又 $\rho_s(0) = \rho_{s0}$，则

$$\rho_s(z) = \rho_s(0) e^{\int_0^z \frac{g_s(z') - \gamma_{sc}}{2} dz'} \quad (4.162)$$

令 $\xi(z) = 1 + \rho_s^2(z)$，则 $g_s(z) = g_0/\xi(z)$，代入式(4.162)，等号两边取自然对数，可以写为

$$\ln\left[\frac{\sqrt{\xi(z) - 1}}{\rho_s(0)}\right] = \int_0^z \frac{g_0/\xi(z') - \gamma_{sc}}{2} dz' \quad (4.163)$$

等号两边对 z 求导，化简后得

$$dz = \frac{\xi}{g_0(1 - r\xi)(\xi - 1)} d\xi \quad (4.164)$$

式中：$r = \gamma_{sc}/g_0$ 为散射损耗与增益系数之比。将式(4.164)代入 $H(z)$ 的指数中，利用积分 $\int \frac{dx}{(ax+b)(cx+d)} dx = \frac{1}{ad-bc}\ln\left|\frac{ax+b}{cx+d}\right|$，有

$$\int_z^L \frac{\rho_s^2(z') g_s(z')}{1 + \rho_s^2(z') + j\omega\tau_{ca}} dz' = \int_{1+\rho_s^2(z)}^{1+\rho_s^2(L)} \frac{1}{(1 - r\xi)(\xi + j\omega\tau_{ca})} d\xi$$

$$= \frac{1}{1 + j\omega\tau_{ca}r}\left\{\ln\left[\frac{1 + \rho_s^2(L) + j\omega\tau_{ca}}{1 - r(1 + \rho_s^2(L))}\right] - \ln\left[\frac{1 + \rho_s^2(z) + j\omega\tau_{ca}}{1 - r(1 + \rho_s^2(z))}\right]\right\}$$

$$= \ln\left\{\frac{\dfrac{1 + \rho_s^2(L) + j\omega\tau_{ca}}{1 - r[1 + \rho_s^2(L)]}}{\dfrac{1 + \rho_s^2(z) + j\omega\tau_{ca}}{1 - r[1 + \rho_s^2(z)]}}\right\}^{(1+j\omega\tau_{ca}r)^{-1}} \quad (4.165)$$

所以

$$H(z) = e^{-\int_z^L \frac{\rho_s^2(z')g_s(z')}{1+\rho_s^2(z')+j\omega\tau_{ca}} dz'} = \left\{\frac{\dfrac{1 + \rho_s^2(z) + j\omega\tau_{ca}}{1 - r[1 + \rho_s^2(z)]}}{\dfrac{1 + \rho_s^2(L) + j\omega\tau_{ca}}{1 - r[1 + \rho_s^2(L)]}}\right\}^{(1+j\omega\tau_{ca}r)^{-1}} \quad (4.166)$$

定义

$$\widehat{H}(z) = \left\{\frac{1 - r[1 + \rho_s^2(z)]}{1 + \rho_s^2(z) + j\omega\tau_{ca}}\right\}^{(1+j\omega\tau_{ca}r)^{-1}} \quad (4.167)$$

显然

$$H(z) = \frac{\widehat{H}(L)}{\widehat{H}(z)} \quad (4.168)$$

对于饱和 SOA，$r \to 0$，则

$$H(\omega,z) = \frac{1 + \rho_s^2(z) + j\omega\tau_{ca}}{1 + \rho_s^2(L) + j\omega\tau_{ca}} \quad 或 \quad H(f,z) = \frac{1 + \rho_s^2(z) + j2\pi f\tau_{ca}}{1 + \rho_s^2(L) + j2\pi f\tau_{ca}} \quad (4.169)$$

由式(4.169)得到的函数 $|H(f,z)|^2$ 被看成位置 z 对输出端噪声的贡献因子，它具有窄带性质，是非线性半导体光学放大器的基本特性。由 $|H(f,z)|^2$ 可以看出，$|H(f,0)|^2$ 取最大值，$|H(f,L)|^2 = 1$。这意味着，输出噪声的大部分归因于 ASE，产生于 SOA 的未饱和区域(靠近输入端)，并沿放大器传播时被放大，饱和区域对整个噪声的贡献通常很小。由 $|H(f,0)|^2$ 可以考察不同输入功率或不同增益压缩 G_c 下与位置有关的噪声贡献因子的大小：

$$|H(f,0)|^2 = \frac{[1 + \rho_s^2(0)]^2 + (2\pi f\tau_{ca})^2}{[1 + \rho_s^2(L)]^2 + (2\pi f\tau_{ca})^2} \quad (4.170)$$

下面讨论放大器增益压缩对与位置有关的噪声贡献因子的影响。SOA 的典型数据参见表 4.2，由此计算出理论饱和光功率 $P_{sat} \approx 8.5\text{mW}$。图 4.30 是理论饱和光功率为 8.5mW 的半导体光学放大器增益与输入光功率的特征曲线，小信号增益 G_0 约为 22dB。采用这些放大器典型数据可以计算噪声抑制的大小。输入光的平均光功率 P_{in} 为 -10dBm、0dBm、5dBm 和 10dBm 时，由图 4.30 得到相对小信号增益的放大器增益压缩 G_c 分别为 18dB、14dB、10dB 和 4dB。在这种情况下，式(4.170)变为

$$|H(f,0)|^2 = \frac{[1 + \rho_s^2(0)]^2 + (2\pi f\tau_{ca})^2}{[1 + \rho_s^2(L) \cdot 10^{(G_0-G_c)/10}]^2 + (2\pi f\tau_{ca})^2} \quad (4.171)$$

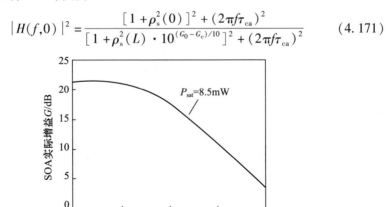

图 4.30 半导体光学放大器增益与输入光功率的特征曲线

图 4.31 表明,增加输入光功率水平(即提高增益压缩 G_c)可以明显抑制相对强度噪声(RIN)。但是,仅当 SOA 增益变化能够响应强度涨落时,这一描述才是正确的。因此,RIN 噪声抑制仅在 <5GHz(与 SOA 的有效载流子寿命有关)的低频段有效果,但对光纤陀螺应用来说,这已经足够。

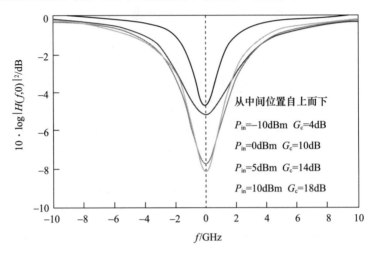

图 4.31 不同输入光功率下的噪声贡献因子 $|H(f,0)|^2$

设 $\rho = \rho_s + \delta\rho$,根据方差的定义:$\delta\rho^2 = \rho^2 - \rho_s^2 = 2\rho_s\delta\rho$,得到相对强度噪声(RIN)为

$$\text{RIN} = \left(\frac{\delta\rho^2}{\rho_s^2}\right)^2 = \frac{4\rho_s^2(\delta\rho)^2}{\rho_s^4} = 4\left(\frac{\delta\rho}{\rho_s}\right)^2 \tag{4.172}$$

式(4.172)无论对时域 $\dfrac{\delta\rho(z,t)}{\rho_s(z)}$ 和频域 $\dfrac{\delta\rho(\omega,z)}{\rho_s(z)}$ 都应成立。

下面在频域计算 RIN 的谱。由式(4.172),得

$$\text{RIN}(\omega,z) = \frac{S_{\delta\rho^2}(\omega,z)}{\rho_s^4(z)} = 4\frac{S_{\delta\rho}(\omega,z)}{\rho_s^2(z)} = 4\left\langle\left[\frac{\delta\rho(\omega,z)}{\rho_s(z)}\right]^*\left[\frac{\delta\rho(\omega,z)}{\rho_s(z)}\right]\right\rangle \tag{4.173}$$

式中:$\langle\cdots\rangle$ 表示复变量 $\delta\rho(\omega,z)/\rho_s(z)$ 的空间系综平均(位置相关性)。由式(4.153),在位置 $z=L$,$H(L)=1$,因而有

$$\frac{\delta\rho(\omega,L)}{\rho_s(L)} = \int_0^L N_\rho(\omega,z)H(z)\mathrm{d}z + \frac{\delta\rho(\omega,0)}{\rho_s(0)}H(0) \tag{4.174}$$

因而

$$\begin{aligned}
\text{RIN}(\omega,L) &= 4\Big\langle \Big[\int_0^L N_\rho(\omega,z)H(z)\mathrm{d}z + \frac{\delta\rho(\omega,0)}{\rho_s(0)}H(0)\Big]^* \\
&\quad \Big[\int_0^L N_\rho(\omega,z)H(z)\mathrm{d}z + \frac{\delta\rho(\omega,0)}{\rho_s(0)}H(0)\Big]\Big\rangle \\
&= 4\Big\langle \Big[\frac{\delta\rho(\omega,0)}{\rho_s(0)}H(0)\Big]^* \Big[\frac{\delta\rho(\omega,0)}{\rho_s(0)}H(0)\Big]\Big\rangle + \\
&\quad 4\Big\langle \Big[\frac{\delta\rho(\omega,0)}{\rho_s(0)}H(0)\Big]^* \Big[\int_0^L N_\rho(\omega,z)H(z)\mathrm{d}z\Big]\Big\rangle + \\
&\quad 4\Big\langle \Big[\frac{\delta\rho(\omega,0)}{\rho_s(0)}H(0)\Big] \Big[\int_0^L N_\rho(\omega,z)H(z)\mathrm{d}z\Big]^*\Big\rangle + \\
&\quad 4\Big\langle \Big[\int_0^L N_\rho(\omega,z')H(z')\mathrm{d}z'\Big]^* \Big[\int_0^L N_\rho(\omega,z)H(z)\mathrm{d}z\Big]\Big\rangle \quad (4.175)
\end{aligned}$$

式(4.175)中共有三项。假定放大器中不同位置的噪声分量不相关,则

$$\begin{aligned}
4\Big\langle \Big[\frac{\delta\rho(\omega,0)}{\rho_s(0)}H(0)\Big]^* \Big[\frac{\delta\rho(\omega,0)}{\rho_s(0)}H(0)\Big]\Big\rangle &= 4|H(0)|^2\Big[\frac{\delta\rho(\omega,0)}{\rho_s(0)}\Big]^2 \\
&= |H(0)|^2 \text{RIN}(\omega,0) \quad (4.176)
\end{aligned}$$

$$\begin{aligned}
&4\Big\langle \Big[\frac{\delta\rho(\omega,0)}{\rho_s(0)}H(0)\Big]^* \Big[\int_0^L N_\rho(\omega,z)H(z)\mathrm{d}z\Big]\Big\rangle \\
&= 4\Big\langle \Big[\frac{\delta\rho(\omega,0)}{\rho_s(0)}H(0)\Big]\Big[\int_0^L N_\rho(\omega,z)H(z)\mathrm{d}z\Big]^*\Big\rangle = 0 \quad (4.177)
\end{aligned}$$

$$\begin{aligned}
&4\Big\langle \Big[\int_0^L N_\rho(\omega,z')H(z')\mathrm{d}z'\Big]^* \Big[\int_0^L N_\rho(\omega,z)H(z)\mathrm{d}z\Big]\Big\rangle \\
&= 4\Big\langle \int_0^L \int_0^L [N_\rho(\omega,z')H(z')]^* [N_\rho(\omega,z)H(z)]\mathrm{d}z'\mathrm{d}z\Big\rangle \\
&= 4\int_0^L \int_0^L \langle [N_\rho(\omega,z')H(z')]^* [N_\rho(\omega,z)H(z)]\rangle \mathrm{d}z'\mathrm{d}z \\
&= 4\int_0^L \int_0^L S_{N_\rho(z)N_\rho(z')}(\omega) H^*(z')H(z)\delta(z-z')\mathrm{d}z'\mathrm{d}z \\
&= 4\int_0^L \Big[\int_0^L S_{N_\rho(z)N_\rho(z')}(\omega)\delta(z-z')\mathrm{d}z'\Big] |H(z)|^2\mathrm{d}z \\
&= 4\int_0^L \widetilde{S}_{N_\rho}(\omega,z) |H(z)|^2\mathrm{d}z \quad (4.178)
\end{aligned}$$

其中:

$$\tilde{S}_{N_\rho}(\omega,z) = \int_0^L S_{N_\rho(z)N_\rho(z')}(\omega)\delta(z-z')\mathrm{d}z' \qquad (4.179)$$

式(4.179)利用了放大器不同位置的噪声分量不相关这一事实。因此：

$$\mathrm{RIN}(\omega,L) = |H(0)|^2\mathrm{RIN}(\omega,0) + 4\int_0^L \tilde{S}_{N_\rho}(\omega,z)|H(z)|^2\mathrm{d}z \qquad (4.180)$$

式(4.180)中的第一项是输入信号的 RIN 噪声沿半导体光学放大器的演变，第二项与 Langevin 力 $f(z,t)$ 和 $F_\mathrm{g}(z,t)$ 有关，包括自发辐射噪声、载流子噪声和自发辐射与载流子噪声的互相关对输出 RIN 噪声的贡献。其中自发辐射噪声对输出 RIN 谱的贡献最显著，可以表示为

$$\mathrm{RIN}_{\mathrm{sp}}(\omega) = \frac{\hbar\omega_0}{P_{\mathrm{sat}}}\int_0^L |H(z)|^2\frac{2g_\mathrm{s}(z)n_{\mathrm{sp}}(z)}{\rho_\mathrm{s}^2(z)}\mathrm{d}z \qquad (4.181)$$

其中

$$n_{\mathrm{sp}}(z) = \frac{g_\mathrm{s}(z) + aN_\mathrm{t}}{g_\mathrm{s}(z)} \qquad (4.182)$$

$H(z)$、$\rho_\mathrm{s}(z)$、$g_\mathrm{s}(z)$ 的定义如前所述。式(4.180)或式(4.181)是采用半经典方法导出的增益饱和半导体光学放大器的输出 RIN 噪声谱。其中对强度噪声抑制有直观效果的是式(4.181)积分项中的因子 $|H(z)|^2/\rho_\mathrm{s}^2(z)$。现在我们定性地考察在 SOA 的输入端，该因子对/输出 RIN 噪声谱的影响（如前所述，沿 SOA 传播时，这一效果将逐渐削弱）。由于 $\rho_\mathrm{s}^2(0) = P_{\mathrm{in}}/P_{\mathrm{sat}}$，$\rho_\mathrm{s}^2(L) = P_{\mathrm{out}}/P_{\mathrm{sat}}$，由式(4.171)得

$$\frac{|H(0)|^2}{(P_{\mathrm{in}}/P_{\mathrm{sat}})^2} = \frac{[1+(P_{\mathrm{in}}/P_{\mathrm{sat}})^2]^2 + (2\pi f\tau_{\mathrm{ca}})^2}{[1+(P_{\mathrm{in}}/P_{\mathrm{sat}})^2\cdot 10^{(G_0-G_\mathrm{c})/10}]^2 + (2\pi f\tau_{\mathrm{ca}})^2}\left(\frac{P_{\mathrm{sat}}}{P_{\mathrm{in}}}\right)^2 \qquad (4.183)$$

图 4.32 给出了不同输入光功率水平的强度噪声抑制因子 $|H(0)|^2/\rho_\mathrm{s}^2(0)$。由图 4.32 可以看出，采用增益饱和 SOA 抑制相对强度噪声其实有两个因素在起作用：一个因素是增益饱和自身引起的噪声压缩，在图 4.32 中体现为随着输入光功率增加，噪声曲线向下平移，表明噪声抑制增强，这与图 4.29 的分析是一致的；另一个因素是输入光信号与增益饱和 SOA 中的自发辐射噪声的非线性相互作用，引起低频 RIN 噪声谱的下陷，这与图 4.31 的分析契合。这两个因素是采用增益饱和半导体光学放大器抑制相对强度噪声的主要机制，使噪声抑制效果最好可达 20dB 以上。对增益饱和 SOA 抑制强度噪声的定量分析依赖于对式(4.181)的精确仿真。

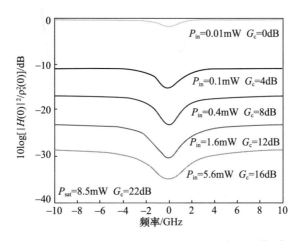

图 4.32　不同输入光功率下的噪声贡献因子 $|H(0)|^2/\rho_s^2(0)$

4.6.3　增益饱和 SOA 抑制 RIN 的测量结果

图 4.33 给出了 CIP 公司某型 SOA 的输入/输出光功率曲线。由一个 20mW 的宽带 ASE 光源提供输入光功率,输入光功率的大小通过光衰减器(VOA)调节。由图 4.33 可以看到,SOA 输入光功率为 0.015mW 时,SOA 输出光功率为 1.5mW,即小信号增益为 20dB。当 SOA 输入光功率分别为 5mW、10mW 和 20mW 时,SOA 输出光功率的增益压缩分别达到 14.1dB、17.0dB 和 19.9dB。

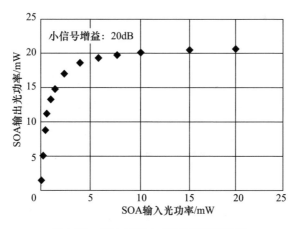

图 4.33　SOA 的输入/输出光功率曲线

图 4.34 是增益饱和 SOA 抑制相对强度噪声的测量装置。ASE 光源提供 20mW 的输入光功率进入增益饱和半导体光放大器,SOA 输出通过光衰减器进

入一个跨阻抗为 30kΩ 的探测器。用一个频谱分析仪测量探测器输出的本底噪声。由于采用的是高频频谱仪,在低频段的 $1/f$ 噪声较大,选择在 1MHz 频率以上测量噪声。通过与探测器直流电平比较,得到探测器不同直流电平下的相对强度噪声。

图 4.34　测量增益饱和 SOA 抑制相对强度噪声(RIN)的装置

图 4.35 给出了增益饱和 SOA 抑制相对强度噪声的测量结果,并与没有采用 SOA 的情况进行了比较。由于 SOA 的输入光功率达到 20mW,其输出必然处于增益饱和状态,图 4.35 表明,探测器直流电平从 +0.3V 到 +2.7V,增益饱和 SOA 对光源相对强度噪声的抑制在 -7～-13dB,与图 4.33 中输入功率 20mW 时,SOA 输出光功率的增益压缩达到 19.9dB 存在一定差异,可能与频谱分析仪的噪声等因素有关。

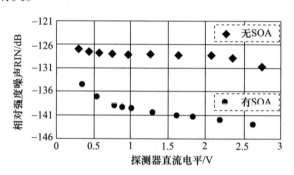

图 4.35　增益饱和 SOA 抑制相对强度噪声的测量结果

在实际中,对于高精度或超高精度光纤陀螺,通常是将增加陀螺 $L \times D$ 尺寸、深度过调制技术、大功率光源技术和强度噪声抑制技术等结合起来,单独一项技术提升的精度是有限的,本身也具有相当的局限性。比如:

增加直径 D 是提高陀螺精度最直接的办法,但陀螺尺寸又常常受限于具体应用,小型化是大多数应用追求的目标。

由于光纤存在衰减,增加光纤长度 L 也会受到限制。假定光纤衰减为 1dB/km,采用 6km 的线圈,不考虑陀螺其他部分,对应的光路损耗为 6dB;如果将该线圈的长度增加一倍,即 12km,光路损耗也相应增加 6dB,这样信号光强将下降至 1/4,增加光纤长度 2 倍的优势被信号的衰减 $\sqrt{4}$ 倍完全抵消,光纤陀螺的角随机游走没有得到任何改善。对于每一个光纤衰减值,存在一个最佳的光纤长度。

由于光纤陀螺热噪声、散粒噪声和相对强度噪声对光功率的依赖性不同,陀螺通常工作在过调制状态,角随机游走较低。单纯追求过调制虽然提高了陀螺精度,但过调制很深,存在许多问题(动态特性、大冲击适应性和对环境的敏感性等),这需要对陀螺精度和动态性能统筹考虑。

大功率宽带光纤光源也是提高光纤陀螺精度的基本途径。法国 IXBlue 公司 2014 年报道的潜艇应用光纤陀螺到达探测器的光功率为 $160\mu W$,假定其光纤长度为 $5\sim10km$,光路总的损耗为 $23\sim26dB$,则估计其光源输出功率高达 $32\sim64mW$。而 Litton 公司早在 1998 年一篇战略制导应用光纤陀螺的文章中,就提到其光源功率为 $46\sim60mW$,并采取了强度噪声抑制等技术措施。对于超高精度光纤陀螺来说,大功率光源还需要具有高的波长稳定性,以确保陀螺具有高的标度因数稳定性。

总之,在采用大功率宽带光源、过调制技术等多项技术措施的光纤陀螺中,需根据偏置光功率的水平确定相对强度噪声在整个陀螺噪声水平中的所占比例,再考虑采用适当的强度噪声抑制技术。一般来说,通过优化设计,采用强度噪声抑制技术可使陀螺精度提高 50% 以上。

4.7 采用干涉滤波器抑制相对强度噪声

第 5 章将要讲到,非单色光扰动的相位 $\phi(t)$ 和振幅 $A_0(t)$ 都具有随机性,可用复数 $A(t) = A_0(t) \cdot e^{j\phi(t)} \cdot e^{-j2\pi\nu_0 t}$ 表示,其中 ν_0 为光波的中心频率。$A(t)$ 的频谱为 $a(\nu)$,两者是一对傅里叶变换。$A(t)$ 的自相关即光波的相干函数 $\Gamma(\tau)$,而 $a(\nu)$ 的自相关即 RIN 的噪声功率谱密度。因此,宽带掺铒光纤光源中的相对强度噪声(RIN)是一种拍频噪声,源自于宽带光源发射的相邻不同波长的光波彼此发生拍频而产生的强度涨落。

如果宽带光源的光谱是周期性的,RIN 噪声谱将具有同样的周期性。比如,如果宽带光源的光谱存在纹波,RIN 噪声谱将具有局部最小和最大值,RIN 不再是白噪声。

光谱具有 $\Delta\nu_0$ 周期的情况下,RIN 噪声谱将在 0、$\Delta\nu_0$、$2\Delta\nu_0$ $\cdots$ 上取最大值,在 $\Delta\nu_0/2$、$3\Delta\nu_0/2$ $\cdots$ 上取最小值。如果光谱的周期 $\Delta\nu_0 = 2f_p$,f_p 为光纤陀螺的本征频率,则 RIN 噪声谱在 f_p、$3f_p$ $\cdots$ 即本征频率的奇次谐波上取最小值。这样,噪声在频域的分布与图 4.10 所示的本征解调强度噪声全光抑制方案的情形类似:在本征调制频率 f_p 的所有奇次谐波上噪声取最小值,在本征调制频率 f_p 的所有偶次谐波上噪声取最大值,总的噪声功率仍保持不变:采用本征解调可以大大抑制光源的相对强度噪声。

这种周期性光谱可以通过干涉滤波器来实现。干涉滤波器的输出谱是宽带光源的光谱（输入谱）与干涉滤波器传递函数的乘积。干涉滤波器可以是马赫-泽德(M-Z)干涉仪或环形谐振腔。

干涉滤波器的特性由自由谱范围(FSR)、锐度和对比度表征。自由谱范围(FSR)定义为两个干涉响应峰之间的距离，即滤波器的周期 $\Delta\nu_0$。干涉响应的半最大值全宽 $\Delta\nu_{FWHM}$ 称为滤波宽度。自由谱范围与滤波宽度之比称为干涉滤波器的锐度 $\mathfrak{F}$：

$$\mathfrak{F} = \frac{\Delta\nu_0}{\Delta\nu_{FWHM}} \tag{4.184}$$

干涉滤波器的对比度 $\mathcal{F}$ 定义为

$$\mathcal{F} = \frac{I_{max} - I_{min}}{I_{max} + I_{min}} \tag{4.185}$$

$\mathcal{F}$ 由干涉滤波器的干涉响应的最大值 I_{max} 与最小值 I_{min} 决定。干涉滤波器的锐度和对比度决定了滤波器的效率，因为经过滤波的光（频）谱形状决定着频率 $\Delta\nu_0/2$ 即 f_p 处的 RIN 噪声的功率谱密度。它需要一个大的锐度和高的对比度，才能确保 f_p 处的 RIN 噪声最小。

4.7.1 采用马赫-泽德光纤干涉仪

单阶马赫-泽德干涉滤波器如图 4.36 所示，输入光被一个 3dB 耦合器分成两束，两束光经过光程差为 ΔL（延迟线圈）的干涉仪两臂，然后用另一个 3dB 耦合器合光并输出，输入与输出的关系为

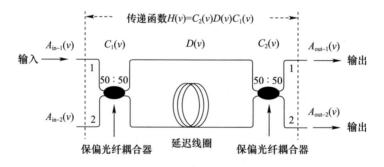

图 4.36 单阶 M-Z 干涉滤波器的结构

$$\begin{pmatrix} A_{out-1}(\nu) \\ A_{out-2}(\nu) \end{pmatrix} = H(\nu) \begin{pmatrix} A_{in-1}(\nu) \\ A_{in-2}(\nu) \end{pmatrix} \tag{4.186}$$

式中：$A_{in-1}(\nu)$、$A_{in-2}(\nu)$分别为第一个光纤耦合器两个输入端口的光波振幅；$A_{out-1}(\nu)$、$A_{out-2}(\nu)$分别为第二个光纤耦合器两个输出端口的光波振幅；$H(\nu)$为单阶马赫－泽德干涉滤波器的传递函数。

$$H(\nu) = C_2(\nu)D(\nu)C_1(\nu) \tag{4.187}$$

式中：$C_1(\nu)$、$C_2(\nu)$分别为第一个和第二个光纤耦合器的琼斯矩阵；$D(\nu)$为干涉仪两臂的延迟矩阵。理想情况下，有：

$$C_1(\nu) = C_2(\nu) = \frac{1}{\sqrt{2}}\begin{pmatrix} 1 & -j \\ -j & 1 \end{pmatrix}, D(\nu) = \begin{pmatrix} 1 & 0 \\ 0 & e^{-j2\pi\nu\frac{n_F\Delta L}{c}} \end{pmatrix} \tag{4.188}$$

式中：j为耦合器直通端口和耦合端口之间的固有$\pi/2$相移；n_F为马赫－泽德干涉仪的光纤折射率；ΔL为干涉仪两个臂的光程差。当$A_{in-2}(\nu) = 0$时：

$$\begin{pmatrix} A_{out-1}(\nu) \\ A_{out-2}(\nu) \end{pmatrix} = \frac{1}{2}\begin{pmatrix} 1 & -j \\ -j & 1 \end{pmatrix}\begin{pmatrix} 1 & 0 \\ 0 & e^{-j2\pi\nu\frac{n_F\Delta L}{c}} \end{pmatrix}\begin{pmatrix} 1 & -j \\ -j & 1 \end{pmatrix}\begin{pmatrix} A_{in-1}(\nu) \\ 0 \end{pmatrix}$$

$$= \frac{1}{2}A_{in-1}(\nu)\begin{pmatrix} 1 - e^{-j2\pi\nu\frac{n_F\Delta L}{c}} \\ -j - je^{-j2\pi\nu\frac{n_F\Delta L}{c}} \end{pmatrix} \tag{4.189}$$

则输出端口2的归一化功率传输函数为

$$I_{tr}(\nu) = \frac{|A_{out-2}(\nu)|^2}{|A_{in-1}(\nu)|^2} = \cos^2\left(\pi\nu\frac{n_F\Delta L}{c}\right) = \frac{1}{2}\left[1 + \cos\left(2\pi\nu\frac{n_F\Delta L}{c}\right)\right] \tag{4.190}$$

对于马赫－泽德干涉滤波器的输出端口2来说，其功率传输函数为光波频率ν的余弦函数；滤波器的周期$\Delta\nu_0 = c/n_F\Delta L$，余弦函数的半最大值全宽$\Delta\nu_{FWHM} = c/2n_F\Delta L$，因而马赫－泽德光纤干涉滤波器的锐度$\mathfrak{F} = 2$。要使$\Delta\nu_0/2$等于光纤陀螺的本征频率$f_p$，需要：

$$\Delta L = L \tag{4.191}$$

式中：L为光纤陀螺的线圈长度。

考虑N阶马赫－泽德干涉滤波器，则输出端口2的总的功率传输函数为

$$I_{tr}(\nu) = \left[\cos^2\left(\pi\nu\frac{n_F\Delta L}{c}\right)\right]^N = \left[\cos^2\left(\pi\frac{\nu}{2f_p}\right)\right]^N \tag{4.192}$$

图4.37是多阶马赫－泽德干涉滤波器的功率传输函数。由图4.37可以看出，由于单阶马赫－泽德干涉滤波器的锐度非常差（$\mathfrak{F} = 2$），导致f_p及其奇次频率处的RIN噪声的功率谱密度仅在一个很小的范围内具有最小值，因此需要精

确匹配干涉滤波器所需的光程差 ΔL。采用相同结构的高阶马赫－泽德干涉滤波器,锐度大大提高,而对比度没有变化,同时经过滤波的 RIN 功率谱密度 (PSD) 的局部最小值很宽,无需精确匹配滤波干涉仪和传感线圈。需要指出的是,上述分析仍是理想情况,实际应用中需要综合评估延迟线圈和光纤耦合器插入损耗、光纤耦合器分光比误差等对干涉滤波器锐度和对比度的影响。

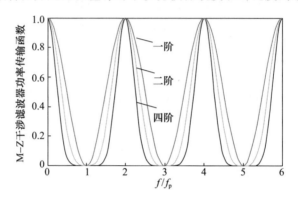

图 4.37　M－Z 干涉滤波器的功率传输函数

4.7.2　采用环形光纤谐振腔

对于图 4.38 所示的单阶环形光纤谐振腔,不考虑谐振腔的光学损耗,透射输出谱为

$$I_{\mathrm{tr}}(\nu) = \frac{1}{1+\dfrac{4(1-\mathcal{R})}{\mathcal{R}^2}\sin^2\left(\pi\nu\dfrac{n_{\mathrm{F}}L}{c}\right)} = \frac{1}{1+\dfrac{2(1-\mathcal{R})}{\mathcal{R}^2}-\dfrac{2(1-\mathcal{R})}{\mathcal{R}^2}\cos\left(\dfrac{\pi\nu}{f_{\mathrm{p}}}\right)} \quad (4.193)$$

式中:环形谐振腔的光纤长度为 L,与陀螺光纤线圈长度相同;$\mathcal{R}$ 是环形谐振腔输入耦合器的强度耦合率,输入耦合器的强度分光比定义为 $\mathcal{R}:(1-\mathcal{R})$。环形光纤谐振腔的精细度 $\mathcal{F}=3/\mathcal{R}$,滤波器的周期同样为 $\Delta \nu_0 = c/n_{\mathrm{F}}\Delta L$,$\Delta \nu_0/2$ 等于光纤陀螺的本征频率 f_{p}。单阶的环形谐振腔的对比度 $\mathcal{F}$:

$$\mathcal{F} = \frac{2(1-\mathcal{R})}{\mathcal{R}^2+2(1-\mathcal{R})} \quad (4.194)$$

图 4.39 给出了针对不同耦合率 $\mathcal{R}$ 的单阶环形谐振腔的透射输出谱。可以看出,$\mathcal{R}=0.1$ 时,$\mathfrak{F}=30$,$\mathcal{F}=0.9945$。$\mathcal{R}=0.5$ 时,$\mathfrak{F}=6$,$\mathcal{F}=0.8$。这种单阶结构的环形谐振腔提供了好的精细度,但对比度较差,尤其是耦合率 $\mathcal{R}$ 取较大值时(这对损耗不能忽略的环形谐振腔来说是非常必要的)。

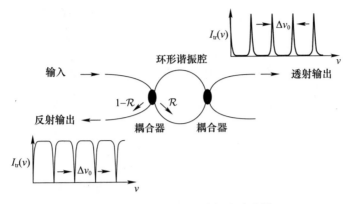

图 4.38　单阶环形光纤谐振腔滤波器

考虑 N 阶的光纤环形谐振腔,透射输出谱为

$$I_{\mathrm{tr}}(\nu) = \frac{1}{\left[1 + \dfrac{2(1-\mathcal{R})}{\mathcal{R}^2} - \dfrac{2(1-\mathcal{R})}{\mathcal{R}^2}\cos\left(\dfrac{\pi\nu}{f_\mathrm{p}}\right)\right]^N} \tag{4.195}$$

高阶($N=2$)环形光纤谐振腔构成的干涉滤波器的输出谱见图4.40。可以看出,采用高阶结构,精细度仅稍有增加,但对比度得到改善,无须精确匹配滤波干涉仪和传感线圈,因为经过滤波的 RIN 功率谱密度(PSD)的局部最小值很宽,展示了重要的 RIN 减小优势。当然,设计一个实际滤波器时,必须克服两个物理限制:①整个光路需要采用保偏光纤元件以确保干涉滤波器的偏振态为同一偏振态。②环形谐振腔的损耗对滤波器性能影响很大,必须最小化。

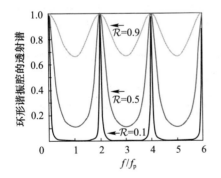

图 4.39　针对不同耦合率 $\mathcal{R}$ 的单阶环形谐振腔的输出谱

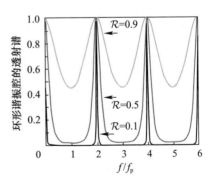

图 4.40　二阶环形谐振腔的输出谱

参 考 文 献

[1] 樊昌信. 通信原理[M]. 5版. 北京:国防工业出版社,2001.
[2] BLAKE J N,SANDERS G A. Fiber optic gyroscope output noise reducer:US,5469257[P]. 1995 – 11 – 21.
[3] 张桂才,于浩,马骏,等. 激光器驱动干涉型光纤陀螺光源相位调制技术研究[J]. 导航定位与授时,2017,4(6):85 – 91.
[4] FRANK J H,JAIN V K. 光通信器件与系统[M]. 徐宏杰,等译. 北京:电子工业出版社,2002.
[5] SHTAIF M,EISENSTEIN G. Noise spectra of semiconductor optical amplifiers:relation between semiclassical and quantum descriptions[J]. IEEE J. Quantum Electronics,1998,34(5):869 – 878.
[6] 徐建营,高峰,李超. 强度调制法抑制光纤陀螺相对强度噪声的机理研究及电路设计[J]. 导航与控制,2007,6(2):27 – 29.
[7] RABELO R C,BLAKE J. SNR enhancement of intensity noise – limited FOGs[J]. J. Lightwave Technology,2000,18(12):2146 – 2150.
[8] 徐建营,李超,高峰. 强度调制器直流漂移对相对强度噪声抑制的影响及其控制[J]. 光电子·激光,2007(5):98 – 105.
[9] BILENCA A,EISENSTEIN G. On the noise properties of linear and nonlinear quantum – dot semiconductor optical amplifiers:the impact of inhomogeneously broadened gain and fast carrier dynamics[J]. IEEE Journal of Quantum Electronics,2004,40(6):690 – 702.
[10] 张桂才. 光纤陀螺原理与技术[M]. 北京:国防工业出版社,2008.
[11] ZHAO M,MORTHIER G. Analysis and optimization of intensity noise reduction in spectrum – sliced WDM systems using a saturated semiconductor optical amplifier[J]. IEEE Photonics Technology Letters,2002,14(3):390 – 392.
[12] POLYNKIN P,BLAKE J. All – optical noise – subtraction scheme for a fiber – optic gyroscope[J]. Optics Letters,2000,25(3):147 – 149.
[13] SHTAIF M,EISENSTEIN G. Noise characteristics of nonlinear semiconductor optical amplifiers in the Gaussian limit[J]. IEEE Journal of Quantum Electronics,1996,32(10):1801 – 1809.
[14] SUN – JONG K,JUNG – HEE H. Intensity noise suppression in spectrum – sliced incoherent light communication systems using a gain – saturated semiconductor optical amplifier[J]. IEEE Photonics Technology Letters,1999,11(8):1042 – 1044.
[15] SHTAIF M,EISENSTEIN G. Noise properties of nonlinear semiconductor optical amplifiers[J]. Optics Letters,1996,21(22):1851 – 1853.
[16] LEFÈVRE H C. 光纤陀螺仪[M]. 张桂才,王巍,译. 北京:国防工业出版社,2002.
[17] TROMBORG B,LASSEN H E. Traveling wave analysis of semiconductor lasers:modulation responses,mode stability and quantum mechanical treatment of noise spectra[J]. IEEE Journal of Quantum Electronics,1994,30(4):939 – 956.
[18] HAKIMI F,MOORES J D. RIN – reduced light source for ultra – low noise interferometric fibre optic gyroscopes[J]. Electronics Letters,2013,49(3):205 – 207.
[20] 张桂才,林毅,马林. 采用半导体光放大器抑制SFS相对强度噪声[J]. 中国惯性技术学报,2015,23(1):107 – 110.
[21] BERNETT S M. Apparatus and method for electronic RIN reduction in fiber optic sensors:US,6542651[P]. 2003 – 04 – 01.

第 5 章 宽带光源的光谱特性及其对光纤陀螺性能的影响

光纤陀螺采用宽带光源,大大降低了偏振交叉耦合、背向散射和克尔(Kerr)效应引起的相干噪声和漂移。目前广泛应用于光纤陀螺的宽带光源主要包括超发光二极管(SLD)和超荧光光纤光源(SFS)。超发光二极管是一种具有单程光增益的半导体光源,因在传输腔内未形成谐振,辐射的光为宽带弱相干光。超荧光光纤光源也称为宽带掺铒光纤光源,是基于掺铒光纤放大的自发辐射效应(ASE)的一种光源。与超发光二极管相比,超荧光光纤光源具有输出功率大、波长稳定性好等优点,更适合中高精度光纤陀螺。描述宽带光源光谱特性的参数包括平均波长、平均波长温度稳定性和长期稳定性、光谱宽度、光谱形状、光谱调制度(纹波)、光谱(频域)不对称度等。不同光谱类型的相干函数存在较大差别,用单一参数很难完整描述各种光谱的相干性。本章主要运用相干光理论,在考察光谱形状和光相干函数精细结构的基础上,综合评价宽带光源的光谱特性以及对光纤陀螺零偏性能和标度因数性能的影响。

5.1 光波的相干性

光波干涉是两束或多束光波叠加的结果。干涉场的分布取决于光波的相干性,即发生叠加的两束或多束光波的涨落的相关性。由于光波的振动频率高达10^{14}Hz以上,现有探测器无法响应光波的振幅,只能探测光波的平均功率(振幅的平方),即光强I。光波干涉条纹的亮暗对比称为条纹清晰度$\mathcal{F}$,定义为

$$\mathcal{F} = \frac{I_{\max} - I_{\min}}{I_{\max} + I_{\min}} \tag{5.1}$$

式中:$I_{\max}$、$I_{\min}$分别为干涉条纹中光强的最大值和最小值。条纹清晰度是干涉条纹亮暗对比的直接度量,但没有明确显示光谱特性或光场相干性与条纹亮暗对比的关系,因而通常需要引入一个二阶统计量,即相干函数(相干度)来讨论光波的干涉问题。

5.1.1 光扰动的数学表示

频率为 ν_0 的单色光扰动的基本形式是简谐波,用复数表示为

$$A(t) = A_0 e^{j\phi_0} \cdot e^{-j2\pi\nu_0 t} \tag{5.2}$$

式中:ϕ_0 为初始相位;A_0 为光波振幅。$A(t)$ 的频谱 $a(\nu)$ 为

$$a(\nu) = \int_{-\infty}^{\infty} [A_0 e^{j\phi_0} \cdot e^{-j2\pi\nu_0 t}] e^{-j2\pi\nu t} dt = A_0 \cdot e^{j\phi_0} \cdot \delta(\nu - \nu_0) \tag{5.3}$$

理论上,原子辐射的无限长波列提供了真正的单频率振动,即单色光扰动。但事实上,实际原子只能辐射时间为 τ 秒的有限长波列,这在频域内表现为一定的频谱宽度 $\Delta\nu$,与 τ 成反比,即严格来讲没有理想的单色光扰动。非单色光扰动的相位和振幅都具有随机性,用复数表示为

$$A(t) = A_0(t) \cdot e^{j\phi(t)} \cdot e^{-j2\pi\nu_0 t} \tag{5.4}$$

式中:$A_0(t)$ 和 $\phi(t)$ 分别为大量随机波列的振幅和相位的慢变化包络。其频谱为中心频率为 ν_0 的单色光扰动的频谱与复振幅 $A_0(t)$ 的频谱的卷积:

$$a(\nu) = \int_{-\infty}^{\infty} [A_0(t) \cdot e^{j\phi(t)} \cdot e^{-j2\pi\nu_0 t}] e^{-j2\pi\nu t} dt = a_0(\nu) \cdot \delta(\nu - \nu_0) \tag{5.5}$$

式中:$a_0(\nu) = \int_{-\infty}^{\infty} [A_0(t) \cdot e^{j\phi(t)}] e^{-j2\pi\nu t} dt$。

光信号由振幅和相位随时间变化的大量波列构成,而探测器的响应时间通常比单个原子辐射有限长波列的时间长得多,因而光信号振幅的时间平均值等于零:

$$\langle A(t) \rangle = \lim_{T \to \infty} \frac{1}{T} \int_{-T/2}^{T/2} A(t) dt = 0 \tag{5.6}$$

对于常用的平方律探测器,探测信号是探测器响应时间内瞬时光强的积分强度,即平均功率,它可以定义为

$$I = \langle |A(t)|^2 \rangle = \lim_{T \to \infty} \frac{1}{T} \int_{-T/2}^{T/2} |A(t)|^2 dt \tag{5.7}$$

平均光功率或光强是光波相干性分析的一个基本物理量。

5.1.2 光波的相干干涉

假定宽带光源发出的光波振幅为 $A(t)$,相应的频率分量为 $a(\nu)$,根据傅里叶变换有:

$$a(\nu) = \int_{-\infty}^{\infty} A(t) \mathrm{e}^{-\mathrm{j}2\pi\nu t} \mathrm{d}t \tag{5.8}$$

$$A(t) = \int_{-\infty}^{\infty} a(\nu) \mathrm{e}^{\mathrm{j}2\pi\nu t} \mathrm{d}\nu \tag{5.9}$$

任何干涉仪(比如 Sagnac 干涉仪)中两束等幅光波 $A(t)$、$A(t-\tau)$ 的干涉输出光强可以表示为

$$\begin{aligned}I_{\mathrm{out}} &= \langle [A(t)+A(t-\tau)] \cdot [A(t)+A(t-\tau)]^* \rangle \\ &= \langle A(t) \cdot A^*(t) \rangle + \langle A(t-\tau) \cdot A^*(t) \rangle + \langle A(t) \cdot \\ & \quad A^*(t-\tau) \rangle + \langle A(t-\tau) \cdot A^*(t-\tau) \rangle \end{aligned} \tag{5.10}$$

式中:τ 为延迟时间;$\langle \cdots \rangle$ 为时间平均。

$$\langle A(t) \cdot A^*(t-\tau) \rangle = \Gamma(\tau) = \int_{-\infty}^{\infty} A(t) \cdot A^*(t-\tau) \mathrm{d}t \tag{5.11}$$

式中:$\Gamma(\tau)$ 为 $A(t)$ 的自相关函数。由式(5.10):

$$I_{\mathrm{out}} = 2\Gamma(0) + \Gamma(\tau) + \Gamma^*(\tau) \tag{5.12}$$

由式(5.8)可知,频率分量 $a(\nu)$ 通常为复数,可以用一个实数模 $\alpha(\nu)$ 和一个相位项 $\varphi(\nu)$ 来表示:$a(\nu) = \alpha(\nu)\mathrm{e}^{\mathrm{j}\varphi(\nu)}$,因而功率谱密度可以表示为 $|a(\nu)|^2 = \alpha^2(\nu)$,为实数。根据维纳-欣钦定理:如果函数 $A(t)$ 的傅里叶变换为 $a(\nu)$,则函数 $A(t)$ 的自相关函数 $\Gamma(\tau) = \int_{-\infty}^{\infty} A(t) \cdot A^*(t-\tau) \mathrm{d}t$ 与功率谱密度 $|a(\nu)|^2 = \alpha^2(\nu)$ 是一对互逆的傅里叶变换:

$$\Gamma(\tau) = \int_{-\infty}^{\infty} \alpha^2(\nu) \mathrm{e}^{\mathrm{j}2\pi\nu\tau} \mathrm{d}\nu \tag{5.13}$$

$$\alpha^2(\nu) = \int_{-\infty}^{\infty} \Gamma(\tau) \mathrm{e}^{-\mathrm{j}2\pi\nu\tau} \mathrm{d}\tau \tag{5.14}$$

实际中,功率谱密度 $\alpha^2(\nu)$ 通常以平均频率 ν_0 为中心,"中心型"谱的功率谱密度 $\alpha_\mathrm{c}^2(\nu)$ 可以定义为

$$\alpha_\mathrm{c}^2(\nu) = \alpha^2(\nu_0 + \nu) \tag{5.15}$$

令 $\nu' = \nu_0 + \nu$,则有 $\alpha_\mathrm{c}^2(\nu) = \alpha^2(\nu')$,$\mathrm{d}\nu' = \mathrm{d}\nu$,于是"中心型"谱的自相关函数:

$$\begin{aligned}\Gamma(\tau) &= \int_{-\infty}^{\infty} \alpha^2(\nu') \mathrm{e}^{\mathrm{j}2\pi\nu'\tau} \mathrm{d}\nu' = \int_{-\infty}^{\infty} \alpha_\mathrm{c}^2(\nu) \mathrm{e}^{\mathrm{j}2\pi(\nu_0+\nu)\tau} \mathrm{d}(\nu_0+\nu) \\ &= \mathrm{e}^{\mathrm{j}2\pi\nu_0\tau} \int_{-\infty}^{\infty} \alpha_\mathrm{c}^2(\nu) \mathrm{e}^{\mathrm{j}2\pi\nu\tau} \mathrm{d}\nu = \mathrm{e}^{\mathrm{j}2\pi\nu_0\tau} \Gamma_\mathrm{c}(\tau)\end{aligned} \tag{5.16}$$

其中:

$$\Gamma_c(\tau) = \int_{-\infty}^{\infty} \alpha_c^2(\nu) e^{j2\pi\nu\tau} d\nu \qquad (5.17)$$

如果功率谱密度 $\alpha^2(\nu)$ 关于平均频率 ν_0 对称,则"中心型"谱密度 $\alpha_c^2(\nu)$ 是一个实偶函数,由式(5.17),得

$$\Gamma_c(-\tau) = \int_{-\infty}^{\infty} \alpha_c^2(\nu) e^{-j2\pi\nu\tau} d\nu = \int_{\infty}^{-\infty} \alpha_c^2(-\nu') e^{j2\pi\nu'\tau} d(-\nu')(\nu = -\nu')$$

$$= -\int_{\infty}^{-\infty} \alpha_c^2(\nu') e^{j2\pi\nu'\tau} d\nu' = \int_{-\infty}^{\infty} \alpha_c^2(\nu') e^{j2\pi\nu'\tau} d\nu' = \Gamma_c(\tau) \qquad (5.18)$$

$$\Gamma_c^*(\tau) = \int_{-\infty}^{\infty} \alpha_c^2(\nu) e^{-j2\pi\nu\tau} d\nu = \int_{\infty}^{-\infty} \alpha_c^2(-\nu') e^{j2\pi\nu'\tau} d(-\nu')(\nu = -\nu')$$

$$= -\int_{\infty}^{-\infty} \alpha_c^2(\nu') e^{j2\pi\nu'\tau} d\nu' = \int_{-\infty}^{\infty} \alpha_c^2(\nu') e^{j2\pi\nu'\tau} d\nu' = \Gamma_c(\tau) \qquad (5.19)$$

即自相关函数 $\Gamma_c(\tau)$ 也是一个实的偶函数。

由于 $A(t)$ 和 $a(\nu)$ 之间有帕斯瓦尔(Parseval)等式(能量守恒):

$$\int_{-\infty}^{\infty} |A(t)|^2 dt = \int_{-\infty}^{\infty} |a(\nu)|^2 d\nu = \int_{-\infty}^{\infty} \alpha^2(\nu) d\nu = \int_{-\infty}^{\infty} \alpha_c^2(\nu) d\nu = \frac{I_{in}}{2} \qquad (5.20)$$

所以:

$$\Gamma_c(0) = \int_{-\infty}^{\infty} \alpha_c^2(\nu) d\nu = \int_{-\infty}^{\infty} \alpha^2(\nu) d\nu = \Gamma(0) = \frac{I_{in}}{2} \qquad (5.21)$$

因此由式(5.12)和式(5.16):

$$I_{out} = \Gamma(0) \left[2 + \frac{\Gamma(\tau)}{\Gamma(0)} + \frac{\Gamma^*(\tau)}{\Gamma(0)} \right] = \frac{I_{in}}{2} \left[2 + \frac{e^{j2\pi\nu_0\tau} \cdot \Gamma_c(\tau)}{\Gamma_c(0)} + \frac{e^{-j2\pi\nu_0\tau} \cdot \Gamma_c^*(\tau)}{\Gamma_c(0)} \right]$$

$$(5.22)$$

定义"中心型"谱归一化自相关函数:

$$\gamma_c(\tau) = \frac{\Gamma_c(\tau)}{\Gamma_c(0)} = \frac{\int_{-\infty}^{\infty} \alpha_c^2(\nu) e^{j2\pi\nu\tau} d\nu}{\int_{-\infty}^{\infty} \alpha_c^2(\nu) d\nu} = \int_{-\infty}^{\infty} \tilde{\alpha}_c^2(\nu) e^{j2\pi\nu\tau} d\nu \qquad (5.23)$$

式中: $\tilde{\alpha}_c^2(\nu)$ 为归一化谱密度; $\gamma_c(0) = 1$。最终有:

$$I_{out} = I_{in} [1 + \gamma_c(\tau) \cos(2\pi\nu_0\tau)] \qquad (5.24)$$

式中: $\gamma_c(\tau)$ 也称为光源的相干函数,相干函数是反映光场相关性的统计量。

如前所述,在光谱对称的情况下,相干函数 $\gamma_c(\tau)$ 是一个实偶函数,但不排

除 $\gamma_c(\tau)$ 存在零点,连续性要求 $\gamma_c(\tau)$ 随 τ 经过每个零点时要改变符号,这意味着在 τ 的某些区间上,$\gamma_c(\tau)$ 为负。比较式(5.1)和式(5.24),条纹清晰度与相干函数的关系为

$$\mathcal{F} = |\gamma_c(\tau)| \tag{5.25}$$

维纳 – 欣钦定理适用于描述(广义平稳)随机过程的功率谱密度与统计自相关函数之间的关系。对于一个各态历经随机过程,由于 $\gamma_c(0)=1$,$\gamma_c(\tau)$ 绝对可积分,曲线 $|\gamma_c(\tau)|^2$ 下的面积总是有限的,因此可以很自然且在数学上很方便地用 $|\gamma_c(\tau)|^2$ 作为加权因子测量 $A(t)$ 的时间相关性范围。为什么用 $|\gamma_c(\tau)|^2$ 而不用 $|\gamma_c(\tau)|$?对于实际应用中的主要光谱类型,如高斯型光谱或其他对称性光谱,$|\gamma_c(\tau)|$ 为偶函数,因而有 $\int_{-\infty}^{\infty} \tau |\gamma_c(\tau)| \mathrm{d}\tau = 0$,甚至 $\int_{-\infty}^{\infty} \tau |\gamma_c(\tau)|^2 \mathrm{d}\tau = 0$,没有物理意义。因此习惯上把自相关函数 $|\gamma_c(\tau)|^2$ 加权的归一化 1σ 均方根半宽定义为相干时间 τ_c:

$$\tau_c^2 = \frac{\int_{-\infty}^{\infty} \tau^2 |\gamma_c(\tau)|^2 \mathrm{d}\tau}{\int_{-\infty}^{\infty} |\gamma_c(\tau)|^2 \mathrm{d}\tau} \tag{5.26}$$

这是相干时间的一种定义。相干时间还有其他定义,如:$\tau_c = \int_{-\infty}^{\infty} |\gamma_c(\tau)|^2 \mathrm{d}\tau$,后面再做讨论。同理,把谱密度 $\alpha_c^2(\nu)$ 的归一化 1σ 均方根半宽定义为有效谱宽 $\Delta\nu$:

$$(\Delta\nu)^2 = \frac{\int_{-\infty}^{\infty} (\nu-\nu_0)^2 [\alpha_c^2(\nu)]^2 \mathrm{d}\nu}{\int_{-\infty}^{\infty} [\alpha_c^2(\nu)]^2 \mathrm{d}\nu} = \int_{-\infty}^{\infty} (\nu-\nu_0)^2 [\tilde{\alpha}_c^2(\nu)]^2 \mathrm{d}\nu$$

$$\tag{5.27}$$

以上几种定义都是二阶统计量。

5.2 高斯型光谱

5.2.1 频域高斯型谱的归一化功率谱密度

频域高斯型谱的归一化功率谱密度 p_ν 可以表示为

$$p_\nu = \tilde{\alpha}_c^2(\nu) = \frac{1}{\sqrt{2\pi}\cdot\sqrt{2}\Delta\nu}e^{-\frac{(\nu-\nu_0)^2}{2(\sqrt{2}\Delta\nu)^2}} = \frac{1}{\sqrt{2\pi}\cdot\sqrt{2}\Delta\nu}e^{-\frac{(\nu-\nu_0)^2}{4(\Delta\nu)^2}} \quad (5.28)$$

式中：$\Delta\nu$ 满足式(5.27)定义，为高斯型光谱的 1σ 标准偏差对应的半宽。由式(5.28)，频域高斯型谱的半最大值全宽 $\Delta\nu_{\text{FWHM}}$（3dB 谱宽）满足：

$$e^{-\frac{(\Delta\nu_{\text{FWHM}}/2)^2}{4(\Delta\nu)^2}} = \frac{1}{2} \quad (5.29)$$

两边取对数并化简，得

$$\Delta\nu_{\text{FWHM}} = 4\sqrt{\ln 2}\cdot\Delta\nu \approx 3.33\Delta\nu \quad (5.30)$$

将式(5.31)代入 $p_\nu = \tilde{\alpha}_c^2(\nu)$，得到用 $\Delta\nu_{\text{FWHM}}$ 表征的高斯型归一化功率谱密度：

$$p_\nu = \frac{1}{\sqrt{2\pi}\frac{\Delta\nu_{\text{FWHM}}}{2\sqrt{2\ln 2}}}e^{-\frac{(\nu-\nu_0)^2}{2\left(\frac{\Delta\nu_{\text{FWHM}}}{2\sqrt{2\ln 2}}\right)^2}} \quad (5.31)$$

5.2.2　频域高斯型光谱对应着空间域高斯型光谱

由 $\lambda_0\nu = c$，得到 $\nu = c/\lambda_0$，$\Delta\nu = c\Delta\lambda/\lambda_0^2$，代入式(5.28)，进而有：

$$p_\lambda = \tilde{\alpha}_c^2(\lambda) = \frac{\lambda_0^2}{\sqrt{2\pi}\cdot\sqrt{2}c\Delta\lambda}e^{-\frac{\left(\frac{\lambda_0}{\lambda}\right)^2(\lambda-\lambda_0)^2}{4(\Delta\lambda)^2}} \quad (5.32)$$

对于宽带掺铒光纤光源（对其他宽带光源也适合），由于在 ASE 的 1520～1560nm 范围内，$\lambda_0/\lambda \approx 1$，因而 p_λ 可以简化为

$$p_\lambda = \tilde{\alpha}_c^2(\lambda) = \frac{\lambda_0^2}{\sqrt{2\pi}\cdot\sqrt{2}c\Delta\lambda}e^{-\frac{(\lambda-\lambda_0)^2}{4(\Delta\lambda)^2}} \quad (5.33)$$

也就是说，频域高斯型光谱近似对应着空间域高斯型光谱，而后面将要证明，高斯型光谱为对称性光谱，其相干函数 $|\gamma_c(\tau)|$ 没有二阶相干峰。

空间域高斯型光谱的半最大值全宽 $\Delta\lambda_{\text{FWHM}}$ 满足：

$$e^{-\frac{(\Delta\lambda_{\text{FWHM}}/2)^2}{4(\Delta\lambda)^2}} = \frac{1}{2} \quad (5.34)$$

两边取对数并化简，得

$$\Delta\lambda_{\text{FWHM}} = 4\sqrt{\ln 2}\cdot\Delta\lambda \approx 3.33\Delta\lambda \quad (5.35)$$

将式(5.35)代入 $p_\lambda = \tilde{\alpha}_c^2(\lambda)$，有

$$p_\lambda = \tilde{\alpha}_c^2(\lambda) = \frac{1}{\sqrt{2\pi}\frac{c\Delta\lambda_{\text{FWHM}}}{2\sqrt{2}\sqrt{\ln 2}\lambda_0^2}} e^{-\frac{(\lambda-\lambda_0)^2}{2\left(\frac{c\Delta\lambda_{\text{FWHM}}}{2\sqrt{2\ln 2}\lambda_0^2}\right)^2}} \tag{5.36}$$

其中:

$$\Delta\nu_{\text{FWHM}} = \frac{c\Delta\lambda_{\text{FWHM}}}{\lambda_0^2} \tag{5.37}$$

5.2.3 高斯型光谱的相干函数

根据式(5.23)、式(5.28),高斯型光谱的相干函数 $\gamma_c(\tau)$ 为

$$\gamma_c(\tau) = \int_{-\infty}^{\infty} p_\nu \cdot e^{j2\pi\nu\tau} d\nu = \int_{-\infty}^{\infty} \frac{1}{\sqrt{2\pi}\cdot\sqrt{2}\Delta\nu} e^{-\frac{(\nu-\nu_0)^2}{4(\Delta\nu)^2}} \cdot e^{j2\pi\nu\tau} d\nu = e^{-(2\pi\Delta\nu\tau)^2} \cdot e^{j2\pi\nu_0\tau} \tag{5.38}$$

式中: $\gamma_c(\tau)$ 的包络 $e^{-(2\pi\Delta\nu\tau)^2}$ 反映了高斯型光谱的时间相干性。由 $\gamma_c(\tau)$ 包络的指数衰减特征可知,高斯型光谱的相干函数随时间延迟迅速衰减,没有较高阶的相干峰,这对抑制光纤陀螺的相干噪声具有优势。典型高斯型光谱曲线 $p_\nu \sim \nu$ 及其对应的相干函数曲线 $\gamma_c(\tau)$ 见图5.1。

由式(5.26)和式(5.28),高斯型光谱的相干时间 τ_c 定义为

$$\tau_c^2 = \frac{\int_{-\infty}^{\infty}\tau^2|\gamma_c(\tau)|^2 d\tau}{\int_{-\infty}^{\infty}|\gamma_c(\tau)|^2 d\tau} = \frac{\int_{-\infty}^{\infty}\tau^2 e^{-2(2\pi\Delta\nu\tau)^2} d\tau}{\int_{-\infty}^{\infty} e^{-2(2\pi\Delta\nu\tau)^2} d\tau} = \frac{1}{4(2\pi\Delta\nu)^2} \tag{5.39}$$

即

$$\tau_c \cdot \Delta\nu = \frac{1}{4\pi} \tag{5.40}$$

将 $\tau_c \cdot \Delta\nu = 1/4\pi$ 代入 $\gamma_c(\tau)$,得到高斯型谱的时间相干函数:

$$\gamma_c(\tau) = e^{-\frac{1}{4}\left(\frac{\tau}{\tau_c}\right)^2} \tag{5.41}$$

$\tau = \tau_c$ 时,

$$\gamma_c(\tau_c) = e^{-\frac{1}{4}} \approx 0.8 \tag{5.42}$$

即延迟时间等于相干时间 τ_c 时,干涉条纹的干涉对比度仍达到近80%。

再来考察由 $\Delta\nu_{\text{FWHM}}$ 确立的延迟时间 $\tau = 1/\Delta\nu_{\text{FWHM}}$,由式(5.30),代入相干函数 $\gamma_c(\tau)$,有:

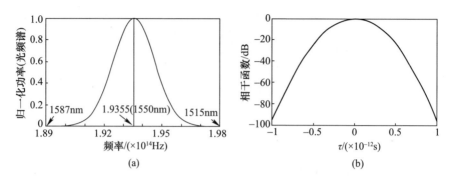

图 5.1 典型宽带光源的高斯型光谱及其相干函数
(a)高斯型光谱$\Delta\lambda_{\text{FWHM}}=20\text{nm}$；(b)相干函数。

$$\gamma_c(1/\Delta\nu_{\text{FWHM}}) = e^{-\frac{1}{4}\left(\frac{\pi}{\sqrt{\ln 2}}\right)^2} \approx 0.028 \tag{5.43}$$

这意味着 $\tau = 1/\Delta\nu_{\text{FWHM}}$ 可以作为光波失去相干性的时间标志,此时干涉对比度降为 2.8%,因此,严格来讲,去相干时间可以定义为

$$\tau_{\text{dc}} = \frac{1}{\Delta\nu_{\text{FWHM}}} \tag{5.44}$$

事实上,在许多文献中仍将式(5.44)定义为相干时间。可以认为这是一种非常保守、不甚严谨的定义。

5.2.4 高斯型光谱相干时间两种定义的区别

只针对频域高斯型光谱讨论相干时间两种定义的区别。由式(5.38),频域高斯型光谱 $|\gamma_c(\tau)|$ 为

$$|\gamma_c(\tau)| = e^{-(2\pi\Delta\nu\tau)^2} \tag{5.45}$$

相干时间的两种定义 τ_{c1}、τ_{c2} 分别为

$$\tau_{c1}^2 = \frac{\int_{-\infty}^{\infty} \tau^2 |\gamma_c(\tau)|^2 d\tau}{\int_{-\infty}^{\infty} |\gamma_c(\tau)|^2 d\tau}, \tau_{c2} = \int_{-\infty}^{\infty} |\gamma_c(\tau)|^2 d\tau \tag{5.46}$$

将高斯型光谱的相干函数 $\gamma_c(\tau)$ 代入 τ_{c1}、τ_{c2} 中,得

$$\tau_{c1} = \frac{1}{4\pi\Delta\nu}, \tau_{c2} = \sqrt{\frac{\pi}{2}} \cdot \frac{1}{2\pi\Delta\nu} = \sqrt{2\pi} \cdot \frac{1}{4\pi\Delta\nu}, \frac{\tau_{c1}}{\tau_{c2}} = \frac{1}{\sqrt{2\pi}} \approx 0.4$$

同时有

$$\gamma_c(\tau_{c1}) = e^{-1/4} \approx 0.8, \gamma_c(\tau_{c2}) = e^{-\pi/2} \approx 0.2$$

也就是说，τ_{c1} 对应的干涉对比度（条纹清晰度）比 τ_{c2} 高。τ_{c1} 对应的是相干函数的 1σ 均方根半宽，而 τ_{c2} 相当于相干函数的 $\sqrt{2\pi} \approx 2.5\sigma$ 均方根半宽。

注意，第一种相干时间的定义仅限于讨论高斯型光谱，对于其他光谱形状，其对应的相干函数可能存在旁瓣或二阶相干峰，大多采用第二种相干时间的定义，后面还将进一步讨论。

5.3 其他对称性光谱

5.3.1 洛仑兹型光谱及其相干函数

洛仑兹（Lorentz）型光谱主要存在于激光器中。在理想激光器中，光全部由受激辐射产生，没有自发辐射光，所以理想单模激光器的输出光具有绝对的单频和稳定的相位，没有任何噪声。激光器的噪声源于自发辐射，这是不可避免的。在这种情况下，光源的辐射光场以随机形式随时间变化，本质上是一种统计结果。这种随机性或者源于腔内产生的量子性，或者由于外部的随机扰动。对于给定的偏振态，辐射光场的相位和振幅（强度）通常都随机涨落，同时造成激光器发射谱的展宽。强度涨落一般用单位带宽的相对强度噪声（RIN）表示。由于增益饱和引起的振幅涨落的衰减（噪声压缩），工作在阈值之上的半导体激光器在激光频率附近强度噪声可以忽略。结果，对谱线加宽的主要贡献来自于量子化相位涨落的随机性，即均匀展宽，对应的激光器的光谱线宽为洛仑兹型（图5.2）。可以假定单纵模激光器光源的复数光场具有下列形式：$A(t) = A_0 e^{j[2\pi\nu_0 t + \phi(t)]}$，则其归一化自相关函数为

$$\gamma_c(\tau) = \frac{\langle A^*(t) A(t+\tau) \rangle}{A_0^2} = e^{j2\pi\nu_0\tau} \langle e^{j\Delta\phi(t,\tau)} \rangle \tag{5.47}$$

通常用维纳-列维（Wiener-Levy）随机过程作为描述激光随机相位涨落的统计模型。根据维纳-列维（Wiener-Levy）模型，相位 $\phi(t)$ 是非平稳的零平均高斯型随机过程，但其不同时刻的相位差 $\Delta\phi(t,\tau)$：

$$\Delta\phi(t,\tau) = \phi(t) - \phi(t+\tau) \tag{5.48}$$

却是一个平稳的零平均高斯型随机过程，其概率密度函数可以表示为

$$p(\Delta\phi) = \frac{1}{\sqrt{2\pi}\sigma_{\Delta\phi}} e^{-\frac{(\Delta\phi)^2}{2\sigma_{\Delta\phi}^2}} \tag{5.49}$$

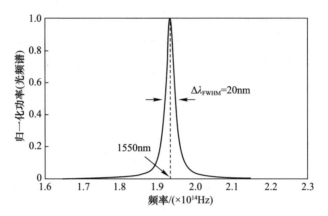

图 5.2 典型洛伦兹型光谱($\Delta\lambda_{\text{FWHM}} = 20\text{nm}$)

式中:$\sigma_{\Delta\phi}^2$ 为相位差的方差,仅依赖于 τ。这样:

$$\langle e^{j\Delta\phi(t,\tau)} \rangle = \int_{-\infty}^{\infty} e^{j\Delta\phi(t,\tau)} p(\Delta\phi) d(\Delta\phi) = e^{-\frac{1}{2}\sigma_{\Delta\phi}^2} \tag{5.50}$$

其中利用了广义积分:

$$\int_{-\infty}^{\infty} \cos bx \cdot e^{-ax^2} dx = \sqrt{\frac{\pi}{a}} \cdot e^{-\frac{b^2}{4a}} \quad (a > 0) \tag{5.51}$$

洛仑兹谱型的归一化功率谱密度为

$$p_\nu = \frac{\dfrac{2}{\pi \Delta\nu_{\text{FWHM}}}}{1 + \left[\dfrac{2}{\Delta\nu_{\text{FWHM}}}(\nu - \nu_0)\right]^2} \tag{5.52}$$

根据维纳-钦欣定理,自相关函数和功率谱密度之间存在傅里叶变换关系,所以又有:

$$\gamma_c(\tau) = \int_{-\infty}^{\infty} p_\nu e^{j2\pi\nu\tau} d\nu = e^{j2\pi\nu_0\tau} \int_{-\infty}^{\infty} p_\nu e^{j2\pi(\nu-\nu_0)\tau} d\nu$$

$$= e^{j2\pi\nu_0\tau} \int_{-\infty}^{\infty} \frac{\dfrac{2}{\pi \Delta\nu_{\text{FWHM}}}}{1 + \left[\dfrac{2}{\Delta\nu_{\text{FWHM}}}(\nu - \nu_0)\right]^2} e^{j2\pi(\nu-\nu_0)\tau} d\nu = e^{j2\pi\nu_0\tau} \cdot e^{-|\pi\Delta\nu_{\text{FWHM}}\tau|}$$

$$\tag{5.53}$$

其中利用了广义积分:

$$\int_0^\infty \frac{\cos ax}{1+x^2}\mathrm{d}x = \frac{\pi}{2}\mathrm{e}^{-|a|} \tag{5.54}$$

洛仑兹型光谱的相干函数曲线$\gamma_c(\tau)$见图5.3。随着τ的增加，洛仑兹型光谱的相干函数随时间延迟迅速衰减，没有较高阶的相干峰。

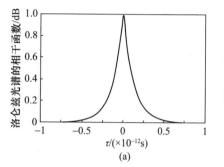 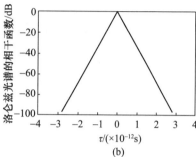

图5.3 洛仑兹型光谱($\Delta\lambda_{\mathrm{FWHM}}=20\mathrm{nm}$)的相干函数。
(a)线性坐标；(b)对数坐标。

5.3.2 矩形光谱及其相干函数

理想频域矩形光谱如图5.4所示，其归一化功率谱密度p_ν可以表示为

$$p_\nu = \begin{cases} \dfrac{1}{\Delta\nu}, & \nu_0 - \dfrac{\Delta\nu}{2} < \nu < \nu_0 + \dfrac{\Delta\nu}{2} \\ 0, & \text{其他} \end{cases} \tag{5.55}$$

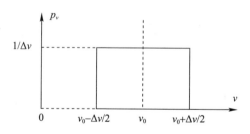

图5.4 频域归一化理想矩形光谱

注意，对于理想矩形光谱，$\Delta\nu = \Delta\nu_{\mathrm{FWHM}}$。频域理想矩形光谱的自相关函数$\gamma_c(\tau)$为

$$\gamma_c(\tau) = \int_{\nu_0-\frac{\Delta\nu}{2}}^{\nu_0+\frac{\Delta\nu}{2}} \frac{1}{\Delta\nu}\mathrm{e}^{\mathrm{j}2\pi\nu\tau}\mathrm{d}\nu = \mathrm{e}^{\mathrm{j}2\pi\nu_0\tau}\frac{\sin(\pi\Delta\nu\tau)}{\pi\Delta\nu\tau} = \mathrm{sinc}(\pi\Delta\nu\tau)\cdot\mathrm{e}^{\mathrm{j}2\pi\nu_0\tau}$$

$$\tag{5.56}$$

矩形光谱干涉条纹的条纹清晰度：

$$|\gamma_c(\tau)| = |\mathrm{sinc}(\pi\Delta\nu\tau)| = |\mathrm{sinc}(\pi\Delta\nu_{\mathrm{FWHM}}\tau)| \quad (5.57)$$

频域理想矩形光谱的相干函数曲线 $|\gamma_c(\tau)| \sim \tau$，见图5.5。可以看出，谱密度仍关于某个频率 ν_0 对称，但 $\gamma_c(\tau)$ 在某些 τ 上为零。由于 sinc 函数的周期性，在相干函数 $|\gamma_c(\tau)|$ 的主峰两侧，随着 τ 的增加，存在大量周期性的次峰，次峰之间的周期为 $1/\Delta\nu$，其中第一个次峰的高度为 $2/3\pi$（约 $-6.7\mathrm{dB}$），第 n 个次峰的高度为 $2/(2n+1)\pi$。n 个次峰构成的包络导致 $|\gamma_c(\tau)|$ 曲线下面的面积增加，由 5.4 节可知，谱宽同为 $\Delta\lambda_{\mathrm{FWHM}} = 20\mathrm{nm}$ 时，矩形光谱的相干性是高斯型的 $1/0.66 = 1.5$ 倍。对于相同 $\Delta\lambda_{\mathrm{FWHM}}$ 的矩形和高斯型光谱，采用矩形谱宽带光源的光纤陀螺将具有较大的相干噪声。

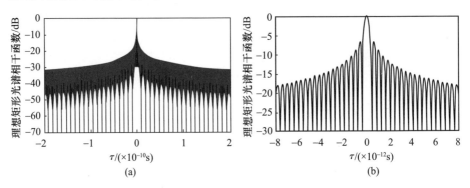

图 5.5　理想矩形光谱（$\Delta\lambda_{\mathrm{FWHM}} = 20\mathrm{nm}$）的自相关函数

(a) 横坐标量程 $L = \pm 60\mathrm{mm}$；(b) 局部 $L = \pm 2.4\mathrm{mm}$。

5.4　对称性光谱的相干性及对光纤陀螺性能的影响

5.4.1　几种对称性光谱的相干性比较

如前所述，相干时间有两种定义：见式(5.46)的 τ_{c1} 和 τ_{c2}。本节讨论高斯型光谱时，主要采用了第一种定义，把自相关函数 $|\gamma_c(\tau)|^2$ 加权的归一化 1σ 均方根半宽定义为相干时间 τ_c。当光谱为非高斯型或不规则时，如光谱不对称性或含有谱调制，相干函数中主相干峰存在旁瓣或存在次（二阶）相干峰，采用第一种定义很难获得解析解，计算相干时间将变得非常复杂甚至不可能。故在许多文献中相干时间采用第二种定义：

$$\tau_c = \int_{-\infty}^{\infty} |\gamma_c(\tau)|^2 \mathrm{d}\tau \quad (5.58)$$

相同谱宽$\Delta\lambda_{FWHM}$条件下,前面讲到的三种典型对称性光谱的归一化功率谱密度及其相干函数的比较见图5.6。分别将式(5.38)、式(5.53)和式(5.56)代入式(5.58),得

$$矩形谱:\tau_c \approx \frac{1}{\Delta\nu_{FWHM}} \tag{5.59}$$

$$高斯谱:\tau_c = \sqrt{\frac{2\ln 2}{\pi}}\frac{1}{\Delta\nu_{FWHM}} = 0.66\frac{1}{\Delta\nu_{FWHM}} \tag{5.60}$$

$$洛仑兹谱:\tau_c = \frac{1}{\pi}\frac{1}{\Delta\nu_{FWHM}} = 0.32\frac{1}{\Delta\nu_{FWHM}} \tag{5.61}$$

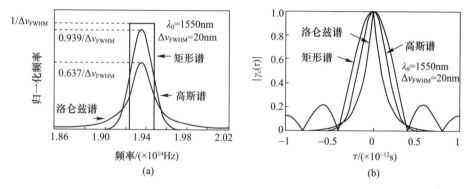

图5.6 三种典型对称性光谱的归一化功率谱密度及其相干函数的比较

宽带光源的相干长度L_c由宽带光源的FWHM谱宽$\Delta\lambda_{FWHM}$决定(注:这是根据相干时间的第二种定义得到的相干长度),由$\Delta\nu_{FWHM} = c\Delta\lambda_{FWHM}/\lambda_0^2$,可以表示为

$$L_c = k_c\left(\frac{\lambda_0^2}{\Delta\lambda_{FWHM}}\right) \tag{5.62}$$

式中:λ_0为中心波长;k_c为与光谱形状有关的因子。对于洛仑兹谱型,$k_c = 0.32$;对于高斯谱型,$k_c = 0.66$;对于矩形谱型,$k_c \approx 1$。表5.1总结了这几种典型光源的光谱特性和相干性。图5.7是图5.6所示三种典型对称性光谱相干函数的对数坐标表示以及局部放大。由表5.1和图5.7可以看出,不同光谱类型的相干函数存在较大差别,用相干时间或相干长度等单一参数很难完整描述各种光谱的相干性。必须根据光纤陀螺性能要求和陀螺所采用光源的实际谱型,在考察相干函数精细结构的基础上,综合评价光谱特性以及对光纤陀螺性能的影响。

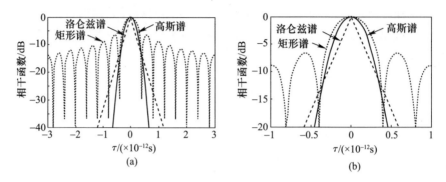

图 5.7 图 5.6 所示三种典型对称性光谱的相干函数
(a)对数坐标表示；(b)局部放大。

表 5.1 几种典型光源的光谱特性和相干性

光谱相干特性 \ 光谱类型	矩形光谱	高斯光谱	洛仑兹光谱
归一化功率谱密度 p_ν	$\dfrac{1}{\Delta\nu_{FWHM}}$	$\dfrac{1}{\sqrt{\pi}\cdot\Delta\nu_{FWHM}/2\sqrt{\ln 2}} e^{-\dfrac{(\nu-\nu_0)^2}{(\Delta\nu_{FWHM}/2\sqrt{\ln 2})^2}}$	$\dfrac{\dfrac{2}{\pi\Delta\nu_{FWHM}}}{1+\left[\dfrac{2}{\Delta\nu_{FWHM}}(\nu-\nu_0)\right]^2}$
谱最大值($\nu=\nu_0$)	$\dfrac{1}{\Delta\nu_{FWHM}}$	$\dfrac{1}{\sqrt{\pi}\cdot\Delta\nu_{FWHM}/2\sqrt{\ln 2}}\approx\dfrac{0.939}{\Delta\nu_{FWHM}}$	$\dfrac{2}{\pi\Delta\nu_{FWHM}}\approx\dfrac{0.637}{\Delta\nu_{FWHM}}$
相干函数 $\lvert\gamma_c(\tau)\rvert$	$\mathrm{sinc}(\pi\Delta\nu_{FWHM}\tau)$	$e^{-(\pi\Delta\nu_{FWHM}\tau/2\sqrt{\ln 2})^2}$	$e^{-\lvert\pi\Delta\nu_{FWHM}\tau\rvert}$
相干时间 τ_c	$\dfrac{1}{\Delta\nu_{FWHM}}$	$\sqrt{\dfrac{2\ln 2}{\pi}}\cdot\dfrac{1}{\Delta\nu_{FWHM}}$	$\dfrac{1}{\pi}\cdot\dfrac{1}{\Delta\nu_{FWHM}}$
相干长度 L_c	$\dfrac{c}{\Delta\nu_{FWHM}}=\dfrac{\lambda_0^2}{\Delta\lambda_{FWHM}}$	$\sqrt{\dfrac{2\ln 2}{\pi}}\cdot\dfrac{c}{\Delta\nu_{FWHM}}=\sqrt{\dfrac{2\ln 2}{\pi}}\cdot\dfrac{\lambda_0^2}{\Delta\lambda_{FWHM}}$	$\dfrac{1}{\pi}\cdot\dfrac{c}{\Delta\nu_{FWHM}}=\dfrac{1}{\pi}\cdot\dfrac{\lambda_0^2}{\Delta\lambda_{FWHM}}$
相干系数 k_c	≈ 1	$\sqrt{\dfrac{2\ln 2}{\pi}}\approx 0.66$	$\dfrac{1}{\pi}\approx 0.32$
相干度($\tau=\tau_c$)	0(零点)	$e^{-\pi/2}\approx 0.21$	$e^{-1}\approx 0.37$

5.4.2 对称性光谱的相干函数对光纤陀螺性能的影响

考虑干涉型闭环光纤陀螺中典型的四态方波调制：

$$\Delta\phi_{\mathrm{m}}(t) = \begin{cases} \phi_{\mathrm{b}}/2 \\ a\phi_{\mathrm{b}}/2 \\ -\phi_{\mathrm{b}}/2 \\ -a\phi_{\mathrm{b}}/2 \end{cases} \quad (5.63)$$

光纤陀螺的干涉输出可以表示为

$$I_{\mathrm{out}}(t) = I_{\mathrm{in}}\{1 + \gamma_{\mathrm{c}}[\phi_{\mathrm{m}}(t)]\cos[\Delta\phi_{\mathrm{m}}(t) + \phi_{\mathrm{s}} + \phi_{\mathrm{f}}]\} \quad (5.64)$$

考虑到采用宽带光源的 Sagnac 干涉仪的有限相干性,四态方波调制的两个重要参数应满足 $I_{\mathrm{out}}(\pm\phi_{\mathrm{b}}) = I_{\mathrm{out}}(\pm a\phi_{\mathrm{b}})$,因而有

$$\gamma_{\mathrm{c}}(\phi_{\mathrm{b}})\cos(\phi_{\mathrm{b}}) = \gamma_{\mathrm{c}}(a\phi_{\mathrm{b}})\cos(a\phi_{\mathrm{b}}) \quad (5.65)$$

假定 Sagnac 相移 ϕ_{s} 非常小,由式(5.64),每一态的解调结果为

$$I_{\mathrm{out}}^{(1)}(t) = I_{\mathrm{in}}\{1 + \gamma_{\mathrm{c}}(\phi_{\mathrm{b}})[\cos\phi_{\mathrm{b}} - (\phi_{\mathrm{s}} + \phi_{\mathrm{f}})\sin\phi_{\mathrm{b}}]\} \quad (5.66)$$

$$I_{\mathrm{out}}^{(2)}(t) = I_{\mathrm{in}}\{1 + \gamma_{\mathrm{c}}(a\phi_{\mathrm{b}})[\cos(a\phi_{\mathrm{b}}) + (\phi_{\mathrm{s}} + \phi_{\mathrm{f}})\sin(a\phi_{\mathrm{b}})]\} \quad (5.67)$$

$$I_{\mathrm{out}}^{(3)}(t) = I_{\mathrm{in}}\{1 + \gamma_{\mathrm{c}}(\phi_{\mathrm{b}})[\cos\phi_{\mathrm{b}} + (\phi_{\mathrm{s}} + \phi_{\mathrm{f}})\sin\phi_{\mathrm{b}}]\} \quad (5.68)$$

$$I_{\mathrm{out}}^{(4)}(t) = I_{\mathrm{in}}\{1 + \gamma_{\mathrm{c}}(a\phi_{\mathrm{b}})[\cos(a\phi_{\mathrm{b}}) - (\phi_{\mathrm{s}} + \phi_{\mathrm{f}})\sin(a\phi_{\mathrm{b}})]\} \quad (5.69)$$

其中,利用了 $\gamma_{\mathrm{c}}(\phi_{\mathrm{b}}) = \gamma_{\mathrm{c}}(-\phi_{\mathrm{b}})$,$\gamma_{\mathrm{c}}(a\phi_{\mathrm{b}}) = \gamma_{\mathrm{c}}(-a\phi_{\mathrm{b}})$。

光纤陀螺的解调输出为

$$I_{\mathrm{out}}^{(1)}(t) - I_{\mathrm{out}}^{(2)}(t) - I_{\mathrm{out}}^{(3)}(t) + I_{\mathrm{out}}^{(4)}(t) =$$
$$-2I_{\mathrm{in}}[\gamma_{\mathrm{c}}(\phi_{\mathrm{b}})\sin\phi_{\mathrm{b}} + \gamma_{\mathrm{c}}(a\phi_{\mathrm{b}})\sin(a\phi_{\mathrm{b}})] \cdot (\phi_{\mathrm{s}} + \phi_{\mathrm{f}}) \quad (5.70)$$

可以看出,不同干涉条纹的相干度变化在解调过程中不产生陀螺相位误差。

而事实上,全数字闭环光纤陀螺必须进行 2π 复位。假定在 M 个时钟周期内没有产生复位,而在第 $M+1$ 个时钟周期恰好产生一次复位。则前 M 个时钟周期,增益通道的归一化误差信号为

$$I_{\mathrm{out}}^{(1)}(t) - I_{\mathrm{out}}^{(2)}(t) + I_{\mathrm{out}}^{(3)}(t) - I_{\mathrm{out}}^{(4)}(t) = 2[\gamma_{\mathrm{c}}(\phi_{\mathrm{b}})\cos\phi_{\mathrm{b}} - \gamma_{\mathrm{c}}(a\phi_{\mathrm{b}})\cos(a\phi_{\mathrm{b}})] = 0$$
$$(5.71)$$

但在复位期间的 1 个时钟周期内,四态输出中的 ϕ_{f} 变为 $2\pi - \phi_{\mathrm{f}}$,则

$$I_{\mathrm{out}}^{(1)}(t) - I_{\mathrm{out}}^{(2)}(t) + I_{\mathrm{out}}^{(3)}(t) - I_{\mathrm{out}}^{(4)}(t) = 2[\gamma_{\mathrm{c}}(2\pi - \phi_{\mathrm{b}})\cos\phi_{\mathrm{b}} -$$
$$\gamma_{\mathrm{c}}(2\pi - a\phi_{\mathrm{b}})\cos(a\phi_{\mathrm{b}})] \neq 0 \quad (5.72)$$

说明由于光源相干函数,调制通道产生一个视在增益误差信号。

在 $(M+1)$ 个时钟周期上,调制通道的平均视在增益误差引起的标度因数误

差为

$$\frac{\langle I_{\text{out}}^{(1)}(t) - I_{\text{out}}^{(2)}(t) + I_{\text{out}}^{(3)}(t) - I_{\text{out}}^{(4)}(t) \rangle}{\pi} = \frac{2\cos\phi_b}{\pi(M+1)}\Big[\gamma_c(2\pi - \phi_b) - \frac{\gamma_c(\phi_b)}{\gamma_c(a\phi_b)}\gamma_c(2\pi - a\phi_b)\Big] \quad (5.73)$$

式(5.73)中给定 ϕ_b,a 满足 $\gamma_c(\phi_b)\cos(\phi_b) = \gamma_c(a\phi_b)\cos(a\phi_b)$。也就是说,相干性可能会对标度因数误差产生影响。

5.5 光谱调制度(纹波)引起的二阶相干性

除了宽带光源的谱宽 $\Delta\lambda_{\text{FWHM}}$ 对光纤陀螺性能有影响外,还有一个光谱特性必须引起足够重视,这就是宽带光源的光谱调制度(纹波),也称为残余谱调制,它反映了宽带光源有源区域内的微弱激射现象,尤其是发光功率较高的器件。残余谱调制在相干函数中导致寄生的次相干峰,即所谓的"二阶相干效应"。

5.5.1 高斯型光谱的残余谱调制引起的二阶相干峰

以超辐射发光二极管(SLD)光源为例,残余谱调制(图5.8)由SLD增益介质两端非零反射导致的寄生F-P调制引起。

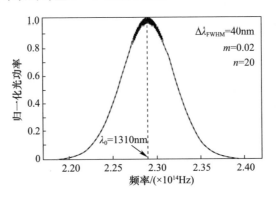

图 5.8 含有谱调制的高斯型光谱

由式(5.28),含有谱调制的高斯型谱的归一化功率谱密度 p_ν^m 可以表示为

$$p_\nu^m = \frac{1}{\sqrt{2\pi}\cdot\sqrt{2}\Delta\nu}e^{-\frac{(\nu-\nu_0)^2}{4(\Delta\nu)^2}}\cdot\Big\{1 + m\cdot\cos\Big[2n\pi\frac{\nu-\nu_0}{\Delta\nu}\Big]\Big\} \quad (5.74)$$

式中:m、n 为与谱调制有关的参数;m 为谱调制的相对幅值;n 为谱调制的周期。以SLD光源为例,对于谱调制深度小的情形,残余F-P调制的振幅可以表示为

$$m = 2G(R_{out}R_{back})^{1/2} \quad (5.75)$$

式中:R_{out}和R_{back}为有源介质前、后端面的残余反射;G为有源介质的增益。

含有谱调制的高斯型谱的相干函数$\gamma_\nu^m(\tau)$为

$$\gamma_\nu^m(\tau) = \int_{-\infty}^{\infty} \frac{1}{\sqrt{2\pi}\cdot\sqrt{2}\Delta\nu} e^{-\frac{(\nu-\nu_0)^2}{4(\Delta\nu)^2}} \left\{1 + m\cdot\cos\left[2n\pi\frac{\nu-\nu_0}{\Delta\nu}\right]\right\} \cdot e^{j2\pi\nu\tau} d\nu$$

$$= \int_{-\infty}^{\infty} \frac{1}{\sqrt{2\pi}\cdot\sqrt{2}\Delta\nu} e^{-\frac{(\nu-\nu_0)^2}{4(\Delta\nu)^2}} \cdot e^{j2\pi\nu\tau} d\nu + m$$

$$\int_{-\infty}^{\infty} \frac{1}{\sqrt{2\pi}\cdot\sqrt{2}\Delta\nu} e^{-\frac{(\nu-\nu_0)^2}{4(\Delta\nu)^2}} \cos\left[2n\pi\frac{\nu-\nu_0}{\Delta\nu}\right] \cdot e^{j2\pi\nu\tau} d\nu$$

$$= e^{-(2\pi\Delta\nu\tau)^2} \cdot e^{j2\pi\nu_0\tau} + m\cdot e^{j2\pi\nu_0\tau} \int_{-\infty}^{\infty} \frac{1}{\sqrt{2\pi}\cdot\sqrt{2}\Delta\nu} e^{-\frac{(\nu-\nu_0)^2}{4(\Delta\nu)^2}}$$

$$\cos\left[2n\pi\frac{\nu-\nu_0}{\Delta\nu}\right] \cos[2\pi(\nu-\nu_0)\tau] d\nu$$

$$= e^{-(2\pi\Delta\nu\tau)^2} \cdot e^{j2\pi\nu_0\tau} + \frac{1}{2}m\cdot e^{j2\pi\nu_0\tau}\cdot$$

$$\int_{-\infty}^{\infty} \frac{1}{\sqrt{2\pi}\cdot\sqrt{2}\Delta\nu} e^{-\frac{(\nu-\nu_0)^2}{4(\Delta\nu)^2}} \left\{\cos\left[2\pi(\nu-\nu_0)\left(\frac{n}{\Delta\nu}+\tau\right)\right] + \cos\left[2\pi(\nu-\nu_0)\left(\frac{n}{\Delta\nu}-\tau\right)\right]\right\} d\nu$$

$$= e^{-(2\pi\Delta\nu\tau)^2} \cdot e^{j2\pi\nu_0\tau} + \frac{1}{2}m\cdot e^{j2\pi\nu_0\tau}\{e^{-4\pi^2(n+\Delta\nu\tau)^2} + e^{-4\pi^2(n-\Delta\nu\tau)^2}\} \quad (5.76)$$

因而:

$$|\gamma_\nu^m(\tau)| = e^{-(2\pi\Delta\nu\tau)^2} + \frac{1}{2}m\{e^{-4\pi^2(n+\Delta\nu\tau)^2} + e^{-4\pi^2(n-\Delta\nu\tau)^2}\} \quad (5.77)$$

归一化后:

$$\frac{|\gamma_\nu^m(\tau)|}{|\gamma_\nu^m(0)|} = \frac{e^{-(2\pi\Delta\nu\tau)^2} + \frac{1}{2}m\{e^{-4\pi^2(n+\Delta\nu\tau)^2} + e^{-4\pi^2(n-\Delta\nu\tau)^2}\}}{1 + m\cdot e^{-4n^2\pi^2}} \quad (5.78)$$

含谱调制的频域高斯型光谱的相干函数见图5.9。谱调制导致寄生的次相干峰,$m=2\%$(谱调制约为0.088dB)时,二阶相干峰约为-20dB。二阶相干峰幅值与谱调制相对幅值的关系见图5.10。峰的光程差等于$2n_gL_g$,其中n_g是SLD有源区内光学模式的有效折射率,L_g是SLD的有源区长度。这种二阶次相干峰的强度由谱调制深度决定,对于具有相同F-P调制指数的不同SLD,可能在量级上会相当不同,原因是SLD的寄生谱调制通常呈现在谱的峰值附近,在此处谱调制深度达到最大值。二阶次相干峰的强度由整个光谱的F-P调制的积分决定。如果由于某种原因,一只 SLD 仅在谱的峰值附近有 1% 残余谱调制,另一只 SLD 在整个光谱上有 1% 的残余谱调制,则第二只 SLD 的二阶次峰的强度要比第一只高得多。

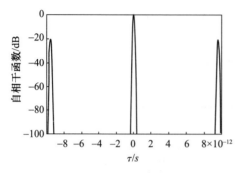

图 5.9　含有谱调制的频域高斯型光谱的相干函数

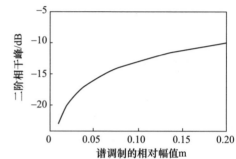

图 5.10　高斯型光谱二阶相干峰幅值与谱调制相对幅值的关系

5.5.2　矩形光谱的光谱调制度引起的二阶相干峰

由式(5.55),含有谱调制的矩形光谱的归一化功率谱密度 p_ν^m 可以表示为

$$p_\nu^m = \begin{cases} \dfrac{1}{\Delta\nu}\left\{1 + m \cdot \cos\left[2n\pi\dfrac{\nu-\nu_0}{\Delta\nu}\right]\right\}, & \nu_0 - \dfrac{\Delta\nu}{2} < \nu < \nu_0 + \dfrac{\Delta\nu}{2} \\ 0, & \text{其他} \end{cases} \quad (5.79)$$

其相干函数 $\gamma_\nu^m(\tau)$ 为

$$\begin{aligned}
\gamma_\nu^m(\tau) &= \int_{\nu_0-\frac{\Delta\nu}{2}}^{\nu_0+\frac{\Delta\nu}{2}} \frac{1}{\Delta\nu}\left\{1 + m \cdot \cos\left[2n\pi\frac{\nu-\nu_0}{\Delta\nu}\right]\right\} e^{j2\pi\nu\tau}\,d\nu \\
&= \int_{\nu_0-\frac{\Delta\nu}{2}}^{\nu_0+\frac{\Delta\nu}{2}} \frac{1}{\Delta\nu} e^{j2\pi\nu\tau}\,d\nu + \int_{\nu_0-\frac{\Delta\nu}{2}}^{\nu_0+\frac{\Delta\nu}{2}} \frac{1}{\Delta\nu} m \cdot \cos\left[2n\pi\frac{\nu-\nu_0}{\Delta\nu}\right] e^{j2\pi\nu\tau}\,d\nu \\
&= \mathrm{sinc}(\pi\Delta\nu\tau) \cdot e^{j2\pi\nu_0\tau} + \frac{1}{\Delta\nu} m \cdot e^{j2\pi\nu_0\tau} \int_{\nu_0-\frac{\Delta\nu}{2}}^{\nu_0+\frac{\Delta\nu}{2}} \cos\left[2n\pi\frac{\nu-\nu_0}{\Delta\nu}\right]\cos[2\pi(\nu-\nu_0)\tau]\,d\nu \\
&= \mathrm{sinc}(\pi\Delta\nu\tau) \cdot e^{j2\pi\nu_0\tau} + \frac{m}{\Delta\nu} \cdot e^{j2\pi\nu_0\tau} \left\{\frac{\sin\left[2\pi\left(\frac{n}{\Delta\nu}-\tau\right)\frac{\Delta\nu}{2}\right]}{2\pi\left(\frac{n}{\Delta\nu}-\tau\right)} + \frac{\sin\left[2\pi\left(\frac{n}{\Delta\nu}+\tau\right)\frac{\Delta\nu}{2}\right]}{2\pi\left(\frac{n}{\Delta\nu}+\tau\right)}\right\} \\
&= \mathrm{sinc}(\pi\Delta\nu\tau) \cdot e^{j2\pi\nu_0\tau} + \frac{m}{2}\left\{\mathrm{sinc}\left[2\pi\left(\frac{n}{\Delta\nu}-\tau\right)\frac{\Delta\nu}{2}\right] + \mathrm{sinc}\left[2\pi\left(\frac{n}{\Delta\nu}+\tau\right)\frac{\Delta\nu}{2}\right]\right\} \cdot e^{j2\pi\nu_0\tau}
\end{aligned}$$

$$(5.80)$$

归一化后：

$$\left|\frac{\gamma_\nu^m(\tau)}{\gamma_\nu^m(0)}\right| = \left|\operatorname{sinc}(\pi\Delta\nu\tau) + \frac{m}{2}\left\{\operatorname{sinc}\left[2\pi\left(\frac{n}{\Delta\nu}-\tau\right)\frac{\Delta\nu}{2}\right] + \operatorname{sinc}\left[2\pi\left(\frac{n}{\Delta\nu}+\tau\right)\frac{\Delta\nu}{2}\right]\right\}\right|$$

(5.81)

含有谱调制的矩形光谱及其相干函数分别见图 5.11 和图 5.12。如前所述，由于矩形光谱 sinc 相干函数的周期性，在相干函数 $|\gamma_c(\tau)|$ 的主峰两侧，随着 τ 的增加，存在大量周期性的次峰。存在谱调制的情况下，次峰的包络几乎掩没了谱调制产生的二阶相干峰。也就是说，对于相同的谱宽 $\Delta\lambda_{FWHM}$，矩形光谱的相干性比相同谱宽的高斯型高 1.5 倍，远比谱调制产生的二阶相干峰问题严重，因此，光纤陀螺应考虑慎用矩形宽谱光源。

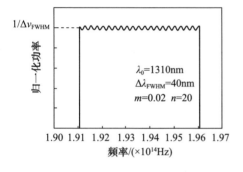
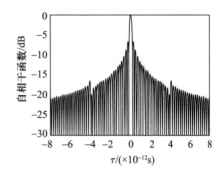

图 5.11 含有谱调制的矩形光谱仿真　　图 5.12 含有谱调制的矩形光谱的相干函数

5.5.3 二阶相干性对光纤陀螺相位误差的影响

二阶相干峰的存在会引起光纤陀螺的相位误差，进而影响光纤陀螺的精度。考虑保偏光纤线圈中的偏振交叉耦合波的情况：在光纤线圈中任一点 A 处由主偏振模式耦合到正交偏振模式中的少量光波，在点 B 处重新耦合回主偏振模式中；如果该交叉耦合波因这段传输距离产生的相对主波的光程差正好等于二阶次相干峰的光程差，则该交叉耦合波仍然与主波发生干涉，干涉对比度由二阶次相干峰的幅值（高度）决定。在保偏光纤中，偏振交叉耦合通常被认为是均匀连续分布的，因此所谓点 A 处产生的交叉耦合波应视为以 A 点为中心的一段消偏长度上的平均偏振交叉耦合。在光纤陀螺中，满足二阶次相干的这类点的数量 M 为

$$M = \frac{L - (L_A - L_B)}{L_d} \quad (5.82)$$

式中:L 为光纤线圈长度;$(L_A - L_B)$ 为 A、B 两点之间的距离,对应着满足二阶次相干的光程差;L_d 为保偏光纤的消偏长度。

由式(5.44),对于高斯型光谱,去相干时间定义为 $\tau_{dc} = 1/\Delta\nu_{FWHM}$,此时 $\gamma_c(\tau_{dc}) \approx 0.028$,可以作为光波失去相干性的时间标志。相应的去相干长度 $L_{dc} = c \cdot \tau_{dc}$。另一方面,消偏长度定义为主偏振模式和正交偏振模式的波列在保偏光纤中传播过程中因折射率不同而产生光程差导致波列不再重叠所需的光纤长度。设光纤折射率为 n_F,由于一个模式的累积光程为 $n_F L_d$,另一个模式的累积光程为 $(n_F + \Delta n_b) L_d$,则有:

$$(n_F + \Delta n_b) L_d - n_F L_d = L_{dc} \tag{5.83}$$

于是消偏长度 L_d 满足:

$$\frac{L_d}{L_{dc}} = \frac{1}{\Delta n_b} = \frac{L_b}{\lambda_0} \tag{5.84}$$

式中:$L_b = \lambda_0/\Delta n_b$ 为保偏光纤的拍长;Δn_b 为保偏光纤中两个正交偏振模式的折射率差(双折射)。

满足二阶次相干条件的每一个偏振交叉耦合波与主波的干涉光强可以表示为

$$
\begin{aligned}
I_{out} &= \langle (A_{cw} + A_{ccw} + A_{cross})^*(A_{cw} + A_{ccw} + A_{cross}) \rangle \\
&= \left\langle \left(\frac{A_0}{\sqrt{2}} e^{j\frac{\phi_a}{2}} + \frac{A_0}{\sqrt{2}} e^{-j\frac{\phi_a}{2}} + \frac{A_0}{\sqrt{2}} k_A k_B e^{-j\left(\frac{\phi_a}{2} + \phi_i\right)} \right)^* \left(\frac{A_0}{\sqrt{2}} e^{j\frac{\phi_a}{2}} + \frac{A_0}{\sqrt{2}} e^{-j\frac{\phi_a}{2}} + \frac{A_0}{\sqrt{2}} k_A k_B e^{-j\left(\frac{\phi_a}{2} + \phi_i\right)} \right) \right\rangle
\end{aligned}
\tag{5.85}
$$

产生的相位误差可以表示为

$$\phi_{ei} = \arctan\left(\frac{A_0^2 k_A k_B \gamma' \sin\phi_i}{A_0^2 + A_0^2 k_A k_B \gamma' \cos\phi_i} \right) \approx k_A k_B \gamma' \sin\phi_i \tag{5.86}$$

式中:ϕ_i 是旋转引起的 Sagnac 相移,$i = 1, 2, \cdots, M$;k_A、k_B 分别为 A、B 两点的振幅型偏振交叉耦合系数(假定 $k_A = k_B$);ϕ_i 为第 i 个偏振交叉耦合波相对主波的寄生相位;γ' 为二阶次相干峰的幅值(高度)。由于偏振交叉耦合波的统计特性,ϕ_i 在 $[0, 2\pi]$ 之间均匀分布,因此,总的相位误差 ϕ_e 的平均值为零,其均方差等于每个 ϕ_{ei} 的均方差之和:

$$\sigma_{\phi_e}^2 = \sum_{i=1}^{M} \sigma_{\phi_{ei}}^2 \approx \frac{1}{2} M \cdot k_A^2 \cdot k_B^2 \cdot \gamma'^2 \tag{5.87}$$

二阶次相干峰引起的相位噪声为

$$\sigma_{\phi_e} = \sqrt{\frac{M}{2}} k_A k_B \gamma' \qquad (5.88)$$

假定光源 $\Delta\nu_{FWHM} = 40\text{nm}$，$\lambda_0 = 1550\text{nm}$，则 $L_{dc} = 6 \times 10^{-5}\text{m}$。保偏光纤取 $\Delta n_b = 5 \times 10^{-4}$，则消偏长度 $L_d = L_{dc}/\Delta n_b = 12\text{cm}$。对于 $L = 1500\text{m}$ 的光纤线圈，消光比为 25dB，则保偏光纤 h 参数为 $h = 2.1 \times 10^{-6}/\text{m}$，$M = 1500/0.24 = 6250$。由此得

$$k_A = k_B = \sqrt{hL_d} = (2.1 \times 10^{-6} \times 0.12)^{1/2} = 5 \times 10^{-4}$$

取 $\gamma' = 10^{-2}(-20\text{dB})$，得

$$\sigma_{\phi_e} = \sqrt{\frac{6250}{2}} \times 2.1 \times 10^{-6} \times 0.12 \times 10^{-2} \approx 1.4 \times 10^{-7}\text{rad}$$

假定环圈直径 $D = 80\text{mm}$，产生的等效角速率误差为 $\Omega_e \approx 0.02°/\text{h}$。二阶次相干峰引起的相位噪声类似于相干背向散射噪声，理论上是一种白噪声，但有学者认为，其统计特性可能介于白噪声和 $1/f$ 噪声之间，因此，二阶相干峰的存在会影响中高精度光纤陀螺的性能。

5.6 光谱不对称性

光纤陀螺中实际采用的宽带光源，如超发光二极管或超荧光掺铒光纤光源，其频域的光谱存在一定不对称性。下面讨论光谱不对称性对闭环光纤陀螺零偏和标度因数的影响。

5.6.1 不对称性光谱的一般分析

前几节讨论的都是对称性光谱。由对称性光谱可以得到一个关于中心频率 ν_0 对称的中心型偶数功率谱密度，进而得到一个实的自相关函数 Γ_c。对于不对称性光谱的情况，式(5.17)的推导不再成立。不对称性光谱的中心型功率谱密度可以分解为一个偶数谱密度和一个奇数谱密度之和。即

$$\alpha_c^2(\nu) = \alpha^2(\nu_0 + \nu) \qquad (5.89)$$

$$\alpha_c^2(\nu) = \alpha_{ce}^2(\nu) + \alpha_{co}^2(\nu) \qquad (5.90)$$

$$\alpha_{ce}^2(\nu) = \alpha_{ce}^2(-\nu) = \frac{\alpha_{ce}^2(\nu) + \alpha_{ce}^2(-\nu)}{2} \qquad (5.91)$$

$$\alpha_{co}^2(\nu) = -\alpha_{co}^2(-\nu) = \frac{\alpha_{co}^2(\nu) - \alpha_{co}^2(-\nu)}{2} \qquad (5.92)$$

根据傅里叶变换的性质，偶分量的傅里叶变换产生一个实的自相关函数 Γ_{ce}，奇分量的傅里叶变换产生一个虚的自相关函数 $j\Gamma_{co}$：

$$\begin{aligned}\Gamma_c(\tau) &= \int_{-\infty}^{\infty} \alpha_c^2(\nu) e^{j2\pi\nu\tau} d\nu \\ &= \int_{-\infty}^{\infty} [\alpha_{ce}^2(\nu) + \alpha_{co}^2(\nu)][\cos(2\pi\nu\tau) + j \cdot \sin(2\pi\nu\tau)] d\nu \\ &= \int_{-\infty}^{\infty} \alpha_c^2(\nu) \cos(2\pi\nu\tau) d\nu + j \cdot \int_{-\infty}^{\infty} \alpha_c^2(\nu) \sin(2\pi\nu\tau) d\nu \\ &= \int_{-\infty}^{\infty} \alpha_{ce}^2(\nu) \cos(2\pi\nu\tau) d\nu + j \cdot \int_{-\infty}^{\infty} \alpha_{co}^2(\nu) \sin(2\pi\nu\tau) d\nu \\ &= \text{Re} \int_{-\infty}^{\infty} \alpha_c^2(\nu) e^{j2\pi\nu\tau} d\nu + j \cdot \text{Im} \int_{-\infty}^{\infty} \alpha_c^2(\nu) e^{j2\pi\nu\tau} d\nu \\ &= \Gamma_{ce} - j \cdot \Gamma_{co} = |\Gamma_c(\tau)| e^{-j\psi(\tau)} \qquad (5.93)\end{aligned}$$

其中：

$$|\Gamma_c(\tau)| = \sqrt{\Gamma_{ce}^2 + \Gamma_{co}^2}, \psi(\tau) = \arctan(\Gamma_{co}/\Gamma_{ce}) \approx \Gamma_{co}/\Gamma_{ce} \qquad (5.94)$$

由式(5.22)，得

$$\begin{aligned}I_{out} &= \frac{I_{in}}{2}\left[2 + \frac{e^{j2\pi\nu_0\tau} \cdot [\Gamma_{ce} - j \cdot \Gamma_{co}]}{\Gamma_c(0)} + \frac{e^{-j2\pi\nu_0\tau} \cdot [\Gamma_{ce} + j \cdot \Gamma_{co}]}{\Gamma_c(0)}\right] \\ &= \frac{I_{in}}{2}\left[2 + 2\frac{\Gamma_{ce}(\tau)}{\Gamma_c(0)}\cos(2\pi\nu_0\tau) + 2\frac{\Gamma_{co}(\tau)}{\Gamma_c(0)}\sin(2\pi\nu_0\tau)\right] \\ &= I_{in}[1 + \gamma_{ce}(\tau)\cos(2\pi\nu_0\tau) + \gamma_{co}(\tau)\sin(2\pi\nu_0\tau)] \\ &= I_{in}\{1 + \gamma_c(\tau)\cos[2\pi\nu_0\tau + \psi(\tau)]\} \qquad (5.95)\end{aligned}$$

式中：

$$\gamma_{ce}(\tau) = \frac{\Gamma_{ce}(\tau)}{\Gamma_c(0)}, \gamma_{co}(\tau) = \frac{\Gamma_{co}(\tau)}{\Gamma_c(0)}, \gamma_c(\tau) = \frac{|\Gamma_c(\tau)|}{\Gamma_c(0)} \qquad (5.96)$$

在空间坐标系中，$\tau = L/c$，中心频率 $\nu_0 = c/\lambda_0$，式(5.96)表示为

$$I_{out} = I_{in}\left\{1 + \gamma_c(L)\cos\left[\frac{2\pi}{\lambda_0}L + \psi(L)\right]\right\} \qquad (5.97)$$

在光纤陀螺中，时间延迟 τ 用两束光波之间的等效相位差 $\phi = 2\pi\nu_0\tau$ 表示，则

$$I_{\text{out}} = I_{\text{in}}\{1 + \gamma_c(\phi)\cos[\phi + \psi(\phi)]\} \quad (5.98)$$

可以看出,光谱不对称性在光纤陀螺输出中产生一个与输入 ϕ(比如旋转引起的 Sagnac 相移)有关的相位误差 $\psi(\phi)$。

考虑干涉型闭环光纤陀螺中典型的四态方波调制,光纤陀螺的干涉输出可以表示为

$$I_{\text{out}}(t) = I_{\text{in}}\{1 + \gamma_c[\phi_m(t)]\cos[\Delta\phi_m(t) + \phi_s + \phi_f + \psi(\phi)]\} \quad (5.99)$$

假定 $\phi_s + \phi_f$ 非常小,由式(5.99),每一态的解调结果为

$$I_{\text{out}}^{(1)}(t) = I_{\text{in}}\{1 + \gamma_c(\phi_b)[\cos\phi_b - (\phi_s + \phi_f + \psi(\phi_b))\sin\phi_b]\} \quad (5.100)$$

$$I_{\text{out}}^{(2)}(t) = I_{\text{in}}\{1 + \gamma_c(a\phi_b)[\cos(a\phi_b) - (\phi_s + \phi_f + \psi(a\phi_b))\sin(a\phi_b)]\} \quad (5.101)$$

$$I_{\text{out}}^{(3)}(t) = I_{\text{in}}\{1 + \gamma_c(\phi_b)[\cos\phi_b + (\phi_s + \phi_f - \psi(\phi_b))\sin\phi_b]\} \quad (5.102)$$

$$I_{\text{out}}^{(4)}(t) = I_{\text{in}}\{1 + \gamma_c(a\phi_b)[\cos(a\phi_b) + \phi_s + \phi_f - \psi(a\phi_b))\sin(a\phi_b)]\} \quad (5.103)$$

其中利用了 $\gamma_c(\phi_b) = \gamma_c(-\phi_b), \gamma_c(a\phi_b) = \gamma_c(-a\phi_b), \psi(-\phi_b) = -\psi(\phi_b)$。正、负采样相减得到光纤陀螺的解调输出为

$$I_{\text{out}}^{(1)}(t) - I_{\text{out}}^{(2)}(t) - I_{\text{out}}^{(3)}(t) + I_{\text{out}}^{(4)}(t)$$
$$= -2I_{\text{in}}[\gamma_c(\phi_b)\sin\phi_b + \gamma_c(a\phi_b)\sin(a\phi_b)] \cdot (\phi_s + \phi_f) \quad (5.104)$$

也就是说,工作在相位差为零的第一级干涉条纹上的干涉式光纤陀螺,光谱不对称性不产生相位误差。

5.6.2 光谱不对称性对光纤陀螺标度因数的影响

为了考察光谱不对称性对闭环光纤陀螺标度因数的影响,需要研究光谱不对称性引起的调制通道的等效增益变化。将式(5.98)重新写为

$$I_{\text{out}}(t) = I_{\text{in}}\{1 + \gamma_{ce}[\phi_m(t)]\cos[\Delta\phi_m(t) + \phi_s + \phi_f] +$$
$$\gamma_{co}[\phi_m(t)]\sin[\Delta\phi_m(t) + \phi_s + \phi_f]\} \quad (5.105)$$

式(5.98)中的 $\psi(\phi)$ 对标度因数影响极小,在式(5.105)中被忽略。考虑到采用宽带光源的 Sagnac 干涉仪的有限相干性,$\phi_s + \phi_f = 0$ 时,四态方波调制的两个重要参数 a、ϕ_b 应满足 $I_{\text{out}}(\pm\phi_b) = I_{\text{out}}(\pm a\phi_b)$,因而有:

$$\gamma_{ce}(\phi_b)\cos(\phi_b) + \gamma_{co}(\phi_b)\sin(\phi_b) = \gamma_{ce}(a\phi_b)\cos(a\phi_b) + \gamma_{co}(a\phi_b)\sin(a\phi_b)$$
$$(5.106)$$

考虑典型的四态方波调制,假定 Sagnac 相移 ϕ_s 非常小,每一态的解调结果为

$$I_{\text{out}}^{(1)}(t) = I_{\text{in}}\{1 + \gamma_{ce}(\phi_b)[\cos\phi_b - (\phi_s + \phi_f)\sin\phi_b] +$$
$$\gamma_{co}(\phi_b)[\sin\phi_b - (\phi_s + \phi_f)\cos\phi_b]\} \quad (5.107)$$

$$I_{\text{out}}^{(2)}(t) = I_{\text{in}}\{1 + \gamma_{ce}(a\phi_b)[\cos(a\phi_b) - (\phi_s + \phi_f)\sin(a\phi_b)] +$$
$$\gamma_{co}(a\phi_b)[\sin(a\phi_b) - (\phi_s + \phi_f)\cos(a\phi_b)]\} \quad (5.108)$$

$$I_{\text{out}}^{(3)}(t) = I_{\text{in}}\{1 + \gamma_{ce}(\phi_b)[\cos\phi_b + (\phi_s + \phi_f)\sin\phi_b] +$$
$$\gamma_{co}(\phi_b)[\sin\phi_b + (\phi_s + \phi_f)\cos\phi_b]\} \quad (5.109)$$

$$I_{\text{out}}^{(4)}(t) = I_{\text{in}}\{1 + \gamma_{ce}(a\phi_b)[\cos(a\phi_b) + (\phi_s + \phi_f)\sin(a\phi_b)] +$$
$$\gamma_{co}(a\phi_b)[\sin(a\phi_b) + (\phi_s + \phi_f)\cos(a\phi_b)]\} \quad (5.110)$$

其中仍利用了：

$$\gamma_{ce}(-\phi_b) = \gamma_{ce}(\phi_b), \gamma_{co}(-\phi_b) = -\gamma_{co}(\phi_b)$$
$$\gamma_{ce}(-a\phi_b) = \gamma_{ce}(a\phi_b), \gamma_{co}(-a\phi_b) = -\gamma_{co}(a\phi_b)$$

事实上，全数字闭环光纤陀螺必须进行 2π 复位。假定在 M 个时钟周期内没有产生复位，而在第 $M+1$ 个时钟周期恰好产生一次复位。则前 M 个时钟周期，增益通道的视在误差信号为

$$I_{\text{out}}^{(1)}(t) - I_{\text{out}}^{(2)}(t) + I_{\text{out}}^{(3)}(t) - I_{\text{out}}^{(4)}(t)$$
$$= 2I_{\text{in}}\{[\gamma_{ce}(\phi_b)\cos(\phi_b) + \gamma_{co}(\phi_b)\sin(\phi_b)] -$$
$$[\gamma_{ce}(a\phi_b)\cos(a\phi_b) + \gamma_{co}(a\phi_b)\sin(a\phi_b)]\} = 0 \quad (5.111)$$

但在复位期间的 1 个时钟周期内，四态输出中的 ϕ_f 变为 $2\pi - \phi_f$，则

$$I_{\text{out}}^{(1)}(t) - I_{\text{out}}^{(2)}(t) + I_{\text{out}}^{(3)}(t) - I_{\text{out}}^{(4)}(t) =$$
$$2I_{\text{in}}\{[\gamma_{ce}(2\pi - \phi_b)\cos(\phi_b) + \gamma_{co}(2\pi - \phi_b)\sin(\phi_b)] -$$
$$[\gamma_{ce}(2\pi - a\phi_b)\cos(a\phi_b) + \gamma_{co}(2\pi - a\phi_b)\sin(a\phi_b)]\} = \varepsilon_a \neq 0 \quad (5.112)$$

说明由于光谱不对称性，调制通道产生一个视在增益误差信号。由式(5.112)可以看出，调制通道的视在增益误差 ε_a 不仅与相干函数的不对称分量 γ_{co} 有关，还与相干函数的对称分量 γ_{ce} 在两个相邻干涉条纹上的相干度差值有关。由于标度因数非线性误差正比于 ε_a^2，调制通道的这一视在增益误差信号可能对光纤陀螺的标度因数产生影响。

5.6.3 几种不对称光谱及其特性

首先考虑类高斯型的不对称光谱。下面给出一例类高斯型不对称光谱谱密度的表达式：

$$p_\nu^{(\mathrm{asy})} = \frac{1}{\sqrt{\pi}\frac{\Delta\nu_{\mathrm{FWHM}}}{2\sqrt{\ln 2}}}\left\{\mathrm{e}^{-\frac{(\nu-\nu_0)^2}{\left(\frac{\Delta\nu_{\mathrm{FWHM}}}{2\sqrt{\ln 2}}\right)^2}} + \delta \cdot \sin\left(2\pi\frac{\nu-\nu_0}{\Delta\nu_{\mathrm{FWHM}}}\right)\right\} \quad (5.113)$$

式中：ν_0 为类高斯型不对称光谱中偶分量（高斯分量）的中心波长；$\Delta\nu_{\mathrm{FWHM}}$ 为偶分量谱密度的半最大值全宽；正弦部分的区间为 $(\nu_0 - \Delta\nu_{\mathrm{FWHM}}/2, \nu_0 + \Delta\nu_{\mathrm{FWHM}}/2)$；$\delta$ 为类高斯型不对称光谱中奇分量的相对幅值。通过傅里叶变换，类高斯型不对称光谱的自相关函数 $\gamma_c^{(\mathrm{asy})}(\tau)$ 为

$$\gamma_c^{(\mathrm{asy})}(\tau) = \mathrm{e}^{-(\pi\Delta\nu_{\mathrm{FWHM}}\tau/2\sqrt{\ln 2})^2} \cdot \mathrm{e}^{\mathrm{j}2\pi\nu_0\tau} + \mathrm{j}\frac{2\delta}{\pi}\frac{\sqrt{\ln 2}}{\sqrt{\pi}} \cdot \frac{\sin[\pi\Delta\nu_{\mathrm{FWHM}}\tau]}{1-(\Delta\nu_{\mathrm{FWHM}}\tau)^2} \cdot \mathrm{e}^{\mathrm{j}2\pi\nu_0\tau}$$

$$(5.114)$$

类高斯型的不对称光谱的时间相干函数为

$$|\gamma_c^{(\mathrm{asy})}(\tau)| = \left\{\mathrm{e}^{-2(\pi\Delta\nu_{\mathrm{FWHM}}\tau/2\sqrt{\ln 2})^2} + \frac{4\delta^2\ln 2}{\pi^3}\left[\frac{\sin[\pi\Delta\nu_{\mathrm{FWHM}}\tau]}{1-(\Delta\nu_{\mathrm{FWHM}}\tau)^2}\right]^2\right\}^{1/2} \quad (5.115)$$

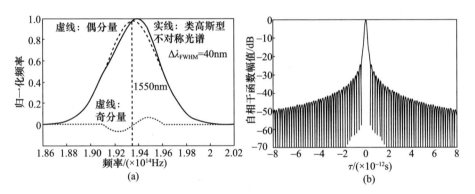

图 5.13　类高斯型不对称光谱及其自相关函数 $|\gamma_c^{(\mathrm{asy})}(\tau)|$

得到光谱不对称性引起的相位误差 $\psi(\tau)$：

$$\psi(\tau) = \arctan\left\{\frac{2\delta}{\pi}\frac{\sqrt{\ln 2}}{\sqrt{\pi}} \cdot \frac{\frac{\sin[\pi\Delta\nu_{\mathrm{FWHM}}\tau]}{1-(\Delta\nu_{\mathrm{FWHM}}\tau)^2}}{\mathrm{e}^{-(\pi\Delta\nu_{\mathrm{FWHM}}\tau/2\sqrt{\ln 2})^2}}\right\} \quad (5.116)$$

任何相位延迟 ϕ 都可以用等效长度延迟 L 和等效时间延迟 τ 表示。在光纤中，$\phi = (2\pi/\lambda_0)n_F L$，$\tau = n_F L/c$，$\lambda_0\nu_0 = c$，其中 n_F 为纤芯折射率，L 为延迟 τ 对应的等效光纤长度，c 为真空中的光速。因而得到 $\phi = 2\pi\nu_0\tau$，则

$$\psi(\phi) = \arctan\left\{\frac{2\delta\sqrt{\pi\ln 2}\cdot\sin\left(\frac{\Delta\nu_{FWHM}}{\nu_0}\cdot\frac{\phi}{2}\right)\Big/\left[\pi^2-\left(\frac{\Delta\nu_{FWHM}}{\nu_0}\cdot\frac{\phi}{2}\right)^2\right]}{e^{-\frac{1}{4\ln 2}\left(\frac{\Delta\nu_{FWHM}}{\nu_0}\cdot\frac{\phi}{2}\right)^2}}\right\}$$

(5.117)

类高斯型的不对称光谱及其自相关函数$|\gamma_c^{(asy)}(\tau)|$见图5.13。与理想高斯光谱相比,类高斯型不对称光谱的自相关函数产生了大量周期性次峰,导致自相干度随时间延迟的衰减变得缓慢,类似于矩形谱的自相关函数(但自相干度仍比矩形谱小)。

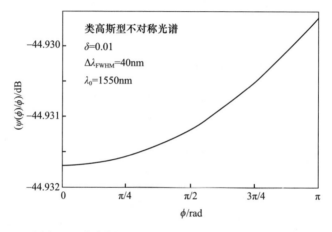

图5.14 类高斯型不对称光谱产生的相位误差 $\psi(\phi)$

类高斯型不对称光谱在光纤陀螺干涉输出中产生的相位误差$\psi(\phi)$与ϕ的关系见图5.14。仿真结果表明,$\delta=0.01$时($|\gamma_{co}(\tau)/\gamma_c^{(asy)}(0)|<10^{-3}$),在$\phi\leqslant\pi$范围内,$\psi(\phi)/\phi$小于$10^{-4}$量级。对于方波调制光纤陀螺来说,光谱不对称性产生的解调相位误差可以忽略,但这种相位误差$\psi(\phi)$随相位ϕ的变化,会影响光纤陀螺的标度因数。

图5.15是不同δ条件下,类高斯型不对称光谱自相关函数的不对称分量γ_{co}和对称分量γ_{ce}对调制通道视对增益变化ε_a的影响。这就是说,即使2π复位不存在误差,光谱不对称也会在第二回路解调输出中产生一个视在增益误差ε_a。可以看出,调制通道的视在增益误差ε_a不仅与相干函数的不对称分量γ_{co}有关,还与相干函数的对称分量γ_{ce}在两个相邻干涉条纹上的差值有关(γ_{ce}和γ_{co}的影响在某种情况下有相互抵消的作用)。视在增益误差信号导致陀螺"错误"调整调制通道的增益,因而产生一个正比于ε_a^2的标度因数非线性误差。

再考察最简单的类矩形不对称性光谱(图5.16)。非理想矩形光谱的归一

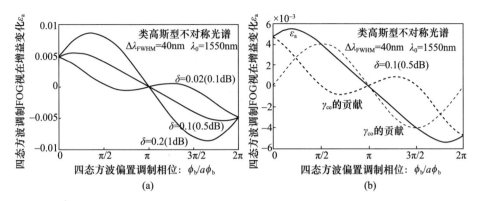

图 5.15 类高斯型不对称光谱自相关函数的不对称分量 γ_{co} 和
对称分量 γ_{ce} 对调制通道视在增益变化 ε_a 的影响

(a) 不同 δ 引起的调制通道视在增益变化 ε_a;(b) γ_{ce} 和 γ_{co} 对调制通道视在增益变化 ε_a 的贡献。

化功率谱密度 p_ν 可以表示为

$$p_\nu = \begin{cases} -\dfrac{2\delta}{(\Delta\nu)^2}(\nu-\nu_0) + \dfrac{1}{\Delta\nu}, & \nu_0 - \dfrac{\Delta\nu}{2} < \nu < \nu_0 + \dfrac{\Delta\nu}{2} \\ 0, & 其他 \end{cases} \quad (5.118)$$

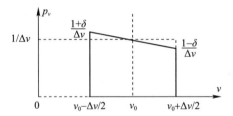

图 5.16 类矩形的不对称性光谱

非理想矩形光谱的自相关函数 $\gamma_c^{(asy)}(\tau)$ 为

$$\begin{aligned}
\gamma_c^{(asy)}(\tau) &= \int_{-\infty}^{\infty} p_\nu \cdot e^{j2\pi\nu\tau} d\nu = \int_{\nu_0-\frac{\Delta\nu}{2}}^{\nu_0+\frac{\Delta\nu}{2}} \left\{ -\frac{2\delta}{(\Delta\nu)^2}(\nu-\nu_0) + \frac{1}{\Delta\nu} \right\} e^{j2\pi\nu\tau} d\nu \\
&= \int_{\nu_0-\frac{\Delta\nu}{2}}^{\nu_0+\frac{\Delta\nu}{2}} \left\{ -\frac{2\delta}{(\Delta\nu)^2}\nu \right\} e^{j2\pi\nu\tau} d\nu + \int_{\nu_0-\frac{\Delta\nu}{2}}^{\nu_0+\frac{\Delta\nu}{2}} \left\{ \frac{2\delta\nu_0}{(\Delta\nu)^2} + \frac{1}{\Delta\nu} \right\} e^{j2\pi\nu\tau} d\nu \\
&= -\frac{2\delta}{(\Delta\nu)^2} e^{j2\pi\nu_0\tau} \left\{ \nu_0\Delta\nu\,\mathrm{sinc}(\pi\Delta\nu\tau) - j\frac{\Delta\nu}{2\pi\tau}\cos(\pi\Delta\nu\tau) + j\frac{\Delta\nu}{2\pi\tau}\mathrm{sinc}(\pi\Delta\nu\tau) \right\} + \\
&\quad \left[\frac{2\delta\nu_0}{(\Delta\nu)^2} + \frac{1}{\Delta\nu} \right] \left\{ \Delta\nu \cdot \mathrm{sinc}(\pi\Delta\nu\tau) \cdot e^{j2\pi\nu_0\tau} \right\} \\
&= \left\{ \mathrm{sinc}(\pi\Delta\nu\tau) + j\frac{\delta}{\pi\Delta\nu\tau}\cos(\pi\Delta\nu\tau) - j\frac{\delta}{\pi\Delta\nu\tau}\mathrm{sinc}(\pi\Delta\nu\tau) \right\} e^{j2\pi\nu_0\tau} \quad (5.119)
\end{aligned}$$

频域非理想矩形光谱的时间相干函数：

$$|\gamma_c^{(asy)}(\tau)| = \left\{[\mathrm{sinc}(\pi\Delta\nu\tau)]^2 + \left(\frac{\delta}{\pi\Delta\nu\tau}\right)^2[\cos(\pi\Delta\nu\tau) - \mathrm{sinc}(\pi\Delta\nu\tau)]^2\right\}^{1/2}$$
(5.120)

并得到：

$$\psi(\tau) = \arctan\left\{\frac{\delta\cdot[\cos(\pi\Delta\nu\tau) - \mathrm{sinc}(\pi\Delta\nu\tau)]}{\sin(\pi\Delta\nu\tau)}\right\}$$
(5.121)

用相位 $\phi = 2\pi\nu_0\tau$ 表示，则

$$\psi(\phi) = \arctan\left\{\frac{\delta\cdot\left[\cos\left(\frac{\Delta\nu}{\nu_0}\cdot\frac{\phi}{2}\right) - \mathrm{sinc}\left(\frac{\Delta\nu}{\nu_0}\cdot\frac{\phi}{2}\right)\right]}{\sin\left(\frac{\Delta\nu}{\nu_0}\cdot\frac{\phi}{2}\right)}\right\}$$
(5.122)

图 5.17 是类矩形不对称光谱的自相关函数 $|\gamma_c^{(asy)}(\tau)|$。图 5.18 是类矩形不对称光谱产生的相位误差 $\psi(\phi)$。图 5.19 是类矩形不对称光谱自相关函数的不对称（奇）分量 γ_{co} 和对称（偶）分量 γ_{ce} 对调制通道视在增益变化 ε_a 的影响。相关的分析与类高斯型不对称光谱类似。

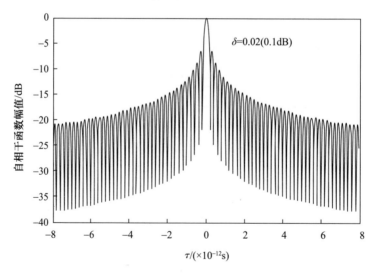

图 5.17　类矩形不对称光谱的自相关函数 $|\gamma_c^{(asy)}(\tau)|$

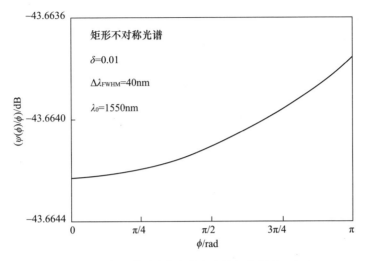

图 5.18 类矩形不对称光谱产生的相位误差 $\psi(\phi)$

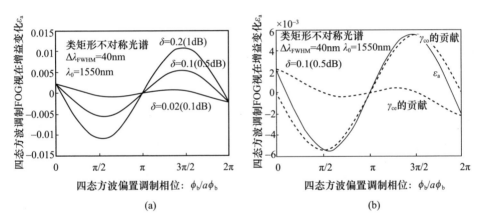

图 5.19 类矩形不对称光谱自相关函数的不对称分量 γ_{co} 和
对称分量 γ_{ce} 对调制通道视在增益变化 ε_a 的影响

(a)不同 δ 引起的调制通道视在增益变化 ε_a;(b) γ_{ce} 和 γ_{co} 对调制通道视在增益变化 ε_a 的贡献。

5.6.4 光谱不对称性的量化指标

为了控制光源光谱不对称性对光纤陀螺标度因数性能的影响,需要对光谱不对称性指标进行准确量化,进而对掺铒光纤光源的选型、设计和性能测试提供参考。在将光谱及其自相关函数分解为偶分量和奇分量的基础上,我们将光谱不对称性的量化指标 ϑ 定义为自相关函数的奇分量最大值 $\gamma_{co}(\tau_{max})$ 与整个谱的自相关函数最大值 $\gamma_c^{(asy)}(0)$ 的比值,其中 τ_{max} 是 γ_{co} 取最大值对应的延迟时间(通

常 $\tau_{max} \neq 0$)：

$$\vartheta = 10\log\left|\frac{\gamma_{co}(\tau_{max})}{\gamma_c^{(asy)}(0)}\right| \qquad (5.123)$$

光谱不对称度 ϑ 的上述定义直观、合理，能更准确地反映陀螺偏置工作范围内的光谱不对称性。对于式(5.113)的类高斯型不对称性光谱，光谱不对称度为

$$\vartheta = \frac{2\delta}{\pi}\frac{\sqrt{\ln 2}}{\sqrt{\pi}} \cdot \frac{\sin[\pi\Delta\nu_{FWHM}\tau]}{1-(\Delta\nu_{FWHM}\tau)^2} \qquad (5.124)$$

对于式(5.119)的类矩形不对称性光谱，光谱不对称度为

$$\vartheta = \frac{\delta}{\pi\Delta\nu_{FWHM}\tau}[\cos(\pi\Delta\nu_{FWHM}\tau) - \mathrm{sinc}(\pi\Delta\nu_{FWHM}\tau)] \qquad (5.125)$$

图 5.20 和图 5.21 给出了实际中常见的的两例不对称谱：类高斯型和类矩形不对称谱的自相关函数及其偶分量和奇分量，可以看出，类高斯型谱的不对称度约为 $-13\mathrm{dB}$，而类矩形谱的不对称度约为 $-15\mathrm{dB}$。

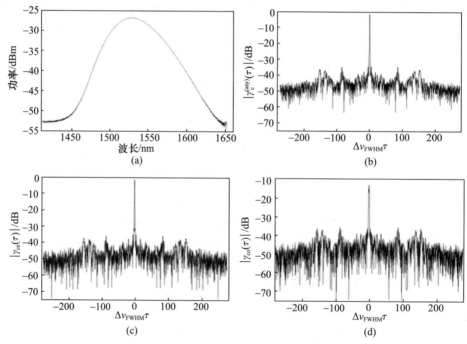

图 5.20　实际中的类高斯型光谱

(a) 不对称(频)谱 $|\gamma_c^{(asy)}(\tau)|$；(b) 自相关函数 $|\gamma_c(\tau)|$；

(c) $|\gamma_c(\tau)|$ 的偶分量 $|\gamma_{ce}(\tau)|$；(d) $|\gamma_c(\tau)|$ 的奇分量 $|\gamma_{co}(\tau)|$。

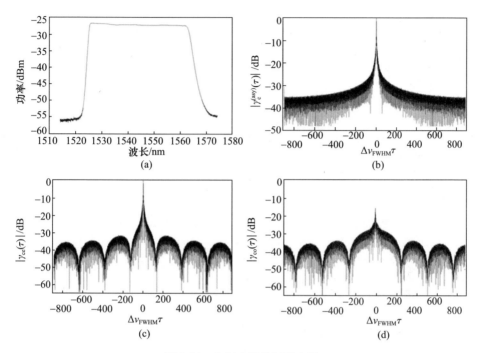

图 5.21 实际中的类矩形光谱

(a) 不对称(频)谱 $|\gamma_c^{(asy)}(\tau)|$；(b) 自相关函数 $|\gamma_c(\tau)|$；
(c) $|\gamma_c(\tau)|$ 的偶分量 $|\gamma_{ce}(\tau)|$；(d) $|\gamma_c(\tau)|$ 的奇分量 $|\gamma_{co}(\tau)|$。

参 考 文 献

[1] 张桂才,马骏,马林,等. 宽带光源光谱不对称性对光纤陀螺性能的影响[J]. 中国惯性技术学报, 2017,25(5):670-675.

[2] PARK H G, DIGONNET M, KINO G. Er-doped superfluorescent fiber source with a ±0.5ppm long-term mean wavelength stability[J]. J. Lightwave Technology,2003,21(12):3427-3433.

[3] MANGEL L, WOLF E. Optical Coherence and Quantum Optics[M]. New York: Cambridge University Press, 1995.

[4] DIGONNET M J F. Rare-Earth-Doped Fiber Lasers and Amplifiers[M],2nd Edition. New York: Marcel Dekker,2001.

[5] 戚康男,秦克诚,程路. 统计光学导论[M]. 天津:南开大学出版社,1987.

[6] BORN M, WOLF E. Principles of Optics[M]. Pergamon Press,1980.

[7] FALQUIER D G. Erbium doped superfluorescent fiber sources for the fiber optic gyroscope[D]. Stanford University,2000.

[8] 王梓坤. 常用数学公式大全[M]. 重庆:重庆出版社,1991.

[9] 浙江大学数学系高等数学教研组. 概率论与数理统计[M]. 北京:高等教育出版社,1984.
[10] LEFÈVRE H C. 光纤陀螺仪[M]. 张桂才,王巍,译. 北京:国防工业出版社,2002.
[11] STRANDJORD L K. Backscatter error reducer for interferometric fiber optic gyroscope:US,57813000[P]. 1998-07-14.
[12] WAGENER J L,DIGONNET M,Shaw H J. A high-stability fiber amplifier source for the fiber optic gyroscope[J]. J. Lightwave Technology,1997,15(11):1689-1694.
[13] 张桂才. 光纤陀螺原理与技术[M]. 北京:国防工业出版社,2008.
[14] LLOYD S W. Improving fiber optic gyroscope performance using a single-frequency laser[D]. New York:Stanford University,2014.
[15] GOODMAN J W. Statistcal Optics[M]. John Wiley & Sons Press,1985.
[16] 普朗克. 理论物理学导引:光学[M]. 钟间,译. 北京:高等教育出版社,1959.
[17] 巴晓艳,张桂才. SLD 光谱调制对光纤陀螺性能的影响[J]. 光子学报,2006,35(6):680-683.
[18] 曾禹村,张宝俊,吴鹏翼. 信号与系统[M]. 北京:北京理工大学出版社,1992.
[19] ZATTA P Z,HALL D C. Ultra-high-stability two-stage superfluorescent fibre sources for fibre optic gyroscopes[J]. Electronic Letters,2002,38(9):358-367.

第6章 光纤陀螺中铌酸锂集成光学器件及其误差分析

集成光学是在微波、激光、半导体、薄膜光学和集成电路的理论和技术基础上,于20世纪60年代末提出并迅速发展起来的,由于它在光通信和光信息处理方面存在着巨大的潜力和经济效益,首先引起美、日以及西欧等国的重视,而后,包括中国(始于1975年)在内的许多国家也相继开展了研究。几十年来,集成光学已建立起比较完整的理论体系、实验方法和工艺手段,集成光学产业也达到了一定规模。另一方面,作为光纤传感器领域最引人注目的成就之一,光纤陀螺(FOG)已成为惯性制导与导航的主流仪表。集成光学的引入是光纤陀螺技术发展的一大飞跃,利用集成光学技术,将构成光纤陀螺最小互易性结构的几种无源光学器件以波导的形式集成在一起,不仅可以减小陀螺尺寸,而且还有利于批量生产和降低成本,同时,集成光学器件的调制带宽很大,适用于各种闭环处理方案。目前,世界上大多数光纤陀螺产品均采用了集成光学器件,精度覆盖范围已包括从战术级($10\sim0.1°/h$)到精密级(优于$0.001°/h$)的各种应用。本章基于锯齿波调制闭环干涉型光纤陀螺方案,对铌酸锂集成光学相位调制器的固有误差进行了仿真研究,分析了铌酸锂集成光学器件的附加强度调制、光纤/波导界面的偏振串音以及背向反射等指标对陀螺标度因数的影响,提出了减少该类误差应采取的技术措施。需要说明的是,尽管模拟锯齿波闭环光纤陀螺方案已被数字阶梯波闭环光纤陀螺方案所替代,但借助于模拟锯齿波方案所提供的对集成光学器件技术指标的对照分析仍具有重要的意义,目前,附加强度调制、偏振串音和背向反射等器件特性已成为衡量光纤陀螺用铌酸锂集成光学芯片技术性能的重要指标。

6.1 铌酸锂集成光学概述

6.1.1 铌酸锂集成光学的制作工艺及器件分类

光纤陀螺对集成光学器件的要求有下列几点:

（1）工艺简单、成本低、适合于批量生产；
（2）光学损耗低，使整个光学系统信噪比高；
（3）电光系数大，满足低驱动电压要求；
（4）介电常数低，满足高速调制的带宽要求；
（5）光损伤阈值高，系统可采用大功率光源；
（6）直流偏置的稳定性好；
（7）高的偏振消光比，以抑制光纤陀螺的偏振误差；
（8）与保偏光纤的耦合效率高；
（9）波导/尾纤界面低的背向反射和低的偏振串音；
（10）伴随相位调制具有低的附加强度调制；
（11）器件的整体可靠性高、环境适应性强。

从国外来看，光纤陀螺中普遍采用的集成光学器件主要是以铌酸锂（$LiNbO_3$）晶体为基底的电光波导器件。铌酸锂属于铁电体，具有波导损耗低、电光系数大、居里温度高等特点。其制作工艺主要有两种：钛内扩散法（$Ti:LiNbO_3$）和退火质子交换法（APE）。

钛内扩散技术是在 $LiNbO_3$ 表面上淀积一层钛薄膜（典型值为几百埃），通过光刻技术刻蚀出波导图样，在高温（1000～1100°C）下扩散几个小时，最后在扩散的钛条图样区域形成光波导。通过控制设计和制作参数，如波导宽度、钛薄膜厚度、扩散温度、扩散时间和大气压，可以实现各种波长的单模工作。钛内扩散波导可以传输 TE 模和 TM 模两种偏振模式，需要在一段波导上覆盖一层介质/金属薄膜来另外制作光纤陀螺所需的偏振器，即偏振模式滤波器。介质/金属薄膜可以迅速吸收钛内扩散波导中的 TM 模，使通过该偏振器的导波以单一 TE 模方式传播。钛内扩散技术的优点是工艺成熟，波导稳定性好，与光纤的耦合效率高，缺点是金属被覆偏振器的消光比较低（通常只有40dB以下），且存在 Li_2O 的外扩散现象。

退火质子交换技术是在 $LiNbO_3$ 表面通过光刻技术刻蚀出波导图样后，在适当温度下，置于苯甲酸溶液中进行质子交换 $Li^+ \leftrightarrow H^+$，使得交换表面区域的折射率增加，从而形成一个光波导，然后进行退火处理。退火的温度（典型值为300～350°C）比交换时的温度高一些，使得交换区域内氢组分减少，折射率分布由类阶跃分布变为具有较大扩散深度的渐变分布。与钛内扩散方法不同，退火质子交换波导非寻常反射率 n_e 增大，而寻常反射率 n_o 减小，因此该波导只能对电场矢量与 n_e 方向一致的偏振光具有约束，即只传输一种偏振模式，而另一种偏振模式会在很短的传输距离内耗散到衬底中，因此质子交换波导是一种天然的高性能偏振器（偏振消光比可达70dB以上）。

虽然这两种技术都可以获得适合于单模工作的低损耗波导,但是退火质子交换技术更好一些。因为在较短的时间内可重复地进行质子交换,同时精确控制溶液的组分。另外 X 切向 Y 传播退火质子交换波导本身只传输 TE 模,偏振消光比很高,有利于提高光纤陀螺的性能。目前光纤陀螺用的集成光学器件大多采用退火质子交换技术制作。

光纤陀螺用铌酸锂集成光学器件及其分类如图 6.1 所示,其中国内光纤陀螺中以采用 1.3μm 和 1.55μm Y 分支多功能集成光路为主。

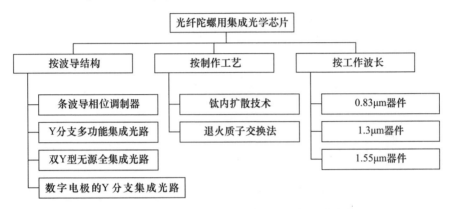

图 6.1　光纤陀螺用铌酸锂集成光学器件及其分类

6.1.2　铌酸锂集成光学器件的技术指标

光纤陀螺采用铌酸锂集成光学器件具有以下优点:

(1) 调制带宽大,可以实现光纤陀螺相位置零闭环工作,提高了光纤陀螺的动态范围和标度因数稳定性;

(2) 退火质子交换波导具有很高的双折射和偏振消光比,有效降低了光纤陀螺相干偏振噪声;

(3) 制作工艺稳定,适合批量生产,有利于光纤陀螺的降低成本和拓展应用;

(4) 结构紧凑,功能密集,增加了光纤陀螺的可靠性,并容易小型化。

光纤陀螺中应用的铌酸锂集成光学器件的典型结构如图 6.2(a)所示,共集成了一个偏振器(波导是只传输 TE 模式的偏振波导)、一个耦合器(Y 分支)和两个相位调制器,也称为 Y 分支多功能集成光路(MIOC)或简称 Y 波导。为了使光纤陀螺处于最佳的工作状态,集成光学器件的波导特性、调制器特性、偏振特性和波导/光纤耦合特性必须满足一定的设计目标。下面以 Y 分支多功能集成光路和中等精度的光纤陀螺应用为例,对其主要技术指标及其对光纤陀螺性能的影响进行简单的讨论。

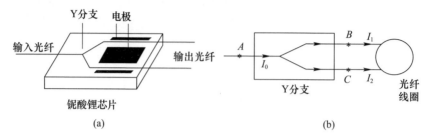

图 6.2 光纤陀螺用的多功能集成光路(MIOC)
(a)MIOC 的典型结构；(b)由 MIOC 构成的 Sagnac 干涉仪。

6.1.2.1 插入损耗

插入损耗是指器件插入光路系统产生的附加光损耗,它反映了光信号通过集成光路时的功率衰减,通常包括波导传输损耗、弯曲损耗以及波导/光纤的耦合损耗。对于 Y 分支集成光路,要求插入损耗 α_1 小于 3.5dB,由于在光纤陀螺中光波信号要两次经过集成光路,总的衰减可达 $(2 \times 3.5 + 3 + 3) = 13$dB,其中 3dB 是光波返回时 Y 分支辐射端口的固有损耗,另有 3dB 是退火质子交换波导的偏振模式滤波损耗(对低偏振度光源来说)。

6.1.2.2 分光比

如图 6.2(b)所示,Y 分支的输出端(B、C 点)与光纤线圈熔接,由此构成一个 Sagnac 光纤干涉仪。从 A 点正向传输到 B、C 点,插入损耗 α_1(dB)定义为 $-10\log[(I_1 + I_2)/I_0]$,则

$$\frac{I_1 + I_2}{I_0} = 10^{-\alpha_1/10} \quad 或 \quad I_1 + I_2 = I_0 \cdot 10^{-\alpha_1/10} \tag{6.1}$$

令 $I_1/(I_0 \cdot 10^{-\alpha_1/10}) = \kappa_s$,则 $I_2/(I_0 \cdot 10^{-\alpha_1/10}) = 1 - \kappa_s$,因而 Y 分支的分光比 $I_1/I_2 = \kappa_s/(1 - \kappa_s)$。

下面讨论 Y 分支分光比误差对光纤陀螺性能的影响。光波从 A 点正向传输到 B 点,光强的变化为 $I_0 \to I_1$,输出光强与输入光强之比为 $I_1/I_0 = \kappa_s \cdot 10^{-\alpha_1/10}$。同理,光波从 A 点正向传输到 C 点,光功率的变化为 $I_0 \to I_2$,输出光强与输入光强之比为 $I_2/I_0 = (1 - \kappa_s) \cdot 10^{-\alpha_1/10}$。根据光路的互易性,光波从 B、C 点反向传输到 A 点时,输出光强与输入光强之比也应分别为 I_1/I_0 和 I_2/I_0。因此,由图 6.2(b),Sagnac 光纤干涉仪的干涉输出光强(不考虑相位部分)为

$$I_{\text{out}} \propto 2\kappa_s(1-\kappa_s)I_0 \cdot 10^{-(2\alpha_1+\alpha_2)/10} \tag{6.2}$$

式中：α_2 为光纤线圈的损耗。$\kappa_s = 0.5$ 时，对应着理想的分光比 $I_1/I_2 = 1$。

光纤陀螺的信噪比直接决定了光纤陀螺的精度。在受散粒噪声限制的光纤陀螺中，信噪比与干涉仪输出光强的平方根成正比，因而信噪比有：

$$\left(\frac{S}{N}\right)_{\text{shot}} \propto \sqrt{I_{\text{out}}} = \sqrt{\kappa_s(1-\kappa_s)} \cdot \sqrt{2I_0} \cdot 10^{-(\alpha_1+\alpha_2/2)/10} \tag{6.3}$$

式(6.3)给出了 Y 波导插入损耗和分光比与光纤陀螺性能的函数关系。当 $\kappa_s = 0.5$ 时，归一化 $S/N \propto 0.5 \cdot 10^{-(\alpha_1+\alpha_2/2)/10} \cdot \sqrt{2I_0}$，而当 $\kappa_s = 0.6$ 时，归一化 $S/N \propto 0.49 \cdot 10^{-(\alpha_1+\alpha_2/2)/10} \cdot \sqrt{2I_0}$，说明在一定范围内，分光比误差对光纤陀螺性能的影响不大。这放宽了对全温范围内分光比误差的要求。对于中等精度光纤陀螺，在实践中通常要求铌酸锂集成光学器件在全温范围内分光比误差不大于 $50 \pm 5\%$。

6.1.2.3 调制带宽

闭环光纤陀螺大多是在光纤线圈的本征频率上对光波进行相位调制，为了保证调制不产生畸变，要求相位调制器具有很宽的调制频带，开环全光纤方案中的压电陶瓷调制器(典型的工作频率为数十千赫)是难以胜任的。集成光学电光相位调制器电极结构及其等效电路如图 6.3 所示。铌酸锂相位调制器的调制带宽可以表示为

$$\Delta f = \frac{1}{\pi R C_F} \tag{6.4}$$

式中：R 为输入阻抗；C_F 为器件的极间电容。可以看出，C_F 越小，Δf 越大。极间电容 C_F 可由下式计算：

$$C_F = \frac{\varepsilon_0}{\pi}(\varepsilon_s + \varepsilon_m)L_e \cdot \ln\left(\frac{4W_2}{W_1}\right) \tag{6.5}$$

式中：$\varepsilon_0 = 8.854 \times 10^{-12}\text{F/m}$ 为真空中的介电常数；$\varepsilon_s \approx 35.5$ 为衬底的相对介电常数；$\varepsilon_m \approx 1$ 为空气的相对介电常数；$W_1 = 10\mu\text{m}$ 和 $W_2 = 400\mu\text{m}$ 如图 6.3(a)定义，分别代表电极内间距和外间距；$L_e = 20\text{mm}$ 为电极长度。由式(6.5)得 $C_F \approx 10.4\text{pF}$，取电阻 $R = 50\Omega$，由式(6.4)可得 $\Delta f = 613\text{MHz}$。实际中当电场频率较高时，基片的介电常数会降低，使实际的电容进一步减小，相应的调制带宽会比上述值大。图 6.4 是一个实际测量的集总电极铌酸锂集成光学相位调制器的典型频率响应曲线，3dB 带宽大于 400MHz，完全能够满足闭环光纤陀螺的要求。

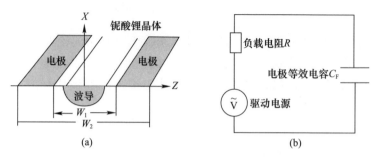

图 6.3　调制器电极结构及等效电路

（a）调制电极示意图；（b）调制器电极等效电路。

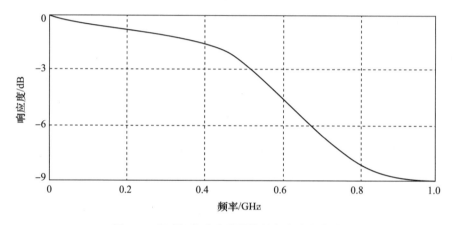

图 6.4　铌酸锂集成光学器件的频率响应曲线

6.1.2.4　半波电压

从原理上讲,铌酸锂相位调制器是利用电光晶体的普克尔斯(Pockels)效应,通过外加电场改变波导的折射率实现相位调制。半波电压 V_π 表征调制器的相位调制能力,定义为相位调制器输出光相位变化 π 时所需的调制电压变化,它与光波长 λ_0、铌酸锂晶体的折射率 n_e（X 切向 Y 传播）、电光系数 γ_{33}、波导的电极长度 L_e、电极间距 d 和光电场的重叠因子 Γ 等有关:

$$V_\pi = \frac{\lambda_0 d}{n_e^3 \gamma_{33} L_e \Gamma} \tag{6.6}$$

电极越长,半波电压越小,但器件尺寸也越大。国外多采用推挽调制方式,即将调制信号以相反的极性接到 Y 分支的两个调制器上,见图 6.2(a),可使调制电压降低一半,同时保持了 Sagnac 干涉仪光路结构的物理对称性。

对于目前普遍采用的全数字闭环光纤陀螺,由于存在着 2π 复位,施加在调制器上的调制加反馈信号的相位幅值为2π,由于器件的半波电压通常小于5V,因而推挽调制情况下,系统提供±5V的电源已经足够。但是,为了提高光纤陀螺的精度和抑制死区,国外有的单位提出了随机过调制技术(图6.5),即方波调制的波形不仅工作在零级条纹上,还工作在一级和二级条纹上。小的半波电压可以充分利用系统现有的电源资源,同时降低了功耗。

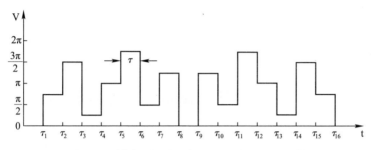

图6.5 随机过调制波形的时间序列(τ为光纤线圈的传输时间)

在只采用速率控制反馈回路(第一反馈回路)的情况下,半波电压随温度的轻微变化会对闭环光纤陀螺的标度因数产生影响。从工程上讲,还需要对调制通道的增益进行反馈控制(第二反馈回路)。采用双重反馈的闭环处理技术,可在确保光纤陀螺标度因数精度的情况下放宽对半波电压变化的要求。

6.1.2.5 背向反射

波导/光纤的耦合端面由于折射率不匹配等因素,产生一定的背向反射,背向反射光与光纤陀螺的主波信号发生干涉,将产生一个很大的非互易相位误差,寄生在旋转引起的Sagnac相移中。由于背向反射光与主波信号的光程差很大(对应光纤线圈的长度),采用弱相干光源(如超发光二极管),可以大大降低这种相干噪声。

铌酸锂波导折射率$n_e = 2.2$,而光纤纤芯的有效折射率$n_F = 1.46$,两者之间折射率不匹配产生的菲涅耳反射为

$$R_F = \frac{(n_e - n_F)^2}{(n_e + n_F)^2} \approx 4\% \tag{6.7}$$

为了避免Y波导与光纤耦合界面的背向反射,通常需要适当的倾角抛光光纤和Y波导端面。Y分支多功能集成光路的端面倾角为10°,这意味着光纤端面的倾角为15°,两种波导才能按折射定律对准而不产生任何菲涅耳反射:

$$n_e \sin 10° = n_F \sin 15° \tag{6.8}$$

图 6.6 是采用光相干域反射计(OCDR)测量的一个实际 Y 分支多功能集成光路的背向反射。它表明,集成光路端面的这种标准 10°/15°倾角组合完全可以将背向反射减少到优于 −70dB。

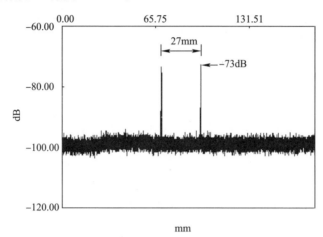

图 6.6　实际 Y 分支多功能集成光学器件端面的背向反射

值得说明的是,端面斜抛引起的 Y 波导两臂长度不对称,也可以减少或消除背向反射光之间的相互干涉引起的相位误差。假定 Y 波导两臂间隔为 200μm,两束背向反射光波构成的寄生迈克尔逊干涉仪的光程差 ΔL 为(图 6.7)

$$\Delta L = 2n_e \cdot 200 \cdot \tan 10° = 150\mu m \tag{6.9}$$

而宽带光源如超发光二极管的相干长度一般小于 50μm,两个寄生的迈克尔逊干涉仪已经失去相干性。

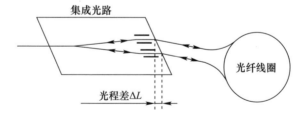

图 6.7　采用端面斜抛时集成光路的寄生迈克尔逊干涉仪的光程差

6.1.2.6　附加强度调制

附加强度调制归因于铌酸锂导波特性的扰动,即在对光波进行相位调制的同时,由于折射率虚部调制效应,还存在着残余的强度调制,引起光纤陀螺的偏置误差和标度因数非线性。附加强度调制一般要求小于0.2%。附加强度调制对陀螺性能的影响机理比较复杂,后面还将详细讨论。

6.1.2.7 偏振消光比和偏振串音

偏振噪声是光纤陀螺的基本噪声之一。从光源发出的光,有两种正交的偏振分量,它们之间的干涉将引起光纤陀螺的相位误差。振幅型偏振相位误差 ϕ_e 与偏振器的振幅消光系数 ε 成正比:

$$\phi_e = \sqrt{\frac{1-d_p}{1+d_p}} \cdot \varepsilon \cdot \sqrt{hL_d} \qquad (6.10)$$

式中: d_p 为宽带光源的偏振度; h 为保偏光纤偏振保持参数; L_d 为保偏光纤消偏长度。 hL_d 即光纤线圈两端一个消偏长度上的偏振功率耦合。一般要在光纤线圈的输入/输出端口放置一个偏振器,衰减掉不需要的偏振分量,而主波保持不变。采用退火质子交换法制成的波导,只传输 TE 模式,偏振消光比很高,可以大大抑制振幅型相干偏振相位误差。另外,集成光路尾纤耦合引起的偏振串音(偏振交叉耦合)也会影响光纤陀螺的检测精度。

忽略 TE 光与 TM 光的传输损耗,考虑长度为 20mm 的 X 切向 Y 传播质子交换直波导的情况。输入光束在波导端面处为单模的圆光斑,光强径向分布通常是高斯型,其 $1/e^2$ 束斑的半径设为 a ;其中 TE 偏振光由于良好的波导效应使光强完整地被输出尾纤所接收;而对于 TM 偏振光则由于完全没有波导效应而发散传播,不能耦合进输出尾纤中。根据衍射理论可推导出 TM 偏振光在铌酸锂晶体内的发散角:

$$\theta = \frac{2\lambda_0}{\pi n_o a} \qquad (6.11)$$

式中: λ_0 为真空中光波长; n_o 为铌酸锂波导 TM 偏振光的折射率。当其传播了距离 L_0 后其束斑半径为 W 。根据几何关系:

$$W = L_0 \cdot \theta = L_0 \frac{2\lambda_0}{\pi n_o a} \qquad (6.12)$$

式中: L_0 为波导长度。

如果将输入光看成具有一对双瓣的一阶非对称模的光斑(即两个模斑的相位相差180°),其中一个瓣是输入光斑,另一个瓣为其虚像(正好相移180°形成非对称模),这样整个光斑的纵向半宽 $a' = 2a$,通过一段光程(波导长度)的衍射被重新耦合入输出光纤及其虚像组成的一阶模波导中,则接收光强占整个大束斑光强的比例近似为面积比,考虑到光强的分布经计算后可得 TM 偏振消光:

$$\varepsilon^2 = \left(\frac{2a'}{W}\right)^4 = \left(\frac{4a}{W}\right)^4 \tag{6.13}$$

Y 波导器件的偏振消光比定义为 $-10\log \varepsilon^2$ (dB)。对于通常的 Y 波导器件, 取 $L_0 = 20\text{mm}, \lambda_0 = 1550\text{nm}, n_o \approx 2.2, a = 4\mu\text{m}$, 由 $-10\log \varepsilon^2$ 可得退火质子交换 Y 波导自身的偏振消光比 ε^2 为 2.6×10^{-9} (86dB)。这与国外采用白光干涉仪对质子交换波导的实际测量数据 75~80dB 消光比的数值基本吻合。也就是说,退火质子交换法制成的波导器件,其自身在理论上具有很高的偏振消光比。

根据光纤陀螺的光路设计原则,必须优先考虑寄生在 Sagnac 相移中的振幅型偏振相位误差。对于甚高精度光纤陀螺,如 100s 平滑零偏稳定性为 0.0001(°)/h,根据 Sagnac 基本公式, 取 $L = 10000\text{m}$、$\lambda_0 = 1550\text{nm}$、$D = 160\text{mm}$ 时, 转化为最小可检测速率:

$$\Omega = 3600 \cdot \frac{180}{\pi} \cdot \frac{\lambda c}{2\pi LD} \cdot \phi_e \approx 10^4 \cdot \phi_e \quad ((°)/\text{h})$$

即对于 $\Omega_{\min} = 0.0001$(°)/h 的光纤陀螺, ϕ_e 应在 10^{-8} rad 量级。当取典型值 $d_p = 0, h = 10^{-5}, L_d = 10\text{cm}$ 时, 由式(6.10)知, ε^2 应小于 10^{-9} (90dB)。这说明通常的 Y 波导器件是不满足要求的(如前面计算的 86dB), 需要采用加长型 Y 波导器件。比如, $L_0 = 35\text{mm}$ 时, 由 $-10\log \varepsilon^2$ 可得偏振消光比约为 99dB, 因而能够满足要求。

铌酸锂多功能集成光路的偏振串音有两种原因:一是波导模式在传输中发生耦合;二是 Y 波导 TE 模与保偏尾纤的偏振主轴之间存在着对准角度误差 ξ。而后者的作用尤为显著,是引起偏振串音的主要原因,因此,在下面的分析中忽略波导模式耦合的影响。在这种情况下,经过 Y 波导尾纤输出的光波振幅可以表示为

$$\begin{pmatrix} E'_x \\ E'_y \end{pmatrix} = \begin{pmatrix} \cos\xi & -\sin\xi \\ \sin\xi & \cos\xi \end{pmatrix} \begin{pmatrix} 1 & 0 \\ 0 & \varepsilon \end{pmatrix} \begin{pmatrix} E_x \\ E_y \end{pmatrix} = \begin{pmatrix} E_x\cos\xi - \varepsilon \cdot E_y\sin\xi \\ E_x\sin\xi + \varepsilon \cdot E_y\cos\xi \end{pmatrix} \tag{6.14}$$

式中: ε 为偏振器的振幅消光系数。因而偏振串音 $P_c(\xi, \varepsilon)$ 可以定义为

$$P_c(\xi, \varepsilon) = 10\log |\rho_c|^2 = 10\log \left|\frac{\sin\xi + \varepsilon \cdot \cos\xi}{\cos\xi - \varepsilon \cdot \sin\xi}\right|^2 \tag{6.15}$$

式中: $\rho_c = |E'_y/E'_x|$ 为 Y 波导输出光波的振幅比。假定输入光波 $E_x = E_y$,偏振串音 $P_c(\xi, \varepsilon)$ 主要与偏振器的振幅消光系数 ε 和尾纤的偏振主轴对准角度误差 ξ 有关。图 6.8 给出了偏振串音 P_c 与对准角度误差 ξ 的函数关系。

假定 Y 波导两个尾纤输出的偏振主轴与 Y 波导 TE 模的对准角度误差相同 (ξ), 输入光波经过 Y 波导后分成两束, 在光纤线圈中分别沿顺时针(CW)和逆

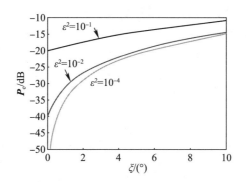

图 6.8 偏振串音与对准角度误差的函数关系

时针(CCW)传播。对于顺时针(CW)光波(图 6.2(b)),由于 Y 波导的偏振串音,在 Y 波导的输出端 1 分别产生两种偏振波:偏振器的传输态(主波)和交叉态(串音)。这两种正交的偏振态在在光纤线圈中传播一周,到达 Y 波导的输出端 2,各又经历了一次偏振交叉耦合,因而 Sagnac 干涉仪的输出共产生四种光波:$E_{11}^{cw} = \sqrt{2} E_0 \cdot e^{j(\phi_{11}+\phi_s)}/2$,在经过 Y 波导的输出端 1 和输出端 2 时均为偏振器的传输态,称为主波;$E_{12}^{cw} = \sqrt{2}\varepsilon\rho_c E_0 \cdot e^{j(\phi_{12}+\phi_s)}/2$,在经过 Y 波导的输出端 1 时为偏振器的传输态,在经过 Y 波导的输出端 2 时变为偏振器的交叉态;$E_{21}^{cw} = \sqrt{2}\rho_c^2 E_0 \cdot e^{j(\phi_{12}+\phi_s)}/2$,在经过 Y 波导的输出端 1 后为偏振器的交叉态,在经过 Y 波导的输出端 2 时变为偏振器的传输态;$E_{22}^{cw} = \sqrt{2}\varepsilon\rho_c E_0 \cdot e^{j(\phi_{22}+\phi_s)}/2$,在经过 Y 波导的输出端 1 和输出端 2 时均为偏振器的交叉态。后三种波在 Y 波导的输出端均至少经历过一次偏振交叉耦合,与主波的相位不同,因此统称为串音项。对于逆时针(CCW)光波,同样存在着四种光波:$E_{11}^{ccw} = \sqrt{2} E_0 \cdot e^{j\phi'_{11}}/2$,$E_{12}^{ccw} = \sqrt{2}\varepsilon\rho_c E_0 \cdot e^{j\phi'_{12}}/2$,$E_{21}^{ccw} = \sqrt{2}\rho_c^2 E_0 \cdot e^{j\phi'_{21}}/2$,$E_{22}^{ccw} = \sqrt{2}\varepsilon\rho_c E_0 \cdot e^{j\phi'_{22}}/2$。这里,$\phi_s$ 为旋转引起的 Sagnac 相位,由于 Y 波导的输出端 1 和输出端 2 的位置关于 Sagnac 光纤干涉仪的合光点是不对称的,除了 $\phi_{11} = \phi'_{11}$ 之外,通常 $\phi_{12} \neq \phi'_{12}$,$\phi_{21} \neq \phi'_{21}$,$\phi_{22} \neq \phi'_{22}$,或者说:$\phi_{12} - \phi'_{12} = \Delta\phi_{12}$,$\phi_{21} - \phi'_{21} = \Delta\phi_{21}$,$\phi_{22} - \phi'_{22} = \Delta\phi_{22}$。

这样,Sagnac 光纤干涉仪的输出光强可以表示为

$$I_{out} = \langle (E_{11}^{cw} + E_{21}^{cw} + E_{11}^{ccw} + E_{21}^{ccw})^* (E_{11}^{cw} + E_{21}^{cw} + E_{11}^{ccw} + E_{21}^{ccw}) \rangle +$$
$$\langle (E_{12}^{cw} + E_{22}^{cw} + E_{12}^{ccw} + E_{22}^{ccw})^* (E_{12}^{cw} + E_{22}^{cw} + E_{12}^{ccw} + E_{22}^{ccw}) \rangle \quad (6.16)$$

忽略高阶项,由 Y 波导的偏振串音引起的陀螺相位误差 ϕ_e 为

$$\phi_e \approx \arctan\left\{\frac{\rho_c^2 \cdot \gamma_c [\sin(\phi_{11} - \phi_{21}) - \sin(\phi_{11} - \phi'_{21})]}{1 + \rho_c^2 \cdot \gamma_c [\cos(\phi_{11} - \phi_{21}) + \cos(\phi_{11} - \phi'_{21})]}\right\} \approx \rho_c^2 \cdot \gamma_c \quad (6.17)$$

式中:γ_c为E_{11}与E_{21}光波的相干函数,它与两波的光程差$\phi_{11}-\phi_{21}$或$\phi_{11}-\phi'_{21}$有关,即与保偏光纤线圈的$\Delta n_b \cdot L$有关,其中L为光纤线圈长度,$\Delta n_b \approx 5 \times 10^{-4}$为保偏光纤快轴和慢轴的双折射差。如果$\rho_c^2 = 10^{-3}$(即Y波导的偏振串音为$-30\text{dB}$),对于$0.1°/\text{h}$的光纤陀螺,$\gamma_c$必须小于$10^{-3}$,这对长达数百米的保偏光纤线圈来说并不是一个难题。

值得说明的是,由式(6.15)可以看出,偏振串音P_c与ξ、ε两个因素有关,即使偏振对准误差$\xi = 0°$,偏振串音$P_c \approx 10\log \varepsilon^2$,正如前述,偏振器的振幅消光系数$\varepsilon$仍是最终限制高精度光纤陀螺的重要因素。

6.1.3 国内外光纤陀螺用铌酸锂集成光学器件的研制现状

从国外光纤陀螺的发展情况来看,目前大多数公司均采用的是基于Y分支多功能集成光学芯片的闭环方案,且技术已经完全成熟。如美国的霍尼韦尔(Honeywell)公司、利顿(Litton)公司,日本的航空电子(JAE)公司、三菱(Mitsubishi)公司,欧洲的英国宇航(BAE)公司、德国的利铁夫(LITEF)公司、法国的IXblue公司,俄罗斯光联(Opticlink)公司等。由于Y分支多功能集成光学芯片主要用于光纤陀螺,这些单位多数为自主研制、生产该器件。另外,其他公司也积极涉足该领域,如美国UTP公司凭借其在通信用电光波导器件方面雄厚的技术实力,已批量生产这种光纤陀螺芯片,并建立了一套严格的质量控制体系,其产品的技术指标见表6.1。UTP公司所进行的可靠性和加速老化试验证明,退火质子交换铌酸锂集成光学器件完全可以满足军用光纤传感应用的需求。

国内光纤陀螺用铌酸锂集成光学器件的研制单位也有多家,制作工艺包括钛内扩散法和退火质子交换法,并以退火质子交换法为主,产品性能已接近或达到国外先进水平(见表6.1),能够满足国内光纤陀螺产业的发展需要。

表6.1 国内外Y分支多功能集成光学芯片的典型技术指标

技术要求	美国UTP公司	国内典型产品
半波电压/V	3.5	3.5
插入损耗(带保偏尾纤)/dB	4.0	3.5
分光比(带保偏尾纤)	$50 \pm 5\%$	$50 \pm 2\%$
偏振消光比/dB	55	50
偏振串音/dB	<-30	<-30
背向反射/dB	<-60	<-55
附加强度调制/%	0.2	0.05

6.2 铌酸锂集成光学器件的误差分析

6.2.1 锯齿波调制闭环检测原理及边带的产生

众所周知,在光纤陀螺中,旋转引起的 Sagnac 相移与角速率成正比,而 Sagnac 干涉仪的输出响应是相移的余弦函数,因而相对角速率来说是非线性和周期性的,需要施加偏置调制或反馈控制等信号处理技术以实现所需的灵敏度和动态范围。对所有的光学干涉仪来说,这是一个共性问题,因为只有光强才能被现有的平方律光探测器直接测量。换句话说,如果现有的光探测器能够直接监测光信号的相位,就不存在非线性响应问题了。采用闭环信号处理方法,可以把光纤陀螺的非线性响应转换为线性响应。

闭环光纤陀螺技术的目的之一就是把开环系统在低旋转速率下取得的性能拓展到高旋转速率。为了使系统闭环,需要在陀螺的敏感线圈中加入一个反馈控制元件,如本章讨论的铌酸锂集成光学电光相位调制器,通过给相位调制器施加一个适当的调制信号,使两束反向传播光波之间引入一个非互易相位误差,补偿旋转引起的 Sagnac 相移 ϕ_s。采用这种方法,不管旋转速率有多大,Sagnac 干涉仪的顺时针和逆时针光束之间的相位差始终控制在零位,通过测量满足这一条件所引入的非互易相位差作为光纤陀螺的输出。

由于实际上测量的是与旋转速率成线性比例的 Sagnac 相移,闭环光纤陀螺对旋转速率的响应基本上是线性的。

将铌酸锂电光相位调制器放置在光纤线圈的一端,给相位调制器施加一个调制信号 $\phi(t)$ 时,两束反向传播光波之间产生一个非互易相移 $\Delta\phi(t)$ 变为

$$\Delta\phi(t) = \phi(t) - \phi(t-\tau) \tag{6.18}$$

在两束反向传播光波之间产生一个恒定相位差的理想相位调制形式是一个时间上连续的相位斜波(斜率为 ω_r),如图 6.9 所示。在这种情况下,调制信号 $\phi(t)$ 为

$$\phi(t) = \omega_r t \tag{6.19}$$

根据式(6.18),由调制产生一个固定的非互易相移:

$$\Delta\phi(t) = \omega_r \tau \tag{6.20}$$

式中:τ 为光纤线圈的传输时间。这样,通过改变相位斜波的斜率 ω_r,可以控制非互易相移的幅值,并反作用于旋转引起的相移,保持光纤陀螺总的相移为零:

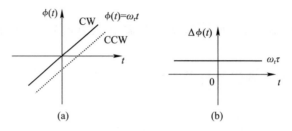

图 6.9 连续相位斜波及其产生的相位差
(a)连续相位斜波 $\phi(t)=\omega_r t$；(b)产生的恒定相位差 $\Delta\phi(t)$。

$\phi_s - \omega_r \tau = 0$。由于集成光学相位调制器不能产生一个无限的相位斜波。为了避免这一问题，且仍能模拟无限相位斜波的效果，采用图 6.10 所示的所谓锯齿波相位调制波形。理想锯齿波相位调制实质上也是一个相位斜波，具有周期性复位，振幅为 ϕ_0，周期为 T，即

$$\phi(t) = \omega_r t = \frac{\phi_0}{T}(t - nT), \quad nT \leqslant t \leqslant (n+1)T, \quad n = 0,1,2,\cdots \quad (6.21)$$

$$\Delta\phi(t) = \begin{cases} \dfrac{\phi_0}{T}\tau - \phi_0 = \omega_r \tau - \phi_0, & nT \leqslant t \leqslant nT + \tau \\ \dfrac{\phi_0}{T} = \omega_r \tau, & nT + \tau \leqslant t \leqslant (n+1)T \end{cases} \quad (6.22)$$

由图 6.10 可以看出，如果锯齿波调制振幅 ϕ_0 为 $2\pi\mathrm{rad}$，在一个周期 T 上，有 $T-\tau$ 的时间相位调制产生的相移为 $\Delta\phi(t) = \omega_r \tau$，与无限相位斜波产生的非互易相移相同，而在 2π 复位时的 τ 时间内产生的相移为 $\Delta\phi(t) = \omega_r \tau - 2\pi$。由于干涉仪对相位差的响应具有周期性，在这种情形下，$\Delta\phi(t)$ 的整个波形可以用来使旋转引起的相移置零，而光纤陀螺的工作点将在 $\Delta\phi = 0$ 和 $\Delta\phi = 2\pi$ 之间跃变。相位斜波的斜率通过调节锯齿波波形的频率 ω_r 来控制：$\phi_s - \omega_r \tau = 0$，其中 ϕ_s 是旋转引起的 Sagnac 相移，ω_r 作为闭环光纤陀螺的输出：

$$\omega_r = \frac{\phi_s}{\tau} = 2\pi \cdot \frac{D}{n_F \lambda_0} \cdot \Omega \quad \text{或} \quad f_r = \frac{\phi_s}{2\pi\tau} = \frac{D}{n_F \lambda_0} \cdot \Omega \quad (6.23)$$

式中：$f_r = \omega_r/2\pi$；λ_0 为平均光波长；n_F 为光纤的有效折射率；D 为线圈直径；Ω 为输入角速率。式(6.23)对时间积分意味着陀螺的脉冲(计数)输出是对每一个锯齿波周期 T 内的角增量 $\theta_{\mathrm{inc}} = \int_0^T \Omega \mathrm{d}t = n_F \lambda_0/D$ 进行累积，因而得到系统的固有标度因数(锯齿波 2π 复位一次对应的角增量)，也称为脉冲当量：

$$K_c = \frac{n_F \lambda_0}{D} \quad (\text{rad/pulse}) \tag{6.24}$$

或用角秒/脉冲表示：

$$K_c = 3600 \cdot \frac{180}{\pi} \cdot \frac{n_F \lambda_0}{D} \quad (\text{arcsec/pulse}) \tag{6.25}$$

脉冲当量 K_c 与线圈长度 L 无关，但却与线圈直径 D 成反比，这说明光纤陀螺具有与环形激光陀螺类似的速率积分输出特性。

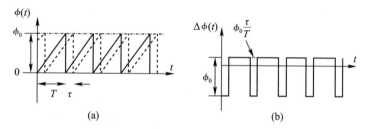

图 6.10　采用 2π 复位后连续相位斜波变为锯齿波波形
（a）锯齿波调制波形 $\phi(t)$；（b）产生的恒定相位差 $\Delta\phi(t)$。

锯齿波调制闭环光纤陀螺同样需要一个偏置调制（通常为正弦波调制），将工作点移到灵敏度最高的点上。当处理回路闭环工作时，在 $T-\tau$ 的时间内，调制产生的非互易相移完全抵消了旋转引起的相移，考虑到干涉仪施加偏置后的正弦响应，输出信号为零；但在复位后的时间 τ 内，如果调制振幅 $\phi_0 \neq 2\pi$，则输出信号会产生一个误差，如图 6.11 所示。这一点非常重要，可以利用每一次 2π 复位时的周期 τ 内的误差信号，对 2π 复位进行校准和控制。

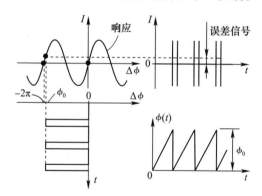

图 6.11　相位斜波的复位效应

由图 6.10 可以看出，对于满足 $T=\tau$ 的旋转速率，由于干涉仪输出响应的周期性,即使相位调制器在工作也不会产生非互易相移。这说明,锯齿波调制闭环光纤陀螺的动态范围应为 $f_r = 1/2\tau$,即单干涉条纹工作的最大角速率为

$$\Omega_{\max} = \frac{90}{\pi} \cdot \frac{\lambda_0 c}{LD} \quad (°/\text{s}) \tag{6.26}$$

比如,取典型值 $L=200\text{m}, D=100\text{mm}, \lambda_0=1.3\mu\text{m}$,则 $f_r \approx 1\text{MHz}, \Omega_{\max}=558°/\text{s}$。

锯齿波调制闭环方案(图6.12)是目前广泛采用的全数字闭环方案的基础,具有检测精度高、动态范围大、标度因数稳定性好等优点。通过铌酸锂波导相位调制器对光波施加锯齿波调制,理想情况下,光纤陀螺探测器在陀螺开环工作时的直流输出可以表示为

$$V_{\text{out}} = G \cdot \sin(\phi_s - \omega_r \tau) \tag{6.27}$$

式中:G 是与电路增益、光功率以及正弦波偏置调制深度有关的比例系数。利用反馈控制回路使 $V_{\text{out}}=0$,得到理想锯齿波调制的闭环检测输出频率:$\omega_{\text{out}}=\omega_r$。

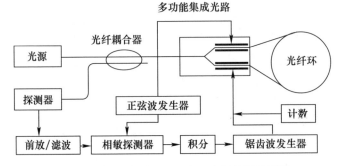

图6.12 锯齿波调制闭环光纤陀螺的结构简图

实际应用中由于各种因素的影响,陀螺的开环输出将含有锯齿波调制频率的高次谐波,即产生了边带:

$$V_{\text{out}} = G \cdot \sum_{n=-\infty}^{+\infty} |S_n|^2 \cdot \sin(\phi_s - n\omega_r \tau) \tag{6.28}$$

式中:S_n 为边带振幅。闭环状态时,陀螺输出频率 $\omega_{\text{out}} \neq \omega_r$,而与 S_n 有关,其频差反映了标度因数的非线性误差。

6.2.2 理想情况下的铌酸锂集成光学相位调制器

对于理想的 X 向切割 Y 向传播的铌酸锂相位调制器,施加锯齿波电压信号 $V(t)$ 时,调制器有效长度 L_0 内的光程可以表示为

$$L_{\text{eff}}(t) = L_0[n_e + \Delta n_e(t)] \quad (6.29)$$

式中：$\Delta n_e(t) = -n_e^3 \gamma_{33} \Gamma V(t)/2d$，$n_e$ 为铌酸锂波导的非寻常折射率，γ_{33} 为该晶体的电光系数，d 为器件的电极间距，Γ 是波导器件的光-电场重叠因子。

假定进入铌酸锂相位调制器的 TE 光波振幅为 $E_0 e^{j\omega t}$，ω 为光波角频率，则经过相位调制后的输出光波振幅为

$$E(t) = E_0 e^{j(\omega t - \theta_e)} e^{j\phi(t)} \quad (6.30)$$

其中：

$$\theta_e = \frac{2\pi}{\lambda_0} n_e L_0 \quad (6.31)$$

$$\phi(t) = \frac{2\pi}{\lambda_0} n_e^3 \gamma_{33} L_0 \Gamma V(t)/2d \quad (6.32)$$

对于图 6.13 所示的锯齿波相位调制信号，$\phi(t)$ 可以表示为

$$\phi(t) = \begin{cases} \dfrac{\phi_0}{T - T_f} t, & t \leqslant T - T_f \\[2mm] \dfrac{\phi_0}{T_f}(T - t), & T - T_f < t < T \end{cases} \quad (6.33)$$

式中：ϕ_0 为锯齿波峰值相位；$T = 2\pi/\omega_r$ 为锯齿波周期；T_f 为回扫时间。

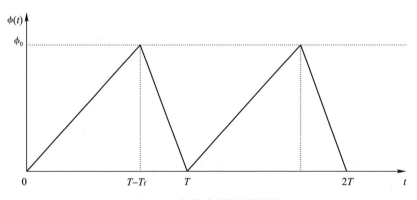

图 6.13 锯齿波相位调制波形

对于理想的铌酸锂相位调制器，将相位调制项展成傅里叶级数，则

$$e^{j\phi(t)} = \sum_{n=-\infty}^{+\infty} a_n e^{jn\omega_r t} \quad (6.34)$$

$$a_n = \frac{1}{T}\int_0^T \cos\left[\phi(t) - \frac{2n\pi}{T}t\right]\mathrm{d}t \tag{6.35}$$

其边带振幅仅与锯齿波波形失真有关：

$$a_n = \sin\left[\phi_0 - 2n\pi\left(1 - \frac{T_f}{T}\right)\right] \cdot \left\{\frac{1 - \frac{T_f}{T}}{\phi_0 - 2n\pi\left(1 - \frac{T_f}{T}\right)} + \frac{\frac{T_f}{T}}{\phi_0 + 2n\pi\frac{T_f}{T}}\right\} \tag{6.36}$$

仅当 $\phi_0 = 2\pi$、$T_f = 0$ 时，边带 ($n \neq 1$) 功率为零，即锯齿波频移正好抵消光纤环中旋转引起的 Sagnac 相移，得到与输入角速率完全呈线性关系的频率输出。

锯齿波调制闭环光纤陀螺的标度因数误差来源概括起来有两类：一类是锯齿波调制波形失真，如峰值相位发生变化、存在回扫时间等；另一类是铌酸锂调制器的固有误差，包括附加强度调制、波导端面的背向反射和波导/尾纤之间的偏振轴对准耦合误差（偏振串音）等。下面主要对后一类误差进行综合分析和仿真研究，并分析在工程实践中减少误差的技术措施。

6.2.3 影响边带振幅的误差因素

6.2.3.1 附加强度调制对边带的影响

附加强度调制是由于铌酸锂的导波特性存在微扰，使波导的折射率变化既有实部又有虚部造成的。对于 TE 模，波导有效长度内的光程可以表示为

$$L_{\mathrm{eff}}(t) = L_0[n_e + \Delta n_e^R(t) - \mathrm{j}\Delta n_e^I(t)] \tag{6.37}$$

式中：$\Delta n_e^R(t)$ 为通常考虑的实数折射率调制；$\Delta n_e^I(t)$ 为导波特性扰动引起的虚数折射率调制。此时经过相位调制后的 TE 模输出光波变为

$$E(t) = E_0 \mathrm{e}^{\mathrm{j}(\omega t - \theta_e)} \cdot \vartheta_e(t) \cdot \mathrm{e}^{\mathrm{j}\phi(t)} \tag{6.38}$$

式中：$\vartheta_e(t) = \mathrm{e}^{-\frac{2\pi}{\lambda_0}L_0 \cdot \Delta n_e^I(t)} = \mathrm{e}^{-\phi_e^I(t)}$ 与调制电压有关，展成傅里叶级数为

$$\vartheta_e(t) = \sum_{n=-\infty}^{+\infty} b_n \mathrm{e}^{\mathrm{j}n\omega_r t} \tag{6.39}$$

$$b_n = \frac{1}{T}\int_0^T \cos\left[\mathrm{j}\phi_e^I(t) - \frac{2n\pi}{T}t\right]\mathrm{d}t \tag{6.40}$$

这样，输出光波变为

$$E(t) = E_0 \mathrm{e}^{\mathrm{j}(\omega t - \theta_e)} \cdot \sum_{n=-\infty}^{+\infty} b_n \mathrm{e}^{\mathrm{j}n\omega_r t} \cdot \sum_{m=-\infty}^{+\infty} a_m \mathrm{e}^{\mathrm{j}m\omega_r t} \tag{6.41}$$

根据傅里叶变换和卷积性质,式(6.41)的边带振幅为

$$S_n = \sum_{m=-\infty}^{+\infty} b_{n-m} a_m \tag{6.42}$$

式中:b_{n-m}可由式(6.40)导出,即

$$b_{n-m} = \left\{ \mathrm{jsh}\left(\frac{I_{2\pi}\phi_0}{4\pi}\right)\cos\left[2(n-m)\pi\frac{T_f}{T}\right] + \mathrm{ch}\left(\frac{I_{2\pi}\phi_0}{4\pi}\right)\sin\left[2(n-m)\pi\frac{T_f}{T}\right] \right\}$$

$$\cdot \left[\frac{1-\dfrac{T_f}{T}}{\mathrm{j}\left(\dfrac{I_{2\pi}\phi_0}{4\pi}\right)-2(n-m)\pi\left(1-\dfrac{T_f}{T}\right)} + \frac{\dfrac{T_f}{T}}{\mathrm{j}\left(\dfrac{I_{2\pi}\phi_0}{4\pi}\right)+2(n-m)\pi\left(1-\dfrac{T_f}{T}\right)} \right]$$

(6.43)

由于振幅调制不易测量,这里引入了可观察量$I_{2\pi}$,即调制深度为$\phi_0 = 2\pi$时波导折射率虚部调制效应产生的附加强度调制。

式(6.42)反映了附加强度调制对边带的影响。$I_{2\pi} = 0$时,由式(6.42)和式(6.43)能得出:

$$S_n = a_n \tag{6.44}$$

边带抑制对锯齿波调制闭环光纤陀螺的标度因数线性度影响是衡量铌酸锂调制器性能的一项重要指标。图6.14是对应不同的$I_{2\pi}$值,边带抑制(这里记为$10\lg|S_n|^2$)与锯齿波失真T_f/T关系的计算机仿真结果。为清晰起见,图中只给出了基带($n=1$)和基带周围有代表性的一条边带($n=2$)。其他边带的功率水平与$n=2$大致接近。从图6.14中可以看出:

(1)附加强度调制$I_{2\pi}$越小,边带抑制越好。比如$I_{2\pi} < 10^{-3}$时,边带抑制可优于$-70\mathrm{dB}$。

(2)T_f/T较小时,附加强度调制$I_{2\pi}$对边带抑制的影响比较明显,而$T_f/T > 0.01$时,边带抑制主要由T_f/T决定,$I_{2\pi}$的作用退居其次。

(3)需特别指出的是,当锯齿波完全理想($T_f=0$,$\phi_0=2\pi$)时,存在着一个与$I_{2\pi}$有关的边带抑制极限。由式(6.28)、(6.36)和式(6.43)可得出该极限值的近似公式:

$$|S_n|^2 \approx \left[\frac{I_{2\pi}}{4\pi(n-1)}\right]^2 \tag{6.45}$$

对于目前的铌酸锂器件,附加强度调制的典型值为$10^{-3} < I_{2\pi} < 10^{-2}$,相应的边带抑制极限约为$-82\mathrm{dB} \sim -62\mathrm{dB}$。这说明,即使锯齿波非常理想,附加强度

调制的存在也会削弱光纤陀螺标度因数的线性度。

图 6.15 是对应不同的 $I_{2\pi}$ 值,边带抑制水平与锯齿波峰值相位 ϕ_0 之间关系的计算结果。为清晰起见,仅给出了 $n=0$、1、2 三组曲线。由图 6.15 可以得到下面两个结论:

(1) 总的边带效应存在着一个最佳抑制点,该点与锯齿波峰值相位 ϕ_0 的大小有关。$I_{2\pi}=0$ 时,最佳峰值相位 ϕ_{opt} 并不是 $\phi_0=2\pi$,而是满足:

$$\phi_{opt} = 2\pi\left(1 - \frac{T_f}{T}\right) \quad (6.46)$$

(2) 当 ϕ_0 满足式(6.46)时,由式(6.36)和式(6.43)可近似计算出 $I_{2\pi}=0$ 时,$n=1$ 基带周围的边带抑功率水平为

$$|S_n|^2 \approx \left(\frac{T_f}{T}\right)^2 \quad (6.47)$$

比如,$T_f/T \approx 10^{-3}$ 时,由式(6.47)得到边带抑制为 -60dB。由图 6.15 还可以看出,式(6.47)也非常适合于 $I_{2\pi} \neq 0$ 时的情形。即 ϕ_0 为最佳峰值相位时,附加强度调制对边带的贡献近乎为零。因此,通过在陀螺测试中调节锯齿波峰值相位,并使之稳定在最佳点上,可以减少铌酸锂波导附加强度调制的影响。

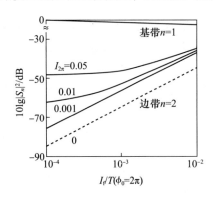

图 6.14 $I_{2\pi}$ 取不同值时边带抑制与 T_f/T 的关系

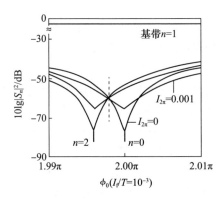

图 6.15 $I_{2\pi}$ 取不同值时边带抑制与 ϕ_0 的关系

由于在中、高精度的光纤陀螺中,通常要求边带抑制优于 -50dB,考虑到其他因素的综合效应,可以认为,必须把波导折射率虚部调制效应引起的附加强度调制控制在 $I_{2\pi}<0.01$ 的水平。国外有人认为,在设计器件结构和工艺参数时远离波导的截止波长,或采用退火质子交换法(APE)取代钛内扩散法(Ti:LiNbO$_3$)制作铌酸锂波导,可以减小附加强度调制。目前国外高质量的铌酸锂相位

调制器 $I_{2\pi}$ 已优于 0.001。

6.2.3.2 偏振串音对边带的影响

如前所述,铌酸锂相位调制器中的偏振串音(偏振交叉耦合)有两种原因:一是波导模式在传输中发生耦合,二是波导与调制器保偏尾纤的偏振主轴之间存在着对准角度误差。而后者的作用尤为显著,因此,在分析中我们忽略了波导模式耦合的影响。由于存在着偏振串音,光波在铌酸锂波导中被分为两种正交的偏振分量:TE 模(主波)和 TM 模(偏振交叉耦合)。它们分别受到不同的相位调制并由于交叉耦合在输出端发生干涉。假定输入、输出保偏尾纤与 TE 波导轴的对准角度误差分别为 ξ_1、ξ_2,则施加电压 $V(t)$ 时,经过相位调制器的输出光波可写为

$$E(t) = E_0 e^{j(\omega t - \theta_e)} \cdot \{\cos\xi_1 \cos\xi_2 \cdot e^{j\phi(t)} + \gamma_c e^{j(\theta_e - \theta_o)} \sin\xi_1 \sin\xi_2 \cdot e^{j\phi'(t)}\} \tag{6.48}$$

式中:γ_c 记为交叉耦合分量与主波的相干度,并且

$$\theta_o = \frac{2\pi}{\lambda_0} n_o L_0 \tag{6.49}$$

$$\phi'(t) = \frac{2\pi}{\lambda_0} n_o^3 \gamma_{13} L_0 \Gamma V(t)/2d \tag{6.50}$$

式中:n_o 为铌酸锂波导的寻常折射率;γ_{13} 为该晶体的另一个电光系数。为简单起见,这里假定 TE 模和 TM 模的光-电场重叠因子相同,均为 $\Gamma = 1/2$。

对于铌酸锂晶体,$n_e = 2.203$,$n_o = 2.286$,$\gamma_{33} = 30 \times 10^{-12}$ m/V,$\gamma_{13} = 10 \times 10^{-12}$ m/V,故有:

$$\phi'(t) \approx \frac{\phi(t)}{3} \tag{6.51}$$

将偏振交叉耦合项展成傅里叶级数,则有:

$$e^{j\phi'(t)} = \sum_{n=-\infty}^{+\infty} c_n e^{jn\omega_r t} \tag{6.52}$$

$$c_n = \frac{1}{T} \int_0^T \cos\left[\phi'(t) - \frac{2n\pi}{T}t\right]dt \tag{6.53}$$

其边带振幅为

$$c_n = \sin\left[\frac{\phi_0}{3} - 2n\pi\left(1 - \frac{T_f}{T}\right)\right] \cdot \left\{\frac{1 - \frac{T_f}{T}}{\frac{\phi_0}{3} - 2n\pi\left(1 - \frac{T_f}{T}\right)} + \frac{\frac{T_f}{T}}{\frac{\phi_0}{3} + 2n\pi\frac{T_f}{T}}\right\} \tag{6.54}$$

根据傅里叶变换,式(6.48)的边带可以写为

$$S_n = \cos\xi_1\cos\xi_2 \cdot a_n + \gamma_c\sin\xi_1\sin\xi_2 \cdot c_n \tag{6.55}$$

设铌酸锂波导与尾纤偏振轴的对准角度误差为 $\xi_1 = \xi_2 = \xi$,图 6.16 给出了 $\xi = 0°$、$1°$、$5°$ 和 $10°$ 时,边带抑制与锯齿波 T_f/T 之间的关系曲线。为清晰起见,图中只给出了基带($n=1$)和基带周围有代表性的一条边带($n=2$)。由图 6.16 可以看出:

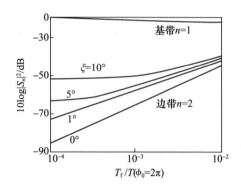

图 6.16 对准角度误差 ξ 取不同值时边带抑制与 T_f/T 的关系

(1)角度误差 ξ 越大,边带抑制得越差。$T_f/T < 10^{-3}$ 时,不同角度误差 ξ 引起的边带抑制比较分明;$T_f/T > 10^{-3}$ 时,边带抑制主要由 T_f/T 决定,ξ 的作用退居其次。

(2)即使锯齿波完全理想($T_f = 0$,$\phi_0 = 2\pi$),也存在着一个与 ξ 有关的边带抑制极限。由式(6.54)和式(6.55)得出该极限值近似为

$$S_n \approx \frac{3\gamma_c\xi^2\sin\left(\dfrac{2\pi}{3}\right)}{2\pi\left(\dfrac{1}{3}-n\right)} \tag{6.56}$$

由于光纤陀螺采用的是弱相干性宽谱光源,取 $\gamma_c = 0.5$,$\xi = 5°$,由式(6.56)得到边带抑制约为 -60dB。目前应用于光纤陀螺中的集成光学芯片,偏振串音的典型值为 $-20\text{dB} \sim -30\text{dB}$,换算成角度误差约为 $1.5° \sim 5°$。

图 6.17 是 $T_f/T \approx 10^{-3}$、$\xi = 1°$ 和 $\xi = 5°$ 时,边带抑制与锯齿波峰值相位 ϕ_0 之间的关系曲线,可以看出:

(1)总的边带抑制效应存在着一个最低点,与该点对应有一个最佳的锯齿波峰值相位 ϕ_{opt}。当 ξ 很小时(比如 $1°$),最佳峰值相位近似满足:

$$\phi_{opt} \approx 2\pi\left(1 - \frac{T_f}{T}\right) \tag{6.57}$$

此时的边带抑制约为

$$|S_n|^2 \approx \left(\frac{T_f}{T}\right)^2 \qquad (6.58)$$

(2) 当 ξ 增大时,最佳峰值相位的位置发生左移,左移现象使调节相位的环节变为不可能,大大劣化了总的边带抑制效果,给光纤陀螺的标度因数带来较大误差。

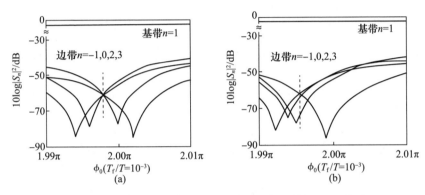

图 6.17　对准角度误差 ξ 取不同值时边带抑制与 ϕ_0 的关系

(a) $\xi = 1°$;(b) $\xi = 5°$。

值得说明的是,采用退火质子交换法制作的偏振波导,具有很高的消光比,可以衰减掉调制器输入光纤偏振主轴角度误差引起的偏振串音,以便通过把锯齿波峰值相位稳定在最佳点上来抑制边带的影响。

6.2.3.3　背向反射对边带的影响

由于铌酸锂波导与光纤纤芯的折射率不匹配,其端面耦合处存在着菲涅耳背向反射。如果部分光在输出端面反射 q 次,则受到 $2q+1$ 次相位调制,此时其边带振幅变为

$$a_n^{(q)} = R_F^q (1 - R_F)^{1/2} \cdot \frac{1}{T} \int_0^T \cos\left[(2q+1)\phi(t) - \frac{2n\pi}{T}t\right]dt \qquad (6.59)$$

式中:R_F 为波导端面的强度型背向反射率。

主光波与经过 q 次反射的输出光波叠加时发生法布里-珀罗(Fabry-Pérot)干涉,总的输出振幅应是所有光波的叠加。这样,修正后的 TE 模相位调制项展成傅里叶级数为

$$e^{j\phi(t)} = \sum_{n=-\infty}^{+\infty} \left[\sum_{q=0}^{Q} a_n^{(q)}\right] e^{jn\omega_r t} \qquad (6.60)$$

式中:Q 为小于 $L_c/2n_e L_{eff}$ 的最大整数;L_c 为光源相干长度。$a_n^{(q)}$ 可由式(6.59)

导出：

$$a_n^{(q)} = R_F^q (1-R_F)^{1/2} \cdot \sin\left[(2q+1)\phi_0 - 2n\pi\left(1 - \frac{T_f}{T}\right)\right] \cdot$$

$$\left\{\frac{1-\frac{T_f}{T}}{(2q+1)\phi_0 - 2n\pi\left(1-\frac{T_f}{T}\right)} + \frac{\frac{T_f}{T}}{(2q+1)\phi_0 + 2n\pi\frac{T_f}{T}}\right\} \quad (6.61)$$

同理，TM 调制项的傅里叶级数展开及其边带也可修正为

$$e^{j\phi'(t)} = \sum_{n=-\infty}^{+\infty}\left[\sum_{q=0}^{Q'} c_n^{(q)}\right] e^{jn\omega_s t} \quad (6.62)$$

$$c_n^{(q)} = R_F^q (1-R_F)^{1/2} \cdot \sin\left[(2q+1)\frac{\phi_0}{3} - 2n\pi\left(1 - \frac{T_f}{T}\right)\right] \cdot$$

$$\left\{\frac{1-\frac{T_f}{T}}{(2q+1)\frac{\phi_0}{3} - 2n\pi\left(1-\frac{T_f}{T}\right)} + \frac{\frac{T_f}{T}}{(2q+1)\frac{\phi_0}{3} + 2n\pi\frac{T_f}{T}}\right\} \quad (6.63)$$

式中：Q' 为小于 $L_c/2n_oL_{eff}$ 的最大整数。

图 6.18 是背向反射率 R_F 取不同值时，边带抑制与锯齿波 T_f/T 之间的关系曲线（$\xi = 0$）。为清晰起见，图中只给出了几条典型的边带。由式（6.61）和图 6.18 可以看出：

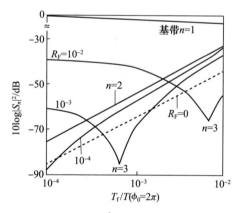

图 6.18　背向反射率 R_F 取不同值时边带抑制与锯齿波之间的关系

（1）铌酸锂波导端面的背向反射引起的谐波（边带）频率是锯齿波频率的两倍，因此它只对满足 $n = 3,5,7,\cdots$ 的边带起作用，其中对 a_3 的影响尤为显著。

（2）R_F越大，对边带抑制的影响也越大。比如，较理想情况（$R_F=0$）而言，$R_F=10^{-4}$时，$n=3$的边带抑制削弱了约8dB，而$R_F=10^{-2}$时，达30dB。

（3）当锯齿波完全理想（$T_f=0,\phi_0=2\pi$）时，同样存在着一个与背向反射有关的边带抑制极限。由式(6.61)可得出该极限值的近似公式：

$$a_n = \begin{cases} R_F^q(1-R_F)^{1/2}, & n=2m+1 \\ 0, & n \neq 2m+1 \end{cases} \quad (6.64)$$

取典型值$R_F=10^{-3}$，得到边带抑制极限为-60dB。这说明即使锯齿波形完全理想，背向反射的存在也会削弱闭环光纤陀螺的标度因数线性度。

图6.19是对应不同的R_F值，边带抑制与锯齿波峰值相位ϕ_0之间关系的计算机仿真结果。这里给出的是几条有代表性的曲线。由此可得到下列结论：

（1）总的边带抑制效应存在着一个最低点，该点与锯齿波的峰值相位有关。$R_F=0$时，由式(6.63)得到理想情况下的最佳峰值相位ϕ_{opt}为

$$\phi_{opt} \approx 2\pi\left(1-\frac{T_f}{T}\right) \quad (6.65)$$

图6.19表明，式(6.65)同样适用于$R_F \neq 0$的情形，因此可以通过在陀螺测试中调节锯齿波的峰值相位并使之稳定在最佳点上来减少背向反射的影响。

（2）当$\phi_0=\phi_{opt}$时，由式(6.48)可近似算得基带$n=1$周围边带的功率水平：

$$|S_n|^2 \approx \left(R_F-\frac{T_f}{T}\right)^2 \quad (6.66)$$

这表明，$R_F>T_f/T$时边带抑制主要由R_F决定，$R_F<T_f/T$时则主要由锯齿波T_f/T决定。图6.19的结果证实了这一点。由于R_F和T_f/T产生的边带振幅符号相反，当$R_F=T_f/T$和$\phi_0=\phi_{opt}$时，因相互抵消可大大抑制边带。

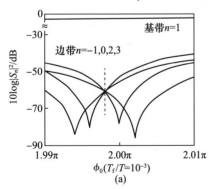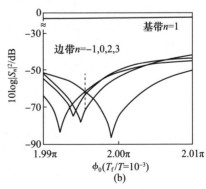

图6.19 背向反射取不同值时边带抑制与锯齿波峰值相位ϕ_0之间的关系
(a) $R_F=10^{-2}$；(b) $R_F=10^{-4}$。

降低背向反射目前较常用的是端面斜抛法,即将铌酸锂波导和光纤端面各按斯涅耳定律抛光成一定角度,然后用相应波长的折射率匹配胶黏接,使背向反射能量辐射进铌酸锂衬底中去。另外,采用弱相干性光源,也可以非常有效地减少主光波和反射光波之间的法布里－珀罗(F－P)干涉效应。

6.2.3.4 几种因素的综合影响

对于实际器件来说,上述三种因素同时存在,因此还必须考虑其综合影响效果。根据傅里叶变换和卷积性质,可得到各种误差综合影响下输出光波的边带振幅为

$$S_n = \cos\xi_1\cos\xi_2 \cdot \sum_{m=-\infty}^{+\infty}\left[\sum_{q=0}^{Q}a_m^{(q)}\right]\cdot b_{n-m} + \gamma_c\sin\xi_1\sin\xi_2\cdot\sum_{q=0}^{Q'}c_n^{(q)} \quad (6.67)$$

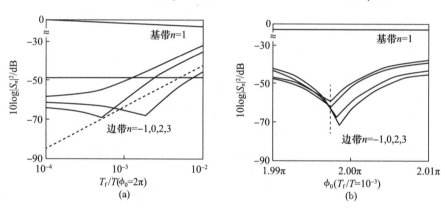

图 6.20 铌酸锂相位调制器固有误差对边带的影响 ($I_{2\pi}=10^{-3}$、$R_F=10^{-3}$、$\xi=5°$)

(a) 与锯齿波 T_f/T 之间的关系;(b) 与锯齿波峰值相位 ϕ_0 之间的关系。

图 6.20 是 $I_{2\pi}$、R_F 和 ξ 取典型值时边带抑制的数值计算结果,可以看出,当 $\phi_0=2\pi$ 时,边带抑制约为 -50dB,比每种误差单独起作用时劣化了约 -10dB。对于中高精度的 FOG 来说,这一点是不容忽视的。由图 6.20 还可以看出,综合影响下的边带抑制同样存在着一个与峰值相位有关的最佳值,该值并不满足式(6.46),而是小于 $2\pi(1-T_f/T)$。在实际工作中,可以通过微调的方法稳定和控制峰值相位,使边带得到最大抑制。

锯齿波调制闭环光纤陀螺的输出频率误差可表示为

$$\Delta\omega = \omega_r - \frac{1}{\tau}\arctan\left[\sum_{n=-\infty}^{+\infty}|S_n|^2\cdot\sin(n\omega_r\tau)\Big/\sum_{n=-\infty}^{+\infty}|S_n|^2\cdot\cos(n\omega_r\tau)\right]$$

$$(6.68)$$

图 6.21 给出了存在上述误差时光纤陀螺的相对输出误差与 Sagnac 相移的

关系,它表明铌酸锂相位调制器的固有误差是造成光纤陀螺标度因数非线性的重要因素之一。

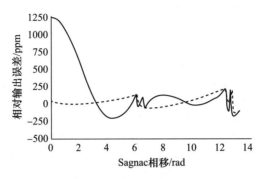

图 6.21　光纤陀螺的相对输出误差与萨格奈克相移的关系
（虚线：$I_{2\pi}$、R_F、$\xi=0$,实线：$I_{2\pi}=10^{-3}$、$R_F=10^{-3}$、$\xi=5°$）

表 6.2 给出了国外文献报道的锯齿波调制闭环光纤陀螺中器件的测量结果,与采用实际器件指标的上述理论仿真结果非常一致。

值得说明的是,尽管模拟锯齿波方案已被全数字闭环方案所替代,影响边带抑制的某些误差源如锯齿波回扫时间等在全数字方案中也不再成为问题,但借助于模拟锯齿波方案所提供的对集成光学器件固有误差的独特观照却被赋予了重要的意义。目前,附加强度调制、光纤/波导界面偏振轴的对准耦合误差,以及背向反射已成为衡量铌酸锂集成光学芯片技术性能的重要指标(见表 6.1)。

表 6.2　铌酸锂相位调制器的固有误差及边带抑制的测量结果

文献	$I_{2\pi}$	R_F	P_c	边带抑制
[13]	$<1.5\times10^{-4}$	$<-37\text{dB}$	$<-30\text{dB}$	$<-40\text{dB}$
[14]	$<10^{-3}$	$<-60\text{dB}$	$<-30\text{dB}$	$<-40\text{dB}$

6.3　光纤陀螺中应用的几种铌酸锂集成光学器件

国外光纤陀螺应用集成光学器件始于 20 世纪 80 年代中期,经历了从钛内扩散技术到退火质子交换法、从条波导相位调制器到 Y 波导多功能集成光路的探索阶段,目前已进入工程应用。例如,美国 UTP 公司对退火质子交换集成光路进行了各种可靠性和加速老化测试,证实器件在 -65℃ ~ +125℃ 的温度范围内各项性能运行良好,并可承受 16000g 的机械冲击。集成光学器件起初的研究旨在寻求一种宽带光学反馈元件以实现闭环处理,但很快发现它在其他方面的优势也不容忽视,如功能密集、易于小型化和提高可靠性、可批量生产、潜在成本低等。如今铌酸锂集成光学器件已成为研制中高精度大动态范围光纤陀螺不可或缺的关键部件之一。随着光纤陀螺技术的日益成熟,对各种铌酸锂集成光学器件的需求也越来越大,其批量化生产成为光纤陀螺工程实用化的关键因素。

6.3.1 条波导相位调制器

条波导相位调制器只有一种功能-相位调制,由其构成的光纤陀螺如图6.22所示。这种方案是最早用于研制闭环光纤陀螺的,但在光路设计上存在着下列一些问题:①由于条波导相位调制器损耗较大且非对称地位于敏感线圈的一端,使得由环耦合器(分束比为1∶1)进入线圈的顺时针(CW)和逆时针(CCW)光波在传输过程中功率严重不平衡,将引起Sagnac干涉仪中两束反向光波的非互易;②条波导调制器实质上是单一偏振模式(TE模)工作,适合于保偏系统,采用单模光纤线圈时,因弯曲、扭曲及外界应力、温度等影响会引起感生双折射,使CW和CCW光波通过调制器时的偏振态不一致,造成调制效率不稳定并产生偏振误差;③条波导相位调制器集成度低,不利于光纤陀螺的小型化和提高可靠性。随着集成光学技术的发展,这种方案已基本上被采用Y分支多功能集成光路的方案所代替。

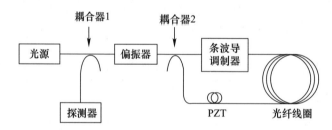

图6.22 采用条波导相位调制器的光纤陀螺

6.3.2 Y分支多功能集成光路

Y分支多功能集成光路(MFIOC)是国内外应用最广泛的铌酸锂器件,这种结构的光纤陀螺如图6.23所示,质子交换波导提供高质量的偏振消光,Y分支作为一个50/50的分光器,其两臂上制作了一对推挽工作的宽带相位调制器,具有较高的集成化程度(仅比无源全集成光路少集成了一个元件),同时也比较适合目前国内铌酸锂器件的工艺水平。在闭环状态下,给相位调制器施加的是两个同步迭加的信号,其中一个是频率为$1/2\tau$的方波调制信号,使陀螺工作在一个特殊的偏置点上,另一个是可复位的阶梯波反馈信号,阶梯的宽度等于光纤环的渡越时间 τ,阶梯高对应的相位用来抵消旋转引起的 Sagnac 相移。这样就形成了一个相位置零的闭环光纤陀螺,其动态范围和标度因数性能大大提高。

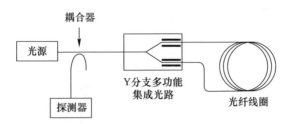

图 6.23　采用 Y 分支多功能集成光路的光纤陀螺

6.3.3　双 Y 型无源全集成光路

双 Y 型全集成光路包含了光纤陀螺所需的除光纤线圈之外的无源光学器件的全部功能:两个 3dB 分光/合光器(耦合器)、两个宽带相位调制器和一个高消光比的偏振器。我们研制的集成光纤陀螺(见图 6.24)中采用的是一种光纤滤波/双 Y 型全集成光路,其结构特点是:①为了避免 Y 分支上第四个端口(衬底)的辐射耦合引起噪声,利用一段保偏光纤作为空间模式滤波器连接两个 Y 分支的基波导;②两个 Y 分支在铌酸锂基片上并行排列(方向相反),缩短了器件长度,易于小型化。实际上,光纤滤波/双 Y 型集成光路与前面所述的单个 Y 分支多功能集成光路尺寸相同。这种器件的工艺难点是保偏光纤滤波器的偏振主轴与集成光路的 TE 模之间的精确对准。

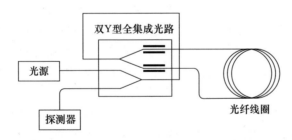

图 6.24　采用光纤滤波/双 Y 型无源全集成光路的光纤陀螺

6.3.4　数字电极 Y 分支集成光路

在中低精度闭环光纤陀螺中,还可以采用一种"数字电极"式 Y 分支集成光路,其结构如图 6.25 所示。相邻两个电极的半波电压相差 2 倍,从而可将一个线性二进制码转换为一个线性的相位调制函数,使调制/解调电路部分的数字处理更简单,省去了驱动调制器所需的 A/D 转换器及缓冲放大器,便于陀螺的小型化和降低成本。德国利铁夫(LITEF)公司的 μFORS 系列光纤速率传感器就采用了这一方案,其产品广泛应用于各种战术武器和陆用车辆系统中。

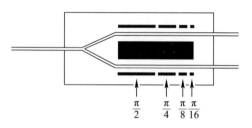

图 6.25 "数字电极"式 Y 分支集成光路

6.4 集成光学在光纤陀螺领域的发展趋势

从技术发展的角度来看,铌酸锂集成光学器件的发展趋势的主要推动力,一是光纤通信产业,二是光纤传感器。铌酸锂集成光学器件不仅使光纤陀螺实现了真正意义上的闭环,而且为研制低成本、小型化和高性能光纤陀螺提供了保障,从而大大拓宽了光纤陀螺的应用范围。纵观近十年来光纤陀螺的发展趋势,也充分证实了这一点。

(1) 由于铌酸锂集成光学器件的批量生产和保偏光纤成本的降低,中低精度($10 \sim 0.1°/h$)的光纤陀螺也开始采用 Y 分支多功能集成光路。这是因为,尽管单模光纤陀螺中的光纤线圈比保偏光纤线圈价格便宜,但附加的消偏器及为数甚多的光学元件,不容易提高性能和实现陀螺的小型化,同时,光路系统的复杂性使整个陀螺的成本节省也并不明显。近几年来,国内大多数光纤陀螺研制单位尽管应用背景不同,但均选择了集成光学的技术途径。

(2) 随着宽带掺铒光纤光源技术的发展,惯性级($<0.01°/h$)和精密级($<0.001°/h$)光纤陀螺趋于采用 1550nm 波长。前者主要是利用宽带光纤光源的高输出功率实现三轴光源共享,后者则利用的是 1550nm 窗口光纤损耗很低,通过增加光纤长度来提高陀螺精度。因此 1550nm 铌酸锂集成光学器件的应用将更加广泛。这些中高精度的光纤陀螺主要用于航空、航海和航天领域的惯性导航、卫星定向系统和战略导弹应用等。

(3) 无源全集成光纤陀螺和数字电极 Y 分支多功能集成光路以其体积小和功能强等特点,在满足战术武器系统超小型化需求方面是最佳选择,同时还需考察其综合性能和性价比优势。

总之,采用铌酸锂多功能集成光路(MFIOC)的闭环光纤陀螺作为一种最具生命力的新型全固态惯性仪表,其技术日益成熟,精度覆盖面越来越广,实际用量也逐年增加,已经成为惯性测量和惯性导航市场的主导产品。

参 考 文 献

[1] 张桂才. 集成光学在光纤陀螺中的应用[J]. 导航,1999,35(4):105 – 112.
[2] 张桂才,杨清生. 采用双 Y 型集成光路的闭环光纤陀螺研究[J]. 红外与激光工程,2000,29(1):57 – 61.
[3] 张桂才,杨清生,林锡源,等. 适合于战术级应用的全数字闭环保偏光纤陀螺[J]. 光子学报,1998,27(Z2):387 – 391
[4] 张桂才. 光纤陀螺原理与技术[M]. 北京:国防工业出版社,2008.
[5] STEELE J R. Digital phase modulator for fiber optic Sagnac interferometer:US, 5137359 [P]. 1992 – 08 – 11.
[6] BURNS W K. Fiber Optic Rate Sensing[M]. New York:Academic Press,1994.
[7] 张桂才. 闭环光纤陀螺中铌酸锂相位调制器的附加强度调制及其影响[J]. 中国惯性技术学报,1995,3(1):55 – 58.
[8] 张桂才,巴晓艳. 集成光学器件参数对光纤陀螺性能的影响[J]. 导航与控制,2005,4(1):45 – 49.
[9] 张惟叙. 光纤陀螺及其应用[M]. 北京:国防工业出版社,2008.
[10] PAPUCHON M,PUECH C,SCHNEPPER A. 4 – Bit digitally driven integrated amplitude modulator for data processing[J]. Electronic Letters,1980,16(9):142 – 144.
[11] LEFÈVRE H C. 光纤陀螺仪[M]. 张桂才,王巍,译. 北京:国防工业出版社,2002.
[12] THOMAS J L. Fiber optic angular rate sensor including digital phase modulation:US,5400142[P]. 1995 – 03 – 21.
[13] 徐宇新. 应用于陀螺的高性能钛扩散铌酸锂多功能集成光学芯片[J]. 惯导与仪表,1991(1):48 – 51.
[14] 骆玉玲. 具有锯齿波调制的光纤陀螺样机的测试结果[J]. 惯导与仪表,1991(4):4 – 8.
[15] 张桂才. 闭环光纤陀螺中铌酸锂相位调制器的偏振串扰及其影响[J]. 导弹与航天运载技术,1995,2(5):20 – 25.
[16] WEISS R S,GAYLORD T K. Lithium Niobate:Summary of physical properties and crystal structure [J]. Applied Physics A,1985,37(5):191 – 203.
[17] HUTCHESON L D. Integrated Optical Circuits and Components[M]. New York:Marcel Dekker,1987.

第7章 光纤陀螺中的热相位噪声

在干涉式光纤陀螺(IFOG)的光学设计中,噪声或最小可检测相移是人们关注的焦点问题之一。对于采用宽带超发光二极管光源的中低精度光纤陀螺,通常认为,检测灵敏度受散粒噪声(SN)限制,此时信噪比与探测器接收光功率的平方根成反比,这意味着适当增加宽带光源的光功率就可以改善最小可检测相移。此外,国内外许多学者还对光纤干涉仪中的另一类噪声——热相位噪声(TPN)做了大量理论和实验研究。根据光学奈奎斯特(Nyquist)定律,当温度在绝对零度以上时,光纤折射率会产生热涨落,引起光纤中的相位变化。这种热相位噪声甚至超过散粒噪声,最终限制光纤陀螺的检测灵敏度。热相位噪声通常还与光纤陀螺的偏置调制方案有关,本章分别对方波调制和正弦波调制干涉式光纤陀螺中的热相位噪声进行了理论分析,讨论了光纤环圈长度、光纤结构参数及方波调制频率等对光纤陀螺最小可检测相移的影响。

7.1 热相位噪声的产生及其特点

对于大多数光纤传感器的设计和研制人员来说,识别和减少噪声是重要的工作任务之一。通常认为,光纤陀螺的检测灵敏度是受散粒噪声限制的。然而,近几年来国内外许多学者对光纤中热相位噪声的研究可能会影响上述观点。根据光学奈奎斯特定律,当温度在绝对零度以上时,光纤折射率会产生涨落,从而引起光纤中的光波相位的变化。这种热相位噪声在什么条件下影响以及如何影响干涉式光纤陀螺的性能?

众所周知,平均波长为 λ_0 的光波在有效折射率为 n_F、长度为 L 的光纤中传播,产生的相移 ϕ 为

$$\phi = \frac{2\pi}{\lambda_0} n_F L \tag{7.1}$$

当温度在绝对零度以上时,光纤折射率不可避免地会产生热力学涨落,相位的均方涨落为

$$\langle \Delta \phi_N^2 \rangle = \left(\frac{2\pi L}{\lambda_0}\right)^2 \langle \Delta n_F^2 \rangle \tag{7.2}$$

折射率是光纤波导热力学状态的函数,因而折射率涨落与纤芯材料的特性有关,可用密度和温度来描述:

$$\langle \Delta n_F^2 \rangle = \frac{k_B T \rho^2}{V^2} \left(\frac{\partial V}{\partial P} \right)_T \left(\frac{\partial n_F}{\partial \rho} \right)_T^2 + \frac{k_B T^2}{\rho V C_v} \left(\frac{\partial n_F}{\partial T} \right)_\rho^2 \quad (7.3)$$

式中:k_B 为玻尔兹曼常数;T 为绝对温度;V 为体积;P 为压力;ρ 为石英的密度;C_v 为比热。式(7.3)等号后面的两项分别称为温度涨落和密度涨落。W. Glenn 等人的研究表明,温度涨落以低频为主,密度涨落以高频为主,交叉点大约在 1MHz(图7.1)。对大多数传感器应用来说,感兴趣的频率范围在 1MHz 以下,在这个频段,温度涨落对光纤传感器噪声水平的影响是主要的。因此,这里讲到的热相位噪声均指的是温度涨落引起的相位噪声。

下面,针对中、低精度光纤陀螺,将热相位噪声与其他噪声做比较。如图7.1所示,对于 $L=1000\text{m}$ 的光纤,温度涨落在低频段引起的热相位噪声谱比 $1\text{rad}/\sqrt{\text{Hz}}$ 的噪声水平约低 70dB($-70\text{dB re }1\text{rad}/\sqrt{\text{Hz}}$)。众所周知,在光纤陀螺中,除热相位噪声外,主要有三项噪声因素影响到角随机游走,它们分别是光源相对强度噪声、散粒噪声和探测器的电噪声,其中探测器的电噪声比散粒噪声约小一个数量级,可以忽略,这里主要将热相位噪声与散粒噪声和光源相对强度噪声进行对比。

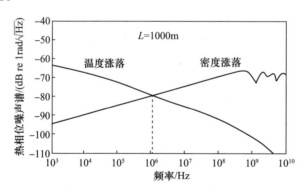

图7.1 温度涨落和密度涨落引起的热相位噪声谱

一般认为,光纤陀螺偏置光功率 I_b 满足:

$$I_b \leqslant \frac{2hc^2 \Delta \lambda}{\eta_Q \lambda_0^3} \quad (7.4)$$

时散粒噪声大于光源相对强度噪声,成为主要噪声源。式(7.4)中:$h = 6.63 \times 10^{-34} \text{J} \cdot \text{s}$ 为普朗克常数;c 为真空中的光速;$\Delta \lambda$ 为光源的谱宽;η_Q 为光探测器的量子效率(无量纲)。取 $\lambda_0 = 1.3 \mu\text{m}$、$\Delta \lambda = 30\text{nm}$、$\eta_Q = 0.9$,得到 $I_b \approx 2\mu\text{W}$,此

时,散粒噪声对应的相位噪声谱等于相对强度噪声的相位噪声谱,为

$$\frac{\Delta\phi_N}{\sqrt{\Delta f}} = \left(\frac{2hc}{\lambda_0 \eta_Q I_b}\right)^{1/2} \frac{1+\cos\phi_b}{\sin\phi_b} = \left(\frac{\lambda_0^2}{c\Delta\lambda}\right)^{1/2} \frac{1+\cos\phi_b}{\sin\phi_b} \tag{7.5}$$

式中:ϕ_b 为方波偏置调制的幅值。$\phi_b = 3\pi/4$ 时,其他参数如上,得到 $\Delta\phi_N/\sqrt{\Delta f} = 1.8 \times 10^{-7} \text{rad}/\sqrt{\text{Hz}}$,或 $\Delta\phi_N/\sqrt{\Delta f} = -67.4 \text{dB re 1rad}/\sqrt{\text{Hz}}$。也就是说,取当前参数时,散粒噪声极限与温度涨落引起的热相位噪声水平($-70\text{dB re 1rad}/\sqrt{\text{Hz}}$)大致相当。值得说明的是,为比较方便起见,在后面的讨论中,给出的散粒噪声极限其参数取值仍取 $\lambda_0 = 1.3\mu\text{m}$、$\Delta\lambda = 30\text{nm}$、$\eta_Q = 0.9$、$\phi_b = 3\pi/4$、$I_b \approx 2\mu\text{W}$;实际中,采用大功率光源及相应的过调制技术时,散粒噪声极限将会进一步降低。

根据 Sagnac 相移的基本公式,有

$$\Omega = 3600 \cdot \frac{180}{\pi} \cdot \frac{\lambda_0 c}{2\pi LD} \cdot \phi_s = K'_{SF} \cdot \phi_s \quad (\text{rad}) \tag{7.6}$$

式中:$K'_{SF} = 3600 \cdot \frac{180}{\pi} \cdot \frac{\lambda_0 c}{2\pi LD}$,单位:$((°)/\text{h})/\text{rad}$。

相位噪声谱与角随机游走 N 的关系为

$$N = \frac{1}{60} \cdot K'_{SF} \cdot \frac{\Delta\phi_N}{\sqrt{\Delta f}} \quad (\text{rad}/\sqrt{\text{Hz}}) \tag{7.7}$$

对于 $L=1000\text{m}$、$D=80\text{mm}$ 的中等精度光纤陀螺,$\Delta\phi_N/\sqrt{\Delta f} = 10^{-7}\text{rad}/\sqrt{\text{Hz}}$ 对应的角随机游走为 $0.00083°/\sqrt{\text{h}}$ 或 100s 平滑的零偏稳定性为 $0.005°/\text{h}$。

由于热相位噪声与光纤长度 L 成正比,K'_{SF} 与光纤长度 L 成反比。式(7.7)还意味着,热相位噪声对光纤陀螺角随机游走的贡献是固定的,与光纤长度 L 呈弱相关性,只与温度涨落不均匀引起的两束反向传播光之间相位差的单位长度噪声谱有关。下面的进一步研究表明,热相位噪声还与光纤陀螺的偏置调制有关,采用本征偏置调制,可以消除或大大降低该噪声,从而进一步使光纤陀螺精度仍然受散粒噪声限制。

众所周知,在 Sagnac 干涉仪中,两束反向传播光波沿着同一根光纤传播,都要经历折射率的温度涨落,如果这种温度涨落在光纤线圈的传输时间尺度上沿光纤是均匀和对称分布,引起的热相位噪声是可以相互抵消的。假定折射率的温度涨落在光纤截面上是个常数,则光纤折射率仅仅是坐标 z 的函数。两束反向传播光之间的相位差可以写为

$$\Delta\phi_N = \frac{2\pi}{\lambda_0} \int_0^L \left[\Delta n_F\left(z, t - \frac{L-z}{v}\right) - \Delta n_F\left(z, t - \frac{z}{v}\right) \right] dz \tag{7.8}$$

式中:$\Delta n_F(z,t)$为在位置z和时间t的有效折射率涨落项;L为光纤线圈的长度;v为光纤中的光速。其时间自相关函数$R_{\Delta\phi_N}(t_0)$为

$$R_{\Delta\phi_N}(t_0) = \langle \Delta\phi_N(t) \cdot \Delta\phi_N(t+t_0) \rangle$$

$$= \left(\frac{2\pi}{\lambda_0}\right)^2 \cdot \int_0^L \int_0^L \left\langle \left[\Delta n_F\left(z, t-\frac{L-z}{v}\right) - \Delta n_F\left(z, t-\frac{z}{v}\right)\right] \cdot \right.$$

$$\left. \left[\Delta n_F\left(z', t-\frac{L-z'}{v}\right) - \Delta n_F\left(z', t-\frac{z'}{v}\right)\right]\right\rangle dz dz' \quad (7.9)$$

式中:$\langle \cdots \rangle$为时间平均。

沿光纤的热传递是通过热扩散实现的。由于扩散过程很慢,光纤中某一点的温度变化对其附近一个小范围的影响可以忽略。因而,有理由假定折射率扰动的空间相关性范围很小,并近似为

$$\langle \Delta n_F(z,t) \cdot \Delta n_F(z', t+t_0) \rangle = \Delta z(t_0) \cdot R_{\Delta n_F}(t_0) \cdot \delta(z-z') \quad (7.10)$$

式中:$R_{\Delta n_F}(t_0)$是光纤任何一点上折射率涨落的时间自相关函数,$\Delta z(t_0)$是空间自相关函数的宽度。这里,$\Delta z(t_0)$与相关时间t_0有关,是扩散过程的自然结果。

利用式(7.10),由式(7.9),得

$$R_{\Delta\phi_N}(t_0) = \left(\frac{2\pi}{\lambda_0}\right)^2 \Delta z(t_0) \cdot$$

$$\left\{2LR_{\Delta n_F}(t_0) - \int_0^L \left[R_{\Delta n_F}\left(t_0 - \frac{L-2z}{v}\right) + R_{\Delta n_F}\left(t_0 + \frac{L-2z}{v}\right)\right] dz\right\}$$

$$(7.11)$$

对上式进行傅里叶变换,得到Sagnac干涉仪中的热相位涨落的功率谱:

$$\langle \Delta\phi_N^2(\omega) \rangle = \left(\frac{2\pi}{\lambda_0}\right)^2 S_{\Delta n_F}(\omega) \cdot 2L \cdot \left[1 - \text{sinc}\left(\frac{\omega L}{v}\right)\right] \quad (7.12)$$

式中:$S_{\Delta n_F}(\omega)$为$\Delta z(t_0) \cdot R_{\Delta n_F}(t_0)$的傅里叶变换。$S_{\Delta n_F}(\omega)$的计算比较复杂,这里不准备给出详细的推导过程,因为其经验公式Wanser已经给出:

$$\langle \Delta\phi_N^2 \rangle \approx \frac{k_B T^2 L}{\kappa \lambda_0^2} \left(\frac{dn_F}{dT} + n_F \alpha_l\right)^2 \ln\left[\frac{\left(\frac{2}{w_0}\right)^4 + \left(\frac{\omega}{D_F}\right)^2}{\left(\frac{4.81}{d}\right)^4 + \left(\frac{\omega}{D_F}\right)^2}\right] \cdot \left[1 - \text{sinc}\left(\frac{\omega L}{v}\right)\right] \quad (7.13)$$

式中:w_0和d分别为光纤的模场半径和包层直径;k_B为玻尔兹曼常数;κ、α_l和D_F分别为光纤中的热传导率、线性膨胀系数和热扩散系数;dn_F/dT为光纤折射率的温度系数。表7.1列出了石英光纤部分热力学参数的典型数值。Wanser给出的噪声功率谱密度的经验公式,与实验结果非常一致,因而被广泛采用。

表 7.1 石英光纤的热力学参数

参数	符号	取值
绝对温度	T	295K
光纤折射率	n_F	1.46
线性膨胀系数	α_l	$5.5 \times 10^{-7}/K$
热传导率	κ	$1.37 W/(m \cdot K)$
热扩散系数	D_F	$8.2 \times 10^{-7} m^2/s$
折射率的温度系数	dn_F/dT	$1.35 \times 10^{-5}/K$

7.2 方波偏置调制光纤陀螺中的热相位噪声分析

7.2.1 方波调制干涉式光纤陀螺的时域输出响应

方波调制干涉式光纤陀螺的"最小互易性"光学结构如图 7.2 所示，由宽带光源、光纤耦合器、Y 分支铌酸锂多功能集成光学芯片、保偏光纤线圈和光探测器等五个光纤或光电元件组成。Y 分支上集成了偏振滤波、分光和相位调制三种功能。从宽带光源(如超发光二极管)发出的光，经光纤耦合器和 Y 分支集成光路后分成两束，分别按顺时针和逆时针方向沿光纤线圈传播，并在 Y 分支的合光点上发生干涉，干涉信号再次经过光纤耦合器，之后到达探测器。在 Y 分支的一臂上施加频率为 ω_m、振幅为 ϕ_b 的方波调制信号 $\phi(t)$ 时，探测器的输出响应可表示为

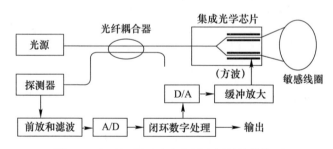

图 7.2 方波调制干涉式光纤陀螺的结构简图

$$I_{out}(t) = \frac{I_0}{2}\{1 + \cos[\phi_s + \Delta\phi_N(t) + \phi(t) - \phi(t-\tau)]\} \qquad (7.14)$$

式中：I_0 为未加偏时到达探测器的光功率；$\Delta\phi_N(t)$ 为温度引起的热相位扰动；τ 为光纤线圈的传输时间；ϕ_s 为旋转引起的 Sagnac 相移。当方波调制频率 $\omega_m = 2\pi f_m$ 等于光纤线圈的本征频率 $\omega_p = \pi/\tau$ (从而有 $f_p = 1/2\tau$)时，探测器输出是一

个与 ω_m 同频的方波(旋转信号),而当 $\omega_m \neq \omega_p$ 时,常含有频率为 $2\omega_m$ 的误差脉冲。选择适当的采样点在每个周期上对该方波进行采样,其幅值给出陀螺的开环输出信号:

$$I_s = \frac{I_0}{2}\sin\phi_b \cdot \sin\phi_s \quad (7.15)$$

考虑陀螺静止的情况(即 $\phi_s = 0$),由于噪声项 $\Delta\phi_N(t)$ 很小,式(7.14)变为

$$I_{out}(t) \approx \frac{I_0}{2}\{1 + f(t) - \Delta\phi_N(t)g(t)\} \quad (7.16)$$

式中:$f(t) = \cos[\phi(t) - \phi(t-\tau)]$;$g(t) = \sin[\phi(t) - \phi(t-\tau)]$。当 $\omega_m \neq \omega_p$ 时,令 $\tau - \pi/\omega_m = \tau'$,则

$$f(t) = \begin{cases} \cos\phi_b, & \dfrac{\tau'}{2} < t \leq \tau - \dfrac{\tau'}{2}, \tau + \dfrac{\tau'}{2} < t \leq 2\tau - \dfrac{\tau'}{2} \\ 1, & 0 < t \leq \dfrac{\tau'}{2}, \tau - \dfrac{\tau'}{2} < t \leq \tau + \dfrac{\tau'}{2}, 2\tau - \dfrac{\tau'}{2} < t \leq 2\tau \end{cases} \quad (7.17)$$

$$g(t) = \begin{cases} \sin\phi_b, & \dfrac{\tau'}{2} < t \leq \tau - \dfrac{\tau'}{2} \\ 0, & 0 < t \leq \dfrac{\tau'}{2}, \tau - \dfrac{\tau'}{2} < t \leq \tau + \dfrac{\tau'}{2}, 2\tau - \dfrac{\tau'}{2} < t \leq 2\tau \\ -\sin\phi_b, & \tau + \dfrac{\tau'}{2} < t \leq 2\tau - \dfrac{\tau'}{2} \end{cases} \quad (7.18)$$

将式(7.17)、式(7.18)进行傅里叶级数展开并代入式(7.16),得

$$I_{out}(t) = I_0\left\{1 - \frac{\omega_p(1-\cos\phi_b)}{2\omega_m} + 2(1-\cos\phi_b)\sum_{n=1}^{\infty}\right.$$

$$\frac{1}{2n\pi}\sin\left[n\pi\left(1-\frac{\omega_p}{\omega_m}\right)\right]\cos(2n\omega_p t) -$$

$$2\Delta\phi_N(t) \cdot \sin\phi_b \sum_{n=1}^{\infty}\frac{1}{(2n-1)\pi}$$

$$\left.\cos\left[\left(n-\frac{1}{2}\right)\pi\left(1-\frac{\omega_p}{\omega_m}\right)\right]\sin[(2n-1)\omega_p t]\right\} \quad (7.19)$$

式中:$I_{out}(t)$ 为含有热相位噪声的光纤陀螺时域输出响应。

7.2.2 热相位噪声的谱分析和最小可检测相移

根据信号理论,一个傅里叶系数为$\{F_n\}$的周期信号的傅里叶变换,可以看成是出现在等间隔频率上的一串冲激函数(δ函数),其中间隔频率为ω_p,出现在$n\omega_p$频率上的冲激函数的强度为第n个傅里叶系数的$\sqrt{2\pi}$倍。因而得到方波调制光纤陀螺的频域输出表达式:

$$I_{out}(\omega) = I_0\sqrt{2\pi}\left\{\left[1 - \frac{\omega_p(1-\cos\phi_b)}{2\omega_m}\right]\delta(\omega) + \right.$$

$$(1-\cos\phi_b)\sum_{n=1}^{\infty}\frac{1}{n}\sin\left[n\pi\left(1-\frac{\omega_p}{\omega_m}\right)\right]\cdot[\delta(\omega+2n\omega_p)+\delta(\omega-2n\omega_p)] +$$

$$j\sin\phi_b\sum_{n=1}^{\infty}\frac{2}{(2n-1)\pi}\cos\left[\left(n-\frac{1}{2}\right)\pi\left(1-\frac{\omega_p}{\omega_m}\right)\right]\cdot$$

$$\left[\Delta\phi_N(\omega+(2n-1)\omega_p) - \Delta\phi_N(\omega-(2n-1)\omega_p)\right]\} \qquad (7.20)$$

式中:$\delta(\omega)$为狄拉克δ函数。由式(7.20)看出,陀螺的频域输出中共含有三项内容:第一项是直流分量,与调制工作点的偏置光功率有关;第二项是调制频率的偶次谐波分量;第三项是奇次向上和向下频率转换的噪声谱。为了计算上述噪声谱的绝对值,我们只对式(7.20)中的噪声项进行分析。由于不同频率的两个随机变量在统计学上是相互独立的,因此噪声电流的均方综平均为

$$|I_N^2(\omega)| = \langle I_N^*(\omega)\cdot I_N(\omega)\rangle$$

$$= I_0^2\sin^2\phi_b\cdot\sum_{n=1}^{\infty}2\pi\cdot\left\{\frac{2}{(2n-1)}\cos\left[\left(n-\frac{1}{2}\right)\pi\left(1-\frac{\omega_p}{\omega_m}\right)\right]\right\}^2\cdot$$

$$\{\langle\Delta\phi_N^2[\omega+(2n-1)\omega_p]\rangle + \langle\Delta\phi_N^2[\omega-(2n-1)\omega_p]\rangle\} \qquad (7.21)$$

式中:热相位噪声的功率谱密度$\Delta\phi_N^2$由式(7.13)给出。

使式(7.15)的方波调制开环输出信号电流等于式(7.21)的热相位噪声分量,得到热相位噪声引起的角随机游走为

$$N = \frac{1}{60}\cdot 3600\cdot\frac{180}{\pi}\cdot\frac{\lambda_0 c}{2\pi LD}\cdot\frac{2}{I_0\sin\phi_b}\cdot\frac{|I_N^2(\omega)|^{1/2}}{\sqrt{\Delta f}} \qquad (7.22)$$

式中:Δf为检测带宽,取$\Delta f = 1\text{Hz}$。

7.2.3 仿真计算和讨论

目前国内中低精度光纤陀螺主要采用$1.3\mu m$波长,该波长的保偏光纤的热

学参数的典型数据见表7.1,其中一些参数与光纤的组分和几何结构有关。依据这些数据对方波调制光纤陀螺中的热相位噪声进行计算和分析。

7.2.3.1 环圈长度 L 影响

图7.3是光纤环长度 L 与热相位噪声谱引起的角随机游走的关系曲线。由图中可以看出,热相位噪声与光纤长度 L 无直接关系,但与本征频率有关。在光纤环的本征频率附近,噪声谱有一个下限,使热相位噪声小于散粒噪声,如果在该频率上对光纤陀螺进行调制/解调,可以减小热相位噪声的影响。这一点正是以方波调制为基础的全数字闭环光纤陀螺的优势之一。

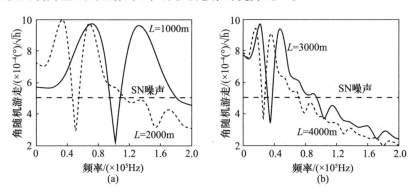

图7.3 光纤环长度 L 与热相位噪声引起的角随机游走的关系曲线

(a) $L=1000\mathrm{m}$ 和 $2000\mathrm{m}$;(b) $L=3000\mathrm{m}$ 和 $4000\mathrm{m}$。同时给出了散粒(SN)

噪声极限 $(67.4 \times 10^{-7} \mathrm{dB}\ \mathrm{re}\ 1\ \mathrm{rad}/\sqrt{\mathrm{Hz}})$ 对应的角随机游走 $(L=1000\mathrm{m}, D=80\mathrm{mm})$。

7.2.3.2 光纤包层直径 d 和模场半径 w_0 的影响

光纤陀螺所用的保偏光纤有两种结构设计:标准光纤和细径光纤。标准保偏光纤的尺寸与相干光通信用的标准光纤的尺寸相同,外涂复层直径 d 为 $125 \pm 3\mathrm{\mu m}$,模场直径 $2w_0$ 为 $6.5 \pm 1\mathrm{\mu m}$;细径光纤的外涂复层直径 d 则为 $80 \pm 2\mathrm{\mu m}$,模场直径 $2w_0$ 为 $5.5 \pm 1\mathrm{\mu m}$。细径光纤主要是为满足光纤陀螺的小型化而设计的。图7.4是方波调制干涉式光纤陀螺中,这两种光纤产生的相位噪声。其中光纤环长度取 $L=2000\mathrm{m}$,调制频率 $f_\mathrm{m}=f_\mathrm{p}=51.4\mathrm{kHz}$。由图7.4可以看出,细径光纤的热相位噪声比标准光纤只是略有增加,但在光纤环的本征频率上,这两种光纤的热相位噪声仍低于散粒噪声。由于光纤陀螺的检测灵敏度与光纤长度成正比,在陀螺总体结构不变的情况下,采用细径光纤适当地增加光纤长度,对于提高陀螺检测灵敏度还是有利的。

7.2.3.3 方波调制频率 f_m 的影响

前面已经提到,以方波调制为基础的全数字闭环光纤陀螺是在光纤线圈的本征频率上进行偏置调制并解调的,因而具有较低的热相位噪声。为了考察方

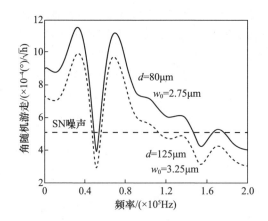

图 7.4 光纤结构参数(d,w_0)对热相位噪声引起的角随机游走的影响,同时给出了散粒(SN)噪声极限 ($67.4\times10^{-7}\text{dB re 1 rad}/\sqrt{\text{Hz}}$)对应的角随机游走($L=1000\text{m},D=80\text{mm}$)

波调制频率的影响,图 7.5 给出了 $f_\text{m}=f_\text{p}$、$0.95f_\text{p}$、$0.8f_\text{p}$ 时热相位噪声与频率的关系曲线,其中所用光纤为标准光纤,长度为 $L=2000\text{m}$。由图 7.5 可以看出,尽管 $f_\text{m}=f_\text{p}$ 时热相位噪声谱存在着一个下陷,但当调制频率 f_m 稍微偏离 f_p 时,没有明显改变这一特征。由于电路元件的局限性(如分频不能正好等于 f_p),光纤陀螺通常都是工作在接近 $f_\text{p}=1/2\tau$ 的频率上,因此这一特性对于以方波调制为基础的全数字闭环电路的设计不会产生不利的影响。

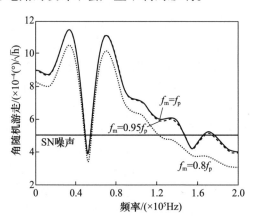

图 7.5 方波调制频率 f_m 对热相位噪声引起的角随机游走的影响,其中 $f_\text{m}=f_\text{p}$、$0.95f_\text{p}$、$0.8f_\text{p}$,同时给出了散粒(SN)噪声极限 ($67.4\times10^{-7}\text{dB re 1 rad}\sqrt{\text{Hz}}$)对应的角随机游走($L=1000\text{m},D=80\text{mm}$)

7.3 正弦偏置调制光纤陀螺中的热相位噪声分析

图 7.6 是正弦偏置调制开环光纤陀螺的典型结构。一个 PZT 动态相位调制器放置在光纤线圈一端,提供开环光纤陀螺所需的正弦偏置相位调制。不考虑光路损耗,含有热相位扰动时,干涉仪的输出信号可以写为

$$I_{out}(t) = \frac{I_0}{2}\{1 + \cos[\phi_s + \Delta\phi_N(t) + \phi_m(t) - \phi_m(t-\tau)]\} \quad (7.23)$$

式中:$\phi_m(t)$ 为正弦波调制,假定陀螺静止($\phi_s = 0$),且热相位扰动是一个很小的值,则式(7.23)可以写为

$$I_{out}(t) \approx \frac{I_0}{2}\{1 + \cos[\phi_m(t) - \phi_m(t-\tau)] - \Delta\phi_N(t)\sin[\phi_m(t) - \phi_m(t-\tau)]\}$$

$$(7.24)$$

设正弦波相位调制 $\phi_m(t) = \phi_0 \sin\omega_m t$,则

$$\phi_m(t) - \phi_m(t-\tau) = 2\phi_0 \sin\left(\frac{\omega_m \tau}{2}\right)\cos\omega_m\left(t - \frac{\tau}{2}\right) = \eta_\phi \cos\omega_m\left(t - \frac{\tau}{2}\right)$$

$$(7.25)$$

式中:$\eta_\phi = 2\phi_0 \sin(\omega_m \tau/2)$。将式(7.25)代入式(7.24)并用贝塞尔函数展开,得

$$I_{out}(t) \approx \frac{I_0}{2}\left\{1 + J_0(\eta_\phi) + 2\sum_{n=1}^{\infty} J_{2n}(\eta_\phi)\cos 2n\omega_m\left(t - \frac{\tau}{2}\right) + \right.$$

$$\left. 2\Delta\phi_N(t)\sum_{n=1}^{\infty} J_{2n-1}(\eta_\phi)\sin(2n-1)\omega_m\left(t - \frac{\tau}{2}\right)\right\} \quad (7.26)$$

将式(7.26)进行傅里叶变换,利用 $\cos(n\omega_m t) \leftrightarrow \sqrt{2\pi} \cdot [\delta(\omega + n\omega_m) + \delta(\omega - n\omega_m)]$ 和 $\sin(n\omega_m t) \leftrightarrow j\sqrt{2\pi} \cdot [\delta(\omega + n\omega_m) - \delta(\omega - n\omega_m)]$,有

$$I_{out}(\omega) \approx \sqrt{2\pi} \cdot \frac{I_0}{2}\{[1 + J_0(\eta_\phi)]\delta(0) +$$

$$2\sum_{n=1}^{\infty} J_{2n}(\eta_\phi)[\delta(\omega + n\omega_m) + \delta(\omega - n\omega_m)]$$

$$2j\sum_{n=1}^{\infty} J_{2n-1}(\eta_\phi)[\Delta\phi_N(\omega + (2n-1)\omega_m) - \Delta\phi_N(\omega - (2n-1)\omega_m)]\}$$

$$(7.27)$$

由式(7.27)可以看出,陀螺的频域输出中共含有三项内容:第一项是直流分量,与调制工作点的偏置光功率有关;第二项是调制频率的偶次谐波分量;第三项是调制频率的奇次向上和向下频率转换的噪声谱,它等于式(7.13)所示的相位噪声谱乘上相应的贝塞尔函数。为了计算上述噪声谱的绝对值,只对式(7.27)中的噪声项进行分析。由于不同频率的两个随机变量在统计学上是独立的,也即它们的乘积的平均值为零,因此噪声电流的均方系综平均为

$$\begin{aligned}|I_N^2(\omega)| &= \langle I_N^*(\omega) \cdot I_N(\omega) \rangle \\ &= 2\pi \cdot \frac{I_0^2}{4} \sum_{n=1}^{\infty} J_{2n-1}^2(\eta_\phi) \cdot [\langle \Delta\phi_N^2(\omega + (2n-1)\omega_p) \rangle + \\ &\quad \langle \Delta\phi_N^2(\omega - (2n-1)\omega_p) \rangle]\end{aligned} \quad (7.28)$$

式中:$\langle \Delta\phi_N^2(\omega) \rangle$ 由式(7.13)给出。式(7.28)代表施加正弦偏置调制时干涉式光纤陀螺的热相位噪声水平。

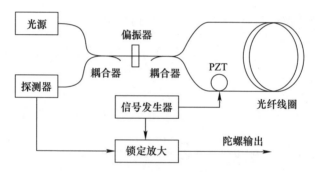

图 7.6 正弦偏置调制开环光纤陀螺的结构

下面分析施加正弦偏置调制时干涉式光纤陀螺的检测能力。假定输出信号为同步检测的基频分量,则

$$I_s = \frac{I_0}{2}|J_1(\eta_\phi)| \cdot \sin\phi_s \approx \frac{I_0}{2}|J_1(\eta_\phi)| \cdot \phi_s \quad (7.29)$$

使式(7.29)的方波调制开环输出信号电流等于式(7.28)的热相位噪声分量,同理得到热相位噪声引起的角随机游走为

$$N = \frac{1}{60} \cdot 3600 \cdot \frac{180}{\pi} \cdot \frac{\lambda_0 c}{2\pi LD} \cdot \frac{2|I_N^2(\omega)|^{1/2}}{I_0|J_1(\eta_\phi)| \cdot \sqrt{\Delta f}} \quad (7.30)$$

式中:Δf 为检测带宽,取 $\Delta f = 1\text{Hz}$。

图 7.7 给出了光纤结构尺寸取标准芯径时,热相位噪声引起的角随机游走,

和前面一样,同时给出了与散粒噪声极限的比较。可以看出,对于正弦调制而言,如果调制频率等于光纤线圈的本征频率,即在光纤线圈的本征频率上进行解调,热相位噪声仍然小于散粒噪声。但对于光纤长度较短的中低精度光纤陀螺而言,压电陶瓷(PZT)相位调制器的调制频率通常远低于光纤线圈的本征频率,热相位噪声的影响可能不容忽略。

总之,在本征解调的正弦或方波调制光纤陀螺中,热相位噪声小于散粒噪声,并不是干涉型光纤陀螺的主要噪声源。

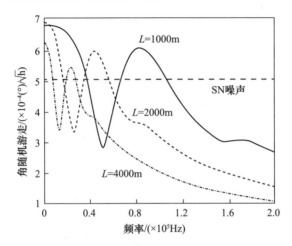

图 7.7　正弦调制时热相位噪声与散粒噪声的比较,同时给出了散粒(SN)噪声极限 $(67.4 \times 10^{-7} \text{dB re 1 rad}/\sqrt{\text{Hz}})$ 对应的角随机游走 ($L=1000\text{m}, D=80\text{mm}$)

参 考 文 献

[1] 张桂才. 光纤陀螺原理与技术[M]. 北京:国防工业出版社,2008.

[2] WANSER K H. Fundamental phase noise limit in optical fibers due to temperature fluctuations[J]. Electronics Letters,1992,28(1):106 – 108.

[3] 张惟叙. 光纤陀螺及其应用[M]. 北京:国防工业出版社,2008.

[4] KNUDSEN S. Interferometric fiber – optic gyroscope performance owing to temperature – induced index fluctuations in the fiber:effect on bias modulation[J]. Optics Letters,1995,20(12):1432 – 1434.

[5] 张桂才,王巍,何胜. 方波调制干涉式光纤陀螺中的温度相位噪声研究[J]. 光子学报,1999,28(Z3):257 – 264.

[6] KRAKENES K. Comparision of fiber – optic Sagnac and Mach – Zehnder interferometers with respect to thermal processes in the fiber[J]. J. Lightwave Technology,1995,13(4):682 – 686.

[7] KNUDSEN S. Measurements of fundamental thermal induced phase fluctuations in the fiber of a Sagnac interferometer[J]. IEEE Photonics Technology Letters,1995,7(1):90 – 92.

[8] GLENN W. Noise in interferometric optical systems:an optical Nyquist theorem[J]. EEE Journal of Quantum Electronics,1989,25(6):1218 – 1224.
[9] BUCHOLTZ F,et al. Thermal noise spectrum of a fiber – optic magnetostrictive transducer[J]. Optics Letters,1991,16(6):432 – 434.
[10] LEFÈVRE H C. 光纤陀螺仪[M]. 张桂才,王巍,译. 北京:国防工业出版社,2002.

第8章 光纤陀螺中的二阶背向散射误差及其抑制技术

二阶背向瑞利散射误差指的是,在采用宽带光源的干涉型光纤陀螺中,相对于Sagnac干涉仪合光点的对称位置上的光纤或波导段产生的两束背向散射光波,在到达合光点时发生迈克尔逊干涉引起的强度涨落。Sagnac光纤干涉仪整根光纤长度上的二阶背向瑞利散射引起的干涉强度噪声的标准偏差近似为

$$\sigma_{bs} = \alpha_R S I_0 (L \cdot L_c)^{1/2} \qquad (8.1)$$

式中:α_R 为光纤损耗,更准确地说是瑞利散射引起的损耗,单位为 dB/m;S 为俘获因子(光纤中的背向散射光波占整个散射光波的比例);I_0 为 Sagnac 光纤干涉仪的输入光强;L 为干涉仪的光纤长度;L_c 为宽带光源的相干长度。由于光纤陀螺的基本输出为 $I = I_0(1 + \cos\phi_s)$,只考虑这种背向散射引起的强度噪声时,干涉光强可以表示为 $I_D = I_0(1 + \cos\phi_s) + I_{Nbs}$,其中 ϕ_s 为旋转引起的 Sagnac 相移,I_{Nbs} 是背向散射引起的强度噪声,其标准偏差即为 σ_{bs}。在施加 $\pi/2$ 相位偏置和检测小角速率时,有 $I_D/I_0 \propto \phi_s + I_{Nbs}/I_0$,这说明二阶相干背向散射引起的相对强度噪声产生一个相同量值的相位噪声。当光源相干长度很短时,散射引起的强度噪声非常小。取典型值 $\alpha_R = 0.5\text{dB/km}, L = 1000\text{m}, S \approx 10^{-3}, L_c = 50\mu\text{m}$,瑞利背向散射引起的二阶强度噪声 $\sigma_{bs}/I_0 \approx 3.5 \times 10^{-8}$,这个值小于光纤陀螺中所用的宽带光源的相对强度噪声(RIN),因此,对于 0.01(°)/h 以下的中低精度光纤陀螺,可以忽略二阶背向瑞利散射引起的误差,但是在高精度和甚高精度的干涉型光纤陀螺中,随着光纤长度的增加,需要考虑二阶背向瑞利散射的影响。据国外文献报道,美国霍尼韦尔(Honeywell)公司研制的战略级高精度光纤陀螺 ADM-II 光纤陀螺,除采用大功率宽带掺铒光纤光源、长保偏光纤线圈(5km)、光源相对强度噪声(RIN)抑制、温度控制等技术措施外,还有一个重要特征,就是采用高频调制技术抑制光纤陀螺中的二阶背向瑞利散射误差。图 8.1 是 Honeywell 公司采用了高频背向散射抑制技术的高精度光纤陀螺 58h 典型测试数据的 Allan 方差曲线,数据表明,角随机游走为 $0.000079(°)/\sqrt{h}$,零偏不稳定性 < $0.0001(°)/h$。这

是相应结构尺寸和光纤长度下见诸报道的光纤陀螺长期零偏稳定性的最好性能。

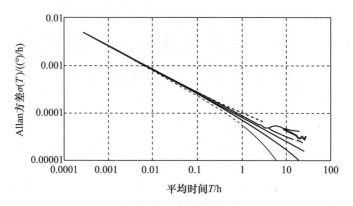

图 8.1 Honeywell 公司高精度光纤陀螺典型数据的 Allan 方差曲线,据其报道称,采用了高频调制技术抑制二阶背向瑞利散射误差

8.1 未加偏置调制时光纤陀螺的二阶瑞利背向散射误差

光纤中产生的背向散射有两种形式:分布式散射,沿整根光纤长度上产生微反射;突变界面的离散反射,如熔接点和端面终结。分布式散射通常有下列两种机制:沿光纤长度随机分布的纤芯(通常为石英)折射率的不均匀性产生的瑞利散射,和纤芯/包层界面上几何变化引起的纤芯/包层界面上的散射。其中,瑞利散射是实心单模光纤中分布式散射的主要来源,而纤芯/包层界面上的几何变化是高折射率对比度光纤如空芯光纤中背向散射的主要来源。本章重点研究传统干涉型实心保偏光纤陀螺中的二阶背向瑞利散射效应。

干涉型光纤陀螺的基本结构如图 8.2 所示,由于微观尺度上光纤折射率的变化,在光纤线圈中传播的主波 E_1 和 E_2 在与其相反的传播方向上产生背向散射光波场 $E_{bs,1}$ 和 $E_{bs,2}$。假定距 Y 分支合光点的物理长度为 p 个相干长度 L_c 的一对长度等于光源相干长度 L_c 的对称光纤段上产生的背向散射光波 $E_{bs,1,p}$ 和 $E_{bs,2,p}$。这对散射段到集成光学芯片(Y 波导)合光点的距离相等,因而背向散射光波在 Y 波导的输入/输出端口将发生相干干涉。经过耦合器到达光探测器的背向散射干涉光波的物理光路类似一个迈克尔逊干涉仪,因而产生的误差也称迈克尔逊误差。

陀螺未加任何调制时,在 Y 波导的输入/输出端口,散射光场 $E_{bs,1,p}$ 和 $E_{bs,2,p}$ 为

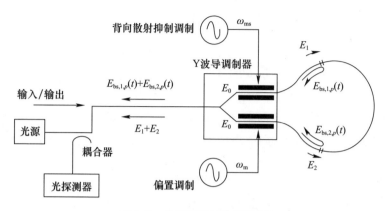

图 8.2 光纤陀螺结构示意图

$$\begin{cases} E_{bs,1,p} = (\alpha^{pL_c})^{1/2} E_{bs}^p e^{j[\omega_0 t + \varphi_{1,p}(t)]} \\ E_{bs,2,p} = (\alpha^{pL_c})^{1/2} E_{bs}^p e^{j[\omega_0 t + \varphi_{2,p}(t)]} \end{cases} \quad (8.2)$$

式中:暂不考虑 Y 波导两个分支上的一段光程;ω_0 为光波中心(平均)频率;α 为 Sagnac 光纤干涉仪单位长度的光衰减系数(光强为 I_{in} 的输入光经过长度为 L 的光纤后光强为 I_{out},则 α^L 定义为: $\alpha^L = I_{out}/I_{in}$);$E_{bs}^p$ 为距 Y 分支合光点的物理长度为 p 个相干长度 L_c 的散射段(记为散射段 p)上的背向散射光场的振幅。背向散射光场的相位 $\varphi_{1,p}(t)$ 和 $\varphi_{2,p}(t)$ 假定随时间随机变化(由于环境扰动引起的光纤传播常数的变化),且各个散射段的相位是不同的。相位差 $\Delta\varphi_p(t)$ 定义为

$$\Delta\varphi_p(t) = \varphi_{2,p}(t) - \phi_{1,p}(t) \quad (8.3)$$

一对对称的散射段 p 的背向散射光波在合光点的干涉光强 $I_{bs,p}(t)$ 为

$$I_{bs,p}(t) = (\alpha^{pL_c}) I_{bs}^p \{1 + \cos[\Delta\varphi_p(t)]\} \quad (8.4)$$

式中:背向散射光强 I_{bs}^p 为

$$I_{bs}^p = (E_{bs}^p)^2 \quad (8.5)$$

一般来讲,由于散射点的随机分布,即使是两个对称的散射段,其相位差 $\Delta\varphi_p(t)$ 也并不为零,而是在 2π 范围内随机分布。所以 $I_{bs,p}(t)$ 的均方差为

$$\sigma_{bs,p}^2 = \langle I_{bs,p}^2(t) \rangle - \langle I_{bs,p}(t) \rangle^2 = \frac{1}{2} [(\alpha^{pL_c}) I_{bs}^p]^2 \quad (8.6)$$

背向散射引起的总的强度涨落的标准偏差为

$$\sigma_{bs}^2 = \sum_{p=1}^{N} \sigma_{bs,p}^2 = \frac{1}{2} \sum_{p=1}^{N} [(\alpha^{pL_c}) I_{bs}^p]^2 \quad (8.7)$$

式中:N 为与光纤线圈的长度 L 对应的成对对称散射段的数量,即

$$N = \left[\frac{L}{L_c}\right] \tag{8.8}$$

式中:[ ]表示取整数。

光纤长度为 L_c 的散射段 p 的背向散射光强还可以表示为

$$I_{bs}^p = S(1 - \alpha^{L_c})\alpha^{pL_c}I_0 \tag{8.9}$$

式中:S 为光纤中瑞利背向散射的俘获因子,S 近似等于光纤的立体接受角(约为光纤数值孔径的平方)与 4π 球面度的全立体角之比,通常情况下取 $S \approx 10^{-3}$。

所以:

$$\sigma_{bs} = S(1-\alpha^{L_c})I_0 \cdot \sqrt{\sum_{p=1}^{[L/L_c]}\alpha^{4pL_c}} \quad \text{或} \quad \frac{\sigma_{bs}}{I_0} = S(1-\alpha^{L_c}) \cdot \sqrt{\sum_{p=1}^{[L/L_c]}\alpha^{4pL_c}} \tag{8.10}$$

由于光纤陀螺的基本输出 $I_D = \alpha^L I_0(1 + \cos\phi_s) + I_{Nbs}$,当施加 $\pi/2$ 偏置调制和检测小角速率时,有:

$$\frac{I_D}{I_0} \propto \alpha^L \phi_s + \frac{I_{Nbs}}{I_0} \tag{8.11}$$

式中:I_{Nbs} 为背向散射引起的强度噪声,其标准偏差为 σ_{bs}。这说明二阶相干背向散射引起的相对强度噪声产生一个相同量级的相位误差或噪声:

$$\Omega_{error} = \frac{\lambda_0 c}{2\pi LD} \cdot \frac{\sigma_{bs}}{\alpha^L I_0} \cdot \frac{180}{\pi} \cdot 3600 \quad ((°)/h) \tag{8.12}$$

即

$$\Omega_{error} = \frac{\lambda_0 c}{2\pi LD} \cdot \frac{S(1-\alpha^{L_c})}{\alpha^L} \cdot \sqrt{\sum_{p=1}^{[L/L_c]}\alpha^{4pL_c}} \cdot \frac{180}{\pi} \cdot 3600 \quad ((°)/h) \tag{8.13}$$

取 $S \approx 10^{-3}$,$L_c = 50\mu m$,$D = 180mm$,$L = 4000m$,$\lambda_0 = 1550nm$,$c = 3 \times 10^8 m/s$,光纤衰减 $\alpha = 0.89/km$(其指数的单位为 km,相当于光纤损耗 $\alpha_R = 0.5dB/km$),计算得到二阶相干背向散射引起的角速率误差 $\Omega_{error} \approx 0.0011(°)/h$;取光纤衰减为 $\alpha_R = 1dB/km$,则 $\alpha = 10^{-\alpha_R/10} \approx 0.79/km$,得到 $\Omega_{error} \approx 0.0027(°)/h$。背向散射误差主要与光纤损耗有关,这是可以理解的,因为瑞利散射是光纤损耗的主要原因。

如果考虑 Y 波导上的背向散射,可以采用同样方式处理,其中 $I_{mbs}^p = S'(1-\alpha_m^{L_c})\alpha_m^{pL_c}I_0$,则未加偏置调制时波导中二阶相干背向散射引起的角速率误差为

$$\Omega_{error} = \frac{\lambda_0 c}{2\pi LD} \cdot \frac{S'(1-\alpha_m^{L_c})}{\alpha^L} \cdot \sqrt{\sum_{p=1}^{[L_m/L_c]}\alpha_m^{4pL_c}} \cdot \frac{180}{\pi} \cdot 3600 \quad ((°)/h)$$

$$\tag{8.14}$$

式中:α_m 为 Y 波导调制器单位长度的衰减系数;L_m 为波导长度;$S'\approx 10^{-4}$ 为铌酸锂波导的背向散射俘获因子(对波导而言,其损耗机制更复杂,散射对损耗的贡献仅仅是其中一部分)。取波导长度 $L_m = 2\text{cm}$,波导损耗为 0.3dB/cm,则 $\alpha_m = 0.933$(其指数的单位为 cm),光纤衰减为 0.5dB/km($\alpha = 0.89$,指数单位为 km),计算出波导中二阶相干背向散射引起的角速率误差为 $0.035(°)/h$;取光纤衰减为 $\alpha_R = 1\text{dB/km}(\alpha \approx 0.79)$,得到波导中的二阶相干背向散射引起的角速率误差为 $0.057(°)/h$。说明 Y 波导上的二阶相干背向散射引起的角速率误差远远大于光纤线圈中二阶相干背向散射引起的角速率误差,在抑制背向散射误差时必须充分考虑其影响。后面还将继续讨论这一问题。

8.2 正弦偏置调制光纤陀螺中的相干背向散射误差

8.2.1 正弦偏置调制光纤陀螺中相干背向散射误差的等效旋转速率

考虑正弦偏置调制情形的主波光场。光纤陀螺的基本结构如图 8.2 所示。从光源发出的光经耦合器进入 Y 波导被分成两束,然后沿相反方向在光纤线圈中传播。假定偏置相位调制器位于 Y 波导的一个臂上,这样,从 Y 波导输入/输出端口出射的主波光场的振幅为

$$\begin{cases} E_1 = (\alpha^L)^{1/2} E_0 e^{j\left[\omega_0 t + \phi_m \sin(\omega_m t - \omega_m \tau) + \frac{\phi_s}{2}\right]} \\ E_2 = (\alpha^L)^{1/2} E_0 e^{j\left[\omega_0 t + \phi_m \sin(\omega_m t) - \frac{\phi_s}{2}\right]} \end{cases} \quad (8.15)$$

式中:E_0 为两束反向传输主光波的输入振幅;ϕ_s 为旋转引起的 Sagnac 相移;$\phi_m \sin\omega_m t$ 为施加到 Y 波导上的偏置相位调制;ϕ_m 为偏置相位调制的振幅;ω_m 为偏置调制频率;α^L 为光波经过光纤线圈的功率衰减因子。工作在本征频率上时,偏置调制频率可以写为

$$\omega_m = 2\pi f_p = \frac{\pi}{\tau} \quad (8.16)$$

式中:f_p 为本征频率,$f_p = 1/2\tau$,τ 为光波通过光纤线圈的传输时间。主波在 Y 波导的输入/输出端口的干涉光强为

$$I_{\text{main}} = (E_1 + E_2)^* (E_1 + E_2) = \alpha^L E_0^2 \left\{ 1 + \cos\left[2\phi_m \sin\left(\frac{\omega_m \tau}{2}\right)\cos\left(\omega_m t - \frac{\omega_m \tau}{2}\right) + \phi_s\right] \right\}$$

$$= \alpha^L E_0^2 \{1 + \cos[2\phi_m \sin(\omega_m t) + \phi_s]\}$$

$$= \alpha^L E_0^2 \{1 + \cos[2\phi_m \sin(\omega_m t)]\cos\phi_s - \sin[2\phi_m \sin(\omega_m t)]\sin\phi_s\} \quad (8.17)$$

其中用到 $\omega_m \tau = \pi$。将贝塞尔级数展开式：

$$\sin[2\phi_m \sin(\omega_m t)] = 2\sum_{n=1}^{\infty} J_{2n-1}(2\phi_m)\sin[(2n-1)\omega_m t] \tag{8.18}$$

代入式(8.17)，利用解调信号 $\sin\omega_m t$ 进行同步解调，只取偏置调制频率基频上 ($n=1$) 产生的旋转速率信号 I_{sig}：

$$I_{sig} = 2\alpha^L E_0^2 J_1(2\phi_m)\sin\phi_s \approx 2\alpha^L I_0 J_1(2\phi_m) \cdot \phi_s \tag{8.19}$$

式中：$I_0 = E_0^2$。旋转角速率 Ω 引起的 Sagnac 相移 ϕ_s 为

$$\phi_s = \frac{2\pi LD}{\lambda_0 c}\Omega \tag{8.20}$$

式中：L 为光纤长度；D 为传感线圈的直径；λ_0 为光源平均波长。

正弦偏置相位调制光纤陀螺中二阶背向瑞利散射误差的产生机理如图 8.2 所示。在 Y 分支的输入/输出端口，输出散射光场 $E_{bs,1,p}$ 和 $E_{bs,2,p}$ 为

$$\begin{cases} E_{bs,1,p} = (\alpha^{pL_c})^{1/2} E_{bs}^p e^{j[\omega_0 t + \varphi_{1,p}(t)]} \\ E_{bs,2,p} = (\alpha^{pL_c})^{1/2} E_{bs}^p e^{j[\omega_0 t + \phi_m\sin(\omega_m t) + \phi_m\sin(\omega_m t - 2\omega_m\tau_p) + \varphi_{2,p}(t)]} \end{cases} \tag{8.21}$$

式中：τ_p 为散射段 p 到 Y 分支合光点的光传输时间，可以表示为

$$\tau_p = \frac{pn_F L_c}{c} \tag{8.22}$$

式中：n_F 为光纤折射率；c 为真空中的光速。因而背向散射光波的干涉光强为

$$I_{bs,p}(t) = \alpha^{pL_c} I_{bs}^p \{1 + \cos[2\phi_m\cos(\omega_m\tau_p)\sin(\omega_m t - \omega_m\tau_p) + \Delta\varphi_p(t)]\} \tag{8.23}$$

式(8.23)中的余弦函数可以重新写为

$$\begin{aligned}&\cos[2\phi_m\cos(\omega_m\tau_p)\sin(\omega_m t - \omega_m\tau_p) + \Delta\varphi_p(t)] \\ &= \cos[\Delta\varphi_p(t)]\cos[2\phi_m\cos(\omega_m\tau_p)\sin(\omega_m t - \omega_m\tau_p)] - \\ &\quad \sin[\Delta\varphi_p(t)]\sin[2\phi_m\cos(\omega_m\tau_p)\sin(\omega_m t - \omega_m\tau_p)]\end{aligned} \tag{8.24}$$

将式(8.24)用贝塞尔级数展开，得

$$\begin{aligned}&\cos[2\phi_m\cos(\omega_m\tau_p)\sin(\omega_m t - \omega_m\tau_p) + \Delta\varphi_p(t)] \\ &= \cos[\Delta\varphi_p(t)] \cdot \{J_0[2\phi_m\cos(\omega_m\tau_p)] + 2\sum_{n=1}^{\infty} J_{2n}[2\phi_m\cos(\omega_m\tau_p)] \\ &\quad \cos[2n(\omega_m t - \omega_m\tau_p)]\} - \sin[\Delta\varphi_p(t)] \cdot 2\sum_{n=1}^{\infty} J_{2n-1}[2\phi_m\cos(\omega_m\tau_p)] \\ &\quad \sin[(2n-1)(\omega_m t - \omega_m\tau_p)]\end{aligned} \tag{8.25}$$

在同步解调情形下,只关注与偏置调制频率同频的分量(第二项取 $n=1$),得

$$-\sin[\Delta\varphi_p(t)] \cdot 2J_1[2\phi_m\cos(\omega_m\tau_p)]\sin(\omega_m t - \omega_m\tau_p)$$
$$= 2\sin[\Delta\varphi_p(t)] \cdot J_1[2\phi_m\cos(\omega_m\tau_p)] \cdot$$
$$\{\cos(\omega_m t)\sin(\omega_m\tau_p) - \sin(\omega_m t)\cos(\omega_m\tau_p)\} \quad (8.26)$$

式(8.26)代表了与偏置调制同步、频率为 ω_m 的同相和正交误差信号。代入式(8.23)中,同相误差信号的振幅为

$$I_{\text{bs,sig},p}(t) = -2\alpha^{pL_c}I_{\text{bs}}^p\sin[\Delta\varphi_p(t)]J_1[2\phi_m\cos(\omega_m\tau_p)]\cos(\omega_m\tau_p) \quad (8.27)$$

正交误差信号的振幅为

$$I_{\text{bs,quad},p}(t) = 2\alpha^{pL_c}I_{\text{bs}}^p\sin[\Delta\varphi_p(t)]J_1[2\phi_m\cos(\omega_m\tau_p)]\sin(\omega_m\tau_p) \quad (8.28)$$

式(8.27)和式(8.28)仅代表一对对称散射段的瑞利背向散射引起的同相和正交误差信号。为了求出光纤线圈中所有成对的对称散射段引起的同相净误差 $I_{\text{error,sig}}$,在所有 p 上对 $I_{\text{bs,sig},p}(t)$ 的峰值振幅求其平方和的平方根。因而,瑞利背向散射引起的总的同相误差为

$$I_{\text{error,sig}} = 2\sqrt{\sum_{p=1}^{N}\{\alpha^{pL_c}I_{\text{bs}}^p J_1[2\phi_m\cos(\omega_m\tau_p)]\cos(\omega_m\tau_p)\}^2} \quad (8.29)$$

式中:$N=[L/L_c]$。将 $I_{\text{bs}}^p = S(1-\alpha^{L_c})\alpha^{pL_c}I_0$ 代入式(8.29),可以重写 $I_{\text{error,sig}}$ 为

$$I_{\text{error,sig}} = 2S(1-\alpha^{L_c})I_0 \cdot \sqrt{\sum_{p=1}^{N}\{(\alpha^{2pL_c})J_1[2\phi_m\cos(\omega_m\tau_p)]\cos(\omega_m\tau_p)\}^2}$$
$$(8.30)$$

工作在本征频率上时,偏置调制频率还可以写为

$$\omega_m = \frac{\pi}{\tau} = \frac{\pi c}{n_F L} \quad (8.31)$$

因而 $I_{\text{error,sig}}$ 可表示为

$$I_{\text{error,sig}} = 2S(1-\alpha^{L_c})I_0 \cdot \sqrt{\sum_{p=1}^{N}\left\{(\alpha^{L})^{\frac{2p}{N}}J_1\left[2\phi_m\cos\left(\pi\frac{p}{N}\right)\right]\cos\left(\pi\frac{p}{N}\right)\right\}^2}$$
$$(8.32)$$

其中:

$$\omega_m\tau_p = 2\pi f_p\tau_p = \pi\frac{\tau_p}{\tau} = \pi\frac{pL_c}{L} = \pi\frac{p}{N} \quad (8.33)$$

为了确定背向散射误差信号引起的旋转误差,使旋转产生的信号等于背向散射误差信号:

$$I_{\text{sig}} = I_{\text{error,sig}} \tag{8.34}$$

则有：

$$\phi_s = \frac{S(1-\alpha^{L_c})}{\alpha^L J_1(2\phi_m)} \cdot \sqrt{\sum_{p=1}^{N} \left\{ (\alpha^L)^{\frac{2p}{N}} J_1\left[2\phi_m \cos\left(\pi \frac{p}{N}\right)\right] \cos\left(\pi \frac{p}{N}\right) \right\}^2} \quad (\text{rad}) \tag{8.35}$$

或：

$$\Omega_{\text{error}} = \frac{\lambda_0 c}{2\pi LD} \cdot \frac{S(1-\alpha^{L_c})}{\alpha^L J_1(2\phi_m)} \cdot$$

$$\sqrt{\sum_{p=1}^{N} \left\{ (\alpha^L)^{\frac{2p}{N}} J_1\left[2\phi_m \cos\left(\pi \frac{p}{N}\right)\right] \cos\left(\pi \frac{p}{N}\right) \right\}^2} \quad (\text{rad/s}) \tag{8.36}$$

或：

$$\Omega_{\text{error}} = \frac{\lambda_0 c}{2\pi LD} \cdot \frac{S(1-\alpha^{L_c})}{\alpha^L J_1(2\phi_m)} \cdot$$

$$\sqrt{\sum_{p=1}^{N} \left\{ (\alpha^L)^{\frac{2p}{N}} J_1\left[2\phi_m \cos\left(\pi \frac{p}{N}\right)\right] \cos\left(\pi \frac{p}{N}\right) \right\}^2} \cdot \frac{180}{\pi} \cdot 3600 \quad (°/\text{h}) \tag{8.37}$$

取 $2\phi_m = 1.8\text{rad}, S \approx 10^{-3}, L = 4000\text{m}, D = 180\text{mm}, \alpha = 0.89$（光纤衰减 0.5dB/km），$L_c = 50\mu\text{m}, \lambda_0 = 1550\text{nm}$，得到存在正弦偏置相位调制时，背向散射引起的误差为 $0.00073(°)/\text{h}$；取 $\alpha = 0.79$（光纤衰减 1dB/km），其他参数不变，背向散射误差为 $0.002(°)/\text{h}$。

如果 $I_{\text{bs,sig},p}(t)$ 的功率谱密度具有 $1/f$ 噪声特征，则净误差信号不是积分时间的函数，因而生成的旋转速率误差 Ω_{error} 将是一种偏置不稳定性误差。有关数据表明，瑞利背向散射干涉光波的瞬时光强不具有某些光学系统的 $1/f$ 噪声性质，但这并不意味着光纤陀螺中的二阶瑞利背向散射误差也具有与这些光学系统完全相同的统计性质。许多因素可能会影响背向散射误差的功率谱密度，如传感线圈的热环境和振动环境。为了简化这一分析，本章只考虑二阶背向散射误差具有 $1/f$ 功率谱密度的情形。这是一种最糟的情形，是一种保守估计（噪声上限），即由于该类噪声的存在，当增加数据平均时间到一定程度时，陀螺输出数据的 Allan 方差不再减小。

8.2.2　采用低频正弦调制抑制正弦偏置调制光纤陀螺中的背向散射误差

8.2.2.1　采用低频正弦调制抑制背向散射误差的原理

如图 8.2 所示,通常情况下,施加振幅为 ϕ_{ms}、圆频率为 ω_{ms} 的正弦相位调制时,在 Y 波导的输入/输出端口,散射波的光场表示为

$$\begin{cases} E_{bs,1,p} = (\alpha^{pL_c})^{1/2} E_{bs}^{p} e^{j[\omega_0 t + \phi_{ms}\sin(\omega_{ms}t) + \phi_{ms}\sin(\omega_{ms}t - 2\omega_{ms}\tau_p) + \varphi_{1,p}(t)]} \\ E_{bs,2,p} = (\alpha^{pL_c})^{1/2} E_{bs}^{p} e^{j[\omega_0 t + \phi_{m}\sin(\omega_{m}t) + \phi_{m}\sin(\omega_{m}t - 2\omega_{m}\tau_p) + \varphi_{2,p}(t)]} \end{cases} \quad (8.38)$$

散射波产生的干涉光强 $I_{bs,p}(t)$ 为

$$\begin{aligned} I_{bs,p}(t) = & \alpha^{pL_c} I_{bs}^{p} \cdot \{1 + \cos[2\phi_m\cos(\omega_m\tau_p)\sin(\omega_m t - \omega_m\tau_p) - \\ & 2\phi_{ms}\cos(\omega_{ms}\tau_p)\sin(\omega_{ms}t - \omega_{ms}\tau_p)] + \Delta\varphi_p(t)\} = \alpha^{pL_c} I_{bs}^{p} \cdot \\ & \{1 + \cos[\Delta\varphi_p(t)]\cos[2\phi_m\cos(\omega_m\tau_p)\sin(\omega_m t - \omega_m\tau_p)] \\ & \cos[2\phi_{ms}\cos(\omega_{ms}\tau_p)\sin(\omega_{ms}t - \omega_{ms}\tau_p)] + \\ & \cos[\Delta\varphi_p(t)]\sin[2\phi_m\cos(\omega_m\tau_p)\sin(\omega_m t - \omega_m\tau_p)] \\ & \sin[2\phi_{ms}\cos(\omega_{ms}\tau_p)\sin(\omega_{ms}t - \omega_{ms}\tau_p)] - \\ & \sin[\Delta\varphi_p(t)]\sin[2\phi_m\cos(\omega_m\tau_p)\sin(\omega_m t - \omega_m\tau_p)] \\ & \cos[2\phi_{ms}\cos(\omega_{ms}\tau_p)\sin(\omega_{ms}t - \omega_{ms}\tau_p)] + \\ & \sin[\Delta\varphi_p(t)]\cos[2\phi_m\cos(\omega_m\tau_p)\sin(\omega_m t - \omega_m\tau_p)] \\ & \sin[2\phi_{ms}\cos(\omega_{ms}\tau_p)\sin(\omega_{ms}t - \omega_{ms}\tau_p)]\} \end{aligned} \quad (8.39)$$

将式(8.39)中的项用贝塞尔级数展开,在利用解调函数 $\sin\omega_m t$ 同步解调情形下,只关注与偏置调制频率 ω_m 的基频分量。发现式(8.39)中只有第四项含有与偏置调制频率同频的分量:

$$\begin{aligned} & \alpha^{pL_c} I_{bs}^{p} \{\sin[\Delta\varphi_p(t)]\sin[2\phi_m\cos(\omega_m\tau_p)\sin(\omega_m t - \omega_m\tau_p)] \\ & \cos[2\phi_{ms}\cos(\omega_{ms}\tau_p)\sin(\omega_{ms}t - \omega_{ms}\tau_p)]\} \\ & = \alpha^{pL_c} I_{bs}^{p} \sin[\Delta\varphi_p(t)] \cdot \left\{2\sum_{n=1}^{\infty} J_{2n-1}[2\phi_m\cos(\omega_m\tau_p)] \right. \\ & \sin[(2n-1)(\omega_m t - \omega_m\tau_p)]\} \cdot \{J_0[2\phi_{ms}\cos(\omega_{ms}\tau_p)] + \\ & \left. 2\sum_{n=1}^{\infty} J_{2n}[2\phi_{ms}\cos(\omega_{ms}\tau_p)]\cos[2n(\omega_{ms}t - \omega_{ms}\tau_p)]\right\} \end{aligned} \quad (8.40)$$

取其含 $\sin\omega_m t$ 的项：

$$2\alpha^{pL_c}I_{bs}^p\sin[\Delta\varphi_p(t)]\cdot J_0[2\phi_{ms}\cos(\omega_{ms}\tau_p)]$$
$$J_1[2\phi_m\cos(\omega_m\tau_p)]\cdot\sin(\omega_m t-\omega_m\tau_p)$$
$$=2\alpha^{pL_c}I_{bs}^p\sin[\Delta\varphi_p(t)]\cdot J_0[2\phi_{ms}\cos(\omega_{ms}\tau_p)]$$
$$J_1[2\phi_m\cos(\omega_m\tau_p)]\cdot$$
$$[\sin(\omega_m t)\cos(\omega_m\tau_p)-\cos(\omega_m t)\sin(\omega_m\tau_p)] \quad (8.41)$$

因而采用偏置相位调制时，与主波信号同相的误差信号为

$$I_{bs,sig,p}(t)=2\alpha^{pL_c}I_{bs}^p\sin[\Delta\varphi_p(t)]\cdot J_0[2\phi_{ms}\cos(\omega_{ms}\tau_p)]$$
$$J_1[2\phi_m\cos(\omega_m\tau_p)]\cos(\omega_m\tau_p) \quad (8.42)$$

式(8.42)仅代表一对对称散射段的瑞利背向散射引起的同相误差信号。将 $I_{bs}^p=S(1-\alpha^{L_c})\alpha^{L_c}I_0$ 代入式(8.42)，为了求光纤线圈中所有成对的散射段引起的净误差 $I_{error,sig}$，在所有 p 上对 $I_{bs,sig,p}(t)$ 的峰值振幅求其平方和的平方根。因而，背向散射引起的同相净强度误差为

$$I_{error,sig}=2S(1-\alpha^{L_c})I_0\cdot$$

$$\sqrt{\sum_{p=1}^N\{\alpha^{2pL_c}\cdot J_1[2\phi_m\cos(\omega_m\tau_p)]J_0[2\phi_{ms}\cos(\omega_{ms}\tau_p)]\cos(\omega_m\tau_p)\}^2}$$
$$(8.43)$$

工作在本征频率上时，式(8.43)可以写为

$$I_{error,sig}=2S(1-\alpha^{L_c})I_0\cdot$$

$$\sqrt{\sum_{p=1}^N\left\{(\alpha^L)^{\frac{2p}{N}}\cdot J_1\left[2\phi_m\cos\left(\pi\frac{p}{N}\right)\right]\cos\left(\pi\frac{p}{N}\right)\cdot J_0[2\phi_{ms}\cos(\omega_{ms}\tau_p)]\right\}^2}$$
$$(8.44)$$

再来考虑施加正弦相位调制 $\phi_{ms}\sin\omega_{ms}t$ 后的主波信号。从 Y 波导输入/输出端口出射的主波光场为

$$\begin{cases}E_1=(\alpha^L)^{1/2}E_0e^{j[\omega_0 t+\phi_{ms}\sin(\omega_{ms}t)+\phi_m\sin(\omega_m t-\omega_m\tau)+\phi_s/2]}\\ E_2=(\alpha^L)^{1/2}E_0e^{j[\omega_0 t+\phi_{ms}\sin(\omega_m t)+\phi_m\sin(\omega_{ms}t-\omega_{ms}\tau)-\phi_s/2]}\end{cases} \quad (8.45)$$

主波在 Y 波导的输入/输出端口的干涉光强为

$$I_{\text{main}} = \alpha^L E_0^2 \left\{ 1 + \cos\left[2\phi_m \sin\left(\frac{\omega_m \tau}{2}\right) \cos\left(\omega_m t - \frac{\omega_m \tau}{2}\right) - 2\phi_{ms} \sin\left(\frac{\omega_{ms}\tau}{2}\right) \cos\left(\omega_{ms}t - \frac{\omega_{ms}\tau}{2}\right) + \phi_s \right] \right\}$$

$$= \alpha^L I_0 \left\{ 1 + \cos\phi_s \cos\left[2\phi_m \sin\left(\frac{\omega_m \tau}{2}\right) \cos\left(\omega_m t - \frac{\omega_m \tau}{2}\right) \right] \cos\left[2\phi_{ms}\sin\left(\frac{\omega_{ms}\tau}{2}\right)\cos\left(\omega_{ms}t - \frac{\omega_{ms}\tau}{2}\right) \right] + $$

$$\cos\phi_s \sin\left[2\phi_m \sin\left(\frac{\omega_m \tau}{2}\right) \cos\left(\omega_m t - \frac{\omega_m \tau}{2}\right) \right] \sin\left[2\phi_{ms}\sin\left(\frac{\omega_{ms}\tau}{2}\right)\cos\left(\omega_{ms}t - \frac{\omega_{ms}\tau}{2}\right) \right] - $$

$$\sin\phi_s \sin\left[2\phi_m \sin\left(\frac{\omega_m \tau}{2}\right) \cos\left(\omega_m t - \frac{\omega_m \tau}{2}\right) \right] \cos\left[2\phi_{ms}\sin\left(\frac{\omega_{ms}\tau}{2}\right)\cos\left(\omega_{ms}t - \frac{\omega_{ms}\tau}{2}\right) \right] + $$

$$\sin\phi_s \cos\left[2\phi_m \sin\left(\frac{\omega_m \tau}{2}\right) \cos\left(\omega_m t - \frac{\omega_m \tau}{2}\right) \right] \sin\left[2\phi_{ms}\sin\left(\frac{\omega_{ms}\tau}{2}\right)\cos\left(\omega_{ms}t - \frac{\omega_{ms}\tau}{2}\right) \right] \right\} \quad (8.46)$$

将式(8.46)中的项用贝塞尔级数展开,只有第四项含旋转速率信息 $\sin\phi_s$ 且存在与偏置调制频率 ω_m 同频的分量(不含 $\sin\phi_s$ 的第三项在与偏置调制同步解调时,会产生附加交流速率误差项,8.2.2.2节将详细讨论):

$$\alpha^L I_0 \sin\phi_s \cdot \left\{ 2\sum_{n=1}^{\infty} (-1)^{n+1} J_{2n-1}\left[2\phi_m \sin\left(\frac{\omega_m \tau}{2}\right) \right] \cos\left[(2n-1)\left(\omega_m t - \frac{\omega_m \tau}{2}\right) \right] \right\} \cdot$$

$$\left\{ J_0\left[2\phi_{ms}\sin\left(\frac{\omega_{ms}\tau}{2}\right) \right] + 2\sum_{n=1}^{\infty} J_{2n}\left[2\phi_{ms}\sin\left(\frac{\omega_{ms}\tau}{2}\right) \right] \cos\left[2n\left(\omega_{ms}t - \frac{\omega_{ms}\tau}{2}\right) \right] \right\}$$

$$(8.47)$$

取其含 $\sin\omega_m t$ 的项:

$$2\alpha^L I_0 \sin\phi_s \cdot J_1\left[2\phi_m \sin\left(\frac{\omega_m \tau}{2}\right) \right] \sin\left(\frac{\omega_m \tau}{2}\right) \cdot J_0\left[2\phi_{ms}\sin\left(\frac{\omega_{ms}\tau}{2}\right) \right] \quad (8.48)$$

ϕ_s 很小时,令 $\sin\phi_s \approx \phi_s$,偏置调制频率上产生的旋转速率信号 I_{sig} 为

$$I_{\text{sig}} = 2\alpha^L I_0 \cdot \phi_s \cdot J_1\left[2\phi_m \sin\left(\frac{\omega_m \tau}{2}\right) \right] \sin\left(\frac{\omega_m \tau}{2}\right) \cdot J_0\left[2\phi_{ms}\sin\left(\frac{\omega_{ms}\tau}{2}\right) \right] \quad (8.49)$$

考虑本征调制/解调,$\omega_m \tau = \pi$,$\sin(\omega_m \tau/2) = 1$,则

$$I_{\text{sig}} \approx 2\alpha^L I_0 \cdot \phi_s \cdot J_1(2\phi_m) \cdot J_0\left[2\phi_{ms}\sin\left(\frac{\omega_{ms}\tau}{2}\right) \right] \quad (8.50)$$

为了确定背向散射误差信号引起的旋转误差,使旋转产生的信号等于背向散射误差信号:

$$I_{\text{sig}} = I_{\text{error,sig}} \quad (8.51)$$

则由式(8.44)和式(8.50),有:

$$2\alpha^L I_0 \cdot \phi_s \cdot J_1(2\phi_m) \cdot J_0\left[2\phi_{ms}\sin\left(\frac{\omega_{ms}\tau}{2}\right)\right] = 2S(1-\alpha^{L_c})I_0 \cdot$$

$$\sqrt{\sum_{p=1}^{N}\left\{(\alpha^L)^{\frac{2p}{N}}\cdot J_1\left[2\phi_m\cos\left(\pi\frac{p}{N}\right)\right]\cos\left(\pi\frac{p}{N}\right)\right\}^2 \cdot \{J_0[2\phi_{ms}\cos(\omega_{ms}\tau_p)]\}^2}$$

(8.52)

如果考虑抑制背向散射的正弦调制频率远小于本征频率的情形,即

$$\omega_{ms} \ll \omega_m \tag{8.53}$$

在这种情形下,对于所有的 p,$\cos(\omega_{ms}\tau_p) \approx 1$,消除了传输时间的影响。又 $\sin(\omega_{ms}\tau/2) \approx 0$,则 $J_0[2\phi_{ms}\sin(\omega_{ms}\tau/2)] \approx J_0(0) = 1$。因此,背向散射误差信号引起的旋转速率误差为

$$\Omega_{\text{error}} = \frac{\lambda_0 c}{2\pi LD} \cdot \frac{S(1-\alpha^{L_c})J_0(2\phi_{ms})}{\alpha^L J_1(2\phi_m)} \cdot$$

$$\sqrt{\sum_{p=1}^{N}\left\{(\alpha^L)^{\frac{2p}{N}}J_1\left[2\phi_m\cos\left(\pi\frac{p}{N}\right)\right]\cos\left(\pi\frac{p}{N}\right)\right\}^2} \quad (\text{rad/s}) \tag{8.54}$$

或:

$$\Omega_{\text{error}} = \frac{\lambda_0 c}{2\pi LD} \cdot \frac{S(1-\alpha^{L_c})J_0(2\phi_{ms})}{\alpha^L J_1(2\phi_m)} \cdot$$

$$\sqrt{\sum_{p=1}^{N}\left\{(\alpha^L)^{\frac{2p}{N}}\cdot J_1\left[2\phi_m\cos\left(\pi\frac{p}{N}\right)\right]\cos\left(\pi\frac{p}{N}\right)\right\}^2} \cdot \frac{180}{\pi}\cdot 3600 \quad ((°)/\text{h})$$

(8.55)

由式(8.55)可以看出,抑制背向散射的正弦调制频率为低频时,Ω_{error} 依赖于贝塞尔函数 $J_0(2\phi_{ms})$ 的绝对值。零阶贝塞尔函数 $J_0(2\phi_{ms})$ 与 $2\phi_{ms}$ 的函数关系曲线如图8.3所示。这表明,通过采用一个相对低频的、调制深度 $2\phi_{ms}$ 近似等于2.4rad 的正弦相位调制,$J_0(2.4) = 0$,可以大大减小二阶相干瑞利散射引起的旋转速率误差。

8.2.2.2 采用低频正弦调制抑制背向瑞利散射误差时的附加速率误差信号

8.2.2.1节已经提到,由式(8.46),采用低频相位调制抑制相干背向瑞利散射误差时,主波的干涉光强 I_{main} 中含 $\cos\phi_s$ 的第三项在与偏置调制同步解调时,也会在陀螺输出中产生一个附加的交流速率误差信号。该交流速率误差信号分量主要将集中在抑制相干背向瑞利散射误差的调制频率 ω_{ms} 上。下面计算与 ω_{ms} 对应的交流速率误差信号的振幅。

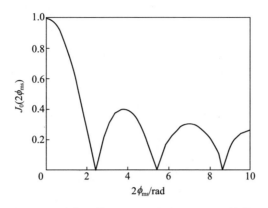

图 8.3 贝塞尔函数 $J_0(2\phi_{ms})$ 的与 $2\phi_{ms}$ 的函数关系

当 $\phi_s = 0$ 时，$\sin\phi_s = 0$，$\cos\phi_s = 1$，由式(8.46)，主波的干涉光强为

$$I_{main} = \alpha^L E_0^2 \left\{1 + \cos\left[2\phi_m\sin(\omega_m t) - 2\phi_{ms}\sin\left(\frac{\omega_{ms}\tau}{2}\right)\cos\left(\omega_{ms}t - \frac{\omega_{ms}\tau}{2}\right)\right]\right\}$$

$$= \alpha^L I_0 \cdot \left\{1 + \cos[2\phi_m\sin(\omega_m t)]\cos\left[2\phi_{ms}\sin\left(\frac{\omega_{ms}\tau}{2}\right)\cos\left(\omega_{ms}t - \frac{\omega_{ms}\tau}{2}\right)\right] + \right.$$

$$\left. \sin[2\phi_m\sin(\omega_m t)]\sin\left[2\phi_{ms}\sin\left(\frac{\omega_{ms}\tau}{2}\right)\cos\left(\omega_{ms}t - \frac{\omega_{ms}\tau}{2}\right)\right]\right\} \quad (8.56)$$

将式(8.56)中的项用贝塞尔级数展开，只考虑与 $\sin\omega_m t$ 有关的项，有

$$\alpha^L I_0 \cdot \sin[2\phi_m\sin(\omega_m t)]\sin\left[2\phi_{ms}\sin\left(\frac{\omega_{ms}\tau}{2}\right)\cos\left(\omega_{ms}t - \frac{\omega_{ms}\tau}{2}\right)\right]$$

$$= \alpha^L I_0 \cdot \left\{2\sum_{n=1}^{\infty} J_{2n-1}(2\phi_m)\sin[(2n-1)\omega_m t]\right\} \cdot$$

$$\left\{2\sum_{n=1}^{\infty} (-1)^n J_{2n-1}\left[2\phi_{ms}\sin\left(\frac{\omega_{ms}\tau}{2}\right)\right]\sin\left[(2n-1)\left(\omega_{ms}t - \frac{\omega_{ms}\tau}{2}\right)\right]\right\}$$

$$(8.57)$$

取与 $\sin\omega_m t$ 有关的项并利用近似公式 $\sin x \approx x$：

$$\alpha^L I_0 \cdot 2J_1(2\phi_m)\sin(\omega_m t) \cdot \left\{2J_1\left[2\phi_{ms}\sin\left(\frac{\omega_{ms}\tau}{2}\right)\right]\sin\left(\omega_{ms}t - \frac{\omega_{ms}\tau}{2}\right) - \right.$$

$$\left. 2J_3\left[2\phi_{ms}\sin\left(\frac{\omega_{ms}\tau}{2}\right)\right]\sin 3\left(\omega_{ms}t - \frac{\omega_{ms}\tau}{2}\right) + \cdots\right\} \approx 4\alpha^L I_0 \cdot J_1(2\phi_m)\sin(\omega_m t) \cdot$$

$$\left\{J_1\left(\pi\phi_{ms}\frac{\omega_{ms}}{\omega_m}\right)\sin\left(\omega_{ms}t - \frac{\omega_{ms}\tau}{2}\right) - J_3\left(\pi\phi_{ms}\frac{\omega_{ms}}{\omega_m}\right)\sin\left(3\omega_{ms}t - \frac{3\omega_{ms}\tau}{2}\right) + \cdots\right\}$$

$$(8.58)$$

式(8.58)说明,在抑制相干背向瑞利散射误差的正弦调制频率的奇整数倍 ω_{ms}、$3\omega_{ms}$、…上产生了许多交流速率误差信号分量。由于交流速率误差信号分量的振幅在较高的频率上逐渐衰减,最显著的交流速率误差信号发生在抑制调制频率 ω_{ms} 上,可以表示为

$$I_{main,ac} = 4\alpha^L I_0 \cdot J_1(2\phi_m) \cdot J_1\left(\pi\phi_{ms}\frac{\omega_{ms}}{\omega_m}\right) \sin\left(\omega_{ms}t - \frac{\omega_{ms}\tau}{2}\right)$$

$$\approx 2\alpha^L I_0 \cdot \pi\phi_{ms}\frac{\omega_{ms}}{\omega_m} \cdot J_1(2\phi_m) \sin\left(\omega_{ms}t - \frac{\omega_{ms}\tau}{2}\right) \quad (8.59)$$

其中利用了: $J_1(x) \approx x/2$。

由式(8.50),$\omega_{ms} \ll \omega_m$ 时,$J_0[2\phi_{ms}\sin(\omega_{ms}\tau/2)] \approx J_0(0) = 1$,偏置调制频率上产生的旋转速率信号 I_{sig} 为

$$I_{sig} \approx 2\alpha^L I_0 \cdot \phi_s \cdot J_1(2\phi_m) \quad (8.60)$$

为了确定低频调制对应的交流速率误差信号分量引起的旋转误差,使旋转速率信号 I_{sig} 等于抑制相干背向瑞利散射误差的低频相位调制产生的交流速率误差信号分量 $I_{sig} = I_{main,ac}$,则交流速率误差信号分量的振幅为

$$\Omega_{ac} = \frac{\omega_{ms}}{\omega_m} \cdot \frac{\lambda_0 c}{2LD} \cdot \phi_{ms} \cdot \frac{180}{\pi} \cdot 3600 \quad ((°)/h) \quad (8.61)$$

取典型值 $\omega_m = \pi/\tau = \pi \cdot (3 \times 10^8)/(1.5 \times 4000)$,$\omega_{ms} = 2\pi f_{ms} = 20\pi$ (f_{ms} = 10Hz),λ_0 = 1550nm,L = 4000m,D = 180mm,$2\phi_{ms}$ = 2.4rad[$J_0(2\phi_{ms}) = 0$],得到 $\Omega_{ac} = 32(°)/h$。

为了确定交流速率误差信号的意义,需要将其与积分时间等于交流速率误差信号周期的一半的陀螺输出的标称随机偏置涨落 Ω_{ran}(积分时间 T = 0.05s)进行比较。对于高精度光纤陀螺,假定100s平滑0.001(°)/h陀螺对应的角随机游走为0.00016(°)/$\sqrt{h}$,则

$$\Omega_{ran} = 0.00016(°)/\sqrt{h} \times \sqrt{\frac{1}{(0.05/3600)h}} = 0.043(°)/h \quad (8.62)$$

交流速率误差信号的振幅与随机偏置涨落的比较表明,采用低频载波抑制调制将引起陀螺在接近交流速率误差信号周期的一半的积分时间上的偏置涨落指标超差(近三个数量级)。另外,交流速率误差信号的振幅将依赖于系统的光学和电学增益,因而会随时间变化而不是一个常数。$\omega_{ms} \ll \omega_m$ 时,使交流速率误差降至低于标称偏置涨落的水平,将是一个很难实现的挑战性任务。

8.2.3 采用高频正弦相位调制抑制背向散射误差的原理

8.2.3.1 高频正弦调制频率为本征频率的偶数倍

对照 8.2.2 节的分析,抑制背向散射误差的正弦相位调制工作在本征频率的偶数倍上($\omega_{ms}=2m\omega_m, m=1、2、3、\cdots$)时,有

$$\begin{cases} J_0\left[2\phi_{ms}\sin\left(\dfrac{\omega_{ms}\tau}{2}\right)\right]=J_0[2\phi_{ms}\sin(m\omega_m\tau)]=J_0(0)=1 \\ J_0[2\phi_{ms}\cos(\omega_{ms}\tau_p)]=J_0[2\phi_{ms}\cos(2m\omega_m\tau_p)]=J_0\left[2\phi_{ms}\cos\left(2m\pi\dfrac{p}{N}\right)\right] \end{cases}$$
(8.63)

由式(8.52),得到背向散射误差信号引起的旋转误差:

$$\Omega_{\text{error}}=\dfrac{\lambda_0 c}{2\pi LD}\cdot\dfrac{S(1-\alpha^{L_c})}{\alpha^L J_1(2\phi_m)}\cdot$$

$$\sqrt{\sum_{p=1}^{N}\left\{(\alpha^L)^{\frac{2p}{N}}\cdot J_1\left[2\phi_m\cos\left(\pi\dfrac{p}{N}\right)\right]\cos\left(\pi\dfrac{p}{N}\right)\cdot J_0\left[2\phi_{ms}\cos\left(2m\pi\dfrac{p}{N}\right)\right]\right\}^2} \quad (\text{rad/s})$$
(8.64)

或:

$$\Omega_{\text{error}}=\dfrac{\lambda_0 c}{2\pi LD}\cdot\dfrac{S(1-\alpha^{L_c})}{\alpha^L J_1(2\phi_m)}\cdot\dfrac{180}{\pi}\cdot 3600\cdot$$

$$\sqrt{\sum_{p=1}^{N}\left\{(\alpha^L)^{\frac{2p}{N}}\cdot J_1\left[2\phi_m\cos\left(\pi\dfrac{p}{N}\right)\right]\cos\left(\pi\dfrac{p}{N}\right)\cdot J_0\left[2\phi_{ms}\cos\left(2m\pi\dfrac{p}{N}\right)\right]\right\}^2} \quad ((°)/\text{h})$$
(8.65)

取 $2\phi_m=1.8\text{rad}, m=2, S\approx 10^{-3}, L=4000\text{m}, D=180\text{mm}, \alpha=0.89, L_c=50\mu\text{m}$, $\lambda_0=1550\text{nm}, 2\phi_{ms}=2.4\text{rad}$,计算得到 $\Omega_{\text{error}}=0.00041(°)/\text{h}$。

可以证明,采用两种高频正弦相位调制 $\phi_{ms1}\sin\omega_{ms1}t$ 和 $\phi_{ms2}\sin\omega_{ms2}t$ 时,背向散射误差信号引起的旋转误差为

$$\Omega_{\text{error}}=\dfrac{\lambda_0 c}{2\pi LD}\cdot\dfrac{S(1-\alpha^{L_c})}{\alpha^L J_1(2\phi_m)}\cdot\dfrac{180}{\pi}\cdot 3600\cdot$$

$$\sqrt{\sum_{p=1}^{N}\left\{(\alpha^L)^{\frac{2p}{N}}\cdot J_1\left[2\phi_m\cos\left(\pi\dfrac{p}{N}\right)\right]\cos\left(\pi\dfrac{p}{N}\right)\cdot J_0\left[2\phi_{ms1}\cos\left(2m_1\pi\dfrac{p}{N}\right)\right]\cdot J_0\left[2\phi_{ms2}\cos\left(2m_2\pi\dfrac{p}{N}\right)\right]\right\}^2} ((°)/\text{h})$$
(8.66)

这说明,二阶背向散射误差的抑制依赖于根号下的 $2\phi_{ms}\cos(2m\pi p/N)$,在

$2\phi_{\text{ms}} = 2.4\text{rad}$ 的调制振幅上不能减小到接近零。由图 8.4 可以看出,在高频调制下,二阶背向散射误差对于战略级高精度光纤陀螺($\sim 0.001(°)/h$)来说尚不是问题,但对于基准级甚高精度光纤陀螺来说($\sim 0.0001(°)/h$),则采取较大的调制深度/调制频率或采用两个调制来进一步减少误差,当然,这在实践中会带来一些难度。

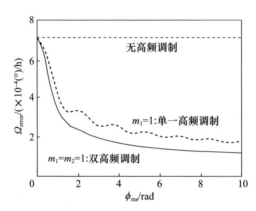

图 8.4 采用两个调制抑制二阶相干背向散射误差

再来考察高频正弦相位调制抑制相干背向散射中附加交流速率误差信号。高频抑制调制频率恰好工作在本征频率的偶数倍上时,对于 $\phi_s = 0$,主波的干涉光强为

$$I_{\text{main}} = \alpha^L E_0^2 \left\{ 1 + \cos\left[2\phi_m \sin(\omega_m t) - 2\phi_{\text{ms}} \sin\left(\frac{\omega_{\text{ms}}\tau}{2}\right) \cos\left(\omega_{\text{ms}} t - \frac{\omega_{\text{ms}}\tau}{2}\right) \right] \right\}$$

$$= \alpha^L I_0 \left\{ 1 + \cos[2\phi_m \sin(\omega_m t)] \cos\left[2\phi_{\text{ms}} \sin\left(\frac{\omega_{\text{ms}}\tau}{2}\right) \cos\left(\omega_{\text{ms}} t - \frac{\omega_{\text{ms}}\tau}{2}\right) \right] + $$

$$\sin[2\phi_m \sin(\omega_m t)] \sin\left[2\phi_{\text{ms}} \sin\left(\frac{\omega_{\text{ms}}\tau}{2}\right) \cos\left(\omega_{\text{ms}} t - \frac{\omega_{\text{ms}}\tau}{2}\right) \right] \right\} \quad (8.67)$$

将式(8.67)中的项用贝塞尔级数展开,只考虑与 $\sin\omega_m t$ 有关的项,有

$$\sin[2\phi_m \sin(\omega_m t)] \sin\left[2\phi_{\text{ms}} \sin\left(\frac{\omega_{\text{ms}}\tau}{2}\right) \cos\left(\omega_{\text{ms}} t - \frac{\omega_{\text{ms}}\tau}{2}\right) \right]$$

$$= \left\{ 2 \sum_{n=1}^{\infty} J_{2n-1}(2\phi_m) \sin[(2n-1)\omega_m t] \right\} \cdot$$

$$\left\{ 2 \sum_{n=1}^{\infty} (-1)^n J_{2n-1}\left[2\phi_{\text{ms}} \sin\left(\frac{\omega_{\text{ms}}\tau}{2}\right) \right] \sin\left[(2n-1)\left(\omega_{\text{ms}} t - \frac{\omega_{\text{ms}}\tau}{2}\right) \right] \right\}$$

$$(8.68)$$

取 $\omega_{ms} = 2m\omega_m (m = 1, 2, \cdots)$ 时,式(8.68)为零。这说明高频抑制调制频率恰好工作在本征频率的偶数倍上时,不存在附加的交流速率误差信号 $I_{main,ac}$。这说明,理想的高频相位调制对抑制战略级和基准级光纤陀螺的二阶背向散射误差非常重要。

8.2.3.2 高频正弦调制频率相对本征频率的偶数倍有一个偏差

现在讨论高频正弦相位调制频率相对本征频率的偶数倍有一个偏差的情形,其中:

$$\omega_{ms} = 2m(\omega_m + \omega_e) = 2m(1+\beta)\omega_m \quad m = 1, 2, \cdots \quad (8.69)$$

式中: $\beta = \omega_e/\omega_m$。通过代入式(8.66)分析知道,这对相干背向散射误差信号引起的旋转误差不会产生太大的影响。下面来估计它对附加交流速率误差信号的影响。假定 β 很小,可以进行下列近似:

$$\sin\left(\frac{\omega_{ms}\tau}{2}\right) = \sin[m(\omega_m + \omega_e)\tau]$$

$$= \sin(m\pi)\cos(m\beta\pi) + \cos(m\pi)\sin(m\beta\pi) \approx (-1)^m m\beta\pi$$

$$\cos\left(\omega_{ms}t - \frac{\omega_{ms}\tau}{2}\right) = \cos(\omega_{ms}t)\cos\left(\frac{\omega_{ms}\tau}{2}\right) + \sin(\omega_{ms}t)\sin\left(\frac{\omega_{ms}\tau}{2}\right)$$

$$\approx (-1)^m \cos[2m(1+\beta)\omega_m t] \quad (8.70)$$

$\phi_s = 0$ 时,由式(8.67),主波的干涉光强为

$$I_{main} = \alpha^L E_0^2 \left\{1 + \cos\left[2\phi_m \sin(\omega_m t) - 2\phi_{ms}\sin\left(\frac{\omega_{ms}\tau}{2}\right)\cos\left(\omega_{ms}t - \frac{\omega_{ms}\tau}{2}\right)\right]\right\}$$

$$\approx \alpha^L I_0 \{1 + \cos[2\phi_m \sin(\omega_m t)]\cos[2m\beta\pi \cdot \phi_{ms}\cos(2m(1+\beta)\omega_m t)] +$$

$$\sin[2\phi_m \sin(\omega_m t)]\sin[2m\beta\pi \cdot \phi_{ms}\cos(2m(1+\beta)\omega_m t)]\} \quad (8.71)$$

式(8.71)等号右边括弧内的第三项可以写为

$$\sin[2\phi_m \sin(\omega_m t)]\sin[2m\beta\pi \cdot \phi_{ms}\cos(2m(1+\beta)\omega_m t)]$$

$$= \left\{2\sum_{n=1}^{\infty} J_{2n-1}(2\phi_m)\sin[(2n-1)\omega_m t]\right\} \cdot$$

$$\left\{2\sum_{n=1}^{\infty} (-1)^n J_{2n-1}[2m\beta\pi\phi_{ms}]\cos[(2n-1)2m(1+\beta)\omega_m t]\right\}$$

$$= 4m\beta\pi\phi_{ms} \cdot \cos[2m(1+\beta)\omega_m t] \cdot J_q(2\phi_m)\sin(q\omega_m t) + \cdots$$

$$(8.72)$$

式中:q 是贝塞尔函数级数的奇次阶数。又:

$$\cos[2m(1+\beta)\omega_m t] \cdot \sin(q\omega_m t)$$
$$= \sin(q\omega_m t)\cos(2m\omega_m t)\cos(2m\beta\omega_m t) - \sin(q\omega_m t)\sin(2m\omega_m t)\sin(2m\beta\omega_m t)$$
$$= \frac{1}{2}\cos(2m\beta\omega_m t)\{\sin[(2m+q)\omega_m t] - \sin[(2m-q)\omega_m t]\} -$$
$$\frac{1}{2}\sin(2m\beta\omega_m t)\{\cos[(2m+q)\omega_m t] - \cos[(2m-q)\omega_m t]\} \quad (8.73)$$

对于给定的 m,当 $2m - q = 1$,即 $q = 2m - 1$ 时,存在 $\sin\omega_m t$ 项被解调:

$$I_{main,ac} = \alpha^L I_0 \cdot 2m\beta\pi\phi_{ms} \cdot J_{2m-1}(2\phi_m)\cos(2m\beta\omega_m t) \quad (8.74)$$

如前所述,偏置调制频率上的旋转速率信号 I_{sig} 为

$$I_{sig} \approx 4\alpha^L I_0 \cdot \phi_s \cdot J_1(2\phi_m) \quad (8.75)$$

为了确定高频抑制调制对应的交流速率误差信号引起的旋转误差,使旋转产生的信号等于高频抑制调制对应的交流速率误差信号:

$$I_{sig} = I_{main,ac} \quad (8.76)$$

得

$$\Omega_{ac} = \frac{\omega_e}{\omega_m} \cdot \frac{\lambda_0 c}{2LD} \cdot \phi_{ms} \cdot \frac{J_{2m-1}(2\phi_m)}{J_1(2\phi_m)} \cdot \frac{180}{\pi} \cdot 3600$$
$$= 2m\beta\phi_{ms} \cdot \frac{\lambda_0 c}{2LD} \frac{J_{2m-1}(2\phi_m)}{J_1(2\phi_m)} \cdot \frac{180}{\pi} \cdot 3600 \quad ((°)/h) \quad (8.77)$$

与低频 Ω_{ac} 的公式相比:

$$\Omega_{ac} = \frac{\omega_{ms}}{\omega_m} \cdot \frac{\lambda_0 c}{2LD} \cdot \phi_{ms} \cdot \frac{180}{\pi} \cdot 3600 \quad ((°)/h) \quad (8.78)$$

除增加了因子 $J_{2m-1}(2\phi_m)/J_1(2\phi_m)$,高频调制抑制情形的交流速率误差信号在形式上类似于低频载波抑制情形,但与相对偏差 $2m\beta$ 成正比,大大减小了交流速率误差。取 $m = 2$, $\beta = 10^{-2} \sim 10^{-7}$, $2\phi_m = 1.8\text{rad}$, $2\phi_{ms} = 2.4\text{rad}$, $\lambda_0 = 1550\text{nm}$, $L = 4000\text{m}$, $D = 180\text{mm}$,交流速率误差信号 Ω_{ac} 与相对偏差 β 的关系曲线见图 8.5。式(8.78)说明,调制抑制频率 ω_{ms} 越高(m 越大),交流速率误差 Ω_{ac} 越小。

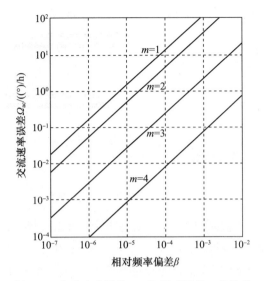

图 8.5　交流速率误差 Ω_{ac} 与相对频差 β 的关系

8.3　集成光学调制器内背向散射的影响

8.3.1　正弦偏置调制光纤陀螺中 Y 波导内背向散射误差的等效旋转速率

瑞利背向散射同样发生在集成光学芯片的两个分支波导中。如前所述,这种背向散射对旋转传感误差是有贡献的,而且贡献很大。尽管集成光学芯片的两个分支波导与光纤线圈相比长度很短,但芯片的单位波导长度的光学损耗比线圈的单位光纤长度的光学损耗要大得多。因而,与集成光学芯片的两个分支波导内的背向散射有关的旋转误差是很显著的。图 8.6 示出了集成光学芯片的结构框图。假定背向散射光波在一个臂上受到偏置相位调制,在另一个臂上没有受到调制。

背向散射光波经过偏置调制器(图 8.6 中 Y 波导的下面的臂)时受到振幅为 $\phi_m(\chi_p)$ 的相位调制,相位调制振幅 $\phi_m(\chi_p)$ 与通过调制器的距离 $\chi_p = pL_c$ 有关。波导上距 Y 分支合光点的物理长度为 p 个相干长度的对称散射段的散射光场为

$$\begin{cases} E_{mbs,1,p}(t) = (\alpha_m^{pL_c})^{1/2} E_{mbs}^p e^{j[\omega_0 t + \varphi_{1,p}(t)]} \\ E_{mbs,2,p}(t) = (\alpha_m^{pL_c})^{1/2} E_{mbs}^p e^{j[\omega_0 t + \phi_m(\chi_p)\sin(\omega_m t) + \varphi_{2,p}(t)]} \end{cases} \quad (8.79)$$

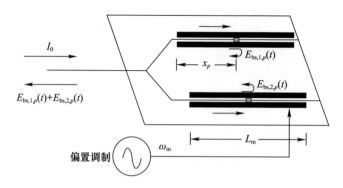

图 8.6 Y 波导调制器中的背向散射

式中:α_m 为 Y 波导调制器单位长度的光学损耗,可由波导的损耗折算(假如波导损耗为 $\alpha_{mR}=1\mathrm{dB/cm}$,则有 $\alpha_m=10^{-0.1\alpha_{mR}}$,$\alpha_m^{pL_c}=(10^{-0.1\alpha_{mR}})^{pL_c}$,$pL_c$ 的单位换算为 cm);E_{mbs}^p 为波导上距 Y 分支合光点的物理长度为 p 个相干长度的散射段的散射光场的振幅。

背向散射干涉光强为

$$I_{mbs,p}(t)=\alpha_m^{pL_c}I_{mbs}^p\{1+\cos[\phi_m(\chi_p)\sin(\omega_m t)+\Delta\varphi_p(t)]\} \tag{8.80}$$

式中:$I_{mbs}^p=(E_{mbs}^p)^2$。式(8.80)右边的余弦函数可以写为

$$\cos[\phi_m(\chi_p)\sin(\omega_m t)+\Delta\varphi_p(t)]$$
$$=\cos[\Delta\varphi_p(t)]\cos[\phi_m(\chi_p)\sin(\omega_m t)]-\sin[\Delta\varphi_p(t)]\sin[\phi_m(\chi_p)\sin(\omega_m t)] \tag{8.81}$$

式(8.82)等号右边的第二项可以写为

$$\sin[\Delta\varphi_p(t)]\sin[\phi_m(\chi_p)\sin(\omega_m t)]=2\sin[\Delta\varphi_p(t)]\cdot\{J_1[\phi_m(\chi_p)]\sin(\omega_m t)+\cdots\} \tag{8.82}$$

因而,在正弦偏置调制频率上同步解调时,Y 波导两臂上的成对对称波导段的背向散射引起的误差信号的峰值振幅为

$$I_{mbs,sig,p}\approx 2\alpha_m^{pL_c}I_{mbs}^p\cdot J_1[\phi_m(\chi_p)] \tag{8.83}$$

总的背向散射误差信号 $I_{err,sig}$ 是 Y 波导两臂上所有成对背向散射波导段对应的误差信号峰值振幅的平方和的平方根,误差信号 $I_{err,sig}$ 可以表示为

$$I_{err,sig}=\sqrt{\sum_{p=1}^{N}I_{mbs,sig,p}^2} \tag{8.84}$$

其中,成对波导段的数量为

$$N = \left[\frac{L_m}{L_c}\right] \tag{8.85}$$

式中:[ ]表示取整数;L_m 为相位调制器(Y 波导两臂)的长度。背向散射相位调制的振幅假定是 χ_p 的线性函数:

$$\phi_m(\chi_p) = \frac{2\phi_m}{L_m}\chi_p = \frac{2\phi_m}{L_m}pL_c = \frac{2\phi_m}{N}p \tag{8.86}$$

式中:ϕ_m 为光波完全通过相位调制器的相位调制振幅,即偏置相位调制的振幅。

Y 分支的成对对称波导段的背向散射引起的总的误差信号可以写为

$$I_{\text{error,sig}} = 2S'(1-\alpha_m^{L_c})I_0 \cdot \sqrt{\sum_{p=1}^{N}\left\{(\alpha_m^{2pL_c})J_1\left[\frac{2\phi_m}{N}p\right]\right\}^2} \tag{8.87}$$

式中:$S' \approx 10^{-4}$ 为铌酸锂波导的俘获因子,Y 波导每个相干长度上的背向散射强度为

$$I_{\text{mbs}}^p = S'(1-\alpha_m^{L_c})\alpha_m^{pL_c}I_0 \tag{8.88}$$

如前所述,偏置调制频率上产生的旋转速率信号 I_{sig} 为

$$I_{\text{sig}} \approx 4\alpha^L I_0 \cdot \phi_s \cdot J_1(2\phi_m) \tag{8.89}$$

这里 α^L 可以看成 Sagnac 干涉仪总的功率衰减因子。由 $I_{\text{sig}} = I_{\text{err,sig}}$,得

$$\Omega_{\text{error}} = \frac{\lambda_0 c}{2\pi LD} \cdot \frac{S'(1-\alpha_m^{L_c})}{2\alpha^L J_1(2\phi_m)} \cdot \sqrt{\sum_{p=1}^{N}\left\{(\alpha_m^{2pL_c})J_1\left[\frac{2\phi_m}{N}p\right]\right\}^2} \cdot \frac{180}{\pi} \cdot 3600 \quad ((°)/h) \tag{8.90}$$

取光纤损耗 $\alpha_R = 0.5\text{dB/km}(\alpha = 0.89/\text{km})$,铌酸锂波导损耗 $\alpha_{mR} = 1\text{dB/cm}$ ($\alpha_m = 0.9773/\text{cm}$),$L_m = 2\text{cm}$,$2\phi_m = 1.8\text{rad}$,$S' \approx 10^{-4}$,$L = 4000\text{m}$,$D = 180\text{mm}$,$L_c = 50\mu\text{m}$,$N = 2\text{cm}/50\mu\text{m} = 400$,$\lambda_0 = 1550\text{nm}$,得到波导中背向散射产生的旋转速率误差大约为 $0.014(°)/h$。而光纤损耗 $\alpha_R = 1\text{dB/km}(\alpha = 0.79/\text{km})$ 时,得到波导中背向散射产生的旋转速率误差大约为 $0.022(°)/h$。

这些计算表明,集成光波导背向散射产生的旋转速率误差远大于传感光纤线圈的背向散射产生的旋转速率误差。实际陀螺中没有发现这样大的误差,但这仅仅说明,将背向散射产生的旋转速率误差视为具有 $1/f$ 功率谱密度是不准确的。瑞利散射干涉光波的瞬时光强的统计性质可能是 $1/f$ 功率谱密度和恒定功率谱密度(白噪声)的混合。

8.3.2 采用正弦调制抑制 Y 波导内背向散射误差的原理

同样可以用正弦相位调制来抑制正弦偏置调制光纤陀螺中 Y 波导内与背

向散射有关的旋转误差。图 8.7 是在正弦偏置调制基础上采用正弦相位调制抑制背向散射误差的光纤陀螺集成光学芯片的结构图。考虑了两种结构:①抑制背向散射误差的正弦相位调制施加到偏置相位调制器 PM3 对面的调制器 PM1 上;②抑制背向散射误差的正弦相位调制施加到 PM1 之前的调制器 PM2 上。

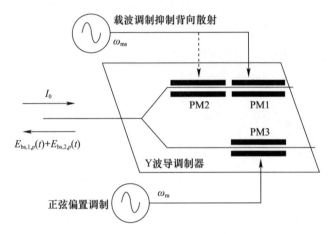

图 8.7 含有正弦偏置调制和载波调制抑制背向散射的 Y 波导调制器

8.3.2.1 第一种结构

如图 8.7 所示,第一种结构是指抑制背向散射误差的正弦相位调制施加到偏置相位调制器 PM3 对面的调制器 PM1 上。在这种情形下,假定前后两个调制器的长度相等,散射光波应分为两部分:前一部分 $p = 1 \sim N/2$,两束背向散射光波没有受到任何调制;后一部分 $p = N/2 + 1 \sim N$,一束背向散射光波受到 $\phi_{\mathrm{ms}}(\chi_p)\sin\omega_{\mathrm{ms}}t$ 调制,另一束对称的背向散射光波受到 $\phi_{\mathrm{m}}(\chi_p)\sin\omega_{\mathrm{m}}t$ 调制。下面我们来分析这种特殊的情形。

对于前一部分背向散射光波,未加任何调制时,在 Y 分支的输入/输出端口,散射光场 $E_{\mathrm{mbs},1,p}(t)$ 和 $E_{\mathrm{mbs},2,p}(t)$ 为

$$E_{\mathrm{mbs},1,p}(t) = (\alpha_{\mathrm{m}}^{pL_c})^{1/2} E_{\mathrm{mbs}}^p \mathrm{e}^{\mathrm{j}[\omega_0 t + \varphi_{1,p}(t)]}$$
$$E_{\mathrm{mbs},2,p}(t) = (\alpha_{\mathrm{m}}^{pL_c})^{1/2} E_{\mathrm{mbs}}^p \mathrm{e}^{\mathrm{j}[\omega_0 t + \varphi_{2,p}(t)]} \quad (8.91)$$

距 Y 分支合光点的物理长度为 p 个相干长度的散射段的散射光波在合光点的干涉光强 $I_{\mathrm{mbs},p}(t)$ 为

$$I_{\mathrm{mbs},p}(t) = \alpha_{\mathrm{m}}^{pL_c} I_{\mathrm{mbs}}^p \{1 + \cos[\Delta\varphi_p(t)]\} = 2\alpha_{\mathrm{m}}^{pL_c} I_{\mathrm{mbs}}^p \cos^2\left[\frac{\Delta\varphi_p(t)}{2}\right] \quad (8.92)$$

参照 8.1 节的分析,二阶相干背向散射引起的相对强度噪声产生一个相同量级

的相位误差：

$$\Omega_{\text{error}} = \frac{\lambda_0 c}{2\pi LD} \cdot \frac{S'(1-\alpha_{\text{m}}^{L_c})}{\alpha^L} \cdot \sqrt{\sum_{p=1}^{N/2} \alpha_{\text{m}}^{4pL_c}} \cdot \frac{180}{\pi} \cdot 3600 \quad ((°)/\text{h}) \quad (8.93)$$

但在 $\sin\omega_{\text{m}}t$ 上同步解调，式(8.93)是为零的，即这一部分背向散射光波在同步解调时不产生旋转速率误差。

对于后一部分背向散射光波，此时与散射光波有关的电场为

$$\begin{cases} E_{\text{mbs},1,p}(t) = (\alpha_{\text{m}}^{pL_c})^{1/2} E_{\text{mbs}}^p e^{j[\omega_0 t + \phi_{\text{ms}}(\chi_p)\sin\omega_{\text{ms}}t + \varphi_{1,p}(t)]} \\ E_{\text{mbs},2,p}(t) = (\alpha_{\text{m}}^{pL_c})^{1/2} E_{\text{mbs}}^p e^{j[\omega_0 t + \phi_{\text{m}}(\chi_p)\sin\omega_{\text{m}}t + \varphi_{2,p}(t)]} \end{cases} \quad (8.94)$$

背向散射干涉光强为

$$I_{\text{mbs},p}(t) = \alpha_{\text{m}}^{pL_c} I_{\text{mbs}}^p \{1 + \cos[\phi_{\text{m}}(\chi_p)\sin(\omega_{\text{m}}t) - \phi_{\text{ms}}(\chi_p)\sin\omega_{\text{ms}}t + \Delta\varphi_p(t)]\}$$
$$(8.95)$$

式(8.95)等号右边的余弦函数可以写为

$$\cos[\phi_{\text{m}}(\chi_p)\sin(\omega_{\text{m}}t) - \phi_{\text{ms}}(\chi_p)\sin\omega_{\text{ms}}t + \Delta\varphi_p(t)]$$
$$= +\cos[\Delta\varphi_p(t)]\cos[\phi_{\text{m}}(\chi_p)\sin(\omega_{\text{m}}t)]\cos[\phi_{\text{ms}}(\chi_p)\sin(\omega_{\text{ms}}t)] +$$
$$\cos[\Delta\varphi_p(t)]\sin[\phi_{\text{m}}(\chi_p)\sin(\omega_{\text{m}}t)]\sin[\phi_{\text{ms}}(\chi_p)\sin(\omega_{\text{ms}}t)] -$$
$$\sin[\Delta\varphi_p(t)]\sin[\phi_{\text{m}}(\chi_p)\sin(\omega_{\text{m}}t)]\cos[\phi_{\text{ms}}(\chi_p)\sin(\omega_{\text{ms}}t)] +$$
$$\sin[\Delta\varphi_p(t)]\cos[\phi_{\text{m}}(\chi_p)\sin(\omega_{\text{m}}t)]\sin[\phi_{\text{ms}}(\chi_p)\sin(\omega_{\text{ms}}t)] \quad (8.96)$$

式(8.96)右边第三项中的正弦和余弦函数的乘积可以写为

$$\sin[\phi_{\text{m}}(\chi_p)\sin(\omega_{\text{m}}t)]\cos[\phi_{\text{ms}}(\chi_p)\sin(\omega_{\text{ms}}t)]$$
$$= 2J_0[\phi_{\text{ms}}(\chi_p)] \cdot \{J_1[\phi_{\text{m}}(\chi_p)]\sin(\omega_{\text{m}}t) + \cdots\} \quad (8.97)$$

其中等号右边的第一项表示一个与正弦偏置调制 $\phi_{\text{m}}\sin\omega_{\text{m}}t$ 同步的信号。Y 分支的成对对称波导段的背向散射引起的总的误差信号为

$$I_{\text{error,sig}} = 2S'(1-\alpha_{\text{m}}^{L_c})I_0 \cdot \sqrt{\sum_{p=N/2+1}^{N} \alpha_{\text{m}}^{4pL_c}\left\{J_0\left(\frac{2\phi_{\text{ms}}}{N}p\right)J_1\left(\frac{2\phi_{\text{m}}}{N}p\right)\right\}^2} \quad (8.98)$$

其中假定背向散射光波受到的相位调制的振幅 $\phi_{\text{ms}}(\chi_p)$ 是 χ_p 的线性函数，满足：

$$\phi_{\text{ms}}(\chi_p) = \frac{2\phi_{\text{ms}}}{L_{\text{m}}}\chi_p = \frac{2\phi_{\text{ms}}}{L_{\text{m}}}pL_c = \frac{2\phi_{\text{ms}}}{N}p \quad (8.99)$$

如前所述，偏置调制频率上产生的旋转速率信号 I_{sig} 为

$$I_{\text{sig}} \approx 4\alpha^L I_0 \cdot \phi_s \cdot J_1(2\phi_{\text{m}}) \quad (8.100)$$

由 $I_{sig} = I_{err,sig}$，得

$$\Omega_{error} = \frac{\lambda_0 c}{2\pi LD} \cdot \frac{S'(1-\alpha_m^{L_c})}{2\alpha^L J_1(2\phi_m)} \cdot \sqrt{\sum_{p=N/2+1}^{N} \alpha_m^{4pL_c} \left\{ J_0\left(\frac{2\phi_{ms}}{N}p\right) J_1\left(\frac{2\phi_m}{N}p\right) \right\}^2} \cdot \frac{180}{\pi} \cdot 3600(°/h)$$

(8.101)

通常 $2\phi_m$ 被设置为 1.8rad，$2\phi_{ms}$ 被设置为 2.4rad，这样，$p=0$ 时，$J_1(0)=0$；$p=N$ 时，$J_0(2.4)=0$。因此，抑制背向散射误差的正弦相位调制施加到偏置相位调制器 PM3 对面的调制器 PM1 上时，在沿调制器 PM1 的所有点上不能同时实现背向散射误差抑制（见图 8.8、图 8.9）。采用较大的调制深度 $2\phi_{ms}$ 或采用两个调制，可以获得较大的误差减少因子，但这在实践中会带来一些难度。仍取 $L=4000m$，$L_c=50\mu m$，$N=2cm/50\mu m=400$，$\lambda_0=1550nm$，$D=180mm$，$2\phi_m=1.8rad$，$2\phi_{ms}=2.4rad$，$S'\approx 10^{-4}$，波导损耗 $\alpha_{mR}=0.3dB/cm$，光纤衰减 $\alpha_R=0.5dB/km$（$\alpha=0.89/km$），对于后一部分背向散射光波，计算得到 $\Omega_{error}=0.011(°)/h$。

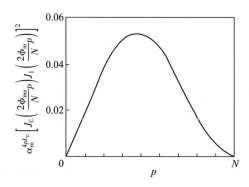

图 8.8　沿抑制背向散射调制器 PM1 的所有点上不能同时实现背向散射误差的抑制

8.3.2.2　第二种结构

如图 8.7 所示，第二种结构是指抑制背向散射误差的正弦相位调制施加到偏置相位调制器 PM1 之前的调制器 PM2 上。在这种情形下，假定前后两个调制器的长度相等，背向散射光波应分为两部分：前一部分为 $p=1\sim N/2$，一束背向散射光波受到 $\phi_{ms}(\chi_p)\sin\omega_{ms}t$ 调制，另一束对称的背向散射光波没有受到任何调制；后一部分为 $p=N/2+1\sim N$，一束背向散射光波受到 $\phi_{ms}\sin\omega_{ms}t$ 调制，另一束对称的背向散射光波受到 $\phi_m(\chi_p)\sin\omega_m t$ 调制。下面分析这种特殊的情形。

对于前一部分散射光波，波导上距 Y 分支合光点的物理长度为 p 个相干长度的对称散射段的散射光场为

$$E_{\text{mbs},1,p}(t) = (\alpha_{\text{m}}^{pL_c})^{1/2} E_{\text{mbs}}^p e^{j[\omega_0 t + \phi_{\text{ms}}(\chi_p)\sin\omega_{\text{ms}}t + \varphi_{1,p}(t)]}$$
$$E_{\text{mbs},2,p}(t) = (\alpha_{\text{m}}^{pL_c})^{1/2} E_{\text{mbs}}^p e^{j[\omega_0 t + \varphi_{2,p}(t)]} \qquad (8.102)$$

背向散射光强为

$$I_{\text{mbs},p}(t) = \alpha_{\text{m}}^{pL_c} I_{\text{mbs}}^p \{1 + \cos[\phi_{\text{ms}}(\chi_p)\sin(\omega_{\text{ms}}t) - \Delta\varphi_p(t)]\} \qquad (8.103)$$

式(8.103)右边的余弦函数可以写为

$$\cos[\phi_{\text{ms}}(\chi_p)\sin(\omega_{\text{ms}}t) - \Delta\varphi_p(t)]$$
$$= \cos[\Delta\varphi_p(t)]\cos[\phi_{\text{ms}}(\chi_p)\sin(\omega_{\text{ms}}t)] + \sin[\Delta\varphi_p(t)]\sin[\phi_{\text{ms}}(\chi_p)\sin(\omega_{\text{ms}}t)]$$
$$\qquad (8.104)$$

$\omega_{\text{ms}} \neq \omega_{\text{m}}$ 时，在 $\sin\omega_{\text{m}}t$ 上同步解调，式(8.104)为零，即这一部分背向散射光波在同步解调时不产生旋转速率误差。

对于后一部分背向散射光波，波导上距 Y 分支合光点的物理长度为 p 个相干长度的对称散射段的散射光场为

$$E_{\text{mbs},1,p}(t) = (\alpha_{\text{m}}^{pL_c})^{1/2} E_{\text{mbs}}^p e^{j[\omega_0 t + 2\phi_{\text{ms}}\sin\omega_{\text{ms}}t + \varphi_{1,p}(t)]}$$
$$E_{\text{mbs},2,p}(t) = (\alpha_{\text{m}}^{pL_c})^{1/2} E_{\text{mbs}}^p e^{j[\omega_0 t + \phi_{\text{m}}(\chi_p)\sin\omega_{\text{m}}t + \varphi_{2,p}(t)]} \qquad (8.105)$$

背向散射光强为

$$I_{\text{mbs},p}(t) = \alpha_{\text{m}}^{pL_c} I_{\text{mbs}}^p \{1 + \cos[\phi_{\text{m}}(\chi_p)\sin(\omega_{\text{m}}t) - 2\phi_{\text{ms}}\sin\omega_{\text{ms}}t + \Delta\varphi_p(t)]\} \qquad (8.106)$$

式(8.106)右边的余弦函数可以写为

$$\cos[\phi_{\text{m}}(\chi_p)\sin(\omega_{\text{m}}t) - 2\phi_{\text{ms}}\sin\omega_{\text{ms}}t + \Delta\varphi_p(t)]$$
$$= +\cos[\Delta\varphi_p(t)]\cos[\phi_{\text{m}}(\chi_p)\sin(\omega_{\text{m}}t)]\cos[2\phi_{\text{ms}}\sin(\omega_{\text{ms}}t)] +$$
$$\cos[\Delta\varphi_p(t)]\sin[\phi_{\text{m}}(\chi_p)\sin(\omega_{\text{m}}t)]\sin[2\phi_{\text{ms}}\sin(\omega_{\text{ms}}t)] -$$
$$\sin[\Delta\varphi_p(t)]\sin[\phi_{\text{m}}(\chi_p)\sin(\omega_{\text{m}}t)]\cos[2\phi_{\text{ms}}\sin(\omega_{\text{ms}}t)] +$$
$$\sin[\Delta\varphi_p(t)]\cos[\phi_{\text{m}}(\chi_p)\sin(\omega_{\text{m}}t)]\sin[2\phi_{\text{ms}}\sin(\omega_{\text{ms}}t)] \qquad (8.107)$$

式(8.107)右边第三项中的正弦和余弦函数的乘积可以写为

$$\sin[\phi_{\text{m}}(\chi_p)\sin(\omega_{\text{m}}t)]\cos[2(\chi_p)\sin(\omega_{\text{ms}}t)]$$
$$= 2J_0[2\phi_{\text{ms}}] \cdot \{J_1[\phi_{\text{m}}(\chi_p)]\sin(\omega_{\text{m}}t) + \cdots\} \qquad (8.108)$$

散射引起的净误差信号为

$$I_{\text{error,sig}} = 2S'(1-\alpha_m^{L_c})I_0 \cdot \sqrt{\sum_{p=N/2+1}^{N} \alpha_m^{4pL_c}\left\{J_0(2\phi_{ms})J_1\left(\frac{2\phi_m}{N}p\right)\right\}^2} \quad (8.109)$$

偏置调制频率上产生的旋转速率信号 I_{sig} 为

$$I_{\text{sig}} \approx 4\alpha^L I_0 \cdot \phi_s \cdot J_1(2\phi_m) \quad (8.110)$$

由 $I_{\text{sig}} = I_{\text{err,sig}}$,得

$$\Omega_{\text{error}} = \frac{\lambda_0 c}{2\pi LD} \cdot \frac{S'(1-\alpha_m^{L_c})J_0(2\phi_{ms})}{2\alpha^L J_1(2\phi_m)} \cdot \sqrt{\sum_{p=N/2+1}^{N} \alpha_m^{4pL_c}\left\{J_1\left(\frac{2\phi_m}{N}p\right)\right\}^2} \cdot \frac{180}{\pi} \cdot 3600((°)/h)$$

(8.111)

当调制振幅 $2\phi_{ms}$ 设置为约 2.4rad 时，$J_0(2\phi_{ms})=0$，可以消除背向散射引起的旋转速率误差(图 8.9)。

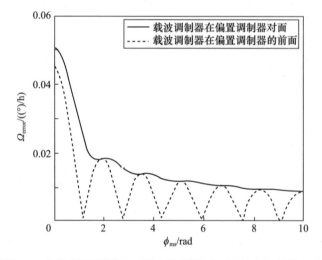

图 8.9 当载波调制器施加到偏置调制器对面的相位调制器上时，载波调制抑制的振幅为 2.4rad,不能将背向散射误差减小至零

综上所述，可以归纳正弦偏置相位调制光纤陀螺中抑制背向瑞利散射误差的基本可行的技术措施:①施加一个正弦相位调制 $\phi_{ms}\sin\omega_{ms}t$，并满足 $J_0(2\phi_{ms})=0$,即 $2\phi_{ms}=2.4\text{rad}$;②正弦相位调制 $\phi_{ms}\sin\omega_{ms}t$ 的调制频率 $\omega_{ms}=2m\omega_m$,其中 m 为整数，ω_m 为光纤陀螺的本征频率;③该正弦相位调制器在 Y 波导上位于偏置相位调制器前面。第一条和第三条确保 Y 波导和光纤中的相干背向散射误差为零，第二条消除了该正弦相位调制在解调时产生的交流速率误差信号。上述三个条件缺一不可。

8.4 方波偏置调制光纤陀螺中的相干背向散射误差

8.4.1 方波偏置调制光纤陀螺中 Y 波导内背向散射误差的等效旋转速率

高性能干涉式光纤陀螺更可能采用的是方波偏置调制(图 8.10)。下面针对图 8.10 所示的第二种结构来讨论方波偏置调制光纤陀螺中 Y 波导内相干背向散射误差引起的等效旋转速率。在这种情形下,假定前后两个调制器的长度相等,散射光波应分为两部分:前一部分 $p = 1 \sim N/2$,一束背向散射光波受到 $\phi_{ms}(\chi_p)\sin\omega_{ms}t$ 调制,另一束对称的背向散射光波没有受到任何调制;后一部分 $p = N/2+1 \sim N$,一束背向散射光波受到 $\phi_{ms}(\chi_p)\sin\omega_{ms}t$ 调制,另一束对称的背向散射光波受到 $\phi_m(\chi_p, t)$ 的调制。下面分析这种特殊的情形。

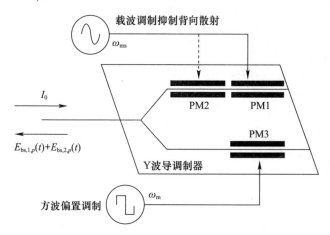

图 8.10 含有方波偏置调制的 Y 波导调制器结构

对于前一部分散射光波,波导上距 Y 分支合光点的物理长度为 p 个相干长度的对称散射段的散射光场为

$$E_{\text{mbs},1,p}(t) = (\alpha_m^{pL_c})^{1/2} E_{\text{mbs}}^p e^{j[\omega_0 t + \phi_{ms}(\chi_p)\sin\omega_{ms}t + \varphi_{1,p}(t)]}$$
$$E_{\text{mbs},2,p}(t) = (\alpha_m^{pL_c})^{1/2} E_{\text{mbs}}^p e^{j[\omega_0 t + \varphi_{2,p}(t)]} \quad (8.112)$$

背向散射光强为

$$I_{\text{mbs},p}(t) = \alpha_m^{pL_c} I_{\text{mbs}}^p \{1 + \cos[\phi_{ms}(\chi_p)\sin(\omega_{ms}t) - \Delta\varphi_p(t)]\} \quad (8.113)$$

式(8.113)右边的余弦函数可以写为

$$\begin{aligned}&\cos[\phi_{\mathrm{ms}}(\chi_p)\sin(\omega_{\mathrm{ms}}t)-\Delta\varphi_p(t)]\\&=\cos[\Delta\varphi_p(t)]\cos[\phi_{\mathrm{ms}}(\chi_p)\sin(\omega_{\mathrm{ms}}t)]+\\&\quad\sin[\Delta\varphi_p(t)]\sin[\phi_{\mathrm{ms}}(\chi_p)\sin(\omega_{\mathrm{ms}}t)]\end{aligned} \quad (8.114)$$

对于方波调制，在本征频率 $\omega_\mathrm{m}=\pi/\tau$ 的上下周期上进行采样，采样值相减给出陀螺的开环输出，因而方波调制光纤陀螺的解调函数仍是一个方波，与正弦调制光纤陀螺的正弦或余弦解调函数不同，方波解调函数由本征频率的奇次谐波组成，可以表示为

$$F(t)=\begin{cases}1,&0\leqslant t<\tau\\-1,&\tau\leqslant t<2\tau\end{cases}=\frac{4}{\pi}\Big[\sin(\omega_\mathrm{m}t)+\frac{1}{3}\sin(3\omega_\mathrm{m}t)+\frac{1}{5}\sin(5\omega_\mathrm{m}t)+\cdots\Big] \quad (8.115)$$

由于 $\omega_{\mathrm{ms}}\approx 2m\omega_\mathrm{m}$ 时，在 ω_m 的奇次谐波上调解，$I_{\mathrm{mbs},p}(t)$ 为零，即这一部分背向散射光波在同步解调时不产生旋转速率误差。

对于后一部分散射光波，波导上距 Y 分支合光点的物理长度为 p 个相干长度的对称散射段的散射光场为

$$\begin{cases}E_{\mathrm{mbs},1,p}(t)=(\alpha_\mathrm{m}^{pL_\mathrm{c}})^{1/2}E_{\mathrm{mbs}}^p\mathrm{e}^{\mathrm{j}[\omega_0 t+2\phi_{\mathrm{ms}}(\chi_p)\sin\omega_{\mathrm{ms}}t+\varphi_{1,p}(t)]}\\E_{\mathrm{mbs},2,p}(t)=(\alpha_\mathrm{m}^{pL_\mathrm{c}})^{1/2}E_{\mathrm{mbs}}^p\mathrm{e}^{\mathrm{j}[\omega_0 t+\phi_\mathrm{m}(\chi_p,t)+\varphi_{2,p}(t)]}\end{cases} \quad (8.116)$$

背向散射光强为

$$I_{\mathrm{mbs},p}(t)=\alpha_\mathrm{m}^{pL_\mathrm{c}}I_{\mathrm{mbs}}^p\{1+\cos[\phi_\mathrm{m}(\chi_p,t)-2\phi_{\mathrm{ms}(\chi_p)\sin(\omega_{\mathrm{ms}}t)}+\Delta\varphi_p(t)]\} \quad (8.117)$$

式中：

$$\phi_\mathrm{m}(\chi_p,t)=\frac{2\phi_\mathrm{m}}{L_\mathrm{m}}pL_\mathrm{c}\cdot F(t)=\frac{2\phi_\mathrm{m}}{N}p\cdot F(t)=\begin{cases}\dfrac{2\phi_\mathrm{m}}{N}p\\-\dfrac{2\phi_\mathrm{m}}{N}p\end{cases} \quad (8.118)$$

式 $I_{\mathrm{mbs},p}(t)$ 右边的余弦函数可以写为

$$\begin{aligned}&\cos[\phi_\mathrm{m}(\chi_p,t)-2\phi_{\mathrm{ms}}\sin\omega_{\mathrm{ms}}t+\Delta\varphi_p(t)]\\&=\cos[\Delta\varphi_p(t)]\cos[\phi_\mathrm{m}(\chi_p,t)]\cos[2\phi_{\mathrm{ms}}\sin\omega_{\mathrm{ms}}t]+\\&\quad\cos[\Delta\varphi_p(t)]\sin[\phi_\mathrm{m}(\chi_p,t)]\sin[2\phi_{\mathrm{ms}}\sin\omega_{\mathrm{ms}}t]-\\&\quad\sin[\Delta\varphi_p(t)]\sin[\phi_\mathrm{m}(\chi_p,t)]\cos[2\phi_{\mathrm{ms}}\sin\omega_{\mathrm{ms}}t]+\\&\quad\sin[\Delta\varphi_p(t)]\cos[\phi_\mathrm{m}(\chi_p,t)]\sin[2\phi_{\mathrm{ms}}\sin\omega_{\mathrm{ms}}t]\end{aligned} \quad (8.119)$$

式(8.119)右边中第三项的正弦和余弦的乘积(可用于解调)可以写为

$$2J_0(2\phi_{ms})\left\{\sin[\Delta\varphi_p(t)]\cdot\sum_{i=1}^{\infty}A_{2i-1}\sin[(2i-1)\omega_m t]\right\} \quad (8.120)$$

式中：A_{2i-1} 与 $\phi_m(\chi_p,t)$ 有关。当采用方波解调函数时，散射引起的净误差信号为

$$I_{\text{err,sig}} = 4S'(1-\alpha_m^{L_c})I_0\cdot J_0(2\phi_{ms})\sqrt{\sum_{p=N/2+1}^{N}\sum_{i=1}^{\infty}\alpha_m^{4pL_c}[A_{2i-1}^2]} \quad (8.121)$$

偏置调制频率上产生的旋转速率信号 I_{sig} 为

$$I_{\text{sig}}\approx 4\alpha^L I_0 J_1(2\phi_m)\cdot\phi_s \quad (8.122)$$

由 $I_{\text{sig}} = I_{\text{err,sig}}$，得

$$\Omega_{\text{error}}=\frac{\lambda_0 c}{2\pi LD}\cdot\frac{S'(1-\alpha_m^{L_c})J_0(2\phi_{ms})}{\alpha^L J_1(2\phi_m)}\cdot\sqrt{\sum_{p=N/2+1}^{N}\sum_{i=1}^{\infty}\alpha_m^{4pL_c}[A_{2i-1}^2]}\cdot\frac{180}{\pi}\cdot 3600((°)/h)$$

(8.123)

当调制振幅 $2\phi_{ms}$ 设置为约 2.4 rad 时，$J_0(2\phi_{ms})=0$，可以消除背向散射引起的旋转速率误差。

8.4.2 方波偏置调制光纤陀螺中高频正弦调制引起的附加速率误差信号

图 8.11 示出了当抑制背向散射误差的正弦相位调制与方波偏置相位调制被 Sagnac 干涉仪转化为一个光强信号(强度调制)时是如何相互作用的。光纤陀螺的干涉曲线(图 8.11(a))表明，被光探测器探测的光强 I 随 Sagnac 干涉仪中两束反向传播光波之间的相位差 $\Delta\phi$ 变化。总的相位调制(图 8.11(b))假定由下列组成：①理想的方波偏置调制，振幅为 $\pi/2$，频率为 $f_m = \omega_m/2\pi$；②频率为 $2(f_m + \Delta f)$ 的正弦相位调制 ($m=1$)，接近方波偏置调制频率的二次谐波(正弦相位调制的振幅被夸张，以突显其效应)。

当方波偏置调制工作在 $+\pi/2$ 时，图 8.11(b) 的 a 和 b 两点之间的正弦相位调制被加偏到干涉曲线的线性区域，因而，产生一个正弦光强信号示于图 8.11(c) 的 a、b 两点之间。当方波偏置调制切换至 $-\pi/2$ 状态时，图 8.11(b) 的 b、c 两点之间显示的正弦相位调制同样加偏到干涉曲线的线性区域。当然，在 $-\pi/2$，干涉曲线的斜率与 $+\pi/2$ 的斜率符号相反，因而图 8.11(c) 的 b、c 点之间的光强信号近似是图 8.11(c) 的 a、b 两点间的光强信号的反相形式。

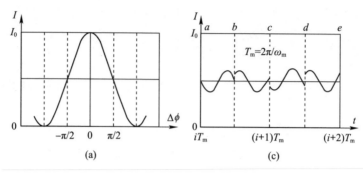

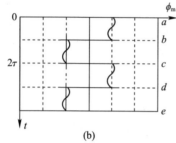

图 8.11　方波偏置调制信号与抑制背向散射的正弦相位调制信号之间的相互作用
(a)Sagnac 干涉仪余弦响应；(b)方波偏置调制与正弦
背向散射抑制调制；(c)调制波形在余弦响应上的映射。

由于正弦相位调制并不正好是方波偏置调制频率的两倍,图 8.11(c)的 b 和 c 两点之间的光强信号并不完全与图 8.11(c)的 a、b 两点之间的光强信号的符号相反。这定性地图示了正弦调制如何与方波偏置调制相互作用产生一个信号,这个信号可以解调出一个旋转传感误差。一个简单的方波解调方法包括：①找出图 8.11(c)的 a、b 两点之间的光强信号的平均值和图 8.11(c)的 b、c 两点之间的光强信号的平均值;②求出两个平均值的差。在没有旋转的情况下,两个平均值的差应为零。当然,这两个光学信号的正弦部分平均值不同,因而导致一个非零的解调输出,即旋转误差。

图 8.11(c)的点 c 和 e 之间(对应着第 $i+1$ 个偏置调制循环)的光学强度信号和与图 8.11(c)的点 a 和 c 之间(对应着第 i 个偏置循环)的光学强度信号是不同的,因而,在第 $i+1$ 个偏置调制循环产生的旋转传感误差将不同于第 i 个偏置调制循环产生的旋转传感误差。这定性地说明,偏置调制频率的二次谐波附近的正弦调制产生的旋转传感误差将随时间变化。

下面针对第二种结构,对方波偏置调制 $\phi_F(t)$ 加抑制背向散射的正弦波调制 $\phi_{ms}\sin\omega_{ms}t$ 的情形进行分析,计算方波偏置调制光纤陀螺中的正弦相位调制引起的附加速率误差信号。方波偏置调制频率为本征频率 $\omega_m = \pi/\tau$。

从 Y 波导输入/输出端口出射的主波的光场为

$$\begin{cases} E_1 = (\alpha^L)^{1/2} E_0 e^{j[\omega t + \phi_F(t-\tau) + \phi_{ms}\sin(\omega_{ms}t - \omega_{ms}\tau) - \phi_s/2]} \\ E_2 = (\alpha^L)^{1/2} E_0 e^{j[\omega t + \phi_F(t) + \phi_{ms}\sin(\omega_{ms}t - \omega_{ms}\tau) + \phi_s/2]} \end{cases} \quad (8.124)$$

$\phi_s = 0$ 时,主波的干涉光强为

$$\begin{aligned} I_{main} &= \alpha^L E_0^2 \{1 + \cos[\phi_F(t) - \phi_F(t-\tau) - \phi_{ms}\sin(\omega_{ms}t) + \phi_{ms}\sin(\omega_{ms}t - \omega_{ms}\tau)]\} \\ &= \alpha^L I_0 \begin{cases} 1 + \sin[\phi_{ms}\sin(\omega_{ms}t) - \phi_{ms}\sin(\omega_{ms}t - \omega_{ms}\tau)] \\ 1 - \sin[\phi_{ms}\sin(\omega_{ms}t) - \phi_{ms}\sin(\omega_{ms}t - \omega_{ms}\tau)] \end{cases} \\ &= \alpha^L I_0 \begin{cases} 1 + \sin\left[2\phi_{ms}\sin\left(\dfrac{\omega_{ms}\tau}{2}\right)\cos\left[\omega_{ms}\left(t - \dfrac{\tau}{2}\right)\right]\right] \\ 1 - \sin\left[2\phi_{ms}\sin\left(\dfrac{\omega_{ms}\tau}{2}\right)\cos\left[\omega_{ms}\left(t - \dfrac{\tau}{2}\right)\right]\right] \end{cases} \end{aligned} \quad (8.125)$$

式中:$\phi_{ms}\sin[\omega_{ms}t] - \phi_{ms}\sin[\omega_{ms}(t-\tau)] = 2\phi_{ms}\sin\left(\dfrac{\omega_{ms}\tau}{2}\right)\cos\left[\omega_{ms}\left(t - \dfrac{\tau}{2}\right)\right]$。

两个半周期上的采样值相减给出光纤陀螺的开环输出:

$$\Delta I_{main} = 2\alpha^L I_0 \sin\left[2\phi_{ms}\sin\left(\dfrac{\omega_{ms}\tau}{2}\right)\cos\left[\omega_{ms}\left(t - \dfrac{\tau}{2}\right)\right]\right] \quad (8.126)$$

当 $\omega_{ms} = 2m\omega_m$ 即本征频率的偶整数倍时,因为 $\sin(\omega_{ms}\tau/2) = 0$,$\Delta I_{main} = 0$,抑制背向散射的正弦波调制 $\phi_{ms}\sin\omega_{ms}t$ 不产生任何交流速率误差。

下面讨论抑制背向散射的正弦波调制频率相对偏置调制频率的整偶数倍有一个偏差的情形,其中正弦波调制频率可以写为

$$\omega_{ms} = 2m(\omega_m + \omega_e) = 2m(1 + \beta)\omega_m, \quad m = 1,2,\cdots \quad (8.127)$$

式中:$\beta = \omega_e/\omega_m$;$2m\omega_e$ 表示相对本征频率(同样也是偏置调制频率)的偶整数倍的小的偏差。假定 ω_e 很小,可以进行下列近似:

$$\begin{aligned} \sin\left(\dfrac{\omega_{ms}\tau}{2}\right) &= \sin[m(\omega_m + \omega_e)\tau] = \sin[m(1+\beta)\pi] \\ &= \sin(m\pi)\cos(m\beta\pi) + \cos(m\pi)\sin(m\beta\pi) \approx (-1)^m m\beta\pi \end{aligned}$$

$$(8.128a)$$

$$\cos\left[\omega_{ms}\left(t-\frac{\tau}{2}\right)\right] = \cos(\omega_{ms}t)\cos\left(\frac{\omega_{ms}\tau}{2}\right) + \sin(\omega_{ms}t)\sin\left(\frac{\omega_{ms}\tau}{2}\right)$$

$$\approx (-1)^m \cos[2m(1+\beta)\omega_m t] \tag{8.128b}$$

$\phi_s = 0$ 时，主波的干涉光强重写为

$$I_{main} = \alpha^L I_0 \begin{cases} 1 + \sin[2\phi_{ms}m\beta\pi \cdot \cos[2m(1+\beta)\omega_m t]] \\ 1 - \sin[2\phi_{ms}m\beta\pi \cdot \cos[2m(1+\beta)\omega_m t]] \end{cases}$$

$$\approx \alpha^L I_0 \begin{cases} 1 + 2\sum_{n=1}^{\infty}(-1)^{n-1}J_{2n-1}(2\phi_{ms}m\beta\pi)\cos[(2n-1)2m(1+\beta)\omega_m t] \\ 1 - 2\sum_{n=1}^{\infty}(-1)^{n-1}J_{2n-1}(2\phi_{ms}m\beta\pi)\cos[(2n-1)2m(1+\beta)\omega_m t] \end{cases}$$

$$\approx \alpha^L I_0 \begin{cases} 1 + 2\phi_{ms}m\beta\pi \cdot \cos[2m(1+\beta)\omega_m t] \\ 1 - 2\phi_{ms}m\beta\pi \cdot \cos[2m(1+\beta)\omega_m t] \end{cases} \tag{8.129}$$

为了模拟解调过程，强度信号在方波偏置调制的每个半周期上被分段积分。由于没有旋转，解调信号是一个误差信号 S_{error}：

$$S_{error} = \Delta I_{main} \approx \int_{(2i+1)\tau}^{2(i+1)\tau} I_{main} dt - \int_{2i\tau}^{(2i+1)\tau} I_{main} dt \tag{8.130}$$

式中：第一个积分对应着第 i 个偏置调制循环前半周期，第二个积分对应着第 i 个偏置调制循环后半周期。

$$\int_{2i\tau}^{(2i+1)\tau} I_{main} dt = -\alpha^L I_0(2\phi_{ms}m\beta\pi) \int_{2i\tau}^{(2i+1)\tau} \cos[2m(1+\beta)\omega_m t] dt$$

$$= \alpha^L I_0(2\phi_{ms}m\beta\pi) \frac{\sin[(2i+1)2m(1+\beta)\omega_m\tau] - \sin[2i \cdot 2m(1+\beta)\omega_m\tau]}{2m(1+\beta)\omega_m}$$

$$= \alpha^L I_0(2\phi_{ms}m\beta\pi) \frac{\sin[m\beta\pi]\cos[(4i+1)m\beta\pi]}{m\omega_m}$$

$$\approx 2\alpha^L I_0 \phi_{ms} m \beta^2 \pi\tau \cdot \cos[(4i+1)m\beta\pi] \tag{8.131}$$

误差信号 S_{error} 的时间依赖性通过采用指数 i 模拟任意偏置调制循环来求得。所以：

$$S_{error} \approx 2 \times 4\alpha^L I_0 \cdot m\beta^2 \phi_{ms} \cdot \pi\tau \cdot \cos[(4i+1)m\beta\pi]$$

$$= 8\alpha^L I_0 m \beta^2 \phi_{ms} \cdot \pi\tau \cdot \cos[(4i+1)m\beta\pi] \tag{8.132}$$

由于 $(4i+1)m\beta\pi = 2\pi\Delta f(4i+1)\tau = 2\pi\Delta f(t'+\tau)$，其中 $\Delta f = m\beta/2\tau$，并令 $t' =$

$4i\tau$,则

$$S_{\text{error}} = 8\alpha^L I_0 \cdot m\beta^2 \phi_{\text{ms}} \cdot \pi\tau \cdot \cos[2\pi\Delta f(t' + \tau)] \qquad (8.133)$$

偏置调制频率上产生的旋转速率信号 I_{sig} 在 τ 上积分为

$$S_{\text{sig}} = I_{\text{sig}} \cdot \tau \approx 4\alpha^L I_0 \cdot \phi_s \cdot \tau \qquad (8.134)$$

由 $S_{\text{sig}} = S_{\text{error}}$,得到交流速率误差信号的幅值:

$$\Omega_{\text{error}} = \frac{\lambda_0 c}{LD} \cdot m\beta^2 \phi_{\text{ms}} \cdot \frac{180}{\pi} \cdot 3600 \quad ((°)/\text{h}) \qquad (8.135)$$

这说明,正弦波调制频率相对偏置调制频率的整偶数倍有一个偏差 β 时,交流速率误差 Ω_{error} 与相对偏差 β 的平方成正比。取 $c = 3 \times 10^8 \text{m/s}$, $\lambda_0 = 1550 \text{nm}$, $2\phi_{\text{ms}} = 2.4 \text{rad}$, $L = 4000 \text{m}$, $D = 180 \text{mm}$, $m = 2$, $\beta = 10^{-3}$, 得到 $\Omega_{\text{error}} = 0.64(°)/\text{h}$。

另一方面,假定 100s 平滑 $0.001(°)/\text{h}$ 陀螺对应的角随机游走为 RWC = $0.00016(°)/\sqrt{\text{h}}$,角随机游走引起的零偏不稳定性与给定的积分时间 T 有关:

$$\Omega_{\text{RWC}} = \frac{\text{RWC}}{\sqrt{T}} \qquad (8.136)$$

假定当 Ω_{error} 小于 Ω_{RWC} 时,背向散射变得不重要。对于一个群分析,当积分时间 T 接近交流速率误差信号的周期的 1/2 时,交流速率误差具有一个极大效应。此时有:

$$T = \frac{\Delta T}{2} = \frac{1}{2\Delta f} = \frac{\tau}{m\beta} \quad (\text{s}) \qquad (8.137)$$

以及:

$$\Omega_{\text{RWC}} = \text{RWC} \cdot \sqrt{\frac{m\beta}{\tau}} \cdot 60 \quad ((°)/\text{h}) \qquad (8.138)$$

式中:$\tau = n_F L/c$, $n_F = 1.45$ 为光纤纤芯的折射率。由 $\Omega_{\text{error}} = \Omega_{\text{RWC}}$,对于给定的陀螺结构设计和精度,可以求出抑制二阶背向散射的正弦波调制频率相对偏置调制频率的整偶数倍的偏差容限。图 8.12 是交流速率误差 Ω_{error} 和角随机游走对应的角速率随机漂移误差 Ω_{RWC} 与背向散射抑制调制频率的相对误差 β 之间的函数关系。取典型值 RWC = $0.00016(°)/\sqrt{\text{h}}$, $L = 4000 \text{m}$, $D = 180 \text{mm}$, $\beta = 10^{-2} \sim 10^{-7}$, $\tau = n_F L/c$, $2\phi_{\text{ms}} = 2.4 \text{rad}$, $\lambda_0 = 1550 \text{nm}$, $m = 2$, 得到抑制背向散射的正弦波调制频率相对于偏置调制频率的整偶数倍的偏差容限 $\beta \leq 5 \times 10^{-4}$,因而对应的绝对偏差为 $2m\beta f_m \leq 50 \text{Hz}(m = 2)$。

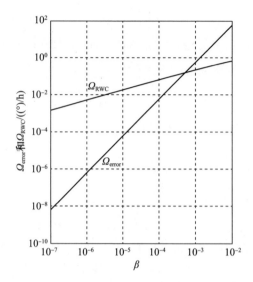

图 8.12 交流速率误差 Ω_{error} 和角随机游走对应的随机漂移误差 Ω_{RWC} 与背向散射抑制调制频率的相对误差 β 之间的关系

参 考 文 献

[1] 张惟叙. 光纤陀螺及其应用[M]. 北京:国防工业出版社,2008.

[2] 张桂才. 光纤陀螺原理与技术[M]. 北京:国防工业出版社,2008.

[3] STRANDJORD L K. Backscatter error reducer for interferometric fiber optic gyroscope:US,57813000 [P]. 1998-07-14.

[4] LEFÈVRE H C. 光纤陀螺仪[M]. 张桂才,王巍,译. 北京:国防工业出版社,2002.

[5] WERNER W V. Fiber-optic gyroscope with reduced bias drift error caused by optical back-reflections: US,5026161[P]. 1991-06-25.

[6] GANCELLIERI G,RAVAIOL U. Measurements of Optical Fibers and Devices:Theory and Experiment [M]. Artech House,1984.

[7] BURNS W. Optical Fiber Rotation Sensing[M]. New York:Academic Press INC. ,1994.

[8] MACKINTOSH J,CULSHAW B. Analysis and observation of coupling ratio dependence of Rayleigh backscattering noise in a fiber optic gyroscope[J]. J. Lightwave Technology,1989,7(9):1323-1328.

[9] GYSEL P,SYAUBLI R K. Statistical properties of Rayleigh backscattering in single-mode fibers [J]. J. Lightwave Technology,1991,8(4):561-567.

[10] BRINKMEYER E. Analysis of the backscattering method for single-mode optical fibers[J]. Journal of Optical Society of America,1980,70(8):1010-1012.

[11] MERMELSTEIN M D,POSEY R. Rayleigh scattering optical frequency correlation in a single-mode optical fiber[J]. Optics Letters,2001,26(2):58-60.

[12] HEALEY P. Statistics of Rayleigh backscatter from a single – mode optical fiber[J]. IEEE Transactions on Communication, 1987, 35(2): 210 – 214.
[13] TAKADA K. Calculation of Rayleigh backscattering noise in fiber – optic gyroscopes[J]. Journal of Optical Society of America A, 1985, 2(6): 872 – 877.
[14] LLOYD S W, et al. Modeling coherent backscattering errors in fiber optic gyroscopes for sources of arbitrary line width[J]. J. Lightwave Technology, 2013, 31(13): 2070 – 2078.

第 9 章 光纤陀螺的舒普(Shupe)效应与环圈技术

Sagnac 效应的检测基于这样一个事实:光纤环圈中两束反向传播光波之间的干涉相位应完全由旋转引起。因此,光纤环圈是光纤陀螺敏感角运动的核心部件。在实际应用中,环境因素诸(如温度、振动和机械应力等)随时间变化,会非均匀和非对称地作用于光纤环圈,引起两束反向传播光波之间光程变化的不对称性,使两束光波之间产生一个非互易相位差,与旋转引起的 Sagnac 相移无法区分,构成光纤陀螺偏置误差或漂移。虽然,可以采用某些手段消除这些环境扰动的影响,比如,对环圈进行绝热设计,但隔热措施会增加光纤陀螺的体积和重量。目前常用的方法是精密绕制具有特殊图样的光纤环圈,如四极、八极、十六极对称环圈等,并对绕制图样进行固化,以增强环圈的抗环境干扰能力。本章概述了导致光纤陀螺偏置误差的几种 Shupe 效应,探究了固化胶体应力松弛效应对光纤陀螺标度因数长期稳定性的影响,结合光纤环圈的骨架设计、绕制技术、胶体选择和固化工艺,重点阐述了降低光纤陀螺 Shupe 偏置误差、提高标度因数温度稳定性和长期稳定性以及改进光纤陀螺偏置振动灵敏度的技术措施。最后,介绍了光纤陀螺调制/解调模拟输出信号中尖峰脉冲不对称性引起的偏置误差,这种误差虽然源于电路的不理想而与光纤环圈无关,但常常难于与环圈平均温度引起的 Shupe 偏置误差区分。

9.1 光纤陀螺中 Shupe 效应的几种类型

"IEEE 单轴干涉型光纤陀螺仪标准规范格式指南与测试规程"(IEEE Std 952-1997)对 Shupe 效应的定义是:由于温度沿光纤长度变化而产生的时变非互易性误差,亦称为 Shupe 偏置误差。基于上述定义,光纤陀螺环圈中的 Shupe 效应主要有两种类型:纤芯温度变化率(温度梯度)引起的 Shupe 效应和外界应力变化率(应力梯度)引起的 Shupe 效应。前者由纤芯温度变化通过光弹效应导致光纤折射率变化,在光纤环圈中产生非互易相移;后者由光纤涂层、固化胶体和环圈骨架等温度变化产生膨胀或收缩,对纤芯施加不均匀热应力,进而通过光弹效应导致光纤折射率变化,在光纤环圈中产生非互易相移。

上面所讨论的是 Shupe 效应的狭义特征。在光纤环圈中,温度的任何变化都将引起石英光纤的长度或折射率的非互易变化,进而产生显著的偏置相位误差。广义上,与温度有关的光纤陀螺偏置误差都被看成是 Shupe 效应的产物,它可分为四种类型。

9.1.1 环圈平均温度引起的 Shupe 偏置误差

温度引起的 Shupe 偏置误差源自于环圈骨架、固化胶体与光纤之间热膨胀系数不匹配在环圈中产生的热应力,以及光纤涂层、固化胶体热胀冷缩引起的热应力,它是环圈平均温度的线性函数。相对环圈的敏感轴,热应力可分为轴向热应力、径向热应力和纵向热应力三种。对光纤来说,轴向和径向热应力属于横向热应力,纵向热应力则沿光纤长度方向。这些热应力沿光纤环圈分布是不均匀的,并随时间变化。这种时变的热扰动相当于一个没有固定幅值和固定频率的缓慢非互易相位调制,与旋转产生的信号无法分离,构成光纤陀螺的偏置漂移或误差。一般认为,当环圈温度达到稳定时,不同温度下的陀螺偏置是不同的。如果是固化胶体的热应力起主要作用,在固化温度附近,光纤环圈的热应力水平最小,只要环圈的温度偏离了胶体的固化温度,热应力引起的偏置误差就不为零。换句话说,热应力引起的陀螺偏置误差仅仅是环圈平均温度 T 的函数。

光纤的石英纤芯与涂覆层以及固化胶体之间的热膨胀系数不匹配可能导致环圈的横向膨胀远大于光纤的纵向长度膨胀,因此纵向热应力或热应变的影响可以忽略。图 9.1 给出了用光纤应变分析仪直接测得的一个 1350m 光纤环圈在不同温度下的相对应变水平,可以看出光纤环圈的平均纵向应变水平明显与温度有关,每条曲线的周期性微小变化反映了四极对称光纤环圈各层光纤的纵向应变差异;高温下光纤环圈中央位置的应变凸起代表线膨胀系数大的硬铝骨架对环圈最内层光纤的影响。恒定温度 T 的平均纵向应变仅仅引起本征频率随温度产生相应漂移,对环圈中两束反向传播光波来说是互易的,只有瞬态变化的纵向应变会产生非互易误差。图 9.1 所示的全温热应变水平对光纤陀螺标度因数的影响,稍后讨论。

光纤环圈的横向热应力分布不仅与骨架材料有关,还受光纤涂覆材料的特性以及光纤绕制方式、固化工艺等多种复杂因素影响。众所周知,传感用保偏光纤由纤芯(石英)、包层、内涂覆层和外涂覆层组成。内、外涂覆层为组分和杨氏模量不同的高聚物材料,保护光纤波导免受外部应力,石英、涂覆层和固化胶体共同构成光纤环圈的基质。因此,选择骨架材料时,首先要确保骨架线膨胀系数最好与光纤环圈基质的线膨胀系数接近。其次,在整个工作温度范围内,光纤环

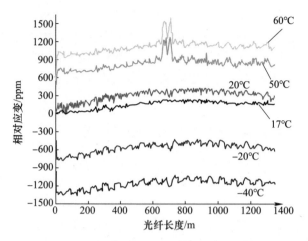

图9.1 不同温度下光纤环圈的相对应变水平。曲线的整体漂移反映了整根光纤在不同温度下的应变水平,每条曲线上的周期性波动反映了温度平衡后各层(匝)光纤的应变差异

圈的固化胶体的热膨胀系数应尽可能小。由于固化胶体产生的横向热应力与固化胶体的杨氏模量有关,正比于 $\alpha_d E(T-T_c)$,其中 α_d 是光纤和固化胶体的热膨胀系数的差值,E 是胶体的杨氏模量,$(T-T_c)$ 是相对胶体固化温度 T_c 的偏差。固化胶体太软,则光纤环圈的振动特性难于满足陀螺环境性能要求,但随着固化胶体模量的增加,当温度高于或低于固化温度 T_c(最小热应力)时,环圈将经受较大的横向热应力。因此,在光纤环圈的绕制中,必须统筹考虑胶的特性,同时满足偏置振动要求和低的热应力要求。用于环圈的固化胶体应在可预见的最大温度偏差 $(T-T_c)$ 内使光纤与胶的热膨胀系数差值尽可能小而杨氏模量适度较大,以减小振动引起的偏置误差。

不对称的横向热应力引起的 Shupe 偏置误差可以用光纤陀螺的偏置温度灵敏度来评价。偏置温度灵敏度定义为:在恒定的温度条件下,不同温度引起的陀螺偏置变化,单位为 ((°)/h)/℃。热应力引起的全温 Shupe 偏置误差的峰值也称为定温极差,是评估光纤环圈温度特性的一项重要指标。

9.1.2 纤芯温度变化率引起的 Shupe 偏置误差

沿光纤环圈长度,位置 z 处的一小段光纤 δz 上累积的相位 $\delta\phi$ 为

$$\delta\phi = \frac{2\pi}{\lambda_0} n_F \delta z \tag{9.1}$$

式中:n_F 为纤芯折射率;λ_0 为平均光波长。对于一个温度变化 dT,这个累积相位的变化为

$$\frac{\mathrm{d}(\delta\phi)}{\mathrm{d}T} = \frac{2\pi}{\lambda_0}\left[\delta z \cdot \frac{\mathrm{d}n_F}{\mathrm{d}T} + n_F \cdot \frac{\mathrm{d}(\delta z)}{\mathrm{d}T}\right] = \frac{2\pi}{\lambda_0}\left[\delta z \cdot \frac{\mathrm{d}n_F}{\mathrm{d}T} + n_F \cdot \frac{1}{\delta z}\frac{\mathrm{d}(\delta z)}{\mathrm{d}T} \cdot \delta z\right]$$
(9.2)

式中：$\frac{1}{\delta z}\frac{\mathrm{d}(\delta z)}{\mathrm{d}T} = \alpha_{SiO_2}$ 定义为石英纤芯的热膨胀系数，则

$$\mathrm{d}(\delta\phi) = \frac{2\pi}{\lambda_0}\left(\frac{\mathrm{d}n_F}{\mathrm{d}T} + n_F \cdot \alpha_{SiO_2}\right)\mathrm{d}T \cdot \delta z \tag{9.3}$$

通常情况下，石英纤芯的热膨胀系数 $\alpha_{SiO_2} = 5.5 \times 10^{-7}/℃$，石英折射率的温度依赖性 $\mathrm{d}n_F/\mathrm{d}T = 8.5 \times 10^{-6}/℃$。

在位置 z 处，顺时针和逆时针光波之间的时间延迟 $\Delta t(z)$ 为

$$\Delta t(z) = \frac{L-z}{c/n_F} - \frac{z}{c/n_F} = \frac{L-2z}{c/n_F} \tag{9.4}$$

式中：L 为光纤环圈长度。在环圈的中点 $z = L/2$，$\Delta t(z) = 0$，在环圈的一端 $z = 0$，$\Delta t(z) = n_F L/c$ 最大。

如果位置 z 处的温度变化率为 $\mathrm{d}T/\mathrm{d}t$，环形干涉仪该处一小段光纤 δz 产生的非互易相位误差 $\delta\phi_e$ 为

$$\delta\phi_e(z) = \frac{2\pi}{\lambda_0}\left(\frac{\mathrm{d}n_F}{\mathrm{d}T} + n_F \cdot \alpha_{SiO_2}\right)\frac{\mathrm{d}T(z)}{\mathrm{d}t} \cdot \Delta t(z) \cdot \delta z \tag{9.5}$$

这些非互易相位误差在光纤环圈长度上累加，分析该问题的最好方法是考虑位于坐标 z 和 $L-z$ 处的一对对称的光纤段。对于这样的一对光纤段，干涉仪中产生的非互易相位误差 $\delta\phi_{ep}$ 为

$$\delta\phi_{ep} = \delta\phi_e(z) + \delta\phi_e(L-z) \tag{9.6}$$

这得到：

$$\delta\phi_{ep}(z) = \frac{2\pi}{\lambda_0}\left(\frac{\mathrm{d}n_F}{\mathrm{d}T} + n_F \cdot \alpha_{SiO_2}\right)\left[\frac{\mathrm{d}T(z)}{\mathrm{d}t} \cdot \frac{L-2z}{c/n_F} + \frac{\mathrm{d}T(L-z)}{\mathrm{d}t} \cdot \frac{L-2(L-z)}{c/n_F}\right] \cdot \delta z$$

$$= \frac{2\pi}{\lambda_0}\left(\frac{\mathrm{d}n_F}{\mathrm{d}T} + n_F \cdot \alpha_{SiO_2}\right)\left[\frac{\mathrm{d}T(z)}{\mathrm{d}t} - \frac{\mathrm{d}T(L-z)}{\mathrm{d}t}\right]\frac{L-2z}{c/n_F} \cdot \delta z \tag{9.7}$$

其中利用了：

$$L - 2(L-z) = -(L-2z) \tag{9.8}$$

对整个光纤环圈长度积分，得到纤芯温度变化率 $\mathrm{d}T/\mathrm{d}t$ 引起的 Shupe 效应 $\phi_{Shupe-T}$：

$$\phi_{\text{Shupe-T}} = \frac{2\pi}{\lambda_0}\left(\frac{dn_F}{dT} + n_F \cdot \alpha_{\text{SiO}_2}\right)\int_0^{L/2}\left[\frac{dT(z)}{dt} - \frac{dT(L-z)}{dt}\right]\frac{L-2z}{c/n_F}dz \quad (9.9)$$

这个结果很重要,它表明,纤芯温度变化率dT/dt引起的Shupe效应$\phi_{\text{Shupe-T}}$依赖于对称光纤段z和$L-z$处的温度变化率之差,也即依赖于对称光纤段的残余温度变化率。

纤芯温度变化率和横跨环圈的温度梯度由热传递方程决定。根据热传导理论,温度梯度的存在必然存在热传递,引起光纤环圈空间各点温度随时间的变化。温度一旦随时间趋于恒定时,这种Shupe偏置误差就会为零。因此,温度梯度引起的Shupe偏置误差与温度变化率引起的Shupe偏置误差是同一现象的两种表述。光纤陀螺输出误差与残余温度变化率呈线性关系,曲线的斜率被称为Shupe系数,是光纤陀螺偏置温度梯度灵敏度的直接表示,单位为$((°)/h)/(℃/\min)$或$((°)/h)/(℃/h)$。

图9.2(a)给出了一个实际陀螺的输出与变化的温度之间的函数关系,图9.2(b)是图9.2(a)的陀螺输出与光纤环圈外表面的温度差的函数关系。可以看出,陀螺输出的变化与温度变化率比较一致(轻微的不一致可能与上面提到的温度引起的Shupe偏置误差和对称光纤段z、$L-z$处的温度变化率之差有关),说明陀螺温度漂移主要由温度变化率引起。这一现象在所有光纤陀螺中普遍存在,是Shupe效应的集中体现。因此,在确定一个环圈的Shupe系数时,宜选择小温度范围拟合陀螺偏置与温度变化率的线性关系,因为在一个大的温度范围内,偏置漂移还包含了横向热应力引起的偏置误差。另外,不同温度段、不同温度变化率下测得的Shupe系数可能也不尽相同,这与胶体和光纤材料的玻璃化区域的延伸范围等因素有关。Shupe系数主要由绕制和固化工艺决定,一般情况下与环圈直径和光纤长度成反比,对于无骨架的1500m紫外固化光纤环圈,Shupe系数可以降至$0.05((°)/h)/(℃/\min)$以下。据国外报道,绕制在碳复合骨架上的光纤环圈,Shupe系数甚至会更小,这与碳复合材料的导热性与光纤环圈比较接近有关(大大降低了残余的温度变化率)。

通过测量环圈的温度梯度或温度变化率,可以对温度变化引起的Shupe偏置误差进行补偿:

$$\Omega_e = \kappa_1(T_1 - T_2) = \kappa_2\frac{dT}{dt} \quad (9.10)$$

式中:Ω_e为温度梯度或温度变化率引起的Shupe偏置误差分量;T_1、T_2为环圈内外侧的温度;dT/dt为环圈温度随时间的变化率;κ_1为利用温度梯度拟合的Shupe系数,单位为$((°)/h)/℃$;κ_2为利用温度变化率拟合的Shupe系数,单位为$((°)/h)/(℃/h)$。基于对某型光纤陀螺的快速加热试验所进行的温度补偿

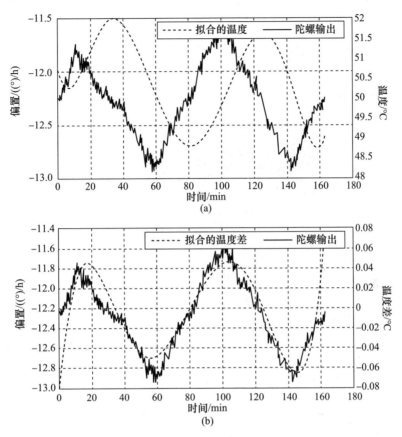

图9.2 光纤陀螺偏置误差与温度、温度变化率的关系
(a)陀螺零偏与温度的关系；(b)陀螺零偏与温度差的关系。

如图9.3所示。数据说明陀螺输出与环圈内外侧的温度差具有强相关性，这与温度变化引起Shupe效应的理论是一致的。同时可以看出，用温度梯度或温度变化率对陀螺输出进行补偿具有明显效果。

纤芯自身温度变化率dT/dt引起的Shupe效应$\phi_{\text{Shupe-T}}$也可视为纤芯自身因热膨胀产生的热应力σ_F引起的Shupe效应，因为由式(9.3)：

$$\frac{d(\delta\phi)}{dT} = \frac{2\pi}{\lambda_0}\left(\frac{dn_F}{dT} + n_F \cdot \alpha_{\text{SiO}_2}\right) \cdot \delta z = \frac{2\pi}{\lambda_0}\left(\frac{dn_F}{dT} + n_F \cdot \frac{1}{E_{\text{SiO}_2}}\frac{d\sigma_F}{dT}\right) \cdot \delta z$$

$$= \frac{2\pi}{\lambda_0}\left(\frac{dn_F}{d\sigma_F}\frac{d\sigma_F}{dT} + n_F \cdot \frac{1}{E_{\text{SiO}_2}}\frac{d\sigma_F}{dT}\right) \cdot \delta z$$

$$= \frac{2\pi}{\lambda_0}\left(\frac{dn_F}{d\sigma_F}\frac{1}{dT} + n_F \cdot \frac{1}{E_{\text{SiO}_2}}\frac{1}{dT}\right)d\sigma_F \cdot \delta z \qquad (9.11)$$

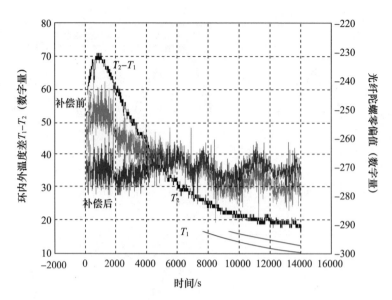

图 9.3 在温箱中将陀螺升温至 60℃，然后关掉温箱电源，打开温箱门，自然降温至 30℃，用温度差 $T_2 - T_1$ 补偿前、后陀螺零偏变化与光纤环内部温度 T_2、外部温度 T_1 和温度差 $T_2 - T_1$ 的关系曲线

式中：E_{SiO_2} 为石英纤芯的弹性模量，并利用了 $\frac{1}{\delta z} \frac{d(\delta z)}{dT} = \alpha_{SiO_2}$，$\frac{d\sigma_F}{dT} = \alpha_{SiO_2} E_{SiO_2}$。因而得

$$d(\delta\phi) = \frac{2\pi}{\lambda_0}\left(\frac{dn_F}{d\sigma_F} + n_F \cdot \frac{1}{E_{SiO_2}}\right)d\sigma_F \cdot \delta z \tag{9.12}$$

式(9.12)表明，纤芯自身温度变化率的影响等效于纤芯自身热应力变化率的影响。

9.1.3　外界应力变化率引起的 Shupe 偏置误差

将式(9.12)中的 σ_F 看成光纤涂层、固化胶、缓冲层、骨架等外界因素对纤芯施加的综合热应力 σ，则式(9.12)可写为

$$d(\delta\phi) = \frac{2\pi}{\lambda_0}\left(\frac{dn_F}{d\sigma} + \frac{n_F}{E}\right)d\sigma \cdot \delta z \tag{9.13}$$

式中：E 为纤芯外围涂层、固化胶、缓冲层、骨架等的等效弹性模量。同样地，沿整个光纤长度积分，得到外界应力变化率 $d\sigma/dt$ 引起的 Shupe 效应 $\phi_{Shupe-\sigma}$：

$$\phi_{\text{Shupe-}\sigma} = \frac{2\pi}{\lambda_0}\left(\frac{dn_F}{d\sigma} + \frac{n_F}{E}\right)\int_0^{L/2}\left[\frac{d\sigma(z)}{dt} - \frac{d\sigma(L-z)}{dt}\right]\frac{L-2z}{c/n_F}dz \quad (9.14)$$

如前所述，光纤环圈的纤芯将受到径向、轴向和沿光纤长度方向的热应力，由于热应力的各向异性，热应力 σ 通常是一个张量。

9.1.4 温度二阶导数引起的 Shupe 偏置误差

光纤环圈经历温度梯度变化时的偏置误差常用光纤陀螺的偏置时变温度梯度灵敏度表示。解释与时间有关的陀螺偏置误差与变化的温度梯度之间关系的理论称为 Tdotdot Shupe 理论。这是一种时变类型的 Shupe 偏置误差，由 D. Shupe 于 1980 年在一篇文章中第一次提出，也称为温度的二阶效应，它表现为在小温度变化率下，陀螺输出呈现振荡(图 9.4)，振荡的波形与温度的二阶时间导数相关(当然还与绕制和固化工艺有关)。光纤陀螺的偏置温度梯度灵敏度的单位为 $((°)/h)/(℃/h^2)$ 或 $((°)/h)/(℃/min^2)$，目前试验发现它与光纤环圈所用固化胶体的热传导特性有关。

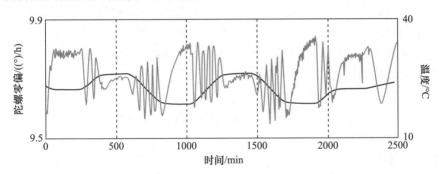

图 9.4　升、降温速率较小时(比如，小于 0.05℃/min)陀螺输出的振荡情况

Tdotdot Shupe 理论指出，制造光纤环圈基质材料的热导率等特性与陀螺中的时变温度梯度引起的与时间有关的偏置误差相关。通过增加光纤环圈基质的热导率，可以相应减小 Tdotdot Shupe 效应。固化好的光纤陀螺环圈基体主要由光纤涂覆和固化胶体组成。整个光纤环圈的热导率是这种复杂成分的函数。因为光纤是外购，其涂覆层材料无法"改变"，因此要改善整个光纤环圈的基质热导率，必须直接改善固化胶体的热导率，如在胶体中添加适当的填充剂。

除热导率外，在灌封胶体中添加填充剂，还可以改善和调节(固化时或固化后)胶体的其他多项特性，如线膨胀系数、硬度、黏度、收缩率、导电性、导磁性、胶接强度、抗腐蚀性、延展性、热容和比热容等。填充剂大多为粉状材料，使用前应过筛,一般要求 100～300 目或更低。针对提高环圈热导率应用,几种填充剂的粒度和作用为:铝粉,200～325 目或更低,提高导热性,降低线膨胀系数和收缩率;银粉,250～300 目或更低,提高导热性和导电性;炭黑,提高导热性、导电性和强度。

热导率是表征材料热传导能力的性能参数,即在稳定的条件下,单位温度梯度下垂直通过单位面积方向的每通过单位面积的热量,单位:W/(m·K)。采用填充炭的硅树脂作为灌封材料,室温条件下其热导率大约为 0.35W/(m·K),这样整个光纤环圈的热导率约为 0.25W/(m·K)。在硅树脂中填充银粉,室温条件下其热导率大约为 1.4W/(m·K),可使整个光纤环圈的热导率提升至大约 1.2W/(m·K)。因此,在热导率方面会有大约四倍的改善。采用高热导率的胶体固化环圈,预期 Tdotdot Shupe 效应会相应地降低或消除。

在胶体中添加填充剂会增强热导率,同时也可能会影响胶体的黏附力。另外,市场上的填充剂通常表面上有一涂层材料。这种涂层是制造工序的一部分,也称为表面改性,为这种材料的可生产性提供了必要的润滑质量。适当地选择涂层材料能够改进其在胶体内的浸润和悬浮状态。涂层材料可能是有机的,也可能是无机的,可以溶解在胶体中。在需要高导电率的应用中,涂层材料有时会影响胶体的固化机制。比如,铂化的胶体对固化抑制物特别敏感。因此,选择适当的涂层材料是确定胶体填充剂配方的重要因素。

9.2 光纤陀螺环圈的骨架设计

9.2.1 骨架材料的选择

光纤环圈是光纤陀螺的基本元件,它通常绕制在或粘接到刚性骨架上。骨架通常由支撑环圈的线轴和线轴两端约束环圈的法兰组成(图9.5),光纤在由线轴和法兰确定的空间上绕制成环圈形状。在选择骨架时,最好是环圈和骨架的热膨胀系数接近或相等,当温度变化时保持光纤的形变最小。如果只考虑径向热膨胀或轴向热膨胀,使环圈和骨架的热膨胀系数接近是相对简单的。但是由于固化后的光纤环圈径向热膨胀与轴向热膨胀系数差别较大,很难找到一个合适的骨架材料,既能在两个方向与环圈的热膨胀系数接近,又适合于将环圈与陀螺本体结构连接起来。骨架材料具有适当的或高的热导率是有益的,可以降低光纤环圈的温度梯度。骨架的比热容(质量乘上材料的比热)高,确保环圈热平衡快,可以降低温度变化的不均匀性。据国外报道,由具有高热导率的碳复合材料制成的骨架,可以做到温度变化时在径向和轴向上都能保持对称的热膨胀。

用于骨架的碳复合材料还应具有高弹性模量(热机械稳定性高),如美国 Amoco 公司 P-25 型、P-55 型和 P-100 型碳纤维产品,弹性模量分别为 2.5×10^7 psi、5.5×10^7 psi 和 10^8 psi。

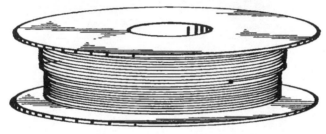

图 9.5　含骨架的光纤陀螺环圈

骨架材料的选取还需考虑下列特点:①轻质,因为减少传感器质量意味着更大的载体负荷,特别是在宇航应用中;②表面皱纹分布(光洁度)适当(尤其是非金属复合材料)。皱纹分布可以通过对表面抛光来改进。用较硬的材料抛光,皱纹参数值也较低,对安装和其他可能的应力引起的本地变形也较不敏感。典型的骨架材料包括:金属合金,如硬铝、钛等;碳纤维复合材料;金属基体复合材料,陶瓷增强金属;陶瓷;上述任何材料制成的复合材料。目前主流的无骨架光纤环圈同样需要骨架作为其支撑或安装基准。

9.2.2　骨架结构的设计

　　光纤陀螺环圈通过环圈支撑结构也称为骨架安装在陀螺仪本体上,骨架和环圈通常都是同轴的圆柱形结构。骨架的功能通常有两个方面:①固定光纤环圈;②将环圈的输入轴通过骨架的基准安装面与惯性空间预定的方向对准。传统的骨架设计为同质"工"字形剖面,即骨架由中央圆柱形线轴和线轴两端的法兰组成,光纤环圈绕制在骨架线轴上,形成一个三明治结构(图9.6)。"工"字形骨架结构具有很好的振动性能,也展示了各向同性的热膨胀特性,但在陀螺热特性上很难做到设计合理。这是因为环圈在轴向的热膨胀系数通常比径向大一至两个数量级,如果骨架的热膨胀系数与光纤环圈径向热膨胀系数接近,则环圈的轴向热膨胀将超过线轴;反之,如果骨架的热膨胀系数接近环圈的轴向热膨胀系数,则预计温度变化时线轴具有相对较大的径向热膨胀,挤压光纤环圈。也就是说,尽管环圈关于轴向和径向是各向异性的,但骨架是各向同性的,偏置误差就源自于传统骨架和环圈的热膨胀特性的这种不匹配。在典型的固化环圈中,径向热膨胀系数约为10ppm/℃,而轴向热膨胀系数大于200ppm/℃。安装在传统铝骨架上的光纤环圈的轴向膨胀可能会产生500psi以上的应力。

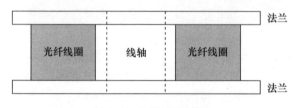

图9.6　光纤环圈骨架

另外一种骨架设计为单端法兰设计(图9.7),在原来的"工"字形结构基础上去掉一端法兰。环圈直接绕制在线轴上,或绕制好后粘接到法兰上。当受热时,环圈可以不受约束地轴向膨胀,消除了传统双法兰骨架结构中环圈受到轴向压缩产生的应力。这种单一边缘法兰设计增加了环圈安装的灵活性,提高了陀螺的热性能。考虑到环圈和骨架的轴向膨胀不同,环圈和线轴之间不能硬连接,导致环圈与法兰之间是一种悬臂式结构,对环境振动可能比较敏感。

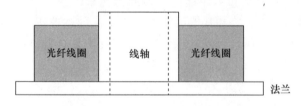

图9.7　采用单端法兰的光纤环圈骨架

单一中央法兰设计(图9.8),只有一个法兰,位于线轴中央,将环圈一分为二,对于同样的光纤长度和环圈直径,与单一边缘法兰设计相比,环圈的谐振频率将提高一倍,改善了光纤陀螺的振动特性,但增加了环圈绕制或粘接的复杂性。

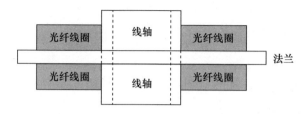

图9.8 采用单一中央法兰的光纤环圈骨架

9.2.3 骨架/光纤环圈的径向和轴向热膨胀

一根连续光纤,绕制成圆柱形光纤环圈并用胶体材料灌封、固化。(固化后)胶体受热膨胀受冷收缩是其固有特性。当温度变化时,其在三维方向上的尺寸都会发生变化,其变形程度用线膨胀系数表示,定义为温度每变化1℃时,样品一维尺寸变化值与其原始尺寸之比,单位为℃$^{-1}$。环圈是公认的各向异性结构,在径向和轴向会呈现出显著不同的热膨胀系数,这由环圈的几何结构在径向和轴向上的差分抗挠性决定。

在径向,当光纤陀螺经历温度变化时,光纤环圈的径向膨胀取决于石英纤芯,环圈沿径向向内、向外都存在膨胀。骨架在温度变化下同样发生膨胀,各向同性材料制作的传统骨架可能相对中心轴沿径向和轴向均匀膨胀。总的来说,骨架的径向膨胀大于光纤环圈的径向向内膨胀,骨架和光纤环圈之间产生显著的力学界面,导致骨架向外的径向压力施加到光纤环圈界面上,将应力传给光纤环圈。在最糟的情形下,径向膨胀导致环圈中可能发生裂痕或其他机械损伤。骨架因温度变化产生径向膨胀,施加于光纤的热应力 σ 由下式确定:

$$\sigma = (\alpha_1 - \alpha_2) \cdot \Delta T \cdot E_{coil} \quad (9.15)$$

式中:ΔT 为温度变化;α_1 和 α_2 分别为骨架材料和光纤环圈的径向热膨胀系数, $\alpha_2 = 5.5 \times 10^{-7}/℃$;$E_{coil}$ 为光纤环圈的杨氏模量(Pa)。

在轴向,通常情况下,骨架材料和环圈具有不同的热膨胀系数,光纤环圈的轴向膨胀主要由聚合物外涂层和固化材料的热膨胀系数决定,呈现了相对大的热膨胀(而径向膨胀主要由石英纤芯构成的光纤匝决定,呈现出相对小的膨胀)。对于图9.6所示的工字形光纤环圈骨架,光纤环圈和法兰紧密接触,当温度上升时,由于光纤环圈的轴向热膨胀受限于两个法兰之间相对固定的距离,环圈收到明显的轴向压缩。法兰通常比光纤环圈硬得多,法兰使邻近法兰的光纤环圈匝受到限制。受法兰限制的这一部分光纤环圈,其膨胀不同于远离法兰的其他光纤环圈匝的膨胀。这样,光纤环圈不同部分的热膨胀之差在光纤环圈中产生明显的热应变梯度。另外,邻近法兰的光纤环圈匝变形,形变引起光纤环圈的不对称性,由于环境因素,如温度变化、振动引起的应力,导致光通过光纤环圈时的光学中点发生移动,在陀螺输出中产生大的 Shupe 偏置误差。

9.2.4 对骨架线轴、法兰与光纤环圈之间缓冲层的要求

缓冲胶层用来解决热膨胀失配产生的偏置误差。以图 9.9 所示的单一边缘法兰为例,温度变化时,光纤环圈和法兰的轴向热膨胀之差,被轴向缓冲层吸收,改善了光纤环圈沿轴向的应变均匀性。由于法兰比光纤环圈模量高,发生热膨胀时,靠近法兰的光纤环圈比远离法兰的光纤环圈受到更大限制。由于缓冲层具有低的弹性剪切模量,使靠近法兰表面的光纤环圈比没有缓冲层时的膨胀要大。这样缓冲层的存在使靠近法兰的光纤环圈比远离法兰的光纤环圈更接近相同的膨胀速率,进而经受的应变程度也更接近,两者的轴向应变量大致相同,大大降低了轴向应变梯度。同理,骨架线轴外表面的径向缓冲层降低了光纤环圈的径向应变梯度。

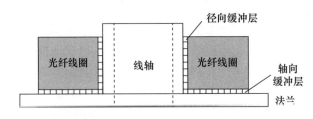

图 9.9　含有缓冲层的单一边缘法兰环圈结构

缓冲胶层最好采用低热导材料,以降低向环圈的热传导速率,保持环圈的热对称性。缓冲胶层可以是预压成型的胶体材料,使其变形与骨架的向外膨胀以及光纤环圈沿径向的向内膨胀相适应,在由于温度变化发生膨胀和收缩时,缓解了骨架施加在环圈上的作用载荷,减小了骨架对环圈的应力和环圈的变形。当胶层比骨架材料软时,光纤环圈中引起的应力一般小于骨架膨胀引起的应力。与胶体材料的轴向压缩有关的流体静压力通过胶体材料的超弹特性和胶体周围可用的自由面积所允许的侧向膨胀得到缓解。

缓冲层的厚度还与光纤陀螺的振动灵敏度要求有关,采用较厚的缓冲层,虽然衰减了环圈的谐振频率,但增加了环圈的振动幅值。采用相对薄的缓冲层可以降低环圈的振动灵敏度(非谐振状态下)。缓冲层的厚度一般为 100 ~ 600μm。缓冲层的泊松比范围可选择 0.497 ~ 0.498,弹性模量可选择近似为 7×10^{-6} Pa。根据国外报道的典型实验结果,对于一个 200m 长的光纤环圈,增加适当的缓冲后,Shupe 偏置误差下降为原来的 1/3。

总之,最佳的骨架设计包括:①骨架线轴由较低膨胀系数的碳复合材料或钛合金制成,以便与固化后的环圈的热膨胀系数匹配。②两侧法兰结构,法兰采用钛合金材料,既确保热膨胀小,又具有适当的抗振动性。对于特定的应用,也可以采用单一边缘法兰或单一中央法兰设计,并确保环圈谐振频率远离环境振动范围。③骨架线轴、法兰与光纤环圈之间填充适当厚度的缓冲层或胶层,吸收环圈和骨架之间热膨胀不同产生的应力,该缓冲层最好同时具有隔热效果,以便于通过抑制温度梯度降低 Shupe 效应。

9.3 光纤环圈的对称绕制技术

9.3.1 光纤陀螺对环圈的绕制要求

如前所述,光纤陀螺环圈中温度变化引起的 Shupe 效应会给光纤陀螺的输出带来大的漂移并因此限制其应用。

由式(9.9)可知,Shupe 效应的重要特征表现为:①一段特定的光纤对 Shupe 偏置误差的贡献,与这段光纤到环圈中点的距离成正比;②一段特定的光纤对 Shupe 偏置误差的贡献,是该段光纤上相位扰动的时间导数的函数,即 Shupe 偏置误差与该段光纤的温度变化率成正比;③如果作用在环圈光纤段上的相位扰动相对环圈中点是等距的(对称段),且扰动幅值和符号相同,则 Shupe 偏置误差被抵消。Shupe 效应的这些特征可以通过数学推导得出。对称绕制方法正是基于上述特征提出的。对称性是指,对光纤陀螺环圈内彼此相邻的光纤段(或点)到光纤中点(严格来讲,应是 Sagnac 光纤干涉仪的光学中点)的距离相等,这样,两束反向传播光波在通过光纤时,在同一时间经历相同的相位扰动,因而被相互抵消,不产生任何偏置误差。

D. Shupe 于 1980 年首次提出光纤环圈周围温度场的不均匀变化引起非互易性相移,此后,国内外对光纤陀螺环圈绕制技术的研究一直持续至今。N. Frigo 在 1983 年理论分析了常规绕法、双极及四极对称绕法的区别,并证明采用四极对称绕法可使 Shupe 误差减小 3 个数量级。此后四极对称绕法作为主流的绕制方法得到了广泛应用和改进。美国 Honeywell 公司 1994 年报道了八极和十六极绕法的专利技术,1999 年又提出了免交叉的正交绕法。美国 Litton 公司还结合骨架匹配、胶体固化、环圈粘接等技术和工艺开展研究。除了特殊的对称绕制方式外,一般来讲,对光纤环圈绕制的基本要求是:①光纤必须以非常小的张力绕制;②绕制过程中必须有足够的排纤精度,避免上一层光纤下陷到下一层光纤中;③绕制各层光纤的过渡不能在光纤中引入突然弯曲或应力突变;④最好采用正交方式绕制。为了满足这些要求,绕制设备的设计和绕制方式的选择是非常重要的。图 9.10 给出了两个光纤对称绕环设备的照片。

图 9.10　美国 KVH 和诺思若谱—格鲁曼公司的光纤对称绕环设备

9.3.2 四极、八极和十六极对称绕制环圈

光纤陀螺环圈的绕制方法有多种,包括常规绕法(螺旋绕法)、二极对称、四极对称、八极对称、十六极对称、匝数调整绕法、隔行绕法和免交叉(正交)绕法等。其中对称绕法占据主流地位,包括四极对称、八极对称和十六极对称绕法等,主要目的是避免温度梯度引起的偏置漂移。各种对称绕法对温度梯度引起的偏置漂移的抑制效果各不相同。特别值得注意的是,许多光纤陀螺中采用的所谓四极绕法,在理论上对抑制径向温度梯度引起的非互易性有效,但轴向温度梯度的存在仍会产生不容忽略的偏置误差,因此,光纤环圈的绕制还需要考虑一种能够本质上消除径向和轴向温度梯度或温度变化率引起的偏置误差的绕制方法。下面介绍几种重要的对称绕制光纤环圈及其特点。

(1) 四极对称环圈。如图 9.11 所示,为了绕制一个四极对称环圈,要从一根连续光纤的中点绕起,两侧光纤被分别绕在两个分纤轮上,第一个分纤轮用于沿顺时针方向在环圈骨架上绕制第一层的各匝。这第一层是从骨架的一端(P端)绕到另一端(Q端)。此时,第二个分纤轮固定在某一适当位置,随骨架一起转动。然后,第一个分纤轮固定在某一适当位置,随骨架一起转动,第二个分纤轮用于沿逆时针方向在环圈骨架上绕制第二层的各匝。这第一层也是从骨架的 P 端绕到 Q 端,随后再从 Q 端往回绕到 P 端,形成第三层光纤。紧接着,第一个分纤轮再从骨架 Q 端往回绕到 P 端,形成第四层的各匝光纤。这样,光纤中点一侧的光纤构成光纤环圈的第一和第四层,另一侧的光纤构成光纤环圈的第二和第三层,这四层光纤通常被称为一个四极结构。如果用"+"和"-"分别标记光纤中点两侧的光纤,则四极的周期性层结构为"+ - - +",称为正向四极。由于光纤较长,需要重复性地有多个四极,因此四极对称光纤环圈具有"+ - - + + - - + + - - +……"的层结构。可以看出,四极对称光纤环圈要求光纤环圈的层数为四的倍数。

(2) 八极对称环圈。将四极对称光纤环圈的周期性层结构"+ - - +"的改变符号,变成"- + + -",称为反向四极。一个正向四极和一个反向四极构成的八层结构"+ - - + - + + -",称为正向八极。由于光纤较长,需要重复性地有多个八极,因此八极对称光纤环圈具有"+ - - + - + + - + - - + - + + -……"的层结构。可以看出,八极对称光纤环圈要求光纤环圈的层数为八的倍数。

(3) 十六极对称环圈。同理,可以将一个八极对称光纤环圈的周期性层结构"+ - - + - + + -"的符号变号,改为"- + + - + - - +",称为反向八极。

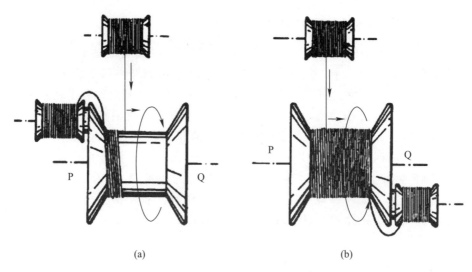

图 9.11 多极对称绕法示意图

一个正向八极层结构和一个反向八极层结构构成的周期性十六层结构"+ - - + - + + - - + + - + - - +",称为正向十六极。由于光纤较长,十六极对称环圈需要重复性地有多个十六极层结构,因此十六极对称光纤环圈具有"+ - - + - + + - - + + - + - - +……"的层结构。可以看出,十六极对称光纤环圈要求光纤环圈的层数为十六的倍数。

9.3.3 采用十六极对称环圈抑制轴向温度梯度灵敏度

如图 9.12 所示,以一个十六层的四极对称环圈为例,说明轴向 Shupe 误差的产生原因。由于四极对称绕法的工艺特点,层 1 相对于层 16 有一个轴向空间偏移量 d,层 2 相对于层 15 有一个轴向空间偏移量 d,层 3 相对于层 14 有一个轴向空间偏移量 d,以此类推。这个空间距离 d 可以是一个或几个光纤外径的尺寸,也可以小于一个光纤直径。当存在一个时变径向和轴向温度梯度时,光纤中点两侧对称的光纤层或光纤匝感受的温度变化稍有不同,这样,光纤环圈中的两束反向传播光波经历的光程不同,因而产生一个相位误差。一些绕制缺陷,比如每层匝数不同、光纤匝下陷等也可以部分等效为类似的误差。下面将通过公式推导和分析来说明,采用十六极对称环圈,理论上可以消除轴向温度梯度引起的 Shupe 偏置误差。

由式(9.9),只考虑纤芯温度变化率引起的 Shupe 效应,由于 $n_F \cdot \alpha_{SiO_2}$ 比 dn_F/dT 小近似一个数量级,温度变化引起的 Shupe 偏置误差近似为

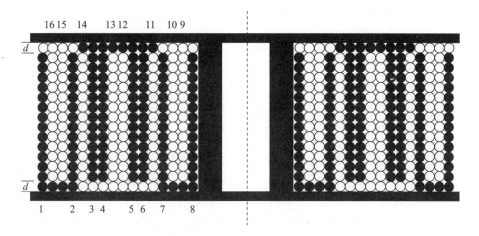

图 9.12 十六极对称线圈

$$\Omega_{\text{Shupe-T}} = \frac{1}{LD} \cdot n_F \cdot \frac{dn_F}{dT} \int_0^{\frac{L}{2}} \left[\frac{dT(l)}{dt} - \frac{dT(L-l)}{dt} \right](L-2l)dl$$

$$= \frac{1}{LD} \cdot n_F \cdot \frac{dn_F}{dT} \int_0^L \frac{dT(l)}{dt}(L-2l)dl \tag{9.16}$$

式中：L、D 分别为光纤长度和环圈直径；n_F 为光纤折射率；dn_F/dT 为折射率 n_F 的温度系数；$dT(l)/dt$ 为光纤环圈长度段 l（某一层光纤的长度）上的温度变化率。设光纤环圈的总匝数为 N，由于 $L = N\pi D$，式(9.16)变为

$$\Omega_{\text{Shupe-T}} = \frac{N\pi}{L^2} \cdot n_F \cdot \frac{dn_F}{dT} \int_0^L \frac{dT(l)}{dt}(L-2l)dl \tag{9.17}$$

还可以将式(9.17)化为层层求和，得到下列方程：

$$\Omega_{\text{Shupe-T}} = \frac{N\pi}{L^2} \cdot n_F \cdot \frac{dn_F}{dT} \cdot \sum_{i=1}^{m} \left[\int_{l_1(i)}^{l_2(i)} \frac{dT(i)}{dt}(L-2l)dl \right] \tag{9.18}$$

式中：i 为层序号，反映了该层光纤在整根光纤中所处的位置（而非在光纤环圈中的层顺序）；m 为光纤环圈的总层数（假定为 16 的倍数）；$l_1(i)$ 为从光纤环圈的起点到第 i 层光纤的起点的长度；$l_2(i)$ 为从光纤环圈的起点到第 i 层光纤的终点的长度；$dT(i)/dt$ 为描述第 i 层光纤的温度变化率或第 i 层光纤两侧温度梯度 ΔT_i 的函数。这里：

$$\frac{\Delta T_i}{R_H} = \frac{1}{C_H} \frac{dT(i)}{dt} \tag{9.19}$$

式中:R_H、C_H 分别为光纤的热阻和热容。因而有

$$l_1(i) = \frac{L}{m}(i-1), \quad l_2(i) = \frac{L}{m}i \qquad (9.20)$$

对式(9.20)进行积分得

$$\Omega_{\text{Shupe-T}} = \frac{N\pi}{m^2} \cdot n_F \cdot \frac{dn_F}{dT} \cdot \sum_{i=1}^{m} \left[\frac{dT(i)}{dt} \cdot [1 + m - 2i] \right] \qquad (9.21)$$

用式(9.21)可以粗略评估存在轴向和径向的线性温度梯度时,二极、四极、八极和十六极对称绕制方式的相对 Shupe 偏置误差,见表 9.1 和表 9.2。其中表 9.2 中第 1 列是含有一个完整十六极对称光纤环圈的层结构,用"+""-"符号表示光纤中点两侧的光纤;第 2 列是层序号,按光纤长度从一端到另一端的顺序来定义,也即对于一个十六层的光纤环圈,1~8 代表了光纤中点一侧的光纤,9~16 代表了另一侧的光纤(见图 9.12);第 3 列是位置加权因子,是 Shupe 效应的基本特征;第 4 列是径向温度梯度因子,假定为线性变化,即无论径向还是轴向,从外到内线性递减的温度变化;第 5 列是十六极结构的径向残余 Shupe 误差;第 6 列是轴向温度梯度因子;第 7 列是十六极结构的轴向残余 Shupe 误差。从表 9.1 和表 9.2 可以看出,相对于二极对称结构:①四极对称环圈能够大大抑制径向温度梯度产生的 Shupe 误差,但仍存在残余误差,且四极对称环圈无法抑制轴向温度梯度产生的 Shupe 偏置误差;②八极对称环圈可以完全消除径向温度梯度产生的 Shupe 误差和部分抑制轴向温度梯度产生的 Shupe 偏置误差;③十六极对称环圈理论上可以完全消除径向和轴向温度梯度产生的 Shupe 偏置误差。

最后,值得说明是,之所以说"粗略",是指这种分析仅考虑了每一层光纤在光纤长度和光纤环圈中的平均位置因子,而没有考虑每一匝光纤在光纤长度和光纤环圈中的位置因子。更精确的分析需要借助于有限元仿真。

表 9.1 各种对称线圈结构的相对 Shupe 误差

光纤线圈绕制类型	相对残余 Shupe 误差	
	径向	轴向
二极对称	64	64
四极对称	8	64
八极对称	0	16
十六极对称	0	0

表 9.2 采用十六极对称线圈结构抑制温度梯度引起的径向和轴向 Shupe 偏置误差

一个完整的十六极对称结构			温度梯度引起的相对 Shupe 偏置误差			
			径向		轴向	
层结构	层编号 i	位置加权因子 $1+m-2i$	温度梯度因子	十六极残余误差	温度梯度因子	十六极残余误差
+	1	15	16		2	
-	16	-15	15		1	
-	15	-13	14		1	
+	2	13	13		2	
-	14	-11	12		2	
+	3	11	11		1	
+	4	9	10		1	
-	13	-9	9		2	
-	12	-7	8	0	2	0
+	5	7	7		1	
+	6	5	6		1	
-	11	-5	5		1	
+	7	3	4		2	
-	10	-3	3		1	
-	9	-1	2		1	
+	8	1	1		2	

9.4 光纤陀螺环圈的固化胶体

9.4.1 环圈固化的基本要求和实现工艺

需要采用胶体对绕制的环圈进行固化。胶体材料的选择对环圈的性能影响很大。固化环圈有许多优点,一个普遍的看法是,环圈绕制中或绕制后灌封和固化可以稳定绕制图样。采用逐层固化,可以确保有一个平坦的光纤层界面,便于下一层光纤的绕制,这种绕制环境便于对生成的光纤环圈几何图样的控制,包括内部光纤间距、每层的光纤匝数、光纤层数等重要参数,并使绕制缺陷(光纤匝数缺失)最小。固化环圈的第二个优点是通过选择适当的胶体材料及必要的填充材料,降低对温度、振动等环境影响因素的灵敏度。

光纤环圈的涂胶方式有刷胶、喷涂、带胶(绕制)和真空浸胶(灌封)等。刷胶是用毛刷将胶体涂布在物体胶接表面的手工涂胶法,它适用于黏度小、溶剂挥发慢的胶体。刷胶最好顺一个方向,往返刷胶容易卷进气泡。喷涂是用涂胶枪把胶体涂布在物体胶接表面上。带胶(绕制)是在环圈绕制过程中将胶体先涂敷到光纤上。无论是刷胶、喷涂,还是带胶(绕制)都称为"湿法"绕制技术。真空浸胶是先采用"干法"(不带胶)绕制环圈,然后抽真空将胶体浸入环圈内部。

涂胶量是在工艺过程中控制胶接质量、确保固化环圈取得最佳性能的一项指标。对于结构胶接,在胶层完全浸润被胶材料表面的前提下,涂胶量应当适宜,胶层过厚,非但无益,反而有害。胶层越厚,缺陷出现的概率增多,变形大,收缩大,胶层的残余应力也越大,将直接影响其黏接强度。

胶体固化后与物体胶接面及其邻近处发生破坏所需的应力称为黏接强度。胶层太厚会影响其黏接强度,这是因为:①随着胶层厚度增加,胶层内部缺陷(气孔、裂纹)迅速呈指数型增加,导致黏接强度下降;②胶层越厚,温度变化引起的内应力也越大,造成黏接强度损失。胶层太薄也会影响其黏接强度,因为胶层太薄则胶接面上容易产生局部缺胶,构成胶接缺陷,在受力时,缺陷中心容易产生应力集中,加速胶层破裂,降低黏接强度。

胶体在一定条件下通过化学反应获得胶接强度的过程称为固化。环圈的固化通常与胶体材料的选择有关。紫外环氧树脂需要考虑逐层固化还是整体固化,因为绕制完成后紫外光可能很难穿透进环圈内部,且容易造成内、外层固化不均衡。"湿法"绕制技术在环圈绕制过程中多采用热固化胶,一般在环圈绕制完成后进行固化。

对环圈而言,环圈与骨架界面的粘接,对胶接强度要求较高;环圈内部层匝之间的固化,对胶接强度要求较低(对线膨胀系数、模量等其他指标有特殊要求)。国外有资料表明,固化胶体材料的剪切胶接强度大于40psi可以满足陀螺环圈要求。

胶体材料的硬度表示它抵抗外界压力的能力,反映了材料本身(固化后)的软硬程度,与材料的其他力学特性如弹性、压缩变形、杨氏模量等有密切关系。固化后胶体的硬度测量主要采用邵氏硬度计。在胶体中添加某种"填充材料"可以增加胶体的硬度,提高材料与振动有关的偏置性能。比如,尽管高于玻璃化温度时"裸"硅树脂材料具有相对低的杨氏模量,填充剂的添加允许人们获得所需要的振动阻尼。在效果上,添加填充材料增加了硅树脂在弹性区的硬度,将陀螺的振动灵敏度降低到所需的水平。比如,在固化环圈的填充材料中,炭黑在增强胶体模量和导热性方面具有极好的特性。

在胶体的黏性和其热导率之间存在着折衷考虑。增加填充剂的内容会增强热导率,但是可能会影响其黏附力,对某些应用可能不合适。黏度是胶体的内摩擦,单位是帕·秒(Pa·s)或毫帕·秒(mPa·s)。帕·秒与泊(P)、厘泊(cP)的关系是:1P=0.1Pa·s,1cP=1mPa·s。没有添加填充剂等固体成分的胶体属于牛顿流体,其黏度称为真黏度。添加了填充剂等固体成分的胶体属于非牛顿流体,其黏度称为表观黏度。大多数胶体的黏度是表观黏度,单位是帕·秒(Pa·s),可以用旋转黏度计测量。黏度直接影响绕环和固化的工艺参数。填充胶体的黏度在整个工作寿命期内应小于25000cP。这一要求意味着在添加填充材料之前,胶体的真黏度可能会在3000cP以下。增加填充剂的浓度会提高热导率等性能。但是,工作黏度的上限决定了填充剂的填充浓度。工作黏度的限制由灌胶方式、所需的工作寿命以及诸如光纤的浸润性等物理因素所决定。如果黏度太高,在绕环时胶体将无法浸润并覆盖光纤。

  胶体在室温下的固化速度必须足够慢,这样才能允许完成带胶绕环以及灌胶过程。然而,固化的速度又不能太慢,这样会造成胶体下流(成水滴状),影响后面的绕环工作。绕环和灌胶过程最好持续四个小时。因此灌注混合物在4h后的黏度不能超过25000cP。通过在带胶绕制中采用加热激励,可以有效和精确地固定各匝光纤的位置,避免绕制不均匀和排纤不致密造成上一层的某(些)匝光纤落到下一层,保证后续的精密绕制,降低Shupe偏置误差。另一方面,真空灌胶、整体固化仍是高性能光纤环圈的必然要求。

9.4.2 固化胶体玻璃化温度引起的偏置效应

  光纤涂覆和固化环圈的胶体材料大多为高分子聚合物材料。非晶态高聚物或部分结晶高聚物的非晶区,当温度升高或从高温降温时,会发生玻璃化转变,这个转变过程的实质是高聚物的链段运动随着温度的降低被"冻结"或随着温度的升高被激发。当高聚物发生玻璃化转变时,除形变与模量外,高聚物的比热容、线膨胀系数、热导率等都会表现出突变或不连续的变化。材料的模量从高到低变化对应的温度范围称为玻璃转化区。这个温度范围的中间值称为玻璃化温度 T_g。在低于玻璃转化区的温度上,涂层材料是硬的或呈"玻璃态";在高于玻璃转化区的温度下,涂层材料是软的或呈"高弹态"。粗略地,玻璃转化区的低端温度被定义为玻璃态的模量值的 1/3 处的温度;玻璃转化区的高端温度被定义为高弹态的模量值的 3 倍处的温度。适用于环圈固化的高聚物胶体材料,应具有下列特征:① 玻璃化温度在光纤陀螺工作的温度范围之外;② 弹性模量足够大,以有效降低偏置振动灵敏度。

  玻璃化温度是胶体的一种物理特性。每一种胶体材料都用其玻璃化温度表征,在玻璃转化区可以观察到材料的杨氏模量发生显著改变。这个区域见证了随着温度的升高,从玻璃态向高弹态的转化。图 9.13 是具有传统涂层的通信光纤的硅树脂内涂层材料的杨氏模量与温度的函数关系。在大约 -40℃ 温度以上,模量基本上是一个常值,但是低于大约 -40℃ 温度,内涂层材料的杨氏模量急剧增加,可以清楚地显示出模量有大约一个数量级的变化。图 9.14 是温度从 -100℃ 升至 +100℃ 时,固化的丙烯酸盐涂覆材料 NORLAND 65 的杨氏模量与温度的关系曲线,图中实线是杨氏模量的实部,虚线是杨氏模量的虚部。可以看到,材料的杨氏模量的突然衰减始于丙烯酸盐胶体冷却至 0℃ 时,这种转化在大约 +50℃ 时完成。这对应着该聚合物从玻璃态向高弹态的物理转化。转化区的中心近似与模量虚部的曲线的峰一致,发生在 +28℃。在转化区域,NORLAND 65 的杨氏模量从 220000psi 降为 400psi,硬度下降了约 500 倍。采用这种光纤绕制的环圈,低温下的光纤陀螺偏置尖峰通常与内涂层模量的剧烈变化有关,高温下的偏置漂移对应着外涂层材料的模量渐变。

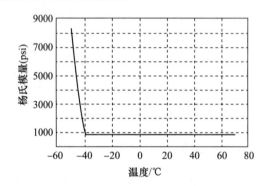

图 9.13　光纤内涂层材料的弹性模量与温度的关系

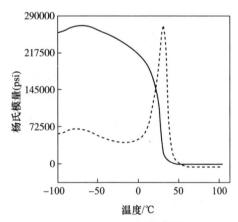

图 9.14　丙烯酸盐外涂覆材料弹性模量与温度的关系
（虚线为模量的虚部,与损耗因子有关）

理想情况下,光纤涂层材料和固化胶体材料的弹性模量在陀螺的工作温度范围内应该近似为常值。因而,涂层材料和固化胶体的玻璃转化区应在陀螺的工作温度范围之外。如果陀螺温度在固化胶体(或者固定器件、尾纤的胶体)的玻璃转化区,则会产生明显的偏置尖峰效应和偏置交叉效应。所谓偏置尖峰效应是指在变温过程中,固化胶的模量发生很大变化,由此产生的瞬态非对称热应力变化使陀螺输出频繁发生突变(图9.15),也称为偏置尖峰。偏置尖峰的方向与变温方向有关,即如果升温时偏置尖峰朝上,则在同一温度范围内降温时,偏置尖峰朝下。这是偏置尖峰效应的一个重要特征。随着固化胶迅速从玻璃态转化为高弹态(或从高弹态转化为玻璃态),热应力开始较均匀地分布于整根光纤上,因此发生偏置尖峰效应的概率下降直至消失。

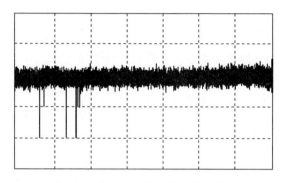

图9.15 变温过程中的偏置尖峰效应

偏置交叉效应是指将光纤陀螺从低温升到高温(正向)和从高温降至低温(反向)时,如果温度范围跨越玻璃转化区,则陀螺的这两条偏置输出曲线并不是具有一定趋势的重合或平行曲线,而是出现了两次或多次交叉。如图9.16所示,由不同方向的温度斜坡获得的数据曲线在+5℃和+50℃两个温度点附近发生交叉。这种交叉表明,偏置与温度变化率的相关性或Shupe系数同样与温度有关,换

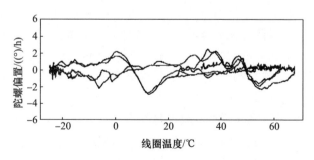

图9.16 变温过程中的偏置交叉效应

句话说,在玻璃转化区,该光纤环圈的 Shupe 系数与温度呈非线性关系。这种温度依赖性使对陀螺偏置的分析处理异常复杂,温度建模和补偿变得更加困难。

9.4.3 固化胶体热应力和应力松弛效应对标度因数的影响

9.4.3.1 影响标度因数稳定性的因素

光纤陀螺标度因数稳定性包括两个方面:一是温度稳定性,与全温标度因数变化以及可补偿性有关,通常用补偿后的全温标度因数重复性表征;二是时间(长期)稳定性,包括光纤陀螺测试、环境老化、高低温储存、长期静置、系统应用等历时性环节的标度因数变化。前者由光纤涂层、固化胶体或骨架等复合因素的全温热膨胀系数、模量及其变化对光纤纤芯施加热应力引起,后者通常与高聚物材料(如固化胶体或光纤涂层)的长期应力松弛效应有关。一般陆用导航与定位系统要求全局(温度/时间)标度因数稳定性小于 20ppm,机载惯性导航系统要求标度因数稳定性小于 5ppm,而高精度长航时光纤陀螺惯性导航系统则要求任务周期内的标度因数稳定性小于 1ppm。

光纤陀螺的 Sagnac 标度因数 K_{SF} 为

$$K_{SF} = \frac{2\pi LD}{\lambda_0 c} \tag{9.22}$$

式中:L 为光纤长度;D 为环圈直径;λ_0 为光源平均波长;c 为真空中的光速。标度因数 K_{SF} 的相对变化因而为

$$\frac{dK_{SF}}{K_{SF}} = -\frac{d\lambda_0}{\lambda_0} + \frac{d(LD)}{LD} \tag{9.23}$$

由式(9.23)可以看出,影响光纤陀螺标度因数稳定性的主要因素是光源平均波长 λ_0 的稳定性和环圈几何尺寸(LD)的稳定性。闭环处理电路对标度因数误差也有影响,不是主要因素,这里忽略。

光源平均波长的稳定性与光源谱宽 $\Delta\lambda$ 的平方根成反比,即光源谱宽越宽,波长稳定性越差。目前优化设计的高斯型掺铒超荧光光纤光源(SFS),谱宽 $\Delta\lambda$ 约为 10nm,全温未加补偿的全温平均波长变化可以达到 30ppm,且具有相当可补性,所以光源平均波长的稳定性不是目前光纤陀螺标度因数温度稳定性和时间(长期)稳定性的主要因素。

一般认为,单纯石英光纤的线性膨胀系数小于 1ppm/℃,理论上,环圈径向膨胀受石英纤芯构成的光纤匝约束,同样呈现出相对小的热膨胀,不是几何尺寸(LD)稳定性的主要因素。但环圈几何尺寸(LD)通常还受固化胶体影响,比较复杂,光纤涂层、固化胶体和骨架等受外界温度变化影响施加于纤芯的热应力,

引起环圈几何尺寸(LD)的本地微观变化,可能会大于宏观的径向热膨胀效应,是标度因数温度稳定性的主要原因;而固化胶体的应力松弛效应则造成光纤陀螺标度因数随时间的长期变化。

9.4.3.2 温度引起的光程变化 $\Delta(n_F L)$

虽然Sagnac效应是与光纤折射率n_F无关的纯空间延迟,但由于讨论标度因数变化问题可以不涉及Sagnac干涉仪的非互易性,最直接有效的方法是从光程($n_F L$)入手考察Sagnac标度因数的温度灵敏度。

光纤环圈中的基模传播经过光纤长度L累积的相位ϕ为

$$\phi = \frac{2\pi}{\lambda_0} \cdot n_F L \tag{9.24}$$

光波相位随温度T的变化为

$$\frac{d\phi}{dT} = \frac{2\pi}{\lambda_0} \cdot \frac{d(n_F L)}{dT} = \frac{2\pi}{\lambda_0} \cdot \left[n_F \frac{dL}{dT} + L \frac{dn_F}{dT} \right] \tag{9.25}$$

省略$2\pi/\lambda_0$,只考虑光程($n_F L$),温度灵敏度表达为

$$S^T = \frac{1}{n_F L} \cdot \frac{d(n_F L)}{dT} = \frac{1}{L} \cdot \frac{dL}{dT} + \frac{1}{n_F} \cdot \frac{dn_F}{dT} = S_L^T + S_{n_F}^T \tag{9.26}$$

式(9.26)中温度灵敏度S^T包括两项:单位温度变化的光纤长度相对变化(因而称为S_L^T)和单位温度变化的模式有效折射率相对变化(因而称为$S_{n_F}^T$)。由于光纤涂层(通常是聚合物)的热膨胀系数一般比石英大两个数量级,涂层的膨胀拉长了光纤,涂层热膨胀引起的光纤长度变化是对S_L^T的主要贡献。折射率项$S_{n_F}^T$是三种效应的和:第一项是光纤的横向热膨胀,改变了芯径尺寸,进而改变了光纤基模的有效折射率;第二项效应是热膨胀产生的应变,这些应变通过弹光效应改变了折射率;第三项效应是光纤温度变化引起的材料折射率变化(热光效应)。对标准单模光纤来说,典型测量值为$S_{n_F}^T \approx 6\text{ppm}/℃$,$S_L^T \approx 2.2\text{ppm}/℃$,进而$S^T = 8.2\text{ppm}/℃$。因此,在温度变化引起的光程变化$\Delta(n_F L)$中$n_F$起主要作用,约为600ppm。即温度变化引起的$L$的相对变化对标度的影响仅为220ppm,且具有相当的可补偿性,对标度因数温度稳定性影响小。

9.4.3.3 应力引起的光程变化 $\Delta(n_F L)$

光纤环圈中的外界应力变化显然也会对$n_F L$产生关联作用:

$$\Delta(n_F L) = n_F \Delta L + L \Delta n_F = \left(n_F + L \frac{dn_F}{dL} \right) \Delta L \tag{9.27}$$

其中:

$$L\frac{dn_F}{dL} = -\frac{n_F^3}{2}(p_{12} - \nu p_{12} - \nu p_{11}) \qquad (9.28)$$

式中:$n_F = 1.45$ 为石英折射率;$p_{11} = 0.121$、$p_{12} = 0.27$ 为石英的弹光系数;$\nu = 0.16$ 为石英的泊松比。由:

$$\frac{\Delta L}{L} = \frac{\sigma_S}{E_{SiO_2}} \qquad (9.29)$$

式中:σ_S 为光纤纤芯受到的外界应力(单位:MPa);E_{SiO_2} 为杨氏模量($1/E_{SiO_2}$ 称为柔量或应力松弛系数)。得

$$\Delta n_F = -\frac{n_F^3}{2}(p_{12} - \nu p_{12} - \nu p_{11})\frac{\sigma_S}{E_{SiO_2}} \qquad (9.30)$$

因而有:

$$\frac{\Delta n_F}{n_F} = -0.218\frac{\sigma_S}{E_{SiO_2}} \qquad (9.31)$$

可以看出,应力引起的光纤长度相对变化和折射率相对变化都与杨氏模量成反比。在应力引起的光程变化 $\Delta(n_F L)$ 中,n_F 的相对变化小,L 起主要作用,因而对全温标度因数变化影响大。

现在来分析图9.1中全温条件下光纤相对应变水平对光纤陀螺全温标度因数的影响。如图9.1所示,图中每条曲线代表某一恒定温度下的相对应变。曲线上的周期性波动反映了温度平衡后各层(匝)光纤的应变差异,主要由光纤涂层、固化胶体等对光纤施加的不均匀应力引起。相对于不同温度下相对应变水平曲线的移动,每条曲线上外界应力不均匀引起的应变较小。如前所述,在外界应力引起的光程变化中 L 起主要作用,以 -40℃ 的曲线为例,各光纤层应变波动的幅值约为 100ppm,因而直接导致 L 的相对变化(相对均值)约为 100ppm/2 = 50ppm,对标度因数温度稳定性有约 50ppm 的贡献。前面已经讲过,光纤环圈径向热膨胀受石英纤芯构成的光纤匝约束,因而 D 的变化(进而引起的光纤长度 L 的变化)很小($10 \sim 20$ppm/℃),由此可以断定,全温条件下约 2400ppm 的相对应变水平应归因于温度引起的 $\Delta(n_F L)$ 变化,而在温度变化引起的光程变化中 n_F 起主要作用,约为 600ppm,L 的相对变化为 220ppm,仅占总的变化的 1/4,这导致全温条件下约 2400ppm 的相对应变水平对 L 相对变化的贡献约为 600ppm。因而全温条件下标度因数的变化可能会达到 650ppm 以上。

9.4.3.4 标度因数的温度稳定性和长期稳定性

图 9.17 是光纤陀螺采用不同固化胶体(图中标注了三种胶体 A、B、C)的全温标度因数变化(未补偿),其中含光源平均波长随温度变化和光纤长度随温度

变化引起的标度因数变化。实际中,宽带超荧光光纤光源的全温波长稳定性约为 100～300ppm 量级,而实际测量的光纤陀螺,采用不同胶体固化,全温标度因数的变化大约为 600～1200ppm,且胶体不同,全温标度因数变化也相差较大,这说明,固化胶体的热应力对全温标度因数的变化具有重要影响。

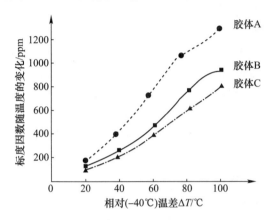

图 9.17　光纤线圈采用不同固化胶体的全温标度因数变化

图 9.18 是同一种固化胶体(胶体 C)的陀螺,在经过若干高温老化、低温储存、高低温循环、长期静置等环境试验后的全温标度因数测试曲线(未补偿)。由图 9.18 可以看出,热应力引起的全温标度因数变化趋势基本没变,但经过不同环境条件(和时间)后,逐次全温测量时,每个恒定温度点上的长期标度因数变化高达几十 ppm。这样大的标度因数变化无法用光源平均波长 λ_0 变化和光纤长度 L 的热膨胀来解释,且很难建模补偿,应与固化胶体的应力松弛效应有关。

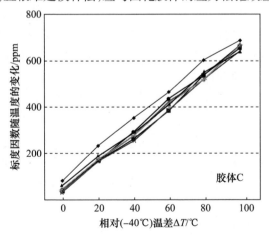

图 9.18　同一种固化胶体在经过若干高、低温(包括静置)后的全温标度因数变化的重复性

即使没有外界应力,固化胶体的机械性能也可能会由于高聚物分子结构中发生的变化而随时间变化。分子排列变化引起的高聚物机械性能变化称为物理老化,分子键改变引起的高聚物机械性能变化称为化学老化。物理老化可能与固化胶体固化不足、固化不均匀或固化过度等诸多工艺因素有关。这导致玻璃化温度 T_g 的精确位置依赖于物理老化过程。比如,图9.19给出了较长时间连续高、低温储存后,固体胶体C的热机械特性曲线(DMA曲线)的演变,包括杨氏模量和损耗因子随温度的变化,其中损耗因子定义为杨氏模量的实部和虚部之比,损耗因子曲线的峰值位置定义了玻璃化温度 T_g。可以看出,胶体C的玻璃化温度 T_g 的原始位置约为+107℃;高温120℃储存两周,测得的玻璃化温度 T_g 的位置向右移动至+123℃,继续高温120℃储存两周,T_g 的位置又继续向右移动至+132℃;然后低温-50℃储存两周,T_g 的位置移动至原始位置左侧的+98℃,继续低温-50℃储存两周,T_g 的位置又继续向左移动至+75℃。如前所述,光纤涂层和固化胶体均为高聚物材料,固化胶体通过刷胶、真空灌封等方法浸入光纤环圈中进行固化,存在诸多缺陷,因此对标度因数时间稳定性的影响可能会更大。环圈固化后长期高温储存,在热氧条件下,一方面胶体发生后固化行为,原来未完全反应的特征集团进一步交联,分子链交联度增大;另一方面,在热氧作用过程中,胶体中极少量的残余溶剂和小分子物质,进一步从胶体中挥发出去,胶体分子链段通过热运动逐渐占据残余溶剂和小分子物质挥发留下的自由空穴,分子间作用力增大,分子链段运动变缓,胶体刚性增加。这导致高温储存后玻璃化温度 T_g 向高温方向移动。长时间低温储存,胶体内部相区分布以及相边界分子力减小,或者胶体中的缺陷附近存在较大残余应力,使分子链断裂,高分子链的柔性提高,玻璃化温度降低。由于缺陷是有限的,这种长时间、交替的高、低温储存,胶体后固化、残余分子挥发、缺陷附近分子链断裂和分子链交联趋于稳定值,玻璃化温度逐渐稳定在一个不同于原始位置的中间值上。由于所用的固化胶体工作在玻璃化温度以下,应力松弛效应会很小,随时间的稳定需要很长的时间,这对标度因数时间稳定性产生影响。不同的胶体,热机械特性的变化也会不同,导致光纤陀螺标度因数随物理老化和时间的变化趋势也会不同。固化胶体的应力松弛效应的大小与胶体的固有黏弹特性、物理老化进程有关,是可以"设计"的。图9.20是对固化胶体优化"设计"后测量的包括标度温补、高温老化、低温储存、静置等历时性环节的标度因数变化,在高、低温储存等严苛的环境条件下长达50天的全温标度因数重复性小于15ppm。

总之,热应力引起标度因数的温度稳定性,应力松弛效应引起标度因数的时间稳定性,两者都与胶体的黏弹特性有关,这需要通过优化胶体配方使光纤陀螺环圈的固化胶体达到最优。

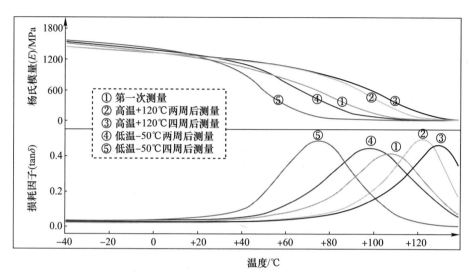

图9.19 较长时间连续高、低温储存后,固化胶体的热机械特性曲线（DMA）的历时性演变,引起光纤陀螺标度因数随时间的变化

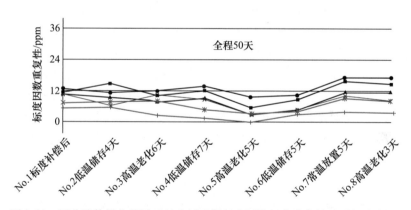

图9.20 固化胶体优化设计后的光纤陀螺标度因数温度稳定性和时间稳定性。共有8次测量,每次测量数据沿纵坐标轴的离散性代表标度因数温度稳定性（−40~+60℃）,整体数据沿横坐标的变化代表历经高温老化、低温储存等环节的标度因数时间稳定性。全局数据的标度因数重复性小于15ppm

9.4.4 光纤陀螺的偏置振动灵敏度

光纤陀螺的偏置振动灵敏度（包括声振动和机械振动）也是在光纤环圈设计中必须要考虑的问题,它同样与环圈骨架的机械设计和固化胶体的选择有关。与Shupe偏置误差的机理相似,光纤陀螺的偏置振动灵敏度由振动动态应变通

过光弹效应引起光纤长度或折射率变化而造成。当这种由振动引起的应变沿环圈非对称分布时,等效为一个非互易相位调制,在陀螺输出中产生一个非互易相位误差。降低光纤陀螺偏置振动灵敏度的方法有三个层次的问题:首先,环圈骨架的结构设计的谐振频率必须远大于环境振动条件所要求的频率范围;其次,固化胶体与环圈、骨架装配后的自然谐振频率应在光纤陀螺的工作带宽之外;第三,需要统筹固化环圈的胶体特性,在降低光纤陀螺偏置振动灵敏度的同时满足环圈 Shupe 性能的要求。

结构件谐振频率高低反映了结构刚度的大小。在对环圈部件结构刚度的比较中,谐振频率低,说明结构刚度比较低,即在同样的外力作用下,环圈的结构变形大,从而变形应力带来的误差也相应变大。在进行陀螺结构设计时,应避免在应用频率范围内出现谐振点。借助于有限元分析可以从理论上对陀螺结构的振动模态尤其是各阶谐振点进行计算机仿真,在设计上做到使谐振频率远离陀螺的应用频率。而通常考虑的光纤陀螺偏置振动灵敏度是指不存在结构谐振情况下,环境振动引起的光纤陀螺噪声增加。

一般认为,固化光纤环圈的胶体材料组分对光纤陀螺的偏置振动灵敏度有重要影响。适用于环圈固化的基于高聚物的胶体材料,除了其玻璃化温度在光纤陀螺工作的温度范围之外,固化胶体的比重也应与光纤环圈的有效比重相当。胶体分布的均匀性、对称性、粘接强度以及胶体与光纤材料的比重差别,引起环圈-胶体的组合体形成一个等效弹簧块系统。在相同外力的作用下,光纤和附着在光纤上的胶体产生相对运动,导致光纤产生周期性调制。在这种情况下,在环圈敏感轴方向会耦合少量角振动,角振动引起的零偏正比于振动台面传递给环圈支撑骨架的周期性压力,进而正比于振动的加速度。设正弦线振动为

$$A = A_0(f)\sin(2\pi ft) \tag{9.32}$$

式中:$A_0(f)$ 为正弦振动的位移幅值,通常与振动频率有关。

如前所述,在相同的外力 F 作用下,光纤和胶体的加速度不同,形成相对运动,因而有:

$$F = m_1 a_1^l, F = m_2 a_2^l, \Delta a^l = a_1^l - a_2^l = F\left(\frac{1}{m_1} - \frac{1}{m_2}\right) \tag{9.33}$$

式中:m_1、m_2 分别为环圈等效弹簧块系统的环圈和胶体的等效质量;a_1^l、a_2^l 分别为环圈等效弹簧块系统的环圈和胶体的加速度;F 为振动台传递给环圈支撑骨架的周期性压力。因而光纤环圈中光纤因振动受到的相位调制可表示为

$$\phi_v(t) = K_a \cdot a_0^l \sin(2\pi ft) \tag{9.34}$$

式中:K_a 与光弹系数、光纤和胶体的物理特性、环圈的几何参数和工艺参数有

关。振动引起的瞬态线加速度为

$$a^l = -(2\pi f)^2 A_0(f)\sin(2\pi ft) = a_0^l \sin(2\pi ft) \quad (9.35)$$

加速度幅值 $a_0^l = -(2\pi f)^2 A_0(f)$ 通常是一个常数,即,随着振动频率 f 的增加,线振动的位移量 $A_0(f)$ 将减小。

与正弦相位调制类似,振动对陀螺产生的非互易相位调制为

$$\Delta\phi_v(t) = \phi_v(t) - \phi_v(t-\tau) = 2K_a \cdot a_0^l \cdot \sin(\pi f\tau) \cdot \cos\left[2\pi f\left(t - \frac{\tau}{2}\right)\right]$$
$$(9.36)$$

式中:τ 为光在光纤环圈中的传输时间。陀螺对振动的响应幅值为

$$\Omega_v \approx 2K_a \cdot a_0^l \cdot \sin(\pi f\tau) \cdot \frac{\lambda_0 c}{2\pi LD} \quad (9.37)$$

由于振动频率 f 远小于光纤环圈的本征调制频率,也即 $f \ll 1/2\tau$,式(9.37)可以写为

$$\Omega_v \approx 2K_a \cdot a_0^l \cdot \pi f\tau \cdot \frac{\lambda_0 c}{2\pi LD} = K_a a_0^l \tau \frac{\lambda_0 c}{LD} \cdot f = K_a a_0^l \frac{n_F \lambda_0}{D} \cdot f \quad (9.38)$$

式中:n_F 为光纤的折射率。

这说明,线加速度 a_0^l 恒定时,陀螺对正弦振动的响应是振动频率的线性函数(图9.21)。在光纤陀螺的带宽范围内,无论振动的方向平行于环圈输入轴(垂向或轴向振动)或是垂直于环圈输入轴(横向或水平振动),都将是这样。光纤陀螺的偏置振动灵敏度用偏置((°)/h)除以振动频率与线振动加速度之积表示:

$$R_v = \frac{\Omega_v}{a_0^l f} = K_a \cdot \frac{n_F \lambda_0}{D} \quad (9.39)$$

式中:R_v 为一个常数,其大小与光纤和胶体的物理特性、环圈几何参数和工艺参数有关。线加速度一般用重力加速度"g"表示,因而偏置振动灵敏度 R_v 的单位是:$((°)/h)/(g \cdot Hz)$。

上面的分析表明,光纤陀螺的偏置振动灵敏度通常考察的是振动过程中引起的陀螺噪声增加,而非谐振状态下的陀螺输出漂移,即认为环圈的谐振频率远离振动频率范围。此时,纤芯的高应力和应变由振动引起的动态放大(而非谐振)产生。这种有害的动态放大效应源自于采用了弹性模量/硬度不够的固化胶体材料。具有高杨氏模量的固化胶体材料可以降低振动引起的偏置误差,显著改进光纤陀螺的振动灵敏度。因为提高固化胶的模量后,振动产生的机械应

力将在较大程度上被固化胶承受,因而缓解了光纤承受的机械应力和应变。另一方面,杨氏模量又不能高到环境温度远离固化胶体材料的固化温度时产生与陀螺工作有关的其他问题,如与温度有关的光纤裂痕、保偏光纤 h 参数的劣化(偏振交叉耦合)和大的偏置温度灵敏度(Shupe 误差)。国外研究表明,杨氏模量在 1000~20000psi 之间的胶体材料能够满足偏置振动要求和低的偏置热应力要求。

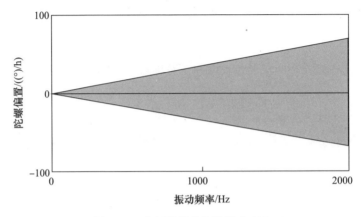

图 9.21　光纤陀螺的偏置振动响应

如果环圈-胶体组成的弹簧块系统的谐振频率在振动输入的频率范围内,陀螺仪可能产生寄生的输出信号。为了避免这一问题,胶体材料可以通过添加适当的"填充剂",增强其在弹性区的硬度,得到所需要的杨氏模量,以提高陀螺胶体材料与振动有关的偏置性能。胶体可以填充实心或中空的石英微粒以减小胶体和环圈的比重差别,进而调节环圈-胶体组合的谐振频率。填充剂同样增加了胶体的黏性和硬度,充当一个改进的振动阻尼器。比如,当受到一个机械输入激励时,降低了振动输入的潜在放大。黏滞性或库仑阻尼同样可以用来降低环境的高频振动输入对 Sagnac 环圈的影响。因而,设计人员对陀螺性能将具有较好的控制度。在一些情形中,高频振动输入的存在可以使信号处理过载,由此产生振动零偏效应,见第 1 章的相关内容。对于恒定的角位移,当角速率正比于频率增加时会产生这种情况。骨架线轴及法兰与环圈之间的缓冲层对光纤陀螺的偏置振动灵敏度有重要影响。一般情况下,通过采用较厚的缓冲层衰减环圈的谐振频率,但增加了环圈的振动振幅。因此采用相对薄的缓冲层具有相对低的振动灵敏度。缓冲层的厚度一般为 100~600μm。为了降低环圈对环境振动的灵敏度,最好环圈和骨架之间轴向和径向都是硬安装。在环圈的轴向中心增加胶层表面积或采用较硬的胶层,都可实现硬安装。

9.5 探测器输出的尖峰脉冲信号对光纤陀螺温度漂移的影响

如前所述,光纤环圈的绕制和固化工艺与技术对抑制光纤陀螺 Shupe 偏置误差具有重要意义。实际上,除了环圈平均温度引起的 Shupe 偏置误差外,电路因素也会引起光纤陀螺零偏随温度的变化,产生一种类 Shupe 偏置误差。图 9.22 是一例典型的光纤陀螺温度试验结果。在该温度实验中,陀螺放置在温箱中,温箱温度首先降至 -40℃并保持 1.5h,然后以 1℃/min 的速率上升至 -20℃,同时恒温 1.5h,继续以 1℃/min 的速率上升至 0℃,以此类推,以 20℃为一个台阶,直至 +60℃,随后以对称的方式降温,回到 -40℃。陀螺内部的温度曲线见图 9.18 的上部,陀螺输出见图 9.18 的下部。陀螺输出曲线中变温阶段的尖峰(注意,与后面提到的探测器输出中尖峰脉冲信号不是一个概念)即温度变化率引起的 Shupe 效应。陀螺输出曲线中不同温度点上温度保持阶段的零偏变化峰值,简称定温极差,表示不同温度下的零偏变化。图 9.22 中测得定温极差为 0.025(°)/h,除了前面所述热应力引起的 Shupe 偏置误差外,探测器输出尖峰脉冲的不对称性也会引起陀螺与温度有关的偏置误差。

本节讨论光纤陀螺探测器输出中的尖峰脉冲信号不对称性引起的陀螺偏置误差,虽然它与光纤环圈绕制和固化工艺关系不大,但常常与环圈平均温度引起的 Shupe 偏置误差难于区分,本节的分析有助于电路优化设计和加深对光纤陀螺温度漂移复杂性的理解。

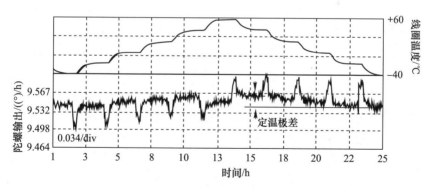

图 9.22 不同温度下光纤陀螺的零偏变化(定温极差)

9.5.1 尖峰脉冲信号的不对称性对光纤陀螺定温极差的影响

在干涉式光纤陀螺中,通常在两束反向传播光波之间施加方波偏置调制信号。方波相位调制的振幅为 ±π/2,调制频率为光纤环圈的本征频率。如

图 9.23 所示,陀螺静止时,输出信号是一条直线(通常情况下常含有二倍本征频率的尖峰脉冲),平均偏置功率为 $I_0(1+\cos\phi_b)$;当陀螺旋转时,工作点发生移动,输出变成一个与调制方波同频的方波信号,其灵敏度正比于曲线在该方波偏置工作点的斜率 $dI(t)/d\phi$ 即 $\sin\phi_b$,陀螺输出就是在这些点上采样,因而当 $\phi_b = \pi/2$ 时可获得最大灵敏度。为了提高光纤陀螺的信噪比,有时采用的调制深度大于 $\pi/2$,也称为过调制技术。

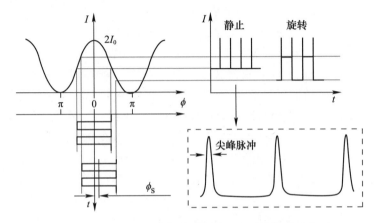

图 9.23 方波调制光纤陀螺探测输出中的尖峰脉冲信号

探测器输出信号中观察到的尖峰脉冲通常由调制波形的不理想引起,包括:方波上、下沿持续时间的存在、方波占空比不是严格的 50%、调制频率与本征频率的不对准等,在这些情形下,陀螺输出波形中经常含有两倍于本征频率的尖峰脉冲误差信号。由于环圈本征频率 $f_p = c/2n_F L$ 存在固有的温度漂移,导致尖峰脉冲与温度有关。在尖峰的有限持续时间内,没有有用的旋转速率信息可以提取。但是,作为调制信号在干涉曲线上的映射结果,方波调制干涉式光纤陀螺输出光强中这种固有的尖峰现象产生许多问题:①尖峰脉冲信号导致探测器前放或后级放大器出现瞬态饱和。由于存在恢复时间,探测器前放或后级放大器增益元件的反馈阻抗的最大可能值受到尖峰幅度而不是有用信号幅度的限制,当放大器从这种过载恢复时,会产生附加的信号畸变。②尖峰脉冲具有温度不稳定性。尖峰脉冲以及脉冲衰退的不稳定性会对陀螺精度产生一定影响。这是因为,尽管只在尖峰脉冲衰退后的尖峰之间采样有用信号,但衰退的差分速率会引起角速率测量误差。③尖峰脉冲的相对幅值限制了陀螺前端信号处理电路可允许的增益以及前端放大器反馈电阻的最大值。④尖峰脉冲具有不对称性。尖峰脉冲的不对称性会产生调制频率的奇次谐波分量,使尖峰能量扩散,在方波解调时会伴随 Sagnac 相移一同解调,构成陀螺输出误差。尤其是随着温度的变化,本征频率发生漂移,调制频率与本征频率的不对准增强,导致尖峰脉冲的不对称性也增大,产生与温度有关的偏置误差。

从调制波形上分析,理论上,由于调制方波的上、下沿时间不等,当本征频率随温度变化时,会产生占空比的非理想,这使调制波形存在偶次余弦谐波,在陀螺输出中引起奇次正弦谐波。在方波解调情况下(解调方波可以展成奇次正弦谐波),解调输出含有一个偏置误差。从探测器输出波形上看,由于尖峰脉冲的不对称性,当本征频率随温度变化时,同样在陀螺输出中引起奇次正弦谐波,导致陀螺解调输出中产生偏置误差。这两种表述针对的是同一种现象,是等效的。为简便起见,这里由调制波形的非理想推导、分析尖峰脉冲对光纤陀螺温度漂移的影响。

非理想方波调制波形如图 9.24 所示。其中方波上沿斜率为 k_r、下沿斜率为 $-k_f$,$t_c \neq T/2$ 说明占空比不为 50∶50,$\phi_{b1} \neq \phi_{b2}$ 说明正、负偏置相位幅值不同。

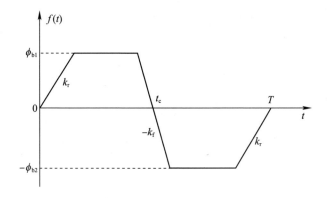

图 9.24 非理想方波调制波形

将图 9.24 中的波形 $f(t)$ 进行傅里叶变换:

$$c_n = \frac{1}{T}\int_0^T f(t)\mathrm{e}^{\mathrm{j}2n\pi\frac{t_c}{T}}\mathrm{d}t \tag{9.40}$$

经推导,得

$$c_n = \frac{T}{2n^2\pi^2}\left\{k_r\mathrm{e}^{\mathrm{j}n\pi\frac{\phi_{b1}-\phi_{b2}}{Tk_r}}\left[\mathrm{j}\cdot\sin\left(n\pi\frac{\phi_{b1}+\phi_{b2}}{Tk_r}\right)\right] - k_f\mathrm{e}^{\mathrm{j}2n\pi\frac{t_c}{T}}\mathrm{e}^{-\mathrm{j}n\pi\frac{\phi_{b1}-\phi_{b2}}{Tk_f}}\left[\mathrm{j}\cdot\sin\left(n\pi\frac{\phi_{b1}+\phi_{b2}}{Tk_f}\right)\right]\right\} \tag{9.41}$$

令:

$$\frac{t_c}{T} = \frac{1}{2} + \eta_e,\ Tk_r = \frac{\phi_{b1}}{\varepsilon_1},\ Tk_f = \frac{\phi_{b1}}{\varepsilon_2} \tag{9.42}$$

式中:η_e 为相对 50∶50 的占空比误差;ε_1、ε_2 为上、下沿时间与方波周期之比。因而:

$$c_n = \frac{j}{2n^2\pi^2}\left\{\frac{\phi_{b1}}{\varepsilon_1}e^{jn\pi\varepsilon_1\frac{\phi_{b1}-\phi_{b2}}{T}}\left[\sin\left(n\pi\varepsilon_1\frac{\phi_{b1}+\phi_{b2}}{\phi_{b1}}\right)\right] - \right.$$
$$\left. (-1)^n\frac{\phi_{b1}}{\varepsilon_2}e^{jn\pi\eta_e}e^{jn\pi\varepsilon_2\frac{\phi_{b1}-\phi_{b2}}{T}}\left[\sin\left(n\pi\varepsilon_2\frac{\phi_{b1}+\phi_{b2}}{\phi_{b1}}\right)\right]\right\} \quad (9.43)$$

主要关心式(9.43)中对偏置误差有贡献的偶次余弦谐波:

$$R_e[c_{n=2k}] = \frac{1}{8k^2\pi^2}\left\{-\frac{\phi_{b1}}{\varepsilon_1}\left[\sin\left(2k\pi\varepsilon_1\frac{\phi_{b1}-\phi_{b2}}{\phi_{b1}}\right)\right]\left[\sin\left(2k\pi\varepsilon_1\frac{\phi_{b1}+\phi_{b2}}{\phi_{b1}}\right)\right] + \right.$$
$$\frac{\phi_{b1}}{\varepsilon_2}\left[\sin\left(4k\pi\eta_e - 2k\pi\varepsilon_2\frac{\phi_{b1}-\phi_{b2}}{\phi_{b1}}\right)\right]$$
$$\left. \cdot \left[\sin\left(2k\pi\varepsilon_2\frac{\phi_{b1}+\phi_{b2}}{\phi_{b1}}\right)\right]\right\}, k=1,2,3,\cdots \quad (9.44)$$

当 η_e、ε_1、$\varepsilon_2 \ll 1$ 时,式(9.44)近似为

$$R_e[c_{n=2k}] \approx \frac{\phi_{b1}+\phi_{b2}}{2}\left\{2\eta_e - \frac{\phi_{b1}-\phi_{b2}}{\phi_{b1}}(\varepsilon_1+\varepsilon_2)\right\} \quad (9.45)$$

考虑到光纤折射率或本征频率的温度相关性(10^{-5}/℃),相位误差为

$$\phi_{\text{drift}} = \frac{\phi_{b1}+\phi_{b2}}{2}\left\{2\eta_e \times 10^{-5} - \frac{\phi_{b1}-\phi_{b2}}{\phi_{b1}}(\varepsilon_1+\varepsilon_2)\right\} \quad (\text{rad}/\text{℃}) \quad (9.46)$$

相应的角速率或零位漂移为

$$\Omega_{\text{drift}} = \frac{\lambda_0 c}{2\pi LD} \cdot \frac{180}{\pi} \cdot 3600 \cdot \frac{\phi_{b1}+\phi_{b2}}{2}\left\{2\eta_e \times 10^{-5} - \frac{\phi_{b1}-\phi_{b2}}{\phi_{b1}}(\varepsilon_1+\varepsilon_2)\right\} \quad (((°)/\text{h})/\text{℃})$$
$$(9.47)$$

式(9.47)说明,尖峰脉冲不对称性及随温度的变化是光纤环圈定温极差的主要产生原因。调制方波不理想性(广义地讲还包括电子元件带宽、探测器滤波带宽等因素)是内因,本征频率随环境温度的漂移是外因,两者共同导致方波占空比变化,引起尖峰脉冲不对称性。占空比误差 η_e 引起的偏置漂移与 ε_1、ε_2 引起的偏置漂移有相互抵消的可能性,在这种情况下,在 -40℃ ~ +60℃ 的全温范围内,陀螺偏置漂移最好的情况为零。另外,不同温度下的偏置漂移与上、下沿时间 ε_1、ε_2 没有直接关系,只与上、下沿时间存在而造成的占空比全温变化有关。占空比误差 η_e 越大,不同温度下的偏置漂移峰值 Ω_{drift} 越大。式(9.47)中,取 $\phi_{b1} = \phi_{b2} = 3\pi/4, \eta_e = 10^{-4}$,温度跨度 100℃,$L = 1500\text{m}, D = 100\text{mm}$,得到 $\Omega_{\text{drift}} =$

0.048(°)/h。可见,占空比误差 η_e 即便很小(从波形上观察不明显),对温度漂移的影响也不容忽略。

上面的计算可以解释目前陀螺存在的不同温度下的偏置漂移变化现象和偏置漂移变化量级,同时说明尖峰脉冲不对称性引起的不是陀螺噪声而主要是与温度有关的陀螺漂移。

9.5.2 抑制尖峰脉冲不对称性的技术措施

根据上述理论,从电路设计考虑抑制尖峰脉冲不对称性的技术措施为

(1)增加电路带宽,减小尖峰脉冲,进而减小尖峰脉冲不对称性。减小方波偏置调制信号的上升和下降时间可以减小尖峰的持续时间,但不能完全消除尖峰。另外,适当提高探测器前放或后级放大器信号带宽,可以减少尖峰脉冲的饱和畸变程度,进而减小尖峰脉冲不对称性,但可能会增加陀螺的噪声。因而,提高电路带宽改善尖峰脉冲是有限的。

(2)目前减小或消除尖峰脉冲信号的方案主要集中在陀螺电学输出的后期处理上,包括在信号处理过程中使用电开关,根据光强尖峰出现的时间闭合光探测器的输出(图9.25)。由于光强信号在光探测器端被探测,探测器或前端放大器的饱和问题依然存在,这种方案对提高陀螺后级放大增益的好处有限。而且,使用电路开关不能消除由于电脉冲衰退的差分速率引起的误差。

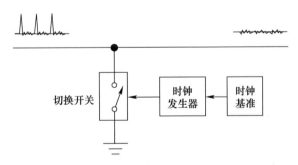

图 9.25 采用电开关抑制尖峰脉冲

有一种方法是在耦合器和探测器之间插上一个电光波导光学强度调制器作为光学开关,抑制或衰减光强尖峰(图9.26)。电光波导强度调制器由一个时间间隔等于光纤环传输时间的周期性电信号驱动。通过使光衰减周期与探测器输出中预计出现的尖峰同步,可以保留有用的光信号信息,同时避免陀螺电路受到光强尖峰的影响。由于在光学开关的光衰减周期上,几乎没有光入射到探测器上,所以陀螺信号处理电路的前端增益由有用光信号的强度决定,而不是由强度尖峰决定。合适的强度调制器包括电光波导马赫-泽德干涉仪。当然,到达探

测器的光强依赖于强度调制器的质量水平,比如,电光波导强度调制器的插入损耗也会消弱有用光信号。

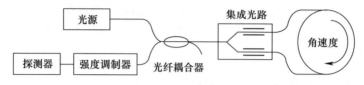

图 9.26 采用光学强度调制器抑制尖峰脉冲信号

(3) 采用特殊的四态调制,使探测器输出中调制波形不理想或尖峰脉冲不对称性引起傅里叶分量不含奇次谐波分量或奇次谐波分量很小。如图 9.27(a)所示,可以选择由 ϕ_b、$2\pi - \phi_b$、$-\phi_b$ 和 $-2\pi + \phi_b$ 四态组成的调制波形。比如,$\phi_b = 3\pi/4$,调制波形的周期为 6τ,图中的"+、-"号表示解调序列。该调制波形在探测器上引起的尖峰脉冲信号如图 9.27(b)所示。

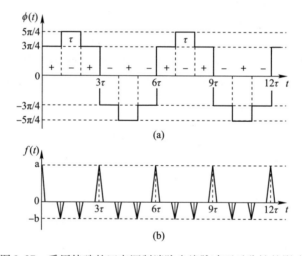

图 9.27 采用特殊的四态调制消除尖峰脉冲不对称性的影响

将图 9.27(b)的探测器输出波形在本征解调频率上展成傅里叶级数:

$$f(t) = \frac{a_0}{2} + \sum_{n=1}^{\infty} \left[a_n \cos\left(\frac{n\pi t}{\tau}\right) + b_n \sin\left(\frac{n\pi t}{\tau}\right) \right] \quad (9.48)$$

如果只考虑与解调函数对应的正弦奇次谐波:

$$b_n = \frac{1}{6\tau} \int_{-3\tau}^{3\tau} f(t) \sin\left(\frac{n\pi t}{\tau}\right) dt \quad (9.49)$$

可以很容易证明,这样一种偏置调制波形在探测器产生的尖峰脉冲信号,不含有本征频率的一次谐波分量或奇次谐波分量很小,因而消除或减小了尖峰脉冲信号的不对称性引起的与温度有关的光纤陀螺偏置误差。

参 考 文 献

[1] LEFÈVRE H C. 光纤陀螺仪[M]. 张桂才,王巍,译. 北京:国防工业出版社,2002.

[2] SHARON A,STEPHEN L. Development of an automated fiber optic winding machine for gyroscope production[J]. Robotics and Computer Integrated Manufacturing,2001,17(3):223 – 231.

[3] 张向宇. 胶黏剂分析与测试技术[M]. 北京:化学工业出版社,2004.

[4] DROZDOV D A. Viscoelastic Structures:Mechanics of Growth and Aging[M]. ACADEMIC PRESS,1998.

[5] CORDOVA A. Fiber optic gyro sensor coil with improved temperature stability:US,5668908[P]. 1997 – 09 – 16.

[6] IEEE Aerospace and Electronic Systems Society. IEEE standard specification format guide and test procedure for single – axis interferometric fiber optic gyros. IEEE Std 952 – 1997[S],1998.

[7] AUERBACH D E. Fiber optic gyro with optical intensity spike suppression:US,5850286[P]. 1998 – 12 – 15.

[8] 何平笙. 新编高聚物的结构与性能[M]. 北京:科学出版社,2009.

[9] SARDINHA M,RIVERA J. Octupole winding pattern for a fiber optic coil:US,20090141284[P]. 2009 – 06 – 04.

[10] CRISTINA DE PAULA C,RAMOS A G. Fabrication of glassy carbon spools for utilization in fiber optic gyroscopes[J]. Carbon,2002,40(6):787 – 788.

[11] CORDOVA A,SURABIAN G M. Potted fiber optic gyro sensor coil for stringent vibration and thermal feild:US,5564482[P]. 1996 – 08 – 13.

[12] 张桂才. 光纤陀螺原理与技术[M]. 北京:国防工业出版社,2008.

[13] SHUPE D M. Thermally induced nonreciprocity in the fiber – optic interferometer[J]. Applied Optics,1980,9(3):654 – 655.

[14] SHAW M T,MACKNIGHT W J. Introduction to Polymer Viscoelasticity[M],Third Edition. John Wiley & Sons,2005.

[15] 王玥泽,陈晓冬,张桂才,等. 八极绕法对光纤陀螺温度性能的影响[J]. 中国惯性技术学报,2012,20(5):617 – 620.

[16] HONTHASS J,FERRAND S. 振动条件下 FOG 技术的最新研究—惯性导航技术发展之路[J]. 舰船导航,2010(2):35 – 40.

[17] KOVACS R A. Fiber optic angular rate sensor including arrangement for reducing output signal distortion:US,5430545[P]. 1995 – 07 – 04.

[18] JOSEPH T W. Alternate modulation scheme for an interferometric fiber optic gyroscope:EP,2278274[P]. 2009 – 07 – 20.

第10章 激光器驱动干涉型光纤陀螺技术

目前的干涉型光纤陀螺(IFOG)的成功在很大程度上源于光路结构中采用了宽带光源,如超发光二极管(SLD)或超荧光光纤光源(SFS),大大降低了非线性克尔(Kerr)效应、相干背向散射和相干偏振噪声。尽管如此,现行干涉型光纤陀螺还是存在一些问题,限制了其在飞机、舰船惯性导航以及其他高性能领域的广泛应用。首先,宽带光源存在较大的相对强度噪声,因而需要采取强度噪声抑制措施提高陀螺精度,但这又增加了陀螺的复杂性和成本。其次,宽带光源的平均波长稳定性较差,这意味着光纤陀螺的标度因数稳定性(正比于光波长变化)对高动态、长航时应用不合适,妨碍了光纤陀螺在飞机、舰船惯性应用市场与激光陀螺的竞争力。近几年来,国外许多光纤陀螺研制单位针对机载惯导应用以及更高性能的应用对干涉型光纤陀螺方案进行了技术改进,在研究方向上提出了两项重要的技术措施:①采用激光器代替宽带光源驱动光纤陀螺;②敏感线圈采用带隙光子晶体光纤(空芯光纤)代替传统的实心(石英)光纤。激光器的运用大大提高了光纤陀螺的标度因数稳定性并消除了光源附加噪声的影响;而空芯光纤几乎消除了 Kerr 效应引起的漂移,显著降低了热效应和法拉第效应引起的漂移。当然,干涉型光纤陀螺采用高相干光源仍面临诸多技术挑战。进一步的研究表明,将激光器驱动与相位调制加宽线宽技术结合起来,可以消除激光器驱动光纤陀螺中瑞利背向散射和偏振交叉耦合引起的相干噪声和漂移,同时提高了光纤陀螺的精度和标度因数稳定性。本章主要阐述了激光器驱动干涉型光纤陀螺中的相干瑞利背向散射和相干偏振交叉耦合引起的噪声和漂移的物理过程,通过建立误差模型,从理论上研究了激光器驱动光纤陀螺精度对激光器线宽的依赖性。研究表明,要满足飞机惯性导航以及更高性能的应用,激光器必须具有约 20GHz 或更大的线宽,本章探讨了加宽激光器线宽的几种外相位调制技术。最后,概述了激光器驱动干涉型光纤陀螺的研制现状和发展前景。

10.1 激光器驱动干涉型光纤陀螺的原理和组成

激光器驱动干涉型光纤陀螺的结构组成见图 10.1,其中激光器取代了传统光纤陀螺中的宽谱光源。激光器输出经过一个高速相位调制器,相位调制器用于加宽光源的线宽。经过相位调制的输出激光通过光学环行器或耦合器,进入多功能集成光路,多功能集成光路包含偏振器、偏置相位调制器和 Y 分支,保偏光纤(或带隙光子晶体光纤)线圈的两端与 Y 分支的尾纤偏振主轴对准并熔接,构成 Sagnac 干涉仪。从光纤线圈返回的光波经多功能集成光路、光学环行器或耦合器到达光探测器,转换为电信号,经过放大、AD 转换和数字处理,得到陀螺输出信号。

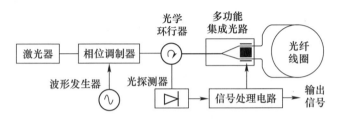

图 10.1 激光器驱动干涉型光纤陀螺的结构组成

采用激光器有三个优点:①市场上通信用的 1.5μm 半导体激光器价格便宜,易于降低成本和小型化;②带温控的半导体激光器波长稳定性优于 1ppm,可将光纤陀螺的标度因数稳定性提高 1 个数量级;③激光器具有很小的相对强度噪声(RIN),有潜力提高陀螺精度。图 10.2 给出了宽带 ASE 光源和两种激光器的典型 RIN 噪声谱。另一方面,采用激光器驱动光纤陀螺再次引入了采用宽带光源已经本质上消除了的三种误差源:Kerr 效应、背向散射和偏振交叉耦合引起的相干误差。如果不能有效抑制这些误差,激光器驱动光纤陀螺的性能仍将受到限制:虽然提高了干涉型光纤陀螺的标度因数稳定性,却又大大降低了其零偏稳定性。误差分析表明,激光器驱动光纤陀螺的噪声受瑞利背向散射限制,漂移受偏振交叉耦合限制,都与激光器线宽 Δv_{laser} 有关,要减少这些相干误差,需减

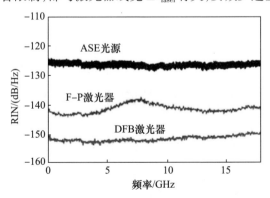

图 10.2 宽带 ASE 光源、单频 DFB 和 FP 激光器 RIN 的比较

小激光器的相干性,而目前市场上的半导体激光器线宽大约为1kHz～100MHz范围,尚不能满足导航级以上激光器驱动干涉型光纤陀螺的精度要求,一般采用外相位调制的方式对激光器线宽进行加宽,因此图10.1的陀螺组成中增加了一个高速相位调制器。研究还表明,采用带隙型(空芯)保偏光子晶体光纤线圈,由于光的大部分能量是在空气中传播,Kerr非线性、Faraday效应、Shupe效应和空间辐射效应等非互易误差大大降低。表10.1给出了激光器驱动干涉型光纤陀螺的技术特点。

表10.1 激光器驱动干涉型光纤陀螺的技术特点

激光器驱动光纤陀螺单项技术与组合技术的特点	零偏/标度性能			非互易误差				备注
	标度因数稳定性	噪声	漂移	Shupe效应	Kerr效应	Faraday效应	空间辐射	
单项技术								
激光器驱动技术	✓	×	×		×			标度因数稳定性可以达到优于1ppm
外相位调制技术		✓	✓					需要>20GHz的甚高频相位调制
带隙光子晶体光纤技术				✓	✓	✓	✓	光的大部分能量是在空气中传播,非互易误差大大降低,易于小型化
组合技术								
激光器/外相位调制/传统保偏光纤	✓	✓	✓		×			可以实现导航级精度
激光器/外相位调制/带隙(空芯)光子晶体光纤	✓	✓	✓	✓	✓	✓	✓	可以实现精密级、基准级精度

10.2 激光器驱动干涉型光纤陀螺的瑞利背向散射误差模型

10.2.1 干涉型光纤陀螺中的背向散射效应概述

光纤中产生的背向散射光场有两种形式:分布式散射,沿整根光纤长度上产生微反射;突变界面的离散反射,如熔接点和端面终结。本节主要考虑分布式散射。分布式散射通常有两种机制:折射率沿光纤长度上微观尺度的分布式随机不均匀性产生的瑞利散射和纤芯/包层界面几何结构随机不均匀性引起的界面散射。瑞利散射是传统保偏光纤中分布式散射的主要原因,这种光纤是实芯的,纤芯和包层界面的折射率变化小。另一方面,纤芯/包层界面的几何变化引起的界面散射是高折射率对比度光纤如带隙(空芯)光子晶体光纤中背向散射的主要来源。本节重点研究实心光纤中的瑞利散射,同样的分析也可直接适用于带隙(空芯)光子晶体光纤中几何扰动引起的背向散(反)射,两者具有大致相同的统计描述。

不管分布式背向散射的形式如何,在环圈延迟时间的尺度上观察可以认为单个散射点上的背向散射是一个时间平稳随机过程。由于分布式背向散射是光纤的固有特性,要完整分析光纤陀螺的性能,首先必须能够解释这个随机过程的影响,并提出抑制背向散射误差的一些方法。

在 Sagnac 干涉仪中,光纤线圈中的单个散射点产生两个附加光场。如图 10.3 所示,当顺时针(cw)主波光场 E_{cw} 在任意一点 A 产生散射时,其中一小部分散射光耦合到背向导波模式中,形成沿逆时针(ccw)方向传播的背向散射光场 E_{ccw}^b(注:点 A 产生的散射光为各向同性散射,其中一小部分散射光还会耦合到前向导波模式中,但因为与主波同相叠加,仍可视为主波的一部分),传播回到环耦合器;同理,当逆时针主波光场 E_{ccw} 在点 A 产生散射时,其中一小部分散射光场 E_{cw}^b 沿顺时针方向背向散射,传播回到环耦合器。环圈静止时,背向散射光场 E_{ccw}^b、E_{cw}^b 与主波光场 E_{cw} 和 E_{ccw} 光程不同(除非散射点位于光纤环圈的中点),背向散射光场与主波光场发生相干或不相干叠加。如果背向散射光场与主波光场的光程差小于光相干长度 L_c,这些光场在一阶上是相干的并发生干涉。由图 10.3 可以看出,位于光纤环圈中点 $\pm L_c/2$ 范围内的所有散射点产生的背向散射波与主波的光程差均在一个长度 L_c 之内,因而该范围内的散射点产生的背向散射光场与主波光场相干干涉,使主波光场 E_{cw} 和 E_{ccw} 之间的干涉相位产生一个误差,由于环境涨落,引起陀螺的漂移。相反,环圈中点 $\pm L_c/2$ 范围之外的散射点产生的背向散射光场相对主波光场的光程差大于 L_c,因而与主波光场 E_{cw} 和 E_{ccw} 不发生相干干涉,仅仅与主波信号强度相加。背向散射光强与主波信号相比很小,可以忽略;另外,环境涨落主要影响背向散射光场的相位,背向散射光强随时间也是稳定的。

另一方面,沿环圈长度距离耦合器合光点相等(或光程差在一个 L_c 之内)的两个对称散射点(如图 10.3 中的 A 和 A' 点)产生的背向散射光场之间在一阶上也是相干的,构成寄生的迈克尔逊干涉仪。由于寄生迈克尔逊干涉仪为非互易干涉仪,其干涉输出存在环境扰动引起的低频涨落,叠加在 Sagnac 干涉仪之上。但由于相干背向散射光场的强度很小,对陀螺的偏置漂移产生一个二阶贡献,通常也可以忽略。

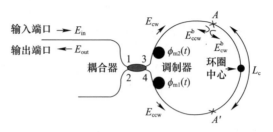

图 10.3　环圈中单个散射点产生的背向散射

总之,在采用宽带光源的干涉型光纤陀螺中,对相干背向散射噪声和漂移有重要贡献的是光纤环圈中点 $\pm L_c/2$ 范围内的背向散射光。

在激光器驱动干涉型光纤陀螺中,由于激光器的高相干性,上述 $\pm L_c/2$ 范围可能会扩展到整个光纤线圈,结果,沿光纤环圈的所有分布式背向散射都与主波发生干涉,导致光纤陀螺漂移会很大,这也是传统干涉型光纤陀螺均采用宽带光源的原因所在。另外,如前所述,由于激光器的增益压缩,相对强度噪声很小,基础噪声是激光器相位噪声。后面还将讨论,光纤环圈中点 $\pm L_c/2$ 范围(可能很大)内产生的背向散射光场与主波光场之间的相干干涉把激光器的固有相位噪声转化为输出功率的随机涨落,导致陀螺噪声的增加。而且,背向散射引起的噪声由光源相位噪声而非散射点相位或位置的随机涨落造成。这些意味着,激光器线宽对抑制背向散射引起的陀螺噪声和漂移具有重要影响。

10.2.2　背向散射光波的 $\pi/2$ 相移

如前所述,纤芯/包层具有低折射率对比度的传统保偏光纤(实芯光纤)中分布式散射的主要来源是纤芯折射率在微观尺度上的不均匀性,将入射光以几乎各向同性的方式散射。瑞利散射光的一部分落入光纤的立体接收角内,以背向导波模式传播。背向散射的附加相位对干涉型光纤陀螺中相干背向散射噪声和漂移的建模非常重要。尽管对实心光纤中的瑞利背向散射已有大量学术研究,但对背向散射光场的附加相位问题存在两种不同的理论阐释:一种理论认为,瑞利背向散射光相对入射光场有一个固定的 $\pi/2$ 相移;而另一种理论认为,瑞利背向散射光的相位是一个圆形复数高斯型随机变量,是位置的随机函数。两种说法表面上看来似乎不可调和,但在不同的应用场合都具有坚实的理论基础和实验支撑。下面统合两种理论,对背向散射的附加相位给出一个完整描述。

第一种理论,借鉴了光学半透反射镜反射光波和透射光波之间的 $\pi/2$ 相移,其原始出处是惠更斯原理,该理论在分析光纤陀螺中的瑞利背向散射时被广泛应用。这意味着,由顺时针方向入射到点 A 的光,散射到逆时针方向时有一

个附加的 π/2 相移,反之亦然。根据该理论,采用理想 50∶50 耦合器和弱相干光源时,Sagnac 干涉仪中的瑞利背向散射效应可以抵消,这一结论在光纤陀螺中得到了实验证实。

第二种理论,基于激光散斑的统计性质,预测出瑞利背向散射光的相位不是固定的,是位置的随机函数,瑞利背向散射光的振幅和相位形成一个圆形复数高斯型随机变量。这些预测具有重要的实验意味,已经得到证实,其结论构成了现代光时域反射计(OTDR)和光频域反射计(OFDR)的基础。

光纤陀螺是一个双向干涉系统,采用宽带光源驱动时,与主波相干的瑞利背向散射实质上集中在光纤环圈中点 $\pm L_c/2$ 范围的很小区域内。OTDR 和 OFDR 是单向测量系统,采用高相干光源作为入射光,主要关注沿光纤长度的散射的统计特性。而激光器驱动的干涉型光纤陀螺恰好结合了这两类系统的要素:一个高相干光源与一个双向干涉仪结合,沿两个方向发生背向散射,且沿整个光纤长度的散射统计特性都很重要。

如图 10.4 所示,考虑长度为 L_s 的光纤截面,含有 M 个随机分布的散射点,每个散射点的位置是 $z_k(k=1,2,\cdots,M)$,z_k 是 L_s 内散射点相对于该段中点的距离。长度尺度 L_s 假定比散射点的相关距离长,散射点的相关距离与光波长相比要短,因此,L_s 的长度为几个波长量级。假定每个散射点 z_k 的背向散射光场具有一个独立的和分布相同的随机振幅和位置(相对于 L_s 中点),且背向散射具有固定的 π/2 相移,则在一个方向上(光从左侧入射),L_s 长度上的总的背向散射效应可以表示为

$$A^+ = jA_0 e^{j\theta} = \frac{1}{\sqrt{M}} \sum_{k=1}^{M} j\alpha_k e^{-j2\beta z_k} \qquad (10.1)$$

式中:α_k 为实数,代表每个散射点 z_k 的背向散射光场的随机振幅;β 为光纤的传播常数。为方便起见,π/2 相移从复背向散射系数 A^+ 的相位中单独提取出来,用包含在求和中的 $j = e^{j\pi/2}$ 因子表示。复背向散射系数 A^+ 也可视为沿 L_s 长度上分布的 M 个散射点等效成一个"散射中心"时所对应的等效复背向散射系数。

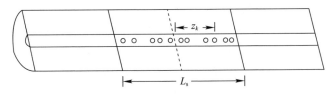

图 10.4　示出纤芯内瑞利散射中心的随机位置的
光纤截面。长度尺度 L_s 为光波长量级

复背向散射系数 A^+ 可以分成实部和虚部(因子 j 除外):

$$r = \text{Re}\{A_0 e^{j\theta}\} = \frac{1}{\sqrt{M}} \sum_{k=1}^{M} \alpha_k \cos(-2\beta z_k) \quad (10.2)$$

$$i = \text{Im}\{A_0 e^{j\theta}\} = \frac{1}{\sqrt{M}} \sum_{k=1}^{M} \alpha_k \sin(-2\beta z_k) \quad (10.3)$$

根据中心极限定理,当 M 很大时,r 和 i 将是近似的高斯随机变量。换句话说,复背向散射系数 A^+ 是一个圆形复高斯随机变量(乘上附加因子 j 不影响其统计特性)。上述分析成立的条件是:长度尺度 L_s 满足在 L_s 内的散射点的背向散射光是相干叠加,在这种情况下,长度 L_s 称为位置处于 z 的一个"散射中心"。由于这里设定长度尺度 L_s 至多仅有几个波长,无论对激光器驱动还是宽带光源驱动的干涉型光纤陀螺来说都能满足条件。

再来考虑光由相反方向入射(光从右侧入射)进入同一个 L_s 内时的等效复背向散射系数 A^-。复背向散射系数 A^- 可以写为

$$A^- = \frac{1}{\sqrt{M}} \sum_{k=1}^{M} j\alpha_k e^{j2\beta z_k} \quad (10.4)$$

显然,光由相反方向入射时,A^- 与 A^+ 的唯一区别是累积相位的符号相反。这样,可以将 A^+、A^- 表示为

$$A^+ = jA, \quad A^- = jA^* \quad (10.5)$$

式中:$A = A_0 e^{j\theta}$ 为一个圆形复高斯随机变量;$*$ 表示共轭。显然,A^+、A^- 之间满足:

$$A^- = -(A^+)^* \quad (10.6)$$

也就是说,考虑光波长或尺度比光波长略大的光纤段上的散射光时,复背向散射系数可以适当处理成圆形复高斯随机变量,这与基于 OTDR 和 OFDR 的分析一致。每个独立的散射点隐含的 $\pi/2$ 相移对背向散射系数的分布不产生影响。而当考虑双向干涉系统如光纤陀螺中的瑞利背向散射时,尽管两个方向的复背向散射系数仍是圆形复高斯随机变量,但两个方向的复背向散射系数 A^+、A^- 之间的相对相位关系是固定的,这对于理解光纤陀螺中的背向散射效应至关重要。正是背向复散射系数中的 $\pi/2$ 相移,正确解释了已观察到的背向散射误差对宽带光源驱动的光纤陀螺中环耦合器分光比的依赖性。

根据光相干性以及圆形复高斯随机变量的性质和自相关函数定义,有

$$\langle A(z)A^*(z')\rangle = S\alpha_B\delta(z-z'), \quad \langle A(z)A(z')\rangle = 0, \quad \langle A^*(z)A^*(z')\rangle = 0$$

$$(10.7)$$

式中：α_B 为光纤瑞利散射损耗；S 为散射光波的背向俘获因子，可以近似写为

$$S = \frac{3}{2(\omega_0/\upsilon)^2 w^2} \tag{10.8}$$

式中：w 为光纤中的光斑尺寸（半径）。一般情况下，S 在 10^{-3} 量级。

10.2.3 含背向散射误差的光纤陀螺干涉输出

激光器驱动干涉型光纤陀螺的结构如图 10.1 所示。其核心元件 Sagnac 干涉仪见图 10.3（为便于分析，图 10.3 中用一个 2×2 光纤耦合器和位于光纤线圈两端的两个相位调制器取代了图 10.1 中的 Y 分支波导及推挽结构的相位调制器，模型的简化不影响最终的分析结果）。整个分析推导过程假定是单偏振态单模工作，即由 Y 分支波导和保偏光纤（器件尾纤和线圈）维持单一偏振工作，这样把光场作为标量处理，并忽略了主波和背向散射波的偏振变化。设输入光场为 $E_0 e^{j\omega_0 t}$，由图 10.3，沿顺时针和逆时针方向传播的输出主波光场 E_{cw}、E_{ccw} 可以表示为

$$E_{cw} = E_0 a_{13} a_{41} e^{-\alpha L/2} F_{cw}(t) = E_0 a_{13} a_{14} e^{-\alpha L/2} F_{cw}(t) \tag{10.9}$$

$$E_{ccw} = E_0 a_{14} a_{31} e^{-\alpha L/2} F_{ccw}(t) = E_0 a_{14} a_{13} e^{-\alpha L/2} F_{ccw}(t) \tag{10.10}$$

其中：

$$F_{cw}(t) = e^{j\left[\omega_0(t-L/\upsilon) + \phi_n(t-L/\upsilon) + \phi_{m1}(t-L/\upsilon) + \phi_{m2}(t) + \frac{\phi_s}{2}\right]} \tag{10.11}$$

$$F_{ccw}(t) = e^{j\left[\omega_0(t-L/\upsilon) + \phi_n(t-L/\upsilon) + \phi_{m1}(t) + \phi_{m2}(t-L/\upsilon) - \frac{\phi_s}{2}\right]} \tag{10.12}$$

式(10.9)~式(10.12)中：a_{ij} 为耦合器端口 $i(1,2)$ 和 $j(3,4)$ 之间的复振幅耦合系数，由于耦合器具有互易性，$a_{ij} = a_{ji}$；L 为光纤线圈的长度；α 为光纤衰减（假定光纤衰减主要由瑞利散射引起，因而 $\alpha \approx \alpha_B$）；$\phi_{m1}(t)$ 和 $\phi_{m2}(t)$ 为两个调制器，通常采用推挽结构，这意味着可以表示为 $\phi_{m1}(t) = -\phi_{m2}(t) = \phi_m(t)$；$\upsilon = c/n_F$ 为光纤中的光速；n_F 为光纤的折射率；c 为真空中的光速；ω_0 为光波的角频率，$\omega_0 = 2\pi\nu_0$，$\nu_0 = c/\lambda_0$，ν_0 和 λ_0 分别为光源的平均（中心）频率和真空中的波长；$\phi_n(t)$ 为输入端的光源相位噪声；输入端的光波形式为 $e^{j\omega_0 t}$，则在输出端，光波振幅的形式为 $e^{j\omega_0 t - j\beta L}$，其中 $\beta = (2\pi/\lambda_0)n_F$，$\beta L = (2\pi/\lambda_0)n_F L = (2\pi\nu_0)L/\upsilon = \omega_0 L/\upsilon$，所以光到达输出端的相位噪声可定义为 $\phi_n(t-L/\upsilon)$，其他位置的相位噪声依时序相应地定义；E_0 为耦合器输入端口的光场振幅；ϕ_s 为旋转引起的 Sagnac 相移。

瑞利背向散射光波可以写为

$$E_{cw}^b = E_0 a_{14} a_{41} F_{cw}^b(t) = E_0 a_{14} a_{14} F_{cw}^b(t) \tag{10.13}$$

$$E_{\text{ccw}}^{\text{b}} = E_0 a_{13} a_{31} F_{\text{ccw}}^{\text{b}}(t) = E_0 a_{13} a_{13} F_{\text{ccw}}^{\text{b}}(t) \tag{10.14}$$

其中：

$$F_{\text{cw}}^{\text{b}}(t) = \int_0^L jA^*(L-\eta) e^{j[\omega_0(t-\frac{2\eta}{v}) + \phi_n(t-\frac{2\eta}{v}) + \phi_{m2}(t) + \phi_{m2}(t-\frac{2\eta}{v})]} e^{-\alpha\eta} d\eta \tag{10.15}$$

$$F_{\text{ccw}}^{\text{b}}(t) = \int_0^L jA(\xi) e^{j[\omega_0(t-\frac{2\xi}{v}) + \phi_n(t-\frac{2\xi}{v}) + \phi_{m1}(t) + \phi_{m1}(t-\frac{2\xi}{v})]} e^{-\alpha\xi} d\xi \tag{10.16}$$

式中：ξ 和 η 分别为沿逆时针和顺时针方向测得的散射中心的距离，$\xi + \eta = L$；$A(\xi)$ 为沿逆时针方向在位置 ξ 的散射点的背向散射复振幅；假定沿逆时针方向传播的背向散射为正，则 $A^+(\xi) = jA(\xi)$，$A^-(\xi) = jA^*(\xi) = jA^*(L-\eta)$。注意，式(10.15)和式(10.16)不包含 Sagnac 相移，这是因为从散射位置返回的光累积的 Sagnac 相位与光传播到散射位置累积的 Sagnac 相位符号相反。

式(10.9)~式(10.16)完整描述了在 Sagnac 干涉仪的公共输入/输出端口（端口1）离开光纤线圈的四个光场分量：分别沿顺时针和逆时针方向传播的两个主波光场和两个背向散射光场，其中包括了相位调制器施加的相位 $\phi_m(t)$。可以看出，这些光场含有两个不同的随机过程：激光器相位的时间涨落 $\phi_n(t)$ 和沿线圈不同距离的复背向散射系数 $A(z)$。

假定是推挽相位调制，则有 $\phi_{m1}(t) = -\phi_{m2}(t) = \phi_m(t)$，Sagnac 干涉仪输出端口的干涉光强为

$$\begin{aligned}
I_{\text{out}}(t) &= E_{\text{out}}^* \cdot E_{\text{out}} = (E_{\text{cw}} + E_{\text{ccw}} + E_{\text{cw}}^{\text{b}} + E_{\text{ccw}}^{\text{b}})^* \cdot (E_{\text{cw}} + E_{\text{ccw}} + E_{\text{cw}}^{\text{b}} + E_{\text{ccw}}^{\text{b}}) \\
&= |E_{\text{cw}}|^2 + |E_{\text{ccw}}|^2 + E_{\text{cw}}^* \cdot E_{\text{ccw}} + E_{\text{cw}} \cdot E_{\text{ccw}}^* + \\
&\quad |E_{\text{cw}}^{\text{b}}|^2 + |E_{\text{ccw}}^{\text{b}}|^2 + E_{\text{cw}}^{\text{b}} \cdot E_{\text{ccw}}^{\text{b}*} + E_{\text{cw}}^{\text{b}*} \cdot E_{\text{ccw}}^{\text{b}} + \\
&\quad E_{\text{cw}} \cdot E_{\text{cw}}^{\text{b}*} + E_{\text{cw}}^* \cdot E_{\text{cw}}^{\text{b}} + E_{\text{cw}} \cdot E_{\text{ccw}}^{\text{b}*} + E_{\text{cw}}^* \cdot E_{\text{ccw}}^{\text{b}} + \\
&\quad E_{\text{ccw}}^* \cdot E_{\text{cw}}^{\text{b}} + E_{\text{ccw}} \cdot E_{\text{cw}}^{\text{b}*} + E_{\text{ccw}}^{\text{b}*} \cdot E_{\text{ccw}}^{\text{b}} + E_{\text{ccw}}^* \cdot E_{\text{ccw}}^{\text{b}} \\
&= I_{\text{out}}^{(1)}(t) + I_{\text{out}}^{(2)}(t) + I_{\text{out}}^{(3)}(t)
\end{aligned} \tag{10.17}$$

式中：$I_{\text{out}}^{(1)}(t)$ 为两束反向传播主波之间的干涉，即

$$\begin{aligned}
I_{\text{out}}^{(1)}(t) &= |E_{\text{cw}}|^2 + |E_{\text{ccw}}|^2 + E_{\text{cw}}^* \cdot E_{\text{ccw}} + E_{\text{cw}} \cdot E_{\text{ccw}}^* \\
&= 2I_0 |a_{13}|^2 |a_{14}|^2 e^{-\alpha L} \{1 + \cos[2\phi_m(t-L/v) - 2\phi_m(t) + \phi_s]\}
\end{aligned} \tag{10.18}$$

$I_{\text{out}}^{(2)}(t)$ 为背向散射光波之间的干涉，即

$$\begin{aligned}
I_{\text{out}}^{(2)}(t) &= |E_{\text{cw}}^{\text{b}}|^2 + |E_{\text{ccw}}^{\text{b}}|^2 + E_{\text{cw}}^{\text{b}} \cdot E_{\text{ccw}}^{\text{b}*} + E_{\text{cw}}^{\text{b}*} \cdot E_{\text{ccw}}^{\text{b}} \\
&= I_0 |a_{14}|^4 |F_{\text{cw}}^{\text{b}}(t)|^2 + I_0 |a_{13}|^4 |F_{\text{ccw}}^{\text{b}}(t)|^2 + \\
&\quad I_0 [a_{13}^{*2} a_{14}^2 F_{\text{cw}}^{\text{b}}(t) F_{\text{ccw}}^{\text{b}*}(t) + a_{13}^2 a_{14}^{*2} F_{\text{cw}}^{\text{b}*}(t) F_{\text{ccw}}^{\text{b}}(t)]
\end{aligned} \tag{10.19}$$

$I_{\text{out}}^{(3)}(t)$ 为主波与背向散射波的干涉项，即

$$\begin{aligned}
I_{\text{out}}^{(3)}(t) &= E_{\text{cw}} \cdot E_{\text{cw}}^{\text{b}*} + E_{\text{cw}}^* \cdot E_{\text{cw}}^{\text{b}} + E_{\text{cw}} \cdot E_{\text{ccw}}^{\text{b}*} + E_{\text{cw}}^* \cdot E_{\text{ccw}}^{\text{b}} + \\
&\quad E_{\text{ccw}}^* \cdot E_{\text{cw}}^{\text{b}} + E_{\text{ccw}} \cdot E_{\text{cw}}^{\text{b}*} + E_{\text{ccw}} \cdot E_{\text{ccw}}^{\text{b}*} + E_{\text{ccw}}^* \cdot E_{\text{ccw}}^{\text{b}} \\
&= I_0 |a_{14}|^2 e^{-\alpha L/2} [a_{13}^* a_{14} F_{\text{cw}}^*(t) \cdot F_{\text{cw}}^{\text{b}}(t) + a_{13} a_{14}^* F_{\text{cw}}(t) \cdot F_{\text{cw}}^{\text{b}*}(t)] + \\
&\quad I_0 |a_{13}|^2 e^{-\alpha L/2} [a_{13} a_{14}^* F_{\text{cw}}^*(t) \cdot F_{\text{ccw}}^{\text{b}}(t) + a_{13}^* a_{14} F_{\text{cw}}(t) \cdot F_{\text{ccw}}^{\text{b}*}(t)] + \\
&\quad I_0 |a_{14}|^2 e^{-\alpha L/2} [a_{13}^* a_{14} F_{\text{ccw}}^*(t) \cdot F_{\text{cw}}^{\text{b}}(t) + a_{13} a_{14}^* F_{\text{ccw}}(t) \cdot F_{\text{cw}}^{\text{b}*}(t)] + \\
&\quad I_0 |a_{13}|^2 e^{-\alpha L/2} [a_{13} a_{14}^* F_{\text{ccw}}^*(t) \cdot F_{\text{ccw}}^{\text{b}}(t) + a_{13}^* a_{14} F_{\text{ccw}}(t) \cdot F_{\text{ccw}}^{\text{b}*}(t)]
\end{aligned}$$

(10.20)

由于散射光场的振幅通常比主波光场小几个数量级,背向散射光波之间的干涉项通常可以忽略。更确切地说,背向散射误差主要由主波与背向散射波的干涉项 $I_{\text{out}}^{(3)}(t)$ 引起。重新整理式(10.20),得

$$\begin{aligned}
I_n(t) &= I_{\text{out}}^{(3)}(t) = I_0 |a_{14}|^2 e^{-\alpha L/2} \{a_{13}^* a_{14} [F_{\text{cw}}(t) + F_{\text{ccw}}(t)] \cdot \\
&\quad F_{\text{cw}}^{\text{b}*}(t) + a_{13} a_{14}^* [F_{\text{cw}}^*(t) + F_{\text{ccw}}^*(t)] \cdot F_{\text{cw}}^{\text{b}}(t)\} + \\
&\quad I_0 |a_{13}|^2 e^{-\alpha L/2} \{a_{13}^* a_{14} [F_{\text{cw}}(t) + F_{\text{ccw}}(t)] \cdot F_{\text{ccw}}^{\text{b}*}(t) + \\
&\quad a_{13} a_{14}^* [F_{\text{cw}}^*(t) + F_{\text{ccw}}^*(t)] \cdot F_{\text{ccw}}^{\text{b}}(t)\} \\
&= I_0 e^{-\alpha L/2} \{|a_{13}|^2 [P(t) + P^*(t)] + |a_{14}|^2 [Q(t) + Q^*(t)]\}
\end{aligned}$$ (10.21)

式中: $P(t) = a_{13}^* a_{14} [F_{\text{cw}}(t) + F_{\text{ccw}}(t)] \cdot F_{\text{ccw}}^{\text{b}*}(t)$; $Q(t) = a_{13}^* a_{14} [F_{\text{cw}}^*(t) + F_{\text{ccw}}^*(t)] \cdot F_{\text{ccw}}^{\text{b}}(t)$。

$I_n(t)$ 代表背向散射引起的总误差,该误差依赖于两个独立的随机过程 $\phi_n(t)$ 和 $A(z)$。由于光纤陀螺输出采用同步调制/解调来测量,在采用方波本征调制的情况下,实际测量的误差仅仅是 $I_n(t)$ 落在以本征调制频率 $f_p = 1/2\tau$ 为中心的探测系统有限带宽内的部分。背向散射引起两种不同类型的误差:噪声和漂移。$I_n(t)$ 在以 f_p 为中心的一个带宽范围内的标准偏差表示噪声;$I_n(t)$ 在 f_p 的期望值($\phi_s = 0$ 时)表示零偏,由于线圈的时变外部扰动,零偏不是平稳的,从而产生漂移。作为一种处理选择,所有分布式背向散射产生的零偏的标准偏差可以作为漂移估算的上限(最大漂移),因为这一标准偏差给出了偏置误差的预期变化随散射点的幅值和位置变化的测量,而时变扰动预计仅改变散射点的相位,等效于仅改变它们的位置。如上定义的背向散射噪声和漂移的信息均包含在 $I_n(t)$ 的功率谱密度中。因此,可以通过 $I_n(t)$ 的归一化(相对信号)功率谱密度 PSD 考察背向散射引起的噪声和漂移:本征频率 f_p 对应的噪声功率谱幅值可以表示噪声 $[\text{PSD}(f_p)]^{1/2}$(单位 $\text{rad}/\sqrt{\text{Hz}}$);在陀螺输出带宽 Δf 上对噪声功率谱

积分可以表示漂移 $\left[\int_{f_p-\Delta f/2}^{f_p+\Delta f/2}\mathrm{PSD}(f)\mathrm{d}f\right]^{1/2}$（单位 rad）。需要指出的是，用于减小热扰动对主波光场影响的传感线圈对称绕法未必能降低背向散射引起的偏置漂移，因为背向散射并不关于环中点对称地发生。因而，在一阶上，环圈绕制方法对背向散射引起的漂移的影响可以忽略。

10.2.4 耦合器分光比误差和推挽调制的影响

现在考虑耦合器分光比和推挽调制对抑制背向散射误差的作用。为简化分析，本节忽略光纤中的衰减，并假定为理想激光器，输出光具有绝对的单频和稳定的相位，没有相位噪声。采用推挽调制，由式(10.9)~式(10.12)，沿顺时针和逆时针方向传播的主波光场 E_{cw}、E_{ccw} 可以表示为

$$E_{\mathrm{cw}} = E_0 a_{13} a_{14} \mathrm{e}^{\mathrm{j}\left[\omega_0\left(t-\frac{L}{v}\right)+\phi_{\mathrm{m}}\left(t-\frac{L}{v}\right)-\phi_{\mathrm{m}}(t)\right]} \quad (10.22)$$

$$E_{\mathrm{ccw}} = E_0 a_{14} a_{13} \mathrm{e}^{\mathrm{j}\left[\omega_0\left(t-\frac{L}{v}\right)+\phi_{\mathrm{m}}(t)-\phi_{\mathrm{m}}\left(t-\frac{L}{v}\right)\right]} \quad (10.23)$$

同样，由式(10.13)~式(10.16)，瑞利背向散射光波可以写为

$$E_{\mathrm{cw}}^{\mathrm{b}} = E_0 a_{14} a_{14} \int_0^L \mathrm{j}A_0(\xi)\mathrm{e}^{\mathrm{j}\left[-\theta(\xi)+\omega_0\left(t-\frac{2(L-\xi)}{v}\right)-\phi_{\mathrm{m}}(t)-\phi_{\mathrm{m}}\left(t-\frac{2(L-\xi)}{v}\right)\right]}\mathrm{d}\xi \quad (10.24)$$

$$E_{\mathrm{ccw}}^{\mathrm{b}} = E_0 a_{13} a_{13} \int_0^L \mathrm{j}A_0(\xi)\mathrm{e}^{\mathrm{j}\left[\theta(\xi)+\omega_0\left(t-\frac{2\xi}{v}\right)+\phi_{\mathrm{m}}(t)+\phi_{\mathrm{m}}\left(t-\frac{2\xi}{v}\right)\right]}\mathrm{d}\xi \quad (10.25)$$

其中 $A^+(\xi)=\mathrm{j}A^*(\xi)$，$A^-(\xi)=\mathrm{j}A(\xi)$，$A(\xi)-A_0(\xi)\mathrm{e}^{\mathrm{j}\theta(\xi)}$，$A_0(\xi)$、$\theta(\xi)$ 均为实数。仍然考虑本征正弦相位调制 $\phi_{\mathrm{m}}(t)=\phi_{\mathrm{m}0}\cos(\omega_{\mathrm{p}}t)$，并令

$$a_{13}=\sqrt{\kappa}=\sqrt{\frac{1-\Delta}{2}}, a_{14}=\mathrm{j}\sqrt{1-\kappa}=\mathrm{j}\sqrt{\frac{1+\Delta}{2}} \quad (10.26)$$

式中：κ 为耦合器的强度分光比；Δ 为相对理想 50∶50 分光比的误差。参照式(10.20)，经过推导，此时背向散射引起的误差信号可以表示为

$$I_{\mathrm{n}}(t) = E_{\mathrm{cw}}\cdot E_{\mathrm{cw}}^{\mathrm{b}*} + E_{\mathrm{cw}}^*\cdot E_{\mathrm{cw}}^{\mathrm{b}} + E_{\mathrm{cw}}\cdot E_{\mathrm{ccw}}^{\mathrm{b}*} + E_{\mathrm{cw}}^*\cdot E_{\mathrm{ccw}}^{\mathrm{b}} + E_{\mathrm{ccw}}\cdot E_{\mathrm{cw}}^{\mathrm{b}*} + E_{\mathrm{ccw}}^*\cdot E_{\mathrm{cw}}^{\mathrm{b}} +$$
$$E_{\mathrm{ccw}}\cdot E_{\mathrm{ccw}}^{\mathrm{b}*} + E_{\mathrm{ccw}}^*\cdot E_{\mathrm{ccw}}^{\mathrm{b}} = I_{\mathrm{n}1}(t)+I_{\mathrm{n}2}(t)+I_{\mathrm{n}3}(t)+I_{\mathrm{n}4}(t)$$

其中：

$$I_{\mathrm{n}1}(t) = E_{\mathrm{cw}}\cdot E_{\mathrm{cw}}^{\mathrm{b}*} + E_{\mathrm{cw}}^*\cdot E_{\mathrm{cw}}^{\mathrm{b}}$$
$$= 2I_0\frac{1+\Delta}{2}\sqrt{\frac{1-\Delta^2}{2}}\int_0^L A_0(\xi)\cos$$
$$\left[\theta(\xi)+\omega_0\left(\frac{L-2\xi}{v}\right)+\phi_{\mathrm{m}}\left(t-\frac{L}{v}\right)+\phi_{\mathrm{m}}\left(t+\frac{2\xi}{v}\right)\right]\mathrm{d}\xi \quad (10.27)$$

$$I_{n2}(t) = E_{cw} \cdot E_{ccw}^{b*} + E_{cw}^* \cdot E_{ccw}^{b}$$

$$= 2I_0 \frac{1-\Delta}{2} \sqrt{\frac{1-\Delta^2}{2}} \int_0^L A_0(\xi) \cos$$

$$\left[\theta(\xi) + \omega_0 \left(\frac{L-2\xi}{v} \right) + 2\phi_m(t) - \phi_m\left(t - \frac{L}{v}\right) + \phi_m\left(t - \frac{2\xi}{v}\right) \right] d\xi$$

(10.28)

$$I_{n3}(t) = E_{ccw}^* \cdot E_{cw}^{b} + E_{ccw} \cdot E_{cw}^{b*}$$

$$= 2I_0 \frac{1+\Delta}{2} \sqrt{\frac{1-\Delta^2}{2}} \int_0^L A_0(\xi) \cos$$

$$\left[\theta(\xi) + \omega_0 \left(\frac{L-2\xi}{v} \right) + 2\phi_m(t) - \phi_m\left(t - \frac{L}{v}\right) + \phi_m\left(t + \frac{2\xi}{v}\right) \right] d\xi$$

(10.29)

$$I_{n4}(t) = E_{ccw} \cdot E_{ccw}^{b*} + E_{ccw}^* \cdot E_{ccw}^{b}$$

$$= 2I_0 \frac{1-\Delta}{2} \sqrt{\frac{1-\Delta^2}{2}} \int_0^L A_0(\xi) \cos$$

$$\left[\theta(\xi) + \omega_0 \left(\frac{L-2\xi}{v} \right) + \phi_m\left(t - \frac{L}{v}\right) + \phi_m\left(t - \frac{2\xi}{v}\right) \right] d\xi \quad (10.30)$$

因此有：

$$I_n(t) = 4I_0 \sqrt{\frac{1-\Delta^2}{2}} \cos\left[\phi_m(t) - \phi_m\left(t - \frac{L}{v}\right)\right] \cdot$$

$$\left\{ \frac{1+\Delta}{2} \int_0^L A_0(\xi) \cos\left[\theta(\xi) + \omega_0\left(\frac{L-2\xi}{v}\right) + \phi_m(t) + \phi_m\left(t + \frac{2\xi}{v}\right)\right] d\xi + \right.$$

$$\left. \frac{1-\Delta}{2} \int_0^L A_0(\xi) \cos\left[\theta(\xi) + \omega_0\left(\frac{L-2\xi}{v}\right) + \phi_m(t) + \phi_m\left(t - \frac{2\xi}{v}\right)\right] d\xi \right\}$$

$$= 4I_0 \sqrt{\frac{1-\Delta^2}{2}} \cdot \left\{ \frac{1}{2} \int_0^L A_0(\xi) [\mathcal{B}'(t) - \mathcal{C}'(t)] \mathcal{A}'(t) d\xi + \right.$$

$$\left. \frac{\Delta}{2} \int_0^L A_0(\xi) [\mathcal{B}'(t) + \mathcal{C}'(t)] \mathcal{A}'(t) d\xi \right\} \quad (10.31)$$

其中：

$$\mathcal{A}'(t) = \cos\left[\phi_m(t) \phi_m\left(t - \frac{L}{v}\right)\right] = \cos[2\phi_{m0} \cos\omega_p t] \quad (10.32)$$

$$\mathcal{B}'(t) = \cos\left[\theta(\xi) + \omega_0\left(\frac{L-2\xi}{v}\right) + \phi_m(t) + \phi_m\left(t + \frac{2\xi}{v}\right)\right] \quad (10.33)$$

$$\mathcal{C}'(t) = \cos\left[\theta(\xi) + \omega_0\left(\frac{L-2\xi}{v}\right) + \phi_m(t) + \phi_m\left(t - \frac{2\xi}{v}\right)\right] \quad (10.34)$$

令:

$$B_0 = \phi_{m0}\sin\omega_p\left(\frac{2\xi}{v}\right), \phi' = \theta(\xi) + \omega_0\left(\frac{L-2\xi}{v}\right) \quad (10.35)$$

$$B_1 = 2\phi_{m0} - \phi_{m0}\left[1 + \cos\omega_p\left(\frac{2\xi}{v}\right)\right] = \phi_{m0}\left[1 - \cos\omega_p\left(\frac{2\xi}{v}\right)\right] \quad (10.36)$$

$$B_2 = 2\phi_{m0} + \phi_{m0}\left[1 + \cos\omega_p\left(\frac{2\xi}{v}\right)\right] = \phi_{m0}\left[3 + \cos\omega_p\left(\frac{2\xi}{v}\right)\right] \quad (10.37)$$

将 $[\mathcal{B}'(t) - \mathcal{C}'(t)]\mathcal{A}'(t)$、$[\mathcal{B}'(t) + \mathcal{C}'(t)]\mathcal{A}'(t)$ 进行贝塞尔函数展开,则

$$[\mathcal{B}'(t) - \mathcal{C}'(t)]\mathcal{A}'(t)$$
$$= \sin\phi'\left[J_0(B_2) + 2\sum_{n=1}^{\infty}(-1)^n J_{2n}(B_2)\cos 2n\omega_p t\right] \cdot \left[2\sum_{n=1}^{\infty}J_{2n-1}(B_0)\sin(2n-1)\omega_p t\right] +$$
$$\sin\phi'\left[J_0(B_1) + 2\sum_{n=1}^{\infty}(-1)^n J_{2n}(B_1)\cos 2n\omega_p t\right] \cdot \left[2\sum_{n=1}^{\infty}J_{2n-1}(B_0)\sin(2n-1)\omega_p t\right] +$$
$$\cos\phi'\left[2\sum_{n=1}^{\infty}(-1)^{n+1}J_{2n-1}(B_2)\cos(2n-1)\omega_p t\right] \cdot \left[2\sum_{n=1}^{\infty}J_{2n-1}(B_0)\sin(2n-1)\omega_p t\right] +$$
$$\cos\phi'\left[2\sum_{n=1}^{\infty}(-1)^{n+1}J_{2n-1}(B_1)\cos(2n-1)\omega_p t\right] \cdot \left[2\sum_{n=1}^{\infty}J_{2n-1}(B_0)\sin(2n-1)\omega_p t\right]$$

$$(10.38)$$

$$[\mathcal{B}'(t) + \mathcal{C}'(t)]\mathcal{A}'(t)$$
$$= \cos\phi'\left[J_0(B_2) + 2\sum_{n=1}^{\infty}(-1)^n J_{2n}(B_2)\cos 2n\omega_p t\right] \cdot \left[J_0(B_0) + 2\sum_{n=1}^{\infty}J_{2n}(B_0)\cos 2n\omega_p t\right] +$$
$$\cos\phi'\left[J_0(B_1) + 2\sum_{n=1}^{\infty}(-1)^n J_{2n}(B_1)\cos 2n\omega_p t\right] \cdot \left[J_0(B_0) + 2\sum_{n=1}^{\infty}J_{2n}(B_0)\cos 2n\omega_p t\right] -$$
$$\sin\phi'\left[2\sum_{n=1}^{\infty}(-1)^{n+1}J_{2n-1}(B_2)\cos(2n-1)\omega_p t\right] \cdot \left[J_0(B_0) + 2\sum_{n=1}^{\infty}J_{2n}(B_0)\cos 2n\omega_p t\right] +$$
$$\sin\phi'\left[2\sum_{n=1}^{\infty}(-1)^{n+1}J_{2n-1}(B_1)\cos(2n-1)\omega_p t\right] \cdot \left[J_0(B_0) + 2\sum_{n=1}^{\infty}J_{2n}(B_0)\cos 2n\omega_p t\right]$$

$$(10.39)$$

$I_n(t)$只取$[\mathcal{B}'(t)-\mathcal{C}'(t)]\mathcal{A}'(t)$、$[\mathcal{B}'(t)+\mathcal{C}'(t)]\mathcal{A}'(t)$的基频$\omega_p$分量,则

$$I_{n-\omega_p}(t) = 4I_0\sqrt{\frac{1-\Delta^2}{2}} \cdot$$

$$\{\sin\phi'\sin\omega_p t \cdot \int_0^L A_0(\xi)(J_1(B_0)[J_0(B_1)+J_0(B_2)] + \sum_{n=1}^\infty (-1)^n$$

$$[J_{2n+1}(B_0)-J_{2n-1}(B_0)][J_{2n}(B_1)+J_{2n}(B_2)])\mathrm{d}\xi$$

$$-\Delta\sin\phi'\cos\omega_p t \cdot \int_0^L A_0(\xi)(J_0(B_0)[J_1(B_1)-J_1(B_2)] + \sum_{n=1}^\infty (-1)^n J_{2n}(B_0)$$

$$[-J_{2n-1}(B_1)+J_{2n-1}(B_2)+J_{2n+1}(B_1)-J_{2n+1}(B_2)])\mathrm{d}\xi\} \quad (10.40)$$

同理,可以推导出采用单边调制($\phi_{m1}(t) = \phi_m(t) = \phi_{m0}\cos(\omega_p t)$,$\phi_{m2}(t) = 0$)时,$I_n(t)$的基频$\omega_p$分量为

$$I_{n-\omega_p}(t) = -4I_0\sqrt{\frac{1-\Delta^2}{2}} \cdot$$

$$(1+\Delta)\sin(\phi'+B_4)\cos\omega_p t \int_0^L A_0(\xi)\{J_1(B_3)J_0(\phi_{m0}) + \sum_{n=1}^\infty (-1)^n$$

$$J_{2n}(\phi_{m0})[J_{2n-1}(B_3)-J_{2n+1}(B_3)]\}\mathrm{d}\xi \quad (10.41)$$

其中:

$$B_3 = 2\phi_{m0}\cos\omega_p\left(\frac{\xi}{v}\right) = \frac{B_2+B_1}{2}\cos\omega_p\left(\frac{\xi}{v}\right) \quad (10.42)$$

$$B_4 = \phi_{m0}\left[1+\cos\omega_p\left(\frac{2\xi}{v}\right)\right] = \frac{B_2-B_1}{2} \quad (10.43)$$

再考虑式(10.18)的陀螺输出信号。对于推挽调制,输出信号的基频分量$I_{s-\omega_p}(t)$为

$$I_{s-\omega_p}(t) \approx 2I_0(1-\Delta^2)\sin\phi_s \cdot J_1(4\phi_{m0})\cos(\omega_p t) \quad (10.44)$$

而对于单边调制,式(10.44)中的$J_1(4\phi_{m0})$变为$J_1(2\phi_{m0})$,其他保持不变。

比较式(10.40)、式(10.41)和式(10.44),可以看出激光器驱动光纤陀螺在环圈本征频率上采用推挽相位调制的重要性。当采用推挽相位调制和理想耦合器($\Delta = 0$)时,背向散射引起的偏置误差在基频ω_p上仅含有$\sin(\omega_p t)$分量,而输出信号的基频分量是$\cos(\omega_p t)$,即背向散射误差与输出信号正交,采用相敏检测(只提取与输出信号同相的基频分量)时,背向散射误差可以被完全滤掉。而采

用单边调制,尽管 $\Delta = 0$,仍存在与 $\cos(\omega_p t)$ 同相的背向散射噪声分量。实际中,调制频率相对环圈本征频率通常会有一个偏差,耦合器分光比误差 Δ 也不完全等于零;另外,与理想单频光源不同,具有有限线宽的实际光源存在着相位噪声。这些都导致背向散射误差并未被完全滤掉,对激光器驱动光纤陀螺的噪声和漂移产生贡献。

10.2.5 激光器相位噪声的统计性质

如前所述,背向散射误差 $I_n(t)$ 依赖于两个独立的随机过程 $\phi_n(t)$ 和 $A(z)$,其中 $\phi_n(t)$ 为激光器相位噪声。在理想激光器中,光全部由受激辐射产生,没有自发辐射光,所以理想单模激光器的输出光具有绝对的单频和稳定的相位,没有任何噪声。对于给定的偏振态,理想辐射光场可以表示为

$$E(t) = E_0 e^{j[2\pi v_0 t + \phi_0]} \tag{10.45}$$

式中:E_0 为受激辐射光场的振幅;v_0 为光波频率;ϕ_0 为初始相位。激光器的噪声源于自发辐射,在这种情况下,激光器的辐射光场以随机形式随时间变化:$E(t) = E_0 e^{j[2\pi v_0 t + \phi(t)]}$。经过若干次自发辐射后,激光的相位 $\phi(t)$ 变为

$$\phi(t) = \phi_0 + \sum_{i=1}^{M} \frac{E_{sp}^i}{E_0} \sin\phi_{sp}^i = \phi_0 + \phi_n(t) \tag{10.46}$$

式中:E_{sp}^i 为第 i 次自发辐射的振幅;ϕ_{sp}^i 为第 i 次自发辐射的相位;M 为自发辐射次数。自发辐射次数 M 和时间 t 的关系为

$$M(t) = N_2(0) - N_2(t) = R_{sp} t \tag{10.47}$$

式中:N_2 为激发态的粒子反转数;R_{sp} 为自发辐射速率。

由于 E_{sp}^i 和 ϕ_{sp}^i 是统计不相关的随机变量,激光器相位噪声 $\phi_n(t)$ 的均值为

$$\langle \phi_n(t) \rangle = \left\langle \sum_{i=1}^{M(t)} \frac{E_{sp}^i}{E_0} \sin\phi_{sp}^i \right\rangle = \frac{1}{E_0} \sum_{i=1}^{M(t)} \langle E_{sp}^i \rangle \langle \sin\phi_{sp}^i \rangle = 0 \tag{10.48}$$

激光器相位噪声 $\phi_n(t)$ 的方差为

$$\sigma_{\phi_n}^2 = \langle [\phi(t)]^2 - \langle \phi_n(t) \rangle^2 \rangle = \frac{1}{E_0^2} \left\langle \left[\sum_{i=1}^{M(t)} E_{sp}^i \sin\phi_{sp}^i \right]^2 \right\rangle$$

$$= \frac{1}{E_0^2} \sum_{i=1}^{M(t)} \sum_{j=1}^{M(t)} \langle E_{sp}^i E_{sp}^j \rangle \langle \sin\phi_{sp}^i \sin\phi_{sp}^j \rangle \tag{10.49}$$

由于 $i \neq j$ 时,$\langle \sin\phi_{sp}^i \sin\phi_{sp}^j \rangle = 0$,式(10.49)变为

$$\sigma_{\phi_n}^2 = \frac{1}{E_0^2}\sum_{i=1}^{M(t)}\langle(E_{sp}^i)^2\rangle\langle(\sin\phi_{sp}^i)^2\rangle = \frac{1}{2}\frac{\langle(E_{sp}^i)^2\rangle}{E_0^2}R_{sp}t = \frac{1}{2}\cdot\frac{I_{sp}}{I_0}R_{sp}t = K_{\phi_n}t \tag{10.50}$$

式中：I_0 和 I_{sp} 分别为受激辐射和自发辐射过程的平均光强；K_{ϕ_n} 与激光器线宽 Δv 有关。式(10.50)表明，激光器相位噪声 $\phi_n(t)$ 是一个随机游走过程。

进而，辐射光场 $E(t) = E_0 e^{j[2\pi v_0 t + \phi(t)]}$ 的归一化自相关函数 $\gamma(\tau)$：

$$\gamma(\tau) = \frac{\langle E^*(t)E(t+\tau)\rangle}{E_0^2} = e^{j2\pi v_0 \tau}\cdot\langle e^{j\Delta\phi_n(t,\tau)}\rangle \tag{10.51}$$

注意，这里 τ 是时间间隔。通常用 Wiener-Levy 随机过程作为描述激光器随机相位涨落的统计模型。根据 Wiener-Levy 模型，相位 $\phi_n(t)$ 是非平稳的零平均高斯随机过程，但其不同时刻的相位差 $\Delta\phi_n(t,\tau)$：

$$\Delta\phi_n(t,\tau) = \phi_n(t) - \phi_n(t+\tau) \tag{10.52}$$

却是一个平稳的零平均高斯随机过程，其概率密度函数可以表示为

$$p(\Delta\phi_n) = \frac{1}{\sqrt{2\pi}\sigma_{\Delta\phi_n}}e^{-\frac{(\Delta\phi_n)^2}{2\sigma_{\Delta\phi_n}^2}} \tag{10.53}$$

因而：

$$\langle e^{j\Delta\phi_n}\rangle = \int_{-\infty}^{\infty}e^{j\Delta\phi_n}p(\Delta\phi_n)d(\Delta\phi_n) = e^{-\frac{1}{2}\sigma_{\Delta\phi_n}^2} \tag{10.54}$$

其中利用了广义积分：

$$\int_{-\infty}^{\infty}\cos bx\cdot e^{-ax^2}dx = \sqrt{\frac{\pi}{a}}e^{-\frac{b^2}{4a}}\quad(a>0) \tag{10.55}$$

根据第 5 章内容，对于洛仑兹(Lorentzian)型线宽的激光器：

$$p_v = \frac{\frac{2}{\pi\Delta v_{FWHM}}}{1+\left[\frac{2}{\Delta v_{FWHM}}(v-v_0)\right]^2} \tag{10.56}$$

其自相关函数 $\gamma_c(\tau)$ 是其光谱 p_v 的傅里叶变换：

$$\gamma_c(\tau) = \int_{-\infty}^{\infty}p_v e^{j2\pi v\tau}dv = e^{j2\pi v_0\tau}\cdot e^{-|\pi\Delta v_{FWHM}\tau|} \tag{10.57}$$

相干时间 τ_c 为

$$\tau_c = \int_{-\infty}^{\infty}|\gamma_c(\tau)|^2 d\tau = \frac{1}{\pi\Delta v_{FWHM}} \tag{10.58}$$

比较式(10.51)、式(10.54)和式(10.57),并利用式(10.58),得

$$\sigma_{\Delta\phi_n}^2 = 2|\pi\Delta v_{\text{FWHM}}\tau| = \frac{2|\tau|}{\tau_c} \quad (10.59)$$

式(10.59)用于后面背向散射误差的自相关函数和功率谱密度的计算。

10.2.6 背向散射误差的自相关函数和功率谱密度

可以通过计算式(10.21)噪声强度$I_n(t)$的功率谱密度(PSD),估算光纤陀螺中瑞利背向散射引起的噪声和漂移。根据自相关函数和功率谱密度之间的傅里叶变换关系,首先考虑$I_n(t)$的自相关函数$\Gamma_n(t,t+\tau)$。$\Gamma_n(t,t+\tau)$表示为

$$\Gamma_n(t,t+\tau) = \langle I_n(t)I_n(t+\tau)\rangle \quad (10.60)$$

式中:$\langle\cdots\rangle$表示系综平均或时间平均。由式(10.21),得

$$\begin{aligned}
\Gamma_n(t,t+\tau) &= \langle I_n(t)I_n(t+\tau)\rangle \\
&= I_0^2 e^{-\alpha L} \langle \{|a_{13}|^2[P(t)+P^*(t)] + |a_{14}|^2[Q(t)+Q^*(t)]\} \cdot \\
&\quad \{|a_{13}|^2[P(t+\tau)+P^*(t+\tau)] + |a_{14}|^2[Q(t+\tau)+Q^*(t+\tau)]\}\rangle \\
&= I_0^2 e^{-\alpha L} |a_{13}|^4 \langle P(t)P^*(t+\tau) + P^*(t)P(t+\tau)\rangle + \\
&\quad I_0^2 e^{-\alpha L} |a_{14}|^4 \langle Q(t)Q^*(t+\tau) + Q^*(t)Q(t+\tau)\rangle + \\
&\quad I_0^2 e^{-\alpha L} |a_{13}|^2 |a_{14}|^2 \langle P(t)Q(t+\tau) + P^*(t)Q^*(t+\tau) + \\
&\quad P(t+\tau)Q(t) + P^*(t+\tau)Q^*(t)\rangle \\
&= I_0^2 e^{-\alpha L} |a_{13}|^4 \langle [P(t)P^*(t+\tau)] + [P(t)P^*(t+\tau)]^*\rangle + \\
&\quad I_0^2 e^{-\alpha L} |a_{14}|^4 \langle [Q(t)Q^*(t+\tau)] + [Q(t)Q^*(t+\tau)]^*\rangle + \\
&\quad I_0^2 e^{-\alpha L} |a_{13}|^2 |a_{14}|^2 \langle [P(t)Q(t+\tau)] + [P(t)Q(t+\tau)]^*\rangle + \\
&\quad I_0^2 e^{-\alpha L} |a_{13}|^2 |a_{14}|^2 \langle [P(t+\tau)Q(t)] + [P(t+\tau)Q(t)]^*\rangle \\
&= \Gamma_{n1}(t,t+\tau) + \Gamma_{n2}(t,t+\tau) + \Gamma_{n3}(t,t+\tau) + \Gamma_{n4}(t,t+\tau) \quad (10.61)
\end{aligned}$$

式中:直接省略了$\langle P(t)P(t+\tau)\rangle$、$\langle P^*(t)P^*(t+\tau)\rangle$、$\langle Q(t)Q(t+\tau)\rangle$、$\langle Q^*(t)Q^*(t+\tau)\rangle$、$\langle P(t)Q^*(t+\tau)\rangle$、$\langle P^*(t)Q(t+\tau)\rangle$、$\langle P(t+\tau)Q^*(t)\rangle$、$\langle P^*(t+\tau)Q(t)\rangle$,这些项涉及$\langle A(z)A(z')\rangle = 0$、$\langle A^*(z)A^*(z')\rangle = 0$。

首先考虑$\Gamma_{n1}(t,t+\tau)$。由式(10.11)、式(10.12)和式(10.16),有:

$$\begin{aligned}
\Gamma_{n1}(t,t+\tau) &= I_0^2 e^{-\alpha L} |a_{13}|^4 \langle [P(t)P^*(t+\tau)] + [P(t)P^*(t+\tau)]^*\rangle \\
&= I_0^2 e^{-\alpha L} |a_{13}|^6 |a_{14}|^2 \{\mathcal{R}_{n1} + \mathcal{R}_{n1}^*\} \quad (10.62)
\end{aligned}$$

其中:

$$\mathcal{R}_{n1} = \langle [F_{cw}(t) + F_{ccw}(t)][F_{cw}^*(t+\tau) + F_{ccw}^*(t+\tau)]F_{ccw}^{b*}(t)F_{ccw}^{b}(t+\tau)\rangle$$

$$= \langle 4e^{j[\phi_n(t-\frac{L}{v})-\phi_n(t+\tau-\frac{L}{v})]}\cos\left[\frac{\phi_s}{2} + \phi_m\left(t-\frac{L}{v}\right) - \phi_m(t)\right]$$

$$\cos\left[\frac{\phi_s}{2} + \phi_m\left(t+\tau-\frac{L}{v}\right) - \phi_m(t+\tau)\right] \cdot$$

$$\int_0^L \int_0^L A(\eta)A^*(\xi) \cdot$$

$$e^{j[(2\omega_0\frac{\xi-\eta}{v})+\phi_n(t+\tau-2\frac{\eta}{v})-\phi_n(t-2\frac{\xi}{v})-\phi_m(t)-\phi_m(t-2\frac{\xi}{v})+\phi_m(t+\tau)+\phi_m(t+\tau-2\frac{\eta}{v})]} \cdot$$

$$e^{-\alpha(\eta+\xi)}\,d\eta d\xi\rangle$$

$$= 4\cos\left[\frac{\phi_s}{2} + \phi_m\left(t-\frac{L}{v}\right) - \phi_m(t)\right]\cos\left[\frac{\phi_s}{2} + \phi_m\left(t+\tau-\frac{L}{v}\right) - \phi_m(t+\tau)\right] \cdot$$

$$\int_0^L \int_0^L \langle A(\eta)A^*(\xi)\rangle \cdot e^{j[2\omega_0\frac{\xi-\eta}{v}-\phi_m(t)-\phi_m(t-2\frac{\xi}{v})+\phi_m(t+\tau)+\phi_m(t+\tau-2\frac{\eta}{v})]} \cdot$$

$$e^{-\alpha(\eta+\xi)} \cdot \langle e^{j[\phi_n(t-\frac{L}{v})-\phi_n(t+\tau-\frac{L}{v})+\phi_n(t+\tau-2\frac{\eta}{v})-\phi_n(t-2\frac{\xi}{v})]}\rangle\,d\eta d\xi \quad (10.63)$$

式(10.63)中,设 $\Delta\phi_n = \phi_n\left(t-\frac{L}{v}\right) - \phi_n\left(t+\tau-\frac{L}{v}\right) + \phi_n\left(t+\tau-2\frac{\eta}{v}\right) - \phi_n\left(t-2\frac{\xi}{v}\right)$,则

$$\sigma_{\Delta\phi_n}^2 = \left[\phi_n\left(t-\frac{L}{v}\right) - \phi_n\left(t+\tau-\frac{L}{v}\right) + \phi_n\left(t+\tau-2\frac{\eta}{v}\right) - \phi_n\left(t-2\frac{\xi}{v}\right)\right]^2$$

$$= \left[\phi_n\left(t-\frac{L}{v}\right) - \phi_n\left(t+\tau-\frac{L}{v}\right)\right]^2 + \left[\phi_n\left(t+\tau-2\frac{\eta}{v}\right) - \phi_n\left(t-2\frac{\xi}{v}\right)\right]^2$$

$$+ \left\langle\left[\phi_n\left(t-\frac{L}{v}\right) - \phi_n\left(t-2\frac{\xi}{v}\right)\right]^2\right\rangle + \left\langle\left[\phi_n\left(t+\tau-\frac{L}{v}\right) - \phi_n\left(t+\tau-2\frac{\eta}{v}\right)\right]^2\right\rangle$$

$$- \left\langle\left[\phi_n\left(t-\frac{L}{v}\right) - \phi_n\left(t+\tau-2\frac{\eta}{v}\right)\right]^2\right\rangle - \left\langle\left[\phi_n\left(t+\tau-\frac{L}{v}\right) - \phi_n\left(t-2\frac{\xi}{v}\right)\right]^2\right\rangle$$

$$(10.64)$$

由式(10.7)和式(10.64),式(10.63)简化为

$$\mathcal{R}_{n1} = 4e^{-\alpha L}S\alpha_B\cos\left[\frac{\phi_s}{2} + \phi_m\left(t-\frac{L}{v}\right) - \phi_m(t)\right]$$

$$\cos\left[\frac{\phi_s}{2} + \phi_m\left(t+\tau-\frac{L}{v}\right) - \phi_m(t+\tau)\right] \cdot$$

$$\int_0^L e^{-j[\phi_m(t)-\phi_m(t+\tau)+\phi_m(t-2\frac{\xi}{v})-\phi_m(t+\tau-2\frac{\xi}{v})]} \cdot$$

$$e^{-2\alpha\xi} \langle e^{j[\phi_n(t-\frac{L}{v})-\phi_n(t+\tau-\frac{L}{v})+\phi_n(t+\tau-2\frac{\xi}{v})-\phi_n(t-2\frac{\xi}{v})]} \rangle d\xi =$$

$$4e^{-\alpha L} S\alpha_B \cos\left[\frac{\phi_s}{2}+\phi_m\left(t-\frac{L}{v}\right)-\phi_m(t)\right]$$

$$\cos\left[\frac{\phi_s}{2}+\phi_m\left(t+\tau-\frac{L}{v}\right)-\phi_m(t+\tau)\right] \cdot$$

$$\int_0^L e^{-j[\phi_m(t)-\phi_m(t+\tau)+\phi_m(t-2\frac{\xi}{v})-\phi_m(t+\tau-2\frac{\xi}{v})]}$$

$$e^{-\frac{1}{\tau_c}[2|\tau|+2|\frac{2\xi-L}{v}|-|\tau-\frac{2\xi-L}{v}|-|\tau+\frac{2\xi-L}{v}|]} \cdot e^{-2\alpha\xi} d\xi \qquad (10.65)$$

因此：

$$\Gamma_{n1}(t,t+\tau) = 8 S\alpha_B I_0^2 e^{-\alpha L} |a_{13}|^6 |a_{14}|^2 \cdot$$

$$\cos\left[\frac{\phi_s}{2}+\phi_m\left(t-\frac{L}{v}\right)-\phi_m(t)\right]\cos\left[\frac{\phi_s}{2}+\phi_m\left(t+\tau-\frac{L}{v}\right)-\phi_m(t+\tau)\right] \cdot$$

$$\int_0^L \cos\left[\phi_m(t)-\phi_m(t+\tau)+\phi_m\left(t-\frac{2\xi}{v}\right)-\phi_m\left(t+\tau-\frac{2\xi}{v}\right)\right]$$

$$e^{-\frac{1}{\tau_c}[2|\tau|+2|\frac{2\xi-L}{v}|-|\tau-\frac{2\xi-L}{v}|-|\tau+\frac{2\xi-L}{v}|]} \cdot e^{-2\alpha\xi} d\xi \qquad (10.66)$$

类似地，可以得

$$\Gamma_{n2}(t,t+\tau) = 8 S\alpha_B I_0^2 e^{-\alpha L} |a_{13}|^2 |a_{14}|^6 \cdot$$

$$\cos\left[\frac{\phi_s}{2}+\phi_m\left(t-\frac{L}{v}\right)-\phi_m(t)\right]\cos\left[\frac{\phi_s}{2}+\phi_m\left(t+\tau-\frac{L}{v}\right)-\phi_m(t+\tau)\right] \cdot$$

$$\int_0^L \cos\left[\phi_m(t)-\phi_m(t+\tau)+\phi_m\left(t-\frac{2\xi}{v}\right)-\phi_m\left(t+\tau-\frac{2\xi}{v}\right)\right]$$

$$e^{-\frac{1}{\tau_c}[2|\tau|+2|\frac{2\xi-L}{v}|-|\tau-\frac{2\xi-L}{v}|-|\tau+\frac{2\xi-L}{v}|]} \cdot e^{-2\alpha\xi} d\xi \qquad (10.67)$$

$$\Gamma_{n3}(t,t+\tau) = \Gamma_{n4}(t,t+\tau) = -8 S\alpha_B I_0^2 e^{-2\alpha L} |a_{13}|^4 |a_{14}|^4 \cdot$$

$$\cos\left[\frac{\phi_s}{2}+\phi_m\left(t-\frac{L}{v}\right)-\phi_m(t)\right]\cos\left[\frac{\phi_s}{2}+\phi_m\left(t+\tau-\frac{L}{v}\right)-\phi_m(t+\tau)\right] \cdot$$

$$\int_0^L \cos\left[\phi_m(t)-\phi_m(t+\tau)+\phi_m\left(t-\frac{2\xi}{v}\right)-\phi_m\left(t+\tau-\frac{2(L-\xi)}{v}\right)\right]$$

$$e^{-\frac{1}{\tau_c}[2|\frac{2\xi-L}{v}|+2|\tau+\frac{2\xi-L}{v}|-|\tau|-|\tau+2\frac{2\xi-L}{v}|]} d\xi \qquad (10.68)$$

背向瑞利散射误差的功率谱密度是其自相关函数的傅里叶变换，由式(10.66)~式(10.68)可以看出，相位调制$\phi_m(t)$使自相关函数$\Gamma_n(t,t+\tau)$与时间有关,变成一个非平稳随机过程。为了给出功率谱密度的合理估计,必须对 $\Gamma_n(t,t+\tau)$ 的时间相关性进行平均处理。一种方法是将式(10.66)~式(10.68)中含相位调制 $\phi_m(t)$ 的余弦项展开成贝塞尔函数,然后利用其直流分量对自相关函数进行傅里叶变换,得到存在相位调制情况下背向瑞利散射误差的功率谱密度,并在调制频率或本征频率上对背向瑞利散射引起的噪声和漂移进行估算。

由式(10.61)以及式(10.66)~式(10.68),有

$$\Gamma_n(\tau) = \langle \Gamma_n(t,t+\tau) \rangle = 8 S\alpha_B I_0^2 e^{-\alpha L}$$

$$\{[\,|a_{13}|^6\,|a_{14}|^2 + |a_{13}|^2\,|a_{14}|^6\,] \cdot$$

$$\langle \mathcal{M}(t,\tau) \rangle - [2\,|a_{13}|^4\,|a_{14}|^4\,] \cdot \langle \mathcal{N}(t,\tau) \rangle\} \quad (10.69)$$

式中:$\langle \mathcal{M}(t,\tau) \rangle$、$\langle \mathcal{N}(t,\tau) \rangle$ 为 $\mathcal{M}(t,\tau)$、$\mathcal{N}(t,\tau)$ 的时间平均,即其直流(DC)分量。其中:

$$\mathcal{M}(t,\tau) = \cos\left[\frac{\phi_s}{2} + \phi_m\left(t - \frac{L}{v}\right) - \phi_m(t)\right] \cos\left[\frac{\phi_s}{2} + \phi_m\left(t + \tau - \frac{L}{v}\right) - \phi_m(t+\tau)\right] \cdot$$

$$\int_0^L \cos\left[\phi_m(t) - \phi_m(t+\tau) + \phi_m\left(t - \frac{2\xi}{v}\right) - \phi_m\left(t + \tau - \frac{2\xi}{v}\right)\right]$$

$$e^{-\frac{1}{\tau_c}[2|\tau|+2|\frac{2\xi-L}{v}|-|\tau-\frac{2\xi-L}{v}|-|\tau+\frac{2\xi-L}{v}|]} \cdot e^{-2\alpha\xi} d\xi$$

$$= \mathcal{A}(t,\tau) \cdot \int_0^L \mathcal{B}(t,\tau) \cdot \Psi_M(\tau,\xi) \cdot e^{-2\alpha\xi} d\xi \quad (10.70)$$

$$\mathcal{N}(t,\tau) = e^{-\alpha L} \cos\left[\frac{\phi_s}{2} + \phi_m\left(t - \frac{L}{v}\right) - \phi_m(t)\right]$$

$$\cos\left[\frac{\phi_s}{2} + \phi_m\left(t + \tau - \frac{L}{v}\right) - \phi_m(t+\tau)\right] \cdot$$

$$\int_0^L \cos\left[\phi_m(t) - \phi_m(t+\tau) + \phi_m\left(t - \frac{2\xi}{v}\right) - \phi_m\left(t + \tau - \frac{2(L-\xi)}{v}\right)\right]$$

$$e^{-\frac{1}{\tau_c}[2|\frac{2\xi-L}{v}|+2|\tau+\frac{2\xi-L}{v}|-|\tau|-|\tau+2\frac{2\xi-L}{v}|]} d\xi$$

$$= \mathcal{A}(t,\tau) \cdot \int_0^L \mathcal{C}(t,\tau) \cdot \Psi_N(\tau,\xi) \cdot e^{-\alpha L} d\xi \quad (10.71)$$

$$\mathcal{A}(t,\tau) = \cos\left[\frac{\phi_s}{2} + \phi_m\left(t - \frac{L}{v}\right) - \phi_m(t)\right] \cos\left[\frac{\phi_s}{2} + \phi_m\left(t + \tau - \frac{L}{v}\right) - \phi_m(t+\tau)\right]$$

$$(10.72)$$

$$\mathcal{B}(t,\tau) = \cos\left[\phi_m(t) - \phi_m(t+\tau) + \phi_m\left(t - \frac{2\xi}{v}\right) - \phi_m\left(t+\tau - \frac{2\xi}{v}\right)\right]$$
(10.73)

$$\mathcal{C}(t,\tau) = \cos\left[\phi_m(t) - \phi_m(t+\tau) + \phi_m\left(t - \frac{2\xi}{v}\right) - \phi_m\left(t+\tau - \frac{2(L-\xi)}{v}\right)\right]$$
(10.74)

$$\Psi_M(\tau,\xi) = e^{-\frac{1}{\tau_c}\left[2|\tau| + 2\left|\frac{2\xi-L}{v}\right| - \left|\tau - \frac{2\xi-L}{v}\right| - \left|\tau + \frac{2\xi-L}{v}\right|\right]} \cdot e^{-2\alpha\xi} \qquad (10.75)$$

$$\Psi_N(\tau,\xi) = e^{-\frac{1}{\tau_c}\left[2\left|\frac{2\xi-L}{v}\right| + 2\left|\tau + \frac{2\xi-L}{v}\right| - |\tau| - \left|\tau + 2\frac{2\xi-L}{v}\right|\right]} \cdot e^{-\alpha L} \qquad (10.76)$$

通常情况下有 $\phi_s \ll \phi_{m0}$，因而在式（10.70）~式（10.74）中暂且忽略 ϕ_s。假定 $\phi_m(t)$ 为余弦调制信号 $\phi_m(t) = \phi_{m0}\cos(\omega_m t)$，$\phi_{m0}$ 为调制深度，ω_m 为调制频率。考虑本征调制 $\omega_m = \omega_p$，$\omega_p L/v = \pi$。因而：

$$\mathcal{A}(t,\tau) = \frac{1}{2}\left\{\cos\left[4\phi_{m0}\cos\left(\omega_p\frac{\tau}{2}\right)\cos\omega_p\left(t+\frac{\tau}{2}\right)\right] + \cos\left[4\phi_{m0}\sin\left(\omega_p\frac{\tau}{2}\right)\sin\omega_p\left(t+\frac{\tau}{2}\right)\right]\right\}$$

$$= \frac{1}{2}\left\{J_0\left[4\phi_{m0}\cos\left(\omega_p\frac{\tau}{2}\right)\right] + 2\sum_{n=1}^{\infty}(-1)^n J_{2n}\left[4\phi_{m0}\cos\left(\omega_p\frac{\tau}{2}\right)\right]\cos\left[2n\omega_p\left(t+\frac{\tau}{2}\right)\right]\right.$$

$$\left. + J_0\left[4\phi_{m0}\sin\left(\omega_p\frac{\tau}{2}\right)\right] + 2\sum_{n=1}^{\infty}J_{2n}\left[4\phi_{m0}\sin\left(\omega_p\frac{\tau}{2}\right)\right]\cos\left[2n\omega_p\left(t+\frac{\tau}{2}\right)\right]\right\}$$

$$= \frac{1}{2}\left\{J_0[\Phi_{A1}(\tau)] + 2\sum_{n=1}^{\infty}(-1)^n J_{2n}[\Phi_{A1}(\tau)]\cos\left[2n\omega_p\left(t+\frac{\tau}{2}\right)\right]\right.$$

$$\left. + J_0[\Phi_{A2}(\tau)] + 2\sum_{n=1}^{\infty}J_{2n}[\Phi_{A2}(\tau)]\cos\left[2n\omega_p\left(t+\frac{\tau}{2}\right)\right]\right\} \qquad (10.77)$$

$$\mathcal{B}(t,\tau) = \cos\left\{\left[4\phi_{m0}\sin\left(\omega_p\frac{\tau}{2}\right)\cos\left(\omega_p\frac{\xi}{v}\right)\right] \cdot \sin\omega_p\left(t+\frac{\tau}{2} - \frac{\xi}{v}\right)\right\}$$

$$= J_0\left[4\phi_{m0}\sin\left(\omega_p\frac{\tau}{2}\right)\cos\left(\omega_p\frac{\xi}{v}\right)\right] +$$

$$2\sum_{n=1}^{\infty}J_{2n}\left[4\phi_{m0}\sin\left(\omega_p\frac{\tau}{2}\right)\cos\left(\omega_p\frac{\xi}{v}\right)\right]\cos\left[2n\omega_p\left(t+\frac{\tau}{2} - \frac{\xi}{v}\right)\right]$$

$$= J_0[\Phi_B(\tau,\xi)] + 2\sum_{n=1}^{\infty}J_{2n}[\Phi_B(\tau,\xi)]\cos\left[2n\omega_p\left(t+\frac{\tau}{2} - \frac{\xi}{v}\right)\right]$$

$$= J_0[\Phi_B(\tau,\xi)] + 2\sum_{n=1}^{\infty}J_{2n}[\Phi_B(\tau,\xi)]\left\{\cos\left(2n\omega_p\frac{\xi}{v}\right)\cos\left[2n\omega_p\left(t+\frac{\tau}{2}\right)\right] + \sin\left[2n\omega_p\left(t+\frac{\tau}{2}\right)\right]\sin\left(2n\omega_p\frac{\xi}{v}\right)\right\} \qquad (10.78)$$

$$\mathcal{C}(t,\tau) = \cos\left\{\left[4\phi_{m0}\sin\omega_p\left(\frac{\tau}{2}+\frac{\xi}{v}\right)\cos\left(\omega_p\frac{\xi}{v}\right)\right]\cdot\sin\omega_p\left(t+\frac{\tau}{2}\right)\right\}$$

$$= J_0\left[4\phi_{m0}\sin\omega_p\left(\frac{\tau}{2}+\frac{\xi}{v}\right)\cos\left(\omega_p\frac{\xi}{v}\right)\right]+$$

$$2\sum_{n=1}^{\infty}J_{2n}\left[4\phi_{m0}\sin\omega_p\left(\frac{\tau}{2}+\frac{\xi}{v}\right)\cos\left(\omega_p\frac{\xi}{v}\right)\right]\cos\left[2n\omega_p\left(t+\frac{\tau}{2}\right)\right]$$

$$= J_0[\Phi_C(\tau,\xi)] + 2\sum_{n=1}^{\infty}J_{2n}[\Phi_C(\tau,\xi)]\cos\left[2n\omega_p\left(t+\frac{\tau}{2}\right)\right] \qquad (10.79)$$

其中

$$\Phi_{A1}(\tau) = 4\phi_{m0}\cos\left(\omega_p\frac{\tau}{2}\right),\ \Phi_{A2}(\tau) = 4\phi_{m0}\sin\left(\omega_p\frac{\tau}{2}\right) \qquad (10.80)$$

$$\Phi_B(\tau,\xi) = 4\phi_{m0}\sin\left(\omega_p\frac{\tau}{2}\right)\cos\left(\omega_p\frac{\xi}{v}\right) \qquad (10.81)$$

$$\Phi_C(\tau,\xi) = 4\phi_{m0}\sin\omega_p\left(\frac{\tau}{2}+\frac{\xi}{v}\right)\cos\left(\omega_p\frac{\xi}{v}\right) \qquad (10.82)$$

则

$$\langle\mathcal{M}(t,\tau)\rangle = \int_0^L d\xi\,\Psi_M(\tau,\xi)\cdot\langle\mathcal{A}(t,\tau)\mathcal{B}(t,\tau)\rangle$$

$$= \int_0^L d\xi\,\Psi_M(\tau,\xi)\cdot\frac{1}{2}\{-J_0[\Phi_B(\tau,\xi)]\cdot\{J_0[\Phi_{A1}(\tau)]+J_0[\Phi_{A2}(\tau)]\}$$

$$+ 2\sum_{n=1}^{\infty}J_{2n}[\Phi_B(\tau,\xi)]\{(-1)^nJ_{2n}[\Phi_{A1}(\tau)]+$$

$$J_{2n}[\Phi_{A2}(\tau)]\}\cos\left(2n\omega_p\frac{\xi}{v}\right)\} \qquad (10.83)$$

$$\langle\mathcal{N}(t,\tau)\rangle = \int_0^L d\xi\,\Psi_N(\tau,\xi)\cdot\langle\mathcal{A}(t,\tau)\mathcal{C}(t,\tau)\rangle$$

$$= \int_0^L d\xi\,\Psi_N(\tau,\xi)\cdot\frac{1}{2}\{-\{J_0[\Phi_C(\tau,\xi)]\cdot\{J_0[\Phi_{A1}(\tau)]+J_0[\Phi_{A2}(\tau)]\}$$

$$+ 2\sum_{n=1}^{\infty}J_{2n}[\Phi_C(\tau,\xi)]\{(-1)^nJ_{2n}[\Phi_{A1}(\tau)]+J_{2n}[\Phi_{A2}(\tau)]\}\}$$

$$(10.84)$$

因此

$$\Gamma_n(\tau) = 4S\alpha_B I_0^2 e^{-\alpha L}[|a_{13}|^6|a_{14}|^2 + |a_{13}|^2|a_{14}|^6] \cdot$$

$$\int_0^L d\xi \Psi_M(\tau,\xi)\{-J_0[\Phi_B(\tau,\xi)] \cdot \{J_0[\Phi_{A1}(\tau)] + J_0[\Phi_{A2}(\tau)]\} +$$

$$2\sum_{n=1}^{\infty} J_{2n}[\Phi_B(\tau,\xi)]\{(-1)^n J_{2n}[\Phi_{A1}(\tau)] + J_{2n}[\Phi_{A2}(\tau)]\}\cos\left(2n\omega_p \frac{\xi}{\upsilon}\right)\} -$$

$$8S\alpha_B I_0^2 e^{-\alpha L}[|a_{13}|^4|a_{14}|^4] \cdot \int_0^L d\xi \Psi_N(\tau,\xi) \cdot$$

$$\{-\{J_0[\Phi_C(\tau,\xi)] \cdot \{J_0[\Phi_{A1}(\tau)] + J_0[\Phi_{A2}(\tau)]\} +$$

$$2\sum_{n=1}^{\infty} J_{2n}[\Phi_C(\tau,\xi)]\{(-1)^n J_{2n}[\Phi_{A1}(\tau)] + J_{2n}[\Phi_{A2}(\tau)]\}\} \quad (10.85)$$

于是,可以得到背向瑞利散射误差的功率谱密度 $S_n(\omega)$:

$$S_n(\omega) = \int_{-\infty}^{\infty} \Gamma_n(\tau) \cdot e^{-j\omega\tau} d\tau \quad (10.86)$$

将功率谱密度 $S_n(\omega)$ 在本征频率 ω_p 的噪声振幅用信号光强 $I_0 e^{-\alpha L}$ 归一化,得到背向瑞利散射引起的噪声(或随机游走系数):$\mathrm{RWC} = [S_n(\omega_p)]^{1/2}/I_0 e^{-\alpha L}$,单位为 $\mathrm{rad}/\sqrt{\mathrm{Hz}}$,也可以根据 Sagnac 标度因数折算为 $\mathrm{rad/s}/\sqrt{\mathrm{Hz}}$ 或 $(°)/\sqrt{\mathrm{h}}$。功率谱密度 $S_n(\omega)$ 在陀螺输出带宽 Δf 上的积分可以近似作为漂移估算的上限(最大漂移):$\phi_d \approx \left[\int_{f_p-\Delta f/2}^{f_p+\Delta f/2} S_n(f)df\right]^{1/2}/I_0 e^{-\alpha L}$,单位为 rad,也可以根据 Sagnac 标度因数折算为 rad/s 或 $(°)/\mathrm{h}$。同时可以计算背向瑞利散射引起的噪声和漂移与激光器相干时间 τ_c (或相干长度 L_c)的关系。

10.2.7 背向瑞利散射引起的噪声和漂移的仿真

利用式(10.86)可以对激光器驱动光纤陀螺中相干背向瑞利散射引起的噪声和漂移进行仿真。仿真参数的选取见表 10.2。选择施加在推挽相位调制两臂上的调制振幅 $\phi_{m0} = 0.46\mathrm{rad}$,是为了使式(10.44)输出信号的基频分量 $I_{s-\omega_p}(t)$ 中贝塞尔函数 $J_1(4\phi_{m0}) = J_1(1.84)$ 取最大值。对于长度为 150m、直径 3.5cm 的光纤线圈,Sagnac 标度因数为 0.071s;对于长度为 1085m、直径 8cm 的光纤线圈,Sagnac 标度因数为 1.17s。

表 10.2 背向散射引起的噪声和漂移的仿真参数

激光驱动光纤陀螺仿真参数	数值
光纤长度 L	150m/1085m
线圈直径 D	3.5cm/8cm

续表

激光驱动光纤陀螺仿真参数	数值
光波长 λ_0	1.55μm
调制振幅 ϕ_{m0}	0.46rad
光纤折射率	1.468
传播损耗系数 α	1.15dB/km
环耦合器的耦合系数 κ	0.5

图 10.5 是预测的激光器驱动光纤陀螺角随机游走与光源线宽 Δv 的函数关系，其中 $\Delta v = c/n_F \pi L_c$，L_c 是光纤介质中的相干长度。市场上半导体激光器的线宽大多在 1kHz~100MHz 之间，为了考察激光器线宽加宽对背向瑞利散射误差的抑制作用，图 10.5 将激光器线宽的范围扩展到 100GHz，这几乎是目前外相位调制技术所能达到的线宽加宽极限值。

由图 10.5 可以看出，从图的右侧开始，当光源线宽开始减小（进而相干长度增加）时，噪声增加。如前所述，相干背向散射仅由环圈中点为中心的一个长度为 L_c 的光纤段引起，当 L_c 增加时，对相干背向散射噪声有贡献的光纤区域增加，导致较大的噪声。这一特性在图 10.5 曲线的右侧得到证实，表明当相干长度 L_c 小于环圈长度 L 时，光纤陀螺的噪声随 $\sqrt{L_c}$ 增加。

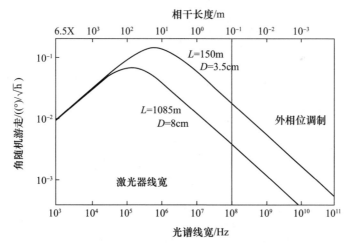

图 10.5 激光器驱动光纤陀螺中背向散射引起的噪声
（角随机游走）与光源线宽 Δv 的函数关系仿真

但当光源相干长度 L_c 超过环圈长度 L 时，噪声趋势发生改变。由于相干长度等于环圈长度（$L_c = L$）时，整个环圈的背向散射都对相干干涉有贡献。结果，进一步增加相干长度预期噪声不再进一步增加。但是，图 10.5 表明，相干长度比环圈长度长时，背向散射噪声并不是达到饱和或保持为常值，实际上是下降。这是因为仅当光源相位噪声下降时才会发生相干长度增加(毕竟，光源相位的随机涨落主要归因于有限的线宽)。当相干长度增加超过环圈长度($L_c > L$)时，相干背向散射误差保持常数，但光源相位噪声下降了。这导致了 Sagnac 干涉仪中背向散射噪声的减少。图 10.5 揭示出，可以通过增加相干长度超过环长度而降低背向散射噪声。这一特性见图 10.5 中曲线的左侧，其中噪声大约随 $\sqrt{L_c}$ 下降。

图 10.5 表明，对于长度为 1085m、直径 8cm 的光纤线圈，当采用外相位调制技术使激光器线宽加宽至 10GHz 时，背向散射引起的噪声接近 $3 \times 10^{-4}(°)/\sqrt{h}$，这已经低于相同尺寸的采用宽带光源的光纤陀螺噪声水平。

图 10.6 给出了激光器驱动光纤陀螺中背向散射引起的漂移上限与光源线宽 Δv 的函数关系。漂移上限实质上是一种偏置型误差，在理论上是一个稳定的偏移，是线圈中心 $\pm L_c/2$ 内的所有散射光场与主波光场相干干涉求和的结果。$L_c < L$ 时，只与相干长度 L_c，大约正比于 L_c，因此不同光纤线圈长度的偏置误差与光谱线宽 Δv 的关系曲线几乎重合。一旦 L_c 超过环圈长度 L，线圈内的所有散射中心已经对这个相干求和有贡献，再进一步增加相干长度没有影响，偏

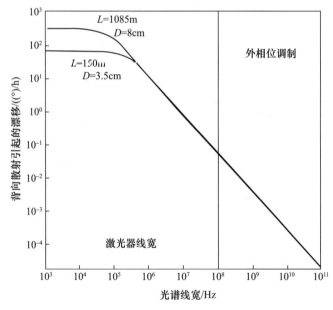

图 10.6　激光器驱动光纤陀螺中背向散射引起的漂移上限与光源线宽 Δv 的函数关系仿真

置误差曲线变得平坦;当然,光纤线圈越长,线圈内散射中心的数量越多,偏置型误差也越大。因此,背向散射引起的漂移的总趋势是:$L_c < L$ 时,随 L_c 成正比地增加;而 $L_c > L$ 时,与 L_c 无关。

由图10.6可以看出,对于长度为1085m、直径为8cm的光纤线圈,尽管采用高相干光源时(图10.6的左侧)漂移上限达到100(°)/h以上,当采用外相位调制技术使激光器线宽加宽至10GHz时,背向散射引起的漂移仍小于10^{-3}(°)/h,这同样优于相同尺寸的采用宽带光源的光纤陀螺漂移水平。

10.3 激光器驱动干涉型光纤陀螺的偏振交叉耦合误差模型

激光器驱动干涉型光纤陀螺除引入了相干瑞利背向散射误差外,还引入了相干偏振交叉耦合误差。与背向散射误差类似,偏振交叉耦合误差同样导致光纤陀螺的噪声和漂移。以给定的偏振(传输态)进入光纤线圈的光,在熔接点或沿光纤线圈分布的微观尺寸不完美的离散点上,部分光功率耦合到与传输态正交的偏振(交叉态)中,传播至输出端;同样,以交叉态传输的光,在Sagnac干涉仪中传播时,也会耦合到传输态中。偏振交叉耦合光波与主波干涉,同样会将激光器相位噪声转化为陀螺输出噪声,将环境扰动引起的光路的非互易性光程变化转化为漂移。传统的干涉型光纤陀螺采用的是宽带光源,由于相干性所限,只有位于线圈两端一个消偏长度 L_d(通常为厘米量级)内的偏振交叉耦合光波到达探测器时才会与主波发生相干干涉,因而大大降低了偏振非互易误差。而采用高相干激光器光源,消偏长度 L_d 高达几十米甚至超过线圈长度,偏振非互易误差不容忽视,而且可能成为光纤陀螺最主要的噪声和漂移源。

光波经过保偏光纤中的一个偏振交叉耦合点后,主波(传输态)和交叉耦合波(交叉态)之间要经过一段传播距离后才能获得统计学上的去相关,这段距离称为消偏长度 L_d。定义为

$$L_d = \frac{\lambda_0^2}{\Delta n_b \Delta \lambda_{\text{FWHM}}} = \frac{c}{\Delta n_b \Delta v} = \frac{c\tau_c}{\Delta n_b} \quad (10.87)$$

式中:Δn_b 为保偏光纤的双折射;$\Delta \lambda_{\text{FWHM}}$ 和 Δv 分别为用光谱和频谱表示的光源线宽。$\lambda_0 = 1.55\mu\text{m}$、$\Delta n_b = 5 \times 10^{-4}$ 时,对于 $\Delta \lambda_{\text{FWHM}} = 10\text{nm}$ 的宽带光源,$L_d \approx 0.48\text{m}$,只占光纤线圈长度的一小部分;而对于 $\Delta v = 1\text{MHz}$ 的激光器而言,L_d 高达10^5m以上。这意味着,整个光纤线圈上的分布式偏振交叉耦合点都对相干偏振交叉耦合误差有贡献。本节通过建立干涉型光纤陀螺的偏振交叉耦合误差模型,研究存在偏置调制时激光器线宽(或相干时间)、光纤线圈长度、保偏光纤特

性(偏振保持参数 h)引起的噪声和漂移特性,给出噪声和漂移的解析表达式和仿真结果。

10.3.1 含偏振交叉耦合的光纤陀螺干涉输出

含偏振交叉耦合的 Sagnac 光纤干涉仪光路结构如图 10.7 所示。从输入/输出共用端口描述:偏振器、分束器和调制器集成在一个基于 $LiNbO_3$ 衬底的多功能集成光学芯片(MIOC)上,与光纤线圈端接耦合,偏振器的振幅消光比为 ε;光纤为保偏光纤,光纤长度为 L,偏振保持参数为 h,光纤双折射为 $\Delta n_b = n_y - n_x$,其中 n_x 和 n_y 分别是保偏光纤中传输态(x)和交叉态(y)两种偏振模式的群折射率,这些偏振模式通过光纤线圈的群延迟时间分别为 $\tau_x = n_x L/c$、$\tau_y = n_y L/c$;多功能集成光学芯片两臂的调制器 $\phi_{m1}(t)$ 和 $\phi_{m2}(t)$ 工作在环圈本征频率 $\omega_p = \pi/\tau_x$ 上,给干涉仪动态加偏以获得最大灵敏度,$\phi_{m1}(t)$ 和 $\phi_{m2}(t)$ 通常采用推挽结构,这意味着可以表示为 $\phi_{m1}(t) = -\phi_{m2}(t) = \phi_m(t)$。

理想情况下,入射进多功能集成光学芯片的光是沿偏振器(对于质子交换 $LiNbO_3$ 波导来说,整个 Y 分支都相当于偏振器)传输轴(x)的线偏振光。在实际中,输入光场通常有两个偏振分量,一个与偏振器传输轴对准的主分量(传输态)E_x 和一个弱得多但非零的正交分量(交叉态)E_y:

$$E_{in} = \begin{pmatrix} E_x \\ E_y \end{pmatrix} e^{j[\omega_0 t + \phi_n(t)]} \tag{10.88}$$

式中:ω_0 为光频率;t 为时间,$\phi_n(t)$ 为激光器相位噪声。输入偏振态与偏振器的对准程度用输入偏振消光比 $\rho_{in} = |E_y/E_x|$ 表征。对于高偏振度的激光器来说,通常有 $\rho_{in}^2 > 20dB$。通过偏振器后,x 偏振和 y 偏振之间的交叉耦合存在两种机制。一种机制是多功能集成光学芯片(本身是单偏振器件)的偏振传输轴与线圈保偏尾纤的双折射传输主轴(一般也记为 x 轴,与之正交的另一个双折射主轴记为 y 轴)之间在端接耦合点(图 10.7 中记为 A 和 A')的对准误差(一般用多功能集成光学芯片的偏振串音指标表征)。另一种机制是沿保偏光纤的分布式偏振耦合(用保偏光纤的 h 参数表征)。后者是主要的偏振交叉耦合机制,本节的相干偏振交叉耦合误差模型仅考虑这后一种机制。

如图 10.7 所示,在 Sagnac 干涉仪的输出端,从线圈返回并通过集成光学芯片的 x 偏振的光场由互易性光场 E_{xx}(主输入光场 E_x 沿保偏光纤的 x 轴传输的部分)和非互易性光场 E_{yx}(正交输入光场 E_y 沿保偏光纤的 y 轴传输时耦合到 x 轴的部分)组成。同理,返回到集成光学芯片的 y 偏振的光场由互易性分量 E_{yy}(正交输入光场 E_y 沿保偏光纤的 y 轴传输的部分)和非互易性耦合光场 E_{xy}(主输

入光场 E_x 沿保偏光纤的 x 轴传输时耦合到 y 轴的部分)组成。由于 E_{yy} 被集成光学芯片的偏振器抑制过两次,而集成光学芯片具有很高的消光比($\varepsilon^2 \leqslant -70\text{dB}$),$E_{yy}$ 可以忽略。

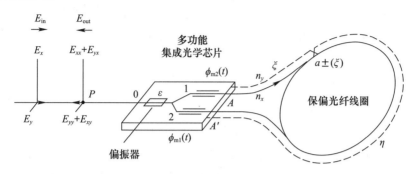

图 10.7　相干偏振交叉耦合误差的光路结构

光纤陀螺实质上测量的是顺时针和逆时针光波合光后主输出光场 E_{xx} 的相位变化。耦合光场 E_{xy} 和 E_{yx} 对这个相位产生扰动,产生两类误差:振幅型误差,正比于 ε;强度型误差,正比于 ε^2。由于 ε^2 很小,强度型误差可以忽略。由于 E_{xy} 是交叉态,与传输态 E_{xx} 正交,合光时与主波不发生干涉,只是强度相加,产生一个正比于 ε^2 的强度型误差,同样可以忽略。因此,主要考虑 E_{yx} 与 E_{xx} 干涉产生的振幅型偏振交叉耦合误差。由该振幅型误差引起的噪声和漂移可用处理相干背向散射的方法来计算。

这样,输出光场 $E_{\text{out}}(t)$ 共有四个分量:主输入光场 E_x 在集成光学芯片上分光并分别沿顺时针和逆时针方向传播的传输态 E_{xx}:$E_{\text{cw}}(t)$ 和 $E_{\text{ccw}}(t)$,以及正交输入光场 E_y 沿顺时针和逆时针方向在保偏光纤圈中传输时由 y 轴交叉耦合到 x 轴的部分 E_{yx}:$E_{\text{cw}}^{\text{c}}(t)$ 和 $E_{\text{ccw}}^{\text{c}}(t)$。因而有:

$$E_{\text{out}}(t) = E_{\text{cw}}(t) + E_{\text{ccw}}(t) + E_{\text{cw}}^{\text{c}}(t) + E_{\text{ccw}}^{\text{c}}(t) \tag{10.89}$$

其中:

$$E_{\text{cw}}(t) = E_x a_{01x} a_{20x} e^{-\alpha L/2} F_{\text{cw}}(t) \tag{10.90}$$

$$E_{\text{ccw}}(t) = E_x a_{02x} a_{10x} e^{-\alpha L/2} F_{\text{ccw}}(t) \tag{10.91}$$

$$F_{\text{cw}}(t) = e^{j[\omega_0(t-L/v) + \phi_n(t-L/v) - \phi_m(t) + \phi_m(t-L/v) + \phi_s/2]} \tag{10.92}$$

$$F_{\text{ccw}}(t) = e^{j[\omega_0(t-L/v) + \phi_n(t-L/v) + \phi_m(t) - \phi_m(t-L/v) - \phi_s/2]} \tag{10.93}$$

式中:a_{ijx} 为集成光学芯片的 Y 分支中 x 偏振从端口 i 到端口 j 的振幅耦合比;a_{ijy} 为 y 偏振从端口 i 到端口 j 的振幅耦合比。α 是保偏光纤的衰减系数,这里假定 x 偏振光和 y 偏振光的衰减系数相同(不考虑偏振相关损耗),因而对整个分析没有影响,下面分析时将忽略。$F_{cw}(t)$ 和 $F_{ccw}(t)$ 分别是图 10.7 中顺时针主波和逆时针主波在 P 点计算的总相位。对于 $F_{cw}(t)$,它包括:载波传播相位 $\omega_0(t-L/v)$。激光器相位噪声 $\phi_n(t-L/v)$。相位调制器以推挽结构工作,顺时针主波先通过上面的调制器 $\phi_{m2} = -\phi_m(t)$,再通过下面的调制器 $\phi_{m1} = \phi_m(t-L/v)$。$\phi_s$ 是旋转引起的 Sagnac 相移。这里忽略相位延迟和群延迟之间的区别,把线圈延迟简化为 L/v。

同理,偏振交叉耦合光场 $E_{cw}^c(t)$ 和 $E_{ccw}^c(t)$ 可以表示为

$$E_{cw}^c(t) = \varepsilon\rho_{in}E_x a_{01y} a_{20x} e^{j\phi_{in}} F_{cw}^c(t) \tag{10.94}$$

$$E_{ccw}^c(t) = \varepsilon\rho_{in}E_x a_{02y} a_{10x} e^{j\phi_{in}} F_{ccw}^c(t) \tag{10.95}$$

式中:$\rho_{in}e^{j\phi_{in}} = E_y/E_x$,$\phi_{in}$ 为输入偏振分量之间的相移。相应的相位项 $F_{cw}^c(t)$、$F_{ccw}^c(t)$ 用沿光纤长度上的点 ξ 的光场偏振交叉耦合的连续统的积分表示,其中复数耦合振幅 $a^\pm(\xi)$ 可以看成一个随机变量:

$$F_{cw}^c(t) = \int_0^L a^+(\xi) e^{j[\omega_0(t-\tau(\xi))+\phi_n(t-\tau(\xi))-\gamma\phi_m(t)+\phi_m(t-\tau(\xi))+\phi_s/2]} d\xi \tag{10.96}$$

$$F_{ccw}^c(t) = \int_0^L a^-(L-\eta) e^{j[\omega_0(t-\tau(\eta))+\phi_n(t-\tau(\eta))+\gamma\phi_m(t)-\phi_m(t-\tau(\eta))-\phi_s/2]} d\eta \tag{10.97}$$

$$\tau(\xi) = \frac{n_y\xi + n_x(L-\xi)}{c} = \frac{Ln_x + \Delta n_b\xi}{c} = \frac{L}{v} + \frac{\Delta n_b}{n_x} \cdot \frac{\xi}{v} \tag{10.98}$$

式中:对于逆时针方向的偏振交叉耦合,用参数 $\eta = L - \xi$ 可以很方便地测量逆时针光波沿线圈的长度。考虑到偏振相关调制的可能性,写出 $\phi_{my}(t) = \gamma\phi_{mx}(t) = \gamma\phi_m(t)$,常数 γ 是调制效率之比。

对于一个光纤系统,不考虑磁场等环境扰动时,系统是互易的。如果光波前向传播的琼斯矩阵是 $\boldsymbol{J}^+$,则后向传播的琼斯矩阵为 $\boldsymbol{J}^- = \boldsymbol{J}^{+T}$,这里 T 表示转换矩阵。另外,在一段足够短的光纤长度上,忽略光纤的偏振相关损耗(PDL),琼斯矩阵还是一个酉矩阵,满足 $\boldsymbol{J}_{xy}^\pm = -\boldsymbol{J}_{yx}^{\pm*}$,这里 x、y 表示两个正交偏振模式。在满足上述条件的前提下,复数耦合振幅 $a^\pm(\xi)$ 满足 $a^+(\xi) = -a^{-*}(\xi)$,因此有:

$$a^+(\xi) = ja(\xi) = ja_0(\xi)e^{j\vartheta(\xi)}, a^-(\xi) = ja^*(\xi) = ja_0(\xi)e^{-j\vartheta(\xi)} \tag{10.99}$$

式中:$a_0(\xi)$、$\vartheta(\xi)$ 均为实数。

对于偏振交叉耦合的统计性质,假定偏振交叉耦合由微观光纤扭转或微观纤芯不规则性引起,其特征长度尺度远比讨论该问题的其他长度尺度短,因而认为偏振交叉耦合具有 δ 函数形式的相关性分布:

$$\langle a^+(\xi)a^{+*}(\xi')\rangle = h\delta(\xi-\xi'), \langle a^-(\xi)a^{-*}(\xi')\rangle = h\delta(\xi-\xi') \tag{10.100}$$

式中:偏振保持参数 h 是单位长度的光纤偏振消光比。耦合振幅 $a^+(\xi)$、$a^-(\xi)$ 是复数,允许线双折射和圆双折射扰动两种可能性。选择这种统计特性的结果是 $\langle a^+(\xi)\rangle = \langle a^-(\xi)\rangle = 0$,这导致:

$$\langle a^\pm(\xi)a^\pm(\xi')\rangle = \langle a^{\pm*}(\xi)a^{\pm*}(\xi')\rangle = 0 \tag{10.101}$$

由式(10.89),总的输出光强为

$$I_{\text{out}}(t) = |E_{\text{out}}(t)|^2 = [E_{\text{cw}}(t) + E_{\text{ccw}}(t) + E_{\text{cw}}^c(t) + E_{\text{ccw}}^c(t)]^*$$
$$[E_{\text{cw}}(t) + E_{\text{ccw}}(t) + E_{\text{cw}}^c(t) + E_{\text{ccw}}^c(t)]$$
$$= I_s(t) + I_\varepsilon(t) + I_{\varepsilon^2}(t) \tag{10.102}$$

式中:信号项 $I_s(t)$ 由主光场 $E_{\text{cw}}(t)$、$E_{\text{ccw}}(t)$ 之间的干涉引起;误差项 $I_\varepsilon(t)$ 源自主光场 $E_{\text{cw}}(t)$、$E_{\text{ccw}}(t)$ 与耦合光场 $E_{\text{cw}}^c(t)$、$E_{\text{ccw}}^c(t)$ 之间的干涉(振幅型误差);误差项 $I_{\varepsilon^2}(t)$ 源自耦合光场 $E_{\text{cw}}^c(t)$、$E_{\text{ccw}}^c(t)$ 之间的干涉(强度型误差)。且有:

$$I_s(t) = E_{\text{cw}}(t)E_{\text{cw}}^*(t) + E_{\text{cw}}(t)E_{\text{ccw}}^*(t) + E_{\text{ccw}}(t)E_{\text{cw}}^*(t) + E_{\text{ccw}}(t)E_{\text{ccw}}^*(t)$$
$$= \frac{1}{2}E_x^2\left\{1 + \cos\left[2\phi_m\left(t - \frac{L}{v}\right) - 2\phi_m(t) + \phi_s\right]\right\} \tag{10.103}$$

其中利用了:

$$a_{01x} = \frac{1}{\sqrt{2}} = a_{10x}, a_{02x} = j\frac{1}{\sqrt{2}} = a_{20x}, a_{01y} = \frac{1}{\sqrt{2}} = a_{10y}, a_{02y} = j\frac{1}{\sqrt{2}} = a_{20y} \tag{10.104}$$

同样可以得到噪声项:

$$I_\varepsilon(t) = E_{\text{cw}}^*(t)E_{\text{cw}}^c(t) + E_{\text{cw}}(t)E_{\text{cw}}^{c*}(t) + E_{\text{cw}}^*(t)E_{\text{ccw}}^c(t) + E_{\text{cw}}(t)E_{\text{ccw}}^{c*}(t) +$$
$$E_{\text{ccw}}^*(t)E_{\text{cw}}^c(t) + E_{\text{ccw}}(t)E_{\text{cw}}^{c*}(t) + E_{\text{ccw}}^*(t)E_{\text{ccw}}^c(t) + E_{\text{ccw}}(t)E_{\text{ccw}}^{c*}(t)$$
$$\tag{10.105}$$

这里,忽略强度型误差 $I_{\varepsilon^2}(t)$ 项。

10.3.2 偏振交叉耦合的自相关函数和功率谱密度

由式(10.90)~式(10.97)以及式(10.104)、式(10.105),得

$$I_\varepsilon(t) = \frac{1}{4}E_x^2\varepsilon\rho_{\text{in}}\{e^{-j\phi_{\text{in}}}[F_{\text{cw}}(t) + F_{\text{ccw}}(t)] \cdot$$
$$F_{\text{cw}}^{c*}(t) + e^{j\phi_{\text{in}}}[F_{\text{cw}}^*(t) + F_{\text{ccw}}^*(t)] \cdot F_{\text{cw}}^c(t) +$$

$$e^{-j\phi_{in}}[F_{cw}(t) + F_{ccw}(t)] \cdot F_{ccw}^{c*}(t) + e^{j\phi_{in}}[F_{cw}^{*}(t) + F_{ccw}^{*}(t)] \cdot F_{ccw}^{c}(t)\}$$

$$= \frac{1}{4}E_x^2\varepsilon\rho_{in}\{[\mathcal{P}(t) + \mathcal{P}^{*}(t)] + [\mathcal{Q}(t) + \mathcal{Q}^{*}(t)]\} \qquad (10.106)$$

式中：$\mathcal{P}(t) = e^{-j\phi_{in}}[F_{cw}(t) + F_{ccw}(t)] \cdot F_{cw}^{c*}(t)$；$\mathcal{Q}(t) = e^{-j\phi_{in}}[F_{cw}(t) + F_{ccw}(t)] \cdot F_{ccw}^{c*}(t)$。

忽略 Sagnac 相移 ϕ_s，可以通过计算式(10.106)噪声强度 $I_\varepsilon(t)$ 的功率谱密度(PSD)，估算光纤陀螺中偏振交叉耦合引起的噪声和漂移。由于自相关函数和功率谱密度之间存在傅里叶变换关系，首先考虑 $I_\varepsilon(t)$ 的自相关函数 $\Gamma_\varepsilon(t,t+\tau)$。$\Gamma_\varepsilon(t,t+\tau)$ 表示为

$$\Gamma_\varepsilon(t,t+\tau) = \langle I_\varepsilon(t)I_\varepsilon(t+\tau)\rangle \qquad (10.107)$$

式中：$\langle\cdots\rangle$ 表示系综平均或时间平均。由式(10.106)得

$$\Gamma_\varepsilon(t,t+\tau) = \langle I_\varepsilon(t)I_\varepsilon(t+\tau)\rangle$$

$$= \frac{1}{16}E_x^4\varepsilon^2\rho_{in}^2 \cdot \langle\{[\mathcal{P}(t) + \mathcal{P}^{*}(t)] + [\mathcal{Q}(t) + \mathcal{Q}^{*}(t)]\} \cdot$$

$$\{[\mathcal{P}(t+\tau) + \mathcal{P}^{*}(t+\tau)] + [\mathcal{Q}(t+\tau) + \mathcal{Q}^{*}(t+\tau)]\}\rangle$$

$$= \frac{1}{16}E_x^4\varepsilon^2\rho_{in}^2\langle\mathcal{P}(t)\mathcal{P}^{*}(t+\tau) + \mathcal{P}^{*}(t)\mathcal{P}(t+\tau)\rangle +$$

$$\frac{1}{16}E_x^4\varepsilon^2\rho_{in}^2\langle\mathcal{Q}(t)\mathcal{Q}^{*}(t+\tau) + \mathcal{Q}^{*}(t)\mathcal{Q}(t+\tau)\rangle +$$

$$\frac{1}{16}E_x^4\varepsilon^2\rho_{in}^2\langle\mathcal{P}(t)\mathcal{Q}(t+\tau) + \mathcal{P}^{*}(t)\mathcal{Q}^{*}(t+\tau)\rangle +$$

$$\frac{1}{16}E_x^4\varepsilon^2\rho_{in}^2\langle\mathcal{Q}(t)\mathcal{P}(t+\tau) + \mathcal{Q}^{*}(t)\mathcal{P}^{*}(t+\tau)\rangle$$

$$= \Gamma_{\varepsilon1}(t,t+\tau) + \Gamma_{\varepsilon2}(t,t+\tau) + \Gamma_{\varepsilon3}(t,t+\tau) + \Gamma_{\varepsilon4}(t,t+\tau) \quad (10.108)$$

其中已略去与式(10.101)有关的为零的项。

首先考虑 $\Gamma_{\varepsilon1}(t,t+\tau)$：

$$\Gamma_{\varepsilon1}(t,t+\tau) = \frac{1}{16}E_x^4\varepsilon^2\rho_{in}^2\{\langle\mathcal{P}(t)\mathcal{P}^{*}(t+\tau)\rangle + \langle\mathcal{P}^{*}(t)\mathcal{P}(t+\tau)\rangle\}$$

$$(10.109)$$

由式(10.92)、式(10.93)和式(10.96)，有

$$\langle\mathcal{P}(t)\mathcal{P}^{*}(t+\tau)\rangle = \langle[F_{cw}(t) + F_{ccw}(t)] \cdot [F_{cw}^{*}(t+\tau) + F_{ccw}^{*}(t+\tau)] \cdot$$

$$F_{cw}^{c*}(t)F_{cw}^{c}(t+\tau)\rangle$$

$$= 4h \cdot \cos\left[\phi_m\left(t - \frac{L}{v}\right) - \phi_m(t)\right]\cos\left[\phi_m\left(t + \tau - \frac{L}{v}\right) - \phi_m(t+\tau)\right] \cdot$$

$$\int_0^L e^{j\left[\gamma\phi_m(t) - \gamma\phi_m(t+\tau) + \phi_m\left(t+\tau - \frac{L}{v} - \frac{\Delta n_b \xi}{c}\right) - \phi_m\left(t - \frac{L}{v} - \frac{\Delta n_b \xi}{c}\right)\right]}$$

$$\left\langle e^{j\left[\phi_n\left(t - \frac{L}{v}\right) - \phi_n\left(t+\tau - \frac{L}{v}\right) + \phi_n\left(t+\tau - \frac{L}{v} - \frac{\Delta n_b \xi}{c}\right) - \phi_n\left(t - \frac{L}{v} - \frac{\Delta n_b \xi}{c}\right)\right]}\right\rangle d\xi$$

$$= 4h \cdot \cos\left[\phi_m\left(t - \frac{L}{v}\right) - \phi_m(t)\right]\cos\left[\phi_m\left(t + \tau - \frac{L}{v}\right) - \phi_m(t+\tau)\right] \cdot$$

$$\int_0^L e^{j\left[\gamma\phi_m(t) - \gamma\phi_m(t+\tau) + \phi_m\left(t+\tau - \frac{L}{v} - \frac{\Delta n_b \xi}{c}\right) - \phi_m\left(t - \frac{L}{v} - \frac{\Delta n_b \xi}{c}\right)\right]}$$

$$e^{-\frac{1}{\tau_c}\left[2|\tau| + 2\left|\frac{\Delta n_b \xi}{c}\right| - \left|\tau - \frac{\Delta n_b \xi}{c}\right| - \left|\tau + \frac{\Delta n_b \xi}{c}\right|\right]} d\xi \qquad (10.110)$$

式(10.110)中,设 $\Delta\phi_n = \phi_n\left(t - \frac{L}{v}\right) - \phi_n\left(t + \tau - \frac{L}{v}\right) + \phi_n\left(t + \tau - \frac{L}{v} - \frac{\Delta n_b \xi}{c}\right) - \phi_n\left(t - \frac{L}{v} - \frac{\Delta n_b \xi}{c}\right)$,利用了:

$$\sigma_{\Delta\phi_n}^2 = \left[\phi_n\left(t - \frac{L}{v}\right) - \phi_n\left(t + \tau - \frac{L}{v}\right) + \phi_n\left(t + \tau - \frac{L}{v} - \frac{\Delta n_b \xi}{c}\right) - \phi_n\left(t - \frac{L}{v} - \frac{\Delta n_b \xi}{c}\right)\right]^2$$

$$= \left[\phi_n\left(t - \frac{L}{v}\right) - \phi_n\left(t + \tau - \frac{L}{v}\right)\right]^2 + \left[\phi_n\left(t + \tau - \frac{L}{v} - \frac{\Delta n_b \xi}{c}\right) - \phi_n\left(t - \frac{L}{v} - \frac{\Delta n_b \xi}{c}\right)\right]^2$$

$$+ \left[\phi_n\left(t - \frac{L}{v}\right) - \phi_n\left(t - \frac{L}{v} - \frac{\Delta n_b \xi}{c}\right)\right]^2 + \left[\phi_n\left(t + \tau - \frac{L}{v}\right) - \phi_n\left(t + \tau - \frac{L}{v} - \frac{\Delta n_b \xi}{c}\right)\right]^2$$

$$- \left[\phi_n\left(t - \frac{L}{v}\right) - \phi_n\left(t + \tau - \frac{L}{v} - \frac{\Delta n_b \xi}{c}\right)\right]^2 - \left[\phi_n\left(t + \tau - \frac{L}{v}\right) - \phi_n\left(t - \frac{L}{v} - \frac{\Delta n_b \xi}{c}\right)\right]^2$$

$$(10.111)$$

因而:

$$\langle \mathcal{P}(t)\mathcal{P}^*(t+\tau)\rangle + \langle \mathcal{P}^*(t)\mathcal{P}(t+\tau)\rangle$$

$$= 8h \cdot \cos\left[\phi_m\left(t - \frac{L}{v}\right) - \phi_m(t)\right]\cos\left[\phi_m\left(t + \tau - \frac{L}{v}\right) - \phi_m(t+\tau)\right] \cdot$$

$$\int_0^L \cos\left[\gamma\phi_m(t) - \gamma\phi_m(t+\tau) + \phi_m\left(t + \tau - \frac{L}{v} - \frac{\Delta n_b \xi}{c}\right) - \phi_m\left(t - \frac{L}{v} - \frac{\Delta n_b \xi}{c}\right)\right] \cdot e^{-\frac{1}{\tau_c}\left[2|\tau| + 2\left|\frac{\Delta n_b \xi}{c}\right| - \left|\tau - \frac{\Delta n_b \xi}{c}\right| - \left|\tau + \frac{\Delta n_b \xi}{c}\right|\right]} d\xi \qquad (10.112)$$

所以:

$$\Gamma_{\varepsilon 1}(t,t+\tau) = \frac{1}{2} h \cdot E_x^4 \varepsilon^2 \rho_{\text{in}}^2 \cos\left[\phi_{\text{m}}\left(t-\frac{L}{v}\right)-\phi_{\text{m}}(t)\right]$$

$$\cos\left[\phi_{\text{m}}\left(t+\tau-\frac{L}{v}\right)-\phi_{\text{m}}(t+\tau)\right] \cdot$$

$$\int_0^L \cos\left[\gamma\phi_{\text{m}}(t) - \gamma\phi_{\text{m}}(t+\tau) + \phi_{\text{m}}\left(t+\tau-\frac{L}{v}-\frac{\Delta n_b \xi}{c}\right) - \phi_{\text{m}}\left(t-\frac{L}{v}-\frac{\Delta n_b \xi}{c}\right)\right] \cdot e^{-\frac{1}{\tau_c}\left[2|\tau|+2\left|\frac{\Delta n_b \xi}{c}\right|-\left|\tau-\frac{\Delta n_b \xi}{c}\right|-\left|\tau+\frac{\Delta n_b \xi}{c}\right|\right]} d\xi \quad (10.113)$$

式中:$v = c/n_x$。同理可得

$$\Gamma_{\varepsilon 2}(t,t+\tau) = \frac{1}{16} E_x^4 \varepsilon^2 \rho_{\text{in}}^2 \langle \mathcal{Q}(t)\mathcal{Q}^*(t+\tau) + \mathcal{Q}^*(t)\mathcal{Q}(t+\tau)\rangle = \Gamma_{\varepsilon 1}(t,t+\tau)$$

$$(10.114)$$

$$\Gamma_{\varepsilon 3}(t,t+\tau) = \frac{1}{16} E_x^4 \varepsilon^2 \rho_{\text{in}}^2 \langle \mathcal{P}(t)\mathcal{Q}(t+\tau) + \mathcal{P}^*(t)\mathcal{Q}^*(t+\tau)\rangle$$

$$= -\frac{1}{2} h e^{-2j\phi_{\text{in}}} \langle e^{j\omega_0 \left(\frac{\Delta n_b L}{c}\right)}\rangle E_x^4 \varepsilon^2 \rho_{\text{in}}^2 \cdot \cos\left[\phi_{\text{m}}\left(t-\frac{L}{v}\right)-\phi_{\text{m}}(t)\right]$$

$$\cos\left[\phi_{\text{m}}\left(t+\tau-\frac{L}{v}\right)-\phi_{\text{m}}(t+\tau)\right] \cdot \int_0^L \cos\left[\gamma\phi_{\text{m}}(t) - \gamma\phi_{\text{m}}(t+\tau) + \right.$$

$$\phi_{\text{m}}\left(t+\tau-\frac{L}{v}-\frac{\Delta n_b L}{c}+\frac{\Delta n_b \xi}{c}\right) - \phi_{\text{m}}\left(t-\frac{L}{v}-\frac{\Delta n_b \xi}{c}\right)\right] \cdot$$

$$e^{-\frac{1}{\tau_c}\left[\left|\frac{\Delta n_b (L-\xi)}{c}\right|+\left|\frac{\Delta n_b \xi}{c}\right|+\left|\tau+\frac{\Delta n_b \xi}{c}\right|+\left|\tau-\frac{\Delta n_b (L-\xi)}{c}\right|-|\tau|-\left|\tau-\frac{\Delta n_b (L-2\xi)}{c}\right|\right]} d\xi \quad (10.115)$$

$$\Gamma_{\varepsilon 4}(t,t+\tau) = \frac{1}{16} E_x^4 \varepsilon^2 \rho_{\text{in}}^2 \langle \mathcal{Q}(t)\mathcal{P}(t+\tau) + \mathcal{Q}^*(t)\mathcal{P}^*(t+\tau)\rangle$$

$$= -\frac{1}{2} h e^{-2j\phi_{\text{in}}} \langle e^{j\omega_0 \left(\frac{\Delta n_b L}{c}\right)}\rangle E_x^4 \varepsilon^2 \rho_{\text{in}}^2$$

$$\cos\left[\phi_{\text{m}}\left(t-\frac{L}{v}\right)-\phi_{\text{m}}(t)\right]\cos\left[\phi_{\text{m}}\left(t+\tau-\frac{L}{v}\right)-\phi_{\text{m}}(t+\tau)\right] \cdot$$

$$\int_0^L \cos\left[\gamma\phi_{\text{m}}(t) - \gamma\phi_{\text{m}}(t+\tau) + \phi_{\text{m}}\left(t+\tau-\frac{L}{v}-\frac{\Delta n_b \xi}{c}\right) - \right.$$

$$\phi_{\text{m}}\left(t-\frac{L}{v}-\frac{\Delta n_b L}{c}+\frac{\Delta n_b \xi}{c}\right)\right] \cdot$$

$$e^{-\frac{1}{\tau_c}\left[\left|\frac{\Delta n_b (L-\xi)}{c}\right|+\left|\frac{\Delta n_b \xi}{c}\right|+\left|\tau-\frac{\Delta n_b \xi}{c}\right|+\left|\tau+\frac{\Delta n_b (L-\xi)}{c}\right|-|\tau|-\left|\tau+\frac{\Delta n_b (L-2\xi)}{c}\right|\right]} d\xi \quad (10.116)$$

式中:$\Gamma_{\varepsilon 3}(t,t+\tau)$ 和 $\Gamma_{\varepsilon 4}(t,t+\tau)$ 中均含 $e^{j\omega_0\left(\frac{\Delta n_b L}{c}\right)}$;$\omega_0(\Delta n_b L/c)$ 为载波在线圈中

获得的总的双折射相位,这个量在模为2π内均匀分布,因此$\langle e^{j\omega_0(\frac{\Delta n_b L}{c})}\rangle = 0$。所以系综平均使$\Gamma_{\varepsilon 3}(t,t+\tau)$和$\Gamma_{\varepsilon 4}(t,t+\tau)$两项为零。

假定偏置调制为$\phi_m(t) = \phi_{m0}\cos(\omega_p t)$,$\omega_p$为光纤线圈主偏振波的本征频率,由于$\omega_p = \pi/\tau_x$,$\tau_x = n_x L/c$,与线圈偏振群延迟$\Delta\tau = \Delta n_b L/c$为完全不同量级的时间尺度,具有群延迟$\Delta\tau$的两个光场感受的偏置调制的最大差$[\Delta\phi_m(t,\Delta\tau)]_{max}$为

$$[\Delta\phi_m(t,\Delta\tau)]_{max} \approx \left.\frac{d\phi_m(t)}{dt}\right|_{max}\Delta\tau = \pi\phi_{m0}\frac{\Delta n_b}{n_x} \quad (10.117)$$

对于当前的 PM 光纤,$\Delta n_b/n_x < 10^{-3}$,$\pi\phi_{m0}(\Delta n_b/n_x) << 2\pi$,因而,可以忽略式(10.113)~式(10.116)中积分内$\phi_m(t)$中的Δn_b项,将余弦函数拿到积分的外面。这一简化意味着一个重要优势,当引入的$\Delta n_b/n_x$误差在量级上不重要时,可给出偏振耦合引起的噪声和漂移的解析结果。式(10.108)最终变为

$$\Gamma_{\varepsilon}(t,t+\tau) = h\varepsilon^2\rho_{in}^2 E_x^4 \cdot \Theta(t,\tau) \cdot \mathcal{U}(\tau) \quad (10.118)$$

其中:

$$\Theta(t,\tau) = \cos\left[\phi_m\left(t - \frac{L}{v}\right) - \phi_m(t)\right]\cos\left[\phi_m\left(t + \tau - \frac{L}{v}\right) - \phi_m(t+\tau)\right] \cdot$$
$$\cos\left[\gamma\phi_m(t) - \gamma\phi_m(t+\tau) + \phi_m\left(t+\tau - \frac{L}{v}\right) - \phi_m\left(t - \frac{L}{v}\right)\right]$$
$$(10.119)$$

$$\mathcal{U}(\tau) = \int_0^L e^{-\frac{1}{\tau_c}\left[2|\tau| + 2\left|\frac{\Delta n_b \xi}{c}\right| - \left|\tau - \frac{\Delta n_b \xi}{c}\right| - \left|\tau + \frac{\Delta n_b \xi}{c}\right|\right]}d\xi \quad (10.120)$$

与背向瑞利散射的情形一样,相位调制$\phi_m(t)$使偏振交叉耦合误差的自相关函数$\Gamma_{\varepsilon}(t,t+\tau)$与时间有关,变成一个非平稳随机过程。为了给出功率谱密度$S_{\varepsilon}(\omega)$的合理估计,必须对$\Gamma_{\varepsilon}(t,t+\tau)$的时间相关性进行平均处理:$\Gamma_{\varepsilon}(\tau) = \langle\Gamma_{\varepsilon}(t,t+\tau)\rangle$,将式(10.119)中含相位调制$\phi_m(t)$的余弦项$\Theta(t,\tau)$展开成贝塞尔函数,然后利用其直流分量$\mathcal{S}(\tau) = \langle\Theta(t,\tau)\rangle$对自相关函数进行傅里叶变换,得到存在相位调制情况下偏振交叉耦合误差的功率谱密度,并在调制频率或本征频率上对偏振交叉耦合引起的噪声和漂移进行估算:

$$\Gamma_{\varepsilon}(\tau) = \langle\Gamma_{\varepsilon}(t,t+\tau)\rangle = hE_x^4\varepsilon^2\rho_{in}^2\mathcal{S}(\tau)\cdot\mathcal{U}(\tau) \quad (10.121)$$

于是,可以得到偏振交叉耦合的功率谱密度$S_{\varepsilon}(f)$:

$$S_{\varepsilon}(\omega) = \int_{-\infty}^{\infty}\Gamma_{\varepsilon}(\tau)\cdot e^{-j\omega\tau}d\tau \quad (10.122)$$

10.3.3 偏振交叉耦合引起的噪声和漂移的解析解

现在考虑求解 $\mathcal{U}(\tau)$ 和 $\mathcal{S}(\tau)$。设 $L' = c\tau/\Delta n_b$ 或 $\tau = \Delta n_b L'/c$,注意到 $L' = L$ 或 $\tau = \Delta n_b L/c$ 时,意味着线圈内的所有偏振交叉耦合都已经对噪声功率谱有贡献,进一步增加相关时间不再影响噪声和漂移。因此,只需考虑 $L' \leq L$ 的情形,此时有

$$\mathcal{U}(\tau) = \int_0^L e^{-\frac{\tau}{\tau_c}[1+\frac{\xi}{L'}-|1-\frac{\xi}{L'}|]}d\xi = \int_0^{L'} e^{-\frac{2\tau}{\tau_c}\cdot\frac{\xi}{L'}}d\xi + \int_{L'}^L e^{-\frac{2\tau}{\tau_c}}d\xi$$

$$= \frac{\tau_c L'}{2\tau}(1-e^{-\frac{2\tau}{\tau_c}}) + (L-L')e^{-\frac{2\tau}{\tau_c}} = \frac{L_d}{2} + \left(L-L'-\frac{L_d}{2}\right)e^{-\frac{2L'}{L_d}}$$

$$= \frac{L_d}{2} + \left(L - \frac{L_d}{2} - \frac{c\tau}{\Delta n_b}\right)e^{-\frac{2\tau}{\tau_c}} \qquad (10.123)$$

式中:$L_d = c\tau_c/n_b$。因而得

$$\Gamma_\varepsilon(\tau) = h\varepsilon^2 \rho_{in}^2 E_x^4 \cdot \mathcal{S}(\tau) \cdot \left[\frac{L_d}{2} + \left(L - \frac{L_d}{2} - \frac{c\tau}{\Delta n_b}\right)e^{-\frac{2\tau}{\tau_c}}\right] \qquad (10.124)$$

仍然考虑本征正弦相位调制 $\phi_m(t) = \phi_{m0}\cos(\omega_p t)$,则

$$\mathcal{S}(\tau) = \langle \cos[2\phi_{m0}\cos\omega_p t] \cdot \cos[2\phi_{m0}\cos\omega_p(t+\tau)] \cdot$$

$$\cos\left[2(\gamma-1)\phi_{m0}\sin\omega_p\left(\frac{\tau}{2}\right)\sin\omega_p\left(t+\frac{\tau}{2}\right)\right]\rangle$$

$$= \langle \cos(2\phi_{m0}\cos\omega_p t) \cdot \cos[\mathcal{X}(\tau)\cos\omega_p t]\cos[\mathcal{Y}(\tau)\sin\omega_p t] \cdot$$

$$\cos[\mathcal{X}'(\tau)\cos\omega_p t]\cos[\mathcal{Y}'(\tau)\sin\omega_p t]\rangle \qquad (10.125)$$

$$\mathcal{S}(0) = \langle \cos^2[2\phi_{m0}\cos\omega_p t]\rangle = \left\langle\frac{1}{2} + \frac{1}{2}\cos[4\phi_{m0}\cos\omega_p t]\right\rangle = \frac{1+J_0(4\phi_{m0})}{2}$$

$$(10.126)$$

其中:

$$\mathcal{X}(\tau) = 2\phi_{m0}\cos\omega_p\tau, \mathcal{Y}(\tau) = 2\phi_{m0}\sin\omega_p\tau \qquad (10.127)$$

$$\mathcal{X}'(\tau) = (\gamma-1)\phi_{m0}(1-\cos\omega_p\tau), \mathcal{Y}'(\tau) = (\gamma-1)\phi_{m0}\sin\omega_p\tau \qquad (10.128)$$

由式(10.124)可以看出,自相关函数 $\Gamma_\varepsilon(\tau)$ 具有 $\sim \mathcal{S}(\tau)\mathcal{U}(\tau)$ 的形式,其中 $\mathcal{S}(\tau) = \langle \Theta(t,\tau)\rangle$ 是缓慢变化的周期为 $\tau_x = n_x L/c(\omega_p = \pi/\tau_x)$ 的周期性函数,而 $\mathcal{U}(\tau)$ 在时间尺度 $\Delta\tau = \Delta n_b L/c$(对激光器来说,比 τ_x 小几个数量级)上快速变化,当 $\tau > \Delta\tau$ 时为常数 $\mathcal{U}_\infty$,这样:

$$\mathcal{U}_\infty = \mathcal{U}(\tau = \Delta\tau) = \frac{L_d}{2}(1 - e^{-\frac{2\Delta n_b L}{c\tau_c}}) = \frac{c\tau_c}{2\Delta n_b}(1 - e^{-\frac{2\Delta n_b L}{c\tau_c}}) \quad (10.129)$$

于是 $\mathcal{S}(\tau)\mathcal{U}(\tau)$ 可近似写为

$$\mathcal{S}(\tau) \cdot \mathcal{U}(\tau) \approx \mathcal{S}(\tau)\mathcal{U}_\infty + \mathcal{S}(0)[\mathcal{U}(\tau) - \mathcal{U}_\infty] = \Gamma_{\varepsilon\text{-d}}(\tau) + \Gamma_{\varepsilon\text{-n}}(\tau) \quad (10.130)$$

这个近似利用了上面讨论的 τ_x 和 $\Delta\tau$ 之间时间尺度的分离,允许将自相关函数对应的噪声 $\Gamma_{\varepsilon\text{-n}}(\tau)$ 和漂移 $\Gamma_{\varepsilon\text{-d}}(\tau)$ 部分解析分离。

对分离的自相关函数 $\Gamma_{\varepsilon\text{-d}}(\tau) = \mathcal{S}(\tau)\mathcal{U}_\infty$ 进行傅里叶变换,得

$$S_{\varepsilon\text{-d}}(\omega) = hE_x^4\varepsilon^2\rho_{\text{in}}^2 \cdot \frac{c\tau_c}{2\Delta n_b}(1 - e^{-\frac{2\Delta n_b L}{c\tau_c}})\int_{-\infty}^{\infty}\mathcal{S}(\tau) \cdot e^{-j\omega\tau}d\tau \quad (10.131)$$

或:

$$\phi_{\varepsilon\text{-d}} = \varepsilon\sqrt{h}\rho_{\text{in}} \cdot f_0(f_p) \cdot \left[\frac{c\tau_c}{2\Delta n_b}(1 - e^{-\frac{2\Delta n_b L}{c\tau_c}})\right]^{\frac{1}{2}} \quad (\text{rad}) \quad (10.132)$$

式中: $F_0(f_p) \approx \left\{\int_{f_p-\Delta f/2}^{f_p+\Delta f/2}\left[\int_{-\infty}^{\infty}\mathcal{S}(\tau) \cdot e^{-j\omega\tau}d\tau\right]df\right\}^{1/2}/E_x^2$ 是傅里叶谱分量 $\int_{-\infty}^{\infty}\mathcal{S}(\tau) \cdot e^{-j\omega\tau}d\tau$ 在本征频率附近带宽 Δf 上积分的平方根。

在窄线宽($\tau_c \gg \Delta\tau = \Delta n_b L/c$)和宽线宽($\tau_c \ll \Delta\tau = \Delta n_b L/c$)极限下,式(10.132)进一步化为

$$\phi_{\varepsilon\text{-d}} = \varepsilon\sqrt{h}\rho_{\text{in}} \cdot F_0(f_p) \cdot \begin{cases} \sqrt{L} \propto L^{1/2}(\Delta\nu)^0, & \tau_c \gg \Delta\tau = \Delta n_b L/c \\ \sqrt{\frac{L_d}{2}} = \sqrt{\frac{c\tau_c}{2\Delta n_b}} \propto L^0(\Delta\nu)^{-1/2}, & \tau_c \ll \Delta\tau = \Delta n_b L/c \end{cases}$$

$$(10.133)$$

图 10.8 是激光器驱动干涉型光纤陀螺中偏振交叉耦合引起的漂移 $\Omega_{\varepsilon\text{-d}} = \phi_{\varepsilon\text{-d}}/K_s$ 与光源线宽 $\Delta\nu$ 的函数关系的仿真。其中 $K_s = 2\pi LD/\lambda c$ 是 Sagnac 干涉仪的标度因数。参数取值为: $\rho_{\text{in}}^2 = -26\text{dB}, \varepsilon^2 = -66\text{dB}, F_0(f_p) = \sqrt{0.1}, h = 10^{-5}/\text{m}, \Delta n_b = 0.001$。可以看出,当激光器线宽很窄时,$L_d > L$,整个线圈的分布式偏振交叉耦合都对漂移有贡献,所以相位漂移 $\phi_{\varepsilon\text{-d}}$ 正比于 $\sqrt{hL}$,为常值。逐渐增加线宽,激光器相干性下降,$L_d < L$,在交叉偏振态中传播距离大于 L_d 的光,与主偏振光不再相干,偏振交叉耦合引起的相位漂移 $\phi_{\varepsilon\text{-d}}$ 降低至一个正比于 $\sqrt{hL_d}$ 的值,与光源线宽 $\Delta\nu$ 的平方根成反比。对于大致相同的光纤线圈尺寸,偏振交叉耦合引起的漂移比瑞利背向散射引起的漂移大得多,是光纤陀螺的主要漂移源。当然,上述结果反映的仍是漂移的上限。

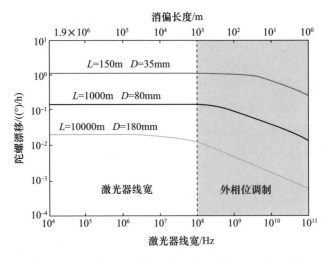

图 10.8 激光器驱动光纤陀螺中偏振交叉耦合引起的
漂移 $\Omega_{\varepsilon-d}$ 与光源线宽 Δv 的函数关系仿真

现在讨论自相关函数 $\Gamma_{\varepsilon-n}(\tau) = \mathcal{S}(0)[\mathcal{U}(\tau) - \mathcal{U}_\infty]$ 的傅里叶变换。由于：

$$\Gamma_{\varepsilon-n}(\tau) = \mathcal{S}(0)[\mathcal{U}(\tau) - \mathcal{U}_\infty] = \mathcal{S}(0)\left[\frac{L_d}{2} + \left(L - \frac{L_d}{2} - \frac{c\tau}{\Delta n_b}\right)e^{-\frac{2\tau}{\tau_c}} - \frac{L_d}{2}(1 - e^{-\frac{2\Delta\tau}{\tau_c}})\right]$$

$$= \mathcal{S}(0)\left[\left(L - \frac{L_d}{2} - \frac{c\tau}{\Delta n_b}\right)e^{-\frac{2\tau}{\tau_c}} + \frac{L_d}{2}e^{-\frac{2\Delta\tau}{\tau_c}}\right] \tag{10.134}$$

将式(10.134)代入式(10.122)，得

$$S_{\varepsilon-n}(\omega) = hE_x^4\varepsilon^2\rho_{in}^2 \cdot \mathcal{S}(0)\int_{-\infty}^{\infty}\left[\left(L - \frac{L_d}{2} - \frac{c\tau}{\Delta n_b}\right)e^{-\frac{2\tau}{\tau_c}} + \frac{L_d}{2}e^{-\frac{2\Delta\tau}{\tau_c}}\right] \cdot e^{-j\omega\tau}d\tau \tag{10.135}$$

在本征频率 $\omega_p = 2\pi f_p$ 上，有

$$S_{\varepsilon-n}(\omega_p) \approx hE_x^4\varepsilon^2\rho_{in}^2 \cdot \mathcal{S}(0)\left[L\tau_c - \frac{c\tau_c^2}{2\Delta n_b}(1 - e^{-\frac{2\Delta n_b L}{c\tau_c}})\right] \tag{10.136}$$

在窄线宽 ($\tau_c \gg \Delta\tau = \Delta n_b L/c$) 和宽线宽 ($\tau_c \ll \Delta\tau = \Delta n_b L/c$) 极限下，对式(10.136)进一步简化，得到偏振交叉耦合引起的噪声(角随机游走)为

$$\text{RWC}_\varepsilon(\text{rad}/\sqrt{\text{Hz}}) = \varepsilon\sqrt{h}\rho_{in}[\mathcal{S}(0)]^{1/2} \cdot \begin{cases} \sqrt{\dfrac{\Delta n_b}{c}} \cdot L \propto L^1(\Delta v)^0, & \tau_c \gg \Delta\tau = \Delta n_b L/c \\ \sqrt{L\tau_c} \propto L^{\frac{1}{2}}(\Delta v)^{-\frac{1}{2}}, & \tau_c \ll \Delta\tau = \Delta n_b L/c \end{cases}$$

$$\tag{10.137}$$

图 10.9 是激光器驱动干涉型光纤陀螺中偏振交叉耦合引起的角随机游走 RWC_ε 与光源线宽 Δv 的函数关系的仿真。参数取值为:$\rho_{in}^2 = -26\text{dB}$,$\varepsilon^2 = -66\text{dB}$,$F_0 = \sqrt{0.1}$,$h = 10^{-5}/\text{m}$,$\Delta n_b = 0.001$,$\mathcal{S}(0) = 0.65$。可以看出,由于相干偏振交叉耦合误差的相关时间短(为 $\Delta n_b L/c$ 尺度),偏振交叉耦合引起的噪声要比瑞利背向散射(相关时间为 $n_F L/c$ 尺度)小三个数量级,交叉耦合将激光器相位噪声转化为陀螺输出功率随机涨落这一过程随光源线宽 Δv 或光源相干性的变化在图 10.9 的仿真曲线中不明显。与瑞利背向散射引起的噪声相比,相干偏振交叉耦合不是激光器驱动干涉型光纤陀螺的主要噪声源。

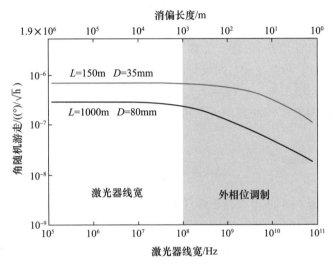

图 10.9 激光器驱动干涉型光纤陀螺中偏振交叉耦合
引起的噪声与光源线宽 Δv 的函数关系的仿真

10.4 激光器驱动干涉型光纤陀螺外相位调制线宽加宽技术

如前所述,采用激光器驱动的干涉型光纤陀螺再次引入了采用宽带光源已经本质上消除了的三种误差源:Kerr 效应、瑞利背向散射和偏振交叉耦合引起的误差。误差模型表明,激光器驱动光纤陀螺的噪声主要受瑞利背向散射限制,漂移主要受偏振交叉耦合限制,都与激光器线宽 Δv_{laser} 有关。要减少这些相干误差,需要采用宽线宽激光器(几十 GHz),而目前市场上的激光二极管,线宽范围从几十 kHz 至几百 MHz 不等,尚不能满足激光器驱动干涉型光纤陀螺的低噪声和低漂移要求。实现激光器宽线宽的一般方法包括:降低激光器驱动电流、对激光器进行扫频或对多模激光器施加反馈以引起相干衰减。

对于半导体激光器来说,不同的驱动电流导致噪声以不同的机制影响光纤陀螺。驱动电流低于激光器阈值时,陀螺噪声受到探测器散粒噪声限制,随着电流的增加而噪声减小;超过阈值后,激光器的相对强度噪声(RIN)迅速增加,此时陀螺噪声受到相对强度噪声(RIN)限制;进一步增加驱动电流,激光线宽变窄,RIN减小,激光器相位噪声通过背向散射起作用,相干背向散射噪声超过RIN,成为陀螺主要噪声。因此,在激光器驱动的光纤陀螺中,存在一个与最低噪声对应的驱动电流。该项技术的缺点是对激光器的选择非常敏感,而且无法同时实现低漂移。

对激光器进行扫频可以大大降低背向散射噪声。考虑图10.3中沿光纤环顺时针方向距离为z的位置A有一个散射中心的情形(类似的讨论也适用于背向反射引起的相干噪声)。激光器频率以速度K_v线性扫频,其频率随时间的变化为$v_l(t) = K_v t$。两束主波与两束背向散光波以不同的时间返回到Sagnac干涉仪合光点,延迟为$\Delta t = \pm n_F(L-2z)/c$,与散射中心的位置有关。结果,主波与背向散射光波具有不同的频率,它们的干涉产生一个拍噪声,相对本征调制频率f_p的频移为

$$\Delta v_B = \pm \frac{K_v(L-2z)}{c/n_F} \tag{10.138}$$

Sagnac干涉仪是一个共用光路干涉仪,因而两束主波在同一时间返回,旋转引起的信号不经过任何拍频:它以f_p为中心。结果,背向散射噪声和信号被频移Δv_B。因而,用小于拍频Δv_B的截止带宽Δf对f_p附近的返回信号低通滤波,可以大大降低背向散射噪声。由于拍频依赖于散射点的位置,所以只有位于Sagnac干涉仪中点附近一个有效长度L_{eff}之内的散射是相干散射,L_{eff}给出为

$$L_{eff} = \frac{c}{n_F} \cdot \frac{\Delta f}{K_v} \tag{10.139}$$

这个有效长度完全由滤波器带宽和扫频速率决定,不依赖于光源相干长度L_c或激光器扫频带宽。取典型值$\Delta f = 100\mathrm{Hz}$、$K_v = 20\mathrm{nm/s}$,得到$L_{eff} \approx 7.5\mathrm{mm}$。这个有效长度远远短于环圈的典型长度,也比未经频率调制的激光器的实际相干长度小若干数量级。由于激光频率与输出功率的耦合,频率扫描会削弱激光器的平均波长稳定性。

采用多模激光器通过施加反馈来削弱相干性,同样具有较大的强度噪声和较差的平均波长稳定性。

因此,上述实现激光器宽线宽的一般方法对导航级和精密级光纤陀螺应用

来说不合适。下面主要讨论较适应激光器驱动干涉型光纤陀螺技术优势的外调制方式。

10.4.1 采用外相位调制技术加宽激光器线宽的原理

如上所述,激光器内调制方式(比如激光器扫频)虽然能够实现线宽加宽,但激光器波长稳定性会劣化。通常采用外调制方式对激光器的线宽进行加宽,所采用的电光相位调制器与多功能集成光路都基于 $LiNbO_3$ 芯片。电光相位调制器利用电光晶体的线性普克尔斯(Pockels)效应,通过外加电场改变波导折射率实现相位调制,相位调制对平均波长没有影响,保持了激光器光源固有的极好的波长稳定性。另外,外调制获得的激光线宽与激光器固有线宽无关,仅受调制器带宽限制,而行波电极的 $LiNbO_3$ 电光相位调制器的调制带宽可达 10GHz 以上,远超过任何激光器的固有线宽。因而,不管激光器光源的性质如何,选择合适的外调制可获得很大的有效线宽。

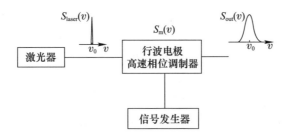

图 10.10 采用高速电光相位调制器对激光器线宽加宽

经过调制后的激光器输出为

$$E(t) = E_0 e^{j[\phi_m(t)]} \cdot e^{j[2\pi v_0 t + \phi_n(t)]} \qquad (10.140)$$

式中:E_0 为激光场的振幅;v_0 为激光器中心频率;$\phi_n(t)$ 为与激光器固有线宽 Δv_{laser} 有关的相位噪声;$\phi_m(t)$ 为通过电光调制器对输出光波施加的相位调制。

根据维纳-欣钦定理,如果调制函数 $e^{j[\phi_m(t)]}$ 的傅里叶变换(频谱)为 $a_m(v)$,则函数 $e^{j[\phi_m(t)]}$ 的自相关函数 $\Gamma_m(\tau) = \int_{-\infty}^{\infty} e^{j[\phi_m(t)]} \cdot e^{-j[\phi_m(t-\tau)]} e^{j2\pi v t} dt$ 与功率谱密度 $S_m(v) = |a_m(v)|^2$ 也是一对互逆的傅里叶变换,即有

$$a_m(v) = \int_{-\infty}^{\infty} e^{j[\phi_m(t)]} e^{-j2\pi v t} dt, e^{j[\phi_m(t)]} = \int_{-\infty}^{\infty} a(v) e^{j2\pi v t} dv \qquad (10.141)$$

$$\Gamma_m(\tau) = \int_{-\infty}^{\infty} S(v) e^{j2\pi v t} dv, S_m(v) = \int_{-\infty}^{\infty} \Gamma(\tau) e^{-j2\pi v t} d\tau \qquad (10.142)$$

理想激光器中,光全部由受激辐射产生,没有自发辐射光,所以理想单模激

光器的输出光具有绝对的单频和稳定的相位,没有任何噪声。实际中激光器存在少量的自发辐射,在这种情况下,光源的辐射光场以随机形式随时间变化,造成激光器发射谱的展宽。通常对谱线展宽的主要贡献来自于量子化相位涨落的随机性,即均匀展宽,对应的激光器的光谱线宽为洛伦兹型:

$$S_{\text{laser}}(v) = \frac{\dfrac{2}{\pi \Delta v_{\text{laser}}}}{1 + \left[\dfrac{2}{\Delta v_{\text{laser}}}(v - v_0)\right]^2} \tag{10.143}$$

市场上半导体激光器的典型线宽为几千赫到几十兆赫。

经过调制后的激光器输出的功率谱密度 $S_{\text{out}}(v)$ 是原始激光器功率谱密度 $S_{\text{laser}}(v)$ 与相位调制引起的光场涨落的功率谱密度 $S_{\text{m}}(v)$ 的卷积:

$$S_{\text{out}}(v) = S_{\text{laser}}(v) \otimes S_{\text{m}}(v) \tag{10.144}$$

式中:⊗表示卷积;且

$$S_{\text{m}}(v) = |a_{\text{m}}(v)|^2 = \left|\int_{-\infty}^{\infty} e^{j[\phi_{\text{m}}(t)]} \cdot e^{-j2\pi vt} dt\right|^2 \tag{10.145}$$

由式(10.144)可以看出,$S_{\text{m}}(v)$ 以零频为中心,$S_{\text{out}}(v)$ 以激光器中心频率 v_0 为中心,外相位调制对激光器波长没有施加任何长期涨落,因而对光纤陀螺的标度因数稳定性不产生影响。式(10.144)还表明,$S_{\text{out}}(v)$ 的最小宽度等于 Δv_{laser},即相位调制或频域卷积具有线宽加宽效应,导致背向散射噪声的相应降低。

10.4.2 激光器线宽加宽的几种相位调制技术

10.4.2.1 正弦相位调制

对于原理上最简单的正弦相位调制方案,调制具有形式 $\phi_{\text{m}}(t) = \phi_0 \sin(2\pi v_{\text{m}} t)$,其中 v_{m} 是调制频率,ϕ_0 是相位调制振幅,由调制器驱动电压和调制器半波电压决定。利用雅可比-安格尔(Jacobi-Anger)展开式:

$$e^{jz\sin\theta} = \sum_{k=-\infty}^{\infty} J_k(z) \cdot e^{jk\theta} \tag{10.146}$$

则有

$$a_{\sin}(v) = \int_{-\infty}^{\infty} e^{j\phi_0 \sin(2\pi v_{\text{m}} t)} \cdot e^{-j2\pi vt} dt = \sum_{k=-\infty}^{\infty} \left\{ J_k(\phi_0) \int_{-\infty}^{\infty} e^{j[2k\pi v_{\text{m}} t]} \cdot e^{-j2\pi vt} dt \right\}$$

$$= \sum_{k=-\infty}^{\infty} [J_k(\phi_0) \cdot \delta(v - kv_{\text{m}})] \tag{10.147}$$

正弦相位调制引起的光场涨落的功率谱密度 $S_{\text{m}}(v)$ 为

$$S_m(v) = |a_{\sin}(v)|^2 = \sum_{k=-\infty}^{\infty} J_k^2(\phi_0) \cdot \delta(v - kv_m) \qquad (10.148)$$

由式(10.143)、式(10.144)和式(10.148),经过调制后的激光器输出的功率谱密度 $S_{\text{out}}(v)$ 为

$$S_{\text{out}}(v) = \sum_{k=-\infty}^{\infty} \left\{ J_k^2(\phi_0) \frac{\dfrac{2}{\pi \Delta v_{\text{laser}}}}{1 + \left[\dfrac{2}{\Delta v_{\text{laser}}} (v - kv_m - v_0) \right]^2} \right\} \qquad (10.149)$$

图 10.11 是经过正弦相位调制的激光器输出功率谱的仿真结果,其中 Δv_{laser} = 10 MHz、v_m = 1 GHz、ϕ_0 = 5 rad。由式(10.149)和图 10.10 可以看到,当正弦调制频率 v_m 远大于激光器固有线宽 Δv_{laser} 时,相位调制使激光器输出谱在光载波频率 v_0 两侧产生若干间隔为 v_m 的边带,位于频率 v_0 的光载波固有线宽的能量向边带转移,导致光载波受到抑制。每个边带都是对激光器固有线型的复制。边带的数量和强度与相位调制深度有关。根据功率谱密度对 $J_k^2(\phi_0)$ 依赖性,正弦调制振幅越大,边带数量 N 越多(可以看出图 10.11 中与光载波能量相当的边带约为 N=10)。由于 $v_m \gg \Delta v_{\text{laser}}$,边带与边带、边带与光载波之间具有较好的去相关性,这等效于激光器线宽的加宽。

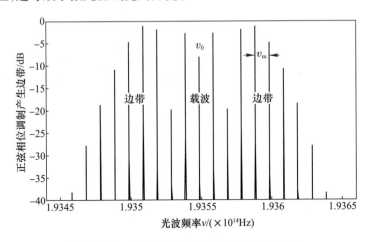

图 10.11 正弦相位调制的激光器输出功率谱

10.4.2.2 伪随机位序列(PRBS)相位调制

如图 10.12(a)所示,伪随机位序列(PRBS)调制波形由按 50% 概率随机选取的"0""1"值的位序列组成。足够长的 PRBS 可以近似为随机位序列。由伪随机位序列构成的相位阶跃序列可以写为

$$\phi_{\text{PRBS}}(t) = \phi_0 \sum_{n=-\infty}^{+\infty} b_n p(t-nT) \tag{10.150}$$

式中:$p(t)$为门脉冲形状;T为位周期;ϕ_0为峰值相位;b_n为一个随机变量,以等概率取值1、0。这样,相位调制引起的光波振幅$\Re\{e^{j[\phi_m(t)]}\} = \Re\{e^{j[\phi_{\text{PRBS}}(t)]}\} = \cos[\phi_{\text{PRBS}}(t)]$见图10.12(b),它含有两个分量(以$b_n = \{0,1,0,0,1,1\}$为例):PRBS相位调制的振幅的直流分量$\Re_{\text{DC}}\{e^{j[\phi_m(t)]}\} = (1+\cos\phi_0)/2$和随机分量$\Re_{\text{random}}\{e^{j[\phi_m(t)]}\}$:

$$\Re_{\text{random}}\{e^{j[\phi_m(t)]}\} = \frac{1-\cos\phi_0}{2} \sum_{n=-\infty}^{+\infty} [1 - 2b_n p(t-nT)] \tag{10.151}$$

$\Re_{\text{DC}}\{e^{j[\phi_m(t)]}\}$和$\Re_{\text{random}}\{e^{j[\phi_m(t)]}\}$分别如图10.12(c)和(d)所示。

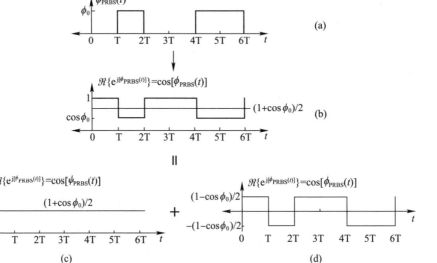

图 10.12 伪随机位序列(PRBS)相位调制及其输出场
(a)伪随机位序列(PRBS)相位调制波形;(b)PRBS相位调制的激光场振幅;
(c)PRBS相位调制的激光场振幅的直流分量;(d)PRBS相位调制的激光场振幅的随机分量。

计算功率谱密度有两个主要方法:对于用有限、闭合数学形式表示的信号,可以直接取其傅里叶变换幅值的平方;对于较复杂的信号(比如随机或伪随机序列),先计算信号的自相关函数,再进行傅里叶变换。图10.12(c)所示的相位调制振幅直流分量,其功率谱密度因而可以直接表示为

$$S_{\text{DC}}(v) = \left(\frac{1+\cos\phi_0}{2}\right)^2 \delta(v) \tag{10.152}$$

对于图 10.12(d)所示的循环平稳随机过程,先计算随机分量 $\mathscr{R}_{\text{random}}$ $\{e^{j[\phi_m(t)]}\}$ 的时间平均自相关 $\bar{R}(\tau)$:

$$\bar{R}(\tau) = \frac{1}{T}\int_0^T \mathscr{R}_{\text{random}}\{e^{j[\phi_m(t+\tau)]}\} \cdot \mathscr{R}_{\text{random}}\{e^{j[\phi_m(t)]}\} dt$$

$$= \frac{1}{T}\int_0^T \left\{\left(\frac{1-\cos\phi_0}{2}\right)^2 \langle[1-2b_n p(t+\tau-nT)] \cdot [1-2b_n p(t-nT)]\rangle\right\} dt$$

(10.153)

式中:$\langle\rangle$ 表示在所有 n 的集合上求平均,令

$$\zeta(\tau,T) = \langle[1-2b_n p(t+\tau-nT)] \cdot [1-2b_n p(t-nT)]\rangle$$

$$= \langle[1-2b_n p(t-nT)-2b_n p(t+\tau-nT)+4b_n p(t-nT) \cdot b_n p(t+\tau-nT)]\rangle$$

$$= 1-2\langle b_n p(t-nT)\rangle -2\langle b_n p(t+\tau-nT)\rangle +4\langle b_n p(t-nT) \cdot b_n p(t+\tau-nT)\rangle$$

$$= 4\langle b_n p(t-nT) \cdot b_n p(t+\tau-nT)\rangle -1 \qquad (10.154)$$

其中利用了 $\langle b_n p(t-nT)\rangle = \langle b_n p(t+\tau-nT)\rangle = 1/2$。当 $|\tau| \geq T$ 时,$b_n p(t+\tau-nT)$ 与 $b_n p(t-nT)$ 不再相关,$\langle b_n p(t-nT) \cdot b_n p(t+\tau-nT)\rangle = \langle b_n p(t-nT)\rangle \cdot \langle b_n p(t-nT)\rangle = 1/4$,因而有 $\zeta(\tau,T) = 0$。当 $0 \leq |\tau| \leq T$ 时,$b_n p(t-nT)$ 与 $b_n p(t+\tau-nT)$ 的自相关性随延迟 τ 的增加而减弱:$\tau = 0$ 时,完全相关,$\langle b_n p(t-nT) \cdot b_n p(t+\tau-nT)\rangle = 1/2, \zeta(\tau,T) = 1$;$\tau = T$ 时,完全不相关,$\langle b_n p(t-nT) \cdot b_n p(t+\tau-nT)\rangle = 1/4, \zeta(\tau,T) = 0$。因此,$\zeta(\tau,T)$ 近似为三角形,近似的精度与伪随机序列的长度和随机性有关:

$$\zeta(\tau,T) = \begin{cases} 1 - \dfrac{|\tau|}{T}, & 0 \leq |\tau| \leq T \\ 0, & |\tau| \geq T \end{cases} \qquad (10.155)$$

$\mathscr{R}_{\text{random}}\{e^{j[\phi_m(t)]}\}$ 的时间平均自相关函数 $\bar{R}(\tau)$ 因而为

$$\bar{R}(\tau) = \frac{1}{T}\int_0^T \left\{\left(\frac{1-\cos\phi_0}{2}\right)^2 \zeta(\tau,T)\right\} dt$$

$$= \begin{cases} \dfrac{1}{T}\left(\dfrac{1-\cos\phi_0}{2}\right)^2 \left(1 - \dfrac{|\tau|}{T}\right), & 0 \leq |\tau| \leq T \\ 0, & |\tau| \geq T \end{cases}$$

(10.156)

其功率谱密度是 $\bar{R}(\tau)$ 的傅里叶变换,为 $\text{sinc}^2(x)$ 形式,表示为

$$S_{\text{random}}(v) = \left(\frac{1-\cos\phi_0}{2}\right)^2 T\operatorname{sinc}^2(\pi vT) \qquad (10.157)$$

因此，伪随机位序列相位调制引起的光场涨落的功率谱密度 $S_{\text{PRBS}}(v)$ 为

$$S_{\text{PRBS}}(v) = \left(\frac{1+\cos\phi_0}{2}\right)^2 \delta(v) + \left(\frac{1-\cos\phi_0}{2}\right)^2 T\operatorname{sinc}^2(\pi vT) \qquad (10.158)$$

式(10.158)表明，PRBS 伪随机位序列相位调制激光场涨落的功率谱密度有两个分量，这两个功率谱分量的谱密度由调制振幅 ϕ_0 决定，并且可以相互转化。由于经过 PRBS 相位调制的激光器输出谱为 $S_{\text{out}}(v) = S_{\text{laser}}(v) \otimes S_{\text{PRBS}}(v)$，式(10.158)的第一个分量对激光器载波的谱型进行复制，第二个分量对激光器线宽加宽。图 10.13 是经过 PRBS 相位调制的激光器输出功率谱密度仿真，其中位序列的比特率为 1GHz。由式(10.158)和图 10.13 可以看出：PRBS 相位调制幅值 $\phi_0 = \pi/4$ 时，激光器输出谱呈现光载波的窄线宽与伪随机位序列相位调制的 $\operatorname{sinc}^2(\pi Tv)$ 谱的叠加；$\phi_0 = 0$ 或 2π 时，激光器输出谱呈现为激光器固有的窄线宽洛伦兹谱，PRBS 相位调制不起作用；仅当 $\phi_0 = \pi$ 时光载波项消失，在这种情形下，所有的光功率都被转移到宽带分量中。宽带分量的线宽 Δv_{PRBS} 由 $\operatorname{sinc}^2(\pi Tv)$ 函数决定：

$$\Delta v_{\text{PRBS}} = \int_{-\infty}^{\infty} \operatorname{sinc}^2(\pi Tv)\,\mathrm{d}v = \frac{1}{T} \qquad (10.159)$$

这说明，伪随机位序列相位调制存在最佳工作点 $\phi_0 = \pi$，而不是调制深度越大效果越好。经过调制的激光器输出线宽等于伪随机位序列的比特率 $v_{\text{PRBS}} = 1/T$，而比特率 v_{PRBS} 完全受电光调制器最大带宽 Δv_{EOM} 的限制。图 10.14 是图 10.13(b)所示 PRBS 调制激光场输出谱的自相关(相干)函数，由于 $\operatorname{sinc}^2(\pi Tv)$ 谱的周期性，相干函数存在大量周期性的次峰，也称为二阶次相干峰。如第 5 章所述，二阶次相干峰引起的相位噪声类似于相干背向散射噪声，理论上是一种白噪声，但其统计特性可能介于白噪声和 $1/f$ 噪声之间，因此，二阶相干峰的存在会影响高精度光纤陀螺的精度。

10.4.2.3 高斯白噪声相位调制

由于电光调制器的调制带宽有限，外调制方式无法实现理想的白噪声相位调制。可以证明，高斯型白噪声相位调制引起的光场涨落的功率谱密度 $S_{\text{white}}(v) = |a_{\text{white}}(v)|^2$ 仍为高斯型，表示为

$$S_{\text{white}}(v) = \frac{S_0}{\sqrt{2\pi}\sigma}\mathrm{e}^{-\frac{(v-v_0)^2}{2\sigma^2}} \qquad (10.160)$$

式中：S_0 为高斯型噪声谱的系数，与施加白噪声相位调制的射频噪声信号功率

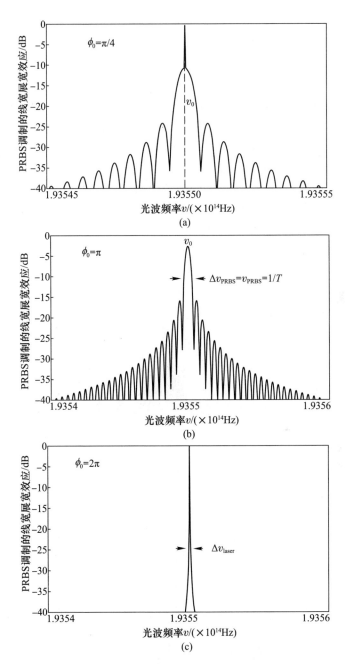

图 10.13 PRBS 相位调制的激光器输出功率谱
（a）PRBS 相位调制深度 $\phi_0 = \pi/4$；（b）$\phi_0 = \pi$；（c）$\phi_0 = 0$ 或 2π。

有关;σ 与射频白噪声信号功率的谱宽有关,进而与高斯型白噪声相位调制引起的光场涨落的功率谱的线宽有关。假定电光相位调制器的调制带宽为 Δv_{EOM},则 $\sigma \leqslant \Delta v_{\text{EOM}}/2$。

高斯白噪声相位调制装置以及经过调制的激光器输出功率谱见图 10.15。经过白噪声相位调制后的激光器输出的功率谱密度 $S_{\text{out}}(v) = S_{\text{laser}}(v) \otimes S_{\text{white}}(v)$。在不施加调制情况下,激光器输出谱为典型窄线宽洛仑兹谱;当射频噪声信号功率较小时,经过调制的激光器输出谱呈现光载波的窄线宽与宽的高斯谱的叠加;只要射频噪声信号功率足够强,高斯白噪声相位调制可以完全抑制光载波,经过调制的激光器输出谱得到一个加宽的高斯型功率谱(图 10.15)。且高斯白噪声相位调制无载波谐波产生,也无须超高带宽的高频电子线路。理想的高斯型功率谱在自相关函数中不产生图 10.14 所示的二阶次相干峰。

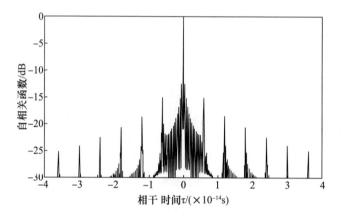

图 10.14　图 10.13(b)所示 PRBS 调制激光场输出谱的自相关函数

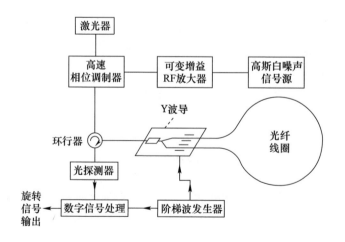

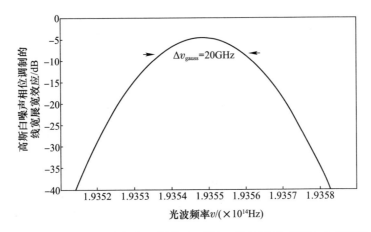

图 10.15 高斯白噪声相位调制装置以及经过调制的激光器输出功率谱

10.4.3 加宽激光器线宽抑制光纤陀螺噪声的效果评估

如前所述,激光器驱动光纤陀螺的噪声主要受瑞利背向散射限制,漂移主要受偏振交叉耦合限制,两者都与激光器线宽 Δv_{laser} 的平方根成反比。另外,考虑散粒噪声,光纤陀螺的信噪比还与探测器接收信号的光强的平方根成正比。因此,可用光纤陀螺的信噪比评估加宽激光器线宽抑制光纤陀螺噪声的效果,信噪比是接收信号质量的一个指标,它决定了输入信号可恢复和再现的程度。

假定为归一化光功率,没有任何相位调制时,由图 10.5 可知,激光器驱动光纤陀螺的角随机游走(噪声)正比于 $\sqrt{L_c}$,而 $L_c = v\tau_c \propto 1/\Delta v_{laser}$,因此,激光器驱动光纤陀螺的信噪比 η_0 与 $\sqrt{\Delta v_{laser}}$ 成正比。施加相位调制时,激光器输出的功率谱既存在光载波的归一化谱分量 a,又存在加宽谱的归一化分量 b,根据能量守恒,$a+b=1$,假定加宽分量的线宽为 Δv_m,此时经过相位调制的光纤陀螺的信噪比 η_m 近似正比于 $\sqrt{a\Delta v_{laser} + b\Delta v_m}$。一般情况下,各种线宽加宽的抑噪效果近似表示为

$$\eta = \frac{\eta_m}{\eta_0} \propto \sqrt{\frac{a\Delta v_{laser} + b\Delta v_m}{\Delta v_{laser}}} = \sqrt{a + b\frac{\Delta v_m}{\Delta v_{laser}}} \qquad (10.161)$$

当光载波得到完全抑制时($a=0,b=1$),$\eta \propto \sqrt{\Delta v_m/\Delta v_{laser}}$。

对于正弦相位调制,功率谱由光载波和离散的边带组成,由于边带的"占空比"较小,等效的线宽加宽是有限的。图 10.10 中与光载波能量相当的边带约为 $N=10$,抑噪效果为 $\eta = \sqrt{N} \approx 3$。有效边带数量与正弦调制深度近似成正比,由

于正弦调制深度不能无限大,采用正弦相位调制抑制背向散射噪声的效果是有限的,不能满足导航级以上高精度干涉型光纤陀螺的性能需求。

对于 PRBS 相位调制,由式(10.158),经过 PRBS 相位调制的激光器输出谱为

$$S_{\text{out}}(v) = \left(\frac{1+\cos\phi_0}{2}\right)^2 S_{\text{laser}}(v) + \left(\frac{1-\cos\phi_0}{2}\right)^2 [T\operatorname{sinc}^2(\pi vT) \otimes S_{\text{laser}}(v)] \quad (10.162)$$

假定 $\operatorname{sinc}^2(x)$ 谱与原始激光器功率谱密度 $S_{\text{laser}}(v)$ 卷积后的有效谱宽为 Δv_{eff},并有 $\Delta v_{\text{eff}}^2 \approx \Delta v_{\text{PRBS}}^2 + \Delta v_{\text{laser}}^2$,则经过 PRBS 相位调制线宽加宽后的谱宽 Δv_{broad} 可以写为

$$\Delta v_{\text{broad}} = \left(\frac{1+\cos\phi_0}{2}\right)^2 \Delta v_{\text{laser}} + \left(\frac{1-\cos\phi_0}{2}\right)^2 \sqrt{\Delta v_{\text{PRBS}}^2 + \Delta v_{\text{laser}}^2} \quad (10.163)$$

由式(10.161),抑噪效果:

$$\eta = \sqrt{\left(\frac{1+\cos\phi_0}{2}\right)^2 + \left(\frac{1-\cos\phi_0}{2}\right)^2 \left(1 + \frac{\Delta v_{\text{PRBS}}^2}{\Delta v_{\text{laser}}^2}\right)^{1/2}} \quad (10.164)$$

考虑理想的 $\phi_0 = \pi$ 情况,$\Delta v_{\text{PRBS}} = v_{\text{PRBS}} = 1/T$,$\Delta v_{\text{PRBS}} \gg \Delta v_{\text{laser}}$,由式(10.164)得,抑噪效果 $\eta = \sqrt{v_{\text{PRBS}}/\Delta v_{\text{laser}}}$。在图 10.13 中,$v_{\text{PRBS}} = 1\text{GHz}$,$\Delta v_{\text{laser}} = 10\text{MHz}$,抑噪效果为 $\eta = 10$。随机位序列相位调制的线宽加宽 Δv_{PRBS} 受电光调制器的调制带宽 Δv_{EOM} 和光载波抑制程度限制。

与随机位序列相位调制一样,理想的高斯型白噪声相位调制的激光器输出的最大线宽同样受电光调制器的调制带宽 Δv_{EOM} 限制,但其相干函数无二阶次相干峰,是更理想的选择。

总之,采用电光相位调制器加宽激光器线宽是抑制激光器驱动干涉型光纤陀螺中背向散射和偏振耦合引起的噪声和漂移的有效手段,同时提高了标度因数稳定性,在飞机、舰船惯性导航以及其他高性能领域具有广泛的应用前景。研究表明,激光器输出的最大线宽受电光调制器的调制带宽 Δv_{EOM} 和光载波抑制程度限制,理论上可以将激光器线宽加宽到 10GHz 以上。高斯型白噪声相位调制,无载波谐波产生,无须超高带宽的高频电子线路,也不产生二阶相干峰,是干涉型光纤陀螺激光器线宽加宽的较理想方式。

10.5 激光器驱动干涉型光纤陀螺的发展现状

10.5.1 采用传统保偏光纤的激光器驱动干涉型光纤陀螺

自 2014 年以来,美国斯坦佛大学和加利福尼亚大学分别在诺思罗普 - 格鲁

曼公司、美国国防先进研究计划局(DARPA)资助下,各自开展了激光器驱动光纤陀螺和外相位调制线宽加宽技术的研究,其主要应用背景是机载惯性导航系统。斯坦福大学2017年报道了采用传统保偏光纤的激光器驱动光纤陀螺的研制进展。光纤线圈直径为8cm,光纤长度为1085m,采用高斯白噪声外相位调制技术,激光器驱动光纤陀螺的角度随机游走噪声达到$5.5\times10^{-4}(°)/\sqrt{h}$,漂移为$6.8\times10^{-3}(°)/h$,推测其标度因数稳定性为0.15ppm,见图10.16。与传统的采用宽带超荧光光源(SFS)的光纤陀螺相比,激光器驱动光纤陀螺在性能方面具有较小的噪声和稍高的漂移。这是目前第一个满足商用飞机惯性导航性能需求的激光器驱动光纤陀螺样机,相关研究仍在持续中。

总之,激光器驱动技术、外相位调制技术与传统保偏光纤结合的干涉型光纤陀螺,噪声和漂移性能可以达到或超过由宽带光源驱动的光纤陀螺的性能,标度因数稳定性预计提高一个数量级以上,使光纤陀螺在机载惯性导航领域具备与激光陀螺的竞争力。

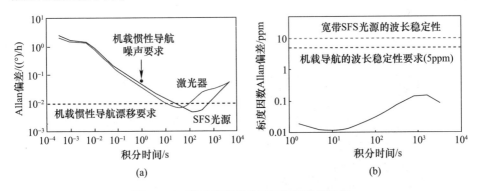

图 10.16 激光器驱动光纤陀螺样机的性能
(a)零偏的 Allan 方差曲线;(b)标度因数的 Allan 方差曲线。

10.5.2 采用带隙光子晶体光纤的激光器驱动干涉型光纤陀螺

如前所述,采用宽带光源和传统保偏光纤的干涉型光纤陀螺虽然已被广泛应用于各种领域,但这种方案仍存在一些缺点,限制了其在高精度、长航时惯性导航市场的应用,其中最重要的一个问题是标度因数稳定性。与飞机或潜艇导航所需的小于5ppm或1ppm稳定性相比,目前干涉型光纤陀螺的标度因数稳定性典型值被限制在10~100ppm,通常与光纤陀螺所用的宽带超荧光光纤光源(SFS)的波长稳定性有关。因此,干涉型光纤陀螺的发展趋势集中在两个技术方向。

一个方向是用高相干激光器替代宽带光源。激光器波长可以很容易地稳定在1ppm以下,从而使标度因数稳定性能够满足导航级和精密级光纤陀螺精度要求。但激光器的应用重新引入了非线性Kerr效应、相干背向散射和相干偏振耦合三种误差。因此,针对该问题又提出了采用外相位调制加宽激光器线宽的技术方案来降低相干背向瑞利散射和相干偏振交叉耦合引起的误差。前面几节已对相关问题进行了充分讨论。如表10.1所示,激光器驱动和传统保偏光纤的组合技术方案仍不能解决高相干光源带来的Kerr非互易性问题,因此,只能实现导航级精度。

另一个方向是采用带隙(空芯)保偏光子晶体光纤代替传统(实心)保偏光纤。在实心光纤中,光波模式的导波机制是全内反射,即纤芯的折射率要大于光纤包层折射率。而在带隙光子晶体光纤中,包层区域由二维光子晶体组成(图10.17(a)),这种二维周期性结构存在带隙:某种波长的光不能通过周期性结构。当光入射进光子晶体中部人为形成的缺陷(大的空气芯)中,由于无法通过周期性结构,只能沿空气芯纵向传播,这种光波模式也称为局域模式或缺陷模式。当局域模式仅为光纤基模时,即形成单模空芯光纤,基模几乎完全被限制在空芯的空气中传播。因此,空芯光子晶体光纤的导波机制为带隙导波,其深层机制为Bragg条件下多重散射和干涉的结果(图10.17(b))。

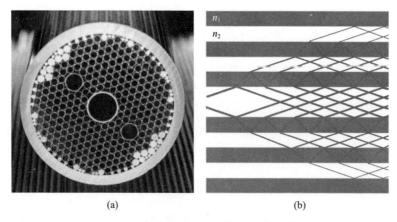

图10.17 带隙型(空芯)保偏光子晶体
(a)光纤截面;(b)导波原理。

空气具有比石英低得多的非线性(Kerr系数)、折射率对温度的依赖性(Shupe系数)和法拉第效应(Verdet常数)。因此,在线圈采用空芯光纤的光纤陀螺中,残余Shupe效应和法拉第效应显著降低。如前所述,在足够高的光功率下,激光器驱动的采用传统实心光纤的光纤陀螺可能由于Kerr效应而对漂移敏感,而空气的低非线性Kerr系数确保了采用空芯光子晶体光纤的光纤陀螺中

Kerr效应大大降低。空气中的背向散射系数同样比石英低得多,但在带隙光子晶体光纤中,背向散射源于芯壁表面微观尺度的光滑度,在目前工艺水平下,这种背向散射超过了传统光纤的散射水平,也是带隙光子晶体光纤损耗较大的主要原因。

2013年7月,美国国防先进研究计划局(DAPRA)提出了"绝对基准用的紧凑型超稳定陀螺仪"计划,资助Honeywell公司研究一种基于带隙(空芯)光子晶体光纤的新型陀螺。计划中明确指出:该陀螺结合了激光陀螺和干涉式光纤陀螺的优点,目标是用于绝对基准,陀螺精度为:零偏稳定性优于$10^{-6}°/h$,角随机游走优于$10^{-6}°/\sqrt{h}$。从国内外的研制实践来看,谐振型光纤陀螺的技术路线很难完成这一目标。而激光器驱动的、采用带隙(空芯)光子晶体光纤的干涉型光纤陀螺方案更有可能实现甚高精度的零偏稳定性和标度因数稳定性。2016年,在纪念光纤陀螺诞生40周年的国际学术会议上,Honeywell公司报道的带隙型保偏光子晶体光纤,光纤衰减为5.1dB/km,h参数为$3.2×10^{-5}/m$,展示了带隙(空芯)光子晶体光纤应用于干涉型光纤陀螺的潜在可行性。

随着光学制造技术和工艺的进步,带隙光子晶体光纤的损耗有望进一步降低至5dB/km以下甚至1dB/km以下的理论最低水平,这样,空芯光纤在发掘干涉型光纤陀螺潜在性能方面可能会扮演越来越重要角色。空芯光纤的导波特性大大减少了传统光纤存在的限制陀螺性能的因素,使光纤陀螺具备高精度、高标度因数稳定性、小尺寸的优点和更适合温度、磁场和辐射等严苛环境。

参 考 文 献

[1] LLOYD S W. Improving fiber optic gyroscope performance using a single – frequency laser[D]. Stanford University,2014.

[2] CHAMOUN J,DIGONNET M J F. Noise and bias error due to polarization coupling in a fiber optic gyroscope[J]. J. Lightwave Technology,2015,33(13):2839 – 2847.

[3] LLOYD S W. Modeling coherent backscattering errors in fiber optic gyroscopes for sources of arbitrary line width[J]. J. Lightwave Technology,2013,31(13):2070 – 2078.

[4] CHAMOUN J,DIGONNET M J F. Aircraft – navigation – grade laser – driven FOG with Gaussian noise phase modulation[J]. Optics Letters,2017,42(8):1600 – 1603.

[5] PEPELJUGOSKI P K,LAU K Y. Interferometric noise reduction in fiber – optic links by superposition of high frequency modulation[J]. J. Lightwave Technology,1992,10(7):957 – 963.

[6] 张桂才,于浩,马骏,等. 激光器驱动干涉型光纤陀螺源相位调制技术研究[J]. 导航定位与授时,2017,4(6):86 – 91.

[7] 王梓坤. 常用数学公式大全[M]. 重庆:重庆出版社,1991.

[8] CHAMOUN J. Pseudo – random – bit – sequence phase modulation for reduced errors in a fiber optic gyro-

scope[J]. Optics Letters,2016,41(24):5664-5667.
[9] SHYNK J J. 概率、随机变量和随机过程在信号处理中的应用[M]:国外电子与电气工程技术丛书. 谢晓霞,等译. 北京:机械工业出版社,2016.
[10] ZERINGUE C,DAJANI I. A theoretical study of transient stimulated Brillouin scattering in optical fibers seeded with phase-modulated light[J]. Optical Express,2012,20(19):21196-21213.
[11] LEFÈVRE H C. 光纤陀螺仪[M]. 张桂才,王巍,译. 北京:国防工业出版社,2002.
[12] DANGUI V,DIGONNET M J F. Laser-driven photonic-bandgap fiber optic gyroscope with negligible Kerr-induced drift[J]. Optics Letters,2009,34(7):875-877.
[13] 张桂才. 光纤陀螺原理与技术[M]. 北京:国防工业出版社,2008.
[14] 陈福深. 集成电光调制理论与技术[M]. 北京:国防工业出版社,1995.
[15] KAZUMASA TAKADA. Calculation of Rayleigh backscattering noise in fiber-optic gyroscopes[J]. Journal of Optical Society of America,1985,2(6):872-877.
[16] KEANG-PO H. Spectral density of cross-phase modulation induced phase noise[J]. Optics Communications,1999,169(5):63-68.
[17] DIGONNET M,BLIN S,KIM H K. Sensitivity and stability of an air-core fibre-optic gyroscope[J]. Measurement Science and Technology,2007,18(3):3089-3097.

内 容 简 介

本书是一部侧重于中、高精度光纤陀螺工程化理论和技术的专著。全书共有10章。第1章系统阐述光纤陀螺的传递模型,首次揭示了振动零偏效应的物理机制,并给出了相应的技术措施;第2章讨论光纤陀螺的输出统计模型和评估噪声性能的Allan方差分析方法,推导了典型噪声系数引起的光纤陀螺漂移公式;第3章至第8章,分析中、高精度光纤陀螺的主要误差及其抑制措施,并对噪声机理和抑噪技术给出了较完整的描述;第9章介绍光纤陀螺核心敏感元件光纤环圈的绕制和固化工艺,重点分析了环圈固化胶体的应力松弛效应对高精度陀螺标度因数长期稳定性的影响;第10章对激光器驱动干涉型光纤陀螺的背向散射和偏振交叉耦合引起的相干误差进行建模分析,并概述了采用带隙光子晶体光纤的干涉型光纤陀螺前沿技术的研制进展和应用前景。

本书理论分析与工程实践密切结合,可供光纤陀螺领域的科研人员、从事惯导系统应用的工程技术人员以及高校相关专业的研究生、大学生参考。

ABSTRACT

This book emphasized particularly on engineering theories and technologies about medium and high precision fiber optic gyroscopes. It has 10 chapters. Chapter 1 elucidated systematically the transfer function model of fiber optic gyroscope, in which the physical mechanism of vibration induced bias drift is showed up for the first time. Chapter 2 discussed the stochastic model of fiber optic gyroscope and the method of Allan variance analysis for evaluating noise performance, deducted the expressions of typical random drift coefficients of fiber optic gyroscope. Chapter 3 to 8 analyzed the primary error sources influencing on performances of medium and high precision fiber optic gyroscopes, and described fully the physical mechanism and noise – suppression methods. Chapter 9 presented the concerned winding and potting techniques of fiber coils which is core element of fiber optic gyroscope, emphasized on the influence of stress relaxation of potting adhesive on scale factor of fiber optic gyroscope. Chapter 10 is about the error model of laser – driven interferometric fiber optic gyroscope and its recent developments.

This book integrates theory with engineering practice and will be a good reference book for researchers, engineers who worked on fiber – optic gyroscope and inertial technology. It also could be a teaching reference book for seniors or graduate students of related specialties.